"十一五"国家重点图书　俄罗斯数学教材选译

微积分学教程

（第三卷）

—第8版—

■

□ Г.М.菲赫金哥尔茨　著

□ 路见可　余家荣　吴亲仁　译　□ 郭思旭　校

中国教育出版传媒集团

高等教育出版社·北京

出版者的话

自 2006 年至今,《俄罗斯数学教材选译》系列图书已出版了 50 余种, 涵盖了代数、几何、分析、方程、拓扑、概率、动力系统等主要数学分支, 包括了 А. Н. 柯尔莫戈洛夫、Л. С. 庞特里亚金、В. И. 阿诺尔德、Г. М. 菲赫金哥尔茨、В. А. 卓里奇、Б. П. 吉米多维奇等数学大家和教学名师的经典著作, 深受理工科专业师生和广大数学爱好者喜爱.

为了方便学生学习和教师教学参考, 本系列一直采用平装的形式出版, 此举虽然为读者提供了一定便利, 但对于喜爱收藏大师名著精品的读者来说不能不说是一种遗憾.

为了弥补这一缺憾, 我们将精心遴选系列中具有代表性、经久不衰的教材佳作, 陆续出版它们的精装典藏版, 以飨读者. 在这一版中, 我们将根据近些年来多方收集到的读者意见, 对部分图书中的错误和不妥之处进行修改; 在装帧设计和印刷方面, 除了重新设计典雅大气的封面并采用精装形式之外, 我们还精心选择正文用纸, 力求最大限度地使其更加完美.

我们希望精装典藏版能成为既适合阅读又适合收藏的数学精品文献, 也真诚期待各界读者继续提出宝贵的意见和建议.

高等教育出版社
2025 年 1 月

《俄罗斯数学教材选译》序

从 20 世纪 50 年代初起, 在当时全面学习苏联的大背景下, 国内的高等学校大量采用了翻译过来的苏联数学教材. 这些教材体系严密, 论证严谨, 有效地帮助了青年学子打好扎实的数学基础, 培养了一大批优秀的数学人才. 到了 60 年代, 国内开始编纂出版的大学数学教材逐步代替了原先采用的苏联教材, 但还在很大程度上保留着苏联教材的影响, 同时, 一些苏联教材仍被广大教师和学生作为主要参考书或课外读物继续发挥着作用. 客观地说, 从新中国成立初期一直到 "文化大革命" 前夕, 苏联数学教材在培养我国高级专门人才中发挥了重要的作用, 产生了不可忽略的影响, 是功不可没的.

改革开放以来, 通过接触并引进在体系及风格上各有特色的欧美数学教材, 大家眼界为之一新, 并得到了很大的启发和教益. 但在很长一段时间中, 尽管苏联的数学教学也在进行积极的探索与改革, 引进却基本中断, 更没有及时地进行跟踪, 能看懂俄文数学教材原著的人也越来越少, 事实上已造成了很大的隔膜, 不能不说是一个很大的缺憾.

事情终于出现了一个转折的契机. 今年初, 在由中国数学会、中国工业与应用数学学会及国家自然科学基金委员会数学天元基金联合组织的迎春茶话会上, 有数学家提出, 莫斯科大学为庆祝成立 250 周年计划推出一批优秀教材, 建议将其中的一些数学教材组织翻译出版. 这一建议在会上得到广泛支持, 并得到高等教育出版社的高度重视. 会后高等教育出版社和数学天元基金一起邀请熟悉俄罗斯数学教材情况的专家座谈讨论, 大家一致认为: 在当前着力引进俄罗斯的数学教材, 有助于扩大视野, 开拓思路, 对提高数学教学质量、促进数学教材改革均十分必要.《俄罗斯数学教材选译》系列正是在这样的情况下, 经数学天元基金资助, 由高等教育出版社组织出版的.

　　经过认真遴选并精心翻译校订, 本系列中所列入的教材, 以莫斯科大学的教材为主, 也包括俄罗斯其他一些著名大学的教材; 有大学基础课程的教材, 也有适合大学高年级学生及研究生使用的教学用书. 有些教材虽曾翻译出版, 但经多次修订重版, 内容已有较大变化, 至今仍广泛采用、深受欢迎, 反映出俄罗斯在出版经典教材方面所作的不懈努力, 对我们也是一个有益的借鉴. 这一教材系列的出版, 将中俄数学教学之间中断多年的链条重新连接起来, 对推动我国数学课程设置和教学内容的改革, 对提高数学素养、培养更多优秀的数学人才, 可望发挥积极的作用, 并产生深远的影响, 这无疑值得庆贺, 特为之序.

李大潜

2005 年 10 月

编者的话

格里戈里·米哈伊洛维奇·菲赫金哥尔茨的《微积分学教程》是一部卓越的科学与教育著作, 曾多次再版, 并被翻译成多种文字.《教程》包含实际材料之丰富, 诸多一般定理在几何学、代数学、力学、物理学和技术领域的各种应用之众多, 在同类教材中尚无出其右者. 很多现代著名数学家都提到, 正是 Γ. M. 菲赫金哥尔茨的《教程》使他们在大学时代培养起了对数学分析的兴趣和热爱, 让他们能够第一次清晰地理解这门课程.

从《教程》第一版问世至今已有 50 年, 其内容却并未过时, 现在仍被综合大学以及技术和师范院校的学生像以前那样作为数学分析和高等数学的基本教材之一使用. 不仅如此, 尽管出现了新的一批优秀教材, 但自 Γ. M. 菲赫金哥尔茨的《教程》问世起, 其读者群就一直不断扩大, 现在还包括许多数理特长中学 (译注: 在俄罗斯, 除了类似中国的以外语、音乐为特长的中学, 还有以数学与物理学为重点培养方向的中学, 其教学大纲包括更多更深的数学与物理学内容, 学生则要经过特别的选拔.) 的学生和参加工程师数学进修培训课程的学员.

《教程》所独有的一些特点是其需求量大的原因.《教程》所包括的主要理论内容是在 20 世纪初最后形成的现代数学分析的经典部分 (不含测度论和一般集合论). 数学分析的这一部分在综合大学的一、二年级讲授, 也 (全部或大部分) 包括在所有技术和师范院校的教学大纲中.《教程》第一卷包括实变一元与多元微分学及其基本应用, 第二卷研究黎曼积分理论与级数理论, 第三卷研究多重积分、曲线积分、曲面积分、斯蒂尔吉斯积分、傅里叶级数与傅里叶变换.

《教程》的主要特点之一是含有大量例题与应用实例, 正如前文所说, 通常这些内容非常有趣, 其中的一部分在其他俄文文献中是根本没有的.

　　另外一个重要特点是材料的叙述通俗、详细和准确. 尽管《教程》的篇幅巨大, 但这并不妨碍对本书的掌握. 恰恰相反, 这使作者有可能把足够多的注意力放在新定义的论证和问题的提法, 基本定理的详尽而细致的证明, 以及能使读者更容易理解本课程的其它方面上. 每个教师都知道, 同时做到叙述的清晰性和严格性一般是很困难的 (后者的欠缺将导致数学事实的扭曲). 格里戈里 · 米哈伊洛维奇 · 菲赫金哥尔茨的非凡的教学才能使他在整个《教程》中给出了解决上述问题的大量实例, 这与其他一些因素一起, 使《教程》成为初登讲台的教师的不可替代的范例和高等数学教学法专家们的研究对象.

　　《教程》还有一个特点是极少使用集合论的任何内容 (包括记号), 同时保持了叙述的全部严格性. 整体上, 就像 50 年前那样, 这个方法使很大一部分读者更容易初步掌握本课程.

　　在我们向读者推出的 Г. М. 菲赫金哥尔茨的新版《教程》中, 改正了在前几版中发现的一些印刷错误. 此外, 新版在读者可能产生某些不便的地方增补了 (为数不多的) 一些简短的注释, 例如, 当作者所使用的术语或说法与现在最通用的表述有所不同时, 就会给出注释. 新版的编辑对注释的内容承担全部责任.

　　编者对 Б. М. 马卡罗夫教授表示深深的谢意, 他阅读了所有注释的内容并提出了很多有价值的意见. 还要感谢国立圣彼得堡大学数学力学系数学分析教研室的所有工作人员, 他们与本文作者一起讨论了与《教程》前几版的内容和新版的设想有关的各种问题.

　　编辑部预先感谢所有那些希望通过自己的意见来协助进一步提高出版质量的读者.

А. А. 弗洛连斯基

目 录

第十五章　曲线积分·斯蒂尔切斯积分

§1. 第一型曲线积分

543. 第一型曲线积分的定义　为了很自然地得出这一新的概念, 我们来考察一个能导出它的力学问题.

设在平面上给定一连续的简单可求长曲线[①] (K)[75] (图 1), 在它上面分布有质量, 且在曲线上所有的点 M 处其线性密度 $\rho(M)$ 为已知, 要求确定整个曲线 (K) 的质量 m.

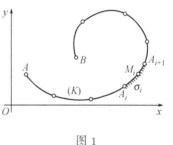

图 1

为达此目的, 在曲线端点 A 与 B 间任意地插入一列点 $A_1, A_2, \cdots, A_{n-1}$ (为使记号对称, 命 A_0 与 A 相合, A_n 与 B 相合). 为了明确起见, 我们认为这些点是自 A 到 B 记数的 [参看 **246**], 但是, 将它们以相反的方向记数也可以.

在曲线的弧 $A_i A_{i+1}$ 上任取一点 M_i, 算出这一点处的密度 $\rho(M_i)$. 近似地认为在这一小段弧上所有点处的密度都是这样的, 并以 σ_i 表弧 $A_i A_{i+1}$ 的长, 对这一弧的质量 m_i 我们将有近似表示式

$$m_i \doteq \rho(M_i)\sigma_i,$$

[①]为确定, 仅限于非闭的曲线. (以下用带圆圈数字标出的是作者注解.)

[75]简单曲线与可求长曲线的概念是在 **245~247** 目中引入和讨论的. (以下用带括号的数字标出的是 2003 年俄文版的编者注解.)

而对整个所求的质量, 将有近似式子

$$m \doteq \sum_{i=0}^{n-1} \rho(M_i)\sigma_i.$$

这一式子的误差与上面所作的近似假定是有关的; 如所有小段的长 σ_i 趋近于零时, 这误差也将趋近于零. 因此, 如以 λ 表长 σ_i 中最大的一个, 只要取极限就得到准确的公式:

$$m = \lim_{\lambda \to 0} \sum_{i=0}^{n-1} \rho(M_i)\sigma_i.$$

现在开始一般地来研究这一类型的极限. 丢开上面的问题不谈, 取一任意 "点函数" $f(M) = f(x, y)$, 它是在一连续的可求长平面曲线 (K) 上给出的,[①] 并重复上述手续: 分曲线 (K) 为许多弧元 $A_i A_{i+1}$ [76)], 在它们上面任取点 $M_i(\xi_i, \eta_i)$, 计算出在这些点处的值 $f(M_i) = f(\xi_i, \eta_i)$, 并作和

$$\sum_{i=0}^{n-1} f(M_i)\sigma_i = \sum_{i=0}^{n-1} f(\xi_i, \eta_i)\sigma_i;$$

它也代表一定类型的 "积分和".

类似的过程可以应用于闭曲线的情形, 只要取其上任意一点为点 $A_0(A_n)$, 而其余的点则根据曲线的某一方向排列 [246].

当 $\lambda = \max \sigma_i$ 趋近于零时, 如这一积分和有一确定的有限极限 I, 既与曲线 (K) 细分的方法无关, 又与小段 $A_i A_{i+1}$ 上点 M_i 的选择无关, 则这一极限称作函数 $f(M) = f(x, y)$ 沿曲线或道路 (K) 上所取的 (第一型)[②] 曲线积分, 并以记号

$$I = \int_{(K)} f(M)ds = \int_{(K)} f(x, y)ds \tag{1}$$

来表示 (其中 s 是曲线的弧长, ds 就象征长度元 σ_i). 极限过程的精确说明留给读者.

因此, 上面所得曲线质量的式子可重写为:

$$m = \int_{(K)} \rho(M)ds. \tag{2}$$

[①] 这里假定某一直角坐标系取作基础.
[②] 以示与下面 [546] 所讨论的第二型曲线积分不同.

76) "分为许多弧元" 的手续, 对于由参数形式 $x = \varphi(t), y = \psi(t)$ 给出的无论是简单闭曲线, 还是自身相交的闭曲线, 今后都将经常施行. 如果分点 $A_0, A_1, \cdots, A_n$ 对应于参数 t 的严格递增或严格递减序列 $t_0, t_1, \cdots, t_n$ (换句话说, 按照曲线 (K) 所选取的方向编号), 且分点 A_0 与 A_n 与曲线 (K) 的端点重合, 我们就都说, 点 $A_0, A_1, \cdots, A_n$ 分割 (参数表示的) 曲线 (K) 为弧元 (或者说 "曲线分解成简单部分").

特别注意, 给道路 (K) 所加的方向在所介绍的定义中不起任何作用. 例如, 若这一曲线不是闭的, 且以 (AB) 及 (BA) 作为不同方向的曲线, 则

$$\int_{(AB)} f(M)ds = \int_{(BA)} f(M)ds.$$

类似地, 我们可以引导散布在**空间曲线** (K) **上**的积分概念:

$$\int_{(K)} f(M)ds = \int_{(K)} f(x,y,z)ds. ①$$

由于没有什么新的原则性东西, 没有必要在这里详谈.

544. 约化为普通定积分 假定在曲线 (K) 上任意取定一方向 (两个可能方向之一), 曲线上点 M 的位置可由从一点 A 量起的弧长 $s = \overset{\frown}{AM}$ 来确定. 那么曲线 (K) 可表为参数方程的形状:

$$x = x(s), \quad y = y(s) \quad (0 \leqslant s \leqslant S),$$

而在曲线上给出的函数 $f(x,y)$ 便化成变量 s 的复合函数 $f(x(s),y(s))$.

对应于在 AB 弧上所选取的分点 A_i, 其弧的值如表为 s_i $(i = 0, 1, \cdots, n)$, 则显然 $\sigma_i = s_{i+1} - s_i = \Delta s_i$. 以 $\bar{s}_i$ 表定点 M_i 的 s 值 (而且显然, $s_i \leqslant \bar{s}_i \leqslant s_{i+1}$), 可以看到曲线积分的积分和

$$\sum_{i=0}^{n-1} f(M_i)\sigma_i = \sum_{i=0}^{n-1} f(x(\bar{s}_i), y(\bar{s}_i))\Delta s_i$$

同时也是普通定积分的积分和, 所以立刻有:

$$\int_{(K)} f(M)ds = (\mathrm{R}) \int_0^s f(x(s),y(s))ds, ② \tag{3}$$

且这两积分中只要有一个存在, 另一个就也存在.

当然, 这种直接由第一型曲线积分约化为普通的积分会降低了它的理论价值, 但在方法上的价值它仍全部保存着.

我们以后将假定函数 $f(M)$ 是连续的,③ 显然在这种情形下积分是存在的.

今设一曲线 (K) 由任意的参数方程

$$x = \varphi(t), \quad y = \psi(t) \quad (t_0 \leqslant t \leqslant T)$$

---

①某一直角坐标系将取作基础. 函数 f 仅在曲线 (K) 的点处有定义.

②符号 (R) 表示, 积分这里是了解为通常黎曼定义下的积分.

③我们是指在曲线 (K) 上的点处连续, 也就是指沿着曲线连续. 用 "$\varepsilon - \delta$" 的说法, 这就是说: 对 $\varepsilon > 0$ 能找到这样的 $\delta > 0$, 使当 $\overline{MM'} < \delta$ 时就有 $|f(M') - f(M)| < \varepsilon$ (M 及 M' 是曲线上的点). 在这一假定下, 复合函数 $f(x(s),y(s))$ 由于 $x(s)$ 及 $y(s)$ 是连续的缘故, 也同样是 s 的连续函数.

所给出, 其中函数 φ 及 ψ 与它们的导数 φ' 及 ψ' 都连续; 此外, 假定曲线上无重点. 那么曲线就是可求长的, 且若弧 $s = \overset{\frown}{AM} = s(t)$ 的增加对应于参数 t 的增加, 则

$$s'_t = \sqrt{[\varphi'(t)]^2 + [\psi'(t)]^2}$$

[**248**, (10)]. 在 (3) 的右端的积分中换变量, 立刻得到:

$$\int_{(K)} f(M)ds = \int_{t_0}^{T} f(\varphi(t), \psi(t))\sqrt{[\varphi'(t)]^2 + [\psi'(t)]^2}dt. \tag{4}$$

因此, 在计算第一型曲线积分时, 在积分号下的函数中, 变量 x 及 y 应该用坐标的参数表示式来代替, 至于因子 ds, 应该把弧当作参数的函数而用这函数的微分来代替. 特别指出, 定积分 (4) 的下限必须小于上限.

在曲线以显方程

$$y = y(x) \quad (a \leqslant x \leqslant b)$$

给出时, 公式 (4) 的形状是:

$$\int_{(K)} f(M)ds = \int_a^b f(x, y(x))\sqrt{1 + [y'(x)]^2}dx. \tag{5}$$

这一关系式也可有另一形式. 在函数 $y(x)$ 与它的导数 $y'(x)$ 连续的假定下, 曲线 (K) 在每一点处都有一不平行于 y 轴的确定切线. 以 α 表切线与 x 轴的夹角, 我们得到:

$$\text{tg}\alpha = y'(x), \quad |\cos\alpha| = \frac{1}{\sqrt{1 + [y'(x)]^2}}.$$

故

$$\int_{(K)} f(M)ds = \int_a^b \frac{f(x, y(x))}{|\cos\alpha|}dx. \tag{6}$$

如用 S 表示整个曲线 (AB) 的长, 因为显然

$$\int_{(K)} ds = S,$$

所以特别地有

$$S = \int_a^b \frac{dx}{|\cos\alpha|}. \tag{7}$$

附注　公式 (7) 是经形式的变换得来的. 如果我们定义曲线弧长为外切 (不是内接) 折线周长的极限, 则这一定义 —— 在曲线以显式给出时 —— 立即可得出公式 (7). 读者不妨自己来证实这一点.

545. 例 1) 若 (K) 是椭圆 $\dfrac{x^2}{a^2} + \dfrac{y^2}{b^2} = 1$ 在第一象限内的部分, 计算积分 $I = \int_{(K)} xy ds$.

解 (a) 我们有

$$y = \frac{b}{a}\sqrt{a^2 - x^2}, \quad y' = -\frac{bx}{a\sqrt{a^2 - x^2}},$$

$$\sqrt{1 + y'^2} = \frac{1}{a}\sqrt{\frac{a^4 - (a^2 - b^2)x^2}{a^2 - x^2}},$$

所以由公式 (5),

$$I = \int_0^a x \cdot \frac{b}{a}\sqrt{a^2 - x^2} \cdot \frac{1}{a}\sqrt{\frac{a^4 - (a^2 - b^2)x^2}{a^2 - x^2}} dx$$

$$= \frac{b}{a^2}\int_0^a \sqrt{a^4 - (a^2 - b^2)x^2} \cdot x dx.$$

进行积分, 得:

$$I = \frac{-b}{2a^2(a^2 - b^2)} \cdot \frac{2}{3}[a^4 - (a^2 - b^2)x^2]^{\frac{3}{2}}\Big|_0^a = \frac{ab}{3} \cdot \frac{a^2 + ab + b^2}{a + b}.$$

应该注意, 上面做的计算事实上还要有所说明才行, 因为当 $x = a$ 时切线斜率变为无穷大. 下一解法就没有这一缺点.

(б) 如变到椭圆的参数表示 $x = a\cos t, y = b\sin t$, 故

$$x'_t = -a\sin t, \quad y'_t = b\cos t, \quad \sqrt{x'^2_t + y'^2_t} = \sqrt{a^2\sin^2 t + b^2\cos^2 t}.$$

则可按公式 (4) 来进行计算:

$$I = \int_0^{\frac{\pi}{2}} a\cos t \cdot b\sin t \cdot \sqrt{a^2\sin^2 t + b^2\cos^2 t}\, dt$$

$$= \frac{ab}{2}\int_0^{\frac{\pi}{2}} \sin 2t \cdot \sqrt{a^2 \cdot \frac{1 - \cos 2t}{2} + b^2 \cdot \frac{1 + \cos 2t}{2}}\, dt.$$

这里令 $\cos 2t = z$, 则 $\sin 2t\, dt = -\dfrac{1}{2}dz$, 且

$$I = \frac{ab}{4}\int_{-1}^1 \sqrt{\frac{a^2 + b^2}{2} + \frac{b^2 - a^2}{2}z}\, dz$$

$$= \frac{ab}{4} \cdot \frac{2}{b^2 - a^2} \cdot \frac{2}{3}\left[\frac{a^2 + b^2}{2} + \frac{b^2 - a^2}{2}z\right]^{\frac{3}{2}}\Big|_{-1}^1 = \frac{ab}{3} \cdot \frac{a^2 + ab + b^2}{a + b}.$$

2) 计算积分 $I = \int_{(K)} y ds$, 其中 (K) 是抛物线 $y^2 = 2px$ 上自坐标原点到点 (x_0, y_0) 的一段.

解 由曲线的方程, 我们有 $yy' = p$, 所以

$$y ds = y\sqrt{1 + y'^2}dx = \sqrt{y^2 + y^2 y'^2}dx = \sqrt{p^2 + 2px}dx,$$

且

$$I = \int_0^{x_0} \sqrt{p^2 + 2px}\, dx = \frac{1}{3p}[(p^2 + y_0^2)^{\frac{3}{2}} - p^3].$$

3) 计算积分 $L = \int_{(A)}(x^2 + y^2)ds$, 其中 (A) 是联结点 (a,a) 及 (b,b) 的直线段 $(b > a)$.

提示　直线方程: $y = x$.　**答**　$\dfrac{2\sqrt{2}}{3}(b^3 - a^3)$.

4) 计算积分 $K = \int_{(C)} ye^{-x}ds$, 其中 (C) 是曲线

$$x = \ln(1 + t^2),\quad y = 2\mathrm{arctg}\,t - t + 3$$

在点 $t = 0$ 及 $t = 1$ 间的一段.

提示　$\sqrt{x_t'^2 + y_t'^2} = 1$,

$$K = \int_0^1 \frac{2\mathrm{arc\,tg}\,t - t + 3}{1 + t^2}dt = \frac{\pi^2}{16} - \frac{1}{2}\ln 2 + \frac{3\pi}{4}.$$

5) 常见曲线中一大部分 (椭圆、双曲线、正弦曲线、双纽线等) 其弧长不能表作初等函数, 因为它们的 ds 不能积分为有限型. 然而, 对这种曲线, 积分 $\int_{(K)} f(x,y)ds$ 往往算出来是初等函数 [例如, 参看例 1)], 因为与因子 $f(x,y)$ 连在一起时, 积分号下微分式的整个构造改变了. 读者不妨做一些积分 $\int_{(K)} f(x,y)ds$ 的例题, 积分取在正弦曲线 $y = \sin x$ 或双曲线 $xy = 1$ 上但又可表作初等函数者.

6) 计算积分 $I = \int_{(C)} xyz\,ds$, 其中 (C) 是曲线 $x = t, y = \dfrac{1}{3}\sqrt{8t^3}, z = \dfrac{1}{2}t^2$ 在点 $t = 0$ 及 $t = 1$ 间的弧.

解　$ds = \sqrt{x_t'^2 + y_t'^2 + z_t'^2}\,dt = (1 + t)dt$,

$$I = \frac{\sqrt{2}}{3}\int_0^1 t^{\frac{9}{2}}(1 + t)dt = \frac{16\sqrt{2}}{143}.$$

7) 当曲线 (K) 用极坐标方程 $r = r(\theta)$ $(\theta_1 \leqslant \theta \leqslant \theta_2)$ 给出时, 试求计算积分

$$I = \int_{(K)} f(x,y)ds$$

的一公式.

答　$I = \int_{\theta_1}^{\theta_2} f(r\cos\theta, r\sin\theta)\sqrt{r^2 + r'^2}d\theta$.

8) 若 (K) 是双曲螺线 $r\theta = 1$ 自 $\theta = \sqrt{3}$ 到 $\theta = 2\sqrt{2}$ 的一段, 试计算积分

$$H = \int_{(K)} \frac{ds}{(x^2 + y^2)^{\frac{3}{2}}}.$$

答　$\dfrac{19}{3}$.

9) 试求曲线 $y = \ln x$ 在有横坐标 x_1 及 x_2 的两点间这一段的质量, 设曲线在每点处的 (线性) 密度等于该点横坐标的平方.

解　由公式 (2), 因为在我们的情形下 $\rho = x^2$, 故有:

$$m = \int_{x_1}^{x_2} x^2 ds.$$

但 $ds = \dfrac{\sqrt{1 + x^2}}{x}dx$, 所以

$$m = \int_{x_1}^{x_2} \sqrt{1 + x^2} \cdot x\,dx = \frac{1}{3}\left[(1 + x_2^2)^{\frac{3}{2}} - (1 + x_1^2)^{\frac{3}{2}}\right].$$

10) 试求悬链线 $y = a\mathrm{ch}\dfrac{x}{a}$ 在点 $x = 0$ 及 $x = a$ 间一段的质量, 设曲线在每点的密度与该点的纵坐标成反比.

提示 $\rho = \dfrac{k}{y}, ds = \mathrm{ch}\dfrac{x}{a}dx = \dfrac{y}{a}dx, m = k.$

与连续地分布在曲线上的质量相关的其它问题, 很自然地也可变成上面所考察类型的曲线积分.

11) 在第十章中 **349** 我们讨论过平面曲线对坐标轴的静矩的计算, 以及它的重心坐标的计算, 那时假定 "线性密度" $\rho = 1$. 读者不难推广那里所得的公式到质量连续分布的一般情形. 如引用曲线积分概念时, 则结果可写作下面形状:

$$M_y = \int_{(K)} \rho x ds, \quad M_x = \int_{(K)} \rho y ds,$$

$$x_c = \frac{M_y}{m} = \frac{\int_{(K)} \rho x ds}{\int_{(K)} \rho ds}, \; y_c = \frac{M_x}{m} = \frac{\int_{(K)} \rho y ds}{\int_{(K)} \rho ds},$$

12) 我们还说明第一型曲线积分的一个应用 —— 应用到有质量的曲线对一质点引力 的问题.

大家都知道, 按牛顿定律, 质量 m 的质点 M 对质量 m_0 的质点 M_0 的吸引力, 方向是从 M_0 到 M, 大小等于 $k \cdot \dfrac{m m_0}{r^2}$, 其中 r 是距离 $M_0 M$, 而 k 是与测量的基本单位选择有关的一系数; 并且为了简单起见, 我们常认为它等于 1.

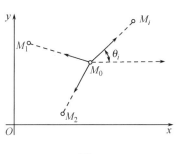

图 2

设点 M_0 被一质点系 $M_1, M_2, \cdots, M_n$ 所吸引, 它们的质量是 $m_1, m_2, \cdots m_n$, 则将各个点对 M_0 的吸引力几何地相加, 就得到合力. 同时, 合力在坐标轴上的射影等于各个力射影的代数和.

如以 X 及 Y 表合力在坐标轴上的射影, 且以 θ_i 表向量 $\vec{r_i} = \overrightarrow{M_0 M_i}$ 与 x 轴间的夹角, 则显然,

$$X = \sum_{i=1}^{n} \frac{m_0 m_i}{r_i^2} \cos \theta_i, \; Y = \sum_{i=1}^{n} \frac{m_0 m_i}{r_i^2} \sin \theta_i,$$

(与通常一样, 其中 r_i 表向量 $\vec{r_i}$ 的长).

现在设吸引质点的质量连续地分布在一曲线 (K) 上. 为要找出吸引力, 我们分曲线为许多小段, 将每一小段的质量集中在它上面任意取定的一点 M_i 处后, 我们就求出合力在坐标轴上射影的近似值:

$$X \doteq \sum_{i} \frac{m_0 \rho(M_i) \sigma_i}{r_i^2} \cos \theta_i, \; Y \doteq \sum_{i} \frac{m_0 \rho(M_i) \sigma_i}{r_i^2} \sin \theta_i,$$

因为这时各个小段其质量近似地等于 $\rho(M_i) \sigma_i$. 如令所有的 σ_i 趋近于零, 则取极限后就得到准确的等式, 且这时和就被积分所代替了:

$$X = m_0 \int_{(K)} \frac{\rho(M) \cos \theta}{r^2} ds, \; Y = m_0 \int_{(K)} \frac{\rho(M) \sin \theta}{r^2} ds; \tag{8}$$

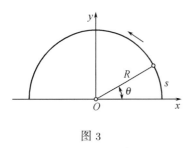

图 3

这里 r 表向量 $\vec{r} = \overrightarrow{M_0 M}$ 的长, 而 θ 表它与 x 轴的夹角.

13) 试求一均匀半圆周 $(\rho = 1)$ 对位于其中心的一单位质量的吸引力.

解　将坐标原点放在圆心, 通过半圆端点作横轴 (图 3). 由对称性, $X = 0$, 所以只要求出射影 Y 好了. 由公式 (8),

$$Y = \int \frac{\sin \theta}{r^2} ds.$$

但在现在的情况下 $r = R$ (半圆的半径) 且 $ds = R d\theta$. 故

$$Y = \frac{1}{R} \int_0^\pi \sin \theta d\theta = \frac{2}{R}.$$

14) 一单位质量的点 $(m_0 = 1)$ 与一无穷的均匀直线 $(\rho = 1)$ 的距离为 h, 求直线对这一点的引力.

解　将所求的引力当作由所述直线上一有限线段所生引力的极限, 假设这一线段的端点在两头变到无穷远去. 如将直线本身取作 x 轴, 而 y 轴通过已知点, 则得 (考虑在所给的情况下 $ds = dx$)

$$Y = -h \int_{-\infty}^\infty \frac{dx}{(x^2 + h^2)^{\frac{3}{2}}} = -\frac{1}{h} \cdot \frac{x}{\sqrt{x^2 + h^2}} \bigg|_{-\infty}^\infty = -\frac{2}{h}.$$

同样, $X = 0$ (但由对称性这很明显).

15) 试求星形线 $x = a \cos^3 t$, $y = a \sin^3 t$ 在第一象限内的弧对位于坐标原点的单位质量所生的引力, 设曲线在每一点的密度等于这一点到坐标原点的距离的立方.

答　$X = Y = \dfrac{3a^2}{5}$.

§2. 第二型曲线积分

546. 第二型曲线积分的定义　转而讨论在实际中更为重要的第二型曲线积分的概念, 我们直接从定义开始, 而把这一概念的应用放在以后的一些目中 [例如, 参看 **554**]. 设给定连续曲线 (AB), 为了简单我们假定它不是闭曲线, 并设沿此曲线还给定了某个函数 $f(x, y)$.[①] 用点 A_i 分曲线为许多部分后,[77] 在曲线段 $\widehat{A_i A_{i+1}}$ 上取一任意点 $M_i(\xi_i, \eta_i)$, 并计算出函数在这点的值 $f(M_i) = f(\xi_i, \eta_i)$; 再作一和

$$\sigma = \sum_{i=0}^{n-1} f(M_i) \Delta x_i = \sum_{i=0}^{n-1} f(\xi_i, \eta_i) \Delta x_i.$$

如当 $\mu = \max \overline{A_i A_{i+1}}$ 趋近于零时, 这个和有一有限极限 I, 既与曲线细分的方法无关, 又与点 M_i 的选择无关, 则这一极限称为 $f(M)dx$ 沿曲线或道路 (AB) 的

[①] 参看第 2 页脚注 ①.

[77] 参看第 2 页的脚注 76).

(**第二型**) **曲线积分**, 用记号表为

$$I = \int_{(AB)} f(M)dx = \int_{(AB)} f(x,y)dx. \tag{1}$$

同样, 将值 $f(M_i)$ 不乘上 Δx_i 而乘上 Δy_i, 并作和

$$\sigma^* = \sum_{i=0}^{n-1} f(M_i)\Delta y_i = \sum_{i=0}^{n-1} f(\xi_i, \eta_i)\Delta y_i,$$

我们得到它的极限, 即 $f(M)dy$ 的 (**第二型**) **曲线积分**:

$$I^* = \int_{(AB)} f(M)dy = \int_{(AB)} f(x,y)dy. \tag{2}$$

如沿曲线 (AB) 定义有两个函数 $P(M) = P(x,y), Q(M) = Q(x,y)$, 且积分

$$\int_{(AB)} P(M)dx = \int_{(AB)} P(x,y)dx, \quad \int_{(AB)} Q(M)dy = \int_{(AB)} Q(x,y)dy$$

都存在, 则它们的和就称为 ("一般形状的") 曲线积分, 并令

$$\int_{(AB)} P(x,y)dx + Q(x,y)dy = \int_{(AB)} P(x,y)dx + \int_{(AB)} Q(x,y)dy.$$

现在我们来比较第二型曲线积分 (1) [或 (2)] 的定义与第一型曲线积分的定义 [参看 **543** (1)]. 除显然的类似地方外这两个定义有实质上的不同: 在第一型积分的情形下, 当形成积分和时, 函数值 $f(M_i)$ 乘以曲线段 $\widehat{A_i A_{i+1}}$ 的长 $\sigma_i = \Delta s_i$, 在第二型积分的情形下, 这个值 $f(M_i)$ 乘以这一段在 x 轴 (或 y 轴) 上的射影 Δx_i (或 Δy_i).

我们已经看到过, 积分进行所沿道路 (AB) 的方向在第一型积分的情形下不起作用, 因为弧 $\widehat{A_i A_{i+1}}$ 的长 σ_i 与这一方向无关. 然而第二型积分的情形就不同了: 所述弧段在任一轴上的射影与弧的方向大有关系, 方向变为反向时, 射影也变号. 因此, 对第二型积分有

$$\int_{(BA)} f(x,y)dx = -\int_{(AB)} f(x,y)dx,$$

同样,

$$\int_{(BA)} f(x,y)dy = -\int_{(AB)} f(x,y)dy,$$

且右端积分的存在就能推出左端积分的存在, 反过来也是如此.

用类似的方法可以引导散布在空间曲线 (AB) 上的第二型曲线积分的概念. 即, 如在这一曲线上给出一函数 $f(M) = f(x,y,z)$, 则与上面一样, 作和

$$\sigma = \sum_{i=0}^{n-1} f(\xi_i, \eta_i, \zeta_i)\Delta x_i,$$

并当 $\mu = \max \overline{A_i A_{i+1}}$ 趋近于零时考察它的极限. 如这一极限存在, 则它称为 $f(M)dx$ 的 (**第二型**) **曲线积分**, 并用记号表为

$$\int_{(AB)} f(M)dx = \int_{(AB)} f(x,y,z)dx.$$

同样地定义有下列形状的积分:

$$\int_{(AB)} f(M)dy = \int_{(AB)} f(x,y,z)dy,$$

$$\int_{(AB)} f(M)dz = \int_{(AB)} f(x,y,z)dz.$$

最后, 考察 ("一般形状") 积分

$$\int_{(AB)} Pdx + Qdy + Rdz = \int_{(AB)} Pdx + \int_{(AB)} Qdy + \int_{(AB)} Rdz.$$

这里同样, 积分的方向改变就使积分的符号也改变.

最后注意, 通常定积分的最简单性质 [**302, 303**] 容易移到所考察的曲线积分上来, 关于这一点这里不讨论了.

547. 第二型曲线积分的存在与计算　设已知曲线 $(K) = (AB)$ 的参数方程为

$$x = \varphi(t), \quad y = \psi(t), \tag{3}$$

且函数 φ 及 ψ 连续, 又当参数 t 自 α 变到 β 时曲线以自 A 到 B 的方向描动. 我们也假定函数 $f(x,y)$ 沿曲线 (AB) 连续.

如谈到积分 (2) 时, 我们还更假定导数 $\varphi'(t)$ 存在且连续.

在这些假定下曲线积分 (2) 存在, 且有等式

$$\int_{(AB)} f(x,y)dx = (\mathrm{R}) \int_\alpha^\beta f(\varphi(t), \psi(t))\varphi'(t)dt. \tag{4}$$

因此, 在计算曲线积分 (1) 时, 应在积分号下的函数中将变量 x 及 y 用它们的参数表示式 (3) 代替, 而因子 dx 应当把变量 x 当作参数的函数而用这函数的微分来代替. 最后一积分中, 积分上下限次序的安排在这里要看曲线方向的选择.

下面我们来证明. 在曲线上取由参数值 t_i $(i = 0, 1, 2, \cdots, n)$ 所决定的点 A_i, 在弧 $\widehat{A_i A_{i+1}}$ 上选取一点 M_i, 它的参数值是 τ_i (显然 τ_i 在 t_i 与 t_{i+1} 之间). 那么积分和

$$\sigma = \sum_{i=0}^{n-1} f(\xi_i, \eta_i)\Delta x_i,$$

当我们考虑到

$$\Delta x_i = \varphi(t_{i+1}) - \varphi(t_i) = \int_{t_i}^{t_{i+1}} \varphi'(t)dt$$

时, 它就可改写为

$$\sigma = \sum_{i=0}^{n-1} f(\varphi(\tau_i), \psi(\tau_i)) \int_{t_i}^{t_{i+1}} \varphi'(t) dt$$

的样子. 另一方面, (4) 中右端的积分 ① 可表作和的形状:

$$I = \int_\alpha^\beta f(\varphi(t), \psi(t)) \varphi'(t) dt = \sum_{i=0}^{n-1} \int_{t_i}^{t_{i+1}} f(\varphi(t), \psi(t)) \varphi'(t) dt.$$

于是,

$$\sigma - I = \sum_{i=0}^{n-1} \int_{t_i}^{t_{i+1}} [f(\varphi(\tau_i), \psi(\tau_i)) - f(\varphi(t), \psi(t))] \varphi'(t) dt.$$

在给定一任意的 $\varepsilon > 0$ 后, 现在假定所有的 Δt_i 非常小, 使在区间 $[t_i, t_{i+1}]$ 上连续函数 $f(\varphi(t), \psi(t))$ 的振动 $< \varepsilon$. 因为连续函数 $\varphi'(t)$ 是有界的 $|\varphi'(t)| \leqslant L$, 所以我们就会有

$$|\sigma - I| < \varepsilon L |\beta - \alpha|.$$

因此, 当量 $\lambda = \max |\Delta t_i|$ 趋近于 0 时, ②

$$\lim \sigma = I,$$

这同时既证明了曲线积分的存在, 又证明了所要求的等式.

容易看到, 这一推理不加什么本质上的变动就可放到函数 $\varphi(t)$ 仅有分段连续的导数情形上去.

对于积分 (2), 当导数 $\psi'(t)$ 连续 (或仅仅分段连续) 时, 用同样的方法可得知它的存在, 且可证明公式

$$\int_{(AB)} f(x, y) dy = (\mathrm{R}) \int_\alpha^\beta f(\varphi(t), \psi(t)) \psi'(t) dt. \tag{5}$$

最后, 如谈到一般形状的积分

$$\int_{(AB)} P(x, y) dx + Q(x, y) dy$$

而其中 P 及 Q 为连续函数时, 则对曲线 (AB) 我们就加一条件, 就是两函数 (3) 有连续或至少有分段连续的导数. 在这一假定下公式

$$\int_{(AB)} P dx + Q dy = \int_\alpha^\beta [P(\varphi(t), \psi(t)) \varphi'(t) + Q(\varphi(t), \psi(t)) \psi'(t)] dt \tag{6}$$

---

①因为积分号下的函数连续, 积分显然存在.

②这就相当于各小段弧的直径中最大者趋近于 0 或 (在非闭曲线的情况下) 最大的弦趋近于 0 [245].

就成立.

曲线积分的定义与这里所示的化它为普通定积分的方法也可直接推广到曲线 (3) 自身相交的情形, 只要它上面的方向与前面一样由参数 t 单调地自 α 变到 β 而确定.

末了我们来说明曲线积分计算起来特别简单的若干情形. 设积分 (1) 取在一曲线上, 这曲线是用显方程

$$y = y(x)$$

给出的, 且当 x 自 a 变到 b 时点自 A 位移到 B. 那么, 对曲线除连续外不加任何假定, 就有

$$\int_{(AB)} f(x,y)dx = (\mathrm{R}) \int_a^b f(x, y(x))dx. \tag{7}$$

同样, 如果积分 (2) 散布在一连续曲线上, 这曲线仍由显方程给出, 但是另一种样子:

$$x = x(y)$$

(其中 y 由 c 变到 d), 则

$$\int_{(AB)} f(x,y)dy = (\mathrm{R}) \int_c^d f(x(y), y)dy. \tag{8}$$

最后, 如果积分 (1) 散布在平行于 y 轴的一直线段上, 则它等于 0 (因为在这种情形下, 所有的 Δx_i 因此同时所有的和 σ 都等于 0). 同样, 积分 (2) 取在平行于 x 轴的一直线段上时也等于零.

如积分道路 (K) 可分成有限段彼此相接的曲线, 沿每一曲线各个曲线积分存在且可以用上面所示公式之一来计算, 则很容易证明, 沿整个曲线 (K) 的积分存在, 且等于沿它各部分积分的和.

548. 闭路的情形 · 平面的定向　转而讨论闭路 (K), 即积分道路的起点 A 与终点 B 重合的情况, 在曲线上取异于 A 的一点 C, 假设按照定义, 考虑在曲线上选定的方向 (在图 4 中已用箭头指明):

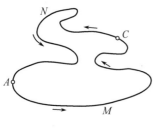

图 4

$$\int_{(K)} = \int_{(AMC)} + \int_{(CNA)},$$

假定右边的积分存在.

容易证明, 积分的存在及数值与点 A 和 C 的选择无关. 此外, 对闭路 (K), 上一目中的公式 (4), (5) 和 (6) 是可以应用的.

附注　其实此处曲线积分 (与非闭曲线的情形一样) 可以由取极限得到, 但极限过程受到要求预先固定

两个点 A, C, 使得它们在所加入的分点中是不变动的这一限制. 此处没有这一限制, 当 $\max \overline{A_i A_{i+1}} \to 0$ 的极限过程不能达到目的 [比照 **330**].

我们所考察的情况的特点是: 指定了起点及 (与它相重的) 终点, 并不能确定曲线 (K) 描动的方向. 在每一情况下都要特别说明是取的哪一个方向. 在谈到空间曲线时也必须同样说明. 而在平面闭路 (K) 的情况下通常用别的方法来说明.

在所给平面的两可能转动方向 ——"反时针向" 及 "顺时针向" —— 中, 取一个算作正的: 这样就构成了确定的**平面的定向**. 如反时针向算作正的, 则平面的定向称作**右手的**, 在另一种情形下, 就称作**左手的**.[78]

在平面的右手定向的情形下, 我们就令反时针向转动作为简单闭路的**正向**的定义 (图 5, a)). 实在说来, 这一定义仅对近似于圆周的闭路才非常清楚. 故更正确地我们应该这样规定: 当一人沿 (简单) 闭路循一方向环行时, 如由闭路所围的区域靠近观察者的部分总是在观察者的左手边时, 这一方向就称为曲线的**正向** (图 5, a)). 在平面的左手定向的情形下, 顺时针向环行闭路就是正的, 所以区域总是在观察者的右手边 (图 5, б)).

我们注意, 平面中坐标轴本身的安排恒与平面的定向有联系: 在平面的右手定向时, 将 x 轴按反时针向转 $90°$ 就得到 y 轴; 而在左手定向时, 就要按顺时针向转 (参看图 6, a), б)). 在第一种情况下, 坐标系本身也称为右手的, 而在第二种情况下, 称为左手的.[79]

在作这些说明后, 今后我们永远这样规定好: 如积分道路 (K) 是一简单闭曲线, 则当记号

$$\int_{(K)} P dx + Q dy$$

没有指明闭路环行的方向时, 我们恒认为它是沿正向所取的积分. 当然, 这一规定并没有限制我们必要时考察沿负向取积分, 不过我们用

$$-\int_{(K)} P dx + Q dy$$

---

[78] 在脚注 79 中叙述了给出平面定向的更正式的方法.

[79] 由最后一段所说的, 为了给出平面的定向, 只需在此平面上选择某个**坐标系**. 事实上, 如果确定了坐标系 xy (从观察者的角度来看, 右手系或左手系没有区别), 那么与其相应的转动的正方向是 x 轴按此方向绕原点转动 $90°$ 后与 y 轴重合. 平面绕原点按正方向转动 α 角可以由公式 $x' = x \cos\alpha - y\sin\alpha, y' = x\cos\alpha + y\sin\alpha$ 作为变换严格解析地给出. 这样一来, 如果在平面上选定了某个坐标系, 那么这个平面的定向就唯一且严格地给定了. 给出在 (有向) 平面上, 范围区域 (D) 的闭路 (K) 的环行正方向的正式概念有点难. 作到这一点的方法之一如下: 用 $l(M)$ 表示其始点为闭路 (K) 上点 M 且与闭路 (K) 相切的射线, 其方向指向闭路 (K) 的环行方向 (在闭路有参数表示时, $l(M)$ 容易解析地给出). 设 $l'(M)$ 是 $l(M)$ 绕 M 点按正向转动 $90°$ 所得射线. 如果对于 (简单的或分段光滑的) 闭路 (K) 的无论什么样的非奇异点 M, 射线 $l'(M)$ 上所有充分靠近 M 的点都在区域 (D) 内, 那么所考虑的闭路 (K) 的环行方向就是正向. 用这个定义可以纯解析地证明与前面引进的概念有关的所有断言. 然而在许多情况下, 过渡到纯解析的语言将导致极为复杂的证明.

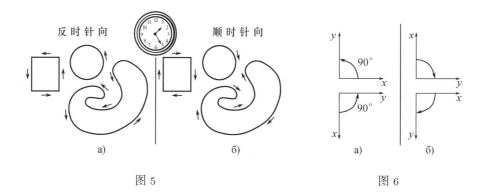

图 5　　　　　　　　　　　　　　　　　图 6

来表示它罢了.

549. 例　1) 假如 (K) 是抛物线 $y = x^2$ 自横坐标 $x = 0$ 的点到横坐标 $x = 2$ 的点的一段, 试求积分 $I = \int_{(K)} (x^2 - y^2) dx$.

解　因为积分的曲线是用显方程给出的, 故可应用公式 (7); 得

$$I = \int_0^2 (x^2 - x^4) dx = -\frac{56}{15}.$$

2) 求积分 $J = \int_{(K)} (x^2 - y^2) dy$, 其中 (K) 代表上题中的曲线.

解　这里应该利用公式 (8). 注意由曲线方程知 $x^2 = y$ 且 y 的变动范围是 0 到 4, 我们有

$$J = \int_0^4 (y - y^2) dy = -\frac{40}{3}.$$

3) 计算取在联结点 $O(0,0)$ 与 $A(1,1)$ 的一道路 (L) 上的曲线积分

$$H = \int_{(L)} 2xy dx + x^2 dy$$

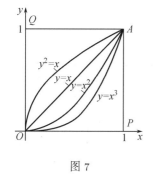

图 7

的值, 如道路 (L) 是: (a) 直线 $y = x$, (б) 抛物线 $y = x^2$, (в) 抛物线 $x = y^2$, (г) 立方抛物线 $y = x^3$ (图 7).

解　(a) 因为 $dy = dx$, 故

(a)　$\int_{(L)} 2xy dx + x^2 dy = \int_0^1 3x^2 dx = 1;$

(б)　$dy = 2x dx, H = \int_0^1 4x^3 dx = 1;$

(в)　$dx = 2y dy, H = \int_0^1 5y^4 dy = 1;$

(г)　$dy = 3x^2 dx, H = \int_0^1 5x^4 dx = 1.$

4) 对这些同样积分路线, 计算曲线积分

$$G = \int_{(L)} xy dx + (y - x) dy.$$

答 (a) $\dfrac{1}{3}$, (б) $\dfrac{1}{12}$, (в) $\dfrac{17}{30}$, (г) $-\dfrac{1}{20}$.

5) 求曲线积分

$$I = \int_{(OA)} (x - y^2)dx + 2xydy,$$

如取连接点 $O(0,0)$ 及 $A(1,1)$ 的下列各曲线之一 (参看图 7) 作为积分道路: (a) 直线段 $OA(y = x)$; (б) 由 x 轴 $(y = 0)$ 的一段 OP 及直线 $x = 1$ 的一段 PA 所组成的折线 OPA; (в) 由 y 轴 $(x = 0)$ 的一段 OQ 及直线 $y = 1$ 的一段 QA 所组成的折线 OQA.

解 (a) 因 $y = x$ 及 $dy = dx$, 故

$$I = \int_0^1 (x + x^2)dx = \frac{5}{6}.$$

(б) 在这一情况下很自然地分积分道路为两段:

$$I = \int_{(OPA)} = \int_{(OP)} + \int_{(PA)} = I_1 + I_2.$$

沿 OP 我们有: $y = 0$ 及 $dy = 0$, 所以

$$I_1 = \int_0^1 xdx = \frac{1}{2}.$$

沿 PA 有: $x = 1$ 及 $dx = 0$, 故

$$I_2 = \int_0^1 2ydy = 1.$$

因此, 最后 $I = \dfrac{3}{2}$.

(в) 与前类似, 得 (因为沿线段 OQ 的积分等于零):

$$I = \int_{(QA)} = \int_0^1 (x - 1)dx = -\frac{1}{2}.$$

6) 同样求积分

$$J = \int_{(OA)} (y^2 + 2xy)dx + (2xy + x^2)dy.$$

答 在所有情形下 $J = 2$.

附注 读者可能已注意到例 3), 6) 的结果与 4), 5) 的结果间的差异. 在 3) 与 6) 中所考察积分的大小似乎与连接起点及终点的道路无关. 相反, 在例 4) 与 5) 中我们遇到的积分其值与起点及终点用什么样的线连接相关. 以后 [§3] 我们要特别来讨论这一问题并说明它的重要性.

7) 计算积分

$$I = \int_{(C)} (x^2 + 2xy)dy,$$

其中 (C) 表示循反时针向的上半椭圆 $\dfrac{x^2}{a^2} + \dfrac{y^2}{b^2} = 1$.

解　利用椭圆的参数表示式: $x = a\cos t, y = b\sin t$, 这里 t 由 0 变到 π. 将 x, y 用 t 的表示式代入并用 $b\cos t\, dt$ 来代 dy, 得 [由公式 (5)]

$$I = \int_0^\pi (a^2\cos^2 t + 2ab\cos t\sin t)b\cos t\, dt$$

$$= a^2 b \int_0^\pi \cos^3 t\, dt + 2ab^2 \int_0^\pi \cos^2 t\sin t\, dt = \frac{4}{3}ab^2.$$

8) 计算积分

$$K = \int_{(L)} y^2 dx - x^2 dy,$$

其中 (L) 是一圆周, 半径为 1 而中心在: (a) 坐标原点或 (б) 点 (1,1).

解　(a) 自参数方程 $x = \cos t, y = \sin t$ 出发, 其中 t 由 0 变到 2π, 由公式 (6) 我们有

$$K = -\int_0^{2\pi} (\sin^3 t + \cos^3 t)dt = 0.$$

(б) 同样, 用参数表示式

$$x - 1 = \cos t, \quad y - 1 = \sin t$$

时, 我们得

$$K = -\int_0^{2\pi} (2 + \sin t + \cos t + \sin^3 t + \cos^3 t)dt = -4\pi.$$

9) 求积分

$$J = \int_{(K)} \frac{x\, dy - y\, dx}{Ax^2 + 2Bxy + Cy^2} \quad (A, C \text{ 及 } AC - B^2 > 0),$$

其中 (K) 是圆周 $x^2 + y^2 = r^2$.

提示　比照 **339**, 14). **答**　$\dfrac{2\pi}{\sqrt{AC - B^2}}$.

10) 计算积分

$$L = \int_{(A)} \frac{x\, dx}{y} + \frac{dy}{y - a},$$

如果 (A) 是摆线

$$x = a(t - \sin t), \quad y = a(1 - \cos t)$$

自点 $t = \dfrac{\pi}{6}$ 到点 $t = \dfrac{\pi}{3}$ 的一段.

解　$L = \int_{\frac{\pi}{6}}^{\frac{\pi}{3}} \left[a(t - \sin t) - \dfrac{\sin t}{\cos t}\right]dt = a\left(\dfrac{\pi^2}{24} + \dfrac{1 - \sqrt{3}}{2}\right) - \dfrac{1}{2}\ln 3.$

11) 计算积分

$$I = \int_{(K)} \frac{x^2 dy - y^2 dx}{x^{\frac{5}{3}} + y^{\frac{5}{3}}},$$

如果 (K) 是星形线

$$x = a\cos^3 t, \quad y = a\sin^3 t$$

自点 $A(a, 0)$ 到点 $B(0, a)$ 的一段.

解　$I = 3a^{\frac{4}{3}} \int_0^{\frac{\pi}{2}} \sin^2 t\cos^2 t\, dt = \dfrac{3}{16}\pi a^{\frac{4}{3}}.$

550. 用取在折线上的积分的逼近法 在许多情形下会遇到一种曲线积分, 用取在折线上的积分来逼近它非常方便. 这种逼近法建立在下一命题上, 这一命题对我们今后不止一次有用.

所提到的曲线 (L) 假定是简单曲线, 且是非闭的. 此曲线由方程 (3) 给出, 其中函数 φ 与 ψ 连同它们的导数是连续的; 这一点保证了在下面所述的等式 [**547**] 中曲线积分的存在性, 同样也保证了曲线 (L) 是可求长的 [**248**].

引理 设函数 $P(x, y)$ 及 $Q(x, y)$ 于某开区域 (E) 内连续, 而 (L) 是在 (E) 内的一曲线. 如作 (L) 的内接折线 (Λ), 则当各段小弧直径的最大者趋近于零时我们有

$$\lim \int_{(\Lambda)} P dx + Q dy = \int_{(L)} P dx + Q dy.$$

只要讨论 $\int_{(\Lambda)} P dx$ 及 $\int_{(L)} P dx$ 就够了, 对积分 $\int_{(\Lambda)} Q dy$ 及 $\int_{(L)} Q dy$ 推理完全是一样的. 设内接于 (L) 的折线 (Λ) 的顶点为

$$A \equiv A_0, A_1, \cdots, A_i, A_{i+1}, \cdots, A_n \equiv B,$$

以 x_i, P_i 表 x, P 在点 A_i 的值. 给定任意一数 $\varepsilon > 0$ 后, 命各小弧的直径非常小, 使 1) 连续函数 P 沿线段 $\overline{A_i A_{i+1}}$ 的振动 $< \varepsilon$ 且 2) 积分和 $\sum_i P_i \Delta x_i$ 与它的极限 $\int_{(L)} P dx$ 之差也小于 ε.

显然, 我们有

$$\int_{(\Lambda)} P dx = \sum_i \int_{(A_i A_{i+1})} P dx,$$

且另一方面,

$$\sum_i P_i \Delta x_i = \sum_i \int_{(A_i A_{i+1})} P_i dx,$$

所以

$$\int_{(\Lambda)} P dx = \sum_i P_i \Delta x_i + \sum_i \int_{(A_i A_{i+1})} [P - P_i] dx.$$

但右端的第一项与积分 $\int_{(L)} P dx$ 相差小于 ε [参看 2)], 而第二项其绝对值不会超过 $\varepsilon \sum_i \overline{A_i A_{i+1}}$ [参看 1)], 也就是更 $< L \cdot \varepsilon$, 其中 L 是曲线 (L) 的长.

于是, 最后,

$$\left| \int_{(\Lambda)} P dx - \int_{(L)} P dx \right| < \varepsilon(1 + L),$$

这就证明了我们的断言.

附注 如果把简单闭路 (L) 分成两条非闭的曲线, 并且对后者分别应用上述引理, 那么所证明的断言在某种意义上可以推广到简单闭曲线的情形, 这里的极限过程受到要求分点之中有两个预先固定的点这一限制 [参看 **548** 目的附注].

551. 用曲线积分计算面积　我们现在来指出, 怎样借 (第二型的) 曲线积分来计算平面图形的面积.

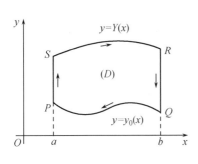

图 8

首先我们来考察 (图 8) 图形 $(D) = PQRS$, 它是由平行于 y 轴的二直线段 PS 及 QR (在特别情形时可缩为一点) 与两曲线 PQ 及 SR 围起来的, 而这两曲线的每一个与平行于 y 轴的任一直线仅交于一点. 设曲线 (PQ) 及 (SR) 的显方程为

$$(PQ) : y = y_0(x), \quad (SR) : y = Y(x),$$

且 x 在区间 $[a, b]$ 上变动.

将 "曲边梯形" $PQRS$ 的面积 D 看作两 "曲边梯形" $abRS$ 及 $abQP$ 的面积的差时, 我们就可以写

$$D = \int_a^b Y(x)dx - \int_a^b y_0(x)dx.$$

另一方面, 由公式 (7),

$$\int_{(PQ)} ydx = \int_a^b y_0(x)dx, \quad \int_{(SR)} ydx = \int_a^b Y(x)dx.$$

所以

$$D = \int_{(SR)} ydx + \int_{(QP)} ydx;$$

这里我们已经在第二个积分前面变了号, 但同时却也改变了积分的方向. 若在等式右端加上等于零的两积分

$$\int_{(PS)} ydx \quad 及 \quad \int_{(RQ)} ydx$$

(因为它们是沿着平行于 y 轴的直线段而取的), 则等式并未破坏. 结果得

$$D = \int_{(PSRQP)} ydx,$$

且积分路线是按积分号下文字的次序前进的.

如以 (L) 表区域 (D) 的边界, 则按第 **548** 目末尾的规定, 记号 $\int_{(L)} ydx$ 表示以正向取的积分. 在坐标轴, 如图 8 所采用的, 是右手定向时, 这一环行方向使区域在左手边, 而同时方向 $PSRQP$ 使这一区域在右手边. 故

$$\int_{(PSRQP)} ydx = -\int_{(L)} ydx,$$

因此,

$$D = -\int_{(L)} ydx. \tag{9}$$

现在假定, 虽然图形 (D) 是由较复杂的边界围成的 (甚至边界是由若干曲线所组成), 但这一图形用平行于 y 轴的直线恒可分成有限个如上所考察的小块 (图 9). 每一小块有一由公式 (9) 所表出的面积. 将这些等式相加, 在左边我们就得到整个图形 (D) 的面积, 而右边是散布在各部分边界上的积分的和. 但这些积分可化为取在总边界 (L) 上的一积分, 因为沿每一辅助线段的积分等于零. 因此, 在这种情形下面积 (D) 仍以公式 (9) 表示.

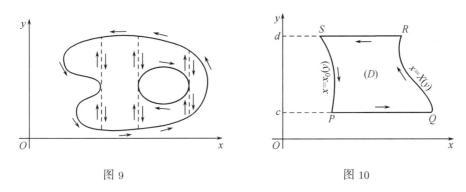

图 9   图 10

对于由平行于 x 轴的两直线段 PQ 及 SR (图 10) 与两曲线

$$(PS) : x = x_0(y), \quad (c \leqslant y \leqslant d)$$
$$(QR) : x = X(y)$$

所围成的图形 $PQRS$, 用类似的推理可得公式

$$D = \int_{(L)} x dy. \tag{10}$$

并且, 如果互换 x, y 轴的地位, 它也可直接由公式 (9) 推出. 这时符号必须改变, 这是因为环行的正向与坐标轴地位互换无关, 仍旧完全与前面一样.

容易明白, 对于较复杂的图形, 即用平行于 x 轴的直线可将它分成有限个第二型的 "曲边梯形" 者, 公式 (10) 依然成立.

所得结果事实上已有完全足够的普遍性了. 但是, 在许多具体情况中要去检验上面的图形是否可能分割为上述特殊类型的小块往往很麻烦. 所以我们来证明另一个, 亦是非常一般的, 但容易验证的条件, 在这一条件下公式 (9) 及 (10) 可同时应用.

我们假定, 区域 (D) 是由一任意的分段光滑的 ① 曲线 (L) 围成的.[80] 因为这一区域是可求面积的 [**337**], 故可作一在里面的及一在外面的多角形区域 (A) 及 (B) 使

$$A < D < B, \quad B - A < \varepsilon,$$

---

①回想一下, 我们称由若干段光滑曲线组成的曲线为**分段光滑曲线** [参看 **337**; 比较 **261**].

[80]对具有分段光滑边界的区域, 公式 (9) 与 (10) 的完全解析的证明十分繁琐; 下文中为了简明, 略去了细节.

其中 ε 是事先给定的一正数 [**335**]. 同时也可以假定这些区域的边界两两无公共点. 以 δ 表这些不同边界的点间的最小距离 [**336** 脚注]. 如内接于 (L) 作一折线 (Λ) 使所有小弧的直径 $< \delta$, 这折线就已经不会与多角形 (A) 及 (B) 的边界有公共点, 所以由它所围的多角形 (Δ) 包含着 (A) 且自身又含于 (B) 内. 于是

$$|\Delta - D| < \varepsilon,$$

故当小弧直径的最大者趋近于零时, $\Delta \to D$.

现在不难证明, 公式 (9) 及公式 (10) 都可应用来计算多角形面积 Δ, 即

$$\Delta = -\int_{(\Lambda)} ydx = \int_{(\Lambda)} xdy$$

(因为用平行于 y 轴或 x 轴的直线很容易分割这一多角形为这种或那种类型的梯形). 如变到极限, 并引用前一目中的引理, 最后就得到: 由一个分段光滑的曲线所围图形 (D) 的面积可任意用上述公式之一来表示.

但是, 在计算面积时, 通常采用另一较对称的公式:

$$D = \frac{1}{2} \int_{(L)} xdy - ydx, \tag{11}$$

这由公式 (9) 及 (10) 很容易得到 [比照 **339** (16)].

附注　容易证明, 曲线上有有限个奇点时事实上并不改变上面所导出的公式的真实性. 如用这些点的邻域将它们分开, 则对图形的其余部分公式是可以应用的. 再只要令这些邻域的直径趋近于零变到极限就可以了.

552.　**例**　1) 求半轴为 a 及 b 的椭圆面积.
　　解　利用椭圆的参数方程: $x = a\cos t, y = b\sin t\ (0 \leqslant t \leqslant 2\pi)$. 由公式 (11),

$$D = \frac{1}{2}\int_0^{2\pi} a\cos t \cdot b\cos t dt - b\sin t \cdot (-a\sin t)dt = \frac{ab}{2}\int_0^{2\pi} dt = \pi ab.$$

在计算曲线积分时我们利用了公式 (6), 当排列积分上下限的次序时要注意闭路正向的环行对应于参数的增加.

2) 求星形线

$$x = a\cos^3 t, \quad y = a\sin^3 t \quad (0 \leqslant t \leqslant 2\pi)$$

的面积.
　　答　$D = \dfrac{3}{2}a^2 \int_0^{2\pi} \sin^2 t \cos^2 t dt = \dfrac{3\pi a^2}{8}$.

3) 求由外摆线

$$x = a[(1+m)\cos mt - m\cos(1+m)t],$$
$$y = a[(1+m)\sin mt - m\sin(1+m)t]$$

的一拱与对应的圆弧间所围图形的面积 (图 11).

解 应先沿着曲线 (ABC) 再沿着曲线 (CDA) 取积分 (11). 在前一情况下我们可利用上面写出的方程, 令 t 自 0 变到 2π. 则

$$xdy - ydx = a^2m(1+m)(1+2m)(1-\cos t)dt,$$

故

$$\frac{1}{2}\int_{(ABC)} = \pi a^2 m(1+m)(1+2m).$$

至于圆弧 (CDA), 则如保持同一参数, 它就可用方程

$$x = a\cos mt, \quad y = a\sin mt$$

来表示, 这时 t 自 2π 变到 0. 对应的积分为

$$\frac{1}{2}\int_{(CDA)} = \frac{1}{2}a^2 m\int_{2\pi}^{0} dt = -\pi a^2 m.$$

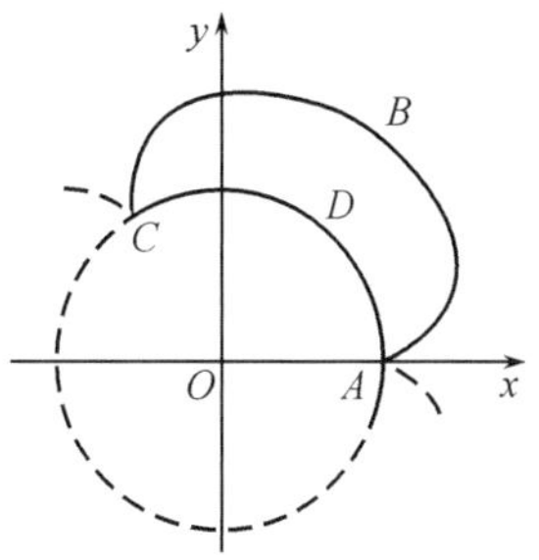

因此, 所求面积等于

$$D = \pi a^2 m^2(2m+3).$$

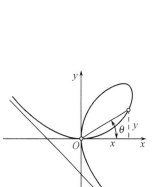

图 11

4) 试求笛卡儿叶形线

$$x^3 + y^3 = 3axy$$

一圈的面积 (图 12).

解 为了要求得闭路的参数方程, 令 $y = tx$.[①] 则 [参照 **224**, 5)]

$$x = \frac{3at}{1+t^3}, \quad y = \frac{3at^2}{1+t^3}.$$

由几何观察很清楚, 当参数 t 自 0 变到 ∞ 时, 圈子就描画出来了 (因为 $t = \frac{y}{x} = \mathrm{tg}\theta$, 其中 θ 由 0 变到 $\frac{\pi}{2}$). 我们有

$$dx = 3a\frac{1-2t^3}{(1+t^3)^2}dt,$$

$$dy = 3a\frac{2t-t^4}{(1+t^3)^2}dt$$

图 12

及

$$D = \frac{9a^2}{2}\int_0^{\infty}\frac{t^2 dt}{(1+t^3)^2} = \frac{3}{2}a^2.$$

注意这里我们用了无穷限的反常积分, 而在推演公式 (6) 时我们一直认为参数变化的区间是有限的. 要证明上面做的是正确的非常容易, 只要先引进另一参数使其变化区间是有限的 (例如, 角 θ), 再变到参数 $t = \frac{y}{x}$.

5) 同一问题, 对曲线:

(a) $(x+y)^4 = ax^2 y$, (б) $(x+y)^{2n+1} = ax^n y^n$ (n 为自然数).

[①] 一般, 当代数曲线的方程有两类齐次项且次数相差一时, 这样的代换法总是很方便的.

提示　引导 $t = \dfrac{y}{x}$, t 自 0 变到 ∞. 在情形 (б) 下,

$$x\,dy - y\,dx = a^2 \frac{t^{2n}}{(1+t)^{4n+2}} dt.$$

在积分时, 自恒等式

$$t^{2n} = [(1+t) - 1]^{2n} = \sum_{k=0}^{2n} C_{2n}^k (-1)^k (1+t)^k$$

出发, 可使分式分成许多简单的分式.

答　(a) $D = \dfrac{a^2}{210}$; (б) $D = \dfrac{1}{2} \sum_{k=0}^{2n} (-1)^k \dfrac{C_{2n}^k}{4n-k+1} \cdot a^2$.

6) 求坐标轴与曲线

$$x^3 + y^3 = x^2 + y^2$$

所围图形的面积.

$$D = \frac{1}{3} + \frac{4\pi}{9\sqrt{3}}.$$

7) 作为应用一般公式 (11) 于计算任何样子的平面图形 [①] 面积的一例, 我们最后来讨论这样一问题.

设某一立体的底面是在两平行平面上的二任意形状的图形, 而侧面是直纹面, 是由按照某种规则连接这两图形的边缘上的点而成的直线所组成的 (图 13). 求证, 立体的体积 V 可用公式

$$V = \frac{h}{6}(Q_0 + 4Q_1 + Q_2) \tag{12}$$

来表示, 其中 h 表立体的高, Q_0, Q_2, Q_1 是它的底面积与中间截面的面积.

我们知道, 如横断面面积是 $Q = Q(x)$, 则体积 V 可用公式

$$V = \int_a^b Q(x)\,dx$$

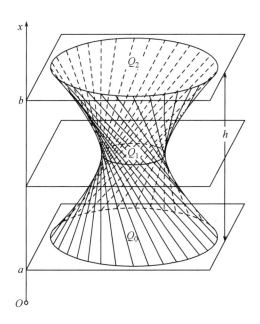

图 13

来表示 (参看 **342**). 另一方面, 如 $Q(x)$ 是至多三次的多项式, 则辛普森公式:

$$\int_a^b Q(x)\,dx = \frac{h}{6}(Q_0 + 4Q_1 + Q_2)$$

是准确的 (参看第二卷 **327** 脚注). 事实上, 我们将看到, $Q(x)$ 是一个二次多项式.

设

$$y = \alpha x + \beta, \quad z = \gamma x + \delta \tag{13}$$

[①] 当然, 要合于上面所说过的条件, 为简单起见这些条件我们这里不再重提了.

是构成范围立体的直纹面的方程. 这里可以假定系数 $\alpha, \beta, \gamma, \delta$ 是某一参数 t 的函数, 当 t 变化 (例如, 由 t_0 到 T) 时母线就描画出曲面来. 现在如果用一平行于 yz 平面、与它相距 x 的平面去截这一曲面, 则在相交的地方就得一曲线, 它在 yz 平面上的射影 (并未变形!) 恰以方程 (13) 做它的参数方程. 我们假定, 当 t 自 t_0 变到 T 时所有截面处的边界都是以正向 (被对应的母线上的点) 描画出来了. 因此截面面积, 例如由类似于 (10) 的公式, 可表为:

$$Q(x) = \int_{(K_x)} y dz = \int_{t_0}^{T} (\alpha x + \beta) d(\gamma x + \delta)$$
$$= x^2 \cdot \int_{t_0}^{T} \alpha d\gamma + x \cdot \int_{t_0}^{T} (\alpha d\delta + \beta d\gamma) + \int_{t_0}^{T} \beta d\delta,$$

即, 确实表为 x 的二次三项式.

容易证明, 类似于公式 (12) 的公式也可应用到计算立体对 yz 平面的静矩上去. 这静矩可用积分

$$M_{yz} = \int_a^b x Q(x) dx$$

来表示 [**356**, 1)], 这里积分号下的函数是一个三次多项式.

553. 两不同型曲线积分间的联系 考察一光滑曲线 $(K) \equiv (AB)$, 取弧 $s = \widehat{AM}$ 为参数, 我们就可表它为方程

$$x = x(s), \quad y = y(s) \quad (0 \leqslant s \leqslant S).$$

函数 $x(s), y(s)$ 将有连续导数 $x'(s), y'(s)$. 如以 α 表示向着弧的增加方向的切线与 x 轴间的夹角, 则大家都知道 [**249**, (15)],

$$\cos \alpha = x'(s), \quad \sin \alpha = y'(s).$$

如沿曲线 (K) 已知一连续函数 $f(M) = f(x, y)$, 因此我们有

$$\int_{(K)} f(M) dx = \int_0^S f(x(s), y(s)) x'(s) ds$$
$$= \int_0^S f(x(s), y(s)) \cos \alpha ds = \int_{(K)} f(M) \cos \alpha ds,$$

而第二型曲线积分就化成第一型曲线积分了.

同样可得

$$\int_{(K)} f(M) dy = \int_{(K)} f(M) \sin \alpha ds.$$

如沿曲线 (K) 已知二连续函数 $P(M) = P(x, y)$ 及 $Q(M) = Q(x, y)$, 则

$$\int_{(K)} P dx + Q dy = \int_{(K)} (P \cos \alpha + Q \sin \alpha) ds. \tag{14}$$

我们着重指出, 在所有这些公式中角 α 与切线的方向有关, 而这一方向对应于曲线 (K) 的方向. 如将曲线方向改变, 则不仅左端的积分变号, 且由于切线方向的改变, 角 α 要变动 $\pm\pi$, 故同时右端的积分也要变号.

显然, 所导出的公式对无重点及奇点的分段光滑曲线依然成立; 这很容易证明, 只要对曲线的每一光滑段将公式写出来再逐一相加就可以了.

作为一练习我们将面积公式 (11) 改变成第一型曲线积分:

$$D = \frac{1}{2} \int_{(K)} x\,dy - y\,dx = \frac{1}{2} \int_{(K)} (x\sin\alpha - y\cos\alpha)ds.$$

如变成极坐标 r, θ, 则又得

$$D = \frac{1}{2} \int_{(K)} r(\sin\alpha\cos\theta - \cos\alpha\sin\theta)ds = \frac{1}{2} \int_{(K)} r\sin(\alpha - \theta)ds.$$

注意 $\alpha - \theta$ 是点的位置向量与该点处切线间的夹角 (r, t), 故可给这公式一最终的形状:

$$D = \frac{1}{2} \int_{(K)} r\sin(r, t)ds.$$

对沿空间曲线的曲线积分也可作同样的讨论. 结果得公式

$$\int_{(K)} P\,dx + Q\,dy + R\,dz = \int_{(K)} (P\cos\alpha + Q\cos\beta + R\cos\gamma)ds,$$

其中 $\cos\alpha, \cos\beta, \cos\gamma$ 是切线的方向余弦, 当然假定它的方向对应于积分道路的方向.

在平面曲线的情形下, 与两种曲线积分相关的公式中, 如写出 x 轴与积分所散布的曲线法线间的夹角时, 有时比较方便. 如给法线一方向使切线与法线间的夹角 $\angle(t, n)$ 等于 $+\dfrac{\pi}{2}$,[①] 故

$$\angle(x, n) = \angle(x, t) + \angle(t, n) = \alpha + \frac{\pi}{2},$$

则

$$\cos\alpha = \sin(x, n),$$
$$\sin\alpha = -\cos(x, n).$$

因此, 例如公式 (14) 就可写成下面的形状:

$$\int_{(K)} P\,dx + Q\,dy = \int_{(K)} [P\sin(x, n) - Q\cos(x, n)]ds. \tag{15}$$

---

①计算角的正负方向必须按照平面的定向!

554. 物理问题   最后我们来讨论一些物理问题, 在其中曲线积分得到了应用.

1) **力场中功的问题**   设在 xy 平面 (或平面的一确定部分) 的任一点 M 如放一单位质量, 就有一确定的力 $\vec{F}$ 作用于它, 这个力的大小与方向只与点 M 的位置有关; 如放在 M 的质点其质量 m 不等于 1, 则作用于它的力就等于 $m\vec{F}$. 在这种情形下 xy 平面 (或所考察的一部分) 称作 **(平面) 力场**, 而作用于单位质量的力 $\vec{F}$ 称作**场的引力**. 给出力 $\vec{F}$ 的大小与方向相当于给出它在坐标轴上的射影 X, Y, 显然射影是点 M 的坐标 x, y 的函数

$$X = X(x, y), \quad Y = Y(x, y).$$

如果向量 $\vec{F}$ 与 x 轴构成的角用 φ 表示, 那么 (图 14)

$$X = F\cos\varphi, \quad Y = F\sin\varphi. \tag{16}$$

现在假定, 位于场中的点 $M(x, y)$ (有单位质量者) 运动, 且以一确定的方向描出某一连续曲线 (K). 我们的问题是在这一运动中场的力所做的功 $\boldsymbol{A}$ 如何计算.

假如作用于点的力保持一常值 F 且保持一固定方向, 而点的位移本身以直线进行, 则大家都知道, 功 $\boldsymbol{A}$ 可表为位移 l 与力在位移方向上射影的乘积:

$$\boldsymbol{A} = Fl\cos\theta,$$

其中 θ 是力 $\vec{F}$ 与位移方向间的夹角.

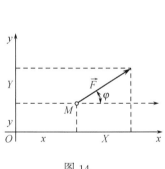

图 14

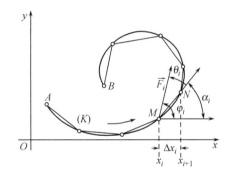

图 15

在非直线运动以及非常数力的情况下, 功要借某一极限过程来确定. 同时, 为了简明, 可以采取在实际中所熟知的 "无穷小求和法" [参看 **348**]. 我们用弧 $\widehat{AM}$ 的长 s 来确定曲线 (K) 上的点 M 的位置 (图15). 考虑曲线的无穷小元素 $MN = ds$, 并近似地认为, 力 $\vec{F}$ 与其对位移 ds 的角 θ 保持数值不变. 那么相应的元功为

$$d\boldsymbol{A} = F\cos\theta ds.$$

现在余下来的仅仅是把这些沿曲线 (K) 的元素 "加起来", 结果功 $\boldsymbol{A}$ 就表示成第一型曲线积分

$$\boldsymbol{A} = \int_{(K)} F\cos\theta ds. \tag{17}$$

引入元素 ds 的方向 (即曲线在点 M 的切线方向) 与 x 轴之间的角 α. 显然, $\theta = \varphi - \alpha$, 于是

$$\cos\theta = \cos\varphi\cos\alpha + \sin\varphi\sin\alpha,$$

积分的元素可记为: $(F\cos\varphi\cos\alpha + F\sin\varphi\sin\alpha)ds$, 或者, 根据 (16) 式:

$$(X\cos\alpha + Y\sin\alpha)ds.$$

功的表达式 (17) 本身具有如下形式:

$$\boldsymbol{A} = \int_{(K)} (X\cos\alpha + Y\sin\alpha)ds.$$

如果现在考虑到建立了一、二型曲线积分之间联系的 (14) 式, 那么力场所作的功最终表为

$$\boldsymbol{A} = \int_{(K)} Xdx + Ydy. \tag{18}$$

这是对功的最通用的表示, 是对于如下一系列与功有关的重要问题的研究方便的表示: 所作的功与连接给定两点的道路的形式是否有关? 沿一条闭路所作的功是否总是等于零? [关于这一点, 参看下面的 **555 ~ 562** 目.]

2) 不可压缩流体在平面中的定常流动　这种运动的特征是: 第一, 在某平面的同一铅垂线上各部分流体有相同的速度, 所以, 要说明整个运动只要研究在一个平面[①] 内的运动就够了; 第二, 流体各部分的速度 $\vec{c}$ 仅与各部分的位置有关而与时间无关. 因此, 在所考察的平面 (或它的一部分) 中每一几何点处, 就有一个在大小及方向上都确定的速度与它联系着; 换句话说, 给出了某一 "速度场".

如以 φ 表示向量 $\vec{c}$ 与 x 轴间的夹角, 而以 u 及 v 表这一向量在坐标轴上的射影 (速度沿坐标轴的分量), 则 (图 16, a))

$$u = c_x = c\cos\varphi,$$
$$v = c_y = c\sin\varphi.$$

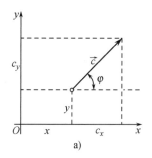

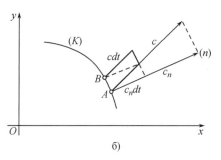

a)　　　　　б)

图 16

---

①我们取这一平面为 xy 平面.

现在在 xy 平面中取一任意曲线 (K), 我们设法决定流体在单位时间内向曲线的确定一侧流过 (曲线) 的流量 Q. 设流体是不可压缩的, 便可用流体所掩盖图形的面积来测量流体的量. 如实际上流体向所取的相反一侧流动, 则流体的流量就算是负的.

考察曲线 (K) 的元素 $ds = AB$. 在时间 dt 内通过这一元素流体的流量等于

$$c_n ds dt. \tag{19}$$

其中 c_n 是速度 $\vec{c}$ 在元素 ds 的法线 $\vec{n}$ 上的射影, 法线是向着所取的曲线那一侧的. 实际上, 这一量等于以 ds 及 $c \cdot dt$ 为边的平行四边形的面积, 它的高恰为乘积 $c_n dt$ (图 16, 6)). 为了计算在单位时间内流体通过元素 ds 的流量, 将 (15) 式对元素 dt 相加, 得出 $c_n ds$. 再将所得式子对曲线 (K) 的所有元素相加, 我们就可将所求流量 Q 表作第一型曲线积分的样子:

$$Q = \int_{(K)} c_n ds. \tag{20}$$

如 x 轴与曲线法线间的夹角为 (x, n), 则法线与速度 $\vec{c}$ 间的夹角就是

$$(n, c) = (x, c) - (x, n) = \varphi - (x, n);$$

所以

$$c_n = c \cos(n, c) = c[\cos \varphi \cos(x, n) + \sin \varphi \sin(x, n)]$$
$$= u \cos(x, n) + v \sin(x, n),$$

而式 (20) 就成为以下形式:

$$Q = \int_{(K)} [u \cos(x, n) + v \sin(x, n)] ds. \tag{21}$$

现在, 按照第 **553** 目中公式 (15), 这一积分也可表作第二型曲线积分的形状:

$$Q = \int_{(K)} v dx - u dy, \tag{22}$$

并且很重要地我们特别指出, 应该取这一曲线的方向使对应的切线方向与前所取的法线方向间夹角等于 $+\frac{\pi}{2}$ [因为就是在这一假定下公式 (15) 才推出来的].

如 (K) 是一闭路, 且积分 (22) 是认为沿着正向而取的 (与通常一样, **548**), 则公式 (22) 中的法线应取着朝向路线 (K) 所围区域的内部 (为了适合刚才所说的条件). 因此, 在这种情形下, 公式 (22) 就给出在单位时间内流体通过边界 (K) 流向境域内部的流量. 如想要得到在单位时间内由边界 (K) 所围区域流体向外的流量, 只要在公式 (22) 中变号就可以了.

再, 如场中流体既没有 "泉源" 也没有 "漏洞" 时, 则在任一有界区域内流体的量保持不变. 所以, 不论取怎样的闭曲线, 沿它所取的积分 (22) 必定等于零.

因此, 若 u 及 v 是不可压缩流体在平面的定常流动中的分速度, 则当没有泉源与漏洞时, 不论 (K) 是怎样的闭路,

$$\int_{(K)} v dx - u dy = 0.$$

以后 [**566**, 2)] 我们将看到, 这一借物理观察而得的结果也可以给出函数 u 及 v 的某种分析说明.

3) **气体所吸收的热**　考察若干质量的气体, 例如 1 千克. 气体的状态由三个量来说明: 体积 V, 压力 p 及绝对温度 T. 如将气体算作理想的, 则这三个量彼此由克拉彼依龙方程相联系:

$$pV = RT,$$

其中 R 是一常量. 因此, p, V 及 T 中任一量可用其他二量来表示. 故要确定气体的状态只要知道其中两个量就够了, 例如, V 及 p. 则横坐标为 V, 纵坐标为 p 的点可用来表明气体的状态. 如气体状态从对应于点 A 的最初状态变到由点 B 所决定的终止状态, 则整个变化过程可用一曲线 $(K) \equiv (AB)$ 来说明, 这曲线说明变化状态的连续性.[①]

现在我们的任务是: 求出在由曲线 (K) 所表明的这一整个过程的时间内, 已知质量的气体吸收了多少热量 U(卡). 为达此目的, 与通常一样, 我们考察某一 "无穷小" 过程, 将气体从状态 (V, p, T) 变到一无限接近的状态 $(V + dV, p + dp, T + dT)$. 对应于这无穷小过程有曲线 (K) 的一元素 (图 17). 我们曾经确定过这时传给它的元素热量 dU [当推演泊松公式时, **361**, 3)]. 我们来利用那里所得的式子:

$$dU = \frac{c_V}{R} V dp + \frac{c_p}{R} p dV.$$

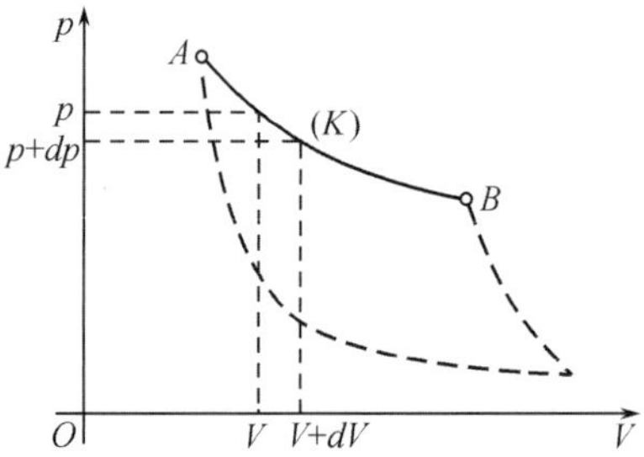

要求出由曲线 (K) 所表明的气体整个变化过程中它所传的总热量 U, 只要将元素 dU 沿这一曲线 "相加":

$$U = \int_{(K)} \frac{c_V}{R} V dp + \frac{c_p}{R} p dV. \tag{23}$$

因此, 热量 U 就已表作第二型的曲线积分.

如果我们不用 dV 及 dp, 而用 dV 及 dT 或用 dp 及 dT 来表出热的增量 dU, 那么事情不过是变成分别在 VT 平面或 pT 平面中的一曲线上取曲线积分.

图 17

4) **电流的磁效应**　表明电流磁效应的毕奥–萨伐尔定律有 "微分的" 形式. 按照这一定律, 如一导体上通过的电流为 I, 它上面的一元素 ds 作用于与它相距 r 的一磁荷 m 上的力, 其大小等于

$$\frac{Im \sin \varphi ds}{r^2}, \tag{24}$$

其中 φ $(0 < \varphi < \pi)$ 是连接磁极及电流元素的向量 $\vec{r}$ 与导体元素 $\vec{ds}$ 在电流进行的方向间的夹角. 这一元素力的方向垂直于由向量 $\vec{r}$ 及 $\vec{ds}$ 所决定的平面并朝着那一边, 使从那里看来由 $\vec{r}$ 旋转一角 φ 到 $\vec{ds}$ 是按反时针向进行的 [比照 **356**, 8)].

我们提出一问题: 有一任意形状的有限闭导线 (K) 放在空间的任意位置, 要表明在它上面流动的电流所产生的磁场; 换句话说, 就是要求出这一整个导线对放置于空间任意一点 M 处的磁荷 m 的作用力. 然而, 当上面所谈到的各个元素力有各各不同的方向并且须将它们几何地相加时, 要得到毕奥–萨伐尔定律的 "积分" 形式是很困难的.

[①] 此处及今后我们指的所谓拟平稳过程, 就是我们表明改变气体的状态是尽可能地慢慢进行的, 并尽可能伴以很均匀的搅拌使气体的全部同时通过每一中间状态.

在这类情况下通常是变成向量在空间的任一直角坐标系的轴上的射影, 因为元素力的射影相加时已经是代数的了.

为了计算的简化我们利用向量代数这工具. 如将表元素力 $\vec{dF}$ 大小的式子 (24) 改写为

$$\frac{mI}{r^3} \cdot rds\sin\varphi,$$

则很容易注意到它仅与向量积 $\vec{r} \times \vec{ds}$ 的大小相差一因子 $\frac{mI}{r^3}$. 又因为由毕奥–萨伐尔定律所决定的 $\vec{dF}$ 的方向与这一乘积的方向相重, 故可写

$$\vec{dF} = \frac{mI}{r^3}(\vec{r} \times \vec{ds}).$$

现在我们考察任一 (右手的) 直角坐标系 $Oxyz$. 如以 x, y, z 表元素 ds (起点) 的坐标, 而以 ξ, η, ζ 表所考察的空间点 M 的坐标, 则向量 $\vec{r}$ 在坐标轴上的射影为

$$x - \xi, y - \eta, z - \zeta;$$

而向量 $\vec{ds}$ 就有射影

$$dx, dy, dz.$$

在这种情形下 $\vec{dF}$ 的射影就是因子 $\frac{mI}{r^3}$ 分别与

$$(y - \eta)dz - (z - \zeta)dy, \quad (z - \zeta)dx - (x - \xi)dz,$$
$$(x - \xi)dy - (y - \eta)dx$$

的乘积.

因此, 对曲线 (K) 的所有元素相加, 最后就得到所求力 $\vec{F}$ 在坐标轴上的射影写作沿空间曲线 (K) 的曲线积分的形状:

$$F_x = mI \int_{(K)} \frac{(y - \eta)dz - (z - \zeta)dy}{r^3},$$
$$F_y = mI \int_{(K)} \frac{(z - \zeta)dx - (x - \xi)dz}{r^3},$$
$$F_z = mI \int_{(K)} \frac{(x - \xi)dy - (y - \eta)dx}{r^3}.$$

且曲线的方向由电流流动的方向所决定. 这就给出了我们问题的解答.

§3. 曲线积分与道路无关的条件

555. 与全微分相关问题的提出 设在某一通连区域 (D) 内已知二连续函数

$$P = P(x, y) \quad 及 \quad Q = Q(x, y).$$

考察第二型曲线积分

$$\int_{(AB)} Pdx + Qdy, \tag{1}$$

此处 A 与 B 是区域 (D) 的任意两点, 而 (AB) 是连接这两点的一个分段光滑 [①] 曲

[①] 在这一目中我们只考察这样的积分道路, 这就已很好地保证了积分 (1) 的存在.

线, 全部在这一区域内者.

　　这一目主要问题就是要弄清楚这一积分的大小不与道路 (AB) 的形状有关的条件, 即积分由起点 A 及终点 B 所一意决定的条件, 而这两点不论在哪里.

　　积分 (1) 的性质由积分号下的微分式

$$Pdx + Qdy \qquad\qquad (2)$$

的性质而决定. 我们回想在以前已经遇见过类似样子的式子, 就是在我们谈到两变数的可微函数以及它的 (全) 微分

$$dF = \frac{\partial F}{\partial x}dx + \frac{\partial F}{\partial y}dy \qquad\qquad (3)$$

的时候 [**179**], 而这一式子当

$$P = \frac{\partial F}{\partial x}, \quad Q = \frac{\partial F}{\partial y}$$

时与 (2) 式全同.

　　然而, 远非每一个形状为 (2) 的式子都是 "恰当微分", 也就是并非对每一个这种式子都有一 "原函数" $F(x, y)$ 存在, 使这一式子恰是它的 (全) 微分. 从这里就能看出, 在积分号下的式子是恰当微分的情况下, 积分 (1) 就与道路无关! 我们将这一有特殊重要性的结论写成一定理的样子, 其证明放在下两目中:

　　定理 1　要使曲线积分 (1) 与积分道路的形状无关的必要充分条件是: 微分式 (2) 在所讨论的区域中为某一两个变数的 (单值①) 函数的微分.

　　556. 与道路无关积分的微分法　首先设积分 (1) 与道路无关. 在这种情况下, 积分由点 $A(x_0, y_0)$ 及 $B(x_1, y_1)$ 的给出一意地确定, 与此相关, 就可以用记号

$$\int_A^B Pdx + Qdy \quad \text{或} \quad \int_{(x_0, y_0)}^{(x_1, y_1)} Pdx + Qdy$$

来表示它. 这里只标明了积分道路的起点与终点; 道路本身没有标出来, 但这没有什么关系 —— 积分沿随便什么道路都可以. 当然, 没有上面所做的与积分道路无关的假定, 这种表示法就没有确定意义.

　　如点 $A(x_0, y_0)$ 固定, 而点 B 用区域 (D) 中的任意点 $M(x, y)$ 来代替, 则所得积分就是在区域 (D) 中 M 的某一个点函数, 即它的坐标 x, y 的函数:

$$F(x, y) = \int_{(x_0, y_0)}^{(x, y)} Pdx + Qdy. \qquad\qquad (4)$$

现在我们来研究关于它对 x 及对 y 的偏导数问题.

――――――――――――

①以后 [**562**] 读者可以清楚强调原函数单值的必要性.

在区域 (D) 中取一任意点 $B(x_1, y_1)$, 给 x_1 一增量 Δx 使它变到点 $C(x_1 + \Delta x, y_1)$, 对相当小的 Δx 这一点同时会与整个线段 BC 都属于 (D) (图 18). 函数的对应值为

$$F(x_1, y_1) = \int_{(x_0, y_0)}^{(x_1, y_1)} P\,dx + Q\,dy,$$

$$F(x_1 + \Delta x, y_1) = \int_{(x_0, y_0)}^{(x_1 + \Delta x, y_1)} P\,dx + Q\,dy.$$

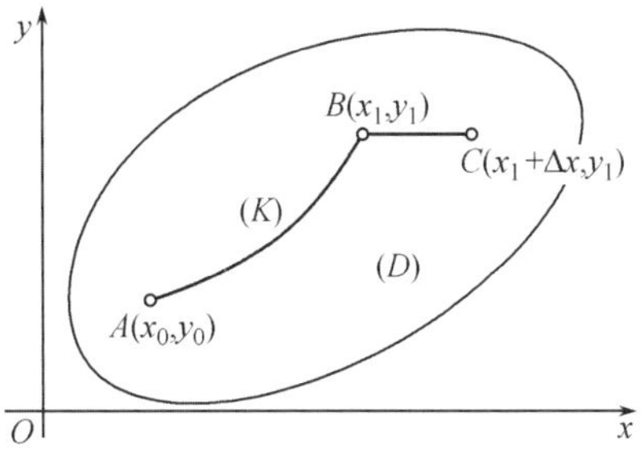

图 18

其中第一个积分我们沿连接点 A 与 B 的任一曲线 (K) 来取, 而对第二个积分其积分道路是由这一曲线 (K) 与一直线段 BC 所组成. 于是, 函数的增量就是

$$F(x_1 + \Delta x, y_1) - F(x_1, y_1) = \int_{(BC)} P\,dx + Q\,dy = \int_{(BC)} P(x, y)\,dx;$$

其间因为线段 BC 垂直于 y 轴, 而所含 $Q\,dy$ 的积分变成零了.

所留下的积分立刻就可化成普通定积分: 为此在积分号下的函数中必须用 (是直线 BC 方程 $y = y_1$ 中的) y_1 代替 y, 并应取点 B 及 C 的横坐标作为对 x 积分的下限及上限. 最后得

$$F(x_1 + \Delta x, y_1) - F(x_1, y_1) = (R) \int_{x_1}^{x_1 + \Delta x} P(x, y_1)\,dx.$$

将中值定理应用到所得的普通积分上并两端以 Δx 相除, 得

$$\frac{F(x_1 + \Delta x, y_1) - F(x_1, y_1)}{\Delta x} = P(x_1 + \theta \Delta x, y_1) \quad (0 \leqslant \theta \leqslant 1).$$

现令 Δx 趋近于零. 由函数 $P(x, y)$ 的连续性, 等式的右端, 同时其左端, 都趋近于 $P(x_1, y_1)$. 因此, 函数 F 对 x 的偏导数在点 (x_1, y_1) 处存在且可表作等式

$$\frac{\partial F(x_1, y_1)}{\partial x} = P(x_1, y_1).$$

同样可得公式

$$\frac{\partial F(x_1, y_1)}{\partial y} = Q(x_1, y_1).$$

因为点 (x_1, y_1) 是在区域 (D) 内任意取的, 故对这一区域的一切点, 有

$$\frac{\partial F(x, y)}{\partial x} = P(x, y), \quad \frac{\partial F(x, y)}{\partial y} = Q(x, y).$$

既然这些偏导数连续, 函数 $F(x, y)$ 就以

$$dF = \frac{\partial F}{\partial x} dx + \frac{\partial F}{\partial y} dy = P\,dx + Q\,dy$$

为微分, 这和积分 (1) 的被积式一致 [**179**].[1]

---

[1] 由此, 顺便也推出了函数 $F(x, y)$ 本身对于它的二变量的连续性.

这样一来, 对于与道路无关的曲线积分, 我们就得以建立一个与普通定积分中关于有变动上限积分的微分法的定理完全相类似的结果 [**305**, 12°].

在前目定理中所述条件的必要性也同时证明了. 如积分 (1) 与道路无关, 则 (2) 式实际上就是恰当微分; 在所作假定下积分 (4) 本身就给了我们积分号下式子的一个单值原函数!

557. 用原函数来计算曲线积分   现在反过来, 假定(2) 式是某一单值函数 $\Phi(x, y)$ 的全微分, 则

$$P = \frac{\partial \Phi}{\partial x}, \quad Q = \frac{\partial \Phi}{\partial y}. \tag{5}$$

已知两点: A 的坐标是 x_A, y_A, B 的坐标是 x_B, y_B; 考察连接这两点的任意一个分段光滑的曲线 (K). 设它的参数表示式为

$$x = \varphi(t), \quad y = \psi(t),$$

且当参数自 α 变到 β 时, 曲线从 A 描画到 B. 因此,

$$\varphi(\alpha) = x_A, \quad \psi(\alpha) = y_A; \quad \varphi(\beta) = x_B, \quad \psi(\beta) = y_B.$$

现在来计算沿曲线 (K) 的曲线积分, 将它化为普通的积分 [第 **547** 目公式 (6)], 得

$$\begin{aligned}
I &= \int_{(K)} P dx + Q dy \\
&= \int_{\alpha}^{\beta} \{P(\varphi(t), \psi(t))\varphi'(t) + Q(\varphi(t), \psi(t))\psi'(t)\} dt,
\end{aligned}$$

或者, 注意到 (5) 时, 按复合函数微分法的规则,

$$I = \int_{\alpha}^{\beta} \left\{ \frac{\partial \Phi}{\partial x}\varphi'(t) + \frac{\partial \Phi}{\partial y}\psi'(t) \right\} dt = \int_{\alpha}^{\beta} \frac{d}{dt}\Phi(\varphi(t), \psi(t)) dt.$$

最后,

$$\begin{aligned}
I = \Phi(\varphi(t), \psi(t))\Big|_{\alpha}^{\beta} &= \Phi(\varphi(\beta), \psi(\beta)) - \Phi(\varphi(\alpha), \psi(\alpha)) \\
&= \Phi(x_B, y_B) - \Phi(x_A, y_A).
\end{aligned}$$

因此, 在有了原函数

$$\Phi(M) = \Phi(x, y)$$

时, 曲线积分就可用简单的公式来计算:

$$\int_{(AB)} P dx + Q dy = \Phi(x_B, y_B) - \Phi(x_A, y_A) = \Phi(x, y)\Big|_{(x_A, y_A)}^{(x_B, y_B)} \tag{6}$$

或更简单地,

$$\int_{(AB)} Pdx + Qdy = \Phi(B) - \Phi(A) = \Phi(M)\Big|_A^B. \tag{6*}$$

这一公式与积分学中的基本公式 [**308**] 即用原函数表普通定积分的公式完全相类似. 不过, 我们再强调一次, 这一公式只能用于当积分号下的式子是恰当微分的时候.

这一公式同时证明了在所考察的情形下积分 (1) 与所取的曲线 AB 无关,[①] 因而在第 **555** 目的定理中所述条件的**充分性**也就建立起来了. 于是, 这一定理现在就完全被证明了.

558. 恰当微分的判别与在矩形区域的情况下原函数的求法   现在自然要发生一问题, 就是用怎样的判别法可以辨别一个给出的微分式 (2) 是否为恰当微分. 这一问题的答案就可以最后弄清楚曲线积分与道路无关的条件.

为了要得到一个在检验时既简单又方便的判别法, 我们今后补充假定在所讨论的区域 (D) 中两偏导数 $\dfrac{\partial P}{\partial y}$ 及 $\dfrac{\partial Q}{\partial x}$ 存在且连续.

在这一假定下所求判别法立刻就能得到. 如果 (2) 式是某一函数 $\Phi(x, y)$ 的微分, 故等式 (5) 就成立:

$$P = \frac{\partial \Phi}{\partial x}, \quad Q = \frac{\partial \Phi}{\partial y},$$

则

$$\frac{\partial P}{\partial y} = \frac{\partial^2 \Phi}{\partial x \partial y}, \quad \frac{\partial Q}{\partial x} = \frac{\partial^2 \Phi}{\partial y \partial x}.$$

假定了偏导数 $\dfrac{\partial P}{\partial y}$ 及 $\dfrac{\partial Q}{\partial x}$ 连续就保证这两个混合导数相等 [**190**], 因此,

$$\frac{\partial P}{\partial y} = \frac{\partial Q}{\partial x}. \tag{A}$$

于是, 这一简明的关系式就是 (2) 式是恰当微分的**必要**条件.

在研究到条件 (A) 的**充分性**时, 开始我们限制在区域 (D) 是一矩形的情形; 为明确起见, 设它是一有限的闭矩形 $[a, b; c, d]$. 在条件 (A) 适合的假定下, 我们来直接给出原函数的构成法.

这问题就是要在矩形 $[a, b; c, d]$ 上确定一个函数 $\Phi(x, y)$, 要它满足下列二方程:

$$\frac{\partial \Phi}{\partial x} = P(x, y), \quad \frac{\partial \Phi}{\partial y} = Q(x, y). \tag{5*}$$

实际上, 由函数 P 及 Q 的连续性就已经能从这里推出 (2) 式是所述函数的全微分了 [**179**].

[①] 因为, 由于函数 Φ 的单值性, 只要给了两点 A 及 B, 它的值 $\Phi(A)$ 及 $\Phi(B)$ 就完全确定了.

在 $[a,b]$ 中任取两值 x_0 及 x, 当 y 固定于 $[c,d]$ 中的任意一值时将 (5*) 中第一个方程对于 x 从 x_0 积分到 x; 我们得到

$$\Phi(x,y) = \int_{x_0}^{x} P(x,y)dx + \Phi(x_0,y).$$

现在如在 (5*) 的第二个方程中令 $x = x_0$ 而将它对于 y 在 $[c,d]$ 中任意两值 y_0 及 y 间积分, 则得

$$\Phi(x_0,y) = \int_{y_0}^{y} Q(x_0,y)dy + \Phi(x_0,y_0).$$

因此, 所求函数 $\Phi(x,y)$ 必须有

$$\Phi(x,y) = \int_{x_0}^{x} P(x,y)dx + \int_{y_0}^{y} Q(x_0,y)dy + C \qquad (7)$$

的样子, 其中 $C = \Phi(x_0,y_0) = $ 常数.

现在剩下来就是要验证由公式 (7) 确定的函数 (不论 C 是怎样的常数) 实际上的确满足两方程 (5*). 对于第一个来说这是很明显的, 因为 (7) 中右端的第一项对 x 的导数等于 $P(x,y)$ [305], 而后两项与 x 无关. 现在将等式 (7) 对 y 微分并将莱布尼茨规律 [507] 应用到右端第一个积分:

$$\frac{\partial \Phi}{\partial y} = \int_{x_0}^{x} \frac{\partial P}{\partial y} dx + Q(x_0,y).$$

由 (A), 这里可用 $\dfrac{\partial Q}{\partial x}$ 来代替 $\dfrac{\partial P}{\partial y}$; 则积分就变成差 $Q(x,y) - Q(x_0,y)$, 而导数 $\dfrac{\partial \Phi}{\partial y}$ 就恰等于 $Q(x,y)$, 这就是所要证明的.

注意如果开始时我们对 y 积分, 那对所求的原函数就会得到这样的一个式子:

$$\Phi(x,y) = \int_{x_0}^{x} P(x,y_0)dx + \int_{y_0}^{y} Q(x,y)dy + C \qquad (8)$$

与前一式子仅在形式上不同.

能懂得这一点是有益的: 在区域的某一点上固定了原函数的值, 我们借此就在原函数的一般表示式中选定了常数, 且已经得到了完全确定的单值原函数.

559. 推广到任意区域的情形 [81] 现在我们考察一任意的 (当然是连通的) 区域 (D), 它是由一个或几个分段光滑的曲线所围成, 并且可以有限或伸展到无穷远. 以后我们假定这一区域是开的. 在这种情况下它的每一点是内点 [163] 且它与某一个, 例如, 矩形的邻域都属于区域. 因为前目推理可应用到这种邻域上来, 故当条件 (A)

---

[81] 在本目及以后的一些目中, (与 "任意" 区域及自身相交曲线有关的) 一般情形的断言的证明不很详细, 读者在必要时可以独立进行更详细的论证, 或者仅限于考虑课文中所引出的那些区域和闭路而不会发生问题 (实际上遇到的极为大量的即是这种情形).

在区域 (D) 的每一点的邻域中适合时 (2) 式就有原函数存在, 并且有相差为常数的无穷个原函数. 然而, 要统一所有这些原函数使在整个区域 (D) 上得一单值的原函数并不是永远可能! 此处, 问题与区域本身的特性有关.

为了在一般情形下要保证这一单值原函数的存在, 必须给区域 (D) 一种特殊限制. 这可以这样来表明: 不论在 (D) 中取一怎样的简单闭路, 用这一线路所围起来的内域必须整个属于区域 (D). 换句话说, 区域必须不包含有 "洞", 甚至须不包含有点洞. 有这种性质的连通区域称作**单连通的**.

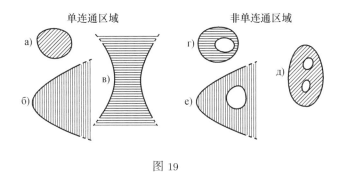

图 19

如果我们谈的是有限区域 (即不伸展到无穷远的), 则单连通性的概念还可更简单地表为: 区域必须是由唯一的一个闭路围成的. 在图 19 中举出了一些单连通与非单连通区域的例子, 其中 a), г), д) 是有限的, 而 б), в), е) 是伸展到无穷远的.

设所考察的区域 (D) 是单连通的; 开始我们假定它是有限的, 所以它单纯地是由一个分段光滑曲线 (K) 所围成的. 我们将自包含在 (D) 内而拆成许多矩形的区域出发逐步对区域 (D) 进行建立原函数.

给定一任意小数 $\varepsilon > 0$ 后, 我们可以用一个边长 $< \varepsilon$ 的正方形包围线路 (K) 的每一点使在它的范围内线路可用两种类型之一的显方程来表示 [参照 **223**]; 而仅在拐角的地方才有两个这样的曲线在这里接头.

由博雷尔引理 [**175**], 仅用有限个这样的正方形就可以覆盖整个线路 (K). 这一正方形的有限锁链围成了某一闭区域 $(\tilde{D})$, 全部在 (D) 内, 且很明显地是可拆成许多矩形的. 它是连通的,[①]因此与 (D) 一样也是单连通的; 区域 (D) 离开边界的距离 $\geqslant \varepsilon$ 的一切点根本都属于这一区域.

我们下面将指出如何对区域 $(\tilde{D})$ 作原函数. 为了要得到确定的原函数, 我们在属于 $(\tilde{D})$ 的任一点 M_0 固定它的值. 注意, 定义于两相重叠的区域上的两原函数在它们的公共部分上只能差一个常数 (因为它们差的偏导数为零, [**183**]). 因此, 如果这

[①]如两点 M_0 及 M_1 属于 $(\tilde{D})$, 则它们可以用一完全在 (D) 内的折线 (L) 相连接 [**153**]. 这一折线一般说来可能已超出 $(\tilde{D})$ 的范围而落入上文中所述的某些正方形内去了. 但包含在某一正方形内的折线部分恒可用它的周围上的对应部分来代替. 用这种方法就得到连接 M_0 及 M_1 的一折线 $(\tilde{L})$, 完全在 $(\tilde{D})$ 内.

两原函数只要在某一点处相重, 它们便在整个所述的公共部分上恒等. 由此可见, 当 ε 趋近于零时, 我们真正能够逐步把原函数的定义延伸到整个区域 (D) 上而保持其单值性.

为了要做出区域 $(\tilde{D})$ 上的原函数, 我们设想这一区域分成许多矩形, 彼此沿着垂直边互相挨靠在一起 (图 20, a)). 在图 20, б) 中我们画出了两个这种相邻的矩形 d_1 及 d_2. 在其每一个上面我们将作原函数, 设为 Φ_1 及 Φ_2. 沿矩形 d_1 及 d_2 的公共线段 $\alpha\beta$, 它们只可能相差一常数, 因为我们只要在图中打了斜线的矩形上作一任意原函数, 由前一目这一定是存在的, 如果我们回想一下上面这两个原函数的每一个与这一原函数沿 $\alpha\beta$ 真正只各相差一常数项, 那么这就很明显了. 将原函数 Φ_1 或 Φ_2 之一改变一适当常数, 因此就可使它们沿线段 $\alpha\beta$ 相重.

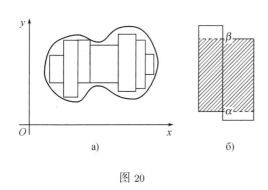

自点 M_0 所在的矩形出发来作一原函数, 且迫使原函数在这一点有预先固定的值. 再在与它相邻的一些矩形上作原函数使通过它们的公共边界时不破坏连续性, 如此继续下去.

现在我们想要说明: 区域 (D) 单连通性的条件也同时使 $(\tilde{D})$ 单连通的条件究竟要它做什么. 在图 20, a) 中的一串矩形当对边界 (K) 较复杂时也可能分叉, 如图 21, a) 所示; 不过这并没有阻住原函数沿彼此分开的叉支连续延伸. 但若区域有一 "洞" (参看图 21, б)) 而二分支又重新合在一起时, 则在合起来的第一个矩形上选取一原函数使通过两接头处 $\alpha\beta$ 及 $\gamma\delta$ 时同时保持连续性就不一定可能了!

区域 (D) 伸展到无穷远的情形可同样处理, 只要从一些有限的部分区域出发, 将原函数逐步延伸到整个区域 (D) 上去.

图 20

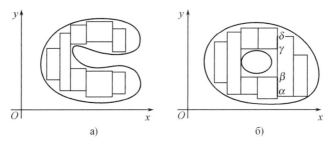

图 21

560. 最终结果   整个在前面两目中所述的可总结为下一命题:

定理 2   在整个区域 (D) 上, (2) 式要是两个变量的某单值函数的微分就必然适合条件 (A), 而在 (D) 是单连通区域的假定下, 这也是充分的.

所以条件 (A) 常称作 (2) 式的 "可积条件".
现在如再回想一下定理 1, 就立刻可得下一结论:

定理 3   在区域 (D) 中积分道路的起点 A 与终点 B 不论怎样取定之后, 如果曲线积分 (1) 与积分道路的形状无关就必然适合条件 (A), 而在 (D) 是单连通区域的假定下, 这也是充分的.

因此, 最后我们找到了条件 (A) 是曲线积分与道路无关的一个方便而又容易检验的判别法. 用这一判别法, 例如, 就很容易将第 549 目问题 3), 4), 5), 6) 中所提出的积分进行分类, 并可预见在附注中所指出的它们的特性.

以后我们要遇到这些所得结果的重要应用. 在第 **562** 目中我们将回到非单连通区域的特殊情形.

561. 沿闭路的积分   到现在为止我们考察了积分 (1)

$$\int_{(AB)} Pdx + Qdy$$

并研究了其中与积分道路无关的一类重要情况. 现在我们来考察积分

$$\int_{(L)} Pdx + Qdy, \tag{9}$$

(L) 是在区域 (D) 范围内的任一闭路; 并提出在什么条件下这一积分恒为零的问题. 可以看出, 这一问题完全相当于上面所解决的问题: 若对已给微分式 (2), 积分 (1) 与道路无关, 则积分 (9) 永远等于零, 反过来也是如此.

我们先假定积分 (1) 与道路无关. 如 (L) 是区域 (D) 中的任一闭路 (图 22), 则在它上面任取两点 A 及 B 将它分为两段 (AMB) 及 (ANB). 因为沿这两曲线的积分必须相等:

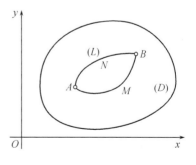

图 22

$$\int_{(AMB)} = \int_{(ANB)}, \tag{10}$$

于是,

$$\int_{(L)} = \int_{(AMB)} + \int_{(BNA)} = \int_{(AMB)} - \int_{(ANB)} = 0. \tag{11}$$

现在反过来, 设已知沿闭数的积分 (9) 永远等于零. 取定两点 A 及 B, 用两道路 (AMB) 及 (ANB) 将它们连接起来, 它们组成一闭路

$$(L) = (AMBNA).$$

当曲线 (AMB) 与 (ANB) 除去点 A 与 B 之外没有公共点, 则事情比较容易, 此时闭路 (L) 不自身相交, 即是简单闭路. 如果道路 (AMB) 及 (ANB) 彼此相交, 那么闭曲线 (L) 已不是简单曲线.

然而, 如下面引理所示, 整个的讨论可限于沿简单 (即不自身相交) 闭路上的积分.

引理　如积分 (9) 取在沿不论怎样的简单 (即不自身相交) 闭路上永等于零, 则它即使取在任何自身相交的闭路上也将为零.

由第 **550** 目中所建立的引理,[82] 只要证明对任一自身相交的闭折线这一断言成立就够了. 设 (L) 是这样的一折线, 有一确定的方向. 从它上面的某一点 M_0 出发并顺着折线描画这一折线到第一个自身相交处 —— 点 M_1. 丢掉所得的闭折线 (L_1) 后, 延长路径 M_0M_1 到新的自身相交处, 这又可分出一闭折线 (L_2), 一直这样下去. 经过有限步后折线 (L) 就折成有限个不自身相交的闭折线

$$(L_1), (L_2), \cdots$$

沿它们上面的积分已知为零. 这就是说, 沿折线 (L) 它也等于零, 这就是所要求证的.

因此, 我们就证明了下面有用的

定理 4　要曲线积分 (1) 与道路无关, 必要且充分的条件是积分 (9) 沿任何闭路都等于零. 如果只限于简单 (即不自身相交) 闭路的情形条件依旧是充分的.

现在可以看出, 要判断积分 (9) 沿闭路是否为零可以用定理 3 中所述积分与道路无关的同一判别法:

定理 5　要积分 (9) 不论取在区域 (D) 范围内的任何闭路上恒为零就必须适合条件 (A), 而在单连通区域 (D) 时它也是充分的. 当我们仅限制于简单 (即不自身相交) 的闭路时, 这一条件依然是必要的.

以后 [**601**], 我们具备了更深入的工具 (重积分, 格林公式) 时, 我们还要回到这一目中所讨论的一些问题, 并可用更经济的方法重新得到若干这里所建立的结果.

---

[82] 更确切地说, 根据所说引理在自身相交闭路情况的推广 (此推广引理的正确性可以与 **550** 目相仿加以证明).

562. 非单连通区域或有奇点的情形 在本节中所发展的并与利用可积条件 (A) 有关的全部理论建立在下面两假定上: 1) 所考察的区域 (D) 是单连通的, 即没有 "洞", 2) 函数 P 及 Q 与其导数 $\dfrac{\partial P}{\partial y}$ 及 $\dfrac{\partial Q}{\partial x}$ 都在区域 (D) 中连续. 如果这些条件被破坏了, 则一般说来上面所叙述的断言就不能成立. 分析这所表明的特性就是本目的目的.

我们注意, 破坏连续性条件 2) 的 "奇" 点, 如果将它们从区域中撤开, 则也可解释为一种点的 "洞". 因此, 问题就化为对区域 (D) 的讨论, 在它里面连续性的一切要求与条件 (A) 都适合, 然而有一个或几个点的或非点的 "洞". 并且, 为了明确起见, 在以后的叙述中我们想只限制在点 "洞" 即奇点的情形. 一般情形可完全同样地处理.

开始我们假定, 区域 (D) 含有一个奇点 M (而没有其它的 "洞"). 在这一区域中取一简单闭路 (L), 并考察积分 (9)

$$\int_{(L)} Pdx + Qdy.$$

如这一闭路没有包围着奇点, 则与以前一样积分等于零. 而如点 M 在闭路 (L) 的内面, 则积分可能就不是零了.

但是, 非常值得注意的, 沿各种可能围绕点 M 的所述类型的闭路而取正向 [548] 其积分彼此皆相等.

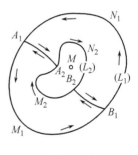

图 23

要证明这, 我们考察两条围绕点 M 的分段光滑的曲线 (L_1) 及 (L_2). 可以认为它们互不相交, 因为在相反的情形下, 我们可以引一包围 (L_1) 及 (L_2) 的第三条闭路 (L_3) 而又与它们都不相交者, 交分别考察闭路偶 $(L_1),(L_3)$ 及 $(L_2),(L_3)$.

曲线 (L_1) 与 (L_2) 在一起形成了夹在它们之间的环形区域 (Δ) 的边界 (图 23). 用两条截线 (A_1A_2) 及 (B_1B_2) 将这一区域分成两个已经是单连通了的部分 (Δ') 及 (Δ''). 则我们就可写:

$$\int_{(A_1M_1B_1)} + \int_{(B_1B_2)} + \int_{(B_2M_2A_2)} + \int_{(A_2A_1)} = 0$$

及

$$\int_{(B_1N_1A_1)} + \int_{(A_1A_2)} + \int_{(A_2N_2B_2)} + \int_{(B_2B_1)} = 0.$$

将这些积分相加时, 在截线上所取的相反方向积分互相对消, 得

$$\int_{(A_1M_1B_1N_1A_1)} + \int_{(A_2N_2B_2M_2A_2)} = 0,$$

于是, 最后,

$$\int_{(A_1M_1B_1N_1A_1)} = \int_{(A_2M_2B_2N_2A_2)} \quad \text{或} \quad \int_{(L_1)} = \int_{(L_2)},$$

且后面这两积分都是沿正向取的. 我们的断言得以证明.

以 σ 表示所有类似积分的公共值. 它称作对应于点 M 的**循环常数**.①

我们现在来证明, 若 (L) 是区域 (D) 中的任一甚至是自身相交的但不通过奇点 M 的闭路, 则

$$\int_{(L)} Pdx + Qdy = n\sigma, \tag{12}$$

其中 n 是一整数 (正的, 负的或零). 对多角形的闭路这是很明显的, 因为它可拆成有限个不自身相交的闭多角形线路, 沿它们的每一个, 积分都等于零或 $\pm\sigma$. 在一般情形时我们又利用在第 **550** 目中建立的引理, 并自内接于曲线的折线出发, 采取极限过程. 因为形如 $n\sigma$ 的式子 (当 $\sigma \neq 0$ 及 n 为整数时) 只能趋近于同一形状的有限极限 (只要数 n 一直不变), 故公式 (12) 对任何闭路 (L) 都是正确的.

现在我们来考察沿一曲线的积分, 这一曲线是连接区域 (D) 中的两点 $A(x_0, y_0)$ 及 $B(x_1, y_1)$ 而成的但不通过奇点. 如 $(AB)_0$ 是一条这样的曲线, 而 (AB) 是任何另外一条, 则 (AB) 及 $(BA)_0$ 在一起就组成一闭路. 故由 (12),

$$\int_{(AB)} Pdx + Qdy + \int_{(BA)_0} Pdx + Qdy = n\sigma,$$

于是,

$$\int_{(AB)} Pdx + Qdy = \int_{(AB)_0} Pdx + Qdy + n\sigma.$$

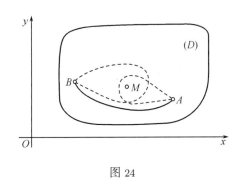

图 24

这里, 积分就真正与积分道路有关了, 但也只是加上循环常数的一整数倍. 在曲线 $(AB)_0$ 上面加上若干个围绕点 M 的圈子 (图 24), 可以使倍数 n 为任一事先选定的整数值.

换句话说, 在这种情形下, 当 A 及 B 已知时记号

$$\int_{(AB)} Pdx + Qdy = \int_{(x_0, y_0)}^{(x_1, y_1)} Pdx + Qdy$$

就不是 (如 $\sigma \neq 0$) 单值的了, 它有一形如 $n\sigma$ 的项没有确定, 其中 $n = 0, \pm 1, \pm 2, \cdots$.

若点 B 用一动点 $N(x, y)$ 来代替, 则积分

$$F(x, y) = \int_{(x_0, y_0)}^{(x, y)} Pdx + Qdy$$

与以前一样是式子 $Pdx + Qdy$ 的原函数, 连续 (当然除掉点 M) 而多值.

①对应于真正的——非点的——"洞", 其循环常数可完全同样地定义.

理解这里所讨论的情况与以前所研究的 [556, 558, 559] 本质上的不同是很重要的. 原函数的表示式中本来含有一任意常数, 如果把这也算进来的话, 那么在以前我们也可说原函数的 "多值性". 然而, 要得到在整个所讨论的区域中的一单值函数, 只要固定这一常数就够了; 在那里, 在多值原函数的各 "分支" 间并没有什么强制在一起的联系. 而这里的 "分支", 相差一循环常数的倍数, 就不能孤立地看待, 因为当绕奇点转动时, 它们就连续地彼此转变了.[①]

为了说明此处整个所述的, 我们举一例题:

$$P = -\frac{y}{x^2 + y^2}, \quad Q = \frac{x}{x^2 + y^2}.$$

这些函数与它们的导数除坐标原点 $O(0,0)$ 外在整个平面上连续, 因此原点是唯一的奇点. 立刻可以验证, 可积条件到处 (理解为除原点外) 适合:

$$\frac{\partial P}{\partial y} = \frac{\partial Q}{\partial x} = \frac{y^2 - x^2}{(x^2 + y^2)^2}.$$

很容易计算出, 沿以原点为中心的任何圆上的正向积分

$$\int_{(L)} \frac{x\,dy - y\,dx}{x^2 + y^2}$$

等于 2π. 这就是对应于原点的循环常数.

很容易猜到微分式

$$\frac{x\,dy - y\,dx}{x^2 + y^2}$$

的原函数是幅角 θ, 如以 $x = r\cos\theta, y = r\sin\theta$ 代入马上就可以看出来. 因此, 原函数的一般形式是 $\theta + C$ ($C =$ 常数). 然而, 在平面中任一异于原点的已知点处, 我们不论以幅角 θ 的任何值出发, 如迫令这点围绕原点不论沿哪一方向转 n 转, 则 θ 角, 因为是连续变动的, 当点回到出发位置时, 增加了循环常数的一倍数 $\pm 2n\pi$. 所以, 如果此时我们在整个平面中或包含原点在内面的平面的一部分中 (当然, 原点本身除外) 来考察原函数, 则就必须认为它是多值的, 并认为这是它的不可分割的特性: 它的相差 2π 整数倍的分支在某种意义下是不可分的.

读者不难推广上述研讨到当有若干个奇点或 "洞" 时的情形. 例如, 设有 k 个奇点

$$M_1, M_2, \cdots, M_k.$$

如 A 及 B 是区域中两 (不同于奇点的) 点, 以 $(AB)_0$ 表连接这两点 (且不通过奇点) 的任一确定的曲线, 则沿任何类似的曲线 (AB) 的积分其一般公式为

$$\int_{(AB)} P\,dx + Q\,dy = \int_{(AB)_0} P\,dx + Q\,dy + n_1\sigma_1 + n_2\sigma_2 + \cdots + n_k\sigma_k.$$

[①]我们在复变数多值函数的情形 [例如比照 458] 已经处理过这类现象. 不难看出, 这也好, 那也好, 都与平面的性质有关.

这里 σ_i $(i=1,2,\cdots,k)$ 是对应于点 M_i 的循环常数, 亦即积分

$$\int_{(L_i)} Pdx+Qdy$$

的值, 其中 (L_i) 是一包含奇点 M_i 在其内而不包含其他奇点的一简单闭路, 且以正向而取的. 系数 $n_1,n_2,\cdots,n_k$ 彼此无关. 可取任何整数值.

563. 高斯积分 在某些数学物理问题中必须要考察一个第一型曲线积分称作高斯积分者:

$$g=\int_{(L)}\frac{\cos(r,n)}{r}ds,$$

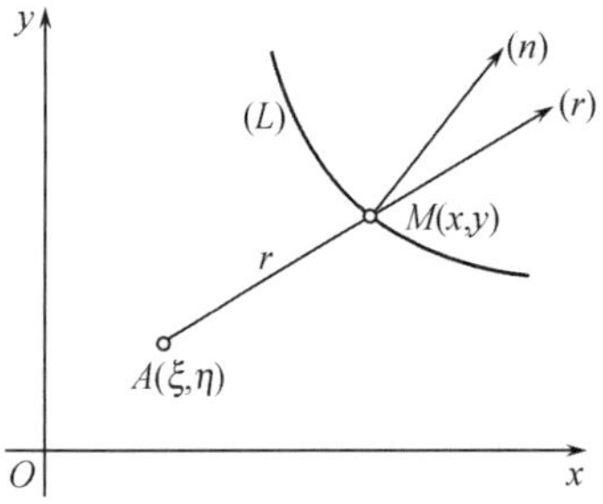

图 25

这里以 r 表连接曲线 (L) 外一点 $A(\xi,\eta)$ 与曲线上动点 $M(x,y)$ 的向量的长 (图 25):

$$r=\sqrt{(x-\xi)^2+(y-\eta)^2},$$

(r,n) 表这向量与曲线在点 M 处的法线间的夹角.

因为点 A 不动, 故积分号下的式子 $\dfrac{\cos(r,n)}{r}$ 是点 M 的坐标 x,y 的函数. 我们现在要将高斯积分表成第二型曲线积分. 如 (x,n) 与 (x,r) 是 x 轴的正向与法线及位径向量的方向间的夹角, 则显然,

$$(r,n)=(x,n)-(x,r),$$

所以

$$\begin{aligned}\cos(r,n)&=\cos(x,n)\cos(x,r)+\sin(x,n)\sin(x,r)\\&=\frac{x-\xi}{r}\cos(x,n)+\frac{y-\eta}{r}\sin(x,n).\end{aligned}$$

将这代入高斯积分中, 就将它化为

$$g=\int_{(L)}\left[\frac{y-\eta}{r^2}\sin(x,n)+\frac{x-\xi}{r^2}\cos(x,n)\right]ds.$$

如果利用第 **553** 目公式 (15), 则就得到积分 g 的所求第二型曲线积分表示式:

$$g=\pm\int_{(L)}\frac{y-\eta}{r^2}dx-\frac{x-\xi}{r^2}dy.$$

其中正负号对应于法线方向的选取法.

函数 $P=\dfrac{y-\eta}{r^2}$ 及 $Q=-\dfrac{x-\xi}{r^2}$ 与它们的导数除点 A (此处 $r=0$) 外在整个 xy 平面中皆连续. 在异于 A 的一切点处, 可积条件都满足. 事实上.

$$\frac{\partial}{\partial y}\left(\frac{y-\eta}{r^2}\right)=\frac{r^2-2(y-\eta)^2}{r^4}=\frac{(x-\xi)^2-(y-\eta)^2}{r^4},$$

$$\frac{\partial}{\partial x}\left(-\frac{x-\xi}{r^2}\right)=-\frac{r^2-2(x-\xi)^2}{r^4}=\frac{(x-\xi)^2-(y-\eta)^2}{r^4}.$$

所以这两导数相等.

若曲线 (L) 是闭的, 但不包围点 A (亦不通过它), 则必 $g = 0$. 若闭曲线 (L) 包围点 A, 则高斯积分可能异于零, 但如我们在前一目中已经看到的, 对一切这样的曲线它的值必须是相同的. 为了要计算这一值, 我们取中心在点 A 半径为 R 的圆周作为曲线 (L). 则

$$r = R \quad 且 \quad \cos(r, n) = 1$$

(如认为法线及径向量有相同的方向), 所以

$$g = \frac{1}{R} \int_{(L)} ds = \frac{1}{R} \cdot 2\pi R = 2\pi.$$

因此, 对每一将点 A 包围在内的闭曲线 (L), 如与在圆的情况下我们所做的一样, 将法线朝向外面, 则有

$$g = \int_{(L)} \frac{\cos(r, n)}{r} ds = 2\pi.$$

如事先将高斯积分的几何意义弄明白, 则容易预见所得结果. 它的几何意义是: g 是从点 A 观察 (L) 的视角的度量 (如果在环绕曲线时从 A 出发的径向量所描画出来的角带有符号).

为了发现这一点, 我们先假定曲线 (L) 与每一自 A 出发的射线相交于不多于一点 (图 26), 又设曲线的法线 n 指向与点 A 相反的一面, 故

$$0 < (r, n) < \frac{\pi}{2}.$$

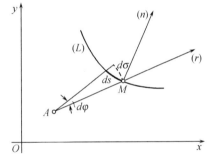

图 26

在曲线 (L) 上取一微元 ds, 我们来确定从点 A 看这一微元的视角. 如 M 是这微元上的点 (例如起点), 则绕 A 以 AM 为半径作一圆并将微元 ds 投影到这一圆上. 设微元 ds 在圆周上的投影为一微元 $d\sigma$. 因为它们间的夹角 (认为这两微元差不多是直线的) 等于角 (r, n), 则

$$d\sigma = \cos(r, n) ds.$$

另一方面, 显然

$$d\sigma = r d\varphi,$$

其中 $d\varphi$ 是对应于圆弧 $d\sigma$ 的中心角, 即从点 A 观察微元 ds 的视角. 于是对这一视角微元有表示式

$$d\varphi = \frac{\cos(r, n)}{r} ds.$$

最后, 将所有视角微元相加, 我们得到, 整个曲线 (L) 的视角恰恰可表示为积分 g.

如曲线与自点 A 出发的射线相交于不止一点, 但可将它分为若干部分, 使每一部分与这些射线只相交于一点, 那么只要将对应于这些部分的高斯积分相加起来就可以了.

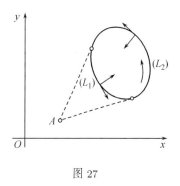

图 27

在曲线 (L) 上取定一确定的方向, 并让法线指向一方向, 例如, 使切线的正向与它的夹角为 $+\frac{\pi}{2}$, 则某些部分曲线的法线指向与点 A 相反的一面, 高斯积分就给出一正的视角, 而在另外一些部分法线指向点 A 的同一面, 得出的视角是负的. 一般说来, 在这种情形下高斯积分给出视角的代数和. 因此, 如果把视角理解为视线从曲线的起点转向终点的全部度量, 就称这一代数和为整条曲线 (L) 的视角.

如曲线是闭的且围绕着点 A, 则立刻就很清楚, 曲线的视角为 2π. 如闭曲线不包围点 A, 则视角由于符号不同彼此相消结果加起来等于零. 在简单的情形下, 如图 27 所示, 曲线 (L) 可拆成两部分: (L_1) 及 (L_2), 从 A 观察的视角相同; 但对曲线 (L_1) 这一角是正的, 而对 (L_2) 是负的.

这整个与上面所述的完全相符合.

附注　从高斯积分的几何解释可以观察到, 当闭曲线 (L) 通过 A 点且在此点有切线时, 积分的值为 π. 如 A 点是一角点且在此点单侧切线间的交角为 α, 则 α 亦就是高斯积分的值. 为了用解析法证明所述结果, 就应该先从 (L) 选出点 A 的某一邻域, 再紧缩这一邻域并取极限.

564. 三维的情形　整个上面的研究也可对三维情形重复进行.

设有三函数 $P(x, y, z), Q(x, y, z), R(x, y, z)$ 定义于并连续于某三维的区域 (V), 我们来讨论沿在这区域中的任一曲线 (AB) 而取的曲线积分:

$$\int_{(AB)} Pdx + Qdy + Rdz. \tag{13}$$

第 **556** 及 **557** 目中的推理立刻可不加改变地搬到这里来. 因此, 这里就有类似于第 **555** 目中定理 1 的一定理成立: 积分 (13) 与积分道路无关的问题可化为微分式

$$Pdx + Qdy + Rdz \tag{14}$$

是否为恰当微分的问题, 亦即是否有一 ("原") 函数 $\Phi(x, y, z)$ 存在, 其全微分

$$\frac{\partial \Phi}{\partial x}dx + \frac{\partial \Phi}{\partial y}dy + \frac{\partial \Phi}{\partial z}dz$$

与表示式 (14) 相同.

顺便注意到, 如这样的函数存在, 则积分 (13) 就可表作它的两有限值的差:

$$\int_{(AB)} Pdx + Qdy + Rdz = \Phi(B) - \Phi(A) = \Phi(M)\Big|_A^B \tag{15}$$

[比较 **557** (6*)].

与前面一样, 以下就产生了恰当微分判别的问题. 设在区域 (V) 中有连续导数

$$\frac{\partial P}{\partial y}, \frac{\partial P}{\partial z}; \quad \frac{\partial Q}{\partial z}, \frac{\partial Q}{\partial x}; \quad \frac{\partial R}{\partial x}, \frac{\partial R}{\partial y}.$$

于是, 如果 (14) 式是某一函数 $\Phi(x, y, z)$ 的微分, 故等式

$$P = \frac{\partial \Phi}{\partial x}, \quad Q = \frac{\partial \Phi}{\partial y}, \ R = \frac{\partial \Phi}{\partial z} \tag{16}$$

成立, 则

$$\frac{\partial P}{\partial y} = \frac{\partial^2 \Phi}{\partial x \partial y}, \quad \frac{\partial P}{\partial z} = \frac{\partial^2 \Phi}{\partial x \partial z}; \quad \frac{\partial Q}{\partial z} = \frac{\partial^2 \Phi}{\partial y \partial z}, \quad \frac{\partial Q}{\partial x} = \frac{\partial^2 \Phi}{\partial y \partial x};$$

$$\frac{\partial R}{\partial x} = \frac{\partial^2 \Phi}{\partial z \partial x}, \quad \frac{\partial R}{\partial y} = \frac{\partial^2 \Phi}{\partial z \partial y}.$$

由假设, 所有这些导数都连续, 于是 [**191**] 等式

$$\frac{\partial P}{\partial y} = \frac{\partial Q}{\partial x}, \frac{\partial Q}{\partial z} = \frac{\partial R}{\partial y}, \frac{\partial R}{\partial x} = \frac{\partial P}{\partial z} \tag{Б}$$

皆成立. 因此, 不论 (V) 是怎样的区域, 要使 (14) 式是恰当微分因此积分 (13) 与道路无关, 条件 (Б) 是必要的.

转到这一条件充分性的问题上来, 我们这里限制在区域 (V) 是长方体

$$(V) = [a, b; c, d; e, f]$$

的情形. 这里我们重复第 **558** 目的讨论.

为了要决定条件 (16) 中的函数 $\Phi(x, y, z)$, 我们将第一个式子对于 x 从 x_0 积分到 x $(a \leqslant x_0, x \leqslant b)$, 而将 y 及 z 任意地固定在对应的区间中, 我们得

$$\Phi(x, y, z) = \int_{x_0}^{x} P(x, y, z) dx + \Phi(x_0, y, z).$$

在 (16) 的第二个方程中令 $x = x_0$ 并对 y 从 y_0 积分到 y $(c \leqslant y_0, y \leqslant d)$, 得

$$\Phi(x_0, y, z) = \int_{y_0}^{y} Q(x_0, y, z) dy + \Phi(x_0, y_0, z).$$

最后, 在 (16) 的第三个方程中令 $x = x_0, y = y_0$, 而对 z 从 z_0 积分到 z $(e \leqslant z_0, z \leqslant f)$:

$$\Phi(x_0, y_0, z) = \int_{z_0}^{z} R(x_0, y_0, z) dz + \Phi(x_0, y_0, z_0).$$

显然, 常数值 $\Phi(x_0, y_0, z_0)$ 是依然可任意的, 如表作 C, 则最后得所求函数的如下表示式:

$$\Phi(x, y, z) = \int_{x_0}^{x} P(x, y, z) dx + \int_{y_0}^{y} Q(x_0, y, z) dy + \int_{z_0}^{z} R(x_0, y_0, z) dz + C. \tag{17}$$

在必要时如应用莱布尼茨规则, 现在很容易验证这一函数确实满足 (16) 的所有条件.

这种原函数的直接构成法使我们相信, 至少对长方体的区域 (V), —— 要使 (14) 式是恰当微分, 也就是说, 要使积分 (13) 与道路无关, 条件 (Б) 是**充分的**.

要将这里推广到一般情形是可以的, 只要区域 (V) 满足某一条件 (与平面区域单连通性的条件相类似). 但因为这时要进行所有的推理是很困难的, 我们暂时丢开它. 以后 [641], 在熟悉了曲面积分与斯托克斯公式后, 我们再回到这些问题来.

565. 例　1) 沿任何闭路所取的曲线积分

$$\int_{(l)} (x^2 + y^2)(x\,dx + y\,dy)$$

是否为零?

答　为零, 因为积分号下的式子显然是函数 $\frac{1}{4}(x^2 + y^2)^2$ 的全微分.

2) 不参照条件 (A), 说明积分

$$\int_{(AB)} x\,dy - y\,dx$$

与积分道路有关或否.

答　有关 (一般说来). 因为沿一不自身相交的闭路, 这类积分代表由这一闭路所范围的区域面积的两倍 [551], 并且因此异于 0.

3) 对下列各微分式判定原函数的存在性并求出来:

(a) $(4x^3 y^3 - 3y^2 + 5)dx + (3x^4 y^2 - 6xy - 4)dy$,

(б) $(10xy - 8y)dx + (5x^2 - 8x + 3)dy$,

(в) $(4x^3 y^3 - 2y^2)dx + (3x^4 y^2 - 2xy)dy$,

(г) $[(x + y + 1)e^x - e^y]dx + [e^x - (x + y + 1)e^y]dy$.

解　借可积分条件之助可知, 在 (a), (б), (г) 三情形下是恰当微分, 而在情形 (в) 时不是的.

(a) 由公式 (8), 令 $x_0 = y_0 = 0$, 有

$$\Phi(x, y) = \int_0^x 5\,dx + \int_0^y (3x^4 y^2 - 6xy - 4)dy + C$$
$$= 5x + x^4 y^3 - 3xy^2 - 4y + C.$$

用公式 (7) 亦可同样得出:

$$\Phi(x, y) = \int_0^x (4x^3 y^3 - 3y^2 + 5)dx + \int_0^y (-4)dy + C$$
$$= x^4 y^3 - 3xy^2 + 5x - 4y + C.$$

(б) 取 $x_0 = y_0 = 0$ 后可很方便由公式 (8) 计算出来, 因为第一个积分成为零了:

$$\Phi(x, y) = \int_0^y (5x^2 - 8x + 3)dy + C = (5x^2 - 8x + 3)y + C.$$

(г) 由上述任一公式得:

$$\Phi(x, y) = (x + y)(e^x - e^y) + C.$$

4) 求证条件 $\dfrac{\partial P}{\partial y} = \dfrac{\partial Q}{\partial x}$ 相当于恒等式

$$\int_{x_0}^{x} P(x,y)dx + \int_{y_0}^{y} Q(x_0,y)dy = \int_{x_0}^{x} P(x,y_0)dx + \int_{y_0}^{y} Q(x,y)dy$$

(假设函数 $P, Q, \dfrac{\partial P}{\partial y}$ 及 $\dfrac{\partial Q}{\partial x}$ 皆连续).

5) 有时原函数的求法 (如果可积条件满足) 可与在 **558** 中所做的有所不同. 用例 3) (a) 来说明这点.

由条件

$$\frac{\partial \Phi}{\partial x} = 4x^3y^3 - 3y^2 + 5,$$

对 x 积分, 求得 Φ 的表示式 $x^4y^3 - 3xy^2 + 5x$, 但可相差一 "积分常数". 这常数与我们对 x 所积分的 x 无关, 但可与 "参数" y 有关; 故我们可将它取为 $\varphi(y)$ 形状. 因此,

$$\Phi = x^4y^3 - 3xy^2 + 5x + \varphi.$$

当将 Φ 代入条件

$$\frac{\partial \Phi}{\partial y} = 3x^4y^2 - 6xy - 4$$

时, 得到

$$\frac{d\varphi}{dy} = -4,$$

于是 $\varphi = -4y + C$. 最后

$$\Phi = x^4y^3 - 3xy^2 + 5x - 4y + C.$$

6) 如不注意到可积条件不合适而将同一方法应用到例 3) (в) 上去, 则在决定 φ 时得条件

$$\frac{d\varphi}{dy} = 2xy.$$

这显然是矛盾的, 因为右端的式子包含有 x, 而同时 φ 又与 x 无关!

7) 一般地来弄清楚在实践上述方法时, 可积条件究竟起怎样的作用, 是很有趣的.

将等式

$$\frac{\partial \Phi}{\partial x} = P(x,y)$$

对 x 积分, 与在特殊例子中一样, 得

$$\Phi(x,y) = \int_{x_0}^{x} P(x,y)dx + \varphi(y).$$

在决定 $\varphi(y)$ 时第二个等式

$$\frac{\partial \Phi}{\partial y} = Q(x,y)$$

给出条件

$$\frac{d\varphi}{dy} = Q(x,y) - \frac{\partial}{\partial y}\int_{x_0}^{x} P(x,y)dx = Q(x,y) - \int_{x_0}^{x} \frac{\partial P}{\partial y}dx. \tag{18}$$

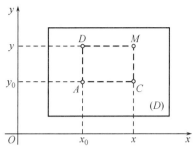

图 28

若右端式子实际上与 x 无关 (即当 $y =$ 常数时不因 x 改变而改变), 则单纯地对 y 求积分就得到 φ 的式子. 而如 (18) 式中包含 x, 则对 φ 所得的条件就是矛盾的, 因为 φ 必须与 x 无关. 因此, 成功与否根本决定于 (18) 式是否与 x 有关, 而这非常简单地可从 (18) 式对 x 的偏导数是否为零来判定. 但这一导数等于 $\dfrac{\partial Q}{\partial x} - \dfrac{\partial P}{\partial y}$. 因此条件 (A) 满足, 也只要它满足就能保证成功!

8) 函数 $F(x, y)$ 应满足怎样的条件才能使式子

$$F(x, y)(x\,dx + y\,dy)$$

是一恰当微分?

答　$x\dfrac{\partial F}{\partial y} = y\dfrac{\partial F}{\partial x}.$

9) 利用原函数的曲线积分表示式 [**556** (4)], 并一次取折线 ACM 而另一次取 ADM (图 28) 作为积分道路来推出第 **558** 目中原函数的公式 (7) 与 (8).

10) 为了给出第 **556** 目中求原函数的一般公式 (4) 的另一应用例题, 我们由这一公式重新来解问题 3) (a). 取连接坐标原点及平面中一任意点 (x', y') 的直线段为积分道路 (我们用另法来表示它的坐标是为了使不与积分道路上动点的坐标 x, y 相混淆).

在积分

$$F(x', y') = \int_{(0,0)}^{(x',y')} (4x^3y^3 - 3y^2 + 5)\,dx + (3x^4y^2 - 6xy - 4)\,dy$$

中应以 $\dfrac{y'x}{x'}$ 代替 y (因为 $y = \dfrac{y'x}{x'}$ 恰为积分道路的方程), 且这就将问题变成计算对 x 的自 0 到 x' 的普通定积分. 结果得

$$F(x', y') = \int_0^{x'} \left(\frac{7y'^3x^6}{x'^3} - \frac{9y'^2x^2}{x'^2} + 5 - \frac{4y'}{x'} \right) dx$$
$$= x'^4y'^3 - 3x'y'^2 + 5x' - 4y',$$

除记号外, 这与上面求得的式子全同.

11) 确定一区域使表示式

$$P\,dx + Q\,dy = \sqrt{\sqrt{x^2 + y^2} - x}\,dx + \sqrt{\sqrt{x^2 + y^2} + x}\,dy \; ^{①}$$

在其中是一全微分, 并对这一区域求出其原函数.

解　我们有 (当 $y \neq 0$ 时):

$$\frac{\partial P}{\partial y} = \frac{1}{2\sqrt{\sqrt{x^2 + y^2} - x}} \cdot \frac{y}{\sqrt{x^2 + y^2}} = \pm \frac{\sqrt{\sqrt{x^2 + y^2} + x}}{2\sqrt{x^2 + y^2}},$$

$$\frac{\partial Q}{\partial x} = \frac{1}{2\sqrt{\sqrt{x^2 + y^2} + x}} \left(\frac{x}{\sqrt{x^2 + y^2}} + 1 \right) = \frac{\sqrt{\sqrt{x^2 + y^2} + x}}{2\sqrt{x^2 + y^2}},$$

---

① 与通常一样, 符号 $\sqrt{}$ 代表算术根.

且在第一式中正负号应取得与 y 的符号相一致. 因此, 可积条件仅在 $y > 0$ 时才能适合.

因为这样的关系, 我们限制在上半平面中, 在还原原函数时我们利用与 10) 中相同的方法, 但将直线段方程取作参数形式:

$$x = x't, \quad y = y't \quad (0 \leqslant t \leqslant 1).$$

则

$$
\begin{aligned}
F(x', y') &= \int_{(0,0)}^{(x',y')} P dx + Q dy \\
&= \int_0^1 (x'\sqrt{\sqrt{x'^2 + y'^2} - x'} + y'\sqrt{\sqrt{x'^2 + y'^2} + x'})\sqrt{t} dt \\
&= \frac{2}{3}(x'\sqrt{\sqrt{x'^2 + y'^2} - x'} + y'\sqrt{\sqrt{x'^2 + y'^2} + x'}).
\end{aligned}
$$

12) 令

$$Pdx + Qdy = \frac{1}{2}\frac{xdy - ydx}{Ax^2 + 2Bxy + Cy^2} \quad (A, C, AC - B^2 > 0).$$

验证适合条件 (A) 并求对应于奇点 $(0,0)$ 的循环常数.

提示 沿椭圆

$$Ax^2 + 2Bxy + Cy^2 = 1 \tag{E}$$

来计算曲线积分最为简便, 因为, 这样,

$$\int_{(E)} Pdx + Qdy = \frac{1}{2}\int_{(E)} xdy - ydx$$

就简单地成为 [**551**, (10)] 这椭圆的面积, 这面积为我们大家所熟知 [**339**, 6)]. 比较 **549**, 9).

13) 如可积条件满足, 则有时即使有奇点时, 曲线积分仍可与道路无关, 而原函数为单值的! 例如, 对以坐标原点为奇点的式子

$$\frac{xdx + ydy}{x^2 + y^2},$$

例如, 函数 $\ln(x^2 + y^2)$ 就是一原函数, 它与它的导数在整个平面中 (除原点外) 单值且连续. 读者立刻自己可以想到, 这是由于对应于原点的循环常数等于零的缘故.

14) 将微分式

$$z\left(\frac{1}{x^2 y} - \frac{1}{x^2 + z^2}\right) dx + \frac{z}{xy^2} dy + \left(\frac{x}{x^2 + z^2} - \frac{1}{xy}\right) dz$$

积分.

解 "可积条件" 很容易验证:

$$\frac{\partial P}{\partial y} = \frac{\partial Q}{\partial x} = -\frac{z}{x^2 y^2}, \quad \frac{\partial Q}{\partial z} = \frac{\partial R}{\partial y} = \frac{1}{xy^2}, \quad \frac{\partial R}{\partial x} = \frac{\partial P}{\partial z} = \frac{1}{x^2 y} + \frac{z^2 - x^2}{(x^2 + z^2)^2}.$$

将公式 (17) 中的 x 及 z 的地位对调后按所得公式来进行计算, 并令 $z_0 = 0$, 而 x_0 及 $y_0 > 0$. 则三个积分中只剩下一个了, 立刻就得到

$$\Phi(x, y, z) = \int_0^z \left(\frac{x}{x^2 + z^2} - \frac{1}{xy}\right) dz + C = \operatorname{arctg}\frac{z}{x} - \frac{z}{xy} + C.$$

566. 物理问题的应用　根据所述理论我们再回到若干以前讨论过的力学及物理学领域内的问题.

1) **力场的功**　在第 554 目中我们已经看到, 当质量为 1 的质点自位置 A 位移到位置 B 时, 力场的功可表作曲线积分 [参看 554 (18)]:

$$A = \int_{(AB)} X dx + Y dy, \tag{19}$$

其中 $X = X(x, y)$ 与 $Y = Y(x, y)$ 是力场强度在坐标轴上的射影, 而 (AB) 表质点的轨道.

很自然地要阐明在什么样的条件下, 力场中的功仅与点的开始位置与终止位置有关而与轨道的形状无关. 显然这一问题相当于曲线积分 (19) 与积分道路无关的问题. 故所求条件为等式

$$\frac{\partial X}{\partial y} = \frac{\partial Y}{\partial x}, \tag{20}$$

这时当然假设由场所范围的区域是单连通的且无奇点.

这同一条件也可表为这种形式: 当质点由一个位置位移到另一位置时, 场中力的功当且仅当元功

$$X dx + Y dy$$

为某一单值函数 $U(x, y)$ 的全微分时就与位移轨道的形状无关. 这一函数通常称为**力函数**或**位势函数**; 在这函数存在的情况下, 场本身名叫**位势场**.

当点自位置 $A(x_0, y_0)$ 位移到位置 $B(x_1, y_1)$ 时, 位势场的功就等于 [参考 557 (6)] 力函数对应的增量:

$$U(x_1, y_1) - U(x_0, y_0) = U(B) - U(A).$$

作为一例题, 我们来考察**牛顿引力场**. 如在坐标原点 O 处放一质量 μ, 而在点 A 处放一质量 1, 则后面这一点就被 O 以一力 $\vec{F}$ 向中心吸引, 其大小等于

$$F = \frac{\mu}{r^2},$$

其中 $r = \sqrt{x^2 + y^2}$ 为原点到点 A 的距离. 因为这一力与坐标轴间夹角的余弦为 $-\dfrac{x}{r}$ 及 $-\dfrac{y}{r}$, 故力 $\vec{F}$ 在坐标轴上的射影可表作:

$$X = -\frac{\mu x}{r^3}, \quad Y = -\frac{\mu y}{r^3}.$$

直接可以看清楚, 牛顿场是位势场, 因为式子

$$-\frac{\mu x}{r^3} dx - \frac{\mu y}{r^3} dy \tag{21}$$

是函数

$$U = \frac{\mu}{r}$$

的微分, 而 U 在这里就起位势函数的作用; 它称为 (点 O 的场的) **牛顿位势**. 尽管有一奇点 (坐标原点) 存在, 这一函数是单值的: (21) 式沿一闭路的积分即使包围原点时也为零 (此处 "循环常数" 等于零!).

当点自位置 A 位移到位置 B 时, 场的力做一功

$$A = \frac{\mu}{r_B} - \frac{\mu}{r_A},$$

其中 r_A 及 r_B 是中心到点 A 及 B 的距离. 当将点 B 移到无穷远时, 功就成为 $-\frac{\mu}{r_A}$; 如果点从无穷远处位移到位置 A 时, 它就恰恰等于牛顿位势的大小 $\frac{\mu}{r_A}$.

与径向量 $\vec{r}$ 构成 $+\frac{\pi}{2}$ 角的力场

$$F = kr \quad \text{或} \quad F = \frac{k}{r} \quad (k = \text{常数})$$

是非位势场的例子.

整个这里所述的可很容易地移到空间力场的情形去.

2) **平面中流体的定常流动**　如以 u, v 表向量速度沿坐标轴的分量, 则, 在第 **554** 目 2) 中我们已看到, 在单位时间内通过闭路 (K) 流到里面去的流量等于

$$Q = \int_{(K)} v\,dx - u\,dy$$

[参看 **554**, (22)]. 在不可压缩流体的情况下, 当没有泉源或漏洞时, 这一积分恒等于零. 由此推得, 向量速度的分量 u, v 必须适合条件

$$\frac{\partial u}{\partial x} + \frac{\partial v}{\partial y} = 0.$$

因此积分号下的式子 $v\,dx - u\,dy$ 就有一原函数 $\varphi(M) = \varphi(x, y)$, 在流体力学中称为**流函数**.

如取连接点 A 及 B 的任一曲线 (AB), 则如已经知道的 [**554** (22)], 在单位时间内通过它流向一确定的一侧流量可用积分

$$Q = \int_{(AB)} v\,dx - u\,dy$$

来表示, 且曲线 (AB) 的方向必须是这样, 使朝向所提到的这一侧的法线与正的切线方向交于一角 $+\frac{\pi}{2}$. 现在我们看到, 这一量恰恰就等于流函数在曲线两端的值的差 $\varphi(B) - \varphi(A)$!

3) **气体所吸收的热**　现在我们重新来考虑 [**554**, 3)] 一问题, 就是一已知质量 (例如, 1 千克) 的理想气体当改变它的状态时它所得到的热量. 如果气体状态变化过程的本身用 v_p 平面中的曲线 (K) 来说明, 则, 如在第 **554** 目 3) 中已见的, 这一热量可表作曲线积分 [参看该处 (23)]:

$$U = \int_{(K)} \frac{c_p}{R} p\,dV + \frac{c_V}{R} V\,dp$$

(我们保持原来的记号).

如果与通常一样, 认为气体热容量 c_V 及 c_p (分别当体积固定及当压力固定时) 不变, 则可积条件这里显然不成立. 实际上, 因为 $c_p \neq c_V$,

$$\frac{\partial}{\partial p}\left(\frac{c_p}{R} p\right) = \frac{c_p}{R} \neq \frac{\partial}{\partial V}\left(\frac{c_V}{R} V\right) = \frac{c_V}{R}.$$

由此推得, 热量 U 不是气体状态的函数, 而与如何得到这一状态的过程有关. 甚至在一循环过程中气体回到它最初状态时, 气体可能得到 (或失去) 若干热量.

如在元素热量的式子

$$dU = \frac{c_p}{R}pdV + \frac{c_V}{R}Vdp$$

中乘上 $\dfrac{1}{T}$, 其中 $T = \dfrac{pV}{R}$ 是气体的绝对温度. 则得一式子

$$\frac{dU}{T} = c_p\frac{dV}{V} + c_V\frac{dp}{p},$$

很清楚这是一全微分. 其原函数为

$$S = c_p\ln V + c_V\ln p.$$

曲线积分

$$\int_{(V_0,p_0)}^{(V,p)} \frac{dU}{T}$$

已经不再与连接定点 (V_0, p_0) 与动点 (V, p) 的积分道路有关, 且仅与上面所示的函数 S 只差一常数. 由这一积分决定某一物理量 (所谓 "熵"), 它已经是气体状态的函数且在热量计算中起重要的作用.

§4. 有界变差函数

567. 有界变差函数的定义   本节所谈的是某一离这一章主题较远的东西. 我们向读者介绍一类重要函数 (在标题中已说明), 这是若尔当 (C. Jordan) 首先引导到科学中来的. 这一类函数将在我们下一节中所讨论的定积分概念的推广中起主导作用. 并且, 在许多其它数学分析问题中有界变差的函数类也有重要的意义.

设函数 $f(x)$ 定义于某一有限区间 $[a, b]$ 中, 其中 $a < b$. 用任意的方法借分点

$$x_0 = a < x_1 < x_2 < \cdots < x_i < x_{i+1} < \cdots < x_n = b$$

之助将这一区间分为许多部分 (这与我们在建立定积分概念时, 当形成积分和或黎曼和时所做的相似). 从对应于各个部分区间的函数增量的绝对值, 作和

$$v = \sum_{i=0}^{n-1} |f(x_{i+1}) - f(x_i)|. \tag{1}$$

现在整个的问题是: 用各种不同方法细分区间 $[a, b]$ 为许多部分时, 这些数的集合是否有上界.

若和 (1) 在其集合中有上界, 就说函数 $f(x)$ 在区间 $[a, b]$ 中为**有界变差** (或有界变动). 这时, 这一和的上确界就称为函数在这区间上的**全变差** (或全变动), 并用记号

$$\overset{b}{\underset{a}{V}} f(x) = \sup\{v\}$$

来表示. 这一概念也可应用到非有界变差函数的情形, 不过这时全变差将等于 $+\infty$.

由上确界定义本身, 在这两种情况下, 适当地选取区间 $[a,b]$ 的细分后, 可使和 v 任意接近于全变差 $\overset{b}{\underset{a}{V}} f(x)$. 换句话说, 可以选取一细分的序列使全变差为对应的和 v 的序列的极限.

有时会遇到在一无穷区间内函数 $f(x)$ 变差的有界性问题, 例如在区间 $[a, +\infty]$ 内. 如果 $f(x)$ 在这区间的任何有限部分 $[a, A]$ 上为有界变差函数, 且全变差 $\overset{A}{\underset{a}{V}} f(x)$ 在其集合中是有界的, 我们就说函数 $f(x)$ 在区间 $[a, +\infty]$ 中为有界变差的. 在所有情况下, 我们令

$$\overset{+\infty}{\underset{a}{V}} f(x) = \sup_{A>a} \left\{ \overset{A}{\underset{a}{V}} f(x) \right\}. \tag{2}$$

注意, 在这些定义中函数 $f(x)$ 连续性的问题并没有起任何作用.

任何有界单调函数可作为有限或无穷区间 $[a,b]$ 上有界变差函数的例子. 如区间 $[a,b]$ 为有限的, 则它立刻可由下面推出:

$$v = \sum_{i=0}^{n-1} |f(x_{i+1}) - f(x_i)| = \left| \sum_{i=0}^{n-1} [f(x_{i+1}) - f(x_i)] \right| = |f(b) - f(a)|,$$

故亦 $\overset{b}{\underset{a}{V}} f(x) = |f(b) - f(a)|$. 对区间 $[a, +\infty]$, 显然有

$$\overset{+\infty}{\underset{a}{V}} f(x) = \sup_{A>a} \{|f(A) - f(a)|\} = |f(+\infty) - f(a)|,$$

与通常一样, 我们将 $f(+\infty)$ 理解为极限 $\lim_{A \to +\infty} f(A)$.

现在举一个连续函数但不是有界变差函数的例子. 令

$$f(x) = x \cos \frac{\pi}{2x} \quad (\text{对 } x \neq 0), \quad f(0) = 0,$$

我们来考察, 例如, 区间 $[0, 1]$. 如取点

$$0 < \frac{1}{2n} < \frac{1}{2n-1} < \cdots < \frac{1}{3} < \frac{1}{2} < 1$$

为这一区间的分点, 则容易证明,

$$v = v_n > 1 + \frac{1}{2} + \cdots + \frac{1}{n} = H_n$$

而 [参看 365, 1)]

$$\overset{1}{\underset{0}{V}} f(x) = \sup\{v\} = +\infty.$$

568. 有界变差函数类　我们已经提到过, 单调函数是有界变差的. 可以用下面的方法推广这一函数类:

1° 如在区间 $[a,b]$ 中给出的函数 $f(x)$ 是这样的: 可使区间分为有限个部分

$$[a_k, a_{k+1}] \quad (k=0,1,\cdots,m-1; a_0=a, a_m=b),$$

而在每一部分上 $f(x)$ 是单调的,[①] 则它在 $[a,b]$ 上为有界变差的.

用任意方法将区间 $[a,b]$ 分为许多部分, 作和 v. 因为加入每一新的分点只可能使 v 增加,[②] 故若将所有上面所谈到的点 a_k 一起加到分点中去, 我们就得一和 $\bar{v} \geqslant v$. 如在和 $\bar{v}$ 中集出与区间 $[a_k, a_{k+1}]$ 有关的项, 则在上面用一符号 (k) 表它们的和时, 我们将有

$$\bar{v}^{(k)} = |f(a_{k+1}) - f(a_k)|,$$

所以

$$\bar{v} = \sum_{k=0}^{m-1} |f(a_{k+1}) - f(a_k)|.$$

因为任意的和 v 不会超过这一数, 故它就是函数的全变差.

2° 如函数 $f(x)$ 在区间 $[a,b]$ 中满足条件

$$|f(\bar{x}) - f(x)| \leqslant L|\bar{x} - x|, \tag{3}$$

其中 $L =$ 常数, 而 $\bar{x}$ 及 x 是区间的两任意点,[③] 则它是有界变差的, 且

$$\overset{b}{\underset{a}{V}} f(x) \leqslant L(b-a).$$

这可由下面不等式推得:

$$v = \sum_{i=0}^{n-1} |f(x_{i+1}) - f(x_i)| \leqslant L \sum_{i=0}^{n-1} (x_{i+1} - x_i) = L(b-a).$$

特别,

3° 如函数 $f(x)$ 在区间 $[a,b]$ 上有有界的导数: $|f'(x)| \leqslant L$ (其中 $L =$ 常数), 则它在这区间上是一有界变差的函数.

事实上, 由中值定理, 这时

$$|f(\bar{x}) - f(x)| = |f'(\xi)(\bar{x}-x)| \leqslant L(\bar{x}-x) \quad (x \gtrless \xi \gtrless \bar{x}),$$

[①]这种函数我们称它在区间 $[a,b]$ 上**分段单调**.

[②]如在 x_i 及 x_{i+1} 间插入一点 x', 则项 $|f(x_{i+1}) - f(x_i)|$ 就代之以和

$$|f(x_{i+1}) - f(x')| + |f(x') - f(x_i)| \geqslant |f(x_{i+1}) - f(x_i)|.$$

[③]这一条件通常称为利普希茨 (R. Lipschitz) 条件.

故利普希茨条件 (3) 适合.

由这一注意可以推断, 例如, 函数

$$f(x) = x^2 \sin \frac{\pi}{x} \quad (x \neq 0), \quad f(0) = 0$$

在任何有限区间上变差的有界性, 因为它的导数

$$f'(x) = 2x \sin \frac{\pi}{x} - \pi \cos \frac{\pi}{x} \quad (x \neq 0), \quad f'(0) = 0$$

是有界的. 很有趣的, 我们注意, 在包含点 0 的每一区间中, 这函数 "无限地振动", 亦即无数次地从增加变成减少, 无数次地从减少变成增加.

有界变差函数的一般类可由下面的命题给出:

4° 如 $f(x)$ 在一有限 (或甚至在一无穷) 区间 $[a, b]$ 上可表作一有变动上限的积分的形状时:

$$f(x) = c + \int_a^x \varphi(t) dt, \tag{4}$$

其中 $\varphi(t)$ 假定在这一区间上是绝对可积的, 则 $f(x)$ 在这区间上是有界变差的. 这时

$$\overset{b}{\underset{a}{V}} f(x) \leqslant \int_a^b |\varphi(t)| dt.$$

设 $[a, b]$ 是一有限区间, 则

$$v = \sum_{i=0}^{n-1} |f(x_{i+1}) - f(x_i)| = \sum_{i=0}^{n-1} \left| \int_{x_i}^{x_{i+1}} \varphi(t) dt \right|$$

$$\leqslant \sum_{i=0}^{n-1} \int_{x_i}^{x_{i+1}} |\varphi(t)| dt = \int_a^b |\varphi(t)| dt,$$

由此就推得我们的断言.

如果我们所谈的是无穷区间 $[a, +\infty]$, 则只要注意

$$\overset{A}{\underset{a}{V}} f(x) \leqslant \int_a^A |\varphi(t)| dt \leqslant \int_a^{+\infty} |\varphi(t)| dt$$

就够了.

附注 可以证明, 在有限的区间或无穷区间的情形, 实际上准确的等式

$$\overset{b}{\underset{a}{V}} f(x) = \int_a^b |\varphi(t)| dt$$

成立. 若函数 $\varphi(t)$ 在区间 $[a, b]$ 上可积但不是绝对可积的, 则 $f(x)$ 的全变差根本就是无穷的. 我们不想讨论这了, 但仅用一些例题来说明后面讲的这一点.

设 $f(x) = x^2 \sin \dfrac{\pi}{x^2}(x \neq 0), f(0) = 0$, 所以

$$f'(x) = \varphi(x) = 2x \sin \frac{\pi}{x^2} - \frac{2\pi}{x} \cos \frac{\pi}{x^2} \quad (x \neq 0), \quad f'(0) = \varphi(0) = 0.$$

因此, 例如对 $0 \leqslant x \leqslant 2$,

$$f(x) = \int_0^x \varphi(t) dt,$$

但在第 **482** 目中我们已证, 这一积分不是绝对收敛的. 利用与在那里相同的思想, 将区间 [0,2] 用点

$$0, \frac{1}{\sqrt{n}}, \sqrt{\frac{2}{2n-1}}, \frac{1}{\sqrt{n-1}}, \sqrt{\frac{2}{2n-3}}, \cdots, \frac{1}{\sqrt{2}}, \sqrt{\frac{2}{3}}, 1, \sqrt{2}, 2$$

分开; 对于其对应的和 v 显然有:

$$v > \sum_{k=1}^n \left| f\left(\sqrt{\frac{2}{2k-1}} \right) - f\left(\frac{1}{\sqrt{k}} \right) \right| \geqslant \sum_{k=1}^n \frac{1}{k} = H_k,$$

由此推得

$$\overset{2}{\underset{a}{V}} f(x) = +\infty.$$

与此相类似, 容易证明函数

$$f(x) = \int_0^x \frac{\sin t}{t} dt$$

在区间 $[0, +\infty]$ 中不是有界变差的 [比照 **476**].

569. 有界变差函数的性质　这里一切函数所讨论的区间 $[a,b]$ 假定为有限的.

1° 任一有界变差函数是有界的.

事实上, 当 $a < x' \leqslant b$ 时我们有

$$v' = |f(x') - f(a)| + |f(b) - f(x')| \leqslant \overset{b}{\underset{a}{V}} f(x),$$

于是

$$|f(x')| \leqslant |f(x') - f(a)| + |f(a)| \leqslant |f(a)| + \overset{b}{\underset{a}{V}} f(x).$$

2° 两有界变差函数 $f(x)$ 及 $g(x)$ 的和、差及积同样是有界变差函数.

设 $s(x) = f(x) \pm g(x)$, 则

$$|s(x_{i+1}) - s(x_i)| \leqslant |f(x_{i+1}) - f(x_i)| + |g(x_{i+1}) - g(x_i)|,$$

对附标 i 相加,

$$\sum_i |s(x_{i+1}) - s(x_i)| \leqslant \sum_i |f(x_{i+1}) - f(x_i)| + \sum_i |g(x_{i+1}) - g(x_i)|$$

$$\leqslant \overset{b}{\underset{a}{V}} f(x) + \overset{b}{\underset{a}{V}} g(x),$$

由此推得

$$\overset{b}{\underset{a}{V}} s(x) \leqslant \overset{b}{\underset{a}{V}} f(x) + \overset{b}{\underset{a}{V}} g(x).$$

今令 $p(x) = f(x)g(x)$，并设对 $a \leqslant x \leqslant b$，

$$|f(x)| \leqslant K, \quad |g(x)| \leqslant L, \quad (K, L = 常数)$$

(参看 1°). 显然，

$$|p(x_{i+1}) - p(x_i)| = |f(x_{i+1})[g(x_{i+1}) - g(x_i)] + g(x_i)[f(x_{i+1}) - f(x_i)]|$$
$$\leqslant K \cdot |g(x_{i+1}) - g(x_i)| + L \cdot |f(x_{i+1}) - f(x_i)|,$$

由此已很容易得到

$$\overset{b}{\underset{a}{V}} p\,(x) \leqslant K \overset{b}{\underset{a}{V}} g(x) + L \overset{b}{\underset{a}{V}} f(x).$$

3° 若 $f(x)$ 及 $g(x)$ 为有界变差函数且 $|g(x)| \geqslant \sigma > 0$，则商 $\dfrac{f(x)}{g(x)}$ 也为有界变差函数.

由性质 2°，只要求证函数 $h(x) = \dfrac{1}{g(x)}$ 为有界变差函数就够了. 我们有

$$|h(x_{i+1}) - h(x_i)| = \frac{|g(x_{i+1}) - g(x_i)|}{|g(x_i)| \cdot |g(x_{i+1})|} \leqslant \frac{1}{\sigma^2}|g(x_{i+1}) - g(x_i)|,$$

所以

$$\overset{b}{\underset{a}{V}} h(x) \leqslant \frac{1}{\sigma^2} \overset{b}{\underset{a}{V}} g(x).$$

4° 设函数 $f(x)$ 定义于区间 $[a, b]$ 上且 $a < c < b$. 若函数 $f(x)$ 在区间 $[a, b]$ 上为有界变差，则它在区间 $[a, c]$ 及 $[c, b]$ 上也为有界变差，反过来也是如此. 这时，

$$\overset{b}{\underset{a}{V}} f(x) = \overset{c}{\underset{a}{V}} f(x) + \overset{b}{\underset{c}{V}} f(x). \tag{5}$$

设 $f(x)$ 在 $[a, b]$ 中有有界变差. 我们将区间 $[a, c]$ 及 $[c, b]$ 分别分成许多部分：

$$y_0 = a < y_1 < \cdots < y_m = c, \quad z_0 = c < z_1 < \cdots < z_n = b; \tag{6}$$

这样整个区间 $[a, b]$ 亦分成许多部分. 对区间 $[a, c]$ 及 $[c, d]$ 分别作和：

$$v_1 = \sum_k |f(y_{k+1}) - f(y_k)|, \quad v_2 = \sum_i |f(z_{i+1}) - f(z_i)|;$$

对于区间 $[a, b]$ 的对应和将为 $v = v_1 + v_2$. 于是

$$v_1 + v_2 \leqslant \overset{b}{\underset{a}{V}} f(x),$$

因此, 每一和 v_1, v_2 都是有界的, 即函数 $f(x)$ 在区间 $[a, c]$ 及 $[c, b]$ 上是有界变差的. 选择许多细分 (6) 使和 v_1 及 v_2 趋近于对应的全变差, 到极限时得

$$\overset{c}{\underset{a}{V}} f(x) + \overset{b}{\underset{c}{V}} f(x) \leqslant \overset{b}{\underset{a}{V}} f(x). \tag{7}$$

现设 $f(x)$ 在每一区间 $[a, c]$ 及 $[c, b]$ 中都是有界变差的. 将区间 $[a, b]$ 任意地分成许多部分. 如点 c 不在诸分点之列, 则我们将它补充进去, 我们已知,[1] 这样得出的和 v 只可能增大. 仍用以前的记号, 将有

$$v \leqslant v_1 + v_2 \leqslant \overset{c}{\underset{a}{V}} f(x) + \overset{b}{\underset{c}{V}} f(x).$$

由此立刻可以推得 $f(x)$ 在区间 $[a, b]$ 上的有界变差性及不等式

$$\overset{b}{\underset{a}{V}} f(x) \leqslant \overset{c}{\underset{a}{V}} f(x) + \overset{b}{\underset{c}{V}} f(x). \tag{8}$$

最后, 由 (7) 及 (8) 推出 (5).

从已证的一些定理, 特别可推得:

5° 　如在区间 $[a, b]$ 中函数 $f(x)$ 有有界变差, 则对 $a \leqslant x \leqslant b$, 全变差

$$g(x) = \overset{x}{\underset{a}{V}} f(t)$$

为 x 的单调增加, (且为有界) 函数.

事实上, 若 $a \leqslant x' < x'' \leqslant b$, 则

$$\overset{x''}{\underset{a}{V}} f(t) = \overset{x'}{\underset{a}{V}} f(t) + \overset{x''}{\underset{x'}{V}} f(t),$$

故

$$g(x'') - g(x') = \overset{x''}{\underset{x'}{V}} f(t) \geqslant 0 \tag{9}$$

(因为由全变差定义本身它不会是负数).

---

[1]参看第 54 页上脚注 ②.

现在很清楚了, 在无穷区间 $[b, +\infty]$ 中全变差的定义可不用 (2) 而写成下面的形式:

$$\mathop{V}\limits_{a}^{+\infty} f(x) = \lim_{A \to +\infty} \mathop{V}\limits_{a}^{A} f(x). \tag{2*}$$

用这一说明, 这一目中的定理很容易推广到无穷区间的情形.

570. 有界变差函数的判定法 设函数 $f(x)$ 定义于一有限的或无穷的区间 $[a, b]$ 上.

6° 要使函数 $f(x)$ 在区间 $[a, b]$ 上为有界变差的, 必要与充分条件是: 对于它, 在这一区间上有这样的一有界单调增加函数 $F(x)$ 存在, 使在区间 $[a, b]$ 的任何部分 $[x', x'']$ $(x' < x'')$ 上, 函数 f 的增量绝对值不超过函数 F 的对应的增量:

$$|f(x'') - f(x')| \leqslant F(x'') - F(x').^{①}$$

(有这种性质的函数 $F(x)$ 自然地称为函数 $f(x)$ 的**强函数**.)

必要性 可从下面推得: 对有界变差的函数 $f(x)$, 例如, 函数

$$g(x) = \mathop{V}\limits_{a}^{x} f(t)$$

可作为强函数, 由 5° 它是有界单调增加的. 由函数全变差定义本身, 就能推出不等式

$$|f(x'') - f(x')| \leqslant g(x'') - g(x') = \mathop{V}\limits_{x'}^{x''} f(t).$$

充分性 对有限区间的情形, 从不等式

$$v = \sum_{i=0}^{n-1} |f(x_{i+1}) - f(x_i)| \leqslant \sum_{i=0}^{n-1} [F(x_{i+1}) - F(x_i)] = F(b) - F(a)$$

立刻可以看出, 而对无穷区间的情形, 可由极限过程得出.

判定法的下一另外形式非常重要:

7° 要函数 $f(x)$ 在区间 $[a, b]$ 上有有界变差, 必要与充分条件是它在这一区间中能表作两个有界单调增加函数的差:

$$f(x) = g(x) - h(x). \tag{10}$$

---

①但亦可用不带绝对值记号的不等式:

$$f(x'') - f(x') \leqslant F(x'') - F(x').$$

必要性　由 6°, 对有界变差函数 $f(x)$ 应有一有界单调增加的强函数 $F(x)$ 存在. 令

$$g(x) = F(x), \quad h(x) = F(x) - f(x),$$

所以 (10) 式适合. 还要证明的是函数 $h(x)$ 的单调性; 但当 $x' < x''$ 时, 由强函数的定义,

$$h(x'') - h(x') = [F(x'') - F(x')] - [f(x'') - f(x')] \geqslant 0.$$

充分性　可从下面看出来: 当有等式 (10) 时, 函数

$$F(x) = g(x) + h(x)$$

就是强函数, 因为

$$|f(x'') - f(x')| \leqslant [g(x'') - g(x')] + [h(x'') - h(x')] = F(x'') - F(x').$$

留给读者两习题:

1) 根据所述判定法, 重新证明前目中断言 1°~4°;

2) 对在第 **568** 目中所考察的有界变差函数类, 直接证明单调强函数的存在, 并将它表作两单调函数差的可能性.

关于定理 7° 我们将作一补充说明. 因为函数 g 及 h 都是有界的, 故在它们上面各加上同一常数恒可使它们都变成正的. 同样, 在函数 g 及 h 上加上任何一个严格增加的有界函数 (例如, $\mathrm{arctg}x$), 我们便得到一个形如 (10) 的拆开来的式子, 其中两个函数都已经是严格增加的.

由 7° 中所建立的, 有界变差函数在某种意义上化为单调函数的可能性, 读者不要幻想到有界变差函数的性质很 "简单": 试看, 在第 **568** 目曾考察过的无限振动函数

$$f(x) = x^2 \sin \frac{\pi}{x} \quad (x \neq 0), \quad f(0) = 0$$

也可表作两单调函数的差的形状!

然而, 就是因为 (10) 式的关系, 单调函数的某些性质也搬到有界变差函数上来了. 例如, 如果回忆到, 对任何的 $x = x_0$, 单调有界函数 $f(x)$ 的右侧的及左侧的单侧极限都存在,

$$f(x_0 - 0) = \lim_{x \to x_0 - 0} f(x), \quad f(x_0 + 0) = \lim_{x \to x_0 + 0} f(x), \tag{11}$$

[**71**, 1°], 则, 应用这一性质到每个函数 g 及 h, 亦可得出结论:

8°　在区间 $[a, b]$ 上有界变差的函数 $f(x)$ 在这一区间的任何点 $x = x_0$ 处有有限单侧极限 (11) 存在.①

———————————
①当然, 如果 x_0 是区间的端点之一, 则只能谈到这两个极限中的一个.

571. 连续的有界变差函数 9° 设在区间 $[a, b]$ 中给出一有界变差函数 $f(x)$. 如 $f(x)$ 在某一点 $x = x_0$ 连续, 则在同一点, 函数

$$g(x) = \overset{x}{\underset{a}{V}} f(t)$$

也连续.

假定 $x_0 < b$, 求证 $g(x)$ 在点 x_0 处右连续. 为达此目的, 取一正数 $\varepsilon > 0$ 后, 用点

$$x_0 < x_1 < \cdots < x_n = b$$

将区间 $[x_0, b]$ 分为许多部分使

$$v = \sum_{i=0}^{n-1} |f(x_{i+1}) - f(x_i)| > \overset{b}{\underset{x_0}{V}} f(x) - \varepsilon. \tag{12}$$

依据函数 $f(x)$ 的连续性, 这里可以假定, x_1 已经非常靠近 x_0, 使不等式

$$|f(x_1) - f(x_0)| < \varepsilon$$

适合 (在必要时, 可以再插入一分点, 这样, 和 v 只会增加). 因此, 由 (12) 应得

$$\overset{b}{\underset{x_0}{V}} f(x) < \varepsilon + \sum_{i=0}^{n-1} |f(x_{i+1}) - f(x_i)| < 2\varepsilon + \sum_{i=1}^{n-1} |f(x_{i+1}) - f(x_i)| \leqslant 2\varepsilon + \overset{b}{\underset{x_1}{V}} f(t),$$

因而,

$$\overset{x_1}{\underset{x_0}{V}} f(x) < 2\varepsilon,$$

或最后,

$$g(x_1) - g(x_0) < 2\varepsilon.$$

于是更加有

$$0 \leqslant g(x_0 + 0) - g(x_0) < 2\varepsilon,$$

因为 ε 是任意的, 因此

$$g(x_0 + 0) = g(x_0).$$

同样可证明 (当 $x_0 > a$ 时)

$$g(x_0 - 0) = g(x_0),$$

亦即 $g(x)$ 在点 x_0 处左连续.

从证得的定理得出这样一推论:

10°　连续的有界变差函数可表作两连续增加函数差的形状.

事实上, 如回到命题 7° 的证明 (特别, 关于必要性一方面), 并取函数 (且由 9°, 是一连续的函数)

$$g(x) = \overset{x}{\underset{a}{\mathrm{V}}} f(x)$$

作为单调增函数时, 就能得到所求的分拆开的式子.

最后我们指出, 对连续函数, 在全变差的定义

$$\overset{b}{\underset{a}{\mathrm{V}}} f(x) = \sup\{v\}$$

中, 不论全变差是有限的或无穷的, "sup" 都可用一极限来代替.

11°　设函数 $f(x)$ 连续于一有限区间 $[a, b]$ 上. 将这一区间用点

$$a = x_0 < x_1 < \cdots < x_n = b$$

分成许多部分并作和

$$v = \sum_{i=0}^{n-1} |f(x_{i+1}) - f(x_i)|$$

后, 就有

$$\lim_{\lambda \to 0} v = \overset{b}{\underset{a}{\mathrm{V}}} f(x), \tag{13}$$

其中 $\lambda = \max(x_{i+1} - x_i)$.[①]

已经说过, 在添加一新的分点时和 v 不会减少.[②] 另一方面, 如这一新分点落在 x_k 及 x_{k+1} 间的区间内时, 则由这一点所产生的和 v 的增加不会超过函数 $f(x)$ 在区间 $[x_k, x_{k+1}]$ 上振动的两倍.

注意到这一点以后, 我们取任何一数

$$A < \overset{b}{\underset{a}{\mathrm{V}}} f(x)$$

并求得一和 v^* 使

$$v^* > A. \tag{14}$$

设这一和对应于下一分法:

$$a = x_0^* < x_1^* < \cdots < x_m^* = b.$$

---

① 这里, 极限过程与对黎曼和或达布和 [**295, 301**] 时的极限为同一类型.
② 参看第 54 页脚注 ②.

现选取一非常小的 $\delta > 0$, 使只要 $|x'' - x'| < \delta$ 时,

$$|f(x'') - f(x')| < \frac{v^* - A}{4m}$$

(由函数 f 的一致连续性这是办得到的). 我们来证明, 对任何的分法其 $\lambda < \delta$ 者, 有

$$v > A. \tag{15}$$

事实上, 有了这样一分法 (I), 我们就在 (I) 上添加这些点 x_k^* 后得一新分法 (II). 如对应于分法 (II) 的和为 v_0, 则

$$v_0 \geqslant v^*. \tag{16}$$

另一方面, 分法 (II) 是由 (I) 经过 (至多)m 次添加一个点而得来的. 因为每次添加所引起和 v 的增加小于 $\dfrac{v^* - A}{2m}$, 故

$$v_0 - v < \frac{v^* - A}{2}.$$

从这里以及 (16) 与 (14), 得

$$v > v_0 - \frac{v^* - A}{2} \geqslant \frac{A + v^*}{2} > A.$$

这样, 当 $\lambda < \delta$ 时 (15) 式适合; 但既然恒有

$$v \leqslant \overset{b}{\underset{a}{V}} f(x),$$

故的确 (13) 式成立, 这就是要求证的.

572. 可求长曲线　有界变差函数的概念在曲线的可求长问题上有应用, 所称概念就是在联系到这一问题时首先被若尔当介绍的. 我们想来叙述这一问题作为本节的结束.

设一曲线 (K) 以参数方程

$$x = \varphi(t), \quad y = \psi(t) \tag{17}$$

给出, 其中函数 $\varphi(t)$ 及 $\psi(t)$ 仅假定为连续的. 同时设曲线没有重点.

取曲线上对应于参数值

$$t_0 < t_1 < t_2 < \cdots < t_n = T \tag{18}$$

的点为曲线内接折线的顶点, 对折线的周长我们有表示式

$$p = \sum_{i=0}^{n-1} \sqrt{[\varphi(t_{i+1}) - \varphi(t_i)]^2 + [\psi(t_{i+1}) - \psi(t_i)]^2}.$$

如我们所知 [**247**], 所考察的曲线其弧长 s 可定义为所有内接折线周长 p 的集合的上确界. 如果它是有限的, 曲线就称为**可求长的**. 可求长的充分条件我们在第一卷中已说明过 [**248**]. 现在我们要建立最一般的 —— 必要及充分 —— 条件.

若尔当定理　曲线 (17) 可求长的必要充分条件为函数 $\varphi(t)$ 及 $\psi(t)$ 在区间 $[t_0, T]$ 上皆为有界变差.

必要性　如曲线可求长且长为 s, 则对区间 $[t_0, T]$ 的任何细分 (18) 有

$$p = \sum_{i=0}^{n-1} \sqrt{[\varphi(t_{i+1}) - \varphi(t_i)]^2 + [\psi(t_{i+1}) - \psi(t_i)]^2} \leqslant s,$$

于是, 由明显的不等式

$$|\varphi(t_{i+1}) - \varphi(t_i)| \leqslant \sqrt{[\varphi(t_{i+1}) - \varphi(t_i)]^2 + [\psi(t_{i+1}) - \psi(t_i)]^2}$$

得出

$$\sum_{i=0}^{n-1} |\varphi(t_{i+1}) - \varphi(t_i)| \leqslant s,$$

所以函数 $\varphi(t)$ 的确是有界变差的. 同样的结论可加到函数 $\psi(t)$ 上.

充分性　现设函数 $\varphi(t)$ 及 $\psi(t)$ 都是有界变差的. 由明显的不等式

$$p = \sum_{i=0}^{n-1} \sqrt{[\varphi(t_{i+1}) - \varphi(t_i)]^2 + [\psi(t_{i+1}) - \psi(t_i)]^2}$$
$$\leqslant \sum_{i=0}^{n-1} |\varphi(t_{i+1}) - \varphi(t_i)| + \sum_{i=0}^{n-1} |\psi(t_{i+1}) - \psi(t_i)|$$

可以推断: 所有数 p 上面有界, 例如以数

$$\overset{T}{\underset{t_0}{V}} \varphi(t) + \overset{T}{\underset{t_0}{V}} \psi(x)$$

为上界, 于是由上所证就能推得曲线 (K) 的可求长性.

我们还加两个重要的**说明**于后.

由刚才所述的, 很清楚, 曲线 (17) 的全长满足不等式

$$s \leqslant \overset{T}{\underset{t_0}{V}} \varphi(t) + \overset{T}{\underset{t_0}{V}} \psi(t).$$

考察一对应于区间 $[t_0, t]$ 中参数变化的变动弧 $s = s(t)$, 应用上面不等式到区间 $[t, t + \Delta t]$ 上去, 其中 Δt, 譬如说, > 0, 则

$$0 < \Delta s < \overset{t+\triangle t}{\underset{t}{V}} \varphi(t) + \overset{t+\triangle t}{\underset{t}{V}} \psi(t).$$

因为对无限小的 Δt, 右端的两个变动量 [由 **571**, 9°] 与 Δs 一起同样也是无限小, 故我们得到结论: 对可求长的连续曲线, 动弧 $s(t)$ 是参数的连续函数.

因为这一函数自 0 单调增加到整个曲线的长 S, 故不论 n 为怎样的自然数, 我们可以设想这一曲线分为 n 部分, 每分长 $\dfrac{S}{n}$ [柯西定理, **82**]. 如平面被一边长 $\dfrac{S}{n}$ 的正方形网覆盖起来,

则上述每一小段至多只能与四个这种正方形相交. 因此, 所有与曲线相交的正方形面积的和在任何情形下不会超过 $4n \cdot \dfrac{S^2}{n^2}$, 可使它任意小: 曲线有面积零.

由此得一有趣的推论: 由一可求长曲线 (或若干个这种曲线) 所围的区域显然是可求面积的, 亦即有一面积 [**337**].

§5. 斯蒂尔切斯积分

573. 斯蒂尔切斯积分的定义　斯蒂尔切斯 (Th. J. Stieltjes) 积分是通常的黎曼定积分 [**295**] 的直接推广. 它用下法来定义.

设在区间 $[a, b]$ 上已给两个有界函数 $f(x)$ 及 $g(x)$. 用点

$$a = x_0 < x_1 < x_2 < \cdots < x_{n-1} < x_n = b \tag{1}$$

将区间 $[a, b]$ 分成许多部分, 命 $\lambda = \max \Delta x_i$. 在每一部分 $[x_i, x_{i+1}]$ $(i = 0, 1, \cdots, n-1)$ 上取一点 ξ_i, 计算出函数 $f(x)$ 的值 $f(\xi_i)$, 并将它乘上函数 $g(x)$ 对应于区间 $[x_i, x_{i+1}]$ 的增量:

$$\Delta g(x_i) = g(x_{i+1}) - g(x_i).$$

最后, 作所有这些乘积的和:

$$\sigma = \sum_{i=0}^{n-1} f(\xi_i) \Delta g(x_i). \tag{2}$$

这一和称为斯蒂尔切斯积分和.

如当 λ 趋近于零时斯蒂尔切斯和 σ 有一确定的有限极限, 且这一极限既与区间 $[a, b]$ 分成许多部分的方法无关, 又与在部分区间中点 ξ_i 的选择无关, 则这一极限称作函数 $f(x)$ 对函数 $g(x)$ 的斯蒂尔切斯积分,[83] 并表作记号

$$\int_a^b f(x)dg(x) = \lim_{\lambda \to 0} \sigma = \lim_{\lambda \to 0} \sum_{i=0}^{n-1} f(\xi_i) \Delta g(x_i).^{①} \tag{3}$$

---

① 为明确起见我们假定 $a < b$. 不难同样地讨论 $a > b$ 的情形, 由等式 $\int_a^b = -\int_b^a$, 它立刻可化为前者.

[83] 等式 (3) 定义的积分可更完整地称为黎曼–斯蒂尔切斯积分; 在现代积分理论中是研究其推广, 称为勒贝格–斯蒂尔切斯积分.

有时候, 为了要特别强调积分是在斯蒂尔切斯意义下考察的, 就采用记号

$$(\mathrm{S})\int_a^b f(x)dg(x) \quad 或 \quad \mathbf{S}_b^a f(x)dg(x).$$

这里的极限其意义与在通常的定积分情况下相同. 更精确地说, 数 I 称作斯蒂尔切斯积分, 如对任何数 $\varepsilon > 0$, 有一数 $\delta > 0$ 存在, 使得只要区间 $[a, b]$ 分成许多部分其 $\lambda < \delta$ 时, 不论点 ξ_i 在对应的区间中如何选取, 不等式

$$|\sigma - I| < \varepsilon$$

总能满足.

当积分 (3) 存在时, 也这样说: 函数 $f(x)$ 在区间 $[a, b]$ 上对函数 $g(x)$ 可积分.

读者可以看见, 上面所给定义与通常黎曼积分定义间唯一的 (但为实质上的) 区别是: $f(\xi_i)$ 不是用独立变数的增量 Δx_i 来乘, 而是用第二个函数的增量 $\Delta g(x_i)$ 来乘. 因此, 当取独立变数 x 本身作为函数 $g(x)$ 时:

$$g(x) = x,$$

可见黎曼积分是斯蒂尔切斯积分的一特殊情形.

574. 斯蒂尔切斯积分存在的一般条件　在函数 $g(x)$ 单调增加的限制下, 我们来建立斯蒂尔切斯积分存在的一般条件.

于是, 当 $a < b$ 时, 与早前的 $\Delta x_i > 0$ 一样, 现在所有的 $\Delta g(x_i) > 0$. 只要将 Δx_i 换作 $\Delta g(x_i)$, 就可以逐字逐句地重复整个第 **296** 及 **297** 目的论证.

首先, 与达布和同样, 在这里最好引入下列和数

$$s = \sum_{i=0}^{n-1} m_i \Delta g(x_i), \quad S = \sum_{i=0}^{n-1} M_i \Delta g(x_i),$$

其中 m_i 及 M_i 分别表函数 $f(x)$ 在第 i 个区间 $[x_i, x_{i+1}]$ 上的下确界及上确界. 我们将称这些和为达布–斯蒂尔切斯下和及上和.

首先很清楚的 (对同一分法),

$$s \leqslant \sigma \leqslant S,$$

且 s 及 S 为斯蒂尔切斯和 σ 的确界.

与最简单的情形 [**296**] 一样, 达布–斯蒂尔切斯和本身有下列二性质:

第一性质　如在已有的分点中加上新的点, 则达布–斯蒂尔切斯下和只会增加, 上和只会减少.

第二性质　每一达布–斯蒂尔切斯下和不会超过每一上和, 即使是对应于区间另一分法的上和.

如引进**达布–斯蒂尔切斯下积分及上积分**:

$$I_* = \sup\{s\} \quad \text{及} \quad I^* = \inf\{S\},$$

则

$$s \leqslant I_* \leqslant I^* \leqslant S.$$

最后, 借达布–斯蒂尔切斯和之助, 对所考察的情形很容易给斯蒂尔切斯积分的存在建立一基本判定法:

定理   斯蒂尔切斯积分存在的必要充分条件为:

$$\lim_{\lambda \to 0}(S - s) = 0$$

或

$$\lim_{\lambda \to 0}\sum_{i=0}^{n-1}\omega_i\Delta g(x_i) = 0, \tag{4}$$

与通常一样, ω_i 为函数 $f(x)$ 在第 i 个区间 $[x_i, x_{i+1}]$ 上的振动 $M_i - m_i$.

所有的证明, 我们已说过, 与在第 **296**, **297** 目中所引用的对应证明全类似, 我们把它们留给读者.

在下一目中, 我们将应用这一判定法来求出若干类有斯蒂尔切斯积分的重要函数偶 $f(x)$ 及 $g(x)$.

575. 斯蒂尔切斯积分存在的若干种情况

I. 若函数 $f(x)$ 连续而函数 $g(x)$ 的变差是有界的, 则斯蒂尔切斯积分

$$\int_a^b f(x)dg(x) \tag{5}$$

存在.

开始我们假定 $g(x)$ 单调增加, 我们就应用前目中的判定法. 对任一已给的 $\varepsilon > 0$, 由函数 $f(x)$ 的一致连续性, 可找得 $\delta > 0$ 使 $f(x)$ 在任一长小于 δ 的区间上振动小于 $\dfrac{\varepsilon}{g(b) - g(a)}$. 现设区间 $[a, b]$ 任意地分成许多部分, 其 $\lambda = \max \Delta x_i < \delta$. 则所有的 $\omega_i < \dfrac{\varepsilon}{g(b) - g(a)}$, 且

$$\sum_i \omega_i\Delta g(x_i) < \frac{\varepsilon}{g(b) - g(a)} \cdot \sum_i [g(x_{i+1}) - g(x_i)] = \varepsilon,$$

由此, 可知条件 (4) 适合, 因而积分也存在.

在一般情形下, 如函数 $g(x)$ 为有界变差的, 则它可表为两有界增加函数差的形状: $g(x) = g_1(x) - g_2(x)$ [**570**, 7°]. 与此相应, 对应于函数 $g(x)$ 的斯蒂尔切斯积分就

变成:

$$\sigma = \sum_{i=0}^{n-1} f(\xi_i)\Delta g(x_i)$$

$$= \sum_{i=0}^{n-1} f(\xi_i)\Delta g_1(x_i) - \sum_{i=0}^{n-1} f(\xi_i)\Delta g_2(x_i) = \sigma_1 - \sigma_2.$$

因为由已经证明的论断可知每一和 σ_1 及 σ_2 当 $\lambda \to 0$ 时趋近于有限的极限, 故对和 σ 也是如此, 这就是要求证的.

如加强对函数 $g(x)$ 的要求, 同时就可减轻加到函数 $f(x)$ 上的条件:

II. 如函数 $f(x)$ 在黎曼意义下在区间 $[a,b]$ 上可积而 $g(x)$ 满足利普希茨条件:

$$|g(\bar{x}) - g(x)| \leqslant L(\bar{x} - x) \quad (L = 常数, \ a \leqslant x < \bar{x} \leqslant b), \tag{6}$$

则积分 (5) 存在.

为了又有可能应用前面讲的判定法, 开始时我们假设函数 $g(x)$ 不仅满足条件 (6), 且单调增加.

由 (6), 显然, $\Delta g(x_i) \leqslant L\Delta x_i$, 故

$$\sum_{i=0}^{n-1} \omega_i \Delta g(x_i) \leqslant L \sum_{i=0}^{n-1} \omega_i \Delta x_i.$$

但由函数 $f(x)$ 的可积性 (在黎曼意义下) [**297**], 后面的和当 $\lambda \to 0$ 时本身也趋近于 0, 因而第一个和也趋近于零, 这就证明了积分 (5) 的存在.

在一般情形 $g(x)$ 仅满足利普希茨条件 (6) 时, 将它表作差

$$g(x) = Lx - [Lx - g(x)] = g_1(x) - g_2(x).$$

函数 $g_1(x) = Lx$ 显然满足利普希茨条件且同时单调增加. 同样, 函数 $g_2(x) = Lx - g(x)$ 也是如此, 因为由 (6), 当 $a \leqslant x \leqslant \bar{x} \leqslant b$ 时,

$$g_2(\bar{x}) - g_2(x) = L(\bar{x} - x) - [g(\bar{x}) - g(x)] \geqslant 0$$

且

$$|g_2(\bar{x}) - g_2(x)| \leqslant L(\bar{x} - x) + |g(\bar{x}) - g(x)| \leqslant 2L(\bar{x} - x).$$

在这种情况下, 推理与上面一样.

III. 如函数 $f(x)$ 在黎曼意义下可积, 而函数 $g(x)$ 可表作有变动上限的积分的形状:

$$g(x) = c + \int_a^x \varphi(t)dt, \tag{7}$$

其中 $\varphi(t)$ 在区间 $[a,b]$ 上绝对可积, 则积分 (5) 存在.

设 $\varphi(t) \geqslant 0$, 故 $g(x)$ 单调增加. 如 $\varphi(t)$ 在正常意义下可积分因而有界: $|\varphi(t)| \leqslant L$, 则对 $a \leqslant x < \bar{x} \leqslant b$ 我们有

$$|g(\bar{x}) - g(x)| = \left| \int_x^{\bar{x}} \varphi(t)dt \right| \leqslant L(\bar{x} - x).$$

因此, 在这种情形下, $g(x)$ 满足利普希茨条件, 由 II, 积分存在.

现在假定, $\varphi(t)$ 在广义的意义下可积. 我们只讨论一个奇点的情形, 例如 b. 首先, 对任意取定的 $\varepsilon > 0$, 选一 $\eta > 0$ 使

$$\int_{b-\eta}^b \varphi(t)dt < \frac{\varepsilon}{2\Omega}, \tag{8}$$

其中 Ω 是函数 $f(x)$ 在所考察的区间中总的振动.

将区间 $[a,b]$ 任意地分成许多部分并作和

$$\sum = \sum_{i=0}^{n-1} \omega_i \Delta g(x_i).$$

将它拆成两个和 $\Sigma = \Sigma' + \Sigma''$, 第一个和对应于完全包含在区间 $\left[a, b - \frac{\eta}{2}\right]$ 中的一些区间, 第二个和对应于其余的区间. 只要 $\lambda = \max \Delta x_i < \frac{\eta}{2}$, 后面的一些区间就一定在区间 $[b-\eta, b]$ 中; 故由 (8),

$$\Sigma'' < \Omega \int_{b-\eta}^b \varphi(t)dt < \frac{\varepsilon}{2}.$$

另一方面, 因为在区间 $\left[a, b - \frac{\eta}{2}\right]$ 中函数 $\varphi(t)$ 在常义下可积, 故由已经证明的, 当 λ 相当小时和 Σ' 就小于 $\frac{\varepsilon}{2}$. 因此得 (4), 这就是所要证明的.

在一般情形, 当函数 $\varphi(t)$ 在区间 $[a,b]$ 上绝对可积时, 我们就考察函数

$$\varphi_1(t) = \frac{|\varphi(t)| + \varphi(t)}{2}, \quad \varphi_2(t) = \frac{|\varphi(t)| - \varphi(t)}{2},$$

显然, 它们在上述区间上为非负的且可积的. 因为

$$\varphi(t) = \varphi_1(t) - \varphi_2(t),$$

故与上面一样, 问题归结到已讨论的情形.

附注 设函数 $g(x)$ 在区间 $[a,b]$ 上连续, 且除可能有限个点外, 有导数 $g'(x)$, 又这一导数[①] 自 a 到 b (在常义或广义的意义下) 可积; 则如大家所熟知 [**481**, 附注], 形如 (7) 的公式

$$g(x) = g(a) + \int_a^x g'(t)dt$$

成立. 如 $g'(x)$ 绝对可积, 则 III 中所述可完全应用到函数 $g(x)$ 上去.

[①] 如在导数不存在的点处, 其值任意地选取.

576. 斯蒂尔切斯积分的性质　由斯蒂尔切斯积分的定义立刻可推得它的下列各性质:

$1°$ $\displaystyle\int_a^b dg(x) = g(b) - g(a);$

$2°$ $\displaystyle\int_a^b [f_1(x) \pm f_2(x)]dg(x) = \int_a^b f_1(x)dg(x) \pm \int_a^b f_2(x)dg(x);$

$3°$ $\displaystyle\int_a^b f(x)d[g_1(x) \pm g_2(x)] = \int_a^b f(x)dg_1(x) \pm \int_a^b f(x)dg_2(x);$

$4°$ $\displaystyle\int_a^b kf(x)d[lg(x)] = kl \cdot \int_a^b f(x)dg(x)$ $(k, l = $ 常数$)$.

同时在 $2°, 3°, 4°$ 的情形下, 从右端积分的存在可推得左端积分的存在.

再者, 我们还有

$5°$ $\displaystyle\int_a^b f(x)dg(x) = \int_a^c f(x)dg(x) + \int_c^b f(x)dg(x),$

于其中, 我们假定 $a < c < b$, 且三积分皆存在.

要证明这一公式, 只要注意在作积分 $\int_a^b fdg$ 的斯蒂尔切斯和时将点 c 放入区间 $[a, b]$ 的分点之中就可以了.

与这一公式有关, 我们提出一些注意, 首先, 由积分 $\int_a^b fdg$ 的存在就得出积分 $\int_a^c fdg$ 及 $\int_c^b fdg$ 的存在.

对于由斯蒂尔切斯和得出斯蒂尔切斯积分的特殊极限手续来说, 布尔查诺-柯西收敛原理成立. 因此, 给出一 $\varepsilon > 0$, 由积分 $\int_a^b fdg$ 的存在可求得一 $\delta > 0$ 使任何二斯蒂尔切斯和 σ 及 $\bar\sigma$ 当其对应的 λ 及 $\bar\lambda < \delta$ 时它们相差小于 ε. 如同时命分点中包含 c 点, 而在区间 $[c, b]$ 内的分点在此两种情况下都取相同的点, 则差 $\sigma - \bar\sigma$ 就化成已经变到区间 $[a, c]$ 上的两斯蒂尔切斯和的差 $\sigma_1 - \bar\sigma_1$, 因为其它各项彼此相消掉了. 应用同一收敛原理到区间 $[a, c]$ 并计算它上面的斯蒂尔切斯和时, 我们得出积分 $\int_a^c fdg$ 存在的结论. 同样可建立积分 $\int_c^b fdg$ 的存在.

特别值得注意的是前所未有的事实, 即一般说来, 不能从积分 $\int_a^c fdg$ 及 $\int_c^b fdg$ 都存在推出积分 $\int_a^b fdg$ 存在.

为了要相信这一点, 只要考察一个**例子**. 设在区间 $[-1, 1]$ 上用下列等式给出二函数 $f(x)$ 及 $g(x)$:

$$f(x) = \begin{cases} 0, & \text{当} -1 \leqslant x \leqslant 0, \\ 1, & \text{当} 0 < x \leqslant 1; \end{cases} \qquad g(x) = \begin{cases} 0, & \text{当} -1 \leqslant x < 0, \\ 1, & \text{当} 0 \leqslant x \leqslant 1. \end{cases}$$

易见, 积分

$$\int_{-1}^0 f(x)dg(x), \qquad \int_0^1 f(x)dg(x)$$

皆存在且等于 0, 因为对应于它们的斯蒂尔切斯和皆等于 0; 对于第一个来说这是由于 $f(x)$ 永远 $= 0$, 对于第二个来说, 因为 $\Delta g(x_i)$ 永远 $= 0$ 而函数 $g(x)$ 是常数.

这时积分

$$\int_{-1}^{1} f(x)dg(x)$$

不存在. 将区间 $[-1,1]$ 分为许多部分使点 0 不是分点, 作和

$$\sigma = \sum_{i=0}^{n-1} f(\xi_i)\Delta g(x_i).$$

如点 0 在区间 $[x_k, x_{k+1}]$ 中, 因此 $x_k < 0 < x_{k+1}$, 则在和 σ 中只剩下一个第 k 项, 其余的皆为零, 这是因为对 $i \neq k$, $\Delta g(x_i) = g(x_{i+1}) - g(x_i) = 0$. 这样.

$$\sigma = f(\xi_k)[g(x_{k+1}) - g(x_k)] = f(\xi_k).$$

由 $\xi_k \leqslant 0$ 或 $\xi_k > 0$ 因而 $\sigma = 0$ 或 $\sigma = 1$, 故 σ 没有极限.

上面所述的特殊情况是因为函数 $f(x)$ 及 $g(x)$ 在 $x = 0$ 处不连续之故 [参看 **584**, 3) 及 4)].

577. 分部积分法 对斯蒂尔切斯积分, 公式

$$\int_a^b f(x)dg(x) = f(x)g(x)\Big|_a^b - \int_a^b g(x)df(x) \tag{9}$$

成立, 于此假定, 这两积分之一存在; 另一积分的存在从这里可推出来. 这一公式叫做**分部积分法公式**. 我们来证明它.

设积分 $\int_a^b gdf$ 存在. 将区间 $[a,b]$ 分为许多部分 $[x_i, x_{i+1}]$ $(i = 0, 1, \cdots, n-1)$ 后, 在这些部分中任意取点 ξ_i, 故

$$a = x_0 \leqslant \xi_0 \leqslant x_1 \leqslant \cdots \leqslant x_{i-1} \leqslant \xi_{i-1} \leqslant x_i \leqslant \xi_i$$
$$\leqslant x_{i+1} \leqslant \cdots \leqslant x_{n-1} \leqslant \xi_{n-1} \leqslant x_n = b.$$

积分 $\int_a^b fdg$ 的斯蒂尔切斯和

$$\sigma = \sum_{i=0}^{n-1} f(\xi_i)[g(x_{i+1}) - g(x_i)]$$

可表作如下形式:

$$\sigma = \sum_{i=1}^{n} f(\xi_{i-1})g(x_i) - \sum_{i=0}^{n-1} f(\xi_i)g(x_i)$$
$$= -\{g(a)f(\xi_0) + \sum_{i=1}^{n-1} g(x_i)[f(\xi_i) - f(\xi_{i-1})] - g(b)f(\xi_{n-1})\}.$$

如在右端加减一式子

$$f(x)g(x)\Big|_a^b = f(b)g(b) - f(a)g(a),$$

则 σ 可重写为:

$$\sigma = f(x)g(x)\Big|_a^b - \{g(a)[f(\xi_0) - f(a)]$$
$$+ \sum_{i=1}^{n-1} g(x_i)[f(\xi_i) - f(\xi_{i-1})] + g(b)[f(b) - f(\xi_{n-1})]\}.$$

在大括弧中的式子是积分 $\int_a^b g df$ (其存在为假定了的!) 的斯蒂尔切斯和. 它对应于区间 $[a,b]$ 用分点

$$a \leqslant \xi_0 \leqslant \xi_1 \leqslant \cdots \leqslant \xi_{i-1} \leqslant \xi_i \leqslant \cdots \leqslant \xi_{n-1} \leqslant b$$

时的分法, 并在区间 $[\xi_{i-1}, \xi_i]$ $(i = 1, 2, \cdots, n-1)$ 中取 x_i 为选定的点, 而对区间 $[a, \xi_0]$ 及 $[\xi_{n-1}, b]$ 分别取 a 及 b. 与通常一样, 如命 $\lambda = \max(x_{i+1} - x_i)$, 则现在所有部分区间的长不超过 2λ. 当 $\lambda \to 0$ 时, 在大括弧中的和趋近于 $\int_a^b g df$, 因此, σ 的极限也存在, 即积分 $\int_a^b f dg$ 存在且这一积分为公式 (9) 所确定.

作为我们推理中的一推论, 我们特别注意一奇怪的事实: 如函数 $g(x)$ 在区间 $[a,b]$ 内对函数 $f(x)$ 可积, 则函数 $f(x)$ 对函数 $g(x)$ 也可积.

在 **575** 所考察的斯蒂尔切斯积分存在的情形中, 将函数 f 及 g 的地位交换后, 由这一注意点可增加许多新的情形到上面去.

578. 化斯蒂尔切斯积分为黎曼积分　设函数 $f(x)$ 在区间 $[a,b]$ 上连续, 而 $g(x)$ 在这一区间上单调增加, 且在严格的意义下单调增加.[①] 则勒贝格 (H. Lebesgue) 证明了, 斯蒂尔切斯积分 (S) $\int_a^b f(x) dg(x)$ 用代换法 $v = g(x)$ 立刻化为黎曼积分.

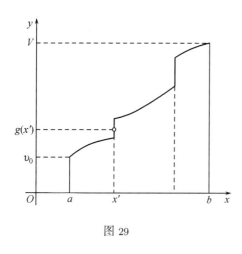

图 29

在图 29 中作出了函数 $v = g(x)$ 的图形. 对于那些地方 $x = x'$, $g(x)$ 在该处断掉时 (因为我们完全没有假定 $g(x)$ 非连续不可), 我们用连接点 $(x', g(x'-0))$ 及 $(x', g(x'+0))$ 的一垂直直线段来补充这一图形. 这样就做成了一连续曲线, 在它上面对于在 $v_0 = g(a)$ 及 $V = g(b)$ 间的每一值 v 就决定一个在 a 及 b 间的一确定值. 这一函数 $x = g^{-1}(v)$ 显然连续且在广义的意义下单调增加; 它可视作函数 $v = g(x)$ 的某种反函数.

如只限制于函数 $v = g(x)$ 当 x 自 a 变到 b 时所取的 v 的值, 则 $x = g^{-1}(v)$ 就是在通常意义下的反函数, 亦即将 v 变成使 $g(x) = v$ 的值 x. 但当 v 值取于函数 $g(x)$ 跳跃处的区间

$$[g(x'-0), g(x'+0)]$$

[①]我们假定这, 完全是为了使叙述简单些.

内时, 只有一个值 $v = v' = g(x')$ 有对应的值 $x = x'$, 而在这一区间中的其它 v 值显然没有任何 x 的值与它对应. 但我们同意将它们也变到同一值 $x = x'$, 几何上这就可以用在函数 $y = g(x)$ 的图形上补充许多垂直线段来表示.

现在我们来求证

$$(S) \int_a^b f(x)dg(x) = (R) \int_{v_0}^V f(g^{-1}(v))dv, \tag{10}$$

其中后面的积分是在通常意义下取的; 它的存在是有了保证的, 因函数 $g^{-1}(v)$ 连续, 因而复合函数 $f(g^{-1}(v))$ 也是连续的.

为达此目的, 将区间 $[a, b]$ 用分点

$$a = x_0 < x_1 < \cdots < x_i < x_{i+1} < \cdots < x_n = b$$

分成许多部分并作斯蒂尔切斯和

$$\sigma = \sum_{i=0}^{n-1} f(x_i)[g(x_{i+1}) - g(x_i)]. ^{①}$$

如令 $v_i = g(x_i)$ $(i = 0, 1, \cdots, n)$, 则我们将有

$$v_0 < v_1 < \cdots < v_i < v_{i+1} < \cdots < v_n = V.$$

因为 $x_i = g^{-1}(v_i)$, 故

$$\sigma = \sum_{i=0}^{n-1} f(g^{-1}(v_i))\Delta v_i \quad (\Delta v_i = v_{i+1} - v_i).$$

这一式子是积分

$$\int_{v_0}^V f(g^{-1}(v))dv$$

的一黎曼和.

但从这里还不可立刻作出结论: 当变到极限时等式 (10) 成立. 因为即使 $\Delta x_i \to 0$ $(\lambda \to 0)$ 还可能 Δv_i 不趋近于零, 例如, 当 x_i 及 x_{i+1} 无限接近时如果值 $x = x'$ 总夹在中间而函数 $g(x)$ 在这里跳跃了一下, 这时就是如此的. 故我们要换一方法来推理.

我们有

$$\int_{v_0}^V f(g^{-1}(v))dv = \sum_{i=0}^{n-1} \int_{v_i}^{v_{i+1}} f(g^{-1}(v))dv$$

且

$$\sigma = \sum_{i=0}^{n-1} \int_{v_i}^{v_{i+1}} f(x_i)dv,$$

所以

$$\sigma - \int_{v_0}^V f(g^{-1}(v))dv = \sum_{i=0}^{n-1} \int_{v_i}^{v_{i+1}} [f(x_i) - f(g^{-1}(v))]dv.$$

①为简单起见, 在区间 $[x_i, x_{i+1}]$ 中就选取点 x_i.

现在假定 Δx_i 如此小, 使函数 $f(x)$ 在整个区间 $[x_i, x_{i+1}]$ 上的振动小于事先任意指定的一数 $\varepsilon > 0$. 因为当 $v_i \leqslant v \leqslant v_{i+1}$ 时显然

$$x_i \leqslant g^{-1}(v) \leqslant x_{i+1},$$

故同时也

$$|f(x_i) - f(g^{-1}(v))| < \varepsilon.$$

这时

$$\left| \sigma - \int_{v_0}^{V} f(g^{-1}(v)) dv \right| < \varepsilon(V - v_0).$$

这就证明了

$$\lim_{\lambda \to 0} \sigma = \int_{v_0}^{V} f(g^{-1}(v)) dv,$$

由此可得 (10).

不管所得的结果在原则上如何重要, 但它在实际上并不能算作计算斯蒂尔切斯积分的方便工具. 我们将在下一目中指出在若干极简单的情况下如何来进行计算.

579. 斯蒂尔切斯积分的计算　　我们来求证下面的定理:

$1°$　　如函数 $f(x)$ 在区间 $[a, b]$ 上在黎曼意义下可积, 而 $g(x)$ 可表作积分

$$g(x) = c + \int_{a}^{x} \varphi(t) dt,$$

其中函数 $\varphi(t)$ 在 $[a, b]$ 上绝对可积, 则

$$(\mathrm{S}) \int_{a}^{b} f(x) dg(x) = (\mathrm{R}) \int_{a}^{b} f(x)\varphi(x) dx. \tag{11}$$

右端的积分存在 [**298**, **482**]. 在所作假定下斯蒂尔切斯积分的存在已经证明过了 [**575**, III].

剩下来的只要确立等式 (11).

不失一般性我们可假定函数 $\varphi(x)$ 是正的 [参照第 69 页].

与通常一样, 作斯蒂尔切斯和

$$\sigma = \sum_{i=0}^{n-1} f(\xi_i)[g(x_{i+1}) - g(x_i)] = \sum_{i=0}^{n-1} \int_{x_i}^{x_{i+1}} f(\xi_i)\varphi(x) dx.$$

因为在另一方面可以写

$$\int_{a}^{b} f(x)\varphi(x) dx = \sum_{i=0}^{n-1} \int_{x_i}^{x_{i+1}} f(x)\varphi(x) dx.$$

故有

$$\sigma - \int_{a}^{b} f(x)\varphi(x) dx = \sum_{i=0}^{n-1} \int_{x_i}^{x_{i+1}} [f(\xi_i) - f(x)]\varphi(x) dx.$$

显然, 对 $x_i \leqslant x \leqslant x_{i+1}, |f(\xi_i) - f(x)| \leqslant \omega_i$, 其中 ω_i 表函数 $f(x)$ 在区间 $[x_i, x_{i+1}]$ 上的振动. 由此推出上面所写的差的这样一估计:

$$\left| \sigma - \int_a^b f(x)\varphi(x)dx \right| \leqslant \sum_{i=0}^{n-1} \omega_i \int_{x_i}^{x_{i+1}} \varphi(x)dx = \sum_{i=0}^{n-1} \omega_i \Delta g(x_i).$$

但我们已经知道 [**575**, III], 当 $\lambda \to 0$ 时最后一和趋近于 0, 因此,

$$\lim_{\lambda \to 0} \sigma = \int_a^b f(x)\varphi(x)dx,$$

这就证明了公式 (11).

特别, 由所证定理推得 [如注意到第 **575** 目末的附注] 在实际中直接应用起来很方便的一推论:

2° 对函数 $f(x)$ 同以前的假定, 设函数 $g(x)$ 在整个区间 $[a, b]$ 上连续, 且可能除有限个点外, 在这区间上有导数 $g'(x)$, 而 $g'(x)$ 在 $[a, b]$ 上绝对可积.[①] 则

$$(\mathrm{S}) \int_a^b f(x)dg(x) = (\mathrm{R}) \int_a^b f(x)g'(x)dx. \tag{12}$$

特别有趣的是, 如将符号 $dg(x)$ 表面上当作微分, 而用式子 $g'(x)dx$ 代替它时, 公式 (12) 中右端的积分形式上可从左端的积分得来.

我们回到函数 $g(x)$ 不连续的情形 (以后将看到, 这在实践中特别重要), 首先考虑由等式

$$\rho(x) = \begin{cases} 0, & \text{当 } x \leqslant 0, \\ 1, & \text{当 } x > 0 \end{cases}$$

所定义的 "标准" 不连续函数.

它在点 $x = 0$ 的右边有一第一种不连续 —— 跳跃, 且跳跃的值 $\rho(+0) - \rho(0)$ 等于 1; 在点 $x = 0$ 的左边及其余的点处, 函数 $\rho(x)$ 连续. 函数 $\rho(x - c)$ 在点 $x = c$ 的右边也有一同样的不连续; 反过来, $\rho(c - x)$ 在点 $x = c$ 的左边有一类似的不连续, 且跳跃的值等于 -1.

假定函数 $f(x)$ 在点 $x = c$ 处连续, 我们来计算 $(\mathrm{S})\int_a^b f(x)d\rho(x-c)$, 其中 $a \leqslant c < b$ (当 $c = b$ 时这一积分等于零).

作斯蒂尔切斯和:

$$\sigma = \sum_{i=0}^{n-1} f(\xi_i)\Delta\rho(x_i - c).$$

设点 c, 例如, 落在第 k 个区间中, 即 $x_k \leqslant c < x_{k+1}$. 则 $\Delta\rho(x_k - c) = 1$, 而当 $i \neq k$ 时显然 $\Delta\rho(x_i - c) = 0$. 因此, 整个和 σ 化成一项: $\sigma = f(\xi_k)$. 现令 $\lambda \to 0$. 由连续性,

---

[①] 参看第 **575** 目附注的脚注.

$f(\xi_k) \to f(c)$. 因此

$$(\text{S}) \int_a^b f(x)d\rho(x-c) = \lim_{\lambda \to 0} \sigma = f(c) \tag{13}$$

存在 (当 $a \leqslant c < b$ 时).

同样可证明 (当 $a < c \leqslant b$ 时)

$$(\text{S}) \int_a^b f(x)d\rho(c-x) = -f(c) \tag{14}$$

(当 $c = a$ 时这一积分为零).

现在我们进而证明一定理, 在某种意义下较 2° 更广泛, 也就是, 放弃对函数 $g(x)$ 连续的要求:

3°　设函数 $f(x)$ 在区间 $[a,b]$ 上连续, 而 $g(x)$, 可能除有限个点外, 在这一区间上有导数 $g'(x)$, 且 $g'(x)$ 在 $[a,b]$ 上绝对可积. 同时设函数 $g(x)$ 在有限个点

$$a = c_0 < c_1 < \cdots < c_k < \cdots < c_m = b$$

处有第一种不连续. 则斯蒂尔切斯积分存在且可表作公式

$$\begin{aligned}
(\text{S}) \int_a^b f(x)dg(x) = {}&(\text{R}) \int_a^b f(x)g'(x)dx + f(a)[g(a+0) - g(a)] \\
&+ \sum_{k=1}^{m-1} f(c_k)[g(c_k + 0) - g(c_k - 0)] \\
&+ f(b)[g(b) - g(b-0)].
\end{aligned} \tag{15}$$

积分外面的和的出现在这里显示了函数 $g(x)$ 有 (在点 a 及 b 处是单侧的[①]) 跳跃的特征.

为了记起来简单些, 对函数 $g(x)$ 在左边及在右边的跳跃我们引用下列记号:

$$\begin{aligned}
\alpha_k^+ &= g(c_k + 0) - g(c_k) \quad (k = 0, 1, \cdots, m-1), \\
\alpha_k^- &= g(c_k) - g(c_k - 0) \quad (k = 1, 2, \cdots, m);
\end{aligned}$$

显然, 对 $1 \leqslant k \leqslant m-1, \alpha_k^+ + \alpha_k^- = g(c_k + 0) - g(c_k - 0)$.

作一辅助函数:

$$g_1(x) = \sum_{k=0}^{m-1} \alpha_k^+ \rho(x - c_k) - \sum_{k=1}^{m} \alpha_k^- \rho(c_k - x),$$

好像在它里面吸收了函数 $g(x)$ 的所有不连续点; 我们现在就要证明, 差 $g_2(x) = g(x) - g_1(x)$ 就已经是连续的了.

---

①在这两点中的任何一点处如没有跳跃, 则实际上对应的被加项就是零.

对异于所有 c_k 的值 x, 函数 $g_2(x)$ 连续不会有疑问, 因为对这些值, 函数 $g(x)$ 及 $g_1(x)$ 皆连续. 现在求证 $g_2(x)$ 在点 c_k $(k < m)$ 的右边连续. $g_1(x)$ 中所有各项除 $\alpha_k^+ \rho(x - c_k)$ 外在 $x = c_k$ 的右边都连续, 故只要研究式子 $g(x) - \alpha_k^+ \rho(x - c_k)$ 的性质. 当 $x = c_k$ 时它的值是 $g(c_k)$, 而当 $x \to c_k + 0$ 时它的极限也是如此:

$$\lim_{x \to c_k + 0}[g(x) - \alpha_k^+ \rho(x - c_k)] = g(c_k + 0) - \alpha_k^+ = g(c_k).$$

同样可验证函数 $g_2(x)$ 在点 c_k $(k > 0)$ 的左边连续.

其次, 如取一点 x (异于所有的 c_k), 函数 $g(x)$ 在该处有导数者, 则 $g_1(x)$ 在这一点附近保持一常数值, 因此在该处函数 $g_2(x)$ 也有导数, 且

$$g_2'(x) = g'(x).$$

对连续函数 $g_2(x)$, 由前面的定理, 斯蒂尔切斯积分存在:

$$(\text{S}) \int_a^b f(x) dg_2(x) = (\text{R}) \int_a^b f(x) g_2'(x) dx = (\text{R}) \int_a^b f(x) g'(x) dx.$$

同样也很容易计算积分 [参看 (13), (14)]

$$(\text{S}) \int_a^b f(x) dg_1(x)$$

$$= \sum_{k=0}^{m-1} \alpha_k^+ \cdot (\text{S}) \int_a^b f(x) d\rho(x - c_k) - \sum_{k=1}^{m} \alpha_k^- \cdot (\text{S}) \int_a^b f(x) d\rho(c_k - x)$$

$$= \sum_{k=0}^{m-1} \alpha_k^+ f(c_k) + \sum_{k=1}^{m} \alpha_k^- f(c_k)$$

$$= f(a)[g(a+0) - g(a)] + \sum_{k=1}^{m-1} f(c_k)[g(c_k + 0) - g(c_k - 0)] + f(b)[g(b) - g(b-0)].$$

将这两等式两边相加, 我们便得到等式 (15); $f(x)$ 对函数 $g(x) = g_1(x) + g_2(x)$ 的斯蒂尔切斯积分的存在性也附带建立了 [**576**, 3°].

580. 例 1) 用公式 (11) 计算积分:

$$(\text{a}) \ (\text{S}) \int_0^2 x^2 d\ln(1+x), \ (\text{б}) \ (\text{S}) \int_0^{\frac{\pi}{2}} x d\sin x, \ (\text{в}) \ (\text{S}) \int_{-1}^1 x d\,\text{arctg}\, x.$$

解 (a) $(\text{S}) \int_0^2 x^2 d\ln(1+x) = (\text{R}) \int_0^2 \dfrac{x^2}{1+x} dx = \left(\dfrac{1}{2}x^2 - x + \ln(1+x)\right)\Big|_0^2 = \ln 3$, 等等.

答 (б) $\dfrac{\pi}{2} - 1$; (в) 0.

2) 用公式 (15) 计算积分:

$$(\text{a}) \ (\text{S}) \int_{-1}^3 x dg(x), \ \text{其中} \ g(x) = \begin{cases} 0, & \text{当 } x = -1, \\ 1, & \text{当 } -1 < x < 2, \\ -1, & \text{当 } 2 \leqslant x \leqslant 3; \end{cases}$$

(б) (S) $\int_0^2 x^2 dg(x)$, 其中 $g(x) = \begin{cases} -1, & \text{当 } 0 \leqslant x < \dfrac{1}{2}, \\ 0, & \text{当 } \dfrac{1}{2} \leqslant x < \dfrac{3}{2}, \\ 2, & \text{当 } x = \dfrac{3}{2}, \\ -2, & \text{当 } \dfrac{3}{2} < x \leqslant 2. \end{cases}$

解　(a) 函数 $g(x)$ 当 $x = -1$ 时有一跳跃 1, 当 $x = 2$ 时有一跳跃 -2; 在其余的点处 $g'(x) = 0$. 故

$$(S) \int_{-1}^3 x dg(x) = (-1) \cdot 1 + 2 \cdot (-2) = -5.$$

(б) 当 $x = \dfrac{1}{2}$ 时跳跃为 1, 当 $x = \dfrac{3}{2}$ 时跳跃为 -2 (函数 g 当 $x = \dfrac{3}{2}$ 时的值对结果没有影响); 在其余的点处 $g'(x) = 0$. 故有:

$$(S) \int_0^2 x^2 dg(x) = \left(\frac{1}{2}\right)^2 \cdot 1 + \left(\frac{3}{2}\right)^2 \cdot (-2) = -\frac{17}{4}.$$

3) 用公式 (15) 计算积分:

$$(\text{a}) \int_{-2}^2 x dg(x), \ (\text{б}) \int_{-2}^2 x^2 dg(x), \ (\text{в}) \int_{-2}^2 (x^3+1)dg(x),$$

其中

$$g(x) = \begin{cases} x+2, & \text{当 } -2 \leqslant x \leqslant -1, \\ 2, & \text{当 } -1 < x < 0, \\ x^2+3, & \text{当 } 0 \leqslant x \leqslant 2. \end{cases}$$

解　函数 $g(x)$ 当 $x = -1$ 及 $x = 0$ 时有等于 1 的跳跃. 导数

$$g'(x) = \begin{cases} 1, & \text{当 } -2 \leqslant x < -1, \\ 0, & \text{当 } -1 < x < 0, \\ 2x, & \text{当 } 0 < x \leqslant 2. \end{cases}$$

所以

$$\int_{-2}^2 x dg(x) = \int_{-2}^{-1} x dx + 2 \int_0^2 x^2 dx + (-1) \cdot 1 + 0 \cdot 1 = 2\frac{5}{6}.$$

同样,

$$\int_{-2}^2 x^2 dg(x) = 11\frac{1}{3} \quad \text{及} \quad \int_{-2}^2 (x^3+1)dg(x) = 15\frac{1}{20}.$$

4) 假定沿着 x 轴上的线段 $[a, b]$ 分布着有质量, 在个别的点处集中着, 一般则连续地分布着. 将它们不加区别, 对 $x > a$ 以 $\Phi(x)$ 表分布在区间 $[a, x]$ 上的所有质量的和; 此外, 并令 $\Phi(a) = 0$. 显然, $\Phi(x)$ 是一单调增加函数. 我们的问题是求出这些质量对坐标原点的**静矩**.

将区间 $[a, b]$ 用点

$$a = x_0 < x_1 < \cdots < x_i < x_{i+1} < \cdots < x_n = b$$

分成许多部分. 当 $i > 0$ 时在线段 $(x_i, x_{i+1}]$ 上显然包含有质量 $\Phi(x_{i+1}) - \Phi(x_i) = \Delta\Phi(x_i)$. 同样在线段 $[a, x_1]$ 上含有质量 $\Phi(x_1) - \Phi(x_0) = \Delta\Phi(x_0)$. 在一切情形下, 把质量认为是集中在例如区间的右端, 我们便得所求静矩的近似式

$$M \doteq \sum_{i=0}^{n-1} x_{i+1}\Delta\Phi(x_i).$$

当所有 Δx_i 趋近于 0 时, 变到极限就得到准确的结果:

$$M = (S)\int_a^b x d\Phi(x). \tag{16}$$

与在第二卷对通常定积分所说明的一样 [348], 这里也可以首先确立对应于轴上自 x 到 $x+dx$ 的 "元素" 静矩 $dM = x d\Phi(x)$, 然后将这些元素 "相加".

同样, 关于这些同样的质量对原点的**惯矩** I 我们有公式

$$I = (S)\int_a^b x^2 d\Phi(x). \tag{17}$$

特别着重指出, 斯蒂尔切斯积分给出了可能, 用一个积分公式就将连续分布的质量与集中的质量两种不同情况联结在一起.

设连续分布的质量其线性密度为 $\rho(x)$, 此外设在点 $x = c_1, c_2, \cdots, c_k$ 处放置有集中的质量 $m_1, m_2, \cdots, m_k$. 则除这些点外, 函数 $\Phi(x)$ 有导数

$$\Phi'(x) = \rho(x).$$

在每一点 $x = c_j$ $(j = 1, 2, \cdots, k)$ 处函数有一跳跃, 等于集中在这一点处的质量 m_j.

现在如将积分 (16) 按公式 (15) 展开, 则得

$$M = (S)\int_a^b x d\Phi(x) = (R)\int_a^b x\rho(x)dx + \sum_{j=1}^{k} c_j m_j.$$

将右端仔细观察后, 容易知道第一项是连续分布质量的静矩, 而第二项是集中质量的静矩. 对积分 (17) 也可得同样的结果.

5) 为了更好地说明前一练习题的涵义, 要求:

(a) 对下面的质量分布情形组成表示式 $\Phi(x)$ 并作它的图形: 在点 $x = 1, 2, 3$ 处质量大小为 1, 在区间 $[1, 3]$ 上连续分布的质量密度为 2;

(б) 同样, 对这样的分布: 当 $x = 2, 4$ 时质量大小为 2, 在区间 $[0, 5]$ 上连续分布的质量密度为 $2x$;

(в) 如 $\Phi(x)$ 等于问题 3) 中的函数 $g(x)$, 说明质量的分布情形.

答 (a) 在区间 $[1, 3]$ 上我们有

$$\Phi(x) = \begin{cases} 0, & \text{对 } x = 1, \\ 2x - 1, & \text{对 } 1 < x < 2, \\ 2x, & \text{对 } 2 \leqslant x < 3, \\ 7, & \text{对 } x = 3. \end{cases}$$

(б) 在区间 $[0,5]$ 上我们有

$$\Phi(x) = \begin{cases} x^2, & \text{对 } 0 \leqslant x < 2, \\ x^2 + 2, & \text{对 } 2 \leqslant x < 4, \\ x^2 + 4, & \text{对 } 4 \leqslant x \leqslant 5. \end{cases}$$

　　(в) 在点 $x = -1$ 及 0 处质量大小为 1, 在区间 $[-2,-1]$ 上连续分布的质量密度为 1, 在区间 $[0,2]$ 上密度变为 $2x$.

　　6) 考察另一问题, 斯蒂尔切斯积分在它里面所起的作用与习题 4) 中的相同. 假定在安置在两支座[①] 上的一梁上 (图 30), 除连续分布的负荷外还有集中力作用着. 沿梁的轴取 x 轴, 而 y 轴垂直地朝下 (见图). 将作用的力不加区别, 对 $x > 0$ 以 $F(x)$ 表所有作用于梁的线段 $[0,x]$ 上的力, 包括支座的反作用在内; 再令 $F(0) = 0$. 力 $F(x)$ 称作梁在断面 x 处的**剪力**. 这时向下的力将算作正的, 而向上的力算作负的.

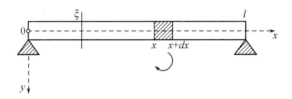

图 30

　　我们的任务是要确定梁在任意断面 $x = \xi$ 处的**弯矩 M**. 所谓弯矩就是梁的右 (或左) 部上所有的作用力对断面的矩的和. 这时, 如说到的是梁的右部, 而这一矩使这一部分以时针向转动, 则矩就算是正的 (对左部来说, 以相反规则).

　　因为在梁的右部元素 $(x, x+dx]$ 上作用的力为 $F(x+dx) - F(x) = dF(x)$, 它构成一元素矩

$$d\boldsymbol{M} = (x - \xi)dF(x),$$

故 "相加" 得

$$\boldsymbol{M} = \boldsymbol{M}(\xi) = (S)\int_{\xi}^{l} (x - \xi)dF(x).$$

同样, 自梁的左部出发, 可得 (在计算矩时要改变正向)

$$\boldsymbol{M}(\xi) = (S)\int_{0}^{\xi} (\xi - x)dF(x). \tag{18}$$

　　很容易直接看到, 这两个表示弯矩的式子实际上是相等的. 这就相当于条件

$$\int_{0}^{l} xdF(x) - \xi F(l) = 0,$$

这是由平衡条件即作用于梁上的一切力的和等于零及这些力 (对原点) 的矩的和等于零:

$$F(l) = 0, \quad \int_{0}^{l} xdF(x) = 0$$

---

①我们做这一假定仅仅是为了简单起见.

而得来的结果.

如以 $q(x)$ 表连续分布的荷载的强度, 则除掉有集中力作用的点外, 有

$$\frac{dF(x)}{dx} = q(x).$$

设集中力 $F_j\ (j = 1, 2, \cdots, k)$ 作用于点 $x = x_j$. 则, 显然剪力在这些点处有跳跃, 分别等于 F_j. 再, 将公式 (15) 应用到, 例如积分 (18) 时, 得

$$M(\xi) = \int_0^\xi (\xi - x)q(x)dx + \sum_{x_j < \xi} (\xi - x_j)F_j.$$

右端的两项容易认识为连续荷载及集中力分别所产生的矩: 斯蒂尔切斯积分将它们统一为一个积分形式.

我们还证明一事实, 在材料力学理论中有用处的. 在公式 (18) 中进行分部积分, 得

$$M(\xi) = \int_0^\xi (\xi - x)dF(x) = (\xi - x)F(x)\Big|_0^\xi - \int_0^\xi F(x)d(\xi - x) = \int_0^\xi F(x)dx.$$

由此就很清楚, 除开有集中力作用的点外, 等式

$$\frac{dM}{d\xi} = F(\xi)$$

成立.

7) **例** 设一长 $l = 3$ 的梁带有 (图 31) 强度为 $\frac{2}{3}x$ 的 "三角形" 荷载, 此外, 设有一等于 3 的集中力加在点 $x = 1$ 处, 又支座的反作用都等于 -3 (由杠杆定律它们平衡). 试决定剪力 $F(x)$ 及弯矩 $M(\xi)$.

答

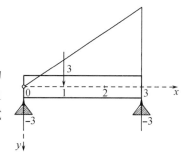

图 31

$$F(x) = \begin{cases} 0, & \text{当 } x = 0, \\ \dfrac{1}{3}x^2 - 3, & \text{当 } 0 < x < 1, \\ \dfrac{1}{3}x^2, & \text{当 } 1 \leqslant x < 3, \\ 0, & \text{当 } x = 3; \end{cases}$$

$$M(\xi) = \begin{cases} \dfrac{1}{9}\xi^3 - 3\xi, & \text{当 } 0 \leqslant \xi \leqslant 1, \\ \dfrac{1}{9}\xi^3 - 3, & \text{当 } 1 < \xi \leqslant 3. \end{cases}$$

8) 公式 (15) 对计算通常积分 (在黎曼意义下) 也有用处. 我们用下面的一般例题来说明这.

设 $\varphi(x)$ 在区间 $[a, b]$ 上为 "分段多项式" 的函数, 这就是说区间可用点

$$a = \xi_0 < \xi_1 < \cdots < \xi_k = b$$

分为有限个部分使在每一部分上函数 $\varphi(x)$ 可表作不高于 n 次的多项式. 在点 a 及 b 处将函数 $\varphi(x)$ 及其所有导数的值用零来代替后, 以 $\delta_j^{(i)}\ (j = 0, 1, \cdots, k; i = 0, 1, \cdots, n)$ 表第 i 阶导数

$\varphi^{(i)}(x)$ 在第 j 个点 $x = \xi_j$ 处跳跃的大小.

又设 $f(x)$ 为任何连续函数, 令

$$F_1(x) = \int f(x)dx, \quad \text{一般}, \quad F_s(x) = \int F_{s-1}(x)dx \quad (s > 1).$$

则下一公式成立:

$$\int_a^b f(x)\varphi(x)dx = -\sum_{j=0}^k F_1(\xi_j)\delta_j^{(0)} + \sum_{j=0}^k F_2(\xi_j)\delta_j^{(1)} - \cdots + (-1)^{n+1}\sum_{j=0}^k F_{n+1}(\xi_j)\delta_j^{(n)}.$$

事实上, 我们逐次地得

$$(\text{R})\int_a^b f(x)\varphi(x)dx = (\text{S})\int_a^b \varphi(x)dF_1(x) = \varphi(x)F_1(x)\bigg|_a^b - (\text{S})\int_a^b F_1(x)d\varphi(x);$$

上下代入式等于零, 而积分

$$\int_a^b F_1(x)d\varphi(x) = \sum_j F_1(\xi_j)\delta_j^{(0)} + \int_a^b F_1(x)\varphi'(x)dx;$$

同样

$$\int_a^b F_1(x)\varphi'(x)dx = -\sum_j F_2(\xi_j)\delta_j^{(1)} - \int_a^b F_2(x)\varphi''(x)dx;$$

等等.

9) 最后, 借公式 (11) 之助我们来建立一个有用的对通常积分的分部积分的一般公式. 若 $u(x)$ 及 $v(x)$ 在区间 $[a, b]$ 上都绝对可积, 而 $U(x)$ 及 $V(x)$ 由积分公式

$$U(x) = U(a) + \int_a^x u(t)dt,$$

$$V(x) = V(a) + \int_a^x v(t)dt$$

所确定, 则公式

$$\int_a^b U(x)v(x)dx = U(x)V(x)\bigg|_a^b - \int_a^b V(x)u(x)dx \tag{19}$$

成立. 为了证明起见, 由公式 (11), 将左端的积分用斯蒂尔切斯积分来代替并分部积分起来 [**577**]:

$$\int_a^b U(x)v(x)dx = \int_a^b U(x)dV(x) = U(x)V(x)\bigg|_a^b - \int_a^b V(x)dU(x).$$

要想得到 (19) 只要再一次应用公式 (11) 到后一积分上去.

这里函数 $u(x), v(x)$ 所起的作用好像是函数 $U(x), V(x)$ 的导数, 但事实上它们并不是导数. 当函数 $u(x)$ 及 $v(x)$ 连续时, 我们便回到了通常的分部积分公式, 因为这时确乎

$$U'(x) = u(x), \quad V'(x) = v(x).$$

581. 斯蒂尔切斯积分的几何说明　考察积分

$$(\text{S})\int_a^b f(t)dg(t), \tag{20}$$

假设函数 $f(t)$ 连续且为正的, 而 $g(t)$ 只要单调增加 (在严格的意义下); 函数 $g(t)$ 可有 (跳跃) 不连续.

参数方程

$$x = g(t), \quad y = f(t) \tag{21}$$

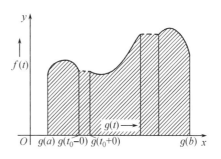

图 32

代表某一曲线 (K), 一般说来, 是不连续的 (图 32). 如对某一 $t = t_0$, 函数 $g(t)$ 有一跳跃, 即 $g(t_0 - 0) < g(t_0 + 0)$ 时, 则 $x = g(t)$ 的这些极限值有同一个 $y = f(t)$ 的极限值 $f(t_0)$ 与它们相对应. 将曲线 (K) 用一些水平线段添补起来, 它们是连接对应于函数 $g(t)$ 的一切跳跃的点偶

$$(g(t_0 - 0), f(t_0)) \quad 及 \quad (g(t_0 + 0), f(t_0))$$

而成的. 这样就形成了一连续的曲线 (L). 我们求证, 积分 (20) 代表这一曲线下面图形的面积, 更正确地说, 代表由曲线 (L), x 轴及对应于横坐标 $g(a)$ 与 $g(b)$ 的两头的纵坐标所围的面积.

为达此目的将区间 $[a, b]$ 用点

$$a = t_0 < t_1 < \cdots < t_i < t_{i+1} < \cdots < t_n = b$$

分为许多部分, 与此相应, x 轴上的区间 $[g(a), g(b)]$ 由点

$$g(a) < g(t_1) < \cdots < g(t_i) < g(t_{i+1}) < \cdots < g(b)$$

分成许多部分.

设函数 $f(t)$ 在第 i 个区间 $[t_i, t_{i+1}]$ 上的最小值及最大值为 m_i 及 M_i, 作斯蒂尔切斯–达布下和及上和

$$s = \sum_i m_i \Delta g(t_i), \quad S = \sum_i M_i \Delta g(t_i).$$

现在容易看到, 它们代表内面一些矩形及外面一些矩形所成图形的面积, 所考察的曲线图形夹在这些矩形之间.

因为当所有的 Δt_i 趋近于零时, 这两和趋于公共极限 (20), 由此推得 [**336**], 我们的图形是可求面积的, 且确实积分 (20) 就是它的面积.

582. 中值定理, 估计值 $1°$ 设在区间 $[a, b]$ 上函数 $f(x)$ 有界:

$$m \leqslant f(x) \leqslant M,$$

而 $g(x)$ 单调增加. 如 $f(x)$ 对 $g(x)$ 的斯蒂尔切斯积分存在, 则下一公式成立:

$$I = (S) \int_a^b f(x) dg(x) = \mu[g(b) - g(a)], \quad 其中 \ m \leqslant \mu \leqslant M. \tag{22}$$

这就是斯蒂尔切斯积分的**中值定理**.

为了证明起见我们从一个斯蒂尔切斯和 σ 的明显的不等式出发:

$$m[g(b) - g(a)] \leqslant \sigma \leqslant M[g(b) - g(a)].$$

变到极限, 得

$$m[g(b) - g(a)] \leqslant I \leqslant M[g(b) - g(a)] \tag{23}$$

或 [①]

$$m \leqslant \frac{I}{g(b) - g(a)} \leqslant M.$$

将这一比表作 μ, 便得 (22).

如函数 $f(x)$ 在区间 $[a, b]$ 上连续, 则用普通的方法就能证明 μ 是这一区间上某一点处的函数值, 公式 (22) 就作下形

$$(S) \int_a^b f(x) dg(x) = f(\xi)[g(b) - g(a)], \quad \text{其中 } a \leqslant \xi \leqslant b. \tag{24}$$

$2°$　在实践中斯蒂尔切斯积分最重要的情况是函数 $f(x)$ 连续, 函数 $g(x)$ 有界变差. 在这种情况下, 斯蒂尔切斯积分的下一估计成立:

$$\left| \int_a^b f(x) dg(x) \right| \leqslant MV, \tag{25}$$

其中

$$M = \max_{a \leqslant x \leqslant b} |f(x)|, \quad V = \overset{b}{\underset{a}{V}} g(x).$$

实际上, 对斯蒂尔切斯和 σ 有

$$|\sigma| = \left| \sum_i f(\xi_i) \Delta g(x_i) \right| \leqslant \sum_i |f(\xi_i)| |\Delta g(x_i)|$$

$$\leqslant M \sum_i |g(x_{i+1}) - g(x_i)| \leqslant MV,$$

故要得到所需不等式只要变到极限就行.

$3°$　特别, 由此亦推得出和 σ 与斯蒂尔切斯积分 I 本身近似程度的估计 (对函数 f 及 g 在前面的假定下). 将 σ 及 I 表作以下形式

$$\sigma = \sum_i f(\xi_i) \Delta g(x_i) = \sum_i \int_{x_i}^{x_{i+1}} f(\xi_i) dg(x),$$

$$I = \sum_i \int_{x_i}^{x_{i+1}} f(x) dg(x),$$

[①]我们假定 $g(b) > g(a)$, 因为 $g(b) = g(a)$ [即 $g(x) =$ 常数] 不消讨论, 这时公式 (22) 两端都是零.

并将这两等式两端相减, 得

$$\sigma - I = \sum_i \int_{x_i}^{x_{i+1}} [f(\xi_i) - f(x)] dg(x).$$

如与通常一样, 以 ω_i 表函数 $f(x)$ 在区间 $[x_i, x_{i+1}]$ 上的振动, 故

$$|f(\xi_i) - f(x)| \leqslant \omega_i, \text{ 对 } x_i \leqslant x \leqslant x_{i+1},$$

则分别应用估计值 (25) 到每一积分 $\int_{x_i}^{x_{i+1}}$ 时我们将有

$$\left| \int_{x_i}^{x_{i+1}} [f(\xi_i) - f(x)] dg(x) \right| \leqslant \omega_i \overset{x_{i+1}}{\underset{x_i}{\mathrm{V}}} g(x).$$

如区间 $[a, b]$ 被分成非常小的部分使所有的 $\omega_i < \varepsilon$, 其中 $\varepsilon > 0$ 是事先任意取定的数, 则我们断言,

$$|\sigma - I| \leqslant \varepsilon \overset{b}{\underset{a}{\mathrm{V}}} g(x). \tag{26}$$

在下目中我们将利用这些估计值.

583. 斯蒂尔切斯积分记号下面的极限过程 1° 设函数 $f_n(x)$ $(n = 1, 2, 3, \cdots)$ 在区间 $[a, b]$ 上连续且当 $n \to \infty$ 时一致趋近于极限函数

$$f(x) = \lim_{n \to \infty} f_n(x)$$

[显然, 也是连续的, **436**], 而 $g(x)$ 是一有界变差函数. 则

$$\lim_{n \to \infty} \int_a^b f_n(x) dg(x) = \int_a^b f(x) dg(x).$$

证明 对已给的 $\varepsilon > 0$ 可求得一 N, 使当 $n > N$ 时对所有的 x 将有

$$|f_n(x) - f(x)| < \varepsilon.$$

则, 由 (25), 对 $n > N$,

$$\left| \int_a^b f_n(x) dg(x) - \int_a^b f(x) dg(x) \right| = \left| \int_a^b [f_n(x) - f(x)] dg(x) \right| \leqslant \varepsilon \overset{b}{\underset{a}{\mathrm{V}}} g(x),$$

由于 ε 的任意性, 定理得证.

2° 现设函数 $f(x)$ 在区间 $[a, b]$ 上连续, 而所有的函数 $g_n(x)$ $(n = 1, 2, 3, \cdots)$ 在这区间上有界变差. 如这些函数的全变差全体是有界的:

$$\overset{b}{\underset{a}{\mathrm{V}}} g_n(x) \leqslant V \quad (n = 1, 2, 3, \cdots),$$

且当 $n \to \infty$ 时 $g_n(x)$ 趋近于一极限函数

$$g(x) = \lim_{n \to \infty} g_n(x),$$

则

$$\lim_{n \to \infty} \int_a^b f(x) dg_n(x) = \int_a^b f(x) dg(x).$$

证明 首先我们证明极限函数 $g(x)$ 本身亦有界变差. 将区间 $[a, b]$ 任意地用点

$$a = x_0 < x_1 < \cdots < x_i < x_{i+1} < \cdots < x_m = b$$

分为许多部分, 我们将有 (对任何的 n)

$$\sum_i |g_n(x_{i+1}) - g_n(x_i)| \leqslant \overset{b}{\underset{a}{V}} g_n(x) \leqslant V.$$

当 $n \to \infty$ 时变到极限, 得

$$\sum_i |g(x_{i+1}) - g(x_i)| \leqslant V,$$

于是

$$\overset{b}{\underset{a}{V}} g(x) \leqslant V.$$

作斯蒂尔切斯和

$$\sigma = \sum_i f(x_i) \Delta g(x_i), \quad \sigma_n = \sum_i f(x_i) \Delta g_n(x_i).$$

如假定这时区间 $[a, b]$ 分得很细, 已使函数 $f(x)$ 在每一部分中的振动小于事先任意取定的数 $\varepsilon > 0$, 则由估计值 (26), 对所有的 n,

$$\left| \sigma_n - \int_a^b f(x) dg_n(x) \right| \leqslant \varepsilon V, \quad \left| \sigma - \int_a^b f(x) dg(x) \right| \leqslant \varepsilon V. \tag{27}$$

另一方面, 如固定上述条件下所取的一分法, 则当 $n \to \infty$ 时显然 $\sigma_n \to \sigma$, 故可求得一 N 使对 $n > N$ 就有

$$|\sigma_n - \sigma| < \varepsilon. \tag{28}$$

则由 (27) 及 (28), 对同样的 n 值, 我们将有

$$\left| \int_a^b f dg_n - \int_a^b f dg \right| \leqslant \left| \int_a^b f dg_n - \sigma_n \right| + |\sigma_n - \sigma| + \left| \sigma - \int_a^b f dg \right| < (2V + 1)\varepsilon,$$

于是, 由于 ε 的任意性, 即得所需结论.

584. 例题及补充 1) 设函数 $g(x)$ 在严格的意义下单调增加, 对在公式 (24) 中所指出的数 ξ, 可以证明一更精确的断言: $a < \xi < b$.

以 m 及 M 表函数 $f(x)$ 在区间 $[a, b]$ 上的最小及最大值, 并认为 $m < M$;[①] 容易求得这一区间的一部分 $[\alpha, \beta]$, 使在这一部分上, 数 $m' > m$ 及 $M' < M$ 为 $f(x)$ 的界, 故 [比较 (23)]

$$m[g(\beta) - g(\alpha)] < m'[g(\beta) - g(\alpha)] \leqslant (S) \int_\alpha^\beta$$
$$\leqslant M'[g(\beta) - g(\alpha)] < M[g(\beta) - g(\alpha)].$$

对区间 $[a, \alpha]$ 及 $[\beta, b]$ 写出形如 (23) 的不等式后并将它们与上面的不等式相加, 得的不是 (23) 而是一更精确的不等式:

$$m[g(b) - g(a)] < I < M[g(b) - g(a)],$$

故数

$$\mu = \frac{I}{g(b) - g(a)}$$

严格地在 m 及 M 之间; 因而 ξ 也严格地处于 a 及 b 之间, 其中 $\mu = f(\xi)$, 等等.

2) 利用第 **579** 目的公式 (11), 斯蒂尔切斯积分的分部积分公式及中值定理 [**577, 582,** $1°$], 非常容易重新建立通常积分的第二中值定理 [**306**].

设在区间 $[a, b]$ 上 $f(x)$ (在黎曼意义下) 可积, 而 $g(x)$ 单调增加.[②] 作一函数

$$F(x) = \int_a^x f(x) dx \quad (a \leqslant x \leqslant b);$$

大家都知道, 它是连续的 [**305,** $11°$].

现在我们逐步有

$$\int_a^b f(x)g(x)dx = \int_a^b g(x)dF(x) = g(x)F(x)\Big|_a^b - \int_a^b F(x)dg(x)$$
$$= g(b)F(b) - F(\xi)[g(b) - g(a)] = g(a)F(\xi) + g(b)[F(b) - F(\xi)]$$
$$= g(a)\int_a^\xi f(x)dx + g(b)\int_\xi^b f(x)dx \quad (a \leqslant \xi \leqslant b),$$

这就是所要求证的.

如 $g(x)$ 在严格的意义下单调增加, 则由 1) 中所述的说明, 对 ξ 可更精确地说: $a < \xi < b$.

3) 求证: 如两函数 f 及 g 之一在点 $x = c$ 处连续, 同时另一函数在这一点的附近有界, 则积分 $(S) \int_a^c$ 及 $(S) \int_c^b$ 的存在就能推出 $(S) \int_a^b$ 的存在 [参看 **576,** $5°$].

为达此目的, 我们注意, 如在形成斯蒂尔切斯和 σ 时我们将点 c 包括在分点之列, 则和 σ 可拆成对部分区间 $[a, c]$ 及 $[c, b]$ 的两个同样的和; 当 $\lambda = \max \Delta x_i \to 0$ 时它将趋近于积分的和 $\int_a^c f dg + \int_c^b f dg$. 现设点 c 不在分点之列. 将点 c 添加进去, 我们自 σ 就得出一新的和 $\bar\sigma$, 我们已经知道, 当 $\lambda \to 0$ 时它有上述极限. 因此, 只要证明差 $\sigma - \bar\sigma$ 与 λ 同时趋近于 0.

[①] 当 $m = M$ 时函数 $f(x)$ 成为常数, 这时值就可以任意地选取.

[②] $g(x)$ 单调减少的情形很容易变成这种情况.

设点 c 落在区间 $[x_k, x_{k+1}]$ 上; 则和 $\bar{\sigma}$ 与和 σ 的区别仅仅在于: σ 的一项

$$f(\xi_k)[g(x_{k+1}) - g(x_k)]$$

变成了两项:

$$f(\xi')[g(c) - g(x_k)] + f(\xi'')[g(x_{k+1}) - g(c)],$$

其中 ξ' 及 ξ'' 是在条件 $x_k \leqslant \xi' \leqslant c$ 及 $c \leqslant \xi'' \leqslant x_{k+1}$ 下任意取的. 为简化起见令 $\xi' = \xi'' = c$, 后式就化为

$$f(c)[g(x_{k+1}) - g(x_k)],$$

所以

$$\sigma - \bar{\sigma} = [f(\xi_k) - f(c)][g(x_{k+1}) - g(x_k)]. \tag{29}$$

当 $\lambda \to 0$ 时, 右端第一因子为无穷小, 同时第二个因子有界, 因此, $\sigma - \bar{\sigma} \to 0$, 这就是所要证的.

4) 若函数 $f(x)$ 及 $g(x)$ 在同一点 $x = c$ 处 $(a \leqslant c \leqslant b)$ 都不连续, 则斯蒂尔切斯积分

$$\int_a^b f(x) dg(x) \tag{30}$$

根本不存在.

为了证明起见, 分成两种情况. 开始设 $a < c < b$, 且极限 $g(c-0)$ 及 $g(c+0)$ 不相等. 则当作斯蒂尔切斯和时我们就不将 c 点取作分点, 譬如设 $x_k < c < x_{k+1}$. 一次取 $\xi_k \neq c$, 另一次取 c 作为 ξ_k, 我们作出两个和 σ 及 $\bar{\sigma}$, 其差可化为 (29) 式. 使分点接近时, 有

$$g(x_{k+1}) - g(x_k) \to g(c+0) - g(c-0) \neq 0.$$

此外, 点 ξ_k 可这样取, 使差 $f(\xi_k) - f(c)$ 的绝对值大于某一固定正数. 则差 $\sigma - \bar{\sigma}$ 就不趋近于 0, 故积分不可能存在.

如 $g(c-0) = g(c+0)$, 但它们的公共值异于 $g(c)$ ["可去不连续"],[①] 则相反地我们就将 c 取在分点之列, 设 $c = x_k$. 如 $f(x)$ 在点 $x = c$ 处例如有一右边的不连续, 则与刚才一样, 作两个和 σ 及 $\bar{\sigma}$, 仅由 ξ_k 的选取而不同: 对 σ 点 ξ_k 任意取在 $x_k = c$ 及 x_{k+1} 之间, 而对 $\bar{\sigma}$ 点 c 就取作 ξ_k. 与前面一样, 我们有 (29) 式且推演可同样地得出来.[84]

习题 3) 及 4) 更阐明了在第 **576** 目末所说的重要事实.

5) 设在区间 $[a, b]$ 上 $f(x)$ 连续而 $g(x)$ 为有界变差.

根据估计式 (25), 求证在函数 $g(x)$ 连续的 x_0 处, 斯蒂尔切斯积分

$$I(x) = \int_a^x f(t) dg(t)$$

对其变动上限 x 连续.

[①] 这里也包括这种情况, 即: 或者 $c = a$ 且 $g(a+0)$ 异于 $g(a)$, 或者 $c = b$ 且 $g(b-0)$ 异于 $g(b)$.

[84] 在第二类间断点的情形, 所进行的论证在本质上仍然成立.

如注意到在点 x_0 处变差 $\overset{x}{\underset{a}{V}} g(x)$ 亦必连续 [**571**, 9°], 则结论立刻可从下一不等式推出:

$$|I(x_0 + \Delta x) - I(x_0)| = \left| \int_{x_0}^{x_0 + \Delta x} f dg \right| \leqslant \max_{a \leqslant x \leqslant b} f(x) \cdot \overset{x_0 + \triangle x}{\underset{x_0}{V}} g(x).$$

6) 如 $\mathcal{F}$ 是在区间 $[a, b]$ 上的连续函数类, 而 $\mathcal{G}$ 是在这一区间上有界变差的函数类, 则如大家所知道的, 一类中的每一个函数对另一类的每一个函数是可积分的. 求证, 要保持所述性质, 这一类也好, 那一类也好, 都不能推广.

对于类 $\mathcal{F}$ 来说, 由 4), 这几乎是明显的. 事实上, 如函数 $f(x)$ 有一不连续点 x_0, 则它, 例如, 对有同一不连续点的有界变差函数 $\rho(x - x_0)$, 根本就不能积分 [**573**].

现设 $g(x)$ 在区间 $[a, b]$ 上有一无穷全变差, 在这一假定下我们将做一连续函数 $f(x)$ 使积分 (30) 不存在.

如将区间 $[a, b]$ 平分, 则至少在一个一半中函数 $g(x)$ 的全变差亦为无穷; 将这一半又平分, 如此继续下去. 用这样的方法确定出某一点 $c, g(x)$ 在它的每一邻域中没有有界的变差. 为简单起见设 $c = b$.

在这样的情况下容易作出一单调增加的且趋近于 b 的数列 $x = a_n$:

$$a_0 = a < a_1 < \cdots < a_n < a_{n+1} < \cdots < b, \quad a_n \to b,$$

使级数

$$\sum_{i=0}^{\infty} |g(a_{i+1}) - g(a_i)|$$

发散. 对于这一级数又可求得一趋近于 0 的数列 $f_i > 0$ $(i = 0, 1, 2, \cdots)$ 使级数

$$\sum_{i=0}^{\infty} f_i |g(a_{i+1}) - g(a_i)| \tag{31}$$

也发散 [比照 **375**, 4) 及 7)]. 现在我们来定义函数 $f(x)$. 令

$$f(a_i) = f_i \text{sign}[g(a_{i+1}) - g(a_i)]^① \qquad (i = 0, 1, 2, \cdots),$$
$$f(b) = 0,$$

而在区间 (a_i, a_{i+1}) 内认为 $f(x)$ 是线性的:

$$f(x) = f(a_i) + \frac{f(a_{i+1}) - f(a_i)}{a_{i+1} - a_i}(x - a_i) \quad (i = 0, 1, 2, \cdots).$$

显然 $f(x)$ 是连续的. 同时, 由于级数 (31) 发散的缘故. 当 $n \to \infty$ 时

$$\sigma_n = \sum_{i=0}^{n-1} f(a_i)[g(a_{i+1}) - g(a_i)] = \sum_{i=0}^{n-1} f_i |g(a_{i+1}) - g(a_i)| \to +\infty,$$

---

① 我们提醒一下, sign z 为 $+1, 0$ 或 -1 视 $z > 0$, $= 0$ 或 < 0 而定. 在所有的情况下

$$z \, \text{sign} \, z = |z|.$$

所以 f 对 g 的积分的确不存在.

所证得的断语也可这样说: 如一已知函数 f 对 $\mathcal{G}$ 中任何 g 斯蒂尔切斯积分存在, 则 f 必须属于 $\mathcal{F}$; 同样, 如 $\mathcal{F}$ 中任何的 f 对一已知函数 g 这一积分存在, 则 g 必须属于 $\mathcal{G}$.

7) 在斯蒂尔切斯积分记号下作极限手续的第一定理中 [**583**, 1°], 我们曾经要求函数序列 $\{f_n(x)\}$ 一致趋近于极限函数 $f(x)$. 但亦可以用更一般的条件来代替这一要求; 这条件就是: 这些函数是一致有界的:

$$|f_n(x)| \leqslant M \quad (M = 常数, \ a \leqslant x \leqslant b, n = 1, 2, 3, \cdots).$$

[此处还必须亦只需事先假定极限函数 $f(x)$ 连续.]

证明时只要考察 $g(x)$ 在严格的意义下增加的情况就够了 [参看第 **570** 目中的附注]. 但对这种情况, 可利用在 **578** 目中所引进的变换 [参看 (10)]:

$$(\mathrm{S}) \int_a^b f_n(x)dg(x) = (\mathrm{R}) \int_{v_0}^V f_n(g^{-1}(v))dv,$$

$$(\mathrm{S}) \int_a^b f(x)dg(x) = (\mathrm{R}) \int_{v_0}^V f(g^{-1}(v))dv,$$

而在处理黎曼积分时, 只要应用阿尔泽拉定理 [**526**].

8) 最后, 我们指出斯蒂尔切斯积分的另一解说, 与区间的可加函数概念 [参照 **348**] 有关.

设对已知区间 $[a, b]$ 的每一部分 $[\alpha, \beta]$ 定义一数 $G([\alpha, \beta])$, 且若区间 $[\alpha, \beta]$ 由点 γ 分为两部分 $[\alpha, \gamma]$ 及 $[\gamma, \beta]$, 则

$$G([\alpha, \beta]) = G([\alpha, \gamma]) + G([\gamma, \beta]).$$

则 $G([\alpha, \beta])$ 是变动区间 $[\alpha, \beta]$ 的可加函数. 设除此以外, 在区间 $[a, b]$ 上又给出一点函数 $f(x)$. 与通常一样, 现在将区间 $[a, b]$ 用点

$$a = x_0 < x_1 < \cdots < x_{n-1} < x_n = b$$

分成部分 $[x_i, x_{i+1}]$ $(i = 0, 1, \cdots, n-1)$ 在每一部分中任意选择一点 ξ_i, 最后作和

$$\sigma = \sum_{i=0}^{n-1} f(\xi_i)G([x_i, x_{i+1}]). \tag{32}$$

这一和当 $\lambda = \max(x_{i+1} - x_i) \to 0$ 时的极限就是一斯蒂尔切斯积分, 很自然地 —— 按作出它的过程 —— 表作:

$$\int_a^b f(x)G(dx). \tag{33}$$

如令

$$g(x) = G([a, x]) \ 对 \ x > a, \quad g(a) = 0,$$

定义一第二点函数 $g(x)$, 则由于函数 G 的可加性, 在所有情形下

$$G([\alpha, \beta]) = g(\beta) - g(\alpha), \tag{34}$$

故和 (32) 就成为通常的斯蒂尔切斯和

$$\sigma = \sum_{i=0}^{n-1} f(\xi_i)[g(x_{i+1}) - g(x_i)],$$

而极限 (33) 就成为通常的斯蒂尔切斯积分

$$(S) \int_a^b f(x) dg(x).$$

反过来, 如后面这积分存在, 则用等式 (34) 定义一区间函数后 (且容易验证, 它是可加的), 可化通常的斯蒂尔切斯积分成为积分 (33).

585. 化第二型曲线积分为斯蒂尔切斯积分 读者在掌握了斯蒂尔切斯积分后, 现在回来考察第二型曲线积分 [**546**] 是很有用处的:

$$\int_{(AB)} f(x,y) dx \left[\text{或} \int_{(AB)} f(x,y) dy \right]. \tag{35}$$

设想曲线 (AB) 以参数方程

$$x = \varphi(t), \quad y = \psi(t)$$

给出, 且当 t 自 α 单调地变到 β 时曲线以自 A 到 B 的方向描画. 为明确起见设 $\alpha < \beta$. 则对于为了要形成积分和而取在曲线上的点 A_i $(i = 0, 1, \cdots, n)$, 就有增加的参数 t 的值

$$\alpha = t_0 < t_1 < \cdots < t_i < t_{i+1} < \cdots < t_n = \beta$$

与它们相对应, 而对于在弧 $\widehat{A_i A_{i+1}}$ 上所选取的点 M_i, 就有值 $t = \tau_i$, $t_i \leqslant \tau_i \leqslant t_{i+1}$ $(i = 0, 1, \cdots, n-1)$ 相对应. 积分和本身, 例如对第一个积分来说, 可写作

$$\sigma = \sum_i f(\varphi(\tau_i), \psi(\tau_i)) \Delta\varphi(t_i)$$

的样子. 立刻明白, 这是一个斯蒂尔切斯和, 故第二型曲线积分由定义本身就与特殊的斯蒂尔切斯积分恒等:

$$\int_{(AB)} f(x,y) dx = (S) \int_\alpha^\beta f(\varphi(t), \psi(t)) d\varphi(t).$$

同样,

$$\int_{(AB)} f(x,y) dy = (S) \int_\alpha^\beta f(\varphi(t), \psi(t)) d\psi(t).$$

由此就很容易得出曲线积分 (35) 存在的一个非常普遍的条件: 只要假定函数 $f(x,y)$ 连续, 而函数 $\varphi(t)$ [或 $\psi(t)$, 看情形] 为有界变差 [**575**, I] 就够了.[85]

---

[85] 函数 $\varphi(t)$ 和 $\psi(t)$ 的连续性是不言而喻的, 因为只考虑连续曲线.

特别, 如曲线 (AB) 可求长 [**572**], 而函数 $P(x,y)$ 及 $Q(x,y)$ 连续, 则积分

$$\int_{(AB)} Pdx + Qdy = \int_{\alpha}^{\beta} P(\varphi(t),\psi(t))d\varphi(t) + \int_{\alpha}^{\beta} Q(\varphi(t),\psi(t))d\psi(t)$$

存在.

现在, 如果考虑到在 **579** 中说过的斯蒂尔切斯积分计算法 (尤其, 参看 2°), 则可重新得到第 **547** 目中的公式 (4), (5) 或 (6), 且可在比以前更普遍的假定下得到.

其次, 现在也容易来推广第 **551** 目中的最终结果: 由一连续可求长曲线所范围的面积可用该目中的任一公式 (9), (10) 或 (11) 表示. 这时在推理中没有什么要变更, 因为第 **550** 目的引理立刻可推广到可求长曲线的情形; 亦可看 **572** 的最后说明.

最后, 曲线积分与道路无关的整个理论 [§3] 亦可直接推广到沿任何可求长道路所取的积分的情形.

第十六章　二重积分

§1. 二重积分的定义及简单性质

586. 柱形长条体积的问题　与曲边梯形面积问题引导到单重定积分概念 [**294**] 一样, 同样, 柱形长条体积的问题就引导到一新的概念——二重(定) 积分.

考察一立体 V, 上面为曲面

$$z = f(x, y) \qquad (1)$$

所限制, 侧面为一柱面所限制其母线平行于 z 轴, 最后, 下面为 xy 平面上的一平面图形 (P) 所限制 (图 33); 要去求立体 V 的体积.[①]

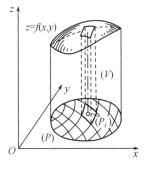

图 33

为了要解决这一问题, 我们采用通常在积分学中所用的方法, 将所求量分为元素部分, 近似地计算每一部分, 相加并接着取极限. 为达此目的, 将区域 (P) 用一曲线网分成许多部分 $(P_1), (P_2), \cdots, (P_n)$, 并考察许多柱形细条, 它们的底面是这些部分区域, 总起来就形成所给的立体.

为了要算出一个一个细条的体积, 在每一图形 (P_i) 上任取一点 (ξ_i, η_i). 如将每一细条近似地当作一真正的柱形, 其高等于图中一长一短的虚线 $f(\xi_i, \eta_i)$, 则个别的细条体积近似地等于

$$f(\xi_i, \eta_i) \cdot P_i,$$

[①]如假定函数 $f(x, y)$ 连续而平面区域 (P) 可求面积, 则在这情况下体积存在本身容易从在第 **341** 及 **337** 目中所叙述的道理中推出来.

其中 P_i 表图形 (P_i) 的面积. 在这样的情况下整个立体体积的近似式为

$$V \doteq \sum_{i=1}^{n} f(\xi_i, \eta_i) P_i.$$

要增加这一等式的准确性就要减小平面小块 (P_i) 的幅度, 同时增加它们的个数. 当所有的区域 (P_i) 的最大直径趋近于零而变到极限时, 这一等式就变成准确的了, 故

$$V = \lim \sum_{i=1}^{n} f(\xi_i, \eta_i) P_i, \tag{2}$$

所提出的问题就此解决了.

这种形状的极限就是**函数 $f(x, y)$ 对区域 (P) 的二重积分**; 它表作记号

$$\iint_{(P)} f(x, y) dP,$$

故体积的公式 (2) 作下形

$$V = \iint_{(P)} f(x, y) dP. \text{①} \tag{2*}$$

因此, 二重积分是定积分概念在两个变量函数上的直接推广. 在决定各种不同的几何及物理量时它同样起很重要的作用.

587. 化二重积分为逐次积分　　在进行几何地解释二重积分为柱形长条体积时, 我们这里也指出如何用化为逐次积分的方法来计算它.

第二卷中我们已经讨论过用横断面来计算立体 (V) 的体积的问题 [**342**]. 我们回想一下与这里有关的公式. 设立体范围在平面 $x = a$ 及 $x = b$ 之间 (图 34), 又立体被垂直于 x 轴且对应于横坐标 x $(a \leqslant x \leqslant b)$ 的平面所截的断面面积为 $Q(x)$. 则立体体积在假定它存在时可用公式

$$V = \int_a^b Q(x) dx \tag{3}$$

来表示.

现在应用这一公式到柱形长条体积的计算, 这种长条在前一目中已谈到过. 我们以一简单情形开始, 即长条的底面是一矩形 $[a, b; c, d]$ (图 35).

长条被平面 $x = x_0$ $(a \leqslant x_0 \leqslant b)$ 所截的断面是一曲边梯形 $\alpha\beta\delta\gamma$. 为了要求出它的面积, 将这一图形射影到 yz 平面上, 我们得到一与它全同的梯形 $\alpha_1\beta_1\delta_1\gamma_1$ (因为射影没有发生变形). 于是,

$$Q(x_0) = \text{面积 } \alpha\beta\delta\gamma = \text{面积 } \alpha_1\beta_1\delta_1\gamma_1.$$

---

①不难给这一公式的推演以一完全严格的形式, 参看第 **590** 目中的附注.

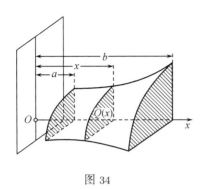

图 34

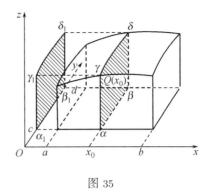

图 35

不过 yz 平面上的曲线 $\gamma_1\delta_1$ 的方程显然是

$$z = f(x_0, y) \quad (c \leqslant y \leqslant d).$$

利用所熟知的表曲边梯形面积为定积分的式子, 我们将有

$$Q(x_0) = \int_c^d f(x_0, y) dy.$$

因为我们的推理可用于任何断面, 故一般对 $a \leqslant x \leqslant b$,

$$Q(x) = \int_c^d f(x, y) dy.^{①}$$

将这一值 $Q(x)$ 代入公式 (3), 得

$$V = \int_a^b dx \int_c^d f(x, y) dy.$$

但对体积 V 我们有式子 (2*), 因此,

$$\iint_{(P)} f(x, y) dP = \int_a^b dx \int_c^d f(x, y) dy \qquad (4)$$

—— 二重积分变成逐次积分了.

在更一般的情况下, 当 xy 平面上的区域 (P) 是由两曲线

$$y = y_0(x), \quad y = Y(x) \quad (a \leqslant x \leqslant b)$$

及两纵坐标 $x = a$ 与 $x = b$ (图 36) 所围的曲边梯形时也可得同样的结果. 与讨论过的情况比较起来

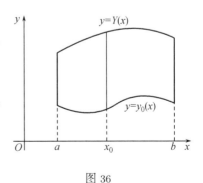

图 36

---

①这是 x 的函数, 对于 x 也是连续的 [506], 这也是我们在推演公式 (3) 时已经假定了的.

其差别在于: 以前对任何固定的 $x = x_0, y$ 的变化发生在同一区间 $[c, d]$ 上, 而现在这一区间

$$[y_0(x_0), Y(x_0)]$$

本身也与 x_0 有关, 故

$$Q(x_0) = \int_{y_0(x_0)}^{Y(x_0)} f(x_0, y) dy.$$

最后得

$$V = \iint_{(P)} f(x, y) dP = \int_a^b dx \int_{y_0(x)}^{Y(x)} f(x, y) dy. \text{①} \tag{5}$$

在读者对二重积分概念及其计算在几何解释下熟悉以后, 我们现在就要转而用纯分析的观点更一般地讨论这问题.

588. 二重积分的定义　然而, 我们这里也不能完全避免几何, 或至少不能避免几何的语言 [**160~163**]. 我们将谈到所讨论的两个变量函数定义所在的 "二维区域" (P), 将谈到 "用曲线" 分它为部分 "区域", 将取这些 "区域" 的 "面积", 等等. 事实上这是算术的二维空间中的 "区域" 及 "曲线", 数对就是它们的 "点". 但通常所有这些 "形象", 为方便起见总是用与它们相对应的真正的几何形象来替代, 而彼此间不加任何区别. 特别, 将算术二维空间中的 "区域面积" 永远了解为对应的几何区域面积. [86]

我们回想一下, 要任一曲线所范围的区域可求面积, 必要且充分地需这一曲线有面积 0 [**337**]. 光滑曲线或由有限多个光滑段所组成的曲线 (所谓分段光滑的曲线) 形成这种曲线的很宽广的一类. [②] 我们以后将假定, 区域 (P) 的边界以及我们用来将区域分割的曲线皆有面积 0 (例如, 属于上述的类中); 这就保证了我们所需用的一切面积的存在.

现在我们回到实际上已在第 **586** 目中引进过的二重积分概念, 并更广泛地给它一个一般的定义.

设在区域 (P) 中定义一函数 $f(x, y)$. [③] 将区域 (P) 用一曲线网分成有限个区域 $(P_1), (P_2), \cdots, (P_n)$, 它们的面积为 $P_1, P_2, \cdots, P_n$. 虽然最简单不过是假想这些部分区域为连通的, 但为了简化将来的叙述起见, 对它们还是不撇开有不连通的可能

---

①这里, 里面的积分是 x 的一连续函数 [参看 **509**].
②不破坏所述性质, 甚至可允许有有限个奇点存在.
③这里我们并没有做关于连续性的任何假定.

86)我们注意, 从严格的分析的角度, 所有涉及二维算术空间中的区域与曲线的 "几何上明显的" 事实, 一般说来, 需要纯粹分析的、不依靠直观的验证. 今后有时把这种验证交给读者; 对于在实际中所遇到的具体的区域与曲线, 这总是容易的; 而 (在个别情形) 对一般形状的区域和曲线, 可能较为复杂.

好些.[87) 在第 i 个元素区域 (P_i) 范围内任取一点 (ξ_i, η_i), 将在这一点处的函数值 $f(\xi_i, \eta_i)$ 乘上对应区域的面积 P_i, 并将所有类似的乘积相加. 所得的和

$$\sigma = \sum_{i=1}^{n} f(\xi_i, \eta_i) P_i$$

将称为函数 $f(x, y)$ 在区域 (P) 上的**积分和**.

以 λ 表部分区域 (P_i) 中的最大直径.[①] 如当 $\lambda \to 0$ 时积分和 σ 有一确定的有限极限

$$I = \lim_{\lambda \to 0} \sigma,$$

既与区域 (P) 分为部分 (P_i) 的分法无关, 又与在每一部分范围内点 (ξ_i, η_i) 的选法也无关, 则这一极限[②] 就称为函数 $f(x, y)$ 在区域 (P) 上的**二重积分**并表作记号

$$I = \iint_{(P)} f(x, y) dP.$$

有积分的函数称为**可积的**.

589. 二重积分存在的条件　　可积函数必须是有界的. 事实上, 在相反的情形下, 对任何已给的将区域 (P) 分割的方法, 依靠点 (ξ_i, η_i) 的选择可使积分和任意大.

所以以后讨论到已知函数 $f(x, y)$ 可积条件时, 我们将事先假定它是有界的:

$$m \leqslant f(x, y) \leqslant M.$$

与一个变数函数时一样, 这里引进所谓**达布上和**与**下和**:

$$s = \sum_{i=1}^{n} m_i P_i, \quad S = \sum_{i=1}^{n} M_i P_i$$

较为方便, 其中 m_i 及 M_i 分别表示函数 $f(x, y)$ 的值在区域 (P_i) 上的下确界与上确界.

当给出分割区域 (P) 的一方法时, 不论点 (ξ_i, η_i) 如何选取, 不等式

$$s \leqslant \sigma \leqslant S$$

---

　①我们回想一下, 一点集中两任意点距离的上确界称作点集合的**直径**. 在闭的平面区域由连续曲线所范围时最大的弦就是直径. 参看 **174**.

　②读者很容易自己确定这一新 "极限" 的正确意义.

[87)]在二重积分定义中, 重要的是: 区域 $(P_1), (P_2), \cdots, (P_n)$ 的边界的面积为零, 区域 (P_i) 彼此不相交, 它们连同其边界取并就给出原来的区域及边界 (例如, 把区域 (P) 分割成 $(P_1), (P_2), \cdots, (P_n)$ 的 "曲线网" 的存在仅仅是使定义更为直观).

将适合. 但适当地选择这些点可使值 $f(\xi_i, \eta_i)$ 任意地接近于 $m_i(M_i)$, 而与此同时可使和 σ 任意地接近于 $s(S)$, 因此, 达布上和及下和分别对应于区域的同一分法的积分和的下确界及上确界.

与线性情形时一样, 对达布和可确立下列性质.

第一性质　当在旧的分割线外如添加一些新线将部分 (P_i) 进一步分割时, 达布下和不会减少, 上和不会增大.

第二性质　每一达布下和不超过每一上和, 即使对区域 (P) 的不同分法也是如此.

证明可与以前 [**296**] 同样地来进行; 只是在以前谈的是分点, 这里必须谈分割线.

不过有一点我们愿意读者注意一下. 在线性情况时每一新分点很清楚地将一个旧区间分为两个, 又两个区间的公共部分依然是一区间. 在平面情况时情形就复杂了, 因为两曲线可彼此相交于很多点 (甚至相交于一无穷点集). 故连通部分区域可能被新的曲线拆成不连通的部分, 同样两连通区域的公共部分也可以是不连通区域. 这就是为什么我们一开始就不撇开讨论将基本区域分为不连通部分的原因!

其次, 将**达布下积分**及**上积分**的概念确立起来:

$$I_* = \sup\{s\}, \quad I^* = \inf\{S\},$$

且有

$$s \leqslant I_* \leqslant I^* \leqslant S.$$

最后, 将对线性情况的证明 [**297**] 逐字逐句搬过来这里就得:

定理　二重积分存在的必要充分条件为

$$\lim_{\lambda \to 0}(S - s) = 0,$$

或用另一记法

$$\lim_{\lambda \to 0} \sum_{i=1}^{n} \omega_i P_i = 0, \tag{6}$$

其中 ω_i 为函数 $f(x, y)$ 在部分区域 (P_i) 上的振动 $M_i - m_i$.

590. 可积函数类　借上面所确立的可积判定法容易证明:

I. 任一连续于区域 (P) 上的函数 $f(x, y)$ 是可积的.

事实上, 如函数 f 连续于 (闭) 区域 (P) 上, 则由一致连续性, 对每一 $\varepsilon > 0$ 一定有一 $\delta > 0$ 相对应, 使在区域 (P) 的任一直径小于 δ 的部分上函数的振动小于 ε. 现设区域 (P) 分成许多部分 (P_i), 它们的直径都小于 δ. 则所有的振动 $\omega_i < \varepsilon$, 而

$$\sum_i \omega_i P_i < \varepsilon \sum_i P_i = \varepsilon P,$$

于是得知条件 (6) 适合. 这样, 函数的可积性就证明了.

附注 现在就很容易使柱形长条体积的公式 (2*) 的推演变得非常严密. 这完全可与推演曲边梯形面积公式时 [338] 一样来做 —— 引用在里面的与外面的立体, 其体积可表作达布和者.

为了将可积函数类作若干推广, 我们需要下一引理.

引理 设在区域 (P) 上已给一面积为 0 的某一曲线 (L). 则对每一 $\varepsilon > 0$, 有一 $\delta > 0$ 相对应, 使得只要区域 (P) 被分为直径小于 δ 的许多部分时, 那些与 (L) 有公共点的部分其面积和就小于 ε.

由曲线 (L) 的假定, 可将曲线 (L) 夹在一面积小于 ε 的多角形域 (Q) 内. 我们可以做得使曲线 (L) 与所讲的区域边界 (K) 没有公共点. 则两曲线上动点间的距离有一最小值 $\delta > 0$.[1]

现在将区域 (P) 任意地分成许多部分使它们的直径 $< \delta$. 其中与曲线 (L) 相遇的那些部分必完全在区域 (Q) 内, 因此它们的总面积小于 ε.

II. 如有界函数 $f(x, y)$ 至多在有限个面积为 0 的曲线上有不连续, 则它是可积的.

已给任意一数 $\varepsilon > 0$. 由假定可将函数 $f(x, y)$ 的所有 "不连续线" 包括在总面积 $< \varepsilon$ 的多角形域 (Q) 内. 在图 37 中这一区域用斜线打了出来. 它的边界是有限个折线 (L), 显然其本身面积为 0.

在从 (P) 中减去区域 (Q) 内部后所得的闭区域中, 函数 $f(x, y)$ 到处连续, 也就意味着一致连续. 因此, 对给出的 $\varepsilon > 0$ 可求得一数 $\delta_1 > 0$, 使在这一区域的每一直径小于 δ_1 的部分上, 函数 $f(x, y)$ 的振动 $< \varepsilon$.

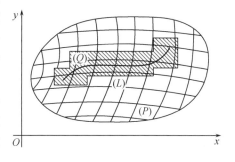

图 37

现由引理, 也可求得一数 $\delta_2 > 0$ 使每当区域 (P) 用任意的曲线分为直径小于 δ_2 的部分时, 那些与折线的总体 (L) —— 被减去的多角形域 (Q) 的边界 —— 相遇的部分面积和必然 $< \varepsilon$.

设 δ 是两数 δ_1, δ_2 中的较小的一个. 将区域 (P) 分为直径小于 δ 的部分 (P_1), $(P_2), \cdots, (P_n)$, 并考察对应的和

$$\sum_i \omega_i P_i.$$

将它分为两个和:

$$\sum_{i'} \omega_{i'} P_{i'} + \sum_{i''} \omega_{i''} P_{i''},$$

---

[1] 参看第二卷, **336** 目脚注 ①.

假定记号 i' 对应于整个在被减去的区域 (Q) 的外面的区域 $(P_{i'})$, 而记号 i'' 对应于所有其它的. 我们分别来估计每一和.

因为所有的 $(P_{i'})$ 都在从 (P) 中减去 (Q) 后所得的区域内, 且它们的直径 $< \delta \leqslant \delta_1$, 故所有 $\omega_{i'} < \varepsilon$, 所以

$$\sum_{i'} \omega_{i'} P_{i'} < \varepsilon \sum_{i'} P_{i'} < \varepsilon P.$$

另一方面, 如以 Ω 表函数 $f(x, y)$ 在整个区域 (P) 上的振动, 则我们有 (因为 $\omega_i \leqslant \Omega$)

$$\sum_{i''} \omega_{i''} P_{i''} \leqslant \Omega \sum_{i''} P_{i''}.$$

这里 $\Sigma P_{i''}$ 是两类 (P_i) 的面积和: 1) 一类整个在被除掉的区域 (Q) 内, 2) 另一类与这一区域的边界 (L) 相遇. 第一类区域的总面积小于 ε, 因为 $Q < \varepsilon$; 既然区域被分为直径小于 $\delta \leqslant \delta_2$ 的部分, 故对第二类区域的总面积也可如此说. 因此 $\Sigma P_{i''} < 2\varepsilon$, 所以

$$\sum_{i''} \omega_{i''} P_{i''} < 2\Omega\varepsilon.$$

最后, 当 $\lambda < \delta$ 时就有:

$$\sum_{i} \omega_i P_i < (P + 2\Omega)\varepsilon.$$

因为这一不等式右端与 ε 同时可任意小, 故条件 (6) 适合, 等等.

591. 下积分及上积分作为极限　在二维情形下, 同样有**达布定理**对任何在 (P) 中的有界函数 $f(x, y)$ 极限等式

$$I_* = \lim_{\lambda \to 0} s, \quad I^* = \lim_{\lambda \to 0} S$$

成立 [比照 **301**].

我们预备来证明这里的结果 (例如, 对上和), 因为在推理上它与线性情形有一点实质上的差异.

与那时一样, 对已给的 $\varepsilon > 0$, 开始时将区域 (P) 用一曲线网分成许多部分使对于对应的和 S 有

$$S' < I^* + \frac{\varepsilon}{2}.$$

刚才所提到的曲线网 —— 这些曲线总起来表作 (L) —— 面积为 0. 因此, 由前一目的引理, 可求得一个 $\delta > 0$, 使当区域 (P) 无论怎样分为直径 $< \delta$ 的部分 (P_i) 时, 那些至少与曲线 (L) 之一相遇的部分其面积和将 $< \dfrac{\varepsilon}{2\Omega}$, 其中 Ω 是函数 f 在区域 (P) 上的全振动.

以 S 表对应于任意的这种分法的和. 如果我们将整个曲线网 (L) 全部加到所出现的分割曲线上来, 得出一和 S''; 将 S 与 S'' 来比较一下. 由达布和的第一个性质 [**589**], $S'' \leqslant S'$, 故更不用说

$$S'' < I^* + \frac{\varepsilon}{2}.$$

和 S 及 S'' 的差别只在那些对应于被曲线 (L) 所切开的部分 (P_i) 的项. 因为这些部分的面积和 $< \dfrac{\varepsilon}{2\Omega}$, 故容易看到,

$$S - S'' < \Omega \cdot \frac{\varepsilon}{2\Omega} = \frac{\varepsilon}{2}.$$

最后,

$$I^* \leqslant S < I^* + \varepsilon,$$

这就完成了证明.

现在积分存在的判别就化为等式

$$I_* = I^*.$$

用这, 与线性情形一样, 要函数可积, 对任何的 $\varepsilon > 0$, 即使对于一对达布和不等式

$$S - s < \varepsilon$$

满足就够了.

592. 可积函数与二重积分的性质 1° 如用任意的方式改变在 (P) 中可积函数 $f(x, y)$ 沿任何面积为 0 的曲线上的值 (只要受一限制, 就是改变后的函数依然有界), 则又得一同样在 (P) 中可积的函数, 且它的积分等于 $f(x, y)$ 的积分.

为了证明起见, 必须对改变后的与原来的函数作积分和, 它们只可能在与曲线 (L) 相遇的区域 (P_i) 上面那些项不同. 但由第 **590** 目引理, 这些区域的总面积当 $\lambda \to 0$ 时趋近于零, 于是就容易作结论: 两积分和趋于同一极限.

因此, 二重积分的存在及大小与积分号下的函数沿有限个面积为 0 的曲线上所取的值无关.

2° 若将函数 $f(x, y)$ 所在的区域 (P) 用曲线 (L) (面积为 0) 分成二区域 (P') 及 (P''), 则由函数 $f(x, y)$ 在整个区域 (P) 上的可积性就能推得它在部分区域 (P') 及 (P'') 上的可积性, 反过来, 由函数在两区域 (P') 及 (P'') 上的可积性推得在区域 (P) 上的可积性. 同时

$$\iint_{(P)} f(x, y) dP = \iint_{(P')} f(x, y) dP + \iint_{(P'')} f(x, y) dP.$$

将区域 (P') 及 (P'') 任意地分成许多部分, 这样 (P) 亦分成了许多部分:

$$(P_1), (P_2), \cdots, (P_n).$$

如以记号 i' 表包含在 (P') 内的部分, i'' 表包含在 (P'') 内的部分, 则

$$\sum \omega_i P_i = \sum \omega_{i'} P_{i'} + \sum \omega_{i''} P_{i''}.$$

设函数 $f(x, y)$ 在 (P) 上可积, 故当 $\lambda \to 0$ 时左端的和趋近于零; 因而右端的每一和更趋近于零, 故函数同样在 (P') 及 (P'') 上可积.

反过来, 如有后面这一情况, 故当 $\lambda \to 0$ 时右端的两个和趋近于零, 则左端的和同样也趋近于零. 不过, 必须注意, 这个和不是对区域 (P) 的任意分法得来的, 我们原来是从区域 (P') 及 (P'') 分开来分割而出发的.

要想将区域 (P) 的任意分法变成这种特殊形状的分法, 只要在分割线中加上曲线 (L). 与它们相对应的和仅仅在和那些与曲线 (L) 相遇的元素区域相对应的项上不同. 但由第 **590** 目中引理, 它们的总面积当 $\lambda \to 0$ 时趋近于零, 而两和相差一无穷小. 因此, 条件 (6) 完全适合, 函数 $f(x, y)$ 就在 (P) 上可积.

最后, 当 $\lambda \to 0$ 时从等式

$$\sum f(\xi_i, \eta_i) P_i = \sum f(\xi_{i'}, \eta_{i'}) P_{i'} + \sum f(\xi_{i''}, \eta_{i''}) P_{i''}$$

经极限过程就得到所要证的公式.

同样, 从极限过程考察积分和也可得下面三性质:

3° 如将在 (P) 上的可积函数 $f(x, y)$ 乘上一常数 k, 则所得函数也同样可积, 且

$$\iint_{(P)} kf(x, y) dP = k \iint_{(P)} f(x, y) dP.$$

4° 如在区域 (P) 中函数 $f(x, y)$ 及 $g(x, y)$ 可积, 则函数 $f(x, y) \pm g(x, y)$ 也可积, 且

$$\iint_{(P)} [f(x, y) \pm g(x, y)] dP = \iint_{(P)} f(x, y) dP \pm \iint_{(P)} g(x, y) dP.$$

5° 如对在 (P) 中可积的函数 $f(x, y)$ 及 $g(x, y)$ 不等式 $f(x, y) \leqslant g(x, y)$ 成立, 则

$$\iint_{(P)} f(x, y) dP \leqslant \iint_{(P)} g(x, y) dP.$$

再则,

6° 当函数 $f(x, y)$ 可积时函数 $|f(x, y)|$ 也可积, 且有不等式

$$\left| \iint_{(P)} f(x, y) dP \right| \leqslant \iint_{(P)} |f(x, y)| dP.$$

函数 $|f|$ 的可积从一简单的说明就推得出来: 这一函数在任何区域 P_i 上的振动 $\widetilde{\omega}_i$ 不会超过函数 f 的对应振动 ω_i. 事实上, 这样就有

$$\sum \widetilde{\omega}_i P_i \leqslant \sum \omega_i P_i,$$

而第二个和趋近于零就隐含着第一个和趋近于零.

从不等式

$$\left| \sum f(\xi_i, \eta_i) P_i \right| \leqslant \sum |f(\xi_i, \eta_i)| P_i$$

用极限过程就能得到所求证的不等式.

7°   如在 (P) 上的可积函数 $f(x,y)$ 满足不等式 $m \leqslant f(x,y) \leqslant M$, 则

$$mP \leqslant \iint_{(P)} f(x,y)dP \leqslant MP. \tag{7}$$

这可以从显明的不等式

$$mP \leqslant \sum f(\xi_i, \eta_i)P_i \leqslant MP$$

经极限过程得来.

如用 P 来除不等式 (7) 的各端:

$$m \leqslant \frac{\iint_{(P)} f(x,y)dP}{P} \leqslant M,$$

并以 μ 表示中间的比值, 则得不等式 (7) 的另一写法

$$\iint_{(P)} f(x,y)dP = \mu P \quad (m \leqslant \mu \leqslant M), \tag{8}$$

这表明了所谓**中值定理**.

特别, 现在假定函数 $f(x,y)$ 在 (P) 上连续, 并取在区域 (P) 上的最小及最大值 —— 由魏尔斯特拉斯定理 [**173**], 它们存在! —— 作为 m 及 M. 则由大家熟知的波尔查诺–柯西定理 [**171**], 连续函数 $f(x,y)$ 如取值 m 及 M 也必通过每一中间值. 因此, 在任何情况下, 在区域 (P) 上可找得一点 $(\overline{x}, \overline{y})$ 使 $\mu = f(\overline{x}, \overline{y})$, 而公式 (8) 有以下形式:

$$\iint_{(P)} f(x,y)dP = f(\overline{x}, \overline{y}) \cdot P. \tag{9}$$

这是特别常用的中值定理的形式.[88]

同样, 推广的中值定理也很容易 [**304**, 10°] 搬到这里所讨论的情况上来, 我们将这留给读者.

593. 积分当作区域的可加函数, 对区域的微分法   考察一 (闭的) 平面区域 (P) 及含在它里面的部分 (闭) 区域 (p). 我们将假定所有区域都是可求面积的 (有时候它们还要受其它限制). 如果对区域 (P) 的每一部分 (p), 有某一定数

$$\Phi = \Phi((p))$$

---

[88]所述中值定理的证明显然用到了区域 (P) 是闭的及连通性; 我们要注意, 没有这两个假设中值定理不成立, 虽然对积分此前所述性质, 这两个假设不是本质的.

与它相对应, 这样就对所述的那些 (p) 定义了 "区域 (p) 的一个函数". 这种区域函数的例子有: 区域的面积, 连续分布在它上面的质量, 这质量的静矩, 连续分布的荷载或一般地作用在它上面的力, 等等.

若当将区域 (p) 任意地分为互不相叠的部分[89]

$$(p) = (p') + (p'')$$

时恒有

$$\Phi((p)) = \Phi((p')) + \Phi((p'')),$$

则区域函数 $\Phi((p))$ 称作可加的. 上面所举的一切函数都具有这种可加性质. 可加的区域函数有其特殊重要性, 因为在研究自然现象时常常会遇见它们.

设在一可求面积区域 (P) 上已给一可积函数 $f(M) = f(x, y)$; 因此它在区域 (P) 的任一可求面积部分 (p) 上也为可积的, 故积分

$$\Phi((p)) = \iint\limits_{(p)} f(x, y) dP \tag{10}$$

也为区域 (p) 的函数. 由 **592**, 2°, 显然它是一可加函数.

现在我们来讨论 "函数 $\Phi((p))$ 对区域的微分法". 设 M 是区域 (P) 的一定点, (p) 是任一包含这一点的部分区域. 如比

$$\frac{\Phi((p))}{p}$$

$(p$ 是区域 (p) 的面积) 当区域 (p) 的直径无限减小时趋近于一确定有限极限 $f = f(M)$, 则这一极限称作**在点 M 处 $\Phi((p))$ 对区域的导数**. 例如, 若 $\Phi((p))$ 是连续分布在平面图形 (p) 上的**质量**, 则 $f(M)$ 不是别的, 就是在点 M 处分布质量的**密度**; 如 $\Phi((p))$ 表示作用在图形 (p) 上面的力, 则 $f(M)$ 表在点 M 处的**压强**, 等等.

我们特别感兴趣的情况是区域函数可表作形如 (10) 的积分时, 其中 $f(x, y)$ 是区域 (P) 上的连续函数. 我们来证明: 积分在点 M 处对区域的导数就是积分号下的函数在这一点处的值, 即

$$f(M) = f(x, y).$$

事实上, 取在导数定义中所谈到的一个区域 (p) 后, 由中值定理 [参看 (9)] 有

$$\Phi((p)) = f(\overline{x}, \overline{y}) \cdot p,$$

其中 $(\overline{x}, \overline{y})$ 为区域 (p) 的某一点. 如区域 (p) 的直径趋近于零, 则点 $(\overline{x}, \overline{y})$ 就无限接近于 (x, y), 由连续性,

$$\frac{\Phi((p))}{p} = f(\overline{x}, \overline{y}) \to f(x, y),$$

---

[89] 如果各个部分区域没有公共点, 就称它们为**不相叠的** (或不相交的).

这就是所要证明的.

因此, 在变动区域上的二重积分 (10) 在特殊意义下是积分号下点函数的 "原函数"; 它成为一区域函数, 对于它来说这一点函数就是对区域的导函数. 自然就发生这样一问题: 由导函数究竟能够唯一地决定 "原函数" 到怎样的程度呢?

在这一方面可以证明这样一命题: 两可加的区域函数 $\Phi_1((p))$ 及 $\Phi_2((p))$ 若在原来的区域 (P) 的所有点处对区域的导数相同, 则必恒等.

如变为考虑差 $\Phi((p)) = \Phi_1((p)) - \Phi_2((p))$, 事情就成为求证: 可加的区域函数 $\Phi((p))$ 在区域 (P) 的所有点处其导数等于零时它本身也恒等于零.

由导数定义本身, 不论 $\varepsilon > 0$ 是怎样的一个数, 可用一邻域围绕区域 (P) 的每一点 M, 使对任一包含 M 的而含在邻域里面的任一部分 (p), 有

$$\left| \frac{\Phi((p))}{p} \right| < \varepsilon. \quad {}^{90)}$$

将博雷尔引理 [175] 应用到这些邻域上, 就能够将区域 (P) 分为有限个互不相重叠的区域:

$$(P) = (p_1) + (p_2) + \cdots + (p_k),$$

使对它们的每一个皆有 $(i = 1, 2, \cdots, k)$

$$\left| \frac{\Phi((p_i))}{p_i} \right| < \varepsilon \quad \text{或} \quad |\Phi((p_i))| < p_i \varepsilon.$$

由函数 $\Phi((p))$ 假定的可加性, 我们有

$$\Phi((P)) = \sum_i \Phi((p_i)).$$

由此联系到前一不等式, 得

$$|\Phi((P))| \leqslant \sum_i |\Phi((p_i))| < P\varepsilon.$$

但此处 ε 是任意的, 这就是说 $\Phi((P)) = 0$. 因为可以取任何部分区域 (p) 以代替区域 (P), 这也就证明了我们的断言.

对照全部上面所述的, 我们得到一最后的断言: 在变动区域上的二重积分 (10) 是积分记号下点函数 ① 的唯一可加 "原函数".

---

① 与上面一样, 这一函数假定为连续的.

${}^{90)}$ 由导数的定义仅可直接推出, 对位于点 M 的某个邻域内, 并且包含点 M 本身的各个 (p), 上述不等式成立. 然而任意不包含 M 的区域 (p) 可以表为两个包含 M 的区域之差. 所求不等式容易从函数 $\Phi((p))$ 的可加性推出.

所以, 不必计算就可明白, 例如, 已知在点 M 处分布的质量其密度为 $\rho(M) = \rho(x, y)$ 时, 分布在图形(P) 上的整个质量可表作积分

$$m = \iint_{(P)} \rho(x, y)dP;$$

如 $q(M) = q(x, y)$ 是在点 M 处的压强, 则整个作用在图形 (P) 上的力为

$$F = \iint_{(P)} q(x, y)dP,$$

等等.

附注　前面我们曾经谈过区间的可加函数 [**348**; **584**, 8)]. 因为这种函数总是某点函数的两个值的差, 故对 "线性的" 情形没有必要像上面对 "平面的" 情形叙述的那样来发展理论. 然而在定积分对变动上限微分法的定理中 [**305**, 12°], 读者容易观察到与刚才所证明的二重积分对区域的微分法定理的相似处, 而第 **348** 目中的推理可解释为积分是作为已知点函数的 "原函数" 的唯一可加区间函数的证明.

§2. 二重积分的计算

594. 在矩形区域的情况下化二重积分为逐次积分　关于这一问题的几何的解释, 在一些特殊的假定下我们在第 **587** 目中已经作过了.

现在我们用分析的工具且在最普遍的形式下来考察它; 我们从最简单的情形开始, 即当积分区域是一矩形$(P) = [a, b; c, d]$ 时.

定理　如对定义于矩形 $(P) = [a, b; c, d]$ 上的一函数 $f(x, y)$ 二重积分

$$\iint_{(P)} f(x, y)dP \tag{1}$$

存在, 且对每一个 $[a, b]$ 上的常数值 x, 单积分

$$I(x) = \int_c^d f(x, y)dy \quad (a \leqslant x \leqslant b) \tag{2}$$

也存在, 则逐次积分

$$\int_a^b dx \int_c^d f(x, y)dy \tag{3}$$

同样存在, 且等式

$$\iint_{(P)} f(x, y)dP = \int_a^b dx \int_c^d f(x, y)dy \tag{4}$$

成立.[①]

[①] 读者容易观察到这一断言是关于二重极限及逐次极限的熟知定理 [**168**] 的一种变形.

证明 在确定矩形 (P) 的区间 $[a,b]$ 及 $[c,d]$ 内插入分点

$$x_0 = a < x_1 < \cdots < x_i < x_{i+1} < \cdots < x_n = b,$$
$$y_0 = c < y_1 < \cdots < y_k < y_{k+1} < \cdots < y_m = d.$$

将它们分为许多部分. 因而矩形 (P) 就分成许多部分矩形 (图 38)

$$(P_{i,k}) = [x_i, x_{i+1}; y_k, y_{k+1}] \quad (i = 0, 1, \cdots, n-1; k = 0, 1, \cdots, m-1).$$

以 $m_{i,k}$ 及 $M_{i,k}$ 分别表示函数 $f(x,y)$ 在矩形 $(P_{i,k})$ 上的下确界及上确界, 故对这一矩形的所有点 (x,y),

$$m_{i,k} \leqslant f(x,y) \leqslant M_{i,k}.$$

将 x 在区间 $[x_i, x_{i+1}]$ 上任意固定: $x = \xi_i$, 对 y 自 y_k 积分到 y_{k+1}, 我们将有 [**304**, 8°]

$$m_{i,k} \Delta y_k \leqslant \int_{y_k}^{y_{k+1}} f(\xi_i, y) dy \leqslant M_{i,k} \Delta y_k,$$

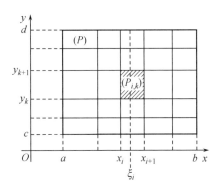

图 38

其中 $\Delta y_k = y_{k+1} - y_k$; 对 y 的积分是存在的, 因为假定了在整个的区间 $[c,d]$ 上的积分 (2) 存在. 将对 k 的自 0 到 $m-1$ 的类似不等式相加, 得

$$\sum_{k=0}^{m-1} m_{i,k} \Delta y_k \leqslant I(\xi_i) = \int_c^d f(\xi_i, y) dy \leqslant \sum_{k=0}^{m-1} M_{i,k} \Delta y_k.$$

如在这不等式各端遍乘以 $\Delta x_i = x_{i+1} - x_i$ 并对附标 i 自 0 到 $n-1$ 相加, 则得

$$\sum_{i=0}^{n-1} \Delta x_i \sum_{k=0}^{m-1} m_{i,k} \Delta y_k \leqslant \sum_{i=0}^{n-1} I(\xi_i) \Delta x_i \leqslant \sum_{i=0}^{n-1} \Delta x_i \sum_{k=0}^{m-1} M_{i,k} \Delta y_k.$$

在中间我们得到了函数 $I(x)$ 的积分和. 至于两头的项, 它们不是别的, 正是对于二重积分 (1) 的达布和 s 及 S. 事实上, 因为 $\Delta x_i \Delta y_k$ 是矩形 $(P_{i,k})$ 的面积 $P_{i,k}$, 故我们有, 例如,

$$\sum_{i=0}^{n-1} \Delta x_i \sum_{k=0}^{m-1} m_{i,k} \Delta y_k = \sum_{i=0}^{n-1} \sum_{k=0}^{m-1} m_{i,k} \Delta x_i \Delta y_k = \sum_{i,k} m_{i,k} P_{i,k} = s.$$

因此, 最后

$$s \leqslant \sum_{i=0}^{n-1} I(\xi_i) \Delta x_i \leqslant S.$$

如现在所有的 Δx_i 及 Δy_k 同时趋近于零, 则由于二重积分 (1) 的存在, 和 s 及 S 都趋近于它为极限. 在这种情形下, 也有

$$\lim \sum_{i=0}^{n-1} I(\xi_i)\Delta x_i = \iint_{(P)} f(x,y)dP,$$

亦即二重积分 (1) 同时也是函数 $I(x)$ 的积分:

$$\iint_{(P)} f(x,y)dP = \int_a^b I(x)dx = \int_a^b dx \int_c^d f(x,y)dy,$$

这就是所要求证的.

　　将 x 及 y 的地位交换, 与 (4) 同时, 也可证明公式

$$\iint_{(P)} f(x,y)dP = \int_c^d dy \int_a^b f(x,y)dx, \tag{4*}$$

这时假定了当 $y = $ 常数时积分

$$\int_a^b f(x,y)dx$$

存在.

　　附注　如与二重积分 (1) 一起, 两单积分都存在:

$$\int_c^d f(x,y)dy \ \ (x = 常数) \quad 及 \quad \int_a^b f(x,y)dx \ \ (y = 常数),$$

则两公式 (4), (4*) 同时成立, 于是

$$\int_a^b dx \int_c^d f(x,y)dy = \int_c^d dy \int_a^b f(x,y)dx. \tag{5}$$

　　这一结果我们以前 [**528**] 已经得出过, 那时没有利用二重积分存在的假定.

　　应用公式 (4) 或 (4*) 要受二重积分及单积分之一存在的限制. 如函数 $f(x,y)$ 连续 (在实际中通常所遇到的情形), 则所有上述积分都保证存在; 例如对二重积分来说, 能由 **590**, I 得出. 在这种情况下, 在实际计算二重积分时任一上述公式都可利用, 因为计算单积分是一特别简单的问题.

　　在证明公式 (4) 时最自然的是用平行于坐标轴的直线分矩形 (P) 为有面积 $\Delta x_i \Delta y_k$ 的矩形元素. 要想就二重积分记号本身能说明是用平行于坐标轴的直线将区域细分而进行积分的, 常常就不用 $\iint_{(P)} f(x,y)dP$ 而写

$$\iint_{(P)} f(x,y)dxdy \quad \left[或 \iint_{(P)} f(x,y)dydx\right].$$

此外, 注意到将取在矩形 $(P) = [a,b;c,d]$ 上的二重积分化为逐次积分时, 二重积分本身也常常用一类似于逐次积分的记号来表示:

$$\int_a^b \int_c^d f(x,y)dydx \quad \text{或} \quad \int_c^d \int_a^b f(x,y)dxdy.$$

在这种表示法里 "外面的积分" 与 "外面的微分" 彼此对应, 故为了要得到任一逐次积分, 只要添置括弧就行了:

$$\int_a^b \left\{ \int_c^d f(x,y)dy \right\} dx \quad \text{或} \quad \int_c^d \left\{ \int_a^b f(x,y)dx \right\} dy.$$

595. 例   1) 计算展布在矩形 $(P) = [3,4;1,2]$ 上的积分

$$\iint_{(P)} \frac{dxdy}{(x+y)^2} = \int_1^2 \int_3^4 \frac{dxdy}{(x+y)^2}.$$

解   由公式 (4*) 可以写

$$\iint_{(P)} \frac{dxdy}{(x+y)^2} = \int_1^2 dy \int_3^4 \frac{dx}{(x+y)^2}.$$

先求出里面的积分:

$$\int_3^4 \frac{dx}{(x+y)^2} = \frac{1}{y+3} - \frac{1}{y+4},$$

于是,

$$\iint_{(P)} \frac{dxdy}{(x+y)^2} = \int_1^2 \left[\frac{1}{y+3} - \frac{1}{y+4} \right] dy = \ln\frac{25}{24}.$$

2) 计算积分

(a)$I_1 = \int_1^3 \int_2^5 (5x^2y - 2y^3)dxdy$,   (б)$I_2 = \int_0^1 \int_0^1 \frac{x^2 dxdy}{1+y^2}$,

(в)$I_3 = \int_0^1 \int_0^1 \frac{ydxdy}{(1+x^2+y^2)^{3/2}}$.

解   (a)$I_1 = \int_1^3 dy \int_2^5 (5x^2y - 2y^3)dx = \int_1^3 (195y - 6y^3)dy = 660$.

(б)$I_2 = \int_0^1 x^2 dx \cdot \int_0^1 \frac{dy}{1+y^2} = \frac{\pi}{12}$.

(в) 用公式 (4) 将 I_3 表作下形更为简单:

$$I_3 = \int_0^1 dx \int_0^1 \frac{ydy}{(1+x^2+y^2)^{3/2}},$$

因为立刻就能得到

$$\int_0^1 \frac{ydy}{(1+x^2+y^2)^{3/2}} = \frac{1}{\sqrt{x^2+1}} - \frac{1}{\sqrt{x^2+2}},$$

所以

$$I_3 = \int_0^1 \left(\frac{1}{\sqrt{x^2+1}} - \frac{1}{\sqrt{x^2+2}} \right) dx = \ln\frac{x+\sqrt{x^2+1}}{x+\sqrt{x^2+2}} \bigg|_0^1 = \ln\frac{2+\sqrt{2}}{1+\sqrt{3}}.$$

如采用另一逐次积分, 则求积时就比较麻烦些:

$$I_3 = \int_0^1 y dy \int_0^1 \frac{dx}{(1+x^2+y^2)^{3/2}},$$

$$\int_0^1 \frac{dx}{(1+x^2+y^2)^{3/2}} = \frac{1}{1+y^2} \frac{x}{\sqrt{1+x^2+y^2}} \bigg|_{x=0}^{x=1} = \frac{1}{(1+y^2)\sqrt{2+y^2}},$$

$$I_3 = \int_0^1 \frac{y dy}{(1+y^2)\sqrt{2+y^2}} = \frac{1}{2} \ln \frac{\sqrt{2+y^2}-1}{\sqrt{2+y^2}+1} \bigg|_0^1$$

$$= \frac{1}{2} \ln \frac{(\sqrt{3}-1)(\sqrt{2}+1)}{(\sqrt{3}+1)(\sqrt{2}-1)}.$$

很容易将这一答案变到前面的形状.

3) 求一立体的体积 V, 这立体下面被 xy 平面所限制, 侧面被平面 $x=0, x=a, y=0, y=b$ 所限制, 而上面被椭圆抛物面

$$z = \frac{x^2}{2p} + \frac{y^2}{2q}$$

所限制.

解 首先由公式 (2*)

$$V = \iint\limits_{[0,a;0,b]} \left(\frac{x^2}{2p} + \frac{y^2}{2q} \right) dP.$$

我们用公式 (4*) 来计算这一积分:

$$V = \int_0^b dy \int_0^a \left(\frac{x^2}{2p} + \frac{y^2}{2q} \right) dx = \int_0^b \left(\frac{a^3}{6p} + \frac{ay^2}{2q} \right) dy = \frac{ab}{6} \left(\frac{a^2}{p} + \frac{b^2}{q} \right).$$

4) 同样对由 xy 平面、曲面 $x^2+z^2=R^2 \ (z>0)$ 及平面 $y=0$ 与 $y=H$ 所围的立体求体积.

解 如取 xy 平面上的矩形 $[-R,R;0,H]$ 为立体的底, 则

$$V = \int_0^H \int_{-R}^R \sqrt{R^2-x^2} dx dy = 2H \int_0^R \sqrt{R^2-x^2} dx = \frac{\pi R^2 H}{2}.$$

(当然, 更简单的是将这立体当作以 xz 平面上的半圆为底的柱形.)

5) 同样对由平面 $z=0, x=a, x=b, y=c, y=d \ (b>a>0, d>c>0)$ 与双曲抛物面 $z = \frac{xy}{m} \ (m>0)$ 所围的立体求体积. **答** $V = \frac{(d^2-c^2)(b^2-a^2)}{4m}$.

6) 求证

$$\int_0^1 \int_0^1 (xy)^{xy} dx dy = \int_0^1 y^y dy.$$

二重积分中积分号下的函数, 当 $xy=0$ 时给它以值 1, 则它在整个正方形 $[0,1;0,1]$ 上连续.

我们有

$$\int_0^1 \int_0^1 (xy)^{xy} dx dy = \int_0^1 dy \int_0^1 (xy)^{xy} dx.$$

在里面的积分中作替换 $xy = t$ (当 $y =$ 常数 > 0), 再行分部积分, 因而对二重积分得出表示式

$$\int_0^1 \frac{dy}{y} \int_0^y t^t dt = \ln y \cdot \int_0^y t^t dt \bigg|_0^1 - \int_0^1 y^y \ln y dy.$$

前一双重代入式为零, 因为 $\int_0^y t^t dt$ 当 $y \to 0$ 时是一阶无穷小.[1] 至于后面一积分, 则由恒等式

$$(y^y)' = y^y \ln y + y^y,$$

它就化为积分 $\int_0^1 y^y dy$.

7) 求证 (对任何的 $z =$ 常数)

$$\int_0^{\frac{\pi}{2}} \int_0^{\frac{\pi}{2}} \cos(2z \sin\varphi \sin\theta) d\varphi d\theta = \left\{ \int_0^{\frac{\pi}{2}} \cos(z \sin\lambda) d\lambda \right\}^2.$$

为达此目的, 将每一积分展开为 z 的幂级数. 对于单积分这已经在 [**440**, 12)] 中做过:

$$\int_0^{\frac{\pi}{2}} \cos(z \sin\lambda) d\lambda = \frac{\pi}{2} \left\{ 1 + \sum_{k=1}^{\infty} (-1)^k \frac{z^{2k}}{2^{2k}(k!)^2} \right\}.$$

二重积分中积分号下函数展开成级数

$$\cos(2z \sin\varphi \sin\theta) = 1 + \sum_{i=1}^{\infty} (-1)^i \frac{(2z)^{2i}}{(2i)!} \sin^{2i}\varphi \sin^{2i}\theta,$$

它对正方形 $\left[0, \frac{\pi}{2}; 0, \frac{\pi}{2} \right]$ 中一切值 φ 及 θ 一致收敛. 在这一正方形内将它逐项积分, 得[2]

$$\int_0^{\frac{\pi}{2}} \int_0^{\frac{\pi}{2}} \cos(2z \sin\varphi \sin\theta) d\varphi d\theta$$
$$= \frac{\pi^2}{4} + \sum_{i=1}^{\infty} (-1)^i \frac{(2z)^{2i}}{(2i)!} \int_0^{\frac{\pi}{2}} \int_0^{\frac{\pi}{2}} \sin^{2i}\varphi \sin^{2i}\theta d\varphi d\theta.$$

但 [参看 **312** (8)]

$$\int_0^{\frac{\pi}{2}} \int_0^{\frac{\pi}{2}} \sin^{2i}\varphi \sin^{2i}\theta d\varphi d\theta = \int_0^{\frac{\pi}{2}} d\theta \int_0^{\frac{\pi}{2}} \sin^{2i}\varphi \sin^{2i}\theta d\varphi$$
$$= \int_0^{\frac{\pi}{2}} \sin^{2i}\theta d\theta \cdot \int_0^{\frac{\pi}{2}} \sin^{2i}\varphi d\varphi = \left[\frac{\pi}{2} \cdot \frac{(2i-1)!!}{(2i)!!} \right]^2,$$

故经简单变换后,

$$\int_0^{\frac{\pi}{2}} \int_0^{\frac{\pi}{2}} \cos(2z \sin\varphi \sin\theta) d\varphi d\theta = \frac{\pi^2}{4} \left\{ 1 + \sum_{i=1}^{\infty} \frac{(-1)^i z^{2i} \cdot (2i)!}{2^{2i}(i!)^4} \right\}.$$

---

[1] 本来, $\lim\limits_{y \to 0} \frac{1}{y} \int_0^y t^t dt = \lim\limits_{t \to 0} t^t = 1$.

[2] 不再加以说明, 读者可将一致收敛级数的概念以及将它逐项积分的定理推广到级数项含有两个变数的情形.

现在容易验证 [参看 **390**, 3)]，的确，

$$1 + \sum_{i=1}^{\infty} \frac{(-1)^i z^{2i} \cdot (2i)!}{2^{2i}(i!)^4} = \left\{ 1 + \sum_{k=1}^{\infty} (-1)^k \frac{z^{2k}}{2^{2k}(k!)^2} \right\}^2.$$

因此，所提出的二重积分的值可用附标为零的贝塞尔函数来表示:[91]

$$\int_0^{\frac{\pi}{2}} \int_0^{\frac{\pi}{2}} \cos(2z \, \sin\varphi \sin\theta) d\varphi d\theta = \frac{\pi^2}{4} [J_0(z)]^2.$$

8) 求证对任何 k $(0 < k < 1)$

$$\int_0^{\frac{\pi}{2}} \int_0^{\frac{\pi}{2}} \frac{d\varphi d\theta}{1 - k^2 \sin^2\varphi \sin^2\theta} = \frac{\pi}{2} \int_0^{\frac{\pi}{2}} \frac{d\lambda}{\sqrt{1 - k^2 \sin^2\lambda}} = \frac{\pi}{2} \mathbf{K}(k).$$

提示 将两积分按 k 的幂展开，右端积分的这一展式我们已经遇见过 [**440**, 13)].

9) 求证: 如函数 $f(x)$ 在区间 $[a, b]$ 上可积，而函数 $g(y)$ 在区间 $[c, d]$ 上可积分，则两变数的函数 $f(x)g(y)$ 在矩形 $(P) = [a, b; c, d]$ 上可积.

提示 问题可变成函数 $f(x)$ 及 $g(y)$ 当作两变数的函数时[①] 分别在 (P) 上的可积分性. 为此，利用在第 **591** 目末所述的可积简易判定法非常方便.

注意，此处

$$\iint_{(P)} f(x)g(y)dxdy = \int_c^d dy \left\{ \int_a^b f(x)g(y)dx \right\}$$

$$= \int_c^d g(y) \left\{ \int_a^b f(x)dx \right\} dy = \int_a^b f(x)dx \cdot \int_c^d g(y)dy,$$

故二重积分这里就成为两个单积分的乘积.

反过来，有时候将两个单积分的乘积表成二重积分的形状也是有用处的. 下面我们举出应用这一思想的若干例题.

10) 求证不等式:

$$\int_a^b f(x)dx \cdot \int_a^b \frac{dx}{f(x)} \geqslant (b - a)^2,$$

其中 $f(x)$ 是一正连续函数.

不失一般性，可以假定 $a < b$. 因为积分与积分变量记法无关，可将任一积分中用文字 y 代替文字 x，则不等式左端就可改写成:

$$I = \iint_P \frac{f(x)}{f(y)} dxdy = \iint_{(P)} \frac{f(y)}{f(x)} dxdy,$$

其中 $(P) = [a, b; a, b]$. 于是

$$I = \frac{1}{2} \iint_{(P)} \left[\frac{f(x)}{f(y)} + \frac{f(y)}{f(x)} \right] dxdy = \iint_{(P)} \frac{f^2(x) + f^2(y)}{2f(x)f(y)} dxdy.$$

[①]如推广第 **299** 目，II 的定理到两变数的函数上去.

[91]参看 **440**, 12).

由明显的不等式 $2AB \leqslant A^2 + B^2$, 积分号下的函数 $\geqslant 1$, 故 [参看 **592**, 7°]

$$I \geqslant (b-a)^2,$$

这就是所要求证的.

11) **布尼亚科夫斯基不等式** 我们以前已经遇到过这一不等式 [**321**]. 作为一习题我们将给出当函数 $f(x)$ 及 $g(x)$ 在 $[a, b]$ 上在正常的意义下可积时它的一新的推演.

考察积分

$$B = \iint_{(P)} [f(x)g(y) - f(y)g(x)]^2 dxdy,$$

其中 (P) 是正方形 $[a, b; a, b]$. 解开括号, 我们有 [参看 9)]

$$B = \int_a^b f^2(x)dx \cdot \int_a^b g^2(y)dy - 2\int_a^b f(x)g(x)dx \cdot \int_a^b f(y)g(y)dy + \int_a^b f^2(y)dy \cdot \int_a^b g^2(x)dx,$$

或, 最后, 再利用积分与自变数记法的无关性:

$$B = 2\left\{ \int_a^b f^2(x)dx \cdot \int_a^b g^2(x)dx - \left[\int_a^b f(x)g(x)dx \right]^2 \right\}.$$

因为在积分 B 中积分号下的式子是非负的, 故亦 $B \geqslant 0$, 由此就得出所要求的不等式

$$\left[\int_a^b f(x)g(x)dx \right]^2 \leqslant \int_a^b f^2(x)dx \cdot \int_a^b g^2(x)dx.$$

附注 从这里, 特别, 前一习题的不等式也可推出 $\left(将 f 换作 \sqrt{f}, g 换作 \dfrac{1}{\sqrt{f}} \right).$

12) **切比雪夫不等式** 用同样的推理可证明不等式

$$\int_a^b p(x)f(x)dx \cdot \int_a^b p(x)g(x)dx \leqslant \int_a^b p(x)dx \cdot \int_a^b p(x)f(x)g(x)dx,$$

这是属于 П. Л. 切比雪夫的. 这里 $p(x)$ 是正的可积函数, 而 $f(x)$ 及 $g(x)$ 是单调增加函数.

设 $a < b$. 考察差

$$\Delta = \int_a^b p(x)f(x)g(x)dx \cdot \int_a^b p(x)dx - \int_a^b p(x)f(x)dx \cdot \int_a^b p(x)g(x)dx.$$

在两个项的第二因子中将文字 x 换作 y, 表这一差为

$$\Delta = \int_a^b \int_a^b p(x)p(y)f(x)[g(x) - g(y)]dxdy.$$

现在交换 x 及 y 的地位:

$$\Delta = \int_a^b \int_a^b p(x)p(y)f(y)[g(y) - g(x)]dxdy.$$

最后, 如取两式的和之半, 得

$$\Delta = \frac{1}{2} \int_a^b \int_a^b p(x)p(y)[f(x) - f(y)][g(x) - g(y)]dxdy.$$

因为函数 f 及 g 都单调增加, 故两方括号有同号, 即积分号下的式子永远非负, 因而亦 $\Delta \geqslant 0$, 这就证明了所需不等式.

容易看到, 在函数 f 及 g 都减少时它也保持有效. 当一个减少另一个增加时, 不等式就掉头.

13) 设函数 $f(x, y)$ 在矩形 $(P) = [a, b; c, d]$ 上连续. 以 (x, y) 表这一矩形上的任意点, 考察由二重积分所表的函数:

$$F(x, y) = \int_a^x \int_c^y f(u, v) dv du.$$

如将它表作逐次积分的样子:

$$F(x, y) = \int_a^x du \int_c^y f(u, v) dv.$$

则先对 x 然后对 y 微分, 依次得 [1]

$$\frac{\partial F}{\partial x} = \int_c^y f(x, v) dv, \quad \frac{\partial^2 F}{\partial x \partial y} = f(x, y).$$

我们得到与单积分对变动上限微分定理的一类似定理. 同样亦可建立

$$\frac{\partial^2 F}{\partial y \partial x} = f(x, y).$$

14) 设 $f(x, y)$ 在矩形 $(P) = [a, b; c, d]$ 上可积分. 如对这一函数 (这一次我们不假定非要连续不可) 存在一 "原" 函数 $\Phi(x, y)$, 就是说

$$\frac{\partial^2 \Phi(x, y)}{\partial x \partial y} = f(x, y),$$

则

$$\iint_{(P)} f(x, y) dx dy = \Phi(b, d) - \Phi(b, c) - \Phi(a, d) + \Phi(a, c).$$

这与用原函数表通常定积分的公式相类似.

我们着手来证明. 将矩形 $[a, b; c, d]$, 如在第 **594** 目中一样, 分为部分矩形

$$[x_i, x_{i+1}; y_k, y_{k+1}] \quad (i = 0, 1, \cdots, n-1; k = 0, 1, \cdots, m-1).$$

两次应用有限增量的公式到式子

$$\Phi(x_{i+1}, y_{k+1}) - \Phi(x_{i+1}, y_k) - \Phi(x_i, y_{k+1}) + \Phi(x_i, y_k)$$

上去, [2] 将它表作

$$\Phi''_{xy}(\xi_{ik}, \eta_{ik}) \Delta x_i \Delta y_k = f(\xi_{ik}, \eta_{ik}) \Delta x_i \Delta y_k$$

的样子, 其中 $x_i \leqslant \xi_{ik} \leqslant x_{i+1}, y_k \leqslant \eta_{ik} \leqslant y_{k+1}$. 对 i 及 k 相加, 得

$$\sum_{i, k} f(\xi_{ik}, \eta_{ik}) \Delta x_i \Delta y_k = \Phi(b, d) - \Phi(b, c) - \Phi(a, d) + \Phi(a, c).$$

---

[1]应该注意到对外面的积分来说积分号下的函数 $\int_c^y f(u, v) dv$ 是 u 的连续函数 [**506**].

[2]比较在第 **190** 目中当证明两微分法颠倒的定理时式子 W 的变换.

最后, 变到极限.

可以看见, 推理的结构与证明积分学中的基本公式用原函数表简单定积分 [**310**] 时完全一样.

最后我们举两个有启发性的例题, 表明第 **594** 目中定理的条件相互无关.

15) 如 x 是一有理数, 则将它表作正分母的既约分数后, 表分母为 q_x. 在正方形 $(P) = [0,1; 0,1]$ 上定义一函数 $f(x,y)$, 令:

$$f(x,y) = \frac{1}{q_x} + \frac{1}{q_y}, \quad \text{如 } x \text{ 及 } y \text{ 都是有理的,}$$
$$f(x,y) = 0, \qquad \text{在其它情形.}$$

函数在正方形中有理坐标的一切点处不连续, 而在其余的点处连续.

因为, 不论 $\varepsilon > 0$ 是怎样一个数, 只有在有限个点处可能 $f > \varepsilon$, 故在第 **589** 目中所建立的可积条件适合,[①] 而二重积分

$$\iint_{(P)} f(x,y) dP$$

存在, 但等于 0.

对无理的值 y 函数 $f(x,y)$ 对所有的 x 为 0, 所以

$$\int_0^1 f(x,y) dx = 0.$$

而如 y 为有理时, 则对无理的值 $x, f(x,y) = 0$, 对有理的 x 有: $f(x,y) = \frac{1}{q_x} + \frac{1}{q_y}$. 这个 x 的函数在 x 的任何区间上有振动 $> \frac{1}{q_y}$, 因此, 它对 x 的积分不存在. 这就是说, 不可能来谈逐次积分

$$\int_0^1 dy \int_0^1 f(x,y) dx.$$

同样可证明积分

$$\int_0^1 dx \int_0^1 f(x,y) dy$$

也不存在.

16) 现今在正方形中所有点其坐标 x, y 为有理且 $q_x = q_y$ 时 $f(x,y) = 1$, 在其它的点处 $f(x,y) = 0$.

因为在正方形的任何部分内, 函数 f 的振动等于 1, 故二重积分

$$\iint_{(P)} f(x,y) dP$$

这一次不存在.

同时对固定的 y, 函数 $f(x,y)$ 或恒等于 0 (如 y 为无理) 或仅对有限个值 x 可能异于 0 (如 y 为有理). 在这两种情况下,

$$\int_0^1 f(x,y) dx = 0,$$

[①] 译者注: 这一点不对, 事实上 f 可以在无穷多个点上 $> \varepsilon$. 但下面的二重积分还是存在的, 这是因为, f 的不连续点只有 "可数多个", 所以其面积为 0; 由 **590** 目 II, 便得所要结果.

就是说, 逐次积分

$$\int_0^1 dy \int_0^1 f(x,y)dx = 0$$

存在. 同样, 积分

$$\int_0^1 dx \int_0^1 f(x,y)dy = 0$$

也存在 [比较 **528**].

596. 在曲边区域的情况下化二重积分为逐次积分　考察一区域 (P) , 其上下由两连续曲线

$$y = y_0(x), y = Y(x) \quad (a \leqslant x \leqslant b)$$

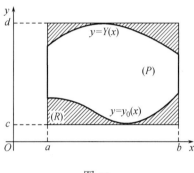

图 39

所限制, 两侧由两纵坐标 $x = a$ 及 $x = b$ 所限制 (图 39). 则类似于第 **594** 目中的定理, 下一定理也成立:

　　定理　如对定义于区域 (P) 上的函数 $f(x,y)$, 二重积分

$$\iint_{(P)} f(x,y)dP$$

存在, 又对 $[a,b]$ 中每一固定值 x 单积分

$$I(x) = \int_{y_0(x)}^{Y(x)} f(x,y)dy$$

也存在, 则逐次积分

$$\int_a^b dx \int_{y_0(x)}^{Y(x)} f(x,y)dy$$

也同样存在, 且等式

$$\iint_{(P)} f(x,y)dP = \int_a^b dx \int_{y_0(x)}^{Y(x)} f(x,y)dy \tag{6}$$

成立.

　　证明建立在将这种情况化为在第 **594** 目中所讨论过的情况. 令 $c = \min_{a \leqslant x \leqslant b} y_0(x), d = \max_{a \leqslant x \leqslant b} Y(x)$ (参看图 39), 将区域 (P) 包在矩形

$$(R) = [a, b; c, d]$$

内, 并用下法在这一矩形上定义一函数 $f^*(x,y)$:

$$f^*(x,y) = \begin{cases} f(x,y), & \text{如点 } (x,y) \text{ 属于区域 } (P), \\ 0, & \text{在矩形 } (R) \text{ 的其它点处.} \end{cases}$$

我们来证明, 这一函数满足第 594 目定理的条件.

首先, 它在区域 (P) 上可积, 因为它在这里与假设的可积函数 $f(x,y)$ 相重合; 显然,

$$\iint_{(P)} f^*(x,y)dP = \iint_{(P)} f(x,y)dP.$$

另一方面, 在 (P) 的外面 $f^*(x,y) = 0$, 因此在矩形 (R) 的余下部分 $(Q) = (R) - (P)$ 它就可积,[①] 且

$$\iint_{(Q)} f^*(x,y)dQ = 0.$$

则由 **592**, 2°, 函数 f^* 在整个矩形 (R) 上可积且

$$\iint_{(R)} f^*(x,y)dR = \iint_{(P)} f(x,y)dP. \tag{7}$$

对 $[a,b]$ 上的固定值 x, 积分

$$\int_c^d f^*(x,y)dy = \int_c^{y_0(x)} f^*dy + \int_{y_0(x)}^{Y(x)} f^*dy + \int_{Y(x)}^d f^*dy$$

存在, 因右端三积分都存在. 事实上, 因为在 y 变化的区间 $[c, y_0(x))$ 及 $(Y(x), d]$ 内函数 $f^*(x,y) = 0$, 故第一个及第三个积分存在且等于零. 第二个积分与函数 $f(x,y)$ 的积分相同:

$$\int_{y_0(x)}^{Y(x)} f^*(x,y)dy = \int_{y_0(x)}^{Y(x)} f(x,y)dy,$$

因为对于在 $[y_0(x), Y(x)]$ 上的 $y, f^*(x,y) = f(x,y)$. 最后,

$$\int_c^d f^*(x,y)dy = \int_{y_0(x)}^{Y(x)} f(x,y)dy. \tag{8}$$

由所提到的定理, 对函数 f^* 逐次积分也存在, 且等于二重积分 [参看 **594** (4)]:

$$\iint_{(R)} f^*(x,y)dR = \int_a^b dx \int_c^d f^*(x,y)dy.$$

注意 (7) 及 (8), 可以看见, 这一公式相当于公式 (6).

如区域 (P) 是另一类型的曲边梯形, 由曲线

$$x = x_0(y), x = X(y) \quad (c \leqslant y \leqslant d)$$

及直线 $y = c, y = d$ 所围成, 则代替 (6) 我们得一公式

$$\iint_{(P)} f(x,y)dP = \int_c^d dy \int_{x_0(y)}^{X(y)} f(x,y)dx, \tag{6*}$$

这时假定了与二重积分同时, 当 $y =$ 常数时对 x 的单积分存在.

[①]它在这一区域边界上的值不发生作用, 参看 **592**, 1°.

附注　如区域 (P) 的边界与纵轴的平行线也好, 与横轴的平行线也好, 都只交于两个点 (例如, 如图 40 中所画出的情形), 则当所述条件适合时, 所提到的两个公式都可应用. 将它们相比较, 得等式

$$\int_a^b dx \int_{y_0(x)}^{Y(x)} f(x,y)dy = \int_c^d dy \int_{x_0(y)}^{X(y)} f(x,y)dx, \qquad (9)$$

它有特殊的重要性. 这与第 **594** 目中公式 (5) 相类似.

如函数 $f(x,y)$ 在区域 (P) 中连续, 则二重积分及单积分都存在, 视区域 (P) 的类型, 可在计算二重积分时利用公式 (6) 或 (6*).

在边界较复杂时通常将区域 (P) 分成有限个上面讨论过的类型的部分 [例如, 图 41 中的图形 (P) 被直线 $x = a$ 割成三部分: $(P_1), (P_2), (P_3)$]. 然后由 **592**, 2°, 所求积分可表作分别展布在这些部分上的积分的和; 它们的每一个都可按照刚才所述的来计算.

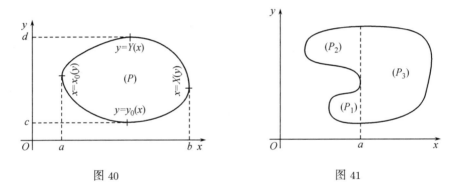

图 40　　　　　　　　　　　　　　　　　　　图 41

一般情形, 因为我们要将问题变到第 **594** 目的定理, 也是把所考察的图形分成矩形元素, 作为论断的基础. 与此相关, 这里关于二重积分的记法常常就用记号

$$\iint_{(P)} f(x,y)dxdy;$$

乘积 $dxdy$ 象征元素矩形的面积.

由此也可了解记号

$$\int_a^b \int_{y_0(x)}^{Y(x)} f dy dx \quad \text{或} \quad \int_c^d \int_{x_0(y)}^{X(y)} f dx dy.$$

597. 例　1) 计算二重积分

$$I = \iint_{(P)} y^2 \sqrt{R^2 - x^2} dP,$$

其中 (P) 是半径为 R 中心在坐标原点的圆 (图 42).

解 区域 (P) 的边界方程为 $x^2 + y^2 = R^2$, 于是 $y = \pm\sqrt{R^2 - x^2}$. 显然, $y = +\sqrt{R^2 - x^2}$ 是上半圆周的方程, 而 $y = -\sqrt{R^2 - x^2}$ 是下半圆周的方程. 因此, 对在区间 $[-R, R]$ 上的一常数 x, 变数 y 自 $-\sqrt{R^2 - x^2}$ 变到 $+\sqrt{R^2 - x^2}$. 由公式 (6) (考虑积分号下的函数对 y 是偶函数).

$$I = \int_{-R}^{R} dx \int_{-\sqrt{R^2-x^2}}^{+\sqrt{R^2-x^2}} y^2\sqrt{R^2-x^2}dy = 2\int_{-R}^{R}\sqrt{R^2-x^2}dx\int_{0}^{\sqrt{R^2-x^2}} y^2 dy.$$

算出里面的积分:

$$\int_{0}^{\sqrt{R^2-x^2}} y^2 dy = \frac{1}{3}(R^2 - x^2)^{\frac{3}{2}}.$$

再算出 (又考虑偶函数性质)

$$I = \frac{2}{3}\int_{-R}^{R}(R^2-x^2)^2 dx = \frac{4}{3}\int_{0}^{R}(R^2-x^2)^2 dx = \frac{32}{45}R^5.$$

完全同样地可按公式 (6^*) 进行计算.

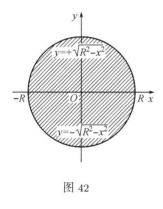

图 42

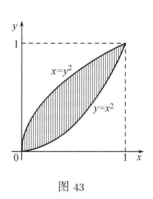

图 43

2) 计算

$$K = \iint_{(A)}(x^2 + y)dxdy,$$

如区域 (A) 由二抛物线: $y = x^2$ 及 $y^2 = x$ 所围成.

解 为了得到这区域的大概样子, 作一草图也是有用的. 联立解抛物线方程, 求出它们的交点 $(0,0)$ 及 $(1,1)$ (图 43).

如果外层的积分对 y 进行, 则 y 变化的区间显为 $[0,1]$. 在这范围内取一 y 的任意值后, 由图可见, x 自 $x = y^2$ 变到 $x = \sqrt{y}$. 由公式 (6^*),

$$K = \int_{0}^{1} dy \int_{y^2}^{\sqrt{y}}(x^2 + y)dx.$$

计算出里面的积分:

$$\int_{y^2}^{\sqrt{y}}(x^2 + y)dx = \frac{x^3}{3} + yx\Big|_{x=y^2}^{x=\sqrt{y}} = \frac{4}{3}y^{\frac{3}{2}} - \frac{1}{3}y^6 - y^3,$$

再算出外面的:

$$K = \int_0^1 \left(\frac{4}{3}y^{\frac{3}{2}} - \frac{1}{3}y^6 - y^3 \right) dy = \frac{33}{140}.$$

3) 计算积分

$$J = \iint_{(D)} xy dx dy,$$

其中 (D) 是由坐标轴及抛物线 $\sqrt{x} + \sqrt{y} = 1$ 所围的区域 (图 44).

解　我们有:

$$J = \int_0^1 x dx \int_0^{(1-\sqrt{x})^2} y dy = \frac{1}{2} \int_0^1 x(1-\sqrt{x})^4 dx = \frac{1}{280}.$$

4) 计算积分 $I = \iint_{(C)} \dfrac{x^2}{y^2} dx dy$, 其中 (C) 是由直线 $x = 2, y = x$ 及双曲线 $xy = 1$ 所围的区域.

解　将这些线画在图上 (图 45). 很容易得出方程的公共解来: 直线 $x = 2$ 交直线 $y = x$ 于点 $(2, 2)$, 交双曲线 $xy = 1$ 于点 $\left(2, \dfrac{1}{2} \right)$, 而直线 $y = x$ 及双曲线 (在所讨论区域所在的第一象限范围内) 交于点 $(1, 1)$.

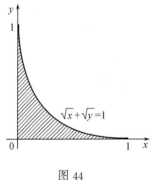

图 44

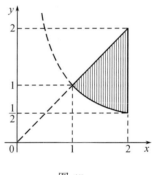

图 45

如用公式 (6) 来计算积分 I, 则外面的对 x 的积分就必须在区间 $[1, 2]$ 上进行. 当固定 x 于这一区间上时, y 的变化范围为 $y = \dfrac{1}{x}$ 及 $y = x$. 这样,

$$I = \int_1^2 dx \int_{\frac{1}{x}}^x \frac{x^2}{y^2} dy.$$

但

$$\int_{\frac{1}{x}}^x \frac{x^2}{y^2} dy = -\frac{x^2}{y} \bigg|_{y=\frac{1}{x}}^{y=x} = x^3 - x,$$

所以

$$I = \int_1^2 (x^3 - x) dx = \frac{9}{4}.$$

在以前各例中按公式 (6) 或 (6*) 计算时同样简单, 在现在这一情况下事情就不同了: 按公式 (6*) 来计算就要麻烦些. 然而我们依然来做做看, 因为要作为一教训来弄清楚所以如此的原因何在.

平行于 x 轴的直线交区域的边界于两点, 故公式 (6*) 可以应用. 但在左边限制我们区域的曲线 —— 它相当于一般理论中的曲线 $x = x_0(y)$ —— 这里由两部分构成: 一直线段及一双曲线段, 它们是用不同的方程来表示的. 换句话说, 所提到的函数 $x_0(y)$ 在区间 $\left[\frac{1}{2}, 2\right]$ 的不同部分内由不同的公式给出来. 即

$$x_0(y) = \begin{cases} \dfrac{1}{y}, & \text{如 } \dfrac{1}{2} \leqslant y \leqslant 1, \\ y, & \text{如 } 1 \leqslant y \leqslant 2. \end{cases}$$

区域右面被直线 $x = 2$ 所限制. 故较方便地是将对 y 的积分拆开并表 I 为下形:

$$I = \int_{\frac{1}{2}}^{1} dy \int_{\frac{1}{y}}^{2} \frac{x^2}{y^2} dx + \int_{1}^{2} dy \int_{y}^{2} \frac{x^2}{y^2} dx.$$

因为

$$\int_{\frac{1}{y}}^{2} \frac{x^2}{y^2} dx = \frac{8}{3y^2} - \frac{1}{3y^5}, \quad \int_{y}^{2} \frac{x^2}{y^2} dx = \frac{8}{3y^2} - \frac{y}{3},$$

故

$$I = \int_{\frac{1}{2}}^{1} \left(\frac{8}{3y^2} - \frac{1}{3y^5} \right) dy + \int_{1}^{2} \left(\frac{8}{3y^2} - \frac{y}{3} \right) dy = \frac{17}{12} + \frac{5}{6} = \frac{9}{4}.$$

在类似的情况下必须考虑到, 在二重积分的两种可能计算方法中自然是取比较简单的.

5) 计算积分:

(a) $I_1 = \iint_{(Q_1)} \cos(x + y) dxdy$,

(б) $I_2 = \iint_{(Q_2)} (2x + y) dxdy$,

(в) $I_3 = \iint_{(Q_3)} (x + 6y) dxdy$,

其中 (Q_1) 是由直线

$$x = 0, \quad y = x, \quad y = \pi$$

所围的三角形, (Q_2) 是由坐标轴及直线 $x + y = 3$ 所围的三角形, 而 (Q_3) 是由直线

$$y = x, \quad y = 5x, \quad x = 1$$

所围的三角形.

提示 在 (a), (б) 的情形下, 用公式 (6), (6*) 中哪一个没有什么区别; 在 (в) 的情形下用公式 (6) 较方便些. (为什么? 作图!)

答 (a) $I_1 = -2$; (б) $I_2 = \dfrac{27}{2}$; (в) $I_3 = 25\dfrac{1}{3}$.

6) 计算积分

$$I = \iint \sqrt{4x^2 - y^2} dxdy,$$

展布在由直线 $y = 0, x = 1, y = x$ 所形成的三角形上.

解 由公式 (6), $I = \int_0^1 dx \int_0^x \sqrt{4x^2 - y^2} dy$; 里面的积分等于

$$\int_0^x \sqrt{4x^2 - y^2} dy = \frac{y}{2}\sqrt{4x^2 - y^2} + 2x^2 \arcsin \frac{y}{2x} \Big|_{y=0}^{y=x} = \left(\frac{\sqrt{3}}{2} + \frac{\pi}{3} \right) x^2,$$

最后 $I = \dfrac{1}{3}\left(\dfrac{\sqrt{3}}{2} + \dfrac{\pi}{3} \right)$.

用公式 (6*) 也可以来计算, 但在这一情况下我们就会陷入较困难的求积法中去了. 在选择计算方法时也应注意到类似的情形.

有时, 在曲边区域的情况下积分极限的排列上会遇到些困难的, 关于这一点, 下列例题很有用:

7) 在下列各逐次积分中交换积分次序 [由公式 (9)]:

$$(a) \int_0^4 dx \int_{3x^2}^{12x} f(x,y)dy, \qquad (б) \int_{-7}^1 dy \int_{2-\sqrt{7-6y-y^2}}^{2+\sqrt{7-6y-y^2}} f(x,y)dx,$$

$$(в) \int_0^1 dx \int_{2x}^{3x} f(x,y)dy, \qquad (г) \int_0^1 dy \int_{\frac{1}{2}y^2}^{\sqrt{3-y^2}} f(x,y)dx,$$

认为 $f(x,y)$ 是连续函数.

(a) **解**　积分区域由联立不等式

$$0 \leqslant x \leqslant 4, \quad 3x^2 \leqslant y \leqslant 12x$$

所确定. 于是首先可以看清楚, y 的极端值为 0 及 48. 将后一不等式对 x 解出来, 当固定 y 时求得 x 自 $\dfrac{1}{12}y$ 变到 $\sqrt{\dfrac{y}{3}}$.[①]

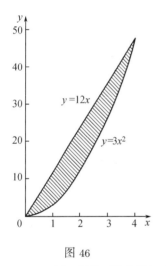

图 46

从图 46 来观察这一结果还更简便些, 在图中画出了由直线 $y = 12x$ 及抛物线 $y = 3x^2$ 所围的区域, 它们在横坐标为 0 及 4 的点处相交, 注意沿 x 轴取着与沿 y 轴不同的刻度.

答

$$\int_0^{48} dy \int_{\frac{1}{12}y}^{\sqrt{\frac{y}{3}}} f dx.$$

(б) **提示**　积分区域是由圆周

$$(x-2)^2 + (y+3)^2 = 4^2$$

所围起来的.

答

$$\int_{-2}^6 dx \int_{-3-\sqrt{12+4x-x^2}}^{-3+\sqrt{12+4x-x^2}} f dy.$$

(в) **解**　积分区域由联立不等式

$$0 \leqslant x \leqslant 1, 2x \leqslant y \leqslant 3x$$

所确定, 于是算出 y 的极端值: 0 及 3.

解出后一不等式, 可以看见 $\dfrac{y}{3} \leqslant x \leqslant \dfrac{y}{2}$. 但对 $y > 2$, 极端 $\dfrac{y}{2}$ 已越出区间 $[0,1]$, x 的变化一直受这区间限制的. 因此, 当 $0 \leqslant y \leqslant 2$ 时变量 x 自 $\dfrac{y}{3}$ 变到 $\dfrac{y}{2}$, 而当 $2 \leqslant y \leqslant 3$ 时, 自 $\dfrac{y}{3}$ 变到 1.

如观察到积分区域是由直线 $y = 3x, y = 2x$ 及 $x = 1$ 所围成的三角形 (作图!), 则特别简单地从几何上可得出这一结果.

①这两数都不越出区间 $[0,4]$ 的范围!

答　我们得到两个逐次积分的和:

$$\int_0^2 dy \int_{\frac{1}{3}y}^{\frac{1}{2}y} f dx + \int_2^3 dy \int_{\frac{1}{3}y}^1 f dx \quad (\text{比较 4) 及 5) (в)}).$$

(г) 答　我们得到三个逐次积分的和:

$$\int_0^{\frac{1}{2}} dx \int_0^{\sqrt{2x}} f dy + \int_{\frac{1}{2}}^{\sqrt{2}} dx \int_0^1 f dy + \int_{\sqrt{2}}^{\sqrt{3}} dx \int_0^{\sqrt{3-x^2}} f dy.$$

8) 将下面的式子写成一个逐次积分的样子:

$$(\text{a}) \quad \int_0^1 dy \int_{\frac{1}{9}y^2}^y f(x,y) dx + \int_1^3 dy \int_{\frac{1}{9}y^2}^1 f(x,y) dx,$$

$$(\text{б}) \quad \int_3^7 dy \int_{\frac{9}{y}}^3 f(x,y) dx + \int_7^9 dy \int_{\frac{9}{y}}^{10-y} f(x,y) dx.$$

答　(a) $\int_0^1 dx \int_x^{3\sqrt{x}} f dy$; (б) $\int_1^3 dx \int_{\frac{9}{x}}^{10-x} f dy$.
(建议在所有情形下都作图.)

9) 求证: 积分学中常用的表明由 x 轴、纵坐标 $x=a, x=b$ 及曲线 $y=f(x)$ (其中 $f \geqslant 0$)
所围的曲边梯形面积的公式

$$P = \int_a^b f(x) dx$$

是显明等式

$$P = \iint_{(P)} dx dy$$

的一推论.

提示　利用公式 (6).

10) 求证公式

$$\int_a^b dx \int_a^x f(x,y) dy = \int_a^b dy \int_y^b f(x,y) dx, \qquad (10)$$

其中 $f(x,y)$ 是在由直线 $y=a, x=b, y=x$ 所围成的三角形
(Δ) 上连续的任意函数.

提示　参看图 47; 利用公式 (9), 亦即令区域 (Δ) 上的二重
积分所化成的两个逐次积分相等.

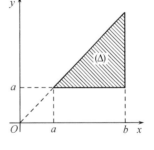

图 47

　　所证明的公式通常与狄利克雷的名字联在一起; 它有各种不
同的应用, 特别是在沃尔泰拉 (G. Volterra) 的所谓**积分方程**理论中有许多应用.

11) 借公式 (10) 容易证明

$$\int_a^x dt_1 \int_a^{t_1} (t_1-t)^{n-2} f(t) dt = \frac{1}{n-1} \int_a^x (x-t)^{n-1} f(t) dt.$$

逐次应用这一公式得出结果:

$$\underbrace{\int_a^x dt_{n-1} \int_a^{t_{n-1}} dt_{n-2} \cdots \int_a^{t_1}}_{n} f(t) dt = \frac{1}{(n-1)!} \int_a^x (x-t)^{n-1} f(t) dt,$$

这在以前 [**511**, 13)] 用别的方法已证明过.

12) 假定 $p \geqslant 1$ 及 $q \geqslant 1$,[①] 计算积分

$$I = \iint\limits_{\substack{x \geqslant 0, y \geqslant 0 \\ x+y \leqslant 1}} x^{p-1} y^{q-1} dx dy.$$

由公式 (5) 我们有

$$I = \int_0^1 x^{p-1} dx \int_0^{1-x} y^{q-1} dy = \frac{1}{q} \int_0^1 x^{p-1}(1-x)^q dx = \frac{1}{q} \mathrm{B}(p, q+1).$$

最后

$$\iint\limits_{\substack{x \geqslant 0, y \geqslant 0 \\ x+y \leqslant 1}} x^{p-1} y^{q-1} dx dy = \frac{\Gamma(p)\Gamma(q)}{\Gamma(p+q+1)}.$$

这一公式是属于狄利克雷的, 式中 $\Gamma(p)$ 是 Γ 函数.

13) 假定 $p \geqslant 1, q \geqslant 1, r \geqslant 1$,[①] 计算更一般的积分

$$J = \iint\limits_{\substack{x \geqslant 0, y \geqslant 0 \\ x+y \leqslant 1}} x^{p-1} y^{q-1}(1-x-y)^{r-1} dx dy.$$

开始, 与上面一样,

$$J = \int_0^1 x^{p-1} dx \int_0^{1-x} y^{q-1}(1-x-y)^{r-1} dy.$$

再用替换 $y = (1-x)t$ 将里面的积分变换, 结果得:

$$J = \int_0^1 x^{p-1}(1-x)^{q+r-1} dx \int_0^1 t^{q-1}(1-t)^{r-1} dt$$
$$= \mathrm{B}(p, q+r)\mathrm{B}(q, r) = \frac{\Gamma(p)\Gamma(q)\Gamma(r)}{\Gamma(p+q+r)}.$$

14) 计算较前面更广的积分:

$$K = \iint\limits_{\substack{x \geqslant 0, y \geqslant 0 \\ x+y \leqslant 1}} \frac{x^{p-1} y^{q-1}(1-x-y)^{r-1} dx dy}{(\alpha x + \beta y + \gamma)^{p+q+r}}$$

(其中 $\alpha, \beta \geqslant 0, \gamma > 0$, 此外, $p \geqslant 1, q \geqslant 1, r \geqslant 1$).[①]

变成逐次积分, 得

$$K = \int_0^1 x^{p-1} dx \int_0^{1-x} \frac{y^{q-1}(1-x-y)^{r-1}}{(\alpha x + \beta y + \gamma)^{p+q+r}} dy,$$

─────────────

[①] 这里我们作这种限制只是为了避免积分号下的函数变成无穷, 以后 [**617**, 14)] 限制要放松.

再经替换 $y = (1-x)t$ 后, 改变积分次序:

$$K = \int_0^1 t^{q-1}(1-t)^{r-1}dt \int_0^1 \frac{x^{p-1}(1-x)^{q+r-1}}{[\alpha x + \beta t(1-x) + \gamma]^{p+q+r}}dx.$$

为了计算里面的积分, 利用一已经知道的结果 [**534**, 2)]. 则

$$K = \frac{\Gamma(p)\Gamma(q+r)}{\Gamma(p+q+r)} \cdot \frac{1}{(\alpha+\gamma)^p} \int_0^1 \frac{t^{q-1}(1-t)^{r-1}}{(\beta t + \gamma)^{q+r}}dt,$$

再运用同一结果, 最后:

$$K = \frac{\Gamma(p)\Gamma(q+r)}{\Gamma(p+q+r)} \cdot \frac{1}{(\alpha+\gamma)^p} \cdot \frac{\Gamma(q)\Gamma(r)}{\Gamma(q+r)} \cdot \frac{1}{(\beta+\gamma)^q\gamma^r}$$
$$= \frac{\Gamma(p)\Gamma(q)\Gamma(r)}{\Gamma(p+q+r)} \cdot \frac{1}{(\alpha+\gamma)^p(\beta+\gamma)^q\gamma^r}.$$

15) 设函数 $f(x,y), g(x,y)$ 在有界闭区域 (D) 上连续, 且函数 g 的最小及最大值设为 m 及 M; 设 $\varphi(u)$ 表一函数, 对 $m \leqslant u \leqslant M$ 连续.

以 $\psi(u)$ 表积分

$$\iint\limits_{m \leqslant g \leqslant u} f(x,y)dxdy$$

展布在区域 (D) 的适合所示不等式的那一部分.[①]

则**卡塔兰** (E. Catalan) **公式**成立:

$$\iint\limits_{m \leqslant g \leqslant M} f(x,y)\varphi(g(x,y))dxdy = \int_m^M \varphi(u)d\psi(u),$$

其中右端的积分是在斯蒂尔切斯意义下取的.

因为连续函数永远可以表作两正的连续函数的差, 故在证明这一公式时我们可以简单地认为函数 f 是正的.

将区间 $[m, M]$ 任意地分为许多部分:

$$m = u_0 < u_1 < \cdots < u_i < u_{i+1} < \cdots < u_n = M,$$

与此相应, 我们就将所提出的积分 (将它表作 I) 拆开:

$$I = \sum_{i=0}^{n-1} \iint\limits_{u_i \leqslant g \leqslant u_{i+1}} f \cdot \varphi(g)dxdy$$
$$= \sum_{i=0}^{n-1} \varphi(g(\xi_i^*, \eta_i^*)) \iint\limits_{u_i \leqslant g \leqslant u_{i+1}} f(x,y)dxdy.$$

[①]我们假定, 方程 $g(x,y) = u$ 表一闭曲线,[92] 故正文中所提到的部分区域是由两个这样的曲线所限制着的.

[92]这里也隐含着所给定的曲线面积为零的假设.

我们这里利用了推广的中值定理; (ξ_i^*, η_i^*) 是能使 $u_i \leqslant g \leqslant u_{i+1}$ 成立的区域[93]中某一点, 故令 $g(\xi_i^*, \eta_i^*) = u_i^*$, 我们将有 $u_i \leqslant u_i^* \leqslant u_{i+1}$. 这样. 最后,

$$I = \sum_{i=0}^{n-1} \varphi(u_i^*)[\psi(u_{i+1}) - \psi(u_i)].$$

右端的和我们知道是斯蒂尔切斯和. 当 $\max \Delta u_i \to 0$ 时取极限, 得所需结果:

$$I = (S) \int_m^M \varphi(u) d\psi(u).$$

如对函数 $\psi(u)$, 有连续 (或至少绝对可积) 的导函数 $\psi'(u)$, 则斯蒂尔切斯积分就可用普通的来代替:

$$I = \int_m^M \varphi(u)\psi'(u) du.$$

16) 作为一例题, 按照卡塔兰的方法, 我们从狄利克雷的基本公式 [参看 12)] 可以推出一个属于刘维尔 (J. Liouville) 的较一般的公式.

特别, 取

$$f(x, y) = x^{p-1} y^{q-1}, \quad g(x, y) = x + y,$$

并选取三角形 $x \geqslant 0, y \geqslant 0, x + y \leqslant 1$ 作为区域 (D). 则按狄利克雷公式, 当 $0 < u \leqslant 1$,

$$\psi(u) = \iint\limits_{\substack{x \geqslant 0, y \geqslant 0 \\ x+y \leqslant u}} x^{p-1} y^{q-1} dx dy = u^{p+q} \iint\limits_{\substack{x \geqslant 0, y \geqslant 0 \\ x+y \leqslant 1}} x^{p-1} y^{q-1} dx dy$$

$$= \frac{\Gamma(p)\Gamma(q)}{\Gamma(p+q+1)} u^{p+q},$$

利用卡塔兰变换后, 我们将有

$$\iint\limits_{\substack{x \geqslant 0, y \geqslant 0 \\ x+y \leqslant 1}} x^{p-1} y^{q-1} \varphi(x+y) dx dy = \frac{\Gamma(p)\Gamma(q)}{\Gamma(p+q+1)} \int_0^1 \varphi(u) du^{p+q}$$

$$= \frac{\Gamma(p)\Gamma(q)}{\Gamma(p+q)} \int_0^1 \varphi(u) u^{p+q-1} du,$$

这就是**刘维尔公式**.

17) 求由下列各曲面所围立体的体积:

(a) 平面 $x = 0, y = 0, z = 0$, 圆柱 $x^2 + y^2 = R^2$ 及双曲抛物面 $z = xy$ (在第一个卦限内);

(б) 平面 $x = 0, y = 0, z = 0, x + 2y = 1$ 及曲面 $z = x^2 + y + 1$;

(в) 平面 $y = 1, z = 0$, 抛物柱 $y = x^2$ 及抛物面 $z = x^2 + y^2$;

(г) 平面 $y = 0, z = 0, y = \dfrac{b}{a}x$ 及椭圆柱 $\dfrac{x^2}{a^2} + \dfrac{z^2}{c^2} = 1$.

答　(a) $V = \int_0^R x dx \int_0^{\sqrt{R^2-x^2}} y dy = \dfrac{1}{8} R^4$;

(б) $V = \int_0^{\frac{1}{2}} dy \int_0^{1-2y} (x^2 + y + 1) dx = \dfrac{1}{3}$;

---

[93]所提到的区域从而假定是连通的.

(в) $V = \int_{-1}^{1} dx \int_{x^2}^{1} (x^2 + y^2) dy = \dfrac{88}{105}$;

(г) $V = \int_0^a dx \int_0^{\frac{b}{a}x} \dfrac{c}{a} \sqrt{a^2 - x^2} dy = \dfrac{abc}{3}$.

18) 同样, 求由下列各面所围的立体:

(a) 椭圆柱 $\dfrac{x^2}{a^2} + \dfrac{y^2}{b^2} = 1$ 及平面 $z = 0$ 与 $z = \lambda x + \mu y + h \ (h > 0)$;

(б) 柱面 $az = y^2, x^2 + y^2 = r^2$ 及平面 $z = 0$;

(в) 被平面 $z = p, z = q \ (0 < p < q)$, $x = r, x = s \ (0 < r < s)$ 在曲面 $xyz = a^3$ 上所割下的部分, 这一部分在 xy 平面上的射影以及射影时的柱面.

答 (a) $V = \int_{-a}^{a} dx \int_{-\frac{b}{a}\sqrt{a^2-x^2}}^{\frac{b}{a}\sqrt{a^2-x^2}} (\lambda x + \mu y + h) dy = \pi abh = Ph$

(如 P 是椭圆的面积, 这一结果在几何上很明显);

(б) $V = \dfrac{4}{a} \int_0^r dy \int_0^{\sqrt{r^2-y^2}} y^2 dx = \dfrac{4}{a} \int_0^r y^2 \sqrt{r^2 - y^2} dy = \dfrac{\pi r^4}{4a}$;

(в) $V = \int_r^s dx \int_{\frac{a^3}{qx}}^{\frac{a^3}{px}} \dfrac{a^3}{xy} dy = a^3 \ln \dfrac{q}{p} \ln \dfrac{s}{r}$.

19) 求旋转抛物面 $y^2 + z^2 = 4ax$ 被圆柱 $x^2 + y^2 = 2ax$ 所割下立体的体积 V.

解 我们有:

$$V = 4 \int_0^{2a} dx \int_0^{\sqrt{2ax-x^2}} \sqrt{4ax - y^2} dy.$$

在熟知的公式

$$\int \sqrt{b^2 - y^2} dy = \dfrac{b^2}{2} \arcsin \dfrac{y}{b} + \dfrac{y}{2} \sqrt{b^2 - y^2}$$

中令 $b^2 = 4ax$, 计算出原函数 $\int \sqrt{4ax - y^2}$, 并借它求出里面的积分:

$$\int_0^{\sqrt{2ax-x^2}} \sqrt{4ax - y^2} dy = 2ax \arcsin \sqrt{\dfrac{1}{2} - \dfrac{x}{4a}} + \dfrac{x}{2} \sqrt{4a^2 - x^2}.$$

用分部积分法又得:

$$2a \int_0^{2a} x \arcsin \sqrt{\dfrac{1}{2} - \dfrac{x}{4a}} dx = \dfrac{a}{2} \int_0^{2a} \dfrac{x^2}{\sqrt{4a^2 - x^2}} dx$$
$$= \dfrac{a}{2} \left(2a^2 \arcsin \dfrac{x}{2a} - \dfrac{x}{2} \sqrt{4a^2 - x^2} \right) \Big|_0^{2a} = \dfrac{\pi a^3}{2}.$$

最后

$$\dfrac{1}{2} \int_0^{2a} x \sqrt{4a^2 - x^2} dx = \dfrac{4}{3} a^3,$$

而

$$V = 4 \left(\dfrac{\pi a^3}{2} + \dfrac{4}{3} a^3 \right) = a^3 \left(2\pi + \dfrac{16}{3} \right).$$

20) 求球 $x^2 + y^2 + z^2 = R^2$ 被圆柱 $x^2 + y^2 = Rx$ 所割下立体的体积 (图 48).[①]

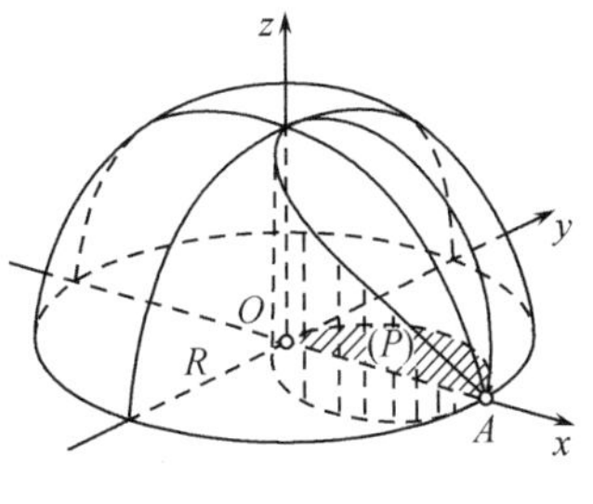

解 我们有:

$$V = 4 \iint_{(P)} \sqrt{R^2 - x^2 - y^2} dxdy.$$

图 48

[①] 这一立体有时候用 17 世纪意大利数学家的名字称为维维亚尼 (Viviani) 立体, 他首先研究它.

其中 (P) 是 xy 平面第一象限内由曲线 $x = 0$ 及 $x^2 + y^2 = Rx$ 所围的半圆, 或者

$$V = 4 \int_0^R dx \int_0^{\sqrt{Rx - x^2}} \sqrt{R^2 - x^2 - y^2} dy.$$

但

$$\int_0^{\sqrt{Rx - x^2}} \sqrt{R^2 - x^2 - y^2} dy$$

$$= \frac{R^2 - x^2}{2} \arcsin \frac{y}{\sqrt{R^2 - x^2}} + \frac{y}{2} \sqrt{R^2 - x^2 - y^2} \Big|_{y=0}^{y=\sqrt{Rx - x^2}}$$

$$= \frac{R^2 - x^2}{2} \arcsin \sqrt{\frac{x}{R + x}} + \frac{1}{2} \sqrt{R} (R - x) \sqrt{x}.$$

分部积分, 得:

$$\frac{1}{2} \int_0^R (R^2 - x^2) \arcsin \sqrt{\frac{x}{R + x}} dx = \frac{\pi R^3}{12} - \frac{\sqrt{R}}{12} \int_0^R \frac{3R^2 x^{\frac{1}{2}} - x^{\frac{5}{2}}}{R + x} dx.$$

例如, 用替换 $x = Rt^2$ 容易求出后一积分的值:

$$\frac{\sqrt{R}}{12} \cdot 2R^2 \sqrt{R} \cdot \left(\frac{32}{15} - \frac{\pi}{2} \right) = \left(\frac{16}{45} - \frac{\pi}{12} \right) R^3,$$

所以

$$\frac{1}{2} \int_0^R (R^2 - x^2) \arcsin \sqrt{\frac{x}{R + x}} dx = \left(\frac{\pi}{6} - \frac{16}{45} \right) R^3.$$

其次, 不难求出,

$$\frac{1}{2} \sqrt{R} \int_0^R (R - x) \sqrt{x} dx = \frac{2}{15} R^3,$$

所以, 最后,

$$V = 4 \left(\frac{\pi}{6} - \frac{2}{9} \right) R^3 = \frac{2}{3} \pi R^3 - \frac{8}{9} R^3. \text{①}$$

附注　因为半球的体积是 $\frac{2}{3} \pi R^3$, 故在拿掉维维亚尼立体后所余部分的体积等于 $\frac{8}{9} R^3$. 有趣的是, 它可不带任何无理性用 R 表示出来.

21) 计算积分

$$I_1 = \iint_{(A)} y dx dy, \quad I_2 = \iint_{(A)} x dx dy,$$

其中 (A) 是由摆线的一拱

$$x = a(t - \sin t), y = a(1 - \cos t) \quad (0 \leqslant t \leqslant 2\pi)$$

与 x 轴所围起来的区域.

---

①以后我们将指出计算这一体积的一个大为简便的方法 [**611**, 6)].

解 这一问题的特点在于区域的边界是用参数方程给出的. 然而摆线上点的纵坐标 y 还是横坐标 x 的单值连续函数: $y = y(x)$, 所以, 变到逐次积分时, 由一般公式我们有

$$I_1 = \int_0^{2\pi a} dx \int_0^{y(x)} y\, dy = \frac{1}{2} \int_0^{2\pi a} y^2(x)dx.$$

为了避免未知函数 $y(x)$ 而回到已知函数, 我们作替换 $x = a(t - \sin t)$. 则 $y(x)$ 应该用 $a(1 - \cos t)$ 代替, 因而得到

$$I_1 = \frac{1}{2} \int_0^{2\pi} a^2(1 - \cos t)^2 da(t - \sin t) = \frac{a^3}{2} \int_0^{2\pi} (1 - \cos t)^3 dt = \frac{5}{2}\pi a^3.$$

同样,

$$I_2 = 3\pi^2 a^3.$$

22) 计算积分

$$K = \iint_{(B)} xy\,dx\,dy,$$

其中区域 (B) 是由坐标轴及星形线的一部分

$$x = a\cos^3 t, \quad y = a\sin^3 t \quad \left(0 \leqslant t \leqslant \frac{\pi}{2}\right)$$

所围起来的.

答 $K = \dfrac{1}{80}a^4.$

598. 力学应用 所有的几何及力学量, 与某一图形 (P) 上平面地连续分布的质量有关而且在区域中为可加的函数时, 原则上可表作取在这一图形上的二重积分. 在第 **593** 目中我们已经详细讨论到这一问题. 特别, 我们已看见过, 分布质量的大小本身可由已知的分布密度 $\rho(M) = \rho(x, y)$ 表为:

$$m = \iint_{(P)} \rho\, dP. \tag{11}$$

这里我们想简略地说明一下通常如何得到这种类型的公式. 这里思想的条理与在定积分的应用 [参看 **348**] 时相同.

在图形 (P) 中取出一元素部分 (dP), 作一使计算简化的假定, 例如, 整个这元素的质量集中在一个点, 或质量分布的密度在这元素的范围内是常数, 这就可使对所求量 Q 的元素 dQ 给以一形如

$$dQ = q(M)dP$$

的近似值, 正确到一高于 dP 的阶的无穷小, 则 Q 的准确值就可表作公式

$$Q = \iint_{(P)} q(M)dP.$$

可以用两种方法建立这一公式 (如在 **348** 中那样!).

首先, 将元素 dQ 的近似式加起来, 可得出积分和形式的量 Q 的近似值, 而变到极限时就可得到已经是和的极限形式亦即积分形式的准确值 Q 了.

另一方面, 由元素 dQ 的表示式本身就可作出结论: $q(M)$ 是量 Q (在点 M 处) 的 "对区域的导数", 于是, 由第 **593** 目中所述, 又可推得同一结果.

容易观察到, 例如, 对坐标轴的元素静矩及元素惯矩为

$$dM_x = y\rho dP, \quad dM_y = x\rho dP,$$
$$dI_x = y^2\rho dP, \quad dI_y = x^2\rho dP;$$

于是对这些矩本身立刻得到

$$\left.\begin{array}{ll} M_x = \iint_{(P)} y\rho dP, & M_y = \iint_{(P)} x\rho dP, \\[2mm] I_x = \iint_{(P)} y^2\rho dP, & I_y = \iint_{(P)} x^2\rho dP. \end{array}\right\} \tag{12}$$

现在用普通的方法可得到图形重心的坐标:

$$\xi = \frac{\iint_{(P)} x\rho dP}{m}, \quad \eta = \frac{\iint_{(P)} y\rho dP}{m}. \tag{13}$$

在均匀图形的情况下: $\rho = $ 常数, 这些公式就可简化:

$$\xi = \frac{\iint_{(P)} x dP}{P}, \quad \eta = \frac{\iint_{(P)} y dP}{P}. \tag{14}$$

在各个简单的情况下, 用二重积分也可概括一些对立体的亦即对柱形长条的类似问题.

设已知这样一长条, 由曲面 $z = z(x, y)$, 它在 xy 平面上的射影 (P) 及母线与 z 轴平行的射影柱面所围起来的. 例如, 如要确定均匀条子 (为简单起见假定立体的密度等于 1) 的静矩 M_{xy}, 则我们就设想这一条子是由许多以 dP 为底以 z 为高的细条构成的. 细条对于 xy 平面的静矩等于它的质量或在所给情况下, 也就是 —— 体积 zdP, 乘上自这一平面到它的重心的距离, 亦即乘上 $\frac{1}{2}z$. 这样, 元素静矩为

$$dM_{xy} = \frac{1}{2}z^2 dP,$$

于是, 对所有的细条子相加, 得

$$M_{xy} = \frac{1}{2}\iint_{(P)} z^2 dP. \tag{15}$$

同样, 可建立公式

$$M_{zx} = \iint_{(P)} yz dP, \quad M_{yz} = \iint_{(P)} xz dP. \tag{15a}$$

由此容易得出长条重心的坐标 ξ, η, ζ 的表示式:

$$\xi = \frac{M_{yz}}{V} = \frac{\iint_{(P)} xz dP}{V}, \quad \text{等等.}$$

同样可推演出长条对 z 轴的惯矩 I_z 及对坐标面的惯矩 I_{yz}, I_{zx}:

$$I_z = \iint_{(P)} (x^2 + y^2)z dP, \quad I_{zx} = \iint_{(P)} y^2 z dP, \quad I_{yz} = \iint_{(P)} x^2 z dP, \tag{16}$$

并且很清楚, $I_z = I_{zx} + I_{yz}$.

如质量分布的空间密度 ρ 不是常数, 但仅与 x, y 有关 (即沿细条总是常数), 则与前面一样可用二重积分来处理. 但是, 在一般情形下, 当 ρ 也与 z 有关时, 二重积分就不够, 而必须要用到三重积分 [参看 **649**] 了.

599. 例 1) 设图形 (P) 是由曲线 $y = f(x), x$ 轴的一段及两纵坐标 $x = a$ 与 $x = b$ 所围成的一曲边梯形, 又设沿这一图形所分布质量的密度为 1. 试求静矩 M_x 及 M_y.

将公式 (12) 变成逐次积分, 我们将有:

$$M_x = \iint_{(P)} y dP = \int_a^b dx \int_0^{f(x)} y dy = \frac{1}{2} \int_a^b f^2(x) dx,$$

$$M_y = \iint_{(P)} x dP = \int_a^b x dx \int_0^{f(x)} dy = \int_a^b x f(x) dx,$$

或更简单地,

$$M_x = \frac{1}{2} \int_a^b y^2 dx, \quad M_y = \int_a^b xy dx,$$

我们回到了以前就得到过的 [**351**] 静矩的表示式.

建议读者重复对惯矩 I_x 及 I_y 的这些计算.

2) 柱形长条 (V) 以平面图形 (P) 为底, 而上面被一任意平面 (K) 所限制. 求证: 立体体积 V 等于底面积 P 与通过底的重心到平面 (K) 为止和底面相垂直的垂线的乘积.

如坐标轴放着与通常一样 (图 49), 平面 (K) 的方程为

$$z = ax + by + c,$$

则由第 **586** 目公式 (2^*),

$$V = \iint_{(P)} (ax + by + c) dP$$

$$= a \iint_{(P)} x dP + b \iint_{(P)} y dP + c \iint_{(P)} dP$$

$$= (a\xi + b\eta + c) P = Pk.$$

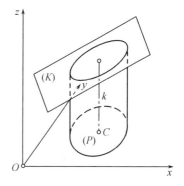

图 49

3) 求证: 如在图形 (P) 的平面中取两相距 h 的平行轴 x 及 x', 且第一个轴通过图形的重心, 则图形对这两轴的惯矩以关系式

$$I_{x'} = I_x + h^2 m$$

相联, 其中 m 为图形的质量.

取 x 为横轴, 我们有

$$I_{x'} = \iint_{(P)} (y - h)^2 \rho dP = I_x - 2h M_x + h^2 m.$$

因为由假设, $M_x = 0$, 故得所需的等式.

4) 一质点的 **极惯矩** 就是点的质量与它到极的距离平方的乘积. 容易明白什么是一平面图形的极惯矩.

将极放在坐标原点 O, 求证极惯矩

$$I_O = I_x + I_y.$$

5) 设在 xy 平面中已给一任意图形 (P). 试求这一图形对一与 x 轴夹角为 θ 的任意轴 Ou 的惯矩一般表示式 (图 50).

如取轴 Ou 及垂直于它的轴 Ov 为新的坐标轴, 则如大家所知, 新坐标 u,v 与旧坐标 x,y 以关系式

$$u = x\cos\theta + y\sin\theta, \quad v = -x\sin\theta + y\cos\theta$$

相联系. 故

$$
\begin{aligned}
I_u &= \iint_{(P)} v^2 \rho dP \\
&= \cos^2\theta \cdot \iint_{(P)} y^2 \rho dP - 2\sin\theta\cos\theta \cdot \iint_{(P)} xy\rho dP + \sin^2\theta \iint_{(P)} x^2 \rho dP.
\end{aligned}
$$

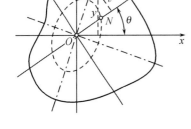

图 50

$\cos^2\theta$ 及 $\sin^2\theta$ 的系数, 可以看出来, 是对坐标轴的惯矩 I_x 及 I_y, 但除此以外还遇见了一量

$$K_{xy} = \iint_{(P)} xy\rho dP,$$

称为**离心矩** [参看下面第 7 题] 或**惯性积**. 因此,

$$I_u = I_x \cos^2\theta - 2K_{xy}\sin\theta\cos\theta + I_y \sin^2\theta. \qquad (17)$$

为了清楚说明当轴 Ou 转动时图形的惯矩变化情形, 我们这样来做. 在轴 Ou 上截取一线段

$$ON = \frac{1}{\sqrt{I_u}}$$

(参看图 50) 并考察这样所得点 N 的几何轨迹, 如以 x,y 表点 N 的坐标, 则

$$x = ON\cos\theta = \frac{\cos\theta}{\sqrt{I_u}}, \quad y = ON\sin\theta = \frac{\sin\theta}{\sqrt{I_u}}.$$

以 I_u 除关系式 (17), 得到所述的几何轨迹的方程:

$$I_x x^2 - 2K_{xy}xy + I_y y^2 = 1. \qquad (18)$$

推广布尼亚科夫斯基不等式到二重积分的情形, 容易看见, 判别式

$$I_x I_y - K_{xy}^2 > 0,$$

故曲线 (18) 是椭圆. 它称为**惯性椭圆**.

如 $K_{xy} = 0$, 方程 (18) 就有形式

$$I_x x^2 + I_y y^2 = 1.$$

这就证明了, 在这一情况下坐标轴就是惯性椭圆的轴 (主惯性轴).

6) 关于离心矩 K_{xy}, 求证:

(a) 如两轴之一, 例如 y 轴, 是图形 (P) 的对称轴及其上面分布质量的对称轴,[①] 则 $K_{xy} = 0$;

(6) 如坐标原点是图形的重心, 又过点 $O_1(a, b)$ 引平行于原来的轴的直线轴 O_1x_1 及 O_1y_1 (图 51), 则

$$K_{x_1y_1} = K_{xy} + ab \cdot P.$$

如 $K_{xy} = 0$, 这公式就具有特别简单的样子, 即:

$$K_{x_1y_1} = ab \cdot P. \tag{19}$$

7) 设连续分布有质量的平面图形 (P) (图 52) 以角速度 ω 绕 y 轴旋转. 试确定这时所发生的离心力 F 的总大小及其对 z 轴的矩 $\boldsymbol{M}$.[②]

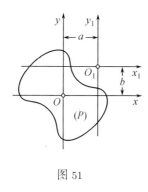

图 51

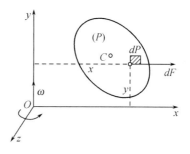

图 52

对元素 ρdP 离心力等于

$$dF = \omega^2 x \rho dP$$

(当 $x > 0$ 时朝向一边, 当 $x < 0$ 时朝向另一边), 而它对 z 轴的矩

$$d\boldsymbol{M} = \omega^2 xy\rho dP.$$

由此, 相加:

$$F = \omega^2 \iint_{(P)} x\rho dP = \omega^2 M_y,$$

$$\boldsymbol{M} = \omega^2 \iint_{(P)} xy\rho dP = \omega^2 K_{xy}.$$

因此, 当 $\omega = 1$ 时, 量 K_{xy} 是离心力矩; 于是名叫 "离心矩".

要离心力在旋转轴上的作用等于零, 必要且充分地需等式

$$M_y = 0, \quad K_{xy} = 0$$

适合.

第一式就是说我们图形的重心必在 y 轴上, 而第二式是说这一轴是主惯性轴. 因此, 离心力仅当旋转轴是图形的中心主惯性轴之一时就对旋转轴不发生任何作用.

---

① 故 $\rho(-x, y) = \rho(x, y)$.

② 对其它轴的矩显然等于 0.

8) 考察一由平面图形(P) (图 53) 绕一与它不相交的 y 轴旋转而得的立体. 求它的体积及它的重心 C^*.

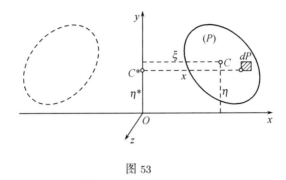

图 53

解　我们先取一由图形的元素 dP 所描画出的元素环, 它的体积可取为等于高为 $2\pi x$ 底为 dP 的柱形的体积, 故

$$dV = 2\pi x \cdot dP,$$

且

$$V = 2\pi \iint_{(P)} x dP = 2\pi M_y = 2\pi \xi \cdot P,$$

其中 M_y 是我们图形对 y 轴的静矩, 而 ξ 是自这一轴到图形重心 C 的距离. 因此, 我们又得到了古尔丹定理 [**351**], 但这一次是对由任意边界所围成的图形.

刚才所谈到的元素环对于 xz 平面的静矩显然等于

$$d\boldsymbol{M} = y dV = 2\pi xy dP,$$

故

$$\boldsymbol{M} = 2\pi \iint_{(P)} xy dP = 2\pi K_{xy}.$$

因此, 重心 C^* 的坐标 $y = \eta^*$ 等于

$$\eta^* = \frac{\boldsymbol{M}}{V} = \frac{K_{xy}}{M_y}. \tag{20}$$

9) 应用这一公式到图形 (P) 是一直角三角形 (图 54) 的情形.

如图中的记法,

$$M_y = \frac{bh}{2}\left(a + \frac{1}{3}b\right) = \frac{bh(3a+b)}{6}$$

(因为三角形重心的位置大家都知道). 注意到三角形斜边的方程:

$$y = \frac{h}{b}(a+b-x).$$

我们求得 $K_{xy} = \dfrac{bh^2(4a+b)}{24}$. 于是, 由 (20), $\eta^* = \dfrac{h}{4} \cdot \dfrac{4a+b}{3a+b}$.

可以看见, 这一坐标与三角形本身重心的坐标 $\eta = \dfrac{h}{3}$ 不同.

10) 求证: 如被旋转的图形有一平行于旋转轴的对称轴 (图 55), 则必

$$\eta^* = \eta,$$

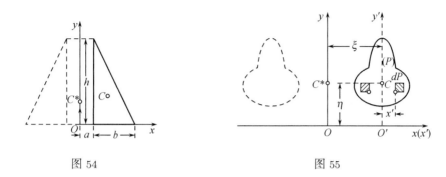

图 54   图 55

亦即, 立体的重心与平面图形的重心有同一高度.

提示 如考虑到 $K_{x'y'} = 0$, 这可由 (20) 及 (19) 得出来 [参看 6) (a)].

11) 求证: 在同样的假定下, 将所考察的图形旋转后所得立体对旋转轴的惯矩可用公式 $I = 2\pi\xi(\xi^2 P + 3I_{y'})$ 表示出来.

12) 应用公式 (15) 及 (15a) 到下一特殊情形: 设长条的底是一矩形 $[0, a; 0, b]$, 长条的一面为椭圆抛物面

$$z = \frac{x^2}{2p} + \frac{y^2}{2q}$$

所限制.

答 $\xi = \dfrac{3a^2q + 2b^2p}{a^2q + b^2p} \cdot \dfrac{a}{4}$, $\eta = \dfrac{2a^2q + 3b^2p}{a^2q + b^2p} \cdot \dfrac{b}{4}$, $\zeta = \dfrac{9a^4q^2 + 10a^2b^2pq + 9b^4p^2}{a^2q + b^2p} \cdot \dfrac{1}{60pq}$.

13) 求截头圆柱的重心 [**343**, 8); 图 56].

解 用图中的记法, 截面方程为 $z = ky$, 其中 $k = \operatorname{tg} \alpha$, 这里半径为 a 的半圆周 $x^2 + y^2 = a^2$ 所围的半圆起 (P) 的作用. 我们有:

$$M_{zx} = \iint_{(P)} yz\,dP = k \int_{-a}^{a} \int_{0}^{\sqrt{a^2-x^2}} y^2\,dx\,dy = \frac{2k}{3}\int_0^a (a^2 - x^2)^{\frac{3}{2}}\,dx = \frac{\pi}{8}ka^4$$

$$M_{xy} = \frac{1}{2}\iint_{(P)} z^2\,dP = \frac{k}{2}\iint_{(P)} yz\,dP = \frac{\pi}{16}k^2a^4, \quad M_{yz} = 0.$$

因为体积

$$V = \frac{2}{3}ka^3,$$

故

$$\xi = 0, \quad \eta = \frac{3}{16}\pi a, \quad \zeta = \frac{3}{32}\pi ka.$$

14) 同样, 对于椭球体

$$\frac{x^2}{a^2} + \frac{y^2}{b^2} + \frac{z^2}{c^2} \leqslant 1$$

含在第一卦限内的部分 (图 57).

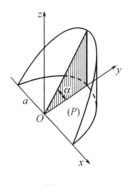

图 56

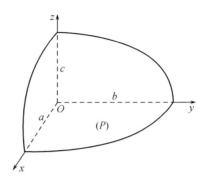

图 57

解　区域 (P) 是由坐标轴及椭圆

$$y = \frac{b}{a}\sqrt{a^2 - x^2}$$

$(0 \leqslant x \leqslant a)$ 所围起来的, 椭球表面方程的显式为

$$z = c\sqrt{1 - \frac{x^2}{a^2} - \frac{y^2}{b^2}}.$$

由公式 (15),

$$M_{xy} = \frac{1}{2}c^2 \int_0^a dx \int_0^{b\sqrt{1-\frac{x^2}{a^2}}} \left(1 - \frac{x^2}{a^2} - \frac{y^2}{b^2}\right) dy$$

$$= \frac{bc^2}{3a^3} \int_0^a (a^2 - x^2)^{\frac{3}{2}} dx = \frac{\pi}{16}abc^2.$$

同样

$$M_{yz} = \frac{\pi}{16}a^2bc, \quad M_{zx} = \frac{\pi}{16}ab^2c.$$

同时体积

$$V = \frac{\pi}{6}abc,$$

故

$$\xi = \frac{3}{8}a, \quad \eta = \frac{3}{8}b, \quad \zeta = \frac{3}{8}c.$$

15) 试求一高为 h 半径为 a 的圆柱对通过其轴的任一平面的惯矩 (图 58).

解　选取坐标轴如图所示, 由公式 (16) 的第二个我们有

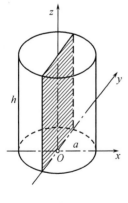

图 58

$$I_{xz} = \iint y^2 z dP = h \int_{-a}^a dx \int_{-\sqrt{a^2-x^2}}^{\sqrt{a^2-x^2}} y^2 dy$$

$$= \frac{4}{3}h \int_0^a (a^2 - x^2)^{\frac{3}{2}} dx = \frac{\pi}{4}ha^4.$$

16) 试求椭球体

$$\frac{x^2}{a^2} + \frac{y^2}{b^2} + \frac{z^2}{c^2} = 1$$

的惯矩 I_z.

解　可以限于讨论椭球体的一个卦限 (图 57), 再将结果乘 8. 这时区域 (P) 是椭圆

$$\frac{x^2}{a^2} + \frac{y^2}{b^2} = 1$$

的一象限.

我们有

$$I_{zx} = 8\iint_{(P)} y^2 z dP = \frac{8c}{a}\int_0^b y^2 dy \int_0^{a\sqrt{1-\frac{y^2}{b^2}}} \sqrt{a^2\left(1 - \frac{y^2}{b^2}\right) - x^2} dx$$

$$= 2\pi ac \int_0^b y^2 \left(1 - \frac{y^2}{b^2}\right) dy = \frac{4}{15}\pi ab^3 c.$$

同样,

$$I_{yz} = \frac{4}{15}\pi a^3 bc.$$

最后,

$$I_z = I_{zx} + I_{yz} = \frac{4}{15}\pi abc(a^2 + b^2).$$

§3. 格林公式

600. 格林公式的推演　在本目中我们建立联系二重积分与曲线积分的一非常重要的公式.

考察一区域 (D) —— 由闭路 (L) 所围的一 "曲边梯形" (图 59), (L) 是曲线

$$(PQ) : y = y_0(x),$$
$$(RS) : y = Y(x)$$
$$(a \leqslant x \leqslant b)$$

及二平行于 y 轴的线段 PS 与 QR 组成.

假定在区域 (D) 中已给一函数 $P(x, y)$, 且与其导函数 $\dfrac{\partial P}{\partial y}$ 同时连续.

现在由第 **596** 目公式 (6) 来计算二重积分

$$\iint_{(D)} \frac{\partial P}{\partial y} dx dy,$$

得

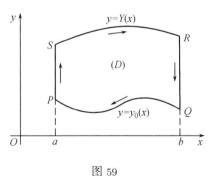

图 59

$$\iint_{(D)} \frac{\partial P}{\partial y} dx dy = \int_a^b dx \int_{y_0(x)}^{Y(x)} \frac{\partial P}{\partial y} dy.$$

里面的积分这里借原函数 $P(x, y)$ 之助很容易算出来, 即:

$$\int_{y_0(x)}^{Y(x)} \frac{\partial P}{\partial y} dy = P(x, y)\Big|_{y=y_0(x)}^{y=Y(x)} = P(x, Y(x)) - P(x, y_0(x)).$$

因此,

$$\iint_{(D)} \frac{\partial P}{\partial y} dxdy = \int_a^b P(x, Y(x))dx - \int_a^b P(x, y_0(x))dx.$$

这两个积分的每一个现在可以用曲线积分来代替. 事实上, 回想第 **547** 目的公式 (7), 可以看见,

$$\int_a^b P(x, Y(x))dx = \int_{(SR)} P(x, y)dx,$$

$$\int_a^b P(x, y_0(x))dx = \int_{(PQ)} P(x, y)dx.$$

于是

$$\iint_{(D)} \frac{\partial P}{\partial y} dxdy = \int_{(SR)} P(x, y)dx - \int_{(PQ)} P(x, y)dx$$

$$= \int_{(SR)} P(x, y)dx + \int_{(QP)} P(x, y)dx.$$

如果要考察沿区域 (D) 的整个边界 (L) 的积分, 在所得等式的右端还要添加积分

$$\int_{(PS)} P(x, y)dx \quad 及 \quad \int_{(RQ)} P(x, y)dx,$$

显然, 它们是等于零的, 因为线段 (PS) 及 (RQ) 垂直于 x 轴 [参看 **547**]. 我们得到

$$\iint_{(D)} \frac{\partial P}{\partial y} dxdy = \int_{(PS)} Pdx + \int_{(SR)} Pdx + \int_{(RQ)} Pdx + \int_{(QP)} Pdx.$$

这一等式的右端是沿着范围区域 (D) 的整个闭路 (L) 所取的积分, 不过是负向罢了. 按照我们所做的关于沿一闭路曲线积分记法的规定 [**548**], 我们可以将所得公式最后重写为:

$$\iint_{(D)} \frac{\partial P}{\partial y} dxdy = - \int_{(L)} P(x, y)dx. \tag{1}$$

虽然这一公式是在坐标轴右手定向的假定下导得的, 但容易看出, 它在左手定向时保持不变 (只是闭路环行的方向掉换了).

导得的公式对于比所讨论的区域更复杂时也是正确的: 只要假定区域 (D) 可用平行于 y 轴的直线分为有限个所述形状的曲边梯形就够了. 我们将不再证明这一点了, 因为如要做起来与在第 **551** 目中当推广用曲线积分表示面积的公式时完全一样.

同样, 假定函数 Q 及其偏导函数 $\dfrac{\partial Q}{\partial x}$ 在区域 (D) 中连续时, 也可建立公式

$$\iint_{(D)} \frac{\partial Q}{\partial x} dx dy = \int_{(L)} Q(x, y) dy. \tag{2}$$

这时首先取如图 60 中所画出的那样曲边梯形作为区域 (D). 它由曲线

$$\text{及} \qquad \begin{array}{l}(PS) : x = x_0(y) \\ (QR) : x = X(y)\end{array} \qquad (c \leqslant y \leqslant d)$$

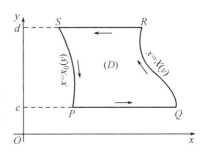

图 60

与两平行于 x 轴的线段 (PQ) 及 (RS) 围成的. 再与上面一样, 将公式推广到可用平行于 x 轴的直线分为有限个这种形状的曲边梯形的区域上.

最后, 如区域 (D) 同时满足两种情况的条件, 即既可分为有限个第一类型的梯形, 又可 (另外) 分为有限个第二类型的梯形, 则对这区域, 公式 (1) 及 (2) 都成立, 当然, 还是假定函数 P, Q 及其导函数 $\dfrac{\partial P}{\partial y}, \dfrac{\partial Q}{\partial x}$ 都连续. 从公式 (2) 减去 (1), 得

$$\int_{(L)} P dx + Q dy = \iint_{(D)} \left(\frac{\partial Q}{\partial x} - \frac{\partial P}{\partial y} \right) dx dy. \tag{3}$$

这就是著名的**格林** (G. Green) **公式**.[①]

第 **551** 目中用曲线积分表示面积的公式很容易从这里作为一特殊情形得出来. 例如, 令 $P = -y, Q = 0$ 并利用显然的等式 $\iint_{(D)} dx dy = D$ 后, 便得到第 **551** 目公式 (9).

与在第 **551** 目中一样, 这里使公式 (3) 得以正确的那些条件也可以取得一种更便于检查的形式. 亦即, 可以证明: 对于任何由一个或几个分段光滑的线路所围成的区域 (D) 格林公式成立.[94]

设 (L) 是我们区域的总边界. 重复第 **551** 目中的推理, 在 (L) 内内接一折线 (Λ), 并考察由它所围成的多角形区域 (Δ). 为简单起见, 假定函数 P 及 Q 在区域 (D) 的外面, 例如在某一包含 (D) 在其内的矩形 (R) 内有意义, 连续, 且有连续的导函数 $\dfrac{\partial P}{\partial y}, \dfrac{\partial Q}{\partial x}$.[②] 可以认为 (Δ) 也包含在 (R) 内. 因为多角形区域显然既可分为这种类型的又可分为那种类型的许多梯形, 故在它上面格林公式可以应用:

$$\int_{(\Lambda)} P(x, y) dx + Q(x, y) dy = \iint_{(\Delta)} \left(\frac{\partial Q}{\partial x} - \frac{\partial P}{\partial y} \right) dx dy. \tag{4}$$

[①] 有时它也称为高斯或黎曼公式.

[②] 实际上, 对公式的正确性来说这一假定并非必要的.

[94] 这个论断的纯粹分析的证明比下面引述的要更为繁琐. 参看 **551** 目的脚注 80).

现在只要假定当闭路 (L) 被折线 (Λ) 的顶点所分成的弧段的最大直径趋近于零而变到极限. 等式 (4) 的左端由第 550 目的引理此时趋近于等式 (3) 的左端.

另一方面, 如同在第 551 目中我们已看见过的, 可选取折线 (Λ) 使它夹在多角形域 (A) 的外面及多角形域 (B) 的内面, 这两多角形域分别在 (D) 的里面及外面, 且它们的面积可相差得任意小:

$$B - A < \varepsilon.$$

可以认为 (A) 及 (B) 包含在上面所提到的矩形 (R) 内. 为简便起见令 $\dfrac{\partial Q}{\partial x} - \dfrac{\partial P}{\partial y} = f$ 时, 我们有

$$\left| \iint_{(D)} f\,dx\,dy - \iint_{(\Delta)} f\,dx\,dy \right| = \left| \iint_{(D)-(A)} f\,dx\,dy - \iint_{(\Delta)-(A)} f\,dx\,dy \right|$$

$$\leqslant \iint_{(D)-(A)} |f|\,dx\,dy + \iint_{(\Delta)-(A)} |f|\,dx\,dy$$

$$\leqslant 2 \iint_{(B)-(A)} |f|\,dx\,dy < 2M\varepsilon,$$

其中 M 是 $|f|$ 在 (R) 上的最大值. 由此可见, 等式 (4) 的右端在刚才所提到的极限过程中趋近于公式 (3) 的右端. 因此, 这一公式的正确性就建立起来了.

601. 应用格林公式到曲线积分的研究　考察一单连通 [559] 开区域 (G) 并假定在它里面给出函数 P 及 Q, 与它们的导函数 $\dfrac{\partial P}{\partial y}$ 及 $\dfrac{\partial Q}{\partial x}$ 同时皆连续. 我们重新提出 [561] 一问题:

要使沿任何不自身相交且完全在 (G) 内的闭路 (L) 上所取的曲线积分

$$\int_{(L)} P\,dx + Q\,dy \tag{5}$$

恒为零, 函数 P 及 Q 应满足怎样的条件?

因为我们假定基本的区域 (G) 是单连通的, 故被闭路 (L) 在外面所围的区域 (D) 本身同样也属于 (G), 所以可以将格林公式应用到它上面去;① 因此曲线积分 (5) 可代以二重积分

$$\iint_{(D)} \left(\frac{\partial Q}{\partial x} - \frac{\partial P}{\partial y} \right) dx\,dy. \tag{6}$$

为了要使类似的积分永远等于零, 显然假定

$$\frac{\partial P}{\partial y} = \frac{\partial Q}{\partial x} \tag{A}$$

就够了.

---

① 我们提请读者注意, 区域 (G) 的单连通性这里是怎样被利用了.

条件 (A) 的必要性非常简单地就可证明, 只要在假定积分 (6) 等于零后应用对区域的微分法 [593]: 积分号下的函数, 既是积分 (6) 的 "导函数", 本身也必恒等于零.

因此, 考虑到第 **561** 目的引理时, 我们已得出下面定理的一新证明: 为了要使取在任何闭路上的形如 (5) 的积分恒等于零, 只要基本区域 (G) 单连通, 条件 (A) 是必要且充分的 [**561**, 定理 5]. 由第 **561** 目中定理 4, 对区域在同样的假定下, 要使沿连接点 A 及 B 的曲线 (AB) 上的曲线积分

$$\int_{(AB)} P dx + Q dy$$

与积分道路的形状无关, 条件 (A) 也是必要且充分的 [**560**, 定理 3].

用格林公式可以避免一切与恰当微分的积分法有关的讨论直接来建立这一结果. 此处, 再一次又阐明了基本区域单连通假定的作用.

现在反过来, 从这里借第 **556** 目中讨论之助, 条件 (A) 对于式子 $P dx + Q dy$ 可积的充分性 (其必要性立刻可明白!) 又可重新建立起来 [第 **560** 目定理 2].

602. 例题及补充 1) 对于在半径为 1 中心为坐标原点的圆内的函数

$$(a) \quad P = -\frac{y}{x^2 + y^2}, \quad Q = \frac{x}{x^2 + y^2};$$

$$(б) \quad P = \frac{x}{x^2 + y^2}, \quad Q = \frac{y}{x^2 + y^2}$$

验证格林公式.

提示 在两种情形下皆 $\dfrac{\partial Q}{\partial x} - \dfrac{\partial P}{\partial y} = 0$, 故二重积分为零. 沿圆周

$$x = \cos t, \quad y = \sin t \quad (0 \leqslant t \leqslant 2\pi)$$

所取的曲线积分仅在情况 (б) 下等于零, 而在情况 (a) 下等于 2π.

这是由于: 格林公式是在所考察的函数及其导函数连续的假定下推出的, 而这里 —— 在两种情况下 —— 这一条件在坐标原点处被破坏了. 在情况 (a) 下格林公式事实上不能应用; 很有趣的, 在情况 (б) 下, 尽管是如刚才所述的情况, 而它完全是正确的 [比照 **565**, 13)].

2) 将格林公式变成

$$(a) \quad \iint_{(D)} \left(\frac{\partial P}{\partial x} + \frac{\partial Q}{\partial y} \right) dx dy = \int_{(L)} P dy - Q dx$$

的形状, 或

$$(б) \quad \iint_{(D)} \left(\frac{\partial P}{\partial x} + \frac{\partial Q}{\partial y} \right) dx dy = \int_{(L)} [P \cos(x, \nu) + Q \sin(x, \nu)] ds$$

的形状 (其中 ν 表示朝外的法线方向).

提示 将 P 换作 $-Q$, 而将 Q 换作 P; 利用第 **553** 目中将第二型曲线积分变成第一型曲线积分的公式 (15). 注意法线的方向!

3) 利用格林公式, 求证公式:

(a) $\quad \iint_{(D)} \Delta u dx dy = \int_{(L)} \frac{\partial u}{\partial \nu} ds,$

(б) $\quad \iint_{(D)} v \Delta u dx dy = - \iint_{(D)} \left(\frac{\partial u}{\partial x} \frac{\partial v}{\partial x} + \frac{\partial u}{\partial y} \frac{\partial v}{\partial y} \right) dx dy + \int_{(L)} v \frac{\partial u}{\partial \nu} ds,$

(в) $\quad \iint_{(D)} (v \Delta u - u \Delta v) dx dy = \int_{(L)} \left(v \frac{\partial u}{\partial \nu} - u \frac{\partial v}{\partial \nu} \right) ds,$

如令

$$\Delta f = \frac{\partial^2 f}{\partial x^2} + \frac{\partial^2 f}{\partial y^2}, \quad \frac{\partial f}{\partial \nu} = \frac{\partial f}{\partial x} \cos(x, \nu) + \frac{\partial f}{\partial y} \sin(x, \nu).$$

提示　如要 2) (б) 中令 $P = v \frac{\partial u}{\partial x}, Q = v \frac{\partial u}{\partial y}$, 则可得 (б); (a) 是 (б) 当 $v = 1$ 时的特殊情形; 在 (б) 中交换 u, v 的地位并将结果从 (б) 内减去, 便得 (в).

4) 一函数 u, 当它与它的导函数皆连续且在所考察的区域 (G) 上满足方程 $\Delta u = 0$, 称为在这一区域上的**调和**函数.

在函数 u 于区域 (D) 上有连续导数 $\frac{\partial u}{\partial x}, \frac{\partial u}{\partial y}, \frac{\partial^2 u}{\partial x^2}, \frac{\partial^2 u}{\partial y^2}$ 的假定下, 求证下面的断言: 要函数 u 是调和函数, 必要且充分地需不论 (L) 是怎样的简单闭路, 条件

$$\int_{(L)} \frac{\partial u}{\partial \nu} ds = 0$$

恒能适合.

提示　利用公式 3) (a).

5) 如函数 $u = u(x, y)$ 在闭区域 (D) 上是调和的, 则它在区域内面的值可由在闭路 (L) 上的值唯一确定.

换句话说, 如在区域 (D) 上的两个调和函数 u_1, u_2 在区域的边界 (L) 上有相同的值, 则它们在整个区域上恒等.

考察差 $u = u_1 - u_2$, 我们便将问题变为证明: 在区域 (D) 上的调和函数, 如在区域边界 (L) 上为零, 则在整个区域上恒等于零.

在公式 3) (б) 中令 $v = u$. 考虑到加在 u 上的条件, 得

$$\iint_{(D)} \left[\left(\frac{\partial u}{\partial x} \right)^2 + \left(\frac{\partial u}{\partial y} \right)^2 \right] dx dy = 0.$$

于是推得, 在整个区域 (D) 上,

$$\frac{\partial u}{\partial x} = \frac{\partial u}{\partial y} = 0,$$

就是说, u 变成一常数了, 而既在 (L) 上为 0, 故到处都等于 0, 这就是所要证明的.

6) 设 u 是区域 (G) 上的一调和函数, (x_0, y_0) 是这一区域的任一内点, 又 (K_R) 是半径为 R, 中心在点 (x_0, y_0) 处的一圆周.[①] 则有下一重要公式:

$$u(x_0, y_0) = \frac{1}{2\pi R} \int_{(K_R)} u(x, y) ds, \tag{7}$$

[①]半径 (R) 假定如此地小, 使圆周 (K_R) 整个在区域 (G) 中.

故调和函数在中心处的值等于它在圆周上的"平均"值. 我们来证明这一点.

令 $v = \ln r$, 其中 $r = \sqrt{(x - x_0)^2 + (y - y_0)^2}$; 不难验证, v 是从平面中挖掉点 (x_0, y_0) 后所得区域中的调和函数. 在这一点处函数变成无穷.

用一半径为 ρ $(\rho < R)$ 的圆周 k_ρ 围住点 (x_0, y_0), 应用公式 3) (в) 到夹在圆周 (K_R) 及 (k_ρ) 间的区域 (D) 上; 边界 (L) 是由 (K_R) 及 (k_ρ) 在一起组成的. 因为在这一区域中函数 u, v 都是调和的, 故左端等于零. 右端的积分

$$\int_{(L)} v \frac{\partial u}{\partial \nu} ds$$

消失了, 因为, 例如, 在圆周 (K_R) 上 $v = \ln R = $ 常数, 而 [由于 4)]

$$\int_{(K_R)} \frac{\partial u}{\partial \nu} ds = 0.$$

另一方面, 我们有

$$\frac{\partial v}{\partial \nu} = \frac{d \ln r}{dr} \bigg|_{r=R} = \frac{1}{R} \text{ 在 } (K_R) \text{ 上,}$$

$$\frac{\partial v}{\partial \nu} = -\frac{d \ln r}{dr} \bigg|_{r=\rho} = -\frac{1}{\rho} \text{ 在 } (k_\rho) \text{ 上,}$$

故最后得:

$$\frac{1}{\rho} \int_{(k_\rho)} u ds = \frac{1}{R} \int_{(K_R)} u ds.$$

对适当小的 ρ, 函数 u 在圆周 (k_ρ) 上可与在中心处的值 $u(x_0, y_0)$ 相差到任意地小, 故当 $\rho \to 0$ 时左端有极限 $2\pi \cdot u(x_0, y_0)$, 变到极限, 即得所要的等式.

7) 由 6) 中所证明的结果, 可推得一有趣的推论: 如函数 $u(x, y)$ 在由闭路 (L) 所围的闭区域 (D) 上连续且在这区域的内部是调和函数, 则, 除掉它是常数的情形外, 函数在区域的内面不能达到其最大 (最小) 值.

事实上, 假如所讲到的函数 $u(x, y)$ 不是常数, 而在内点 (x_0, y_0) 处达到了譬如说其最大值, 则容易得到一与公式 (7) 相违的矛盾.

现在, 在假定函数 u 在闭区域 (D) 上连续但仅在区域内面调和后, 我们可以强化 5) 中的结果. 这里只要证明, 如函数 u 在边界上为零则便恒等于零. 而这可由下面的观察中得出来: 如不是这样的话, 它就会在区域的内面达到它的最大或最小值, 与上面所作的注意点相矛盾.

§4. 二重积分中的变量变换

603. 平面区域的变换   假定我们已知二平面, 一个关联于直角坐标轴 x, y, 另一个关联于同样的坐标轴 ξ, η. 在这两平面中考察两闭区域: 区域 (D) 在 xy 平面上, 区域 (Δ) 在 $\xi\eta$ 平面上. 这两区域的每一个都可是无界的, 特别, 可以包括整个平面. 我们将假定区域的边界 (如区域不包括整个平面) 为一简单的分段光滑的曲线, 对区域 (D) 用记号 (S) 来表示它, 对区域 (Δ) 用记号 (Σ) (图 61).

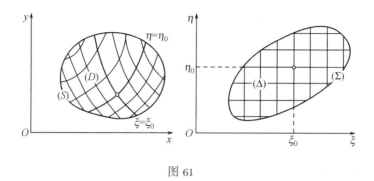

图 61

设在区域 (Δ) 上给出一组函数:

$$\left.\begin{array}{l} x = x(\xi,\eta), \\ y = y(\xi,\eta), \end{array}\right\} \tag{1}$$

它使得区域 (Δ) 的每一点 (ξ,η) 变换到区域 (D) 的一确定点 (x,y), 且 (D) 中没有一个点 (x,y) 被漏掉了, 故每一个这样的点至少与 (Δ) 中的一点 (ξ,η) 相对应. 如对于不同的点 (ξ,η) 对应着不同的点 (x,y) (我们今后将假定如此), 故每一点 (x,y) 仅由一点 (ξ,η) 变来, 则公式 (1) 可唯一地对 ξ 及 η 解出来. 变数 ξ,η 反过来又是 x,y 在区域 (D) 上的单值函数:

$$\left.\begin{array}{l} \xi = \xi(x,y), \\ \eta = \eta(x,y). \end{array}\right\} \tag{1a}$$

因此, 在区域 (D) 与 (Δ) 间建立了一个相互唯一的或一对一的对应. 我们亦这样说, 公式 (1) 实现了区域 (Δ) 到区域 (D) 的一变换, 而公式 (1a) 给出区域 (D) 到区域 (Δ) 的一逆变换.

如所谈的两区域充满了对应的平面, 则我们便得到一平面到另一平面的变换. 最后, 如这两平面重合, 即如将点 (x,y) 及 (ξ,η) 当作同一平面的点, 则出现了一个平面自身上的变换.

再则, 我们将假定函数 (1) 及 (1a) 不仅连续且有连续的 (一阶) 偏导数. 则, 如大家所知 [**203**, (4)],

$$\frac{D(x,y)}{D(\xi,\eta)} \cdot \frac{D(\xi,\eta)}{D(x,y)} = 1,$$

故两个雅可比式皆不等于零, 并且, 由连续性, 符号保持不变.

由雅可比式

$$\frac{D(x,y)}{D(\xi,\eta)} = \left| \begin{array}{cc} \dfrac{\partial x}{\partial \xi} & \dfrac{\partial x}{\partial \eta} \\[2mm] \dfrac{\partial y}{\partial \xi} & \dfrac{\partial y}{\partial \eta} \end{array} \right| \tag{2}$$

在区域 (Δ) 上异于 0 的事实, 得知区域 (Δ) 的内点 (ξ_0, η_0) 必因公式 (1) 而有区域 (D) 的内点 (x_0, y_0) 与之对应, 因为由隐函数存在定理 [**208**], 用这些公式, 在点 (x_0, y_0) 的整个邻域内变数 ξ 及 η 确定为 x 及 y 的单值函数. 同样, 对于区域 (D) 的内点也永远对应有区域 (Δ) 的内点. 由此可见, 闭路 (S) 的点对应于闭路 (Σ) 的点, 反过来也是如此.

一般, 如在区域 (Δ) 中取一简单的分段光滑的曲线 (Λ), 则用变换 (1) 能把它变成区域 (D) 中的类似的曲线 (L). 事实上, 设曲线 (Λ) 的方程为:

$$\xi = \xi(t), \quad \eta = \eta(t) \quad (\alpha \leqslant t \leqslant \beta \ \text{或} \ \alpha \geqslant t \geqslant \beta), \tag{3}$$

且 (在曲线的一光滑段内) 可以认为函数 $\xi(t), \eta(t)$ 有连续的不同时为零的导函数. 将这些函数代入变换公式 (1) 中, 我们得到对应曲线 (L) 的参数方程:

$$x = x(\xi(t), \eta(t)) = x(t), \quad y = y(\xi(t), \eta(t)) = y(t). \tag{4}$$

容易看见, 这些函数同样也有连续的导函数:

$$x'(t) = \frac{\partial x}{\partial \xi}\xi'(t) + \frac{\partial x}{\partial \eta}\eta'(t), \quad y'(t) = \frac{\partial y}{\partial \xi}\xi'(t) + \frac{\partial y}{\partial \eta}\eta'(t); \tag{5}$$

此外它们不会同时为零, 故在曲线 (L) 上没有奇点. 事实上, 在相反的情形下, 由于行列式 $\dfrac{D(x, y)}{D(\xi, \eta)}$ 不等于零, 由 (5) 就能得知, 同时 $\xi' = 0$ 及 $\eta' = 0$, 这是不可能的.

如点 (ξ, η) 在 $\xi\eta$ 平面上例如以正向画出一闭路 (Λ), 则对应点 (x, y) 在 xy 平面上也画出某一闭路 (L), 但它的方向既可为正也可为负. 我们以后将看到 [**606**, 1°], 这一问题与雅可比式 (2) 的符号有关.

给出区域 (Δ) 中变数 ξ 及 η 的一对值就唯一地确定在 xy 平面上区域 (D) 中的某一点 (反过来也是如此). 我们因而称数 ξ, η 为区域 (D) 的点的坐标. 实质上, 方程 (1)① 给我们平面图形 (D) 的一参数表示法, 是我们以往所谈曲面参数表示法 [**228**] 的特殊情形.

与那里一样, 由区域 (D) 的点构成的曲线, 其一个坐标保持常数值者, 称为**坐标线**. 例如, 在 (1) 中令 $\eta = \eta_0$, 我们便得到坐标线的一参数表示:

$$x = x(\xi, \eta_0), \quad y = y(\xi, \eta_0)$$

(这里 ξ 做参数). 在方程 (1a) 的第二式中令 $\eta = \eta_0$ 时, 可得同一线的隐方程:

$$\eta(x, y) = \eta_0.$$

坐标线一般说来是曲线, 与此相关的, 说明点在 xy 平面上位置的数 ξ, η 在这种情况下 (在曲面情形时也是如此) 称为**点的曲线坐标**.

---

① 如在它上面再加一方程 $z = 0$.

对坐标 η 给它各种 (可能的) 不同的常数值, 我们得到 xy 平面上的一完整的曲线族. 固定坐标 ξ 的值, 我们得到坐标线的另一族. 当在所考察的区域间为一对一的对应时, 同一族内的不同的线彼此不相交, 且通过区域 (D) 的任何一点, 在每一族中经过有一条线.

在 xy 平面上的整个坐标线网是 $\xi\eta$ 平面上的直线网 $\xi =$ 常数及 $\eta =$ 常数的图像 (图 61).

604. 例　1) 曲线坐标的最简单也是最重要的例是极坐标 r, θ. 它们有很清楚的几何解释, 即位径向量与极辐角, 但也可形式地用熟知的关系式

$$\left.\begin{array}{l} x = r\cos\theta, \\ y = r\sin\theta \end{array}\right\} \quad (r \geqslant 0)$$

引进来.

如将 r 及 θ 的值放在两互相垂直的轴上, 例如, r 当作横轴, θ 当作纵轴 (在坐标轴为右手定向时), 则对于半平面 $r \geqslant 0$ 上的每一点由所述公式有 xy 平面上一个确定点相对应.

读者可能已想到在这一情形下的坐标线: 直线 $r =$ 常数与半径为 r 中心在原点的圆相对应, 直线 $\theta =$ 常数与自原点出发和 x 轴交于一角 θ 的射线相对应 (图 62).

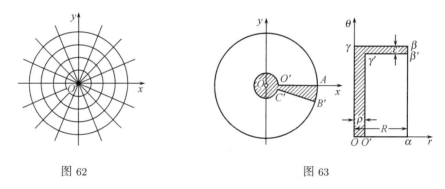

图 62　　　　　　　　　　　　　　　图 63

但是, 在所给的情形下变换公式不能唯一地解出来: 角 θ 的大小改变 $2k\pi$ (k 为整数) 时不影响 x, y 的值. 要想得到 xy 平面中的一切点, 只要将值限于

$$r \geqslant 0, \quad 0 \leqslant \theta < 2\pi$$

就可以了. 每一异于原点的点 (x, y) 与一个值 $r > 0$ 及在所示范围内的一个值 θ 相对应. 然由于坐标原点的关系, 对应的唯一性不可避免地要破坏: 点 $x = y = 0$ 与 $r\theta$ 平面上的整个 θ 轴相对应 (或者, 如愿意的话, 与它的自 $\theta = 0$ 到 $\theta = 2\pi$ 的一线段相对应).

在 $r\theta$ 平面上考察一闭矩形 $[0, R; 0, 2\pi]$ 或 $o\alpha\beta\gamma$ (图 63); 易见, 在 xy 平面上它与围绕原点 O 半径为 $R = OA$ 的闭的圆相对应. 但这一圆的全部边界仅对应于所述矩形的一边 $\alpha\beta$; 边 $o\alpha$ 及 $\beta\gamma$ (两个同时!) 与圆的同一半径 OA 相对应; 最后, 整个边 $o\gamma$ 仅与点 O 相对应. 这时显然在前目中所述的条件没有保持住!

然而, 如将边 $o\gamma$ 移动一小量 $\rho = oo'$, 而边 $\gamma\beta$ 移动 $\varepsilon = \beta\beta'$, 则新的矩形 $o'\alpha\beta'\gamma'$ 将与 xy 平面上的一图形 $O'AB'C'$ 相对应, 这一图形是从圆内挖掉一半径为 ρ 的小圆及一中心角为 ε 的

扇形而得来的; 这样就能保持所有的要求. 当点在 $r\theta$ 平面上沿线段 $\alpha\beta', \beta'\gamma', \gamma'o', o'\alpha$ 移动时, 在 xy 平面上的对应点依次就描画出优弧 AB' (半径为 R), 线段 $B'C'$, 优弧 $C'O'$ (半径为 ρ) 及线段 $O'A$. 顺便注意, 在 $r\theta$ 平面上正向的环行与 xy 平面上也是正向的环行相对应.

在所给的情形下, 雅可比式等于

$$\frac{D(x,y)}{D(r,\theta)} = \begin{vmatrix} \cos\theta & -r\sin\theta \\ \sin\theta & r\cos\theta \end{vmatrix} = r,$$

它永远保持 (除原点外) 正号.

2) 试讨论由公式

$$x = \frac{\xi}{\xi^2 + \eta^2}, \quad y = \frac{\eta}{\xi^2 + \eta^2}$$

(ξ, η 不同时为零) 所定义的平面自身上的变换.

如将 x 轴及 ξ 轴, y 轴及 η 轴放在一起, 则这一变换有一明显的几何解释. 因为

$$x^2 + y^2 = \frac{1}{\xi^2 + \eta^2}, \quad \frac{x}{\xi} = \frac{y}{\eta},$$

则很清楚, 对应点总在自原点出发的同一射线上, 且自原点到它们的距离的乘积为一.

这一变换称为 **反演法**. 它是一对一的可逆的:

$$\xi = \frac{x}{x^2 + y^2}, \quad \eta = \frac{y}{x^2 + y^2}$$

(x, y 不能同时为零).

坐标线是通过原点的圆周:

$$x^2 + y^2 - \frac{1}{\xi_0}x = 0, \qquad x^2 + y^2 - \frac{1}{\eta_0}y = 0,$$
$$(\xi_0 \neq 0) \qquad\qquad (\eta_0 \neq 0)$$

其中心分别在 x 轴及 y 轴上 (图 64). 当 $\xi_0 = 0$ 时得 y 轴 ($x = 0$), 当 $\eta_0 = 0$ 时得 x 轴 ($y = 0$).

例如, 在 $\xi\eta$ 平面上的正方形 $\left[\frac{1}{2}, 1; \frac{1}{2}, 1\right]$ 与在图 64 中打了斜线的区域相对应. 闭路环行的方向此时不一致.

因为

$$\frac{\partial x}{\partial \xi} = -\frac{\partial y}{\partial \eta} = \frac{\eta^2 - \xi^2}{(\xi^2 + \eta^2)^2}, \quad \frac{\partial x}{\partial \eta} = \frac{\partial y}{\partial \xi} = -\frac{2\xi\eta}{(\xi^2 + \eta^2)^2},$$

故雅可比式

$$\frac{D(x,y)}{D(\xi,\eta)} = -\frac{1}{(\xi^2 + \eta^2)^2} < 0.$$

3) 如从变换公式

$$x = \xi^2 - \eta^2 \qquad y = 2\xi\eta$$

出发, 则对任何的 ξ, η 从这里可一意地得到 x, y. 将这些公式对 ξ, η 解出来, 求得

$$\xi = \pm\sqrt{\frac{\sqrt{x^2 + y^2} + x}{2}}, \quad \eta = \pm\sqrt{\frac{\sqrt{x^2 + y^2} - x}{2}},$$

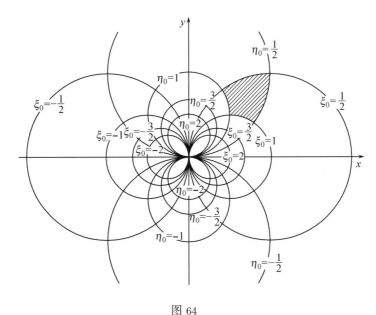

图 64

其中 ξ 及 η 的符号以条件 $\xi\eta = \dfrac{1}{2}y$ 相关联. 因此, 除原点外, 每一点 (x, y) 与对称于原点的两点 (ξ, η) 相对应. 为了要恢复单值性, 例如, 可以限制于 $\xi\eta$ 平面的上半部分 (包括 ξ 轴的正的部分, 但不包括它的负的部分).

这里坐标线是共焦点 (焦点在原点) 且共轴的抛物线:

$$y^2 = 4\xi_0^2(\xi_0^2 - x) \quad \text{及} \quad y^2 = 4\eta_0^2(x + \eta_0^2)$$

$$(\xi_0 \neq 0) \qquad\qquad (\eta_0 \neq 0)$$

(图 65). 值 $\xi_0 = 0$ 与 x 轴的负的部分相对应, 而值 $\eta_0 = 0$ 与它的正的部分相对应. 雅可比式, 除原点外,

$$\frac{D(x, y)}{D(\xi, \eta)} = \begin{vmatrix} 2\xi & -2\eta \\ 2\eta & 2\xi \end{vmatrix} = 4(\xi^2 + \eta^2) > 0.$$

4) 有时候先给出坐标线的网再由它确立曲线坐标系要来得方便些.

例如, 考察两抛物线族 (图 66):

$$y^2 = 2px \quad \text{及} \quad x^2 = 2qy,$$

每一族分别 (如除掉坐标原点) 填满了整个 xy 平面.

很自然地, 引进 $\xi = 2p$ 及 $\eta = 2q$ 作为曲线坐标. 由等式 $y^2 = \xi x$ 及 $x^2 = \eta y$, 我们有

$$x = \sqrt[3]{\xi\eta^2}, \quad y = \sqrt[3]{\xi^2\eta} \quad \text{及} \quad \xi = \frac{y^2}{x}, \quad \eta = \frac{x^2}{y} \quad (x, y \neq 0).$$

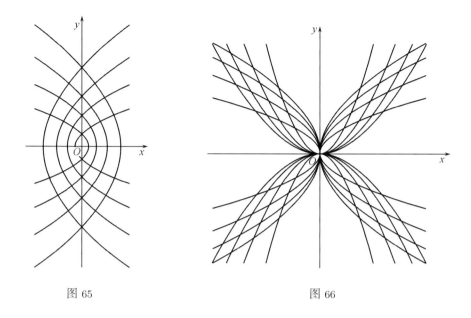

图 65　　　　　　　　　　图 66

这里雅可比式等于

$$\frac{D(x,y)}{D(\xi,\eta)} = \begin{vmatrix} \dfrac{1}{3}\xi^{-\frac{2}{3}}\eta^{\frac{2}{3}} & \dfrac{2}{3}\xi^{\frac{1}{3}}\eta^{-\frac{1}{3}} \\[2mm] \dfrac{2}{3}\xi^{-\frac{1}{3}}\eta^{\frac{1}{3}} & \dfrac{1}{3}\xi^{\frac{2}{3}}\eta^{-\frac{2}{3}} \end{vmatrix} = -\frac{1}{3}.$$

5) 我们现在将从共焦点及共轴的圆锥曲线族

$$\frac{x^2}{\lambda^2} + \frac{y^2}{\lambda^2 - c^2} = 1 \tag{6}$$

出发 (当 $\lambda > c$ 时是椭圆, 当 $0 < \lambda < c$ 时是双曲线; 图 67).

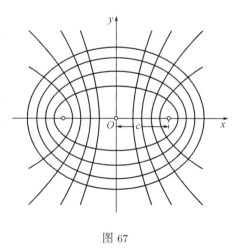

通过平面上不在坐标轴上的每一点 (x,y), 有这一族中的一个椭圆及一个双曲线. 事实上, 自 (6) 所得的方程

$$(\lambda^2)^2 - \lambda^2(x^2 + y^2 + c^2) + c^2 x^2 = 0$$

的左端当 $\lambda = 0$ 时符号为 +, 当 $\lambda = c$ 时符号为 −, 又当很大的 λ 时符号又为 +. 因此, 这方程有两正根: 一个 $\lambda > c$, 另一个 $\mu < c$;[1] 这就证明了我们的断言.

图 67

如将前一方程视作对 λ^2 的二次方程, 则由根的熟知的性质我们有

$$\lambda^2 + \mu^2 = x^2 + y^2 + c^2, \quad \lambda^2 \mu^2 = c^2 x^2,$$

---

[1]为了不混淆这两个根, 对于大的一个我们保持记号 λ, 而小的一个表作 μ.

而由此很容易用 λ 及 μ 表示 x 及 y:

$$x = \pm \frac{\lambda\mu}{c}, \quad y = \pm \frac{\sqrt{(\lambda^2 - c^2)(c^2 - \mu^2)}}{c}.$$

限制在第一象限时, 这里我们仅需保持正号. 可将数 λ, μ 视作这一象限中点的曲线坐标; 它们称为**椭圆坐标**. 在这一情形下, 开始的圆锥曲线恰巧就是坐标线.

特别指出, λ 自 c 变到 $+\infty$, 而 μ 自 0 变到 c. 对于极端的值我们得到:

当 $\lambda = c$ 时, x 轴上自 $x = 0$ 到 $x = c$ 的线段,

当 $\mu = c$ 时, x 轴上自 $x = c$ 到 $x = +\infty$ 的线段,

当 $\mu = 0$ 时, y 轴上正的部分.

最后, 容易计算出雅可比式:

$$\frac{D(x, y)}{D(\lambda, \mu)} = \frac{\mu^2 - \lambda^2}{\sqrt{(\lambda^2 - c^2)(c^2 - \mu^2)}} < 0.$$

605. 曲线坐标中面积的表示法　假定在 xy 平面上已给某一由分段光滑的且无奇点的闭路 (S) 所围的区域 (D). 设公式 (1) 确立一个在这一区域与 $\xi\eta$ 平面上由类似的闭路 (Σ) 所围成的区域 (Δ) 间的一对一的对应.

我们保留第 **603** 目中对于这一区域变换的全部假定, 此外, 还假定在区域 (Δ) 内, (1) 中两函数有一个的二阶混合导函数, 例如

$$\frac{\partial^2 y}{\partial\xi\partial\eta} \quad \text{及} \quad \frac{\partial^2 y}{\partial\eta\partial\xi},$$

存在且连续 (由连续性, 它们有相等的值, **190**).[①]

在这些假定下, 我们的任务是要将所考察的在 xy 平面上的区域面积 D 表作 $\xi\eta$ 平面上展布在区域 (Δ) 上的二重积分的样子.

我们将从下一公式出发, 即用沿着区域 (D) 的边界 (S) 而取的曲线积分表示面积 D 的公式

$$D = \int_{(S)} x\,dy \tag{7}$$

[参看 **551** (10)] 出发.

以后变换的计划是这样的: 首先利用闭路的参数方程将曲线积分 (7) 变成普通的定积分. 其次, 将后者又变成一曲线积分, 但这一次是取在区域 (Δ) 的边界上了. 最后, 利用格林公式, 将所得曲线积分用在区域 (Δ) 上的二重积分来代替.

为了要实行这一计划, 我们必须要闭路 (S) 的参数方程. 因为以后我们要转换到闭路 (Σ), 故我们宁可在现在就从这一闭路的参数方程出发. 设 (3) 给出了曲线 (Σ) 的参数表示, 则显然 (4) 就将给出曲线 (S) 的参数表示, 因为 [由我们的假定可

[①] 这里我们注意, 这些补充假定对最后结果的真实性来说是不必要的, 这里引进来仅是为了简化证明.

得知, **603**] 它在 xy 平面上对应于闭路 (Σ). t 的变化范围 α 及 β 我们可以如此选择, 使当自 α 变到 β 时, 曲线 (S) 以正向描画出来了; 这是永远做得到的.

因此, 按照 **547** 目公式 (5),

$$D = \int_\alpha^\beta x(t)y'(t)dt,$$

或者, 如注意 (4) 及 (5),

$$D = \int_\alpha^\beta x(\xi(t), \eta(t)) \left[\frac{\partial y}{\partial \xi} \xi'(t) + \frac{\partial y}{\partial \eta} \eta'(t) \right] dt. \tag{8}$$

将这一积分与沿闭路 (Σ) 正向而取的曲线积分

$$\int_{(\Sigma)} x(\xi, \eta) \left(\frac{\partial y}{\partial \xi} d\xi + \frac{\partial y}{\partial \eta} d\eta \right) \tag{9}$$

相比较. 如要想将后一积分按通常规则化为普通的定积分, 则此处必须以曲线 (Σ) 参数方程中的函数 $\xi(t)$ 及 $\eta(t)$ 来代替 ξ 及 η, 我们就回到积分 (8).

不过, 必须还要注意到一点. 当 t 自 α 变到 β 时闭路 (S) 以正向描画 —— 我们就是这样选取了这个范围. 但闭路 (Σ) 此时既可能以正向描画, 也可能以负向描画; 因此, 积分 (8) 及 (9) 实际上可能相差一符号. 在任一情形下,

$$D = \pm \int_{(\Sigma)} x\frac{\partial y}{\partial \xi} d\xi + x\frac{\partial y}{\partial \eta} d\eta, \tag{10}$$

并且 (再一次强调), 如闭路 (S) 的正向环行与闭路 (Σ) 的正向环行相对应则取正号, 在相反的情形下就取负号.

最后所剩的, 就是要变换所得曲线积分为二重积分, 为此就要利用格林公式

$$\int_{(\Sigma)} P(\xi, \eta)d\xi + Q(\xi, \eta)d\eta = \iint_{(\Delta)} \left(\frac{\partial Q}{\partial \xi} - \frac{\partial P}{\partial \eta} \right) d\xi d\eta,$$

其中我们令

$$P(\xi, \eta) = x\frac{\partial y}{\partial \xi}, \quad Q(\xi, \eta) = x\frac{\partial y}{\partial \eta}.$$

因为

$$\frac{\partial Q}{\partial \xi} = \frac{\partial x}{\partial \xi}\frac{\partial y}{\partial \eta} + x\frac{\partial^2 y}{\partial \eta \partial \xi},$$

$$\frac{\partial P}{\partial \eta} = \frac{\partial x}{\partial \eta}\frac{\partial y}{\partial \xi} + x\frac{\partial^2 y}{\partial \xi \partial \eta},$$

而 y 的二阶混合导数彼此相等, 故

$$\frac{\partial Q}{\partial \xi} - \frac{\partial P}{\partial \eta} = \frac{D(x,y)}{D(\xi, \eta)},$$

我们就得到公式

$$D = \pm \iint_{(\Delta)} \frac{D(x,y)}{D(\xi,\eta)} d\xi d\eta.$$

在第 **603** 目中我们已看见, 在所作假定下雅可比式

$$J(\xi,\eta) = \frac{D(x,y)}{D(\xi,\eta)}$$

在区域 (Δ) 中保持一定符号. 故积分也有同一符号. 但积分前面还有一双重符号 $\pm$, 因为结果须真正得一正数, 故显然积分前面的符号与雅可比式的符号一致. 如将这一符号放到积分号下的函数上, 则在那里显然就得到雅可比式的绝对值, 故面积的最后表示式为

$$D = \iint_{(\Delta)} \left| \frac{D(x,y)}{D(\xi,\eta)} \right| d\xi d\eta = \iint_{(\Delta)} |J(\xi,\eta)| d\xi d\eta. \tag{11}$$

这就是我们所想建立的公式.

积分号下的表示式

$$\left| \frac{D(x,y)}{D(\xi,\eta)} \right| d\xi d\eta = |J(\xi,\eta)| d\xi d\eta$$

通常称为**曲线坐标下的面积元素**. 我们看见过, 例如, 在变到极坐标情形时雅可比式等于 r; 因此在极坐标下面积元素为 $r dr d\theta$.

606. 补充说明　1°　如将公式 (10) 中我们选取正负号的规则与这一符号必须与雅可比式符号一致的事实相比较, 则得一有趣的推论: *如雅可比式保持正号, 则闭路 (S) 及 (Σ) 的正向环行随变换公式而彼此对应; 而如雅可比式为负的, 则一个闭路上的正向与另一个闭路上的负向相对应.*

显然, 这对于在区域 (D) 及 (Δ) 中的任何一对相互对应的简单闭路 (L) 及 (Λ) 也是如此. 所得结果容易用第 **604** 目中所举的例子来验明.

2°　将中值定理 [**592** (9)] 应用到公式 (11), 得关系式

$$D = |J(\bar{\xi},\bar{\eta})| \cdot \Delta, \tag{12}$$

其中 $(\bar{\xi},\bar{\eta})$ 是区域 (Δ) 中的某一点, 而 Δ 是这一区域的面积.

将这一公式来与拉格朗日公式

$$f(\beta) - f(\alpha) = f'(\bar{\xi})(\beta - \alpha) \quad (\alpha < \bar{\xi} < \beta)$$

相比较. 如 $x = f(\xi)$ 是单调函数, 则它使区间 $\alpha \leqslant \xi \leqslant \beta$ 一对一地与区间 $f(\alpha) \leqslant x \leqslant f(\beta)$ (或 $f(\beta) \leqslant x \leqslant f(\alpha)$, 如 $f(x)$ 是减少函数) 相关联. 以 δ 及 d 表这两区间的长, 则拉格朗日公式就引导到与等式 (12) 相类似的等式

$$d = |f'(\bar{\xi})| \cdot \delta. \tag{13}$$

如在公式 (13) 中将区间 (δ) "收缩" 成点 ξ, 则结果得关系式

$$|f'(\xi)| = \lim \frac{d}{\delta},$$

所以导数的绝对值好像是直线 ξ 当将它变换为直线 x 时 (在所给点处) 的 **延伸系数**.

同样由公式 (12) 将区域 (Δ) "收缩" 成点 (ξ, η), 得

$$|J(\xi, \eta)| = \lim \frac{D}{\Delta}, \text{①}$$

所以雅可比式的绝对值所起的作用是将 $\xi\eta$ 平面变为 xy 平面时 (在所给点处) 的延展系数.

这一说明指出了导数与雅可比式间的深刻的类似处 (参看第六章).

3° 公式 (11) 指出, 当面积 Δ 无限减少时, 其对应面积 D 也无限减少. 由此就很容易证明, 在第 **603** 目中所研究的区域变换具有下一重要性质: 它将区域 (Δ) 中一面积为零的曲线 (Λ) 变换为区域 (D) 中某一面积也为零的曲线 (L). 逆变换具有类似的性质.

4° 公式 (11) 是在区域 (D) 及 (Δ) 一对一对应的假定以及函数 (1), (2) 与它们的偏导函数连续的假定下导得的. 然而在实际上往往会遇到这些假定在个别的一些点或沿个别的一些曲线上不成立的情况.

如这些点及曲线在两平面上可包含在任意小面积的区域 (d) 及 (δ) 中, 则将它们丢开后, 公式就成为可应用的了:

$$D - d = \iint_{(\Delta)-(\delta)} |J(\xi, \eta)| d\xi d\eta. \tag{11*}$$

设雅可比式在区域 (Δ) 中有界:

$$|J(\xi, \eta)| \leqslant M,$$

则 (11*) 中的积分与 (11) 中的积分相差一量

$$\iint_{(\delta)} |J(\xi, \eta)| d\xi d\eta \leqslant M\delta.$$

当 d 及 $\delta \to 0$ 时将 (11*) 变到极限, 又得公式 (11).

为了清楚解说起见, 我们回到第 **604** 目中的例 1) 及图 63 中所画的图形. 对矩形 $(\Delta) = [0, R; 0, 2\pi]$ 及半径为 R 中心在原点的圆 (D), 这时具有形状

$$D = \iint_{(\Delta)} r dr d\theta$$

的公式 (11) 不能直接应用. 但如除掉打了斜线的部分 (其面积与 ρ 及 ε 同时趋近于零), 则这一公式就可应用到所得区域上; 再只要变到极限就行.

---

① 其实我们是在点 (ξ, η) 处将积分 (11) 对区域微分 [**593**].

607. 几何推演　公式 (11) 是被我们用虽然是简单的但却是不明显的推理导得的. 我们认为用另一方法来导出这一公式是很有用的, 虽然这一方法比较不简单也不十分严格, 但从几何方面看来是十分明显的.

重新考察由公式 (1) 给出的 $\xi\eta$ 平面到 xy 平面的变换. 在 $\xi\eta$ 平面中取出一个无穷小矩形 $\Pi_1\Pi_2\Pi_3\Pi_4$, 其边为 $d\xi$ 及 $d\eta$, 平行于 ξ 及 η 轴 (图 68, a)). 这一矩形在 xy 平面中的图像是曲四边形 $P_1P_2P_3P_4$ (图 68, б)), 我们来确定它的面积.

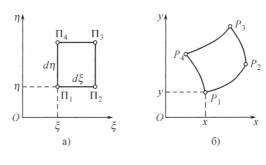

图 68

矩形的顶点有坐标

$$\Pi_1(\xi,\eta),\quad \Pi_2(\xi+d\xi,\eta),\quad \Pi_3(\xi+d\xi,\eta+d\eta),\quad \Pi_4(\xi,\eta+d\eta);$$

在这种情况下曲四边形的对应顶点有这样的坐标:

$$P_1(x(\xi,\eta),y(\xi,\eta)),$$
$$P_2(x(\xi+d\xi,\eta),y(\xi+d\xi,\eta)),$$
$$P_3(x(\xi+d\xi,\eta+d\eta),y(\xi+d\xi,\eta+d\eta)),$$
$$P_4(x(\xi,\eta+d\eta),y(\xi,\eta+d\eta)).$$

如限制在 $d\xi, d\eta$ 的一阶的项, 则近似地可以取点:

$$P_1(x,y),\quad P_2\left(x+\frac{\partial x}{\partial \xi}d\xi,y+\frac{\partial y}{\partial \xi}d\xi\right),$$
$$P_3\left(x+\frac{\partial x}{\partial \xi}d\xi+\frac{\partial x}{\partial \eta}d\eta,y+\frac{\partial y}{\partial \xi}d\xi+\frac{\partial y}{\partial \eta}d\eta\right),$$
$$P_4\left(x+\frac{\partial x}{\partial \eta}d\eta,y+\frac{\partial y}{\partial \eta}d\eta\right),$$

其中 $x=x(\xi,\eta),y=y(\xi,\eta)$, 且所有导数总是算作在点 (ξ,η) 处的. 因为线段 P_1P_2 及 P_3P_4 在两轴上的射影两两相等, 故这些线段平行且相等, 所以 (准确到高阶的无穷小) 四边形 $P_1P_2P_3P_4$ 是平行四边形.

它的面积等于三角形 $P_1 P_2 P_3$ 面积的两倍. 由解析几何大家都知道, 顶点位于点 $(x_1, y_1), (x_2, y_2), (x_3, y_3)$ 处的三角形其面积的两倍等于行列式

$$\begin{vmatrix} x_2 - x_1 & x_3 - x_2 \\ y_2 - y_1 & y_3 - y_2 \end{vmatrix}$$

的绝对值. 将这一公式应用到我们的问题上来, 得所求面积 (又是准确到高阶的无穷小) 等于行列式

$$\begin{vmatrix} \dfrac{\partial x}{\partial \xi} d\xi & \dfrac{\partial x}{\partial \eta} d\eta \\ \dfrac{\partial y}{\partial \xi} d\xi & \dfrac{\partial y}{\partial \eta} d\eta \end{vmatrix} = \dfrac{D(x, y)}{D(\xi, \eta)} d\xi d\eta$$

的绝对值.

这样,

$$面积 \ P_1 P_2 P_3 P_4 \doteq \left| \dfrac{D(x, y)}{D(\xi, \eta)} \right| d\xi d\eta.$$

将 $\xi \eta$ 平面上的图形 (Δ) 用平行于坐标轴的直线分为许多无穷小矩形 (将在边界处的 "不规则" 元素块忽略掉), 同时我们将 xy 平面上的图形 (D) 分为前所考察形状的曲四边形. 将所得的它们面积的表示式相加, 又可得公式 (11).

因此, 所引用的推理着重指出了重要的几何思想: 公式 (11) 的实质是: 要确定图形 (D) 的面积, 不将它分为许多矩形, 而用坐标线网将它分为许多曲边的元素块.

在一些简单情形下, 这一思想差不多不用计算就可寻求得曲线坐标下 "面积元素" 的表示式.

例如, 在变到极坐标情形时就可这样来推理. 在 $r\theta$ 平面中边为 $dr, d\theta$ 的元素矩形在 xy 平面上就与一图形相对应, 这一图形是由半径为 $r, r + dr$ 的两圆弧及由原点出发与 x 轴交于角 $\theta, \theta + d\theta$ 的二射线所围成的 (图 69). 将这一图形近似地当作边为 dr 及 $rd\theta$ 的矩形, 立刻可得所求面积元素的表示式 $r dr d\theta$.

608. 例 1) 计算由下列曲线所围成各图形的面积:

(а) $(x^2 + y^2)^2 = 2a^2(x^2 - y^2)$ (双纽线),

(б) $(x^2 + y^2)^2 = 2ax^3$,

(в) $(x^2 + y^2)^3 = a^2(x^4 + y^4)$.

解 在所有情形下二项式 $x^2 + y^2$ 的出现促使我们想到变成极坐标, 令

$$x = r\cos\theta, \quad y = r\sin\theta$$

并且按公式

$$D = \iint_{(\Delta)} r dr d\theta \tag{14}$$

来计算所求面积.

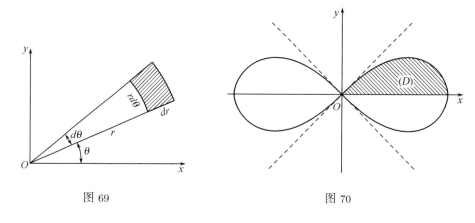

图 69　　　　　　　　　　　　　　　图 70

(a) 双纽线的形状为我们所熟知 (图 70). 曲线对坐标轴对称 (这从曲线方程中也容易观察得到, 因为当将 x 改作 $-x$ 或 y 改作 $-y$ 时它的样子不变). 所以只要确定图形的包含在第一象限内部分 (D) 的面积再将它四倍就行了.

双纽线的极坐标方程为

$$r^2 = 2a^2 \cos 2\theta,$$

且 (如限制在第一象限) 由于 $\cos 2\theta$ 必须是正的缘故, θ 只能从 0 变到 $\frac{\pi}{4}$. 因此, $r\theta$ 平面上对应于 (D) 的区域 (Δ) 是由曲线

$$r = a\sqrt{2\cos 2\theta}$$

(双纽线的像)、r 轴的一段 (对应于 x 轴的一段) 及 θ 轴自 $\theta = 0$ 到 $\theta = \frac{\pi}{4}$ 的一段 (仅仅在原点一点 —— 这里一对一对应破坏了[①]) 所围成的.

我们有

$$D = \int_0^{\frac{\pi}{4}} d\theta \int_0^{a\sqrt{2\cos 2\theta}} r dr = a^2 \int_0^{\frac{\pi}{4}} \cos 2\theta d\theta = \frac{a^2}{2},$$

所以整个所求面积为 $2a^2$.

(б) 最好事先对于曲线的形状有一大致的认识. 曲线对 x 轴是对称的 (将 y 换作 $-y$ 时方程不变), 位于 y 轴的右边 (x 不可能是负的); 当 $x = 0$ 及 $x = 2a$ 时它与 x 轴相交. 此外, 曲线是有界的: 由方程本身显然

$$x^4 \leqslant 2ax^3,$$

所以

$$x \leqslant 2a,$$

又因为 $y^4 \leqslant 2ax^3$, 故亦 $|y| \leqslant 2a$. 曲线的草图画在图 71 中.

曲线的极坐标方程为: $r = 2a\cos^3\theta$, 其中 θ 自 $-\frac{\pi}{2}$ 变到 $\frac{\pi}{2}$. 由对称性, 可以写出

$$D = 2\int_0^{\frac{\pi}{2}} d\theta \int_0^{2a\cos^3\theta} r dr = 4a^2 \int_0^{\frac{\pi}{2}} \cos^6\theta d\theta = \frac{5}{8}\pi a^2.$$

[①]关于这一结论, 参看第 **606** 目中的说明 4°.

(в) 曲线对两轴皆对称. 虽然原点 $x = y = 0$ 形式上 "属于" 这曲线, 因为它满足方程, 但这一点是一孤立点; 事实上, 当 $x \geqslant y > 0$ 时由曲线方程易得

$$(2x^2)^3 \geqslant 2a^2 x^4, \text{ 于是 } x \geqslant \frac{a}{2},$$

所以在原点附近没有曲线的点.[①] 对原点我们不予考虑. 易见, 曲线是有界的: 当 $x \geqslant y$ 时, 显然, $x^6 \leqslant 2ax^4, x^2 \leqslant 2a^2$, 等等. 曲线的大致形状画在图 72 中.

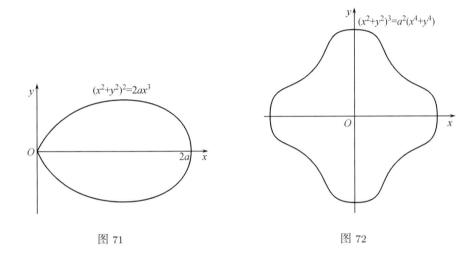

图 71　　　　　　　　　　　　　　图 72

曲线的极坐标方程为: $r^2 = a^2(\cos^4 \theta + \sin^4 \theta)$. 注意对称性, 我们有

$$D = 4 \int_0^{\frac{\pi}{2}} d\theta \int_0^{a\sqrt{\cos^4 \theta + \sin^4 \theta}} r \, dr = 2a^2 \int_0^{\frac{\pi}{2}} (\cos^4 \theta + \sin^4 \theta) d\theta$$

$$= 4a^2 \int_0^{\frac{\pi}{2}} \sin^4 \theta \, d\theta = \frac{3}{4} \pi a^2.$$

2) 求证: 直接从公式 (14) 可引导得在极坐标下计算扇形面积的熟知公式 [**338**]:

$$D = \frac{1}{2} \int_\alpha^\beta r^2 d\theta,$$

其中 r 看作曲线极坐标方程中所给的 θ 的函数.

1) 中所有问题都可直接由这一公式来解决.

3) 求由下列曲线所围图形的面积:

$$\text{(a)} \quad \left(\frac{x^2}{a^2} + \frac{y^2}{b^2} \right)^2 = \frac{xy}{c^2}, \quad \text{(б)} \quad \left(\frac{x^2}{a^2} + \frac{y^2}{b^2} \right)^2 = x^2 + y^2,$$

$$\text{(в)} \quad \left(\frac{x^2}{a^2} + \frac{y^2}{b^2} \right)^2 = \frac{x^2}{c^2}, \quad \text{(г)} \quad \left(\frac{x^2}{a^2} + \frac{y^2}{b^2} \right)^2 = \frac{x^2 y}{c^3}.$$

_____

[①] 这里, 当然, 用第 **236** 目的判定法也可以证明.

解　当曲线方程中有二项式 $\dfrac{x^2}{a^2} + \dfrac{y^2}{b^2}$ 时, 建议引用 "广义的" 极坐标, 与笛卡儿坐标以公式

$$x = ar\cos\theta, \quad y = br\sin\theta$$

相关联.[①] 这一变换的几何意义是将平面向两坐标方向压缩, 然后再经极坐标变换.

变换的雅可比式等于 abr.

(a) 曲线有界, 对原点对称 (因为当同时用 $-x$ 代 x 和 $-y$ 代 y, 方程样子不变); 两对称圈一个在第一象限内, 另一个在第三象限内 $(xy \geqslant 0)$; 原点是它与坐标轴相交的唯一点.

在 $r\theta$ 平面中我们曲线的像的方程为

$$r^2 = \frac{ab}{c^2}\sin\theta\cos\theta. \; ②$$

考虑到对称性, 我们有

$$D = 2\int_0^{\frac{\pi}{2}} d\theta \int_0^{\sqrt{\frac{ab}{c^2}\sin\theta\cos\theta}} abr\,dr = \frac{a^2b^2}{c^2}\int_0^{\frac{\pi}{2}}\sin\theta\cos\theta\,d\theta = \frac{a^2b^2}{2c^2}.$$

(б) 曲线有界, 对坐标轴对称; 原点是它的仅有的孤立点. 我们有

$$D = 4ab\int_0^{\frac{\pi}{2}} d\theta \int_0^{\sqrt{a^2\cos^2\theta + b^2\sin^2\theta}} r\,dr = 2ab\int_0^{\frac{\pi}{2}}(a^2\cos^2\theta + b^2\sin^2\theta)\,d\theta$$
$$= \frac{\pi}{2}ab(a^2 + b^2).$$

(в) 曲线有界, 对坐标轴对称; 原点是它与 y 轴唯一的交点, 但它与 x 轴还交于点 $x = \pm\dfrac{a^2}{c}$. 对于在 y 轴右面的一圈, 我们有 $r = \dfrac{a}{c}\cos\theta, -\dfrac{\pi}{2} \leqslant \theta \leqslant \dfrac{\pi}{2}$, 所以

$$D = 4ab\int_0^{\frac{\pi}{2}} d\theta \int_0^{\frac{a}{c}\cos\theta} r\,dr = \frac{2a^3b}{c^2}\int_0^{\frac{\pi}{2}}\cos^2\theta\,d\theta = \frac{\pi}{2}\cdot\frac{a^3b}{c^2}.$$

(г) 曲线有界, 对 y 轴对称, 在 x 轴的上面. 原点是与坐标轴唯一的交点, 所以曲线是由第一及第二象限中的两个圈组成的.

在新坐标下曲线方程为:

$$r = \frac{a^2b}{c^3}\cos^2\theta\sin\theta.$$

答　$D = \dfrac{\pi}{32}\dfrac{a^5b^3}{c^6}$.

4) 求下列曲线圈的面积:

　　(a) $(x+y)^4 = ax^2y$,　(б) $(x+y)^3 = axy$,　(в) $(x+y)^5 = ax^2y^2$.

解　如只考察曲线含在第一象限内的部分 (故 $x \geqslant 0, y \geqslant 0$), 则它们都是有界的, 这可以与 1) (б) 类似地证明. 曲线均通过原点, 与坐标轴无其它交点. 由此可见, 这些部分就是问题中所谈到的圈.

---

①当应用这些坐标时, 我们遇到了与极坐标情形时一样的情形, 对应的一对一性不成立. 参看 **606**, 4°.

②容易观察到, 曲线是一个好像压扁了的双纽线.

在以前各例中, 将曲线在笛卡儿坐标下的复杂方程转化为曲线坐标下的简单方程, 实质上是由于利用了恒等式 $\cos^2\theta + \sin^2\theta = 1$. 二项式 $x + y$ 同样也暗示了要利用这一恒等式的思想: 令 (仅对 $x \geqslant 0$ 及 $y \geqslant 0$!)

$$x = r\cos^2\theta, \quad y = r\sin^2\theta.$$

变换的雅可比式为:

$$J = \begin{vmatrix} \cos^2\theta & -2r\sin\theta\cos\theta \\ \sin^2\theta & 2r\sin\theta\cos\theta \end{vmatrix} = 2r\sin\theta\cos\theta. \,[①]$$

(a) 在新坐标下圈的方程为

$$r = a\cos^4\theta\sin^2\theta.$$

因此

$$D = 2\int_0^{\frac{\pi}{2}} \sin\theta\cos\theta d\theta \int_0^{a\cos^4\theta\sin^2\theta} r dr = a^2\int_0^{\frac{\pi}{2}} \cos^9\theta\sin^5\theta d\theta = \frac{a^2}{210}.$$

(б)$D = \dfrac{a^2}{60}$.(в) $d = \dfrac{a^2}{1260}$.

5) 现在说明选取曲线坐标系的另一方法, 这在确定曲四边形面积时常常是有用的. 如组成这一四边形对边的两对曲线, 每一对皆属于充满在平面中 (且依赖于一个参数) 的一曲线族, 则自然地这两族就取为坐标线的网. 它们的参数通常也在所给情况下给出很方便的曲线坐标系.

举一例来说明这一方法. 设要去求出由抛物线

$$y^2 = px, \quad y^2 = qx,$$
$$x^2 = ay, \quad x^2 = by$$

所围成图形的面积, 其中 $0 < p < q$ 及 $0 < a < b$ (图 73).

这里很方便的是考察两抛物线族:

$$y^2 = \xi x \quad (p \leqslant \xi \leqslant q) \ \text{及} \ x^2 = \eta y \quad (a \leqslant \eta \leqslant b),$$

每一族都填满了我们的图形, 且由它们就组成了坐标线的网. 这就相当于, 把它们的参数 ξ 及 η 取作曲线坐标. 这全部由第 **604** 目, 4) 我们已经都知道; 由所写出的方程我们有: $x = \sqrt[3]{\xi\eta^2}$ 及 $y = \sqrt[3]{\xi^2\eta}$, 所以雅可比式

$$J = -\frac{1}{3}.$$

由此立得

$$D = \frac{1}{3}(q - p)(b - a).$$

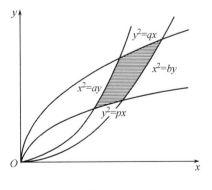

图 73

6) 用同样的方法确定由下列各曲线所围成四边形的面积:

(a) 双曲线 $xy = p, xy = q$ 及直线 $y = ax, y = bx$;

[①]这里, **606**, 4° 中所述又获得了应用.

(б) 双曲线 $xy = p, xy = q$ 及抛物线 $y^2 = ax, y^2 = bx$;

(в) 抛物线 $x^2 = py, x^2 = qy$ 及直线 $y = ax, y = bx$;

(г) 直线 $x + y = p, x + y = q$ 及 $y = ax, y = bx$.

在所有情形下都假定 $0 < p < q$ 及 $0 < a < b$.[95]

(а) **解**　坐标线网为:

$$xy = \xi \ \ (p \leqslant \xi \leqslant q), \quad y = \eta x \ \ (a \leqslant \eta \leqslant b).$$

于是

$$x = \sqrt{\frac{\xi}{\eta}}, \ \ y = \sqrt{\xi \eta}$$

及

$$J = \begin{vmatrix} \dfrac{1}{2\sqrt{\xi\eta}} & -\dfrac{1}{2}\sqrt{\dfrac{\xi}{\eta^3}} \\ \dfrac{1}{2}\sqrt{\dfrac{\eta}{\xi}} & \dfrac{1}{2}\sqrt{\dfrac{\xi}{\eta}} \end{vmatrix} = \frac{1}{2\eta}.$$

最后,

$$D = \frac{1}{2} \int_p^q d\xi \int_a^b \frac{d\eta}{\eta} = \frac{1}{2}(q - p) \ln \frac{b}{a}.$$

(б) **提示**　令 $xy = \xi, y^2 = \eta x \ (p \leqslant \xi \leqslant q, a \leqslant \eta \leqslant b)$; 雅可比式 $J = \dfrac{1}{3\eta}$.

答　$D = \dfrac{1}{3}(q - p) \ln \dfrac{b}{a}$.

(в) **答**　$D = \dfrac{1}{6}(q^2 - p^2)(b^3 - a^3)$.

(г) **答**　$D = \dfrac{1}{2} \dfrac{(b - a)(q^2 - p^2)}{(1 + a)(1 + b)}$.

7) 求星形线 $x^{\frac{2}{3}} + y^{\frac{2}{3}} = a^{\frac{2}{3}}$ 的面积.

解　星形线的参数方程为:

$$x = a\cos^3 t, \ \ y = a\sin^3 t \ \ (0 \leqslant t \leqslant 2\pi).$$

如这里以 r 换 $a \ (0 \leqslant r \leqslant a)$, 则得一相似星形线族充满了我们的图形:

$$x = r\cos^3 t, \ \ y = r\sin^3 t.$$

当 t 固定时, 显然, 这些方程给出自原点出发的一些射线段. 利用这些公式当作变换公式, 显然, 这里实质上是用的与前二题同样的思想. 雅可比式

$$J = 3r\sin^2 t \cos^2 t.$$

最后,

$$D = 6a^2 \int_0^{\frac{\pi}{2}} \sin^2 t \cos^2 t \, dt = \frac{3}{8}\pi a^2.$$

8) 考察由公式

$$x = \frac{u + v}{2}, \ \ y = \sqrt{uv} \ \ (u \geqslant 0, v \geqslant 0)$$

---

[95]假设 x 与 y 也是正的.

确定的变换. 显然, 恒有 $x \geqslant y \geqslant 0$, 故点 (x, y) 总在 x 轴的正向与第一象限的平分线 $y = x$ 间所夹的角域内. 反过来, 在这角内的每一点 (x, y) 一般与两对非负值 u, v 相对应, 它们为二次方程

$$z^2 - 2xz + y^2 = 0$$

的根. 如永远限制在 $u \geqslant v$, 即点 (u, v) 也取在 uv 平面上同样角域内, 则可得到对应的一对一性; 因此

$$u = x + \sqrt{x^2 - y^2}, \quad v = x - \sqrt{x^2 - y^2}.$$

容易计算出变换的雅可比式:

$$J = \frac{1}{4} \left(\sqrt{\frac{u}{v}} - \sqrt{\frac{v}{u}} \right).$$

这里坐标线有奇怪的特性. 当 $u = $ 常数时得:

$$y^2 = u(2x - u) = 2u \left(x - \frac{u}{2} \right),$$

同样当 $v = $ 常数时有

$$y^2 = v(2x - v) = 2v \left(x - \frac{v}{2} \right).$$

因此, 在两种情况下我们得同一 (!) 抛物线族

$$y^2 = 2p \left(x - \frac{p}{2} \right),$$

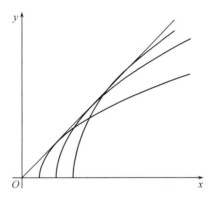

图 74

其轴与 x 轴相重合, 而准线与 y 轴相重合. 每一这样的抛物线与直线 $y = x$ 在点 (p, p) 处相切.

这种似是而非的说法可简单解答如下: 当 $u = p$ 且 v 自 0 变到 p 时, 这一抛物线自它的顶点到所述切点的一部分描画出来了, 而当 $v = p$ 且 u 自 p 变到 $+\infty$ 时, 抛物线延伸到无穷远的其余部分描画出来了 (图 74).

如在 xy 平面上取一由 x 轴及二抛物线

$$y^2 = 2p \left(x - \frac{p}{2} \right), \quad y^2 = 2q \left(x - \frac{q}{2} \right) \quad (0 < p < q)$$

所围成的图形 (D_1), 则在 uv 平面上它将与矩形 $(\Delta_1) = [p, q; 0, p]$ 相对应, 且直线段 $u = p$ 及 $v = p$ 将与第一个抛物线上在切点处相接的两弧相对应. 同样 (在 xy 平面上), 由三个抛物线, 即除所述两个外还有一抛物线

$$y^2 = 2r \left(x - \frac{r}{2} \right) \quad (r > q),$$

所围成的图形 (D_2) 将与 uv 平面上的矩形 $(\Delta_2) = [q, r; p, q]$ 相对应, 又直线段 $u = q$ 及 $v = q$ 与同一抛物线的两弧相对应.

用所述变换, 例如, 现在就很容易来求图形 (D_2) 的面积. 我们有

$$D_2 = \frac{1}{4} \int_p^q \int_q^r \left(\sqrt{\frac{u}{v}} - \sqrt{\frac{v}{u}} \right) du dv$$

$$= \frac{1}{3} [(\sqrt{q} - \sqrt{p})(\sqrt{r^3} - \sqrt{q^3}) - (\sqrt{r} - \sqrt{q})(\sqrt{q^3} - \sqrt{p^3})]$$

$$= \frac{1}{3} (\sqrt{q} - \sqrt{p})(\sqrt{r} - \sqrt{q})(\sqrt{r} - \sqrt{p})(\sqrt{p} + \sqrt{q} + \sqrt{r}).$$

同样可以试求 D_1, 但在这一情形下我们就遇到了广义的二重积分, 这时积分号下的函数沿 u 轴的一线段变成 ∞. 以后将要谈到这种类似的积分 [参看 **617**, 8)].

9) 要变换 (1) 能使此互变的二图形 (Δ) 及 (D) 的面积永远相等, 显然, 条件

$$\left| \frac{D(x,y)}{D(\xi,\eta)} \right| = 1$$

是必要且充分的.

我们的任务是: 寻求能保持面积不变的平面变换的一般形状.

此时我们可以在前面的条件中去掉绝对值符号而将它写成

$$\frac{D(x,y)}{D(\xi,\eta)} = 1 \tag{15}$$

的形状, 因为在必要时将 ξ 及 η 的地位交换一下, 总可把结果化为这种样子.

此外, 为简单起见我们将假定, 在雅可比式中出现的四个偏导数之一, 例如, $\frac{\partial y}{\partial \eta}$, 在整个所考察的区域中异于零. 则可将方程 (1) 的第二个对 η 解出来, 并将所得式子代入 (1) 的第一个方程中后, 可将所考察的变换表如下形:

$$\left. \begin{array}{l} \eta = f(\xi, y), \\ x = x(\xi, f(\xi, y)) = g(\xi, y). \end{array} \right\} \tag{16}$$

我们将从事于求出函数 f 及 g 的特征. 即, 我们将证明, 条件 (15) 相当于

$$\frac{\partial f}{\partial y} = \frac{\partial g}{\partial \xi}. \tag{17}$$

首先, 由隐函数的微分法则, 得

$$\frac{\partial y}{\partial \eta} \frac{\partial f}{\partial y} = 1, \quad \frac{\partial y}{\partial \xi} + \frac{\partial y}{\partial \eta} \frac{\partial f}{\partial \xi} = 0. \tag{18}$$

其次, 将 g 当作复合函数, 微分, 得

$$\frac{\partial g}{\partial \xi} = \frac{\partial x}{\partial \xi} + \frac{\partial x}{\partial \eta} \frac{\partial f}{\partial \xi}.$$

由此并从 (18) 的第二个等式消去 $\frac{\partial f}{\partial \xi}$:

$$\frac{\partial y}{\partial \eta} \frac{\partial g}{\partial \xi} = \frac{\partial x}{\partial \xi} \frac{\partial y}{\partial \eta} - \frac{\partial x}{\partial \eta} \frac{\partial y}{\partial \xi} = \frac{D(x,y)}{D(\xi,\eta)}.$$

最后, 两端减去 (18) 的第一等式, 得恒等式

$$\frac{\partial y}{\partial \eta} \left(\frac{\partial g}{\partial \xi} - \frac{\partial f}{\partial y} \right) = \frac{D(x,y)}{D(\xi,\eta)} - 1,$$

这就证明了我们的断言.

由第 **560** 目的定理 2, 现在可以看见, 函数 f 及 g 能使变换 (16) 保持面积不变者其一般形状可由公式

$$f(\xi, y) = \frac{\partial U(\xi, y)}{\partial \xi}, \quad g(\xi, y) = \frac{\partial U(\xi, y)}{\partial y}$$

给出来, 其中 U 是任意函数.

609. 二重积分中的变量变换　考察一二重积分

$$\iint_{(D)} f(x,y)dxdy, \tag{19}$$

其中 (D) 是由一个分段光滑的闭路 (S) 所围成的, 而函数 $f(x,y)$ 在这一区域上连续或至多沿有限个分段光滑的曲线上不连续 (这时要保持有界).

现在假定, 区域 (D) 用公式 (1):

$$x = x(\xi,\eta), \quad y = y(\xi,\eta)$$

与 $\xi\eta$ 平面上某一区域 (Δ) 相关联, 保持在第 **605** 目中我们推演用曲线坐标表示图形 (D) 的面积的公式 (11) 时所有的条件.[①] 我们的目的是: 在积分 (19) 中更换变量, 使它表作展布在区域 (Δ) 上的积分的形状.

为此我们就用某一个分段光滑的曲线网将区域 (Δ) 分为许多部分 (Δ_i) $(i = 1, 2, \cdots, n)$, 则区域 (D) 被对应的 (也是分段光滑的) 曲线分为许多部分 (D_i) (图 75, a), б)). 在每一部分 (D_i) 中任取一点 (x_i, y_i), 最后, 作关于积分 (19) 的积分和:

$$\sigma = \sum_{i=1}^{n} f(x_i, y_i)D_i,$$

它当区域 (D_i) 的最大直径趋近于零时以这一积分为其极限.

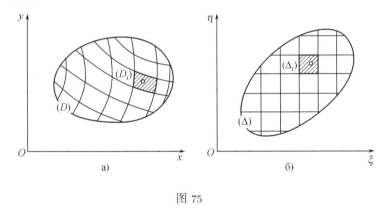

图 75

将第 **606** 目中的公式 (12) 应用到每一部分 (D_i) 上, 我们将有

$$D_i = |J(\xi_i^*, \eta_i^*)| \cdot \Delta_i \quad (i = 1, 2, \cdots, n),$$

其中 (ξ_i^*, η_i^*) 是区域 (Δ_i) 的某一定点. 在和 σ 中将每一 D_i 用这式子来代替, 得

$$\sigma = \sum_i f(x_i, y_i)|J(\xi_i^*, \eta_i^*)|\Delta_i.$$

[①] 因此, 我们同样假定二阶混合偏导数 $\dfrac{\partial^2 y}{\partial \xi \partial \eta}$ 及 $\dfrac{\partial^2 y}{\partial \eta \partial \xi}$ 存在且连续. 参看第 **605** 目的脚注.

点 (ξ_i^*, η_i^*) 须由中值定理得来, 不能任意选取, 而点 (x_i, y_i) 却是在区域 (D_i) 中完全任意地取出来的. 利用这一任意性, 我们可令

$$x_i = x(\xi_i^*, \eta_i^*), \quad y_i = y(\xi_i^*, \eta_i^*),$$

亦即, 取区域 (D_i) 中与区域 (Δ_i) 中的点 (ξ_i^*, η_i^*) 相对应者作为点 (x_i, y_i). 因此和 σ 有下形

$$\sigma = \sum_i f(x(\xi_i^*, \eta_i^*), y(\xi_i^*, \eta_i^*)) |J(\xi_i^*, \eta_i^*)| \Delta_i;$$

在这一形状之下它显然是积分

$$\iint_{(\Delta)} f(x(\xi, \eta), y(\xi, \eta)) |J(\xi, \eta)| d\xi d\eta \tag{20}$$

的积分和. 这一积分的存在可由下面推得: 积分号下的函数或者是连续的, 或者 (同时保持有界性) 仅沿有限个分段光滑的曲线不连续, 这些曲线是函数 $f(x, y)$ 的不连续处所成的曲线在 $\xi\eta$ 平面上的图像.

如现在命所有区域 (Δ_i) 的直径趋近于零, 则由函数 (1) 的连续性, 所有区域 (D_i) 的直径也同样将趋近于零. 因此, 和 σ 必须既趋近于积分 (19) 又趋近于积分 (20), 因为它同时是这两积分的积分和. 因此,

$$\iint_{(D)} f(x, y) dx dy = \iint_{(\Delta)} f(x(\xi, \eta), y(\xi, \eta)) |J(\xi, \eta)| d\xi d\eta. \tag{21}$$

这一公式就解决了所提出的问题 —— 二重积分中变量变换的问题. 公式 (11) 显然是它当 $f(x, y) \equiv 1$ 时的特殊情形.

这样, 为了要实行二重积分 (19) 中变量的变换, 不仅应当在函数 f 中将 x 及 y 换为它们的表示式 (1), 而且应该将面积元素 $dx dy$ 换作它在曲线坐标下的表示式.

用与第 **606** 目, 4° 中所引用的同样的讨论, 这里也容易证明, 在许多情况下, 当加在变换 (1) 上的条件在一些个别的点或沿一些个别的曲线被破坏时, 公式 (21) 依然成立.

610. 与单积分的相似处, 在定向区域上的积分　　二重积分中变量变换的公式非常类似于通常定积分中变量变换的公式:

$$\int_a^b f(x) dx = \int_\alpha^\beta f(x(\xi)) x'(\xi) d\xi. \tag{22}$$

但在公式 (22) 中没有绝对值符号, 这多少破坏了类似性. 这一差异将简单地加以解释. 通常定积分是沿定向区间而取的 [**302**]: 与 α 可以小于或大于 β 一样, a 也可小于或大于 b. 而到现在为止我们所考察的二重积分仅仅是取在非定向区域上的.

不过, 在二重积分的情形下, 我们也可转而讨论定向区域. 定向区域的产生是由于给它的边界以一确定的环行方向 —— 正的或负的 [**548**]; 同时对在区域内的所有

简单闭曲线附加了这样的方向. 如果取的是正的环行方向, 则就说区域被正的定向了, 在相反情形下, 就说它被负的定向了.

如区域正的定向, 很自然的, 对定向区域 (D) 同意取它的带正号的通常面积作为它的面积; 在相反的情形下如区域负的定向, 就取带负号的. 当区域 (D) 分为许多部分 (D_i) 时, 如前所述, 这些部分就按照整个区域的定向来定向; 对应地它们的面积也冠以符号.

现在, 对定向区域 (D) 可按第 **588** 目的样子建立二重积分

$$\iint_{(D)} f(x,y)dxdy$$

的概念; 并且如区域有正的定向时, 这一积分就与以前所确定的相一致, 在负定向的情况下就与它相差一符号.

这一二重积分的新观点首先可使第 **605** 目中在曲线坐标下表示面积的公式 (11) 对雅可比式不用绝对值符号改写如下:

$$D = \iint_{(\Delta)} \frac{D(x,y)}{D(\xi,\eta)}d\xi d\eta = \iint_{(\Delta)} J(\xi,\eta)d\xi d\eta,$$

只要区域 (D) 及 (Δ) 的定向是按规定而做的. 这直接可由 **606**, 1° 的说明推得.

在同样的规定下第 **606** 目中公式 (12) 也可不用绝对值符号写出来:

$$D = J(\bar{\xi}, \bar{\eta}) \cdot \Delta,$$

而在这种形式下它就是拉格朗日公式的一自然推广.

最后, 一般公式 (21)对按规定定向的区域(D) 及 (Δ) 现在可重写为下形:

$$\iint_{(D)} f(x,y)dxdy = \iint_{(\Delta)} f(x(\xi,\eta), y(\xi,\eta))J(\xi,\eta)d\xi d\eta.$$

因此, 要使单积分与二重积分的类似处变得完全, 只要将它们加以一致的规定!

不过, 在以后的叙述中我们恒回到普通的观点, 只考察展布在非定向区域上的二重积分.

611. 例　因为在二重积分中变量的变换常常是以简化积分区域为目的, 所以在第 **608** 目中关于这所作的全部说明这里又得到了应用. 与此同时, 简化积分号下的式子也是变换的一自然目的.

1) 如区域是一圆 (中心在原点) 或一扇形, 则变成极坐标较为便利. 作为例子, 重新来解第 **597** 目的问题: 1); 17) (a); 18) (б).

对第二题我们有

$$V = \iint_{(D)} xydxdy = \int_0^{\frac{\pi}{2}} \int_0^R r^3 \cos\theta \sin\theta drd\theta$$
$$= \int_0^{\frac{\pi}{2}} \sin\theta\cos\theta d\theta \cdot \int_0^R r^3 dr = \frac{R^4}{8}.$$

如同时积分号下式子含和 $x^2 + y^2$ 时, 则更有理由希望应用极坐标来化简.

2) 求一球 (半径为 R) 被一直圆柱 (半径 $r < R$) 所割下部分的体积, 圆柱的轴通过球心.

解　取球心为坐标原点, 圆柱轴为 z 轴, 我们将有

$$V = 2 \iint\limits_{x^2+y^2 \leqslant r^2} \sqrt{R^2 - x^2 - y^2}\, dx dy = 2 \int_0^{2\pi} \int_0^r \sqrt{R^2 - \rho^2} \cdot \rho d\rho d\theta$$

$$= \frac{4\pi}{3} \left[R^3 - (R^2 - r^2)^{\frac{3}{2}} \right].$$

3) 求旋转抛物面 $az = x^2 + y^2$ 与平面 $z = a$ 所围立体的体积.

答　$V = \dfrac{\pi a^3}{2}$.

4) 求半径为 R 中心角为 $2a$ 的扇形的重心位置.

解　取中心角的平分线为极轴 (也即 x 轴) 后, 我们将有

$$M_y = \int_{-\alpha}^{\alpha} \int_0^R r^2 \cos\theta dr d\theta = \frac{2}{3} R^3 \sin\alpha.$$

如将这一式子除以扇形面积 $P = R^2\alpha$, 则求得重心的横坐标 ξ 为:

$$\xi = \frac{2}{3} R \cdot \frac{\sin\alpha}{\alpha}.$$

因为由对称性, 重心在平分线上, 故它的位置确定了.

5) 求一圆 (半径为 R) 的质量, 在每一点处它的密度等于自圆的边界到这点的距离.

答　$m = \dfrac{\pi}{3} R^3$.

我们还举一些利用极坐标较便利的例子.

6) 求 "维维亚尼立体" [**597**, 20)] 的体积.

解　我们已经有过

$$V = 4 \iint_{(P)} \sqrt{R^2 - x^2 - y^2}\, dx dy,$$

其中 (P) 是 xy 平面中第一象限内以球半径 R 为直径所作的半圆 (图 48). 在积分号下的函数中出现有式子 $x^2 + y^2$ 就暗示引用极坐标.

(P) 的边界即半圆周其极坐标方程为 $r = R\cos\theta, \theta$ 自 0 变到 $\dfrac{\pi}{2}$. 因此,

$$V = 4 \int_0^{\frac{\pi}{2}} d\theta \int_0^{R\cos\theta} \sqrt{R^2 - r^2} \cdot r dr = \frac{4}{3} R^3 \int_0^{\frac{\pi}{2}} (1 - \sin^3\theta) d\theta$$

$$= \frac{4}{3} R^3 \left(\frac{\pi}{2} - \frac{2}{3} \right).$$

可以看见, 这里的计算确乎特别简化了.[①]

7) 试求双纽线

$$(x^2 + y^2)^2 = 2a^2(x^2 - y^2)$$

一瓣的 (a) 重心的位置与 (б) 极惯矩.

[①]下面的可能性并没有除掉: 简化积分号下的式子会使积分的区域变复杂, 以致最后考虑起来变到极坐标并不便利.

解 (a) 曲线的极坐标方程为:

$$r^2 = 2a^2 \cos 2\theta \left(-\frac{\pi}{4} \leqslant \theta \leqslant \frac{\pi}{4} \right).$$

因此我们有

$$M_y = \int_{-\frac{\pi}{4}}^{\frac{\pi}{4}} \int_0^{a\sqrt{2\cos 2\theta}} r^2 \cos\theta dr d\theta = \frac{2\sqrt{2}}{3} a^3 \int_{-\frac{\pi}{4}}^{\frac{\pi}{4}} \cos\theta \cdot \cos^{\frac{3}{2}} 2\theta d\theta$$

$$= \frac{4\sqrt{2}}{3} a^3 \int_0^{\frac{\pi}{4}} (1 - 2\sin^2\theta)^{\frac{3}{2}} \cos\theta d\theta.$$

再令 $\sqrt{2}\sin\theta = \sin\omega$:

$$M_y = \frac{4}{3} a^3 \int_0^{\frac{\pi}{2}} \cos^4 \omega d\omega = \frac{\pi}{4} a^3.$$

因为一瓣的面积 $P = a^2$ [**339**, 12)],故 $\xi = \dfrac{\pi a}{4}$,因而就确定了重心的位置.

(б) 我们有

$$I_0 = \int_{-\frac{\pi}{4}}^{\frac{\pi}{4}} \int_0^{a\sqrt{2\cos 2\theta}} r^3 dr d\theta = \frac{\pi a^4}{4}.$$

8) 求心脏线 $r = a(1 + \cos\theta)$ (所围面积) 对于极的极惯矩.

答 $I_0 = \dfrac{35}{16} \pi a^4.$

9) 确定 "维维亚尼立体" 重心的位置 [参看 6)].

解 由对称性可见,重心在 x 轴上,算出它的静矩:

$$M_{yz} = 4 \iint_{(P)} xz dx dy = 4 \iint_{(P)} x\sqrt{R^2 - x^2 - y^2} dx dy$$

$$= 4 \int_0^{\frac{\pi}{2}} \cos\theta d\theta \int_0^{R\cos\theta} \sqrt{R^2 - r^2} \cdot r^2 dr.$$

里面的积分

$$\int_0^{R\cos\theta} \sqrt{R^2 - r^2} \cdot r^2 dr = \frac{r}{8}(2r^2 - R^2)\sqrt{R^2 - r^2} + \frac{R^4}{8} \arcsin \frac{r}{R} \bigg|_{r=0}^{r=R\cos\theta}$$

$$= \frac{R^4}{8} \left[\cos\theta(2\cos^2\theta - 1)\sin\theta + \frac{\pi}{2} - \theta \right],$$

所以

$$M_{yz} = \frac{R^4}{2} \int_0^{\frac{\pi}{2}} \left[(2\cos^4\theta - \cos^2\theta)\sin\theta + \left(\frac{\pi}{2} - \theta \right)\cos\theta \right] d\theta$$

$$= \frac{R^4}{2} \left[-\frac{2}{5}\cos^5\theta + \frac{1}{3}\cos^3\theta + \left(\frac{\pi}{2} - \theta \right)\sin\theta - \cos\theta \right] \bigg|_0^{\frac{\pi}{2}} = \frac{8}{15}R^4.$$

于是,最后,

$$\xi = \frac{M_{yz}}{V} = \frac{12}{5(3\pi - 4)} R.$$

10) 求由椭圆柱面

$$\frac{x^2}{a^2} + \frac{y^2}{b^2} = 1,$$

平面 $z = 0$ 及下列曲面之一所围立体的体积:

(a) 平面 $z = \lambda x + \mu y + h$ $(h > 0)$,

(б) 椭圆抛物面 $\dfrac{2z}{c} = \dfrac{x^2}{p^2} + \dfrac{y^2}{q^2}$ $(c > 0)$.

(в) 双曲抛物面 $cz = xy$ $(c > 0)$.

解　问题可变成计算展布在 xy 平面中椭圆上的积分, 与此相关, 令

$$x = ar\cos\theta, \quad y = br\sin\theta$$

变到广义极坐标较为合适; 此时变换的雅可比式 $J = abr$.

例如, 对情形 (б) 我们将得

$$V = \frac{c}{2}\iint_{(D)}\left(\frac{x^2}{p^2} + \frac{y^2}{q^2}\right)dxdy = 2abc\int_0^{\frac{\pi}{2}}\int_0^1\left(\frac{a^2\cos^2\theta}{p^2} + \frac{b^2\sin^2\theta}{q^2}\right)r^3drd\theta$$
$$= \frac{\pi}{8}abc\left(\frac{a^2}{p^2} + \frac{b^2}{q^2}\right).$$

同样对其它情形可求得

$$\text{(a)}\ V = \pi abh, \quad \text{(в)}\ V = \frac{a^2b^2}{2c}.^{①}$$

11) 试求椭球体

$$\frac{x^2}{a^2} + \frac{y^2}{b^2} + \frac{z^2}{c^2} \leqslant 1$$

的体积.

提示　引用广义极坐标.

答　$\dfrac{4}{3}\pi abc$.

12) 计算积分

$$I = \iint_{(D)} xydxdy,$$

它展布在曲线

$$\left(\frac{x^2}{a^2} + \frac{y^2}{b^2}\right)^2 = \frac{x^2y}{c^3}$$

第一象限内的圈上 [参看 **608**, 3) (г)].

提示　同 11).

答　$\dfrac{1}{840}\dfrac{a^{10}b^6}{c^{12}}$.

13) 计算积分:

$$\text{(a)}\ I_1 = \iint_{(A)}(\sqrt{x} + \sqrt{y})dxdy, \quad \text{(б)}\ I_2 = \iint_{(A)} x^ny^ndxdy$$

(n 为自然数), 其中 (A) 是由坐标轴及抛物线 $\sqrt{x} + \sqrt{y} = 1$ 所范围的区域.

---

①在情形 (в) 下, 立体由四个对称部分组成, 其中两个位于 xy 平面的上面, 两个在下面.

解 曲线的参数方程为: $x = \cos^4 t, y = \sin^4 t \left(0 \leqslant t \leqslant \dfrac{\pi}{2}\right)$. 很自然的, 考察一 (对原点) 位似的抛物线族: $x = \rho \cos^4 t, y = \rho \sin^4 t$ $(0 \leqslant \rho \leqslant 1)$. 引进 ρ 及 t 作为新变数, 我们将有 $J = 4\rho \cos^3 t \sin^3 t$, 所以

$$I_1 = \int_0^{\frac{\pi}{2}} \int_0^1 \sqrt{\rho} \cdot 4\rho \cos^3 t \sin^3 t d\rho dt = \frac{2}{15},$$

$$I_2 = 4 \int_0^{\frac{\pi}{2}} \int_0^1 \rho^{2n+1} \cos^{4n+3} t \sin^{4n+3} t d\rho dt$$

$$= \frac{2}{n+1} \int_0^{\frac{\pi}{2}} \cos^{4n+3} t \sin^{4n+3} t dt = \frac{2}{n+1} \cdot \frac{[(4n+2)!!]^2}{(8n+6)!!}.$$

最后一表示式可变作下形

$$\frac{(2n+1)!}{(n+1)(2n+2)(2n+3)\cdots(4n+3)}.$$

特别, 当 $n = 1$ 时由此可得第 **597** 目问题 3) 的解答.

14) 计算积分

$$K = \iint_{(B)} \left(\sqrt{\frac{x}{a}} + \sqrt{\frac{y}{b}}\right)^3 dxdy,$$

其中 (B) 是由坐标轴及抛物线

$$\sqrt{\frac{x}{a}} + \sqrt{\frac{y}{b}} = 1$$

所范围的区域.

提示 令 $x = a\rho \cos^4 t, y = b\rho \sin^4 t \left(0 \leqslant \rho \leqslant 1, 0 \leqslant t \leqslant \dfrac{\pi}{2}\right)$.

答 $K = \dfrac{2}{21}ab$.

15) 求积分

$$L = \iint_{(D)} \frac{x^2 \sin xy}{y} dxdy,$$

其中 (D) 是由四个抛物线 $x^2 = ay, x^2 = by, y^2 = px, y^2 = qx$ $(0 < a < b, 0 < p < q)$ 所范围的区域.

解 引用在 **604**, 4) 中所述的变量变换 [参看 **608**, 5)], 变换积分成

$$L = \int_a^b \int_p^q \frac{1}{3} \eta \sin \xi \eta d\xi d\eta$$

的样子. 现在经简易的计算就能给出:

$$L = \frac{1}{3} \left(\frac{\sin pb - \sin pa}{p} - \frac{\sin qb - \sin qa}{q}\right).$$

同样可以猜到在下列情形下合适的曲线坐标系:

16) 求积分

$$I = \iint_{(A)} xydxdy.$$

如 (A) 是由下列曲线所围的四边形:

$$(\text{a})\quad y = ax^3, y = bx^3, y^2 = px, y^2 = qx;$$

$$(\text{б})\quad y^3 = ax^2, y^3 = bx^2, y = \alpha x, y = \beta x.$$

提示　引进新坐标 ξ, η, 令

$$(\text{a})\quad y = \xi x^3, y^2 = \eta x;$$

$$(\text{б})\quad y^3 = \xi x^2, y = \eta x.$$

答　(a) $I = \dfrac{5}{48}(a^{-\frac{6}{5}} - b^{-\frac{6}{5}})(q^{\frac{8}{5}} - p^{\frac{8}{5}});$

(б) $I = \dfrac{1}{40}(b^4 - a^4)(\alpha^{-10} - \beta^{-10}).$

17) 设 (D) 是由不等式 $x \geqslant 0, y \geqslant 0, x + y \leqslant 1$ 所确定的三角形. 假定 $p \geqslant 1, q \geqslant 1$, 试直接证明刘维尔公式 [**597**, 16)] [1]

$$\iint_{(D)} \varphi(x+y) x^{p-1} y^{q-1} dx dy = \mathrm{B}(p, q) \int_0^1 \varphi(u) u^{p+q-1} du,$$

其中 $\varphi(u)$ 是区间 $[0, 1]$ 上的连续函数.

证　令

$$x = u(1 - v), \quad y = uv$$

或

$$u = x + y, \quad v = \frac{y}{x + y}.$$

用这些公式就建立起 xy 平面上的三角形 (D) 与 uv 平面上的正方形 $(\Delta) = [0, 1; 0, 1]$ 间的一个一对一的对应. [点 $x = 0, y = 0$ 是一仅有的例外, 它对应于 v 轴的一段.] 此处

$$J = \frac{D(x, y)}{D(u, v)} = u.$$

变换变量, 得出二重积分等于

$$\int_0^1 \int_0^1 \varphi(u) u^{p+q-1} v^{q-1} (1-v)^{p-1} du dv$$

或

$$\int_0^1 v^{q-1} (1-v)^{p-1} dv \cdot \int_0^1 \varphi(u) u^{p+q-1} du.$$

因为第一因子恰恰就是 B 函数 $\mathrm{B}(q, p) = \mathrm{B}(p, q)$, 故所需结果就被证明了.

18) 用同样的变量变换可证明一更一般的公式:

$$\iint_{\substack{x \geqslant 0, y \geqslant 0 \\ x + y \leqslant 1}} \varphi(x+y) \frac{x^{p-1} y^{q-1}}{(\alpha x + \beta y + \gamma)^{p+q}} dx dy = \mathrm{B}(p, q) \int_0^1 \frac{\varphi(u) u^{p+q-1} du}{(\alpha u + \gamma)^p (\beta u + \gamma)^q}$$

(其中 $p, q \geqslant 1; \alpha, \beta \geqslant 0, \gamma > 0; \varphi(u)$ 连续). 这里应利用已知的结果: **534**, 2).

---

[1]以前它是由狄利克雷公式导得的, 它是这里的特殊情形 (当 $\varphi \equiv 1$ 时).

19) 如应用替换

$$\alpha = \frac{1 - x - y}{1 - y}, \quad \beta = 1 - y,$$

且若 $x \geqslant 0, y \geqslant 0, x + y \leqslant 1$, 则公式

$$\int_0^1 \int_0^1 f(\alpha\beta)(1 - \alpha)^{p-1}\beta^p(1 - \beta)^{q-1} d\alpha d\beta = \mathrm{B}(p, q) \int_0^1 f(v)(1 - v)^{p+q-1} dv$$

就化成刘维尔公式. 雅可比式 $J = \dfrac{1}{1 - y}$.[1]

20) 用变量变换求证恒等式 (对任何的 $z =$ 常数)

$$\int_0^{\frac{\pi}{2}} \int_0^{\frac{\pi}{2}} \cos(2z \sin \varphi \sin \theta) d\varphi d\theta = \left\{ \int_0^{\frac{\pi}{2}} \cos(z \sin \lambda) d\lambda \right\}^2$$

[参看 595, 7].

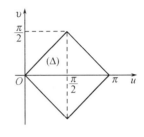

图 76

证 在二重积分中按公式

$$\varphi = \frac{u + v}{2}, \quad \theta = \frac{u - v}{2}$$

变换变量可将它导致下形

$$\frac{1}{2} \iint_{(\Delta)} [\cos(z \cos u) \cos(z \cos v) + \sin(z \cos u) \sin(z \cos v)] du dv,$$

其中 (Δ) 是一斜放着的正方形, 如图 76 所示. 但第二项积分等于零 (替换 $u = \pi - u'$), 而展布在正方形 (Δ) 上的第一项积分直接可变成取在正方形 $\left[0, \dfrac{\pi}{2}; 0, \dfrac{\pi}{2}\right]$ 上类似的积分的两倍. 由此就容易得出所需结果.

§5. 反常二重积分

612. 展布在无界区域上的积分 二重积分概念可推广到无界区域即延伸到无穷的区域的情形, 或推广到无界函数的情形, 这与第十三章中对单积分所做的一样.

首先我们来讨论无界区域 (P)[2] 的情形. 这种区域的例子有整个平面、平面在某一圆或其它有界平面图形外面的部分、任何一角域等等. 对于这种区域的边界, 假定其每一有界部分有面积 0 (例如, 由一些分段光滑曲线所组成). 设在区域 (P) 中已给某一函数 $f(x, y)$, 假定它在正常意义下在区域 (P) 的每一有界可求面积部分上可积.

引用一辅助曲线 (K') (面积亦为 0), 自区域 (P) 割下它的一有界连通部分 (P'), 由假设在它上面积分

$$\iint_{(P')} f(x, y) dx dy \tag{1}$$

存在. 现在将曲线 (K') 移到无穷远去, 使自原点到这曲线上的点的最小距离 R 增大到无穷. 则被它所割下的变动区域 (P') 就逐渐笼罩住区域 (P) 的所有点: (P) 的每一点对适当大的 R 将属于 (P').

---

[1] 并且, 点 $x = 0, y = 1$ 这里需加限制.

[2] 我们恒假定这一区域为连通的.

如积分 (1) 当 $R \to \infty$ 时存在一确定的有限极限, 则称它为在无界区域 (P) 上函数 $f(x, y)$ 的 (**反常**) **积分**, 并表作

$$\iint_{(P)} f(x, y) dx dy = \lim_{R \to \infty} \iint_{(P')} f(x, y) dx dy. \tag{2}$$

在函数 $f(x, y)$ 为正时, 只要当考察任一变远到无穷的固定曲线序列

$$(K_1), (K_2), \cdots, (K_n), \cdots$$

及被它们所割下的区域序列

$$(P_1), (P_2), \cdots, (P_n), \cdots,$$

假定有限的界

$$I = \sup_n \left\{ \iint_{(P_n)} f(x, y) dx dy \right\}$$

存在, 就已能推出积分 (2) 的存在.

事实上, 不论被曲线 (K') 自 (P) 所分出的部分 (P') 如何, 当 n 相当大时这一区域将整个含在 (P_n) 内, 所以

$$\iint_{(P')} f(x, y) dx dy \leqslant \iint_{(P_n)} f(x, y) dx dy,$$

因此更加

$$\iint_{(P')} f(x, y) dx dy \leqslant I. \tag{3}$$

另一方面, 对已给 $\varepsilon > 0$ 可求得一 n_0, 使

$$\iint_{(P_{n_0})} f(x, y) dx dy > I - \varepsilon.$$

对相当大的 R, [1] 区域 (P') 又可包括 (P_{n_0}), 因此更有

$$\iint_{(P')} f(x, y) dx dy > I - \varepsilon. \tag{4}$$

等式 (3) 及 (4) 合起来就证明了数 I 适合二重积分的定义.

由这一观察容易证明与第 **474** 目中定理相似的积分比较定理. 其次, 如保留对函数 $f(x, y)$ 以前的假定, 则由展布在无界区域 (P) 上 $|f(x, y)|$ 的积分的存在就可以推得函数 $f(x, y)$ 的同样积分存在.

----

[1] 我们一直是将原点到曲线 (K') 的点的最小距离记作 R.

为了要证明这, 我们来考察两非负函数:

$$f_+(x,y) = \frac{|f(x,y)| + f(x,y)}{2},$$

$$f_-(x,y) = \frac{|f(x,y)| - f(x,y)}{2};$$

显然,

$$f_+(x,y) = \begin{cases} f(x,y), & \text{如 } f(x,y) \geqslant 0, \\ 0, & \text{在相反情形下}, \end{cases}$$

$$f_-(x,y) = \begin{cases} -f(x,y), & \text{如 } f(x,y) \leqslant 0, \\ 0, & \text{在相反情形下}. \end{cases}$$

由函数 $|f(x,y)|$ 的可积性推得出函数

$$f_+(x,y) \leqslant |f(x,y)| \quad \text{及} \quad f_-(x,y) \leqslant |f(x,y)|,$$

因而函数

$$f(x,y) = f_+(x,y) - f_-(x,y)$$

积分的存在.

反过来的事实很值得注意: 由展布在无界区域 (P) 上函数 $f(x,y)$ 积分的存在能推得 $|f(x,y)|$ 的积分也存在. 这一命题就与简单反常积分的理论不相像了: 我们知道 [**475**], 在那里可以有非绝对收敛的积分.

我们将在下一目中来给出证明.

613. 反常二重积分的绝对收敛性定理   每一收敛积分

$$\iint_{(P)} f(x,y)dxdy \tag{5}$$

必然也绝对收敛, 即与它同时积分

$$\iint_{(P)} |f(x,y)|dxdy \tag{6}$$

也收敛.

设不是如此. 取一区域序列 $\{(P_n)\}$, 使它们逐渐扩充而能包含整个区域 (P), 而我们将有

$$\lim_{n \to \infty} \iint_{(P_n)} |f(x,y)|dxdy = +\infty.$$

不失一般性我们可以设, 对每一值 n, 不等式

$$\iint_{(P_{n+1})} |f(x,y)|dxdy > 3 \iint_{(P_n)} |f(x,y)|dxdy + 2n$$

适合, 这是办得到的, 只要 (在必要时) 割裂序列 $\{(P_n)\}$, 即从它里面去掉一个部分序列再重新将它编号就可以了.

以 (p_n) 表区域 (P_{n+1}) 及 (P_n) 的差, 显然我们有

$$\iint_{(p_n)} |f(x,y)| dxdy > 2 \iint_{(P_n)} |f(x,y)| dxdy + 2n.$$

但

$$|f(x,y)| = f_+(x,y) + f_-(x,y),$$

所以

$$\iint_{(p_n)} |f(x,y)| dxdy = \iint_{(p_n)} f_+(x,y) dxdy + \iint_{(p_n)} f_-(x,y) dxdy.$$

设右端两积分中例如第一个是大的一个, 则

$$\iint_{(p_n)} f_+(x,y) dxdy > \iint_{(P_n)} |f(x,y)| dxdy + n.$$

将左端的二重积分代以与它相当近似的达布下和, 不等式依然成立:

$$\sum_i m_n^{(i)} p_n^{(i)} > \iint_{(P_n)} |f(x,y)| dxdy + n. \textcircled{1}$$

在这一和中可只留下与 $m_n^{(i)} > 0$ 相对应的项; 以 $(\tilde{p}_n)$ 表对应元素 $(p_n^{(i)})$ 的集合, 我们更可得

$$\iint_{(\tilde{p}_n)} f(x,y) dxdy = \iint_{(\tilde{p}_n)} f_+(x,y) dxdy > \iint_{(P_n)} |f(x,y)| dxdy + n.$$

以 $(\tilde{P}_n)$ 表由 (P_n) 及 $(\tilde{p}_n)$ 组成的区域, 因为

$$\iint_{(P_n)} f(x,y) dxdy \geqslant - \iint_{(P_n)} |f(x,y)| dxdy,$$

故将这一不等式与前一不等式两端相加时便得

$$\iint_{(\tilde{P}_n)} f(x,y) dxdy > n.$$

区域 $(\tilde{p}_n)$ 同时 $(\tilde{P}_n)$ 可以稍为变一下使从后者可得出一连通区域 (P'_n), 且其面积与 $(\tilde{P}_n)$ 相差如此地小使不等式

$$\iint_{(P'_n)} f(x,y) dxdy > n$$

---

①这里 $(p_n^{(i)})$ 是区域 (p_n) 分割成的元素部分, 而 $m_n^{(i)}$ 是函数 $f_+(x,y)$ 的对应下确界.

还保持成立. 这很容易做到, 只要将区域的孤立部分用一些狭的 "走廊" 其总面积任意小者连接起来就行了 [96].

由此已经清楚, 积分 (5) 不可能存在, 与假设相违; 这一矛盾就证明了定理.

注意, 所引推理的最后部分涉及了一维及二维情形间的主要区别. 由一些分离的区间组成的不连通线性区域就不能用一任意小的变形变成连通的 (即变成一整个的区间).

所证定理以及前目中的一些注意点, 将任意函数的反常积分的存在与计算问题化为正 (非负) 函数的同一问题. 以下我们将主要地从事于后一问题.

614. 化二重积分为逐次积分   开始我们假定函数 $f(x, y)$ 为非负的. 如这函数给出在一任何形状的无界区域中, 则补充地令它在这一区域的外面等于零时, 恒可化为无界矩形区域的情形. 譬如说, 设我们谈到在一个方向无穷的矩形 $[a, b; c, +\infty]$ $(a, b, c$ 是有限数且 $b > a)$. 我们将假定在每一有限矩形 $[a, b; c, d]$ (对任何的 $d > c$) 上, 二重积分及对 y 的单积分在正常的意义下皆存在, 所以 [**594**] 公式

$$\iint\limits_{[a,b;c,d]} f dx dy = \int_a^b dx \int_c^d f dy \tag{7}$$

成立.

要想建立对无穷矩形即 $d = +\infty$ 的情形的类似公式, 假定逐次积分

$$I = \int_a^b dx \int_c^\infty f dy$$

存在. 因为对任何的 $d > c$ 我们有

$$\iint\limits_{[a,b;c,d]} f dx dy \leqslant I,$$

则按 **612** 中所述由此就得出二重积分

$$\iint\limits_{[a,b;c,+\infty]} f dx dy = \lim_{d \to +\infty} \iint\limits_{[a,b;c,d]} f dx dy \tag{8}$$

存在, 它显然不会超过 I. 剩下来只要证明事实上二重积分等于 I.

如积分 $\int_c^\infty f dy$ 是 x 在正常意义下可积分的函数, 因此被某一常数 L 所限制住, 则更有

$$\int_c^d f(x, y) dy \leqslant L.$$

在这种情形下由第 **526** 目定理 2,

$$I = \lim_{d \to +\infty} \int_a^b dx \int_c^d f dy.$$

---

[96] 细节留给读者.

将这与 (7) 及 (8) 相比较, 便得所需结果.

如积分 I 作为反常的存在时, 它依然成立. 例如, 设 b 是 x 的函数 $\int_c^\infty f dy$ 的唯一奇点. 则由已证的, 对 $0 < \eta < b - a$,

$$\iint\limits_{[a,b-\eta;c,+\infty]} f dx dy = \int_a^{b-\eta} dx \int_c^{+\infty} f dy, \tag{9}$$

等式的两端当 $\eta \to 0$ 时趋近于 I. 注意到

$$I \geqslant \iint\limits_{[a,b;c,+\infty]} f dx dy \geqslant \iint\limits_{[a,b-\eta;c,+\infty]} f dx dy$$

时, 又可作出矩形 $[a, b; c, +\infty]$ 上二重积分及逐次积分相等的结论.

我们注意, 如无穷逐次积分有无穷大值, 则由前面两关系式可看出, 二重积分的值也是如此.

这样, 与 (7) 相似我们有

$$\iint\limits_{[a,b;c,+\infty]} f dx dy = \int_a^b dx \int_c^{+\infty} f dy, \tag{10}$$

且由右端逐次积分的存在就推得二重积分的存在. 甚至在右端的积分等于 $+\infty$ 的情形下等式仍成立.

最后, 我们考察在两个互相垂直方向延伸到无穷的矩形 $[a, +\infty; c, +\infty]$. 这里我们也将假定在每一有限矩形 $[a, b; c, d]$ (对任何的 $b > a$ 及任何的 $d > c$) 上二重积分及对 y 的单积分在正常的意义下皆存在.

对所考察的情况同样可建立公式

$$\iint\limits_{[a,+\infty;c,+\infty]} f dx dy = \int_a^{+\infty} dx \int_c^{+\infty} f dy, \tag{11}$$

其中假定右端的逐次积分存在. 与上面我们自 (9) 得到 (10) 时相像, 当 $b \to +\infty$ 变到极限时这可由 (10) 很容易得来. 这里也是如此, 如逐次积分的值等于 $+\infty$, 则二重积分也是这样.

现在对函数 $f(x, y)$ 变号的情形谈几句, 为明确起见我们限于讨论公式 (10). 在有限矩形 $[a, b; c, d]$ (对 $d > c$) 中我们保留前面的假定, 但与函数本身的逐次积分

$$\int_a^b dx \int_c^{+\infty} f(x, y) dy$$

存在的同时这一次我们又设它的绝对值的逐次积分

$$\int_a^b dx \int_c^{+\infty} |f(x, y)| dy$$

存在.

因此对第 **612** 目末所提到的函数 $f_+(x,y)$ 及 $f_-(x,y)$ 同样的逐次积分也将存在. 分别应用已证的公式 (10) 到这两非负函数上并将结果相减, 我们就能证明这一公式对已知函数 $f(x,y)$ 的正确性.

615. 无界函数的积分 设函数 $f(x,y)$ 已给在有界区域 (P) 上, 但它本身在个别的点 $M_1, M_2, \cdots$ 的邻域中为无界的; 在区域 (P) 的任何不包含这些点的部分中假定函数在正常的意义下可积.

现在用曲线 $(k_1),(k_2),\cdots$ 将奇点 $M_1, M_2,\cdots$ 围起来后把它们割离下来. 如从区域 (P) 拿掉由这些曲线所围的这些奇点的邻域, 则得一区域 (P'), 由假设, 对于它积分

$$\iint_{(P')} f(x,y)dxdy \tag{1*}$$

存在. 将曲线 $(k_1),(k_2),\cdots$ 在所述各点处 "收缩" 使这些闭路 (k) 的点到对应点 M 的最大距离 —— 以 ρ 表之 —— 趋近于零.[①] 我们可以看到此时所考察的各邻域的面积 (小于 $\pi\rho^2$) 亦将趋近于零.

无界函数 $f(x,y)$ 对区域 (P) 的 (反常) 积分定义为当 $\rho \to 0$ 时积分 (1*) 的极限:

$$\iint_{(P)} f(x,y)dxdy = \lim_{\rho \to 0} \iint_{(P')} f(x,y)dxdy, \tag{2*}$$

奇点也可能形成某些奇线, 我们将永远假定其面积为 0. 在这种情况下就必须将这些线用向它们 "收缩" 的邻域围起来, 这时原则上没有什么新的东西.

然而, 这里所被说的极限过程其确切特征还需要加以若干说明. 设奇线 (l) 被一边界为 (k) 的邻域所围. 如在 (k) 上取一点 A, 则自 (l) 上各不同点 B 到这一点的距离中有一最小者 ρ_A 存在; 另一方面, 如变动 (k) 上 A 的位置, 则所有的 ρ_A 中必定有一最大者 ρ. 这一数在某种意义上就说明了闭路 (k) 离曲线 (L) 远近的程度, 而极限过程是以条件 $\rho \to 0$ 为准绳的 (当有若干个曲线存在时, ρ 应了解为同样数中的最大者). 这里同样可以证明, 与 ρ 同时, 所考察的邻域的面积也趋近于零.

最后, 反常积分定义很容易推广到无界区域及在其中定义的函数在有限距离处可有一些奇点的情形.

附注 如在建立反常积分时, 除奇点 (或奇线) 外, 我们又分离出若干事实上不是奇异的点 (或线) 来, 则积分中出现的极限, 无论它的存在或大小都不会有任何影响. 实际上, 例如, 设在奇点外另加上一非奇点 A, 并且, 超过反常积分确切意义的需要, 我们还分离出这一点 A 的一邻域. 但在 A 近傍函数是有界的, 对所述邻域上的积分与其面积同时趋近于 0.

[①]不用此而假设所有被闭路 (k) 所包区域的直径趋近于零, 也可以得到同样结果.

在第 612~614 目中所叙述的都可移到上所列举的反常积分的一切情形.

首先, 下一著名定理此处也成立: 反常二重积分如果收敛, 则必然也绝对收敛. 证明可如第 613 目中一样作出来.

至于谈到化二重积分为逐次积分的问题, 则这里同样只要讨论 (有限) 矩形 $[a, b; c, d]$ 是区域 (P) 的情形就够了. 可以证明, 对非负函数 $f(x, y)$, 在逐次积分存在的假定下 (二重积分的存在由此已能推出), 公式 (7) 成立.

然而, 这时应该还要确定一下函数奇点 ① 的假定的分布. 开始设它们在一水平直线上 (例如, $y = d$), 或更一般地, 在一可用形如

$$y = y(x) \quad (a \leqslant x \leqslant b)$$

的显方程表出的曲线上. 对于这种情形其证明与第 614 目中当 $d = +\infty$ 时的相像. 于是我们转到另一情形: 奇点在某一垂直直线上 (例如, $x = b$), 与上面当 $b = +\infty$ 时相像地进行推理. 如所讨论的函数变号, 则必须还要假定 $|f(x, y)|$ 的逐次积分存在.

推广到几个曲线或直线的情形或推广到无穷矩形而奇点在有限距离内的情形都很明显.

616. 反常积分中的变量变换　设在 xy 及 $\xi\eta$ 平面中分别有二有界区域 (D) 及 (Δ), 它们以变换公式

$$\left. \begin{aligned} x &= x(\xi, \eta), \\ y &= y(\xi, \eta) \end{aligned} \right\} \tag{12}$$

或其逆变换

$$\left. \begin{aligned} \xi &= \xi(x, y), \\ \eta &= \eta(x, y) \end{aligned} \right\} \tag{12*}$$

相联系, 并保有在第 603 目中所详细限制的全部条件.

又设在区域 (D) 中给出一函数 $f(x, y)$, 除去有限个个别的点甚或线 ② 它在那里变成无穷外, 到处连续.

我们求证, 在这些条件下, 等式

$$\iint_{(D)} f(x, y) dx dy = \iint_{(\Delta)} f(x(\xi, \eta), y(\xi, \eta)) |J(\xi, \eta)| d\xi d\eta \tag{13}$$

成立, 只要这两积分之一存在; 另一个的存在就能推得出来.

事实上, 如将第一个积分在区域 (D) 中的奇点及奇线用它们的邻域分开来, 则第二个积分的奇点及奇线就被在区域 (Δ) 中的对应的邻域分开来了. 设这样得到 xy 平面上的一区域 (D') 及 $\xi\eta$ 平面上的一区域 (Δ'). 因此由第 609 目公式 (21),

$$\iint_{(D')} f(x, y) dx dy = \iint_{(\Delta')} f(x(\xi, \eta), y(\xi, \eta)) |J(\xi, \eta)| d\xi d\eta. \tag{14}$$

①在任一无奇点的部分矩形中, 形如 (7) 的公式假定正确.
②在本目中所谈到的一切曲线都假定为分段光滑的.

由于区域 (D) 及 (Δ) 间对应关系的连续性, 并且为两方面连续的,[①] 容易看见, 当 "收缩" xy 平面上的邻域到被它们所围的点或线时, 对在 $\xi\eta$ 平面上的邻域同样的过程也将发生, 反过来也是如此. 由此可见, 将前面的关系式变到极限时, 由一个积分的存在我们事实上就能断定另一个的存在, 且同时也能断定等式 (13) 成立.

甚至还可设在区域 (Δ) 的一些个别的点处或沿它里面的一些个别的线 (与前面所讨论的在这一区域上的奇线不相交) 上雅可比式 $J(\xi, \eta)$ 成为无穷, 因此同时第二个积分的积分号下函数也成为无穷. 虽然在 xy 平面上的对应点及线对第一个积分来说不是奇异的, 但将它们分离出来, 按前目的附注, 并不产生什么困难, 所以在新的假设下上面的结论依然有效.

还要注意, 在所考察的情况下常常会遇到在一些个别点处或沿一些个别的线上关系式的连续性或对应的一对一性被破坏了. 在这种情形下第 **606** 目 4° 的讨论可以应用 [参照第 **609** 目之末].

最后, 我们转到至少区域 (D), (Δ) 之一为无界的情形.

如这两区域都延伸到无穷且它们的位于有限距离的点以关系式 (12) 或 (12*) 相关联, 则用 (对应的) 曲线分离出这两区域的有界部分 (D') 及 (Δ') 后, 当上面所述条件保留时我们将有等式 (14). 因为所提到的这些曲线显然只在同时才可能移到无穷远处, 故要得到 (13), 只需在 (14) 中变到极限, 且又由积分之一的存在得出另一个的存在.

现设, 例如, 区域 (D) 延伸到无穷而区域 (Δ) 不延伸到无穷, 且区域 (D) 的点与区域 (Δ) 的所有点, 除一个别的点 (或曲线) 对应于区域 (D) 的边界的无穷远部分者外, 相互对应. 用曲线将区域 (D) 的有界部分分离出来后, 我们用在区域 (Δ) 中的对应曲线就拣出了上述的点 (或曲线), 同时就得区域 (D') 及 (Δ'), 对它们前述推理已可应用了, 再这样下去.

注意, 变量的变换与变成逐次积分同时是确立反常二重积分存在性的非常方便的工具. 关于这一点, 读者在下一目中可见到许多例题.

617. 例   1) 确立下面积分存在的条件 $(m > 0)$:

$$\text{(a)} \iint\limits_{x^2+y^2 \leqslant 1} \frac{dxdy}{(x^2+y^2)^m}, \quad \text{(б)} \iint\limits_{x^2+y^2 \geqslant 1} \frac{dxdy}{(x^2+y^2)^m}, \quad \text{(в)} \iint\limits_{x^2+y^2 \leqslant 1} \frac{dxdy}{(1-x^2-y^2)^m}.$$

解   在极坐标下这些积分化为下形:

$$\text{(a)} \int_0^{2\pi} d\theta \int_0^1 \frac{rdr}{r^{2m}} = 2\pi \int_0^1 \frac{dr}{r^{2m-1}}, \quad \text{(б)} \ 2\pi \int_1^\infty \frac{dr}{r^{2m-1}}, \quad \text{(в)} \ 2\pi \int_0^1 \frac{rdr}{(1-r^2)^m}.$$

显然, 存在条件是:

$$\text{(a)} \ m < 1, \quad \text{(б)} \ m > 1, \quad \text{(в)} \ m < 1.$$

[①]我们指函数 (12) 及 (12*) 的连续性.

2) 对下面各积分解同样的问题 $(\alpha, \beta, m > 0)$:

(a) $\iint\limits_{\substack{x \geqslant 0, y \geqslant 0 \\ x^\alpha + y^\beta \leqslant 1}} \dfrac{dxdy}{(x^\alpha + y^\beta)^m}$, (б) $\iint\limits_{\substack{x \geqslant 0, y \geqslant 0 \\ x^\alpha + y^\beta \geqslant 1}} \dfrac{dxdy}{(x^\alpha + y^\beta)^m}$, (в) $\iint\limits_{\substack{x \geqslant 0, y \geqslant 0 \\ x^\alpha + y^\beta \leqslant 1}} \dfrac{dxdy}{(1 - x^\alpha - y^\beta)^m}$.

提示 采用替换

$$x = r^{\frac{2}{\alpha}} \cos^{\frac{2}{\alpha}} \theta, \quad y = r^{\frac{2}{\beta}} \sin^{\frac{2}{\beta}} \theta.$$

答 (a) $\dfrac{1}{\alpha} + \dfrac{1}{\beta} > m$; (б) $\dfrac{1}{\alpha} + \dfrac{1}{\beta} < m$; (в) $m < 1$.

当在问题 1), 2) 中变量的变化被限制在射线 $\theta = \theta_0$ 及 $\theta = \theta_1$ 间的扇形内时, 可得同样的答案.

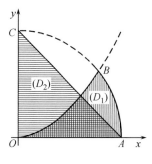

图 77

3) 如变量 x, y 变化的区域 (D_1) 是由 x 轴的线段 AO, 抛物线 $y = x^2$ 的弧 OB 及圆周 $x^2 + y^2 = 1$ 的弧 BA 所围成的曲线三角形 AOB (图 77) 时, 则与前面一样以原点为奇点的积分

$$\iint\limits_{(D_1)} \frac{dxdy}{x^2 + y^2}$$

一样也存在 (虽然对圆并不存在!). 事实上, 当变到极坐标时, 积分就变成 [1]

$$\int_0^\delta d\theta \int_{\frac{\sin\theta}{\cos^2\theta}}^1 \frac{dr}{r} = \int_0^\delta \ln \frac{\cos^2\theta}{\sin\theta} d\theta,$$

由此就推得所述的.

4) 同样, 取三角形 AOC (同一图) 作为区域 (D_2) 后, 可以证明以点 A 及 C 为奇点的积分

$$\iint\limits_{(D_2)} \frac{dxdy}{1 - x^2 - y^2}$$

亦存在.

因为在极坐标下, 直线 AC 的方程为 $r = \dfrac{1}{\cos\theta + \sin\theta}$, 故上述积分就可化为下形:

$$\int_0^{\frac{\pi}{2}} d\theta \int_0^{\frac{1}{\cos\theta + \sin\theta}} \frac{rdr}{1 - r^2} = -\int_0^{\frac{\pi}{4}} \ln \frac{\sin 2\theta}{1 + \sin 2\theta} d\theta = -\frac{1}{2} \int_0^{\frac{\pi}{2}} \ln \frac{\sin\varphi}{1 + \sin\varphi} d\varphi,$$

它显然存在.

5) 在对照 1) 中所考察的积分后, 可得下一**收敛判定法**:

如 (D) 是: (a) 包含原点的一有界区域, 或 (б) 不包含原点而延伸到无穷远的区域, 则函数 $f(x, y)$ 在 (D) 上的积分存在, 只要 $f(x, y)$ 在 (D) 中可表作下形:

$$f(x, y) = \frac{\varphi(x, y)}{(x^2 + y^2)^m},$$

---

[1] 以 δ 表射线 OB 与极轴的交角.

其中 φ 是有界的, 且在分别的情况下, (a) $m < 1$ 或 (б) $m > 1$.

很容易将这一个判定法变到原点换作任何一点 (x_0, y_0) 的情形.

6) 验证展布在下列图形上的函数

$$f(x,y) = \frac{y^2 - x^2}{(x^2 + y^2)^2}$$

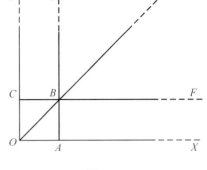

图 78

的二重积分存在与否: (a) 三角形 OBC (图 78), (б) 正方形 $OABC$, (в) 无穷的长带 $YCBE$, (г) 无穷三角形 EBG, (д) 无穷正方形 EBF.

答 在情形 (a), (г) 下积分不存在 (在情形 (б), (д) 下更是如此!); 在情形 (в) 下积分存在, 它等于 $\frac{\pi}{4}$.

7) 设函数 $f(x)$ 及 $g(y)$ 绝对可积 —— 第一个在区间 $[a, b]$ 上, 而第二个在区间 $[c, d]$ 上 (每一区间都可为有限的或无穷的). 求证: 二重积分

$$\iint_{[a,b;c,d]} f(x)g(y)dxdy = \int_a^b f(x)dx \cdot \int_c^d g(y)dy$$

也存在 [参照 **595**, 9)].

问题很容易化为非负函数的情形, 我们就限于这一假定.

例如, 如两区间都是有限的且 b 及 d 分别为唯一的奇点, 则如我们所已知道的, 常义二重积分 (δ 及 $\varepsilon > 0$)

$$\iint_{[a,b-\delta;c,d-\varepsilon]} f(x)g(y)dxdy = \int_a^{b-\delta} f(x)dx \cdot \int_c^{d-\varepsilon} g(y)dy$$

存在; 再只要令 $\delta \to 0$, $\varepsilon \to 0$ 时变到极限.

除二积分

$$\int_a^b |f(x)|dx, \quad \int_c^d |g(y)|dy$$

之一等于零的情况外, 对函数 f 及 g 的所述条件也对二重积分的存在是必要的条件.

8) 求由抛物线 $y^2 = 2p\left(x - \frac{p}{2}\right)$ 及 $y^2 = 2q\left(x - \frac{q}{2}\right)$ 与 x 轴间所围的图形 (D_1) 的面积 [参看 **608**, 8)].

解 引用在该处用过的曲线坐标, 我们就有:

$$D_1 = \frac{1}{4}\int_0^p \int_p^q \left(\sqrt{\frac{u}{v}} - \sqrt{\frac{v}{u}}\right)dudv$$

$$= \frac{1}{4}\left\{\int_0^p \frac{dv}{\sqrt{v}} \cdot \int_p^q \sqrt{u}du - \int_0^p \sqrt{v}dv \cdot \int_p^q \frac{du}{\sqrt{u}}\right\} = \frac{4}{3}(q-p)\sqrt{pq}.$$

面积的计算导致反常积分 (奇线是 u 轴的一段). 因为变量的变换也可放到反常积分的情形上去, 所采用计算的合理性毋庸置疑.

9) 计算积分 $(0 < c < a)$

$$R = \int_0^1 \int_0^c \sqrt{a^2 - x^2 - (c^2 - x^2)y^2}\sqrt{c^2 - x^2}dxdy.$$

应用变换

$$x = \frac{v}{\sqrt{1 + u^2}}, \quad y = \frac{uv}{\sqrt{c^2(1 + u^2) - v^2}},$$

其中 (u, v) 变动于无穷矩形 $[0, +\infty; 0, c]$ 中; 雅可比式等于 $-\dfrac{v}{\sqrt{1 + u^2}\sqrt{c^2(1 + u^2) - v^2}}$.
我们有:

$$R = \int_0^c \int_0^\infty \frac{v\sqrt{a^2 - v^2}}{1 + u^2}dudv = \int_0^\infty \frac{du}{1 + u^2} \cdot \int_0^c v\sqrt{a^2 - v^2}dv$$
$$= \frac{\pi}{6}[a^3 - (a^2 - c^2)^{\frac{3}{2}}].$$

这里将显示出常义积分化成更易计算的反常积分的便利.

10) 二重积分

$$P = \int_0^\infty \int_0^\infty e^{-x^2 - y^2}dxdy$$

存在, 因为逐次积分

$$P = \int_0^\infty dx \int_0^\infty e^{-x^2 - y^2}dy = \int_0^\infty e^{-x^2}dx \int_0^\infty e^{-y^2}dy = \left\{\int_0^\infty e^{-x^2}dx\right\}^2$$

存在.

如将它变为极坐标, 则就易于计算; 此时 xy 平面上的第一象限就变成 $r\theta$ 平面上的由直线 $\theta = 0, r = 0$ 及 $\theta = \dfrac{\pi}{2}$ 所围的长带. 因此,

$$P = \int_0^{\frac{\pi}{2}} \int_0^\infty e^{-r^2}rdrd\theta = \frac{\pi}{2}\int_0^\infty e^{-r^2}rdr = \frac{\pi}{4}.$$

所以

$$\int_0^\infty e^{-x^2}dx = \frac{\sqrt{\pi}}{2}.$$

这一简洁的计算方法是属于泊松的.

11) 如在这同一积分 P 中按公式

$$x = \frac{\lambda\mu}{c}, \quad y = \frac{\sqrt{(\lambda^2 - c^2)(c^2 - \mu^2)}}{c}, \quad x^2 + y^2 = \lambda^2 + \mu^2 - c^2,$$
$$\frac{D(x, y)}{D(\lambda, \mu)} = \frac{\mu^2 - \lambda^2}{\sqrt{(\lambda^2 - c^2)(c^2 - \mu^2)}}$$

变为椭圆坐标 [**604**, 5)], 则得

$$P = \int_c^\infty \int_0^c \frac{e^{-(\lambda^2 + \mu^2 - c^2)}(\lambda^2 - \mu^2)}{\sqrt{(\lambda^2 - c^2)(c^2 - \mu^2)}}d\mu d\lambda = \frac{\pi}{4}$$

或

$$\int_c^\infty \frac{e^{-\lambda^2}\lambda^2 d\lambda}{\sqrt{\lambda^2 - c^2}} \cdot \int_0^c \frac{e^{-\mu^2}d\mu}{\sqrt{c^2 - \mu^2}} - \int_c^\infty \frac{e^{-\lambda^2}d\lambda}{\sqrt{\lambda^2 - c^2}} \cdot \int_0^c \frac{e^{-\mu^2}\mu^2 d\mu}{\sqrt{c^2 - \mu^2}} = \frac{\pi}{4}e^{-c^2}.$$

如取 $c = 1$ 并作替换 $\lambda = \sqrt{v+1}, \mu = \sqrt{v}$ 则得一奇特的关系式:

$$\int_0^\infty e^{-v} \sqrt{\frac{1+v}{v}} dv \cdot \int_0^1 \frac{e^{-v} dv}{\sqrt{v(1-v)}} - \int_0^\infty \frac{e^{-v} dv}{\sqrt{v(1+v)}} \cdot \int_0^1 e^{-v} \sqrt{\frac{v}{1-v}} dv = \pi.$$

12) 借广义极坐标

$$x = ar\cos\theta, \quad y = br\sin\theta \quad (0 \leqslant r \leqslant 1, 0 \leqslant \theta \leqslant 2\pi)$$

之助易于求出二重积分的值

$$J = \iint\limits_{\substack{x \geqslant 0, y \geqslant 0 \\ \frac{x^2}{a^2} + \frac{y^2}{b^2} \leqslant 1}} \frac{dxdy}{\sqrt{1 - \frac{x^2}{a^2} - \frac{y^2}{b^2}}} = \frac{\pi}{2} ab.$$

如变到刚才所谈过的椭圆坐标 (取 $c^2 = a^2 - b^2$, 故所给椭圆对应于 $\lambda = a$), 则对此积分得

$$J = ab \int_0^c \int_c^a \frac{\lambda^2 - \mu^2}{\sqrt{(a^2 - \lambda^2)(a^2 - \mu^2)(\lambda^2 - c^2)(c^2 - \mu^2)}} d\lambda d\mu.$$

因此,

$$\int_0^c \int_c^a \frac{\lambda^2 - \mu^2}{\sqrt{(a^2 - \lambda^2)(a^2 - \mu^2)(\lambda^2 - c^2)(c^2 - \mu^2)}} d\lambda d\mu = \frac{\pi}{2}.$$

在这里令 $a = 1$, $c = k < 1$, $k' = \sqrt{1 - k^2}$, 最后, $\lambda = \sqrt{1 - k'^2 \sin^2\psi}$, $\mu = k\sin\varphi$ $(0 \leqslant \varphi, \psi \leqslant \frac{\pi}{2})$, 我们将这一积分化为下一积分:

$$\int_0^{\frac{\pi}{2}} \int_0^{\frac{\pi}{2}} \frac{(1 - k'^2 \sin^2\psi) + (1 - k^2 \sin^2\varphi) - 1}{\sqrt{(1 - k^2 \sin^2\varphi)(1 - k'^2 \sin^2\psi)}} d\varphi d\psi = \frac{\pi}{2}.$$

这又可表作下形

$$\int_0^{\frac{\pi}{2}} \frac{d\varphi}{\sqrt{1 - k^2 \sin^2\varphi}} \cdot \int_0^{\frac{\pi}{2}} \sqrt{1 - k'^2 \sin^2\psi} d\psi + \int_0^{\frac{\pi}{2}} \frac{d\psi}{\sqrt{1 - k'^2 \sin^2\psi}}$$

$$\times \int_0^{\frac{\pi}{2}} \sqrt{1 - k^2 \sin^2\varphi} d\varphi - \int_0^{\frac{\pi}{2}} \frac{d\varphi}{\sqrt{1 - k^2 \sin^2\varphi}} \cdot \int_0^{\frac{\pi}{2}} \frac{d\psi}{\sqrt{1 - k'^2 \sin^2\psi}} = \frac{\pi}{2}.$$

读者此处看到了为我们已经所遇见过的勒让德关系式 [参看 **511**, 12) 及 **534**, 10)].

13) 试引导在第一种与第二种欧拉积分间属于雅可比的熟知关系式来.

因为 (当 $a > 0$ 及 $b > 0$)

$$\Gamma(a) = \int_0^\infty e^{-y} y^{a-1} dy, \quad \Gamma(b) = \int_0^\infty e^{-x} x^{b-1} dx,$$

故显然,

$$\Gamma(a)\Gamma(b) = \int_0^\infty \int_0^\infty e^{-x-y} x^{b-1} y^{a-1} dxdy.$$

在这里令

$$x = u(1-v), \quad y = uv.$$

故 xy 平面上的第一象限与 uv 平面上由直线 $v=0, u=0, v=1$ 所围的长带相对应. 变换的雅可比式等于 u. 所以

$$\Gamma(a)\Gamma(b) = \int_0^1 \int_0^\infty e^{-u} u^{a+b-1} \cdot v^{a-1}(1-v)^{b-1} du dv$$

$$= \int_0^\infty e^{-u} u^{a+b-1} du \cdot \int_0^1 v^{a-1}(1-v)^{b-1} dv = \Gamma(a+b)\mathrm{B}(a,b),$$

这就是所要证明的.

14) 以前我们导出过许多公式, 现在这些公式的应用范围可加以推广. 例如, 对狄利克雷公式

$$\iint\limits_{\substack{x \geqslant 0, y \geqslant 0 \\ x+y \leqslant 1}} x^{p-1} y^{q-1} dx dy = \frac{\Gamma(p)\Gamma(q)}{\Gamma(p+q+1)}$$

[**597**, 12)] 及更一般的刘维尔公式

$$\iint\limits_{\substack{x \geqslant 0, y \geqslant 0 \\ x+y \leqslant 1}} \varphi(x+y) x^{p-1} y^{q-1} dx dy = \frac{\Gamma(p)\Gamma(q)}{\Gamma(p+q)} \int_0^1 \varphi(u) u^{p+q-1} du$$

[**611**, 17)] 都可如此, 它们对任何 p 及 $q > 0$ 都成立. 证明依然一样.

还可以更进一步: 到现在为止在刘维尔公式中我们假定函数 $\varphi(u)$ 当 u 自 0 变至 1 时是连续的, 现在可允许它在这一区间中于一个或几个点处变为无穷, 只要右端的积分绝对收敛 (否则左端的积分根本不收敛).

最后, 在刘维尔公式中可将二重积分展布到由不等式

$$x \geqslant 0, \quad y \geqslant 0, \quad x+y \geqslant 1$$

所定义的无穷区域上去, 只需将右端的积分自 1 取到 $+\infty$ (仍假定它绝对收敛).

在整个证明中不需有任何实质上的改变.

15) 如在狄利克雷及刘维尔公式中将 p 及 q 换作 $\dfrac{p}{\alpha}$ 及 $\dfrac{q}{\beta}$, 再实行替换 $x = \left(\dfrac{\xi}{a}\right)^\alpha, y = \left(\dfrac{\eta}{b}\right)^\beta$, 则这些公式就得更一般的形状:

$$\iint\limits_{\substack{\xi, \eta \geqslant 0 \\ \left(\frac{\xi}{a}\right)^\alpha + \left(\frac{\eta}{b}\right)^\beta \leqslant 1}} \xi^{p-1} \eta^{q-1} d\xi d\eta = \frac{a^p b^q}{\alpha\beta} \frac{\Gamma\left(\dfrac{p}{\alpha}\right) \Gamma\left(\dfrac{q}{\beta}\right)}{\Gamma\left(\dfrac{p}{\alpha} + \dfrac{q}{\beta} + 1\right)}.$$

$$\iint\limits_{\substack{\xi, \eta \geqslant 0 \\ \left(\frac{\xi}{a}\right)^\alpha + \left(\frac{\eta}{b}\right)^\beta \leqslant 1}} \varphi\left(\left(\frac{\xi}{a}\right)^\alpha + \left(\frac{\eta}{b}\right)^\beta\right) \xi^{p-1} \eta^{q-1} d\xi d\eta = \frac{a^p b^q}{\alpha\beta} \frac{\Gamma\left(\dfrac{p}{\alpha}\right) \Gamma\left(\dfrac{q}{\beta}\right)}{\Gamma\left(\dfrac{p}{\alpha} + \dfrac{q}{\beta}\right)} \int_0^1 \varphi(u) u^{\frac{p}{\alpha} + \frac{q}{\beta} - 1} du,$$

$$\iint\limits_{\substack{\xi,\eta\geqslant 0 \\ \left(\frac{\xi}{a}\right)^\alpha+\left(\frac{\eta}{b}\right)^\beta\geqslant 1}} \varphi\left(\left(\frac{\xi}{a}\right)^\alpha+\left(\frac{\eta}{b}\right)^\beta\right)\xi^{p-1}\eta^{q-1}d\xi d\eta = \frac{a^p b^q}{\alpha\beta}\frac{\Gamma\left(\frac{p}{\alpha}\right)\Gamma\left(\frac{q}{\beta}\right)}{\Gamma\left(\frac{p}{\alpha}+\frac{q}{\beta}\right)}\int_1^\infty \varphi(u)u^{\frac{p}{\alpha}+\frac{q}{\beta}-1}du. \text{①}$$

作为例题, 试确定下列积分的存在条件并计算之 ($m>0$):

$$\text{(a)} \quad \iint\limits_{\substack{x,y\geqslant 0 \\ x^\alpha+y^\beta\leqslant 1}} \frac{x^{p-1}y^{q-1}}{(x^\alpha+y^\beta)^m}dxdy, \quad \text{(б)} \quad \iint\limits_{\substack{x,y\geqslant 0 \\ x^\alpha+y^\beta\geqslant 1}} \frac{x^{p-1}y^{q-1}}{(x^\alpha+y^\beta)^m}dxdy,$$

$$\text{(в)} \quad \iint\limits_{\substack{x,y\geqslant 0 \\ x^\alpha+y^\beta\leqslant 1}} \frac{x^{p-1}y^{q-1}}{(1-x^\alpha-y^\beta)^m}dxdy.$$

答 (a) $\dfrac{\mathrm{B}\left(\dfrac{p}{\alpha},\dfrac{q}{\beta}\right)}{\alpha\beta\left(\dfrac{p}{\alpha}+\dfrac{q}{\beta}-m\right)}$ $\left(\text{在条件 } \dfrac{p}{\alpha}+\dfrac{q}{\beta}>m \text{ 下}\right)$;

(б) $\dfrac{\mathrm{B}\left(\dfrac{p}{\alpha},\dfrac{q}{\beta}\right)}{\alpha\beta\left(m-\dfrac{p}{\alpha}-\dfrac{q}{\beta}\right)}$ $\left(\text{在条件 } \dfrac{p}{\alpha}+\dfrac{q}{\beta}<m \text{ 下}\right)$;

(в) $\dfrac{1}{\alpha\beta}\dfrac{\Gamma\left(\dfrac{p}{\alpha}\right)\Gamma\left(\dfrac{q}{\beta}\right)\Gamma(1-m)}{\Gamma\left(\dfrac{p}{\alpha}+\dfrac{q}{\beta}+1-m\right)}$ $\left(\text{在条件 } m<1 \text{ 下}\right)$.

[参照问题 1)].

16) 第 **597** 目, 15) 中所推演的卡塔兰公式:

$$\iint\limits_{m\leqslant g(x,y)\leqslant M} f(x,y)\varphi[g(x,y)]dxdy = \int_m^M \varphi(u)d\psi(u),$$

其中

$$\psi(u) = \iint\limits_{m\leqslant g(x,y)\leqslant u} f(x,y)dxdy.$$

在引入反常积分时可推广到 $M=+\infty$ 的情形, 只需在此处了解 $\int_m^{+\infty}$ 为 $\lim\limits_{M\to+\infty}\int_m^M$.

17) 求积分

$$L = \iint_{(A)} \ln\sin(x-y)dxdy$$

的值, 其中 (A) 是由直线 $y=0, x=\pi, y=x$ 所围成的三角形 (图 79, a)).

令

$$x = \frac{u+t}{2}, \quad y = \frac{u-t}{2},$$

将区域 (A) 变换为 ut 平面上由直线 $u=t, u+t=2\pi, t=0$ 所围的三角形 (Δ) (图 79, б)). 因

---

①所有的常数 a,b,α,β,p,q 此处都假定为正的.

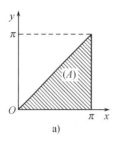 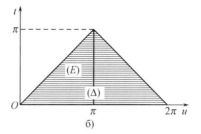

图 79

为变换的雅可比式的绝对值等于 $\frac{1}{2}$, 故

$$L = \frac{1}{2} \iint_{(\Delta)} \ln \sin t\, dt\, du = \iint_{(E)} \ln \sin t\, dt\, du,$$

其中 (E) 表由直线 $u = t, u = \pi, t = 0$ 所围的三角形 (见图), 再又可写:

$$L = \frac{1}{2} \int_0^\pi \int_0^\pi \ln \sin t\, dt\, du = \frac{\pi}{2} \int_0^\pi \ln \sin t\, dt = -\frac{\pi^2}{2} \ln 2.$$

18) 计算 (对任意的自然数 m 及 n) 积分

$$I = \iint_{x^2+y^2 \leqslant 1} \frac{P_m(x)P_n(y)}{\sqrt{1-x^2-y^2}}\, dx\, dy,$$

其中 P_n 表第 n 个勒让德多项式.

解　我们回忆到, 奇 (偶) 附标的勒让德多项式只含 x 的奇 (偶) 次项. 由此立刻可见, 只要附标 m 或 n 中至少有一个是奇数时就有 $I = 0$.

设它们两个都是偶数: $m = 2\mu, n = 2\nu$. 考虑积分

$$\iint_{x^2+y^2 \leqslant 1} \frac{P_{2\nu}(x)y^{2p}}{\sqrt{1-x^2-y^2}}\, dx\, dy = \int_{-1}^1 P_{2\nu}(x)dx \int_{-\sqrt{1-x^2}}^{\sqrt{1-x^2}} \frac{y^{2p}}{\sqrt{1-x^2-y^2}}\, dy.$$

由熟知的公式

$$\int_{-a}^a \frac{y^{2p}}{\sqrt{a^2-y^2}}\, dy = 2\int_0^a = 2a^{2p} \int_0^{\frac{\pi}{2}} \sin^{2p}\theta\, d\theta = \pi a^{2p} \frac{(2p-1)!!}{(2p)!!}.$$

所以我们的积分就化成

$$\pi \frac{(2p-1)!!}{(2p)!!} \int_{-1}^1 P_{2\nu}(x) \cdot (1-x^2)^p dx;$$

因此, 当 $p < \nu$ 时它等于 0 [由勒让德多项式的基本性质; **320**, (8)]. 于是, 当 $n = 2\nu \neq m = 2\mu$

时, 上述积分 $I = 0$. 还剩下当 $n = m = 2\mu$ 的情形. 在这一情形下,

$$I = \iint\limits_{x^2+y^2 \leqslant 1} \frac{P_{2\mu}(x)P_{2\mu}(y)}{\sqrt{1-x^2-y^2}}dxdy = \iint\limits_{x^2+y^2 \leqslant 1} \frac{P_{2\mu}(x)y^{2\mu}}{\sqrt{1-x^2-y^2}}dxdy$$

$$= \pi\frac{(2\mu-1)!!}{(2\mu)!!}\int_{-1}^1 P_{2\mu}(x)(1-x^2)^\mu dx$$

$$= (-1)^\mu\pi\frac{(2\mu-1)!!}{(2\mu)!!}\int_{-1}^1 P_{2\mu}(x)x^{2\mu}dx$$

$$= (-1)^\mu\pi\frac{(2\mu-1)!!}{(2\mu)!!}\int_{-1}^1 P_{2\mu}(x)P_{2\mu}(x)dx = (-1)^\mu 2\pi\frac{(2\mu-1)!!}{(2\mu)!!}\frac{1}{4\mu+1}$$

[**320** (10)]. 这样, 最后,

$$I = \begin{cases} 0, & \text{除 } n = m = 2\mu \text{ 的情形外,} \\ (-1)^{\frac{n}{2}}2\pi\dfrac{(n-1)!!}{(n)!!}\cdot\dfrac{1}{2n+1}, & \text{如 } n = m = 2\mu. \end{cases}$$

读者试验证所作运算的正确性.

19) 试计算积分 (刘维尔)

$$R(\lambda) = \int_0^\infty\int_0^\infty e^{-\left(x+y+\frac{\lambda^3}{xy}\right)}\cdot x^{\frac{1}{3}-1}y^{\frac{2}{3}-1}dxdy \quad (\lambda > 0).$$

利用莱布尼茨规则求得它对参数 λ 的导数:

$$\frac{dR}{d\lambda} = -3\lambda^2\int_0^\infty\int_0^\infty e^{-\left(x+y+\frac{\lambda^3}{xy}\right)}x^{\frac{1}{3}-1}y^{\frac{2}{3}-1}\frac{dxdy}{xy}. \quad ①$$

此处只换一个变数 x, 令 (当 $y = $ 常数时) $z = \dfrac{\lambda^3}{xy}$, 所以 $\dfrac{dx}{x} = -\dfrac{dz}{z}$; 我们得

$$\frac{dR}{d\lambda} = -3\int_0^\infty\int_0^\infty e^{-\left(y+z+\frac{\lambda^3}{yz}\right)}y^{\frac{1}{3}-1}z^{\frac{2}{3}-1}dydz = -3R.$$

积分这一简单微分方程, 得 $R = Ce^{-3\lambda}$. 如令 $\lambda = 0$ 就可决定常数 C:

$$R(0) = C = \Gamma\left(\frac{1}{3}\right)\Gamma\left(\frac{2}{3}\right) = \frac{\pi}{\sin\dfrac{\pi}{3}} = \frac{2\pi}{\sqrt{3}}.$$

因此, 最后,

$$R = \frac{2\pi}{\sqrt{3}}e^{-3\lambda}.$$

20) 试计算积分

$$A = \int_0^\infty\int_0^\infty e^{-x-y}\frac{\cos 2k\sqrt{xy}}{\sqrt{xy}}dxdy$$

---

① 建议读者验证积分 R 的存在及允许应用莱布尼茨规则. 后者可如在单积分情形时用同样的观察而处理.

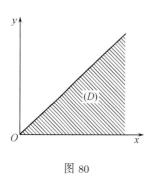

图 80

（其中 $k =$ 常数）.

因为积分号下的函数其绝对值不超过函数

$$\frac{e^{-x-y}}{\sqrt{xy}},$$

当然它在第一象限内的积分是有的 [参看 7)], 故积分 A 的存在得以保证.

以 (D) 表第一象限中 $x \geqslant y$ 的部分 (在图 80 中打了斜线), 显然, 我们有

$$A = 2 \iint_{(D)} e^{-x-y} \frac{\cos 2k\sqrt{xy}}{\sqrt{xy}} dxdy.$$

现在按公式

$$u = x + y, \quad v = 2\sqrt{xy}$$

进行变量变换, 点 (u, v) 在 uv 平面上描画出与 (D) 相对应的区域 (Δ), 故 $u \geqslant v$. 同时

$$\frac{D(u, v)}{D(x, y)} = \frac{x - y}{\sqrt{xy}} = \frac{2\sqrt{u^2 - v^2}}{v} \quad \text{及} \quad \frac{D(x, y)}{D(u, v)} = \frac{v}{2\sqrt{u^2 - v^2}}.$$

在代入后得

$$A = 2 \iint_{(\Delta)} e^{-u} \frac{\cos kv}{\sqrt{u^2 - v^2}} dudv = 2 \int_0^\infty e^{-u} du \int_0^u \frac{\cos kv}{\sqrt{u^2 - v^2}} dv.$$

为了计算里面的积分, 我们令

$$v = u\sin\theta, \quad dv = u\cos\theta d\theta = \sqrt{u^2 - v^2} d\theta,$$

而它就化为积分

$$\int_0^{\frac{\pi}{2}} \cos(ku\sin\theta) d\theta = \frac{\pi}{2} J_0(ku)$$

[**440**, 12)]. 利用熟知的结果 [**524**, 3)], 最后得:

$$A = \pi \int_0^\infty e^{-u} J_0(ku) du = \frac{\pi}{\sqrt{k^2 + 1}}.$$

21) 试计算积分

$$B = \int_0^\infty \int_0^\infty e^{-a\sqrt{x^2+y^2}} \cos x\xi \cos y\eta \, dxdy,$$

其中 a, ξ 及 η 是常数且 $a > 0$.

显然,

$$B = \frac{1}{4} \int_{-\infty}^{+\infty} \int_{-\infty}^{+\infty} \cdots dxdy.$$

令

$$x = r\cos\theta, \quad y = r\sin\theta,$$

变到极坐标; 同时为了简化计算起见, 又令

$$\xi = \rho\cos\varphi, \quad \eta = \rho\sin\varphi.$$

代入并略加改变后得

$$B = \frac{1}{8} \left\{ \int_0^{2\pi} d\theta \int_0^\infty e^{-ar} \cos[r\rho\cos(\theta - \varphi)] \cdot r dr \right.$$
$$\left. + \int_0^{2\pi} d\theta \int_0^\infty e^{-ar} \cos[r\rho\cos(\theta + \varphi)] \cdot r dr \right\}.$$

令 $\theta \mp \varphi = \lambda$ 并利用周期性, 我们将这两个逐次积分化为同样的一个:

$$B = \frac{1}{4} \int_0^{2\pi} d\lambda \int_0^\infty e^{-ar} \cos(r\rho\cos\lambda) \cdot r dr = \int_0^{\frac{\pi}{2}} d\lambda \int_0^\infty e^{-ar} \cos(r\rho\cos\lambda) \cdot r dr.$$

容易计算出 (例如, 分部积分)

$$\int_0^\infty e^{-ar} \cos br \cdot r dr = \frac{a^2 - b^2}{(a^2 + b^2)^2} \quad (a > 0).$$

此时,

$$B = \int_0^{\frac{\pi}{2}} \frac{a^2 - \rho^2 \cos^2\lambda}{(a^2 + \rho^2 \cos^2\lambda)^2} d\lambda = \frac{\pi}{2} \cdot \frac{a}{(a^2 + \rho^2)^{\frac{3}{2}}}$$
$$= \frac{\pi}{2} \cdot \frac{a}{(a^2 + \xi^2 + \eta^2)^{\frac{3}{2}}}.$$

在更一般形状下也可证明 (用同一方法): 如积分

$$\int_0^\infty \int_0^\infty \varphi(\sqrt{x^2 + y^2}) \cos x\xi \cos y\eta dx dy$$

存在, 则它恒仅与 $\sqrt{\xi^2 + \eta^2}$ 相关, 即有 $f(\sqrt{\xi^2 + \eta^2})$ 的形状.

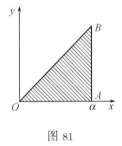

图 81

22) 设 (D) 是由不等式 $0 \leqslant x \leqslant \alpha$ 及 $y \leqslant x$ 所指的三角形 OAB (图 81), 而 $f(x)$ 是任意一自 0 到 α 的连续函数, 将二重积分

$$\iint_{(D)} \frac{f(y) dx dy}{\sqrt{(\alpha - x)(x - y)}}$$

用两种方法化为逐次积分以证公式

$$\int_0^\alpha \frac{dx}{\sqrt{\alpha - x}} \int_0^x \frac{f(y) dy}{\sqrt{x - y}} = \pi \int_0^\alpha f(y) dy. \tag{15}$$

[实质上, 这是狄利克雷公式 **597**, 10) 的一特殊应用, 不过这一次应用到反常积分上罢了; 这里的奇线是: $x = \alpha$ 及 $y = x$].

我们利用公式 (15) 来解一个属于阿贝尔的有趣问题.

设 $\varphi(x)$ 是一已给函数, 在区间 $[0, a]$ 上它及其导函数皆连续, 且 $\varphi(0) = 0$. 要来确定在同一区间上的连续函数 $f(x)$, 使对所有的 x, 下一条件适合:

$$\varphi(x) = \int_0^x \frac{f(y) dy}{\sqrt{x - y}}. \tag{16}$$

[这种类型的方程其未知函数在积分号下面者, 称作积分方程. 阿贝尔方程是积分方程原始例题之一, 现在积分方程已出现有广泛发展了的理论.]

在等式 (16) 两端同乘上 $\dfrac{1}{\sqrt{\alpha-x}}$, 将它对 x 自 0 积分到任一 α $(0 < \alpha \leqslant a)$; 由 (15) 我们得

$$\int_0^\alpha \frac{\varphi(x)dx}{\sqrt{\alpha-x}} = \pi \int_0^\alpha f(y)dy.$$

如利用我们所已知的结果 **511**, 14), 在左端及右端对 α 取导数, 则就得到所求函数的表示式:

$$f(\alpha) = \frac{1}{\pi} \int_0^\alpha \frac{\varphi'(x)}{\sqrt{\alpha-x}} dx.$$

剩下还要验证: 所得函数满足提出的条件. 它对 α 的连续性容易借在 **511**, 14) 中所述变换来证明. 如将这一函数代入方程 (16), 则依靠公式 (15), 得

$$\frac{1}{\pi} \int_0^x \frac{dy}{\sqrt{x-y}} \int_0^y \frac{\varphi'(t)}{\sqrt{y-t}} dt = \int_0^x \varphi'(t)dt = \varphi(x) \quad [\varphi(0) = 0],$$

这就是所要证的.

最后我们还讨论两三个能说明某些原则性东西的例题.

23) 首先我们证明: 对于 (甚至非负函数的) 反常积分, 第 **594** 目中自二重积分的存在可推得逐次积分存在的定理一般不成立.

设在正方形 $[0,1;0,1]$ 中函数 $f(x,y)$ 定义如下:

$$f(x,y) = \begin{cases} 2^n, & \text{如 } x = \dfrac{2m-1}{2^n} \text{ 及 } 0 < y \leqslant \dfrac{1}{2^n} \\ & (n = 1,2,\cdots; m = 1,2,\cdots,2^{n-1}), \\ 0, & \text{在其它各点.} \end{cases}$$

当 $y = $ 常数时, 只有有限个 x 的值能使 $f \neq 0$. 这就是说,

$$\int_0^1 f(x,y)dx = 0 \quad \text{及} \quad \int_0^1 dy \int_0^1 f(x,y)dx = 0.$$

现在, 若 $x = $ 常数且不是 $\dfrac{2m-1}{2^n}$ 的形状, 则 $f = 0$ 且 $\int_0^1 f(x,y)dy = 0$. 而若 $x = $ 常数 $= \dfrac{2m-1}{2^n}$, 则 $\int_0^1 f(x,y)dy = \int_0^{\frac{1}{2^n}} fdy = 1$. 由此可见, 逐次积分 $\int_0^1 dx \int_0^1 f(x,y)dy$ 不存在.

[对函数 $f(x,y) + f(y,x)$, 显然, 两个逐次积分没有一个存在!]

至于二重积分, 则我们首先注意, 奇点填满了 x 轴上的线段 $[0,1]$. 对任何的 $\varepsilon > 0$ 在矩形 $[0,1;\varepsilon,1]$ 上函数 f 只在有限个直线段即对 $\dfrac{1}{2^n} \geqslant \varepsilon$ 的 $x = \dfrac{2m-1}{2^n}$ 上异于 0. 故

$$\iint_{[0,1;\varepsilon,1]} f(x,y)dxdy = 0;$$

当 $\varepsilon \to 0$ 变到极限时, 就可见到

$$\iint_{[0,1;0,1]} f(x,y)dxdy = 0.$$

24) 不难确证, 二重积分

$$\text{(a) } \int_0^\infty \int_0^\infty e^{-xy} \sin x\, dxdy, \quad \text{(б) } \int_0^\infty \int_0^\infty \sin(x^2 + y^2)dxdy$$

都不存在 (在第 **612** 目所给出定义的意义下).

在情形 (a) 下很清楚, 积分号下函数绝对值的积分不存在, 因为否则逐次积分

$$\int_0^\infty |\sin x| dx \int_0^\infty e^{-xy} dy = \int_0^\infty \frac{|\sin x|}{x} dx$$

将有有限值, 但事实上不是如此 [**477**]. 于是, 由 **613**, 就得出断言.

在情形 (б) 下, 如以 (K_R) 表中心在原点半径为 R 的圆的四分之一, 则变到极坐标时将有

$$\iint_{(K_R)} \sin(x^2 + y^2) dxdy = \int_0^{\frac{\pi}{2}} d\theta \int_0^R \sin r^2 \cdot r dr = \frac{\pi}{4}(1 - \cos R^2).$$

当 R 增大到无穷时这一式子没有确定的极限, 也就解决了问题.

很奇怪的我们注意, 在所讨论的两例中的每一个, 其两种逐次积分均存在 (甚且彼此相等):

$$\int_0^\infty dy \int_0^\infty e^{-xy} \sin x dx = \int_0^\infty \sin x dx \int_0^\infty e^{-xy} dy = \frac{\pi}{2} \qquad [\mathbf{522}, 2^\circ],$$

$$\int_0^\infty dy \int_0^\infty \sin(x^2 + y^2) dx = \int_0^\infty dx \int_0^\infty \sin(x^2 + y^2) dy = \frac{\pi}{4} \qquad [\mathbf{522}, 5^\circ].$$

因此, 对于变号的函数, 逐次积分之一的存在还不足保证二重积分的存在 (我们回忆一下, 在 **614** 中我们补充要求了函数绝对值逐次积分的存在!).

25) 因为无穷矩形 $[0, +\infty; 0, +\infty]$ 不能当作任意无穷伸展的区域 (如在第 **612** 目中定义所要求者) 来概括, 而只能当作形如 $[0, A; 0, B]$ 的特殊矩形区域的极限, 故在上所考察的两情形下仍可证得: 积分

$$\iint_{[0, A; 0, B]} \cdots dxdy$$

当 $A, B \to +\infty$ 时有一确定的有限极限存在.

这立刻可以从积分

$$\iint_{[0, A; 0, B]} \sin(x^2 + y^2) dxdy$$

$$= \int_0^A \sin x^2 dx \cdot \int_0^B \cos y^2 dy + \int_0^A \cos x^2 dx \cdot \int_0^B \sin y^2 dy$$

看出来, 它在所述极限过程下趋近于极限 $\frac{\pi}{4}$ [**522**, 5°].

现在我们来考察积分

$$\iint_{[0, A; 0, B]} e^{-xy} \sin x dx = \int_0^A \frac{\sin x}{x} dx - \int_0^A \frac{e^{-Bx} \sin x}{x} dx.$$

右端的第一个积分 (当 $A \to +\infty$ 时) 趋近于 $\frac{\pi}{2}$, 而第二个 (当 $A, B \to +\infty$ 时) 有极限 0, 因为其绝对值不超过积分

$$\int_0^A e^{-Bx} dx = \frac{1 - e^{-AB}}{B}.$$

这样, 最后取极限时得 $\frac{\pi}{2}$.[①]

[①]这一极限与两逐次积分的值相一致, 在两情形下都如此, 当然不是偶然的 [参照 **168**].

与极限过程特殊化相关的类似极限好像反常积分的 "主值" [**484**] 一样. 在任意伸展到无穷的区域的情况下也可考察它们, 如在区域的外面令函数等于零. 有些数学家认为将这些极限就放在反常二重积分概念的定义本身中很为合适 (这与在我们的叙述中所采用的定义本质上相异). 在这种观点下, 24) 中所考察的两个积分就是收敛的且非绝对收敛.

　　附注　类似的情况发生在二重级数中. 因为我们在那里总是从无穷长方矩阵出发, 所以不断用加边的有限长方矩阵来概括它是很自然的. 这已被我们安置在二重级数和的定义中 [**394**]. 因此之故, 二重级数既能绝对收敛, 也能非绝对收敛. 然而, 也另有一种观点存在, 按照这种观点, 从一个无穷矩阵中可以用任何形式的一些曲线分离出有限块来, 只要这些曲线能够所有的点到无穷远去就行了 [**612**]. 如站在这种观点上的话, 则二重级数也可与反常二重积分 一样能仅仅绝对收敛.

第十七章 曲面面积·曲面积分

§1. 双侧曲面

618. 曲面的侧 让我们首先来建立在以后讨论中占重要地位的曲面的侧这一概念.

在许多情形中, 这个概念是通过直觉就可以了解的. 如果曲面是由形如 $z = f(x, y)$ 的显方程给出, 那就可以说到这曲面的上侧或下侧.[①] 如果曲面范围着一个立体, 那也容易想象到它的两侧 —— 朝向立体的内侧, 与朝向立体的周围空间的外侧.

从这直觉的概念出发, 我们现在要对曲面的侧这个概念给以确切的定义.

考虑一个光滑的曲面 (S), 它是封闭的或者是由分段光滑的边界所围成的, 并且它上面没有奇点; 因此, 在这曲面的各点上都有确定的切面, 它的位置随着切点位置的改变而连续地改变.

在曲面上取一定点 M_0, 并在这点引一法线, 这法线有两个可能的方向 (它们可用方向余弦的符号来区别), 我们认定其中一方向. 沿曲面画一个起自 M_0 而又回到 M_0 的闭路, 并假定它不越过曲面的边界. 令点 M 沿着这闭路环行, 并在其各个接续的位置上给予法线一个方向; 这些方向就是由我们在起点 M_0 处所选定的那个法线方向连续地转变来的. 这时下面两种情形必有一种发生: 令点 M 环行一周再回到 M_0 时, 法线的方向或与出发时所定者相同, 或与出发时所定者相反.

如果对于某一点 M_0 及某一通过 M_0 的闭路 M_0AM_0, 后一种情形发生, 则对于其它任一点 M_1 也容易作出一个起自 M_1 而又回到 M_1 的闭路, 使回到 M_1 时

[①]我们常采用这类说法, 这时是指 z 轴本身垂直向上.

法线的方向与起初所定者相反. 例如, 假若我们理解 M_1M_0 为曲面上连接 M_1 与 M_0 两点但不越过曲面的边界的任一曲线, 而 M_0M_1 为与其方向相反的同一曲线, 则 $M_1M_0AM_0M_1$ 就是这样的一个闭路.

在这情况下曲面叫做**单侧的**. 所谓的**默比乌斯带** (图 82) 就是这类曲面的一个典型的例子. 如果我们把一长方形纸条 $ABCD$ 先扭一次, 再粘起来, 使 A 点与 C 点相合, B 点与 D 点相合, 我们就可得到它的一个模型. 假若用一种颜色来涂这个扭成的环带, 那就可以不越过它的边界而用这种颜色

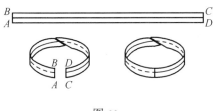

图 82

涂遍环带的全部. 像这一类的曲面不在我们今后讨论之列.

现在我们假定不论 M_0 是怎样的点, 不论通过 M_0 而不越过曲面边界的线是怎样的闭路, 沿此线进行一周再回到起点 M_0 时, 法线的方向与起初所定者相同. 在这些条件下的曲面叫做**双侧的**.

设 S 是一个双侧曲面. 在 S 上任取一点 M_0, 并给这点的法线一个确定的方向. 取这曲面的其它任一点 M_1, 我们用任一个在曲面上但不越过曲面边界的道路 (K) 来连接 M_0 与 M_1, 并令点 M 沿这道路从 M_0 进行到 M_1. 如果这时法线的方向连续地改变, 则点 M 到达 M_1 的位置时就带着一个完全确定的法线方向, 不依赖于道路 (K) 的选择. 实际上, 假若说 M 沿着两个不同的道路 (K_1) 与 (K_2) 从 M_0 进行到 M_1 时, 我们会到 M_1 点得到两个不同的法线方向, 则闭路 $M_0(K_1)M_1(K_2^{-1})M_0$ 就会使得回到 M_0 时所带的法线方向不同于起初的法线方向. 这和双侧曲面的定义相矛盾.

由此可见, 在双侧曲面上, 选定了一个点上的法线方向便唯一地决定全部点上的法线方向的选择. 曲面上全部点的集合连同那按指定的规则对这全部点上的法线所给予的方向, 叫做**曲面的一个定侧**[97].

619. 例　1) 最简单而又最重要的双侧曲面的例子是用显方程 $z = f(x, y)$ 表达的曲面, 这里假定函数 z 在某一平面区域 (D) 内连续, 并且在这区域内有连续的偏导数

$$p = \frac{\partial z}{\partial x} \quad 与 \quad q = \frac{\partial z}{\partial y}.$$

---

[97] 特别是, 从所引入的定义与前面对此所作的说明, 可以作出对今后来说重要的结论. 首先, 曲面的侧完全由此曲面上在每一点的法线方向 (两个可能的方向中的一个) 所确定. 第二, 前面所提到的选择不是随意的, 所考察的曲面上相应于点 M 的法线方向应当连续地依赖于点 M 的位置. [这一要求只有表为方向余弦的说法才是方便的: 在点 M 选择的法线方向与坐标轴夹角的余弦 —— $\cos\lambda, \cos\mu, \cos\nu$ —— 应是 M 的连续数值函数. 这一连续性条件的表述在今后常常会用到. 应指出, 正是由于连续性条件, 在定侧时, 仅在曲面的一点上确定法线方向才是可以的 —— 曲面在其余点的方向已经成为确定的了.]

最后, 第三, 由单侧曲面与双侧曲面的定义得出, 事实上单侧曲面不可能有侧, 同时易见双侧曲面总是有且仅有两侧, 前面所说也证实名词 "双侧曲面" 本身是有道理的.

在这种情况下曲面的法线方向余弦具有表达式 [**234**, (11)]:

$$\cos\lambda = \frac{-p}{\pm\sqrt{1+p^2+q^2}}, \quad \cos\mu = \frac{-q}{\pm\sqrt{1+p^2+q^2}}, \quad \cos\nu = \frac{1}{\pm\sqrt{1+p^2+q^2}}.$$

在根式前选取一确定的符号后, 就在曲面的全部点上都建立了确定的法线方向. 因为根据假设, 方向余弦是点的坐标的连续函数, 故它所定的法线方向也连续地依赖于点的位置. 由此显然可见, 在 $\cos\lambda, \cos\mu, \cos\nu$ 的公式中根式前符号的选择, 正是在以前所说的曲面的侧这个概念的意义之下, 确定了曲面的一侧.

如果我们在根式前选取正号, 则在曲面的全部点上

$$\cos\nu = \frac{1}{\sqrt{1+p^2+q^2}}$$

是正的, 就是说所选一侧的对应法线和 z 轴作成的角是锐角. 因此, 由这选定的符号所确定的曲面的一侧是上侧. 反之, 在法线方向余弦的表达式中选取负号就显示出曲面的下侧 (全部法线都和 z 轴交成钝角).

2) 我们现在考虑, 更一般地, 任意一个由参数方程

$$x = x(u,v), \quad y = y(u,v), \quad z = z(u,v) \tag{1}$$

给出的非封闭的光滑曲面 (S) 并且参数 u,v 在 uv 平面上某一有界区域 (Δ) 内变化. 光滑性要求 (1) 中各函数及其偏导数都在 (Δ) 内连续, 并且曲面没有奇点. 此外 (特别着重地指出), 我们假定重点不出现, 所以曲面的每一点只能从参数 u,v 的一对值得到.

如果像寻常一样用 A, B, C 表示矩阵

$$\begin{pmatrix} x'_u & y'_u & z'_u \\ x'_v & y'_v & z'_v \end{pmatrix}$$

中三个行列式[98], 再假设恒有 $A^2 + B^2 + C^2 > 0$, 则曲面的法线方向余弦可用熟知的公式来表达 [**234**, (17)]:

$$\left. \begin{aligned} \cos\lambda &= \frac{A}{\pm\sqrt{A^2+B^2+C^2}}, \quad \cos\mu = \frac{B}{\pm\sqrt{A^2+B^2+C^2}}, \\ \cos\nu &= \frac{C}{\pm\sqrt{A^2+B^2+C^2}}. \end{aligned} \right\} \tag{2}$$

并且在这情况下根式前选定一种符号便决定曲面的一侧, 所以曲面是双侧的. 实际上, 如果符号已选定, 则对于曲面的每一点 (因为只有 u,v 的一对值对应于它!) 公式 (2) 和一个确定的法线方向相对应. 当点移动时, 法线方向连续地改变[99].

没有无重点的假定时, 那就不能无条件地肯定说这曲面是双侧的. 因为和曲面的重点 M_0 对应至少有参数的两对不同的值 u_0, v_0 与 u_1, v_1, 而对于这两对值即使把根式前的符号取得一样, 公式 (2) 仍可能对 M_0 处的法线定出两相反的方向. 如果真是这样, 则这曲面一定是单侧的. 实际

---

[98]我们记得

$$A = \begin{vmatrix} y'_u & z'_u \\ y'_v & z'_v \end{vmatrix}, \quad B = \begin{vmatrix} z'_u & x'_u \\ z'_v & x'_v \end{vmatrix}, \quad C = \begin{vmatrix} x'_u & y'_u \\ x'_v & y'_v \end{vmatrix}.$$

[99]在公式 (2) 的每一个根式前都取正号所确定的曲面 (S) 的侧称为用所考察的参数表示产生的侧; 今后我们有时用记号 (S_+) 来表示, 而与该侧相反的一侧用记号 (S_-) 表示.

上, 我们连接点 $m_0(u_0, v_0)$ 与点 $m_1(u_1, v_1)$ 成为 uv 平面上一个曲线 $m_0 m_1$; 于是沿这曲线我们得到曲面 (S) 上一个起自 M_0 而再回到 M_0 的闭曲线: 若一个点带着一个法线方向从 M_0 出发, 则沿这曲线环行一周而回到 M_0 时, 它所带的法线方向已与出发时所定者相反!

3) 若一光滑曲面 (S) 是封闭的, 围着某一个立体, 则它具有两侧 —— 内侧与外侧 —— 是很明显的. 设这曲面是由 (1) 中各参数方程表达. 这时, 虽然关于曲面上的点与区域 (Δ) 上的点成一一对应的假设不完全能实现, 但是公式 (2) 中符号的选择却全然确定曲面的一侧. 事实上像刚才上面说过的那种情形在这里是根本不可能的.

620. 曲面和空间的定向   设 (S) 是由简单闭路 (L) 所范围的一个非封闭的光滑双侧曲面; 选取这曲面的一个定侧. 我们现在按下面的规则对闭路 (L) 记上一确定的环行方向作为正向: 这一个方向由观察者看来必须是依反时针方向进行的; 这时假想观察者依这方向沿着这界线进行, 且与选定的一侧对应的曲面的法线同向地站着. "反时针方向" 的含义, 确切地说, 就是观察者必须在他左边看见与他紧接的曲面的部分. 对于曲面上每一个围着一部分曲面的简单闭曲线来说, 它的**正向**由这同一个规则同时建立起来.① 与正向相反的环行方向叫做**负向**, 总之, 这就是**曲面的定向概念**的内容. 如果从曲面的另一侧出发, 则法线要改其方向为相反的方向, 观察者的位置也要变更; 因此按照我们的规则必须重新布置闭路 (L) 的正负向以及曲面上其它各闭路的正负向: 曲面改变其定向. 由此可见, 如果始终保持这个确立了的规则, 则选定了曲面的一侧就确定了曲面的定向; 反之, 选定了曲面边界的正向, 就唯一地确定了曲面的一侧.

在封闭的光滑曲面 (S) 范围着某一个立体的情况下, 这里所能谈到的是对于这个立体来说曲面的外侧或内侧. 要对于任一个简单的闭曲线用上述的规则来确立它的正向, 这时不能做到, 其原因是双重的. 首先是这种曲线 (例如在环面上的任一经线或纬线) 简直可以 "不分割" 曲面, 那时曲面从双方紧接着曲线: 我们的规则不能给出什么. 然而即使闭路 "分割" 曲面成两区域, 它也同样地 "范围着" 这两区域, 并且我们的规则要看选取的是哪一个区域来定这闭路的两方向中哪一个作为正向. 以 "分割" 曲面的那种闭路为限, 我们开头把一个区域和边界一同指出, 然后正向就完全而唯一地建立起来②. 100) 于是曲面的两定向之一就全靠所选取的一侧决定.

---

①当在闭路上确定正向时, 必须只考虑这个部分.

②如果考虑平面上由同样的方向所确定的开的或闭的曲线, 则在第一种情形下可以说出曲线上的任意两点哪个在前与哪个在后, 而在第二种情形下只有指出了那两个点及由它们所限制的弧线以后, 才能够那样地说, 可以看出这里所说的与正文所说的相类似之处.

100)这样一来, 例如, 确定了球面的定侧以后, 我们可以谈论沿此球面的上半球面的边界环行方向的正负; 同样可以谈论沿下半球面边界环行的正负方向. 然而不能谈沿球面赤道本身环行的正负方向.

总体上可以说, 给曲面定向是选择 (相应于所考虑的曲面的侧) 沿着每个位于曲面上, 由简单分段光滑闭路所范围的区域的边界环行的正方向. 上述进行选择的规则可以比此前课文中所说的表述得更为正式一些. 事实上, 更为正式的表述在下一目中. 同样可看下页上的脚注 101).

如果对于每一个这样的曲面, 把那个和曲面的外侧对应的定向规定作正的定向, 而把和它相反的当作负的定向, 则空间本身由此而产生了某种确定的定向. 这完全类似于平面上任一简单闭曲线的正向 (可以说是正的定向) 的选取, 可以表征平面的定向 [548].

现在定义的那个空间定向, 归根到底是以反时针方向的旋转作为它的基础的, 叫做**右手定向**. 若所持的出发点是顺时针方向的旋转, 则得到空间的**左手定向**. 为了避免混乱起见, 我们今后在空间定向起作用的那些问题上总是预定右手的空间定向.

必须指出, 空间坐标轴的安排要由所规定的空间定向去决定. 在右手定向下, 坐标轴要安排得这样, 当我们从正的 z 轴望它们时, 由正的 x 轴到正的 y 轴的旋转是按反时针方向

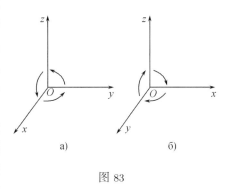

图 83

进行的 (当字母 xyz 循环轮换时这也保持有效) (图 83, a)); 在左手定向下, 所说的旋转就顺时针方向进行 (图 83, б)). 在第一种情形下坐标系 $Oxyz$ 叫做右手的, 而在第二种情形下叫做左手的. 遵照上面所定的条件, 我们今后在所指的各情况下采用右手坐标系.

621. 法线方向余弦公式中符号的选择 我们现在要对前面说过的概念, 即曲面的一个侧的选择和其一个定向的建立两者之间的关系, 给出一个在以后极重要的应用.

我们再考虑简单的非闭的光滑曲面 (S), 并选取它的一个定侧 (跟着也选好了定向!). 设 (Λ) 是 uv 平面上的区域 (Δ) 的边界, 而 (L) 是我们的曲面上和它对应的边界. 我们假定 (这总容易实现), 边界 (L) 的正向对应于边界 (Λ) 的正向. 于是对于两个彼此对应的在区域 (Δ) 内的闭路 (λ) 和在曲面 (S) 上的闭路 (l), 也有同样的情形: (λ) 的正向引出 (l) 的正向.[①]

在这些条件下为了显示所选的曲面一侧, 必须选取法线方向余弦公式 (2) 中根式前的正号[101].

[①]因为一闭路的方向可以由它的任一部分的方向来判断, 所以对于和 (Λ) 有一公共部分的闭路 (λ) 来说, 所下的断言是显明的, 然后容易变到一般场合.

[101]从楷体字所述的假定推出, 范围曲面 (S) 上某一区域的边界 (L) 的环行方向, 可按下述规则确定. 首先确定曲面 (S), 或至少是 (S) 上的一部分区域连同范围这个区域的边界 (L) 的参数表示 $x = x(u,v), y = y(u,v), z = z(u,v)$. 其次, 求出在 uv 平面上与曲线 (L) 及其所范围的区域相应的、互相单值确定的曲线 (Λ) 与区域 (Δ). 现在假定, uv 平面补上与坐标轴 u 与 v 的配置相应的定向 [参看 548]. 我们可以按下述方式确定与曲面 (S) 所选的侧相应的边界 (L) 的环行方向. 如果所选曲面 (S) 的侧是 (S_+) 侧, 那么对 (L) 的正向是这样的环行方向: 它与边界 (Λ) 的正的环行方向相对应; 反之, 在 (S_-) 侧的情形对 (L) 的正环行方向对应于边界 (Λ) 的负的环行方向.

要证明这个断语只要查明, 至少有一点处由这些带正号的公式所确定的方向和所要求的法线方向相一致. 取曲面上任意一个内点 M_0; 在区域 (Δ) 内有和它对应的点 $m_0(u_0, v_0)$.

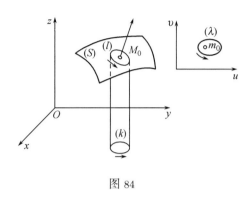

图 84

设在这点处, 譬如说, 行列式

$$C = \begin{vmatrix} x'_u & y'_u \\ x'_v & y'_v \end{vmatrix}$$

不为零. 于是在 uv 平面上找得到点 m_0 的一个这样小的邻域 (其边界为 (λ)), 使得在曲面 (S) 上和它对应的点 M_0 的邻域 (其边界为 (l)) 是一一对应地射影到 xy 平面上. 用 (k) 表这射影在 xy 平面上的闭路 (图 84).

如果在所考虑的点处以及在它的邻域内 $C > 0$, 则对应于闭路 (λ) 的正向有闭路 (k) 的正向 (即在所选择的坐标轴的排列下其方向是反时针方向) [参看 **606**, 1°]. 从图形中显然可见, 要曲面上和 (k) 对应的闭路 (l) 的方向也是反时针方向, 就必须从上面朝它看, 因此在这情况下点 M_0 处的法线应该是向上的, 即应该与 z 轴交成锐角. 如果在公式 (2) 中取正号, 则由公式 (2) 就正有这情形, 因为当 $C > 0$ 时 $\cos \nu > 0$. 反之, $C < 0$ 时法线应该与 z 轴交成钝角, 这在上述选取的符号下一样地成立, 因为 $C < 0$ 时 $\cos \nu < 0$.

若光滑的曲面 (S) 是闭的而且范围着某一个立体 [参看 **619**, 3)], 则对于它来说就有类似的情形发生. 假设我们已认定了曲面的一个定侧, 并且假设对应于区域 (Δ) 内任一闭路 (λ_0) 的正向有曲面 (S) 上由它定义的闭路 (l_0) 的正向, 只要 (l_0) 所范围的那个在曲面 (S) 上的区域是与 uv 平面上由闭路 (λ_0) 所范围的区域相对应. 在这种情况下, 上面对于开曲面所证明的命题这时也是正确的.

622. 分片光滑曲面的情形　在 **620** 目中所发展的概念, 也为曲面的侧的概念推广到分片光滑的曲面的情形提供了一个便利的方法. 第 **618** 目中所叙述的一些见解不能直接地应用到这里, 因为沿着那些连接各片光滑曲面的 "棱" 没有确定的切面, 而且通过这些棱时谈不到法线方向的连续变化.

设给定的分片光滑的曲面 (S) 是由各光滑的曲面 $(S_1), (S_2), \cdots$ 所组成, 它们是沿着棱 (即它们边界的公共部分) 一个接着一个的. 首先假设这些面片中各片分开来都是双侧的. 可是, 要能够把整个曲面 (S) 看作是双侧的, 这个假设自然是不充分的; 不难看出默比乌斯曲面是由两片光滑的双侧曲面作成的.

在每片曲面 (S_i) $(i = 1, 2, \cdots)$ 的边界 (K_i) 上选取其两方向中之一作为正向; 我们已知道, 这可以确定曲面 (S_i) 的一侧. 若这选择法能够进行到这样, 使得相接的两边界的公共部分[1] 总是在两边具两个相反的方向 (图 85), 则只有这时曲面 (S) 是双侧的. 曲面 (S) 的一侧定义为由所述方法选出来的它的各部分的侧的总和.

如果就在一个地方把一个边界的方向改为相反的方向, 则为了遵守我们的条件必须对所有的边界都这样做. 于是所选的各片曲面 (S_i) 的侧都要用与它们相反的侧来替代; 这些相反的侧的总和就组成曲面的第二侧.

为了要掌握所作的一些规定, 向读者建议: 1) 用一立方体的面 (图 86) 作为例子, 选择其六个面的边界的应有方向来实现这些规定, 2) 假若企图对一已分解成为两个或多个双侧曲面的默比乌斯带也这样做, 试了解当中会有那些困难发生, 最后, 3) 指出上面所给的关于曲面侧的定义与曲面被分解为怎样的光滑面片无关.

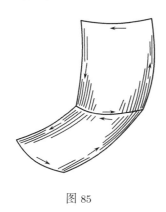

图 85

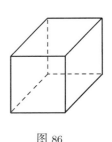

图 86

§2. 曲面面积

623. 施瓦茨的例子 曲面面积的概念与曲线长的概念有相似的地方. 我们已定义 (开口) 弧长为内接于这弧的折线的周界当其各个边长趋于零时的极限. 在曲面 (譬如说也是开的) 的情况下, 很自然地会去考虑内接于它的多面形, 并且定义曲面面积为这多面形的面积当其各个面的直径趋向于零时的极限.

可是在 19 世纪末这个定义的缺陷已被揭露出来. 那就是施瓦茨 (H. A. Schwarz) 证明了上述极限甚至对于简单的直圆柱面都可以不存在! 我们来给出这一具启发性的例子.

设给出一个半径为 R 与高为 H 的圆柱面. 用下面的方法画内接于这柱面的多面形. 将柱面的高分为 m 等分, 过每一分点作垂直于这柱面的轴的平面, 于是在这曲面上得到 $m+1$ 个圆周 (包括柱面两底上的圆周在内). 将每一圆周分为 n 等分, 使上一圆周的分点位于其下一圆周的弧的中点上头.

---

[1]这个部分也可以由一些单独的面片组成.

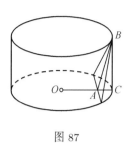

图 87

由所有这些弧的弦以及连接每一弦的端点到其上一圆周上和下一圆周上的分点 (它们恰巧分别地安置在对应弧的中点上头和下头) 的线段作成三角形 (图 87). 这些三角形的总数是 $2mn$ 个, 并且都是全等形. 它们总合起来就构成我们所需要的一个多面形 ($\Sigma_{m,n}$); 图 88 就代表它的一个模型.

我们现在来计算每个三角形的面积 σ. 取弦做底, 其长等于

$$2R\sin\frac{\pi}{n}.$$

求三角形的高 AB (参看图 87), 要我们注意 $AB = \sqrt{AC^2 + BC^2}$, 其中

$$AC = OC - OA = R\left(1 - \cos\frac{\pi}{n}\right), \quad BC = \frac{H}{m}.$$

因此, 这一三角形的面积等于

$$\sigma = R\sin\frac{\pi}{n}\sqrt{R^2\left(1 - \cos\frac{\pi}{n}\right)^2 + \left(\frac{H}{m}\right)^2},$$

而多面形的全面积等于

$$\Sigma_{m,n} = 2mn\sigma = 2R \cdot n\sin\frac{\pi}{n}$$
$$\times\sqrt{R^2m^2\left(1 - \cos\frac{\pi}{n}\right)^2 + H^2}.$$

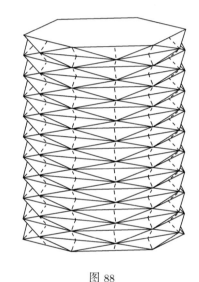

图 88

当 m 与 n 无限增加时, 所有三角形的直径趋向于零, 但面积 $\Sigma_{m,n}$ 没有极限. 实际上, 若令 m 与 n 这样地增加, 使得比值 $\dfrac{m}{n^2}$ 趋向于一个确定的极限 q:

$$\lim\frac{m}{n^2} = q,$$

则因我们原有

$$\lim n \cdot \sin\frac{\pi}{n} = \pi,$$

而另一方面根据所作的假设又有

$$\lim m\left(1 - \cos\frac{\pi}{n}\right) = \lim m \cdot 2\sin^2\frac{\pi}{2n} = \lim \frac{\pi^2}{2}\frac{m}{n^2} = \frac{\pi^2}{2}q,$$

所以

$$\lim\sum_{m,n} = 2\pi R\sqrt{\frac{\pi^4 R^2}{4}q^2 + H^2}.$$

我们看到, 这个极限实质上依赖于 q 的大小, 即依赖于 m 与 n 同时增加的方式. 当 $q = 0$ 时而且只有在这时, 所说的极限等于 $2\pi RH$ (这是在几何学教程中所已求出的面积的大小), 但它甚至可以和 q 同时为无穷大. 因此, 当 m 与 n 两数各自独立地变到无穷大时, 面积 $\Sigma_{m,n}$ 确实没有确定的极限. 由此可见, 如果站在上述定义的观点上, 则柱面是没有面积的.

重要的是要了解, 在内接于曲线的折线情况与内接于曲面的多面形情况间有些什么区别. 为了简便起见, 我们把所说的曲线与曲面都算作光滑的. 在曲线上, 只要所作折线的各个弦足够小, 则每个弦的方向与其对应弧上任一点处的切线方向要相差多小就多小. 所以这种无穷小的弦可以越来越加准确地当作其对应的弧的元素. 相反, 要多小就可多小的那种顶点落在曲面上的多角形的面, 可以完全地按自己在空间的位置不与曲面的切面接近; 在这种情形下它显然不能替代曲面的元素. 这种情形很好地说明了刚才所考虑的例子: 柱面的切面全是直立的, 而内接于柱面的各个三角形的面当 q 很大时几乎都变成水平的, 而构成一些微小的皱纹.

624. 曲面面积的定义 整个以上所述, 引使我们想到预先要求于所给曲面的内接多面形的, 不仅是它的各个面的直径要趋向于零, 而且这些面在空间的位置要无限地接近于曲面的各个切面的位置.

可是这种想法要完全实现很不简单, 我们只好放弃它 [参看第 **627** 目]. 我们要以另一种但也完全出乎自然的想法做基础, 来给出**曲面面积概念的定义.**

我们将考虑一个由分段光滑的闭路 (L) 所范围的开的光滑曲面 (S). 设这曲面被一个分段光滑的曲线网分成许多部分

$$(S_1), (S_2), \cdots, (S_n),$$

并在每一部分 (S_i) 内任意地选取一点 M_i $(i = 1, 2, \cdots, n)$. 把元素 (S_i) 垂直地射影到曲面在点 M_i 处的切面上, 我们得到在射影内的平面图形 (T_i), 其面积为 T_i.

这些面积 T_i $(i = 1, 2, \cdots, n)$ 的和在各个元素 (S_i) 的直径趋于零时的极限 S 叫做曲面 (S) 的面积.

若用 λ 表示上述的各个直径中最大者, 则可写

$$S = \lim_{\lambda \to 0} \sum_i T_i.$$

读者无论用 "ε-δ 说法" 或用 "序列的说法" 不难重新订出对这一极限步骤的精确说明.

具有面积的曲面叫做**可求积的曲面**.

625. 附注 为了使所说的定义得到确切的意义, 我们要建立下面的辅助断语:

曲面 (S) 上每个直径足够小的部分 (S') 是一一对应地射影到这部分的任一点 M' 处的切面上.

因此, 如果前一目所指的曲面的一切元素 (S_i) 的直径都足够小, 则它们在其对应切面上的射影 (T_i) 都是完全确定的平面图形. 这些图形都是由分段光滑的曲线所围成的, 而且显然是可求面积的: 和数 ΣT_i 具有意义.

我们来**证明**这断语. 设曲面 (S) 是由参数方程

$$x = x(u, v), \quad y = y(u, v), \quad z = z(u, v) \tag{1}$$

给出, 其中 (u, v) 在 uv 平面上一个由分段光滑的边界 (Λ) 所围的区域 (Δ) 内变化. 同时假定在 (S) 的点与 (Δ) 的点之间有一一对应关系, 并且 (S) 的边界 (L) 上的点对应于边界 (Λ) 上的点.

为了消除与边界上的点联系着的一些困难, 宜在事先把 (1) 中各函数扩充到某一更大的区域 $(\widetilde{\Delta})$ 上, 但保存其可微性 [**261**], 从而就得到作为曲面 (S) 的延展的一个曲面 $(\widetilde{S})$.

曲面 (S) 的每一点 M_0 可用曲面 (S) 的这样的一块面 (s) 来覆盖 [如果所说的点是在 (S) 的边界上, 则 (s) 算是属于 $(\widetilde{S})$ 的], 使得这一块面是由 [**228**] 目中三个显方程之一来表达并且射影到对应的坐标面上某一圆内. 除此以外, 可以假定在 (s) 的两个点处的法线无论何时也不会互相垂直 (这不难用缩小区域直径的办法来达到). 于是我们肯定说, 面块 (s) —— 对应地射影到它的任一点处的切面上.

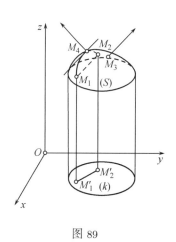

图 89

要证明这一断言, 我们用反证法. 假设这个断言不成立, 于是在 (s) 上就有这样的三个点 M_1, M_2, M_3, 使得弦 $M_1 M_2$ 平行于曲面在点 M_3 处的法线 (图 89). 设这时曲面 (s) 本身, 譬如说, 是由形如

$$z = f(x, y)$$

的显方程表达, 这里点 (x, y) 在 xy 平面的圆 (k) 内变动. 通过弦 $M_1 M_2$ 作平行于 z 轴的平面; 它沿着某一弧 $\overset{\frown}{M_1 M_2}$ 与曲面 (s) 相交.[①] 我们知道 [**112, 114**], 在这弧上必有一点 M_4, 在这点的切线平行于这个弦. 但是, 这时在 M_4 处的法线一定是垂直于这个弦的, 也就是垂直于在点 M_3 处的法线的, 这与我们的假设相矛盾. 于是我们的断言得到了证明.

由此出发我们现在进行证明起初所作的断语. 对于曲面 (S) 的每一点 M_0 我们用它的一个更小的 "邻域" (s') 来替代上面所提到的它的 "邻域" (s), 使得它们的边界没有公共点. 在 uv 平面上有点 m_0 及它的邻域 (δ') 对应于点 M_0 及面块 (s'); 不要把 (s') 与 (δ') 的边界列入 (s') 与 (δ') 之内, 就是说它们都算作开的区域. 把博雷

[①]弦 $M_1 M_2$ 在 xy 平面上的射影线段 $M_1' M_2'$ 全部属于圆 (k), 这点情况在这里发生了作用.

尔的引理 [175] 应用到覆盖着全部区域 (Δ) 的开域的集合 {(δ′)} 上, 我们可选出其中有限多个开域来覆盖 (Δ); 回到曲面 (S) 上, 也就不难得到有限多个面块

$$(s_1'), (s_2'), \cdots, (s_m'),$$

用来覆盖全部曲面 (S). 与此同时, 我们还要考虑起初所提到的较大的对应区域:

$$(s_1), (s_2), \cdots, (s_m).$$

对每个 i 言我们取出由曲面的部分 $(S) - (s_i)$ 上所有点到 (s_i') 上所有点的距离的下确界, 并用 η 表这些下确界中最小的一个. 设我们的曲面部分 (S') 的直径小于 η. 如果它的某一点落在某一个确定的 (s_i') 内, 则全部 (S') 整个地包含在对应的 (s_i) 内; 因此 (S') 和 (s_i) 同时具有所要求的特性.

626. 曲面面积的存在及其计算 我们要证明在前面所给的一些假设下曲面 (1) 是可求面积的, 并且我们要建立一个计算它的面积的方便公式.

设 (S') 是 (S) 的任一部分, 具有在前一目开头所述的特性者, 而 $M'(x', y', z')$ 是它的任一点. 把坐标原点移到这点上, 我们就转到新坐标系 $\xi\eta\zeta$ 的上面来: 就是说, 取曲面在点 M' 处的切面作为 $\xi\eta$ 平面, 而对应的法线作为 ζ 轴 (图 90). 坐标变换的公式为:

$$\begin{cases} \xi = (x - x') \cos\alpha_1 + (y - y') \cos\beta_1 + (z - z') \cos\gamma_1, \\ \eta = (x - x') \cos\alpha_2 + (y - y') \cos\beta_2 + (z - z') \cos\gamma_2, \\ \zeta = (x - x') \cos\lambda' + (y - y') \cos\mu' + (z - z') \cos\nu', \end{cases}$$

其中 $\alpha_1, \beta_2, \cdots, \nu'$ 依照下表

	x	y	z
ξ	α_1	β_1	γ_1
η	α_2	β_2	γ_2
ζ	λ'	μ'	ν'

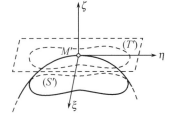

图 90

表示新旧坐标轴间的夹角.

因为 (S') 是一一对应地射影到 $\xi\eta$ 平面的某一区域 (T') 内, 而另一方面, (S') 的点与区域 (Δ) 的某一部分 (Δ') 的点又是一一对应地联系着的, 所以在 (T') 的点与 (Δ') 的点之间也具有同样的对应关系. 这可以用变换公式中前二式来实现, 只要把 x, y, z 理解为函数 (1). 应用曲线坐标的面积表示式 [605], 我们有

$$T' = \iint_{(\Delta')} \left| \frac{D(\xi, \eta)}{D(u, v)} \right| du dv. \tag{2}$$

但是雅可比式

$$\frac{D(\xi,\eta)}{D(u,v)} = \begin{vmatrix} x'_u \cos\alpha_1 + y'_u \cos\beta_1 + z'_u \cos\gamma_1 & x'_v \cos\alpha_1 + y'_v \cos\beta_1 + z'_v \cos\gamma_1 \\ x'_u \cos\alpha_2 + y'_u \cos\beta_2 + z'_u \cos\gamma_2 & x'_v \cos\alpha_2 + y'_v \cos\beta_2 + z'_v \cos\gamma_2 \end{vmatrix}$$

是与两矩阵

$$\begin{pmatrix} x'_u & y'_u & z'_u \\ x'_v & y'_v & z'_v \end{pmatrix}, \quad \begin{pmatrix} \cos\alpha_1 & \cos\beta_1 & \cos\gamma_1 \\ \cos\alpha_2 & \cos\beta_2 & \cos\gamma_2 \end{pmatrix}$$

的乘积相对应的行列式, 并且由代数学中熟知的定理知, 它等于每两个对应的二阶行列式的乘积之和

$$\begin{vmatrix} y'_u & z'_u \\ y'_v & z'_v \end{vmatrix} \cdot \begin{vmatrix} \cos\beta_1 & \cos\gamma_1 \\ \cos\beta_2 & \cos\gamma_2 \end{vmatrix} + \begin{vmatrix} z'_u & x'_u \\ z'_v & x'_v \end{vmatrix} \cdot \begin{vmatrix} \cos\gamma_1 & \cos\alpha_1 \\ \cos\gamma_2 & \cos\alpha_2 \end{vmatrix}$$
$$+ \begin{vmatrix} x'_u & y'_u \\ x'_v & y'_v \end{vmatrix} \cdot \begin{vmatrix} \cos\alpha_1 & \cos\beta_1 \\ \cos\alpha_2 & \cos\beta_2 \end{vmatrix} = A\cos\lambda' + B\cos\mu' + C\cos\nu'.$$

在这里我们利用了行列式

$$\begin{vmatrix} \cos\alpha_1 & \cos\beta_1 & \cos\gamma_1 \\ \cos\alpha_2 & \cos\beta_2 & \cos\gamma_2 \\ \cos\lambda' & \cos\mu' & \cos\nu' \end{vmatrix} (= 1)$$

中各个元的代数余子式恰好等于各个元自身这一性质. 例如, 这可由 $(\cos\alpha_1, \cos\beta_1, \cos\gamma_1)$, $(\cos\alpha_2, \cos\beta_2, \cos\gamma_2)$, $(\cos\lambda', \cos\mu', \cos\nu')$ 中的任一个是其它二个的向量乘积 [参看 **664** (2)] 而得来.

另一方面, 如果用 A', B', C' 表示行列式 A, B, C 在点 M' 的值, 则

$$\cos\lambda' = \frac{A'}{\pm\sqrt{A'^2 + B'^2 + C'^2}}, \quad \cos\mu' = \frac{B'}{\pm\sqrt{A'^2 + B'^2 + C'^2}},$$
$$\cos\nu' = \frac{C'}{\pm\sqrt{A'^2 + B'^2 + C'^2}}$$

(在一切情况下取同一种符号), 因此

$$\left|\frac{D(\xi,\eta)}{D(u,v)}\right| = \frac{|AA' + BB' + CC'|}{\sqrt{A'^2 + B'^2 + C'^2}}.$$

右端是一个在区域 $(\Delta) \times (\Delta)$ [1] 内的含四个自变量 u, v, u', v' 的连续函数, 当 $u' = u, v' = v$ 时它变为

$$\sqrt{A^2 + B^2 + C^2},$$

---

[1] 我们是用它来表示点 (u, v, u', v') 的四维区域, 其中 (u, v) 与 (u', v') 则各自属于二维区域 (Δ).

并且它与这式相差一个量 $\alpha = \alpha(u, v, u', v')$. 依据上述函数的一致连续性, 只要点 (u, v) 与 (u', v') 的距离足够小时, 这个量 α 就可变得任意地小, 而与点 (u', v') 的位置无关.

于是由 (2) 得到

$$T' = \iint_{(\Delta')} \sqrt{A^2 + B^2 + C^2} \, dudv + \varepsilon' \Delta',$$

其中 ε' 与 Δ' 的直径同时为无穷小量, 也可以说, 与 S' 的直径同时为无穷小量. 把这结果应用到曲面 (S) 被割成的各部分 (S_i) $(i = 1, 2, \cdots, n)$ 上去, 我们得到一列同样形式的等式

$$T_i = \iint_{(\Delta_i)} \sqrt{A^2 + B^2 + C^2} \, dudv + \varepsilon_i \Delta_i;$$

在这里 (Δ_i) 是区域 (Δ) 中与 (S_i) 对应的部分. 相加, 得

$$\sum_i T_i = \iint_{(\Delta)} \sqrt{A^2 + B^2 + C^2} \, dudv + \varepsilon,$$

其中

$$\varepsilon = \sum_i \varepsilon_i \Delta_i$$

显然与 λ 同时为无穷小量. 因此, 当 $\lambda \to 0$ 时 $\sum_i T_i$ 的极限确实存在:

$$S = \iint_{(\Delta)} \sqrt{A^2 + B^2 + C^2} \, dudv, \tag{3}$$

按定义这就是**曲面面积**.

如果把矩阵

$$\begin{pmatrix} x'_u & y'_u & z'_u \\ x'_v & y'_v & z'_v \end{pmatrix}$$

"自乘" 起来而作出行列式

$$\begin{vmatrix} x_u'^2 + y_u'^2 + z_u'^2 & x'_u x'_v + y'_u y'_v + z'_u z'_v \\ x'_u x'_v + y'_u y'_v + z'_u z'_v & x_v'^2 + y_v'^2 + z_v'^2 \end{vmatrix},$$

则由代数学中熟知的定理它正好等于 $A^2 + B^2 + C^2$, 通常令

$$x_u'^2 + y_u'^2 + z_u'^2 = E, \quad x'_u x'_v + y'_u y'_v + z'_u z'_v = F, \quad x_v'^2 + y_v'^2 + z_v'^2 = G,$$

这就是所谓曲面的**高斯系数**, 在微分几何学中起重要的作用. 用这种记号, 得到

$$A^2 + B^2 + C^2 = EG - F^2,$$

于是公式 (3) 也可写为:

$$S = \iint_{(\Delta)} \sqrt{EG - F^2}\, du dv. \tag{3*}$$

表示式

$$\sqrt{A^2 + B^2 + C^2}\, du dv \equiv \sqrt{EG - F^2}\, du dv \tag{4}$$

叫做**在曲线坐标下的面积元素**.

直到现在止我们都是讨论开的光滑曲面情形. 如果曲面不是这种情况, 但可分成有限多个开的光滑面块, 则各块曲面的面积和就叫做这曲面的面积. 同时不难证明, 这样定义的面积实际上不依赖于如何将给定的曲面分成所需要形状的面块. 如果整个给定的曲面是由参数方程表示, 则它的面积在上述一般情形下仍然是由公式 (3) 或 (3*) 来表示.

最后说到最简单的特殊情形, 就是曲面 (S) 是由显方程

$$z = f(x, y)$$

给出, 其中 (x, y) 在 xy 平面上的区域 (D) 内变动. 变量 x 与 y 具有参数 u 与 v 的功用. 像平常一样, 令

$$p = \frac{\partial z}{\partial x}, \quad q = \frac{\partial z}{\partial y},$$

我们按照矩阵

$$\begin{pmatrix} 1 & 0 & p \\ 0 & 1 & q \end{pmatrix}$$

作出行列式 $A = -p, B = -q, C = 1$; 因此在所考虑的情况下

$$S = \iint_{(D)} \sqrt{1 + p^2 + q^2}\, dx dy. \tag{5}$$

回忆对于法线与 z 轴作成的锐角 ν 有

$$\cos \nu = \frac{1}{\sqrt{1 + p^2 + q^2}},$$

面积的公式也可写为:

$$S = \iint_{(D)} \frac{dx dy}{\cos \nu}. \tag{5a}$$

最后, 如果不特别要求 ν 为锐角, 则

$$S = \iint_{(D)} \frac{dx dy}{|\cos \nu|}. \tag{5б}$$

[参看第 **544** 目中由显方程 $y = f(x)$ 给出的曲线的弧长公式 (7).]

627. 用内接多面形的接近法   虽然我们放弃了以曲面的内接多面形作基础的曲面面积概念的定义, 但现在我们又回到这上面来, 并且要证明至少可以如何作一个内接多面形, 它的面积确乎趋向于所给曲面的面积.

我们主要研究一个当区域 (Δ) 本身是一个矩形, 而它的边是与坐标轴平行的情形.

选取曲面 (S) 的确定一侧, 因而就规定了它的边界的正环行方向. 这个方向可以算作对应于矩形 (Δ) 的边界的正方向. 我们知道 [**621**], 在这些条件下曲面的法线方向余弦是由公式

$$\cos\lambda = \frac{A}{\sqrt{A^2+B^2+C^2}}, \quad \cos\mu = \frac{B}{\sqrt{A^2+B^2+C^2}}, \quad \cos\nu = \frac{C}{\sqrt{A^2+B^2+C^2}}$$

给出, 其中根式取正值.

用和矩形 (Δ) 的边平行的线把它分成许多小矩形, 再用对角线把每个小矩形分成两个直角三角形 (图 91, a)). 于是我们实行上区域 (Δ) 的一三角剖分法. 设元素三角形之一为 $\triangle m_0 m_1 m_2$, 它的顶点为

$$m_0(u_0, v_0), \quad m_1(u_0+h, v_0), \quad m_2(u_0, v_0+k),$$

其中 h 与 k 为同号的数. 在曲面 (S) 上和它们对应的三个点

$$M_0(x_0, y_0, z_0), \quad M_1(x_1, y_1, z_1), \quad M_2(x_2, y_2, z_2)$$

确定空间内某一三角形 $\triangle M_0 M_1 M_2$ (图 91, б)). 所有这样的三角形组成一个内接于 (S) 的多面形 (Σ); 它就是我们要研究的对象. 若使每一个这样的三角形的边界的方向恰好按方向 $M_0 M_1 M_2 M_0$ 对应于 $\triangle m_0 m_1 m_2$ 的边界的正向, 则依照 **622** 目中所规定的一些条款, 多面形 (Σ) 的一侧就这样地被确定了.

如果把 $\triangle M_0 M_1 M_2$ 射影到 xy 平面上, 则得到顶点为

$$N_0(x_0, y_0), \quad N_1(x_1, y_1), \quad N_2(x_2, y_2)$$

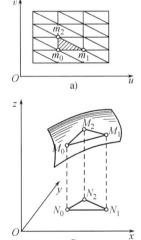

的 $\triangle N_0 N_1 N_2$. 这一三角形的面积, 我们从解析几何学中知道, 其大小以及符号 (考虑到它的定向!) 都由行列式

$$\sigma_{xy} = \frac{1}{2} \begin{vmatrix} x_1-x_0 & y_1-y_0 \\ x_2-x_0 & y_2-y_0 \end{vmatrix}$$

来表示. 按有限增量的公式,

$$\begin{aligned}
x_1 - x_0 &= x(u_0+h, v_0) - x(u_0, v_0) = x'_u(u_0+\theta h, v_0) \cdot h \\
&= [x'_u(u_0, v_0) + \varepsilon_1] \cdot h,
\end{aligned}$$

其中 ε_1 与 h 一起为任意小的量, 不依赖于点 (u_0, v_0) 的位置.[①] 同样有

$$y_1 - y_0 = (y'_u + \varepsilon_2) \cdot h,$$

$$x_2 - x_0 = (x'_v + \varepsilon_3) \cdot k, \quad y_2 - y_0 = (y'_v + \varepsilon_4) \cdot k,$$

图 91

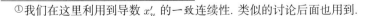

①我们在这里利用到导数 x'_u 的一致连续性. 类似的讨论后面也用到.

其中各个导数都是在 $u = u_0, v = v_0$ 时计算的, 而各个附有标记的字母 ε 在这里 (和以后) 都是表示与 h 和 k 一起同为任意小的量, 不依赖于点 (u_0, v_0) 的位置. 于是这一个量 σ_{xy} 可写为

$$\sigma_{xy} = \frac{1}{2} hk \begin{vmatrix} x'_u + \varepsilon_1 & y'_u + \varepsilon_2 \\ x'_v + \varepsilon_3 & y'_v + \varepsilon_4 \end{vmatrix}$$
$$= \frac{1}{2} hk(C + \varepsilon_5) = (C + \varepsilon_5) \cdot \delta, \tag{6}$$

其中 δ 是 $\triangle m_0 m_1 m_2$ 的面积. 同样, 对于其它两坐标平面上的射影我们又得到:

$$\sigma_{yz} = (A + \varepsilon_6) \cdot \delta, \quad \sigma_{zx} = (B + \varepsilon_7) \cdot \delta. \tag{6a}$$

现在 $\triangle M_0 M_1 M_2$ 本身的面积 σ 可按照公式

$$\sigma = \sqrt{\sigma_{xy}^2 + \sigma_{yz}^2 + \sigma_{zx}^2}$$

来计算, 于是又得到表示式

$$\sigma = \left\{ \sqrt{A^2 + B^2 + C^2} + \varepsilon_8 \right\} \cdot \delta. \tag{7}$$

不难看出, 比值

$$\frac{\sigma_{yz}}{\sigma}, \frac{\sigma_{zx}}{\sigma}, \frac{\sigma_{xy}}{\sigma}$$

表示 $\triangle M_0 M_1 M_2$ 平面法线上对应平面定向的方向余弦. 由 (6), (6a) 与 (7) 看来, 当 h 与 $k \to 0$ 时这三个比值趋向于所给曲面的法线方向余弦, 并且对于多面形 (Σ) 的所有的面都是一样. 同样可见, 在所述的极限过程中多面形 (Σ) 所有的面的直径一致趋向于零.

最后, 把属于形式 (7) 的一些等式加起来, 不难看出多面形 (Σ) 的面积

$$\Sigma = \sum \sqrt{A^2 + B^2 + C^2} \cdot \delta + \sum \varepsilon_8 \cdot \delta,$$

当 h 与 $k \to 0$ 时恰趋向于曲面的面积 (3).

这一结果自然可推广到当区域 (Δ) 是由多个矩形组成时的情形. 要对于任意一个区域也施行三角剖分法, 那就需要很精密的 (虽然也是很基本的) 理论; 这我们不去讨论了.

628. 面积定义的特殊情况　再设所给的光滑曲面没有重点. 它具有由公式 (3) 或 (3*) 所表示的面积 S. 我们假定 (s) 是在曲面 (S) 上划出来的某一个由分段光滑的曲线 (l) 所范围的部分; 与它相应, 有区域 (Δ) 内一个也由分段光滑的曲线 (λ) 所范围的部分 (δ). 分出 (s) 后所剩下的曲面部分 (S') 的面积, 以及 (s) 本身的面积, 显然分别等于

$$S' = \iint_{(\Delta)-(\delta)} \sqrt{EG - F^2}\, dudv, \quad s = \iint_{(\delta)} \sqrt{EG - F^2}\, dudv.$$

如果现在图形 (s) 在曲面上集结于一点或一线, 则同样的情形也发生于平面图形 (δ), 于是它的面积 δ 趋于零. 与此同时 s 也趋于零, 所以

$$\lim S' = S. \tag{8}$$

我们现在假想这同一个曲面是由另一种表示式

$$x = x^*(u^*, v^*), \quad y = y^*(u^*, v^*), \quad z = z^*(u^*, v^*)$$

给出的, 在它上面个别的点处或沿着个别的线有 "奇点" 出现 (特别是, 在这函数表示式下出现的导数变为无穷大). 把这个点或线用它的邻域划分出来, 所余下部分 (S') 的面积像平常一样表为:

$$S' = \iint\limits_{(\Delta^*) - (\delta^*)} \sqrt{E^* G^* - F^{*2}} \, du^* dv^*,$$

这里星号表示相应于第二表示式的各量. 但我们已经知道 [见 (8)], 当 (s) 集结于上述的一点或一线时, S' 应趋于 S; 因此, 要得到 S 我们可在上面的公式中令区域 δ^* 集结于一点或一线而取其极限, 于是又得到寻常形式的公式

$$S = \iint\limits_{(\Delta^*)} \sqrt{E^* G^* - F^{*2}} \, du^* dv^*,$$

只是这积分可能成为反常的.

甚至在这样一种情形, 即当曲面 (S) 一般地是光滑的, 但在个别的点处或沿着个别的线具有不可除去的 (即不依赖于它的表示方法的) 奇点, 我们还是利用积分 (3^*) 来表示它的面积, 尽管这积分是反常的但只要它存在就行. 显然, 这时我们实际上定义面积 S 为面积 S' 的极限, 即我们把在上面已证明了的等式 (8) 在这里当作我们起初的定义的简单扩张.

629. 例 1) 求下列各个被割下的曲面部分的面积;

(а) 双曲抛物面 $z = xy$ 被柱面 $x^2 + y^2 = R^2$ $(x, y > 0)$ 所割;

(б) 椭圆抛物面 $z = \dfrac{x^2}{2a} + \dfrac{y^2}{2b}$ 被柱面 $\dfrac{x^2}{a^2} + \dfrac{y^2}{b^2} = c^2$ 所割;

(в) 双曲抛物面 $xy = az$ 被柱面 $(x^2 + y^2)^2 = 2a^2 xy$ 所割;

(г) 球面 $x^2 + y^2 + z^2 = R^2$ 被柱面 $x^2 + y^2 = \rho^2$ $(\rho < R)$ 所割.

解 (а) 我们有 $p = y, q = x$, 因此按公式 (5),

$$S = \iint\limits_{\substack{x, y > 0 \\ x^2 + y^2 \leqslant R^2}} \sqrt{1 + x^2 + y^2} \, dx dy.$$

换为极坐标, 我们求得

$$S = \int_0^{\frac{\pi}{2}} d\theta \int_0^R r\sqrt{1 + r^2} \, dr = \frac{\pi}{6} \left[(1 + R^2)^{\frac{3}{2}} - 1 \right].$$

(б) **提示** 利用广义极坐标. **答** $S = \dfrac{2}{3} \pi ab \left[(1 + c^2)^{\frac{3}{2}} - 1 \right]$.

(в) **提示** 换为极坐标. 用极坐标表示的柱面的准线方程为 $r^2 = a^2 \sin 2\theta$. 我们得到

$$S = \frac{2}{3} a^2 \int_0^{\frac{\pi}{2}} \left[(1 + \sin 2\theta)^{\frac{3}{2}} - 1 \right] d\theta.$$

利用变换 $\theta = \dfrac{\pi}{4} + \lambda \left(-\dfrac{\pi}{4} \leqslant \lambda \leqslant \dfrac{\pi}{4} \right)$.

答 $S = \dfrac{2}{3} a^2 \left(\dfrac{10}{3} - \dfrac{\pi}{2} \right)$.

(г) 答 $S = 4\pi R(R - \sqrt{R^2 - \rho^2})$.

2) 求球面 $x^2 + y^2 + z^2 = R^2$ 被柱面 $x^2 + y^2 = Rx$ 所割下的部分的面积 ("维维亚尼立体" 的上下底的面积, 参看 **597**, 20), 图 48).

解 对于上底来说, 我们有

$$z = \sqrt{R^2 - x^2 - y^2}, \quad p = -\frac{x}{z},$$

$$q = -\frac{y}{z}, \quad \sqrt{1 + p^2 + q^2} = \frac{R}{\sqrt{R^2 - x^2 - y^2}}.$$

于是

$$S = 2R \iint_{(D)} \frac{dxdy}{\sqrt{R^2 - x^2 - y^2}},$$

并且由圆周 $x^2 + y^2 = Rx$ 所范围的圆就是这积分的区域.

换为极坐标, 我们得到 [参看 **611**, 6)]

$$S = 2R \int_{-\frac{\pi}{2}}^{\frac{\pi}{2}} d\theta \int_0^{R\cos\theta} \frac{rdr}{\sqrt{R^2 - r^2}} = 4R \int_0^{\frac{\pi}{2}} d\theta \int_0^{R\cos\theta} \frac{rdr}{\sqrt{R^2 - r^2}}.$$

实行积分, 最后求得 $S = 4R^2 \left(\frac{\pi}{2} - 1\right)$.

因为半球的面积等于 $2\pi R^2$, 所以半球被 "维维亚尼立体" 割去后所剩下的那部分的面积等于 $4R^2$, 因而可用半径 R 表示而不涉及任何无理数; 参看 **597**, 20) 中与这相关的关于 "维维亚尼立体" 的体积公式的附注.

附注 当然, 在区间 $-\frac{\pi}{2} \leqslant \theta \leqslant \frac{\pi}{2}$ 上的积分不能用在区间 $0 \leqslant \theta \leqslant \frac{\pi}{2}$ 上的积分的二倍去替代. 可是, 一开始计算由 $-\frac{\pi}{2}$ 到 $\frac{\pi}{2}$ 的积分时, 就必须记住里面的积分表示式

$$\int_0^{R\cos\theta} \frac{rdr}{\sqrt{R^2 - r^2}} = \left[-\sqrt{R^2 - r^2}\right]\Big|_{r=0}^{r=R\cos\theta} = R - R\sqrt{\sin^2\theta}.$$

对于 $0 \leqslant \theta \leqslant \frac{\pi}{2}$ 应写成这一个形式: $R(1 - \sin\theta)$, 而对于 $-\frac{\pi}{2} \leqslant \theta \leqslant 0$ 应写成另一个形式: $R(1 + \sin\theta)$ [因为根式总为正的, 而在第一种情况下正弦具有正号, 但在第二种情况下正弦具有负号]. 如果不注意这点, 就会得到错误的结果.

3) 求 (а) 锥面 $y^2 + z^2 = x^2$ 落在柱面 $x^2 + y^2 = R^2$ 内的部分的面积; (б) 锥面 $z^2 = 2xy$ $(x, y \geqslant 0)$ 包含在平面 $x = a$ 与 $y = b$ 之间的部分的面积; (в) 前一题中的锥面落在球面 $x^2 + y^2 + z^2 = a^2$ 内的部分的面积.

提示 (а) $S = 8\sqrt{2} \int_0^{\frac{R}{\sqrt{2}}} dy \int_y^{\sqrt{R^2 - y^2}} \frac{xdx}{\sqrt{x^2 - y^2}} = 2\pi R^2$.

(б) $S = \sqrt{2} \int_0^b dy \int_0^a \left(\sqrt{\frac{x}{y}} + \sqrt{\frac{y}{x}}\right) dx = \frac{4}{3}(a + b)\sqrt{2ab}$.

(в) 两曲面的交线落在平面 $x + y = \pm a$ 内. 于是,

$$S = 2\sqrt{2} \iint_{\substack{x, y > 0 \\ x + y \leqslant a}} \left(\sqrt{\frac{x}{y}} + \sqrt{\frac{y}{x}}\right) dxdy$$

$$= 4\sqrt{2} \int_0^a \sqrt{x}dx \int_0^{a-x} \frac{dy}{\sqrt{y}} = 8\sqrt{2} \int_0^a \sqrt{x(a-x)}dx = \pi\sqrt{2}a^2.$$

4) 证明任意一个在旋转锥面

$$\frac{x^2 + y^2}{a^2} - \frac{z^2}{c^2} = 0$$

的一腔上 (譬如说, 上面一部分的一腔) 的图形的面积 S 与它在平面 xy 上的射影的面积成比例.

提示 从显方程 $z = \frac{c}{a}\sqrt{x^2 + y^2}$ 着手并利用公式 (5).

5) 给定曲面 $z = \arcsin(\mathrm{sh}\, x\mathrm{sh}\, y)$; 求它包在平面 $x = a$ 与 $x = b$ $(0 < a < b)$ 中间的部分的面积.

解 我们有

$$p = \frac{\mathrm{ch}\, x\mathrm{sh}\, y}{\sqrt{1 - \mathrm{sh}^2\, x\mathrm{sh}^2\, y}}, \quad q = \frac{\mathrm{sh}\, x\mathrm{ch}\, y}{\sqrt{1 - \mathrm{sh}^2\, x\mathrm{sh}^2\, y}}, \quad \sqrt{1 + p^2 + q^2} = \frac{\mathrm{ch}\, x\mathrm{ch}\, y}{\sqrt{1 - \mathrm{sh}^2\, x\mathrm{sh}^2\, y}}.$$

积分的区域由条件

$$a \leqslant x \leqslant b, \quad |\mathrm{sh}\, x\mathrm{sh}\, y| \leqslant 1$$

来确定, 作变换 $\mathrm{sh}\, x = \xi, \mathrm{sh}\, y = \eta$; 于是新变量的变化区间是

$$\mathrm{sh}\, a \leqslant \xi \leqslant \mathrm{sh}\, b, \quad -\frac{1}{\xi} \leqslant \eta \leqslant \frac{1}{\xi}.$$

由此可见,

$$S = \int_{\mathrm{sh}a}^{\mathrm{sh}b} d\xi \int_{-\frac{1}{\xi}}^{\frac{1}{\xi}} \frac{d\eta}{\sqrt{1 - \xi^2 \eta^2}} = \pi \int_{\mathrm{sh}a}^{\mathrm{sh}b} \frac{d\xi}{\xi} = \pi \ln \frac{\mathrm{sh}b}{\mathrm{sh}a}.$$

6) 求柱面 $x^2 + y^2 = Rx$ 包在球面 $x^2 + y^2 + z^2 = R^2$ 内的部分 [“维维亚尼立体” 的侧面] 的面积.

解 曲面的前面一部分的方程为 $y = \sqrt{Rx - x^2}$. 自变量 (x, z) 的变域是由 z 轴与抛物线 $z = \sqrt{R^2 - Rx}$ 所围成的区域. 因为

$$\frac{\partial y}{\partial x} = \frac{\frac{1}{2}R - x}{\sqrt{Rx - x^2}}, \quad \frac{\partial y}{\partial z} = 0,$$

所以

$$S = R \int_0^R \int_{-\sqrt{R^2 - Rx}}^{\sqrt{R^2 - Rx}} \frac{dz dx}{\sqrt{Rx - x^2}}$$

$$= 2R\sqrt{R} \int_0^R \frac{dx}{\sqrt{x}} = 4R^2.$$

[参照 **347**, 4).]

7) 求一锥面的侧面积, 它的高等于 c, 它的底是一个半轴为 a 与 b $(a > b)$ 的椭圆, 并且高通过底的中心.

解 若把坐标原点取在锥的顶点, 并作 xy 平面平行于它的底 (图 92), 则锥面的方程为

$$z = c\sqrt{\left(\frac{x}{a}\right)^2 + \left(\frac{y}{b}\right)^2},$$

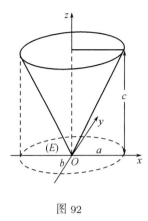

图 92

而所求的面积

$$S = \iint_{(E)} \sqrt{\dfrac{\left(\dfrac{\alpha x}{a}\right)^2 + \left(\dfrac{\beta y}{b}\right)^2}{\left(\dfrac{x}{a}\right)^2 + \left(\dfrac{y}{b}\right)^2}}\, dxdy,$$

其中 (E) 表椭圆盘

$$\frac{x^2}{a^2} + \frac{y^2}{b^2} \leqslant 1,$$

并且

$$\alpha = \frac{\sqrt{a^2 + c^2}}{a}, \quad \beta = \frac{\sqrt{b^2 + c^2}}{b}.$$

改用广义极坐标, 我们得到

$$S = 2ab \int_0^{\frac{\pi}{2}} \sqrt{\alpha^2 \cos^2 \theta + \beta^2 \sin^2 \theta}\, d\theta.$$

这一结果不难化为第二型全椭圆积分:

$$S = 2a\sqrt{b^2 + c^2}\, \mathbf{E}(k), \ \text{其中} \ k = \frac{c}{a}\sqrt{\frac{a^2 - b^2}{b^2 + c^2}}.$$

8) 求曲线 $y = f(x)$ $(a \leqslant x \leqslant b, f(x) \geqslant 0)$ 绕 x 轴旋转所成的旋转面的面积.

解 不难看出旋转面的方程是

$$y^2 + z^2 = [f(x)]^2,$$

而它的上半部的方程是

$$z = \sqrt{[f(x)]^2 - y^2}.$$

由此, 得

$$p = \frac{f(x)f'(x)}{\sqrt{[f(x)]^2 - y^2}}, \quad q = \frac{-y}{\sqrt{[f(x)]^2 - y^2}},$$

$$\sqrt{1 + p^2 + q^2} = f(x)\frac{\sqrt{1 + [f'(x)]^2}}{\sqrt{[f(x)]^2 - y^2}}.$$

于是所求的面积由积分

$$S = 2\iint_{(D)} f(x)\frac{\sqrt{1 + [f'(x)]^2}}{\sqrt{[f(x)]^2 - y^2}}\, dxdy$$

来表示, 其中 (D) 是由 xy 平面上的线 $x = a, x = b, y = f(x)$ 和 $y = -f(x)$ 所围成的区域.

化为逐次积分, 我们求得

$$S = 2\int_a^b f(x)\sqrt{1 + [f'(x)]^2}\, dx \int_{-f(x)}^{f(x)} \frac{dy}{\sqrt{[f(x)]^2 - y^2}}.$$

因为里面的积分等于 π, 故又得到我们熟知的公式 [**344**, (22)]:

$$S = 2\pi \int_a^b f(x)\sqrt{1 + [f'(x)]^2}\, dx.$$

读者大概已发觉, 在问题 2)~8) 中我们全部时间用在计算第 **628** 目中已讲过的特殊情形下的面积.

9) 利用球面的球坐标参数表示式

$$x = R\sin\varphi\cos\theta, \quad y = R\sin\varphi\sin\theta, \quad z = R\cos\varphi \quad (0 \leqslant \varphi \leqslant \pi, 0 \leqslant \theta \leqslant 2\pi)$$

来解问题 2).

按导数的矩阵

$$\begin{pmatrix} R\cos\varphi\cos\theta & R\cos\varphi\sin\theta & -R\sin\varphi \\ -R\sin\varphi\sin\theta & R\sin\varphi\cos\theta & 0 \end{pmatrix}$$

容易求到球面的高斯系数:

$$E = R^2, \quad F = 0, \quad G = R^2\sin^2\varphi,$$

因此

$$\sqrt{EG - F^2} = R^2\sin\varphi.$$

我们只考虑落在第一卦限内的所要研究的曲面的四分之一. 对于 "维维亚尼曲线" (即球面与柱面的交线) 上的点 (在第一卦限范围内) 有 $\varphi + \theta = \dfrac{\pi}{2}$.

实际上, 把 x 与 y 用 φ 与 θ 表示的式子代入柱面方程 $x^2 + y^2 = Rx$, 我们得到 $\sin\varphi = \cos\theta$. 但因在所考虑的点上显然有 $0 \leqslant \theta \leqslant \dfrac{\pi}{2}$ 与 $0 \leqslant \varphi \leqslant \dfrac{\pi}{2}$, 于是推得 $\varphi + \theta = \dfrac{\pi}{2}$.

根据上述, 把参数 φ 与 θ 的变化范围确定出来, 我们按公式 (3*) 得到

$$S = 4R^2 \int_0^{\frac{\pi}{2}} d\theta \int_0^{\frac{\pi}{2}-\theta} \sin\varphi d\varphi = 4R^2 \left(\frac{\pi}{2} - 1\right).$$

由此可见, 我们得到了业已知道的结果而这时却避免了积分号下函数的不连续性.

10) 考虑所谓的**一般螺旋曲面** [**229**, 5)], 它是由曲线

$$x = \varphi(u), \quad z = \psi(u), \quad [\varphi(u) \geqslant 0]$$

(落在 xy 平面内) 绕着 z 轴转并顺着 z 轴作螺旋运动时所画成的. 它的方程 (如果用 v 表示它的转动角度) 是

$$x = \varphi(u)\cos v, \quad y = \varphi(u)\sin v, \quad z = \psi(u) + cv.$$

按导数的矩阵

$$\begin{pmatrix} \varphi'(u)\cos v & \varphi'(u)\sin v & \psi'(u) \\ -\varphi(u)\sin v & \varphi(u)\cos v & c \end{pmatrix}$$

作成曲面的高斯系数:

$$E = [\varphi'(u)]^2 + [\psi'(u)]^2, \quad F = c\psi'(u), \quad G = [\varphi(u)]^2 + c^2.$$

因此, 表示式

$$\sqrt{EG - F^2} = \sqrt{\{[\varphi(u)]^2 + c^2\}\{[\varphi'(u)]^2 + [\psi'(u)]^2\} - c^2[\psi'(u)]^2}$$

只依赖于 u, 一般说来, 简化了计算.

11) 利用这些结果来确定下述部分的面积:

a) 寻常的螺旋曲面

$$x = u \cos v, \quad y = u \sin v, \quad z = cv$$

被柱面 $x^2 + y^2 = a^2$ 与平面 $z = 0$ 及 $z = 2\pi c$ (因此 $0 \leqslant v \leqslant 2\pi$) 割下的部分;

б) 螺旋曲面

$$x = \operatorname{tg} u \cos v, \quad y = \operatorname{tg} u \sin v, \quad z = \frac{\sin u}{2 \cos^2 u} + \ln \sqrt{\frac{1 + \sin u}{\cos u}} + v$$

上与参数在矩形

$$0 \leqslant u \leqslant \frac{\pi}{4}, \quad 0 \leqslant v \leqslant 2\pi$$

中变化相对应的部分.

(a) **解** 在这种情况下

$$\sqrt{EG - F^2} = \sqrt{u^2 + c^2},$$

因此

$$S = \int_0^{2\pi} \int_0^a \sqrt{u^2 + c^2} \, du \, dv$$

$$= 2\pi \left[\frac{a}{2} \sqrt{a^2 + c^2} + \frac{c^2}{2} \ln \frac{a + \sqrt{a^2 + c^2}}{c} \right].$$

б) **答** $S = \frac{8}{3}\pi$.

12) 如果在曲线作螺旋运动的问题上令 $c = 0$, 就是说没有前进的运动, 则得到旋转曲面:

$$x = \varphi(u) \cos v, \quad y = \varphi(u) \sin v, \quad z = \psi(u)$$

$$(\alpha \leqslant u \leqslant \beta, \quad 0 \leqslant v \leqslant 2\pi).$$

于是

$$\sqrt{EG - F^2} = \varphi(u) \sqrt{[\varphi'(u)]^2 + [\psi'(u)]^2},$$

而这曲面的面积就可用下列公式表示:

$$S = 2\pi \int_\alpha^\beta \varphi(u) \sqrt{[\varphi'(u)]^2 + [\psi'(u)]^2} \, du.$$

这公式推广了问题 8) 的结果, 但已无需引用反常积分. [参照 **344** (21).]

13) 从一般的公式 (3*) 出发, 证明第 **346** 目中推出的关于柱面的部分的面积公式 (25) 是正确的.

14) 有时候适宜用极坐标或球坐标 r, θ, φ 来给出曲面, 它们与寻常的直角坐标的联系就是熟知的公式:

$$x = r \sin \varphi \cos \theta, \quad y = r \sin \varphi \sin \theta, \quad z = r \cos \varphi \quad (r \geqslant 0, 0 \leqslant \varphi \leqslant \pi, 0 \leqslant \theta \leqslant 2\pi).$$

这时, 假定向径 r 是用角度 θ 与 φ 的函数给出:

$$r = r(\varphi, \theta)$$

(曲面的极坐标方程), 求曲面在这种情形下的面积表示式.

解   只要取 φ 与 θ 当作参数就可以利用一般表示式 (3*). 上面所写的公式恰好给出曲面的参数表示, 只要认为 r 已由曲面的极坐标方程中 φ 与 θ 所表示的式子所替代.

按照导数的矩阵

$$\begin{pmatrix} \left(\dfrac{\partial r}{\partial \varphi}\sin\varphi + r\cos\varphi\right)\cos\theta & \left(\dfrac{\partial r}{\partial \varphi}\sin\varphi + r\cos\varphi\right)\sin\theta & \dfrac{\partial r}{\partial \varphi}\cos\varphi - r\sin\varphi \\[3mm] \left(\dfrac{\partial r}{\partial \theta}\cos\theta - r\sin\theta\right)\sin\varphi & \left(\dfrac{\partial r}{\partial \theta}\sin\theta + r\cos\theta\right)\sin\varphi & \dfrac{\partial r}{\partial \theta}\cos\varphi \end{pmatrix}$$

容易求出

$$E = \left(\frac{\partial r}{\partial \varphi}\right)^2 + r^2, \quad F = \frac{\partial r}{\partial \varphi}\frac{\partial r}{\partial \theta}, \quad G = \left(\frac{\partial r}{\partial \theta}\right)^2 + r^2\sin^2\varphi,$$

$$EG - F^2 = \left[\left(r^2 + \left(\frac{\partial r}{\partial \varphi}\right)^2\right)\sin^2\varphi + \left(\frac{\partial r}{\partial \theta}\right)^2\right]r^2.$$

因此, 最后有

$$S = \iint_{(\Delta)} \sqrt{\left(r^2 + \left(\frac{\partial r}{\partial \varphi}\right)^2\right)\sin^2\varphi + \left(\frac{\partial r}{\partial \theta}\right)^2} \cdot r\, d\varphi\, d\theta, \tag{9}$$

其中 (Δ) 是变元 φ, θ 的变化区域.

在球坐标下的面积元素是这样的:

$$dS = \sqrt{\left(r^2 + \left(\frac{\partial r}{\partial \varphi}\right)^2\right)\sin^2\varphi + \left(\frac{\partial r}{\partial \theta}\right)^2} \cdot r\, d\varphi\, d\theta.$$

15) 计算曲面

$$(x^2 + y^2 + z^2)^2 = 2a^2 xy$$

的面积.

解   这里正适宜运用公式 (9), 曲面的极坐标方程是:

$$r = a\sin\varphi\sqrt{\sin 2\theta}.$$

于是

$$\sqrt{\left(r^2 + \left(\frac{\partial r}{\partial \varphi}\right)^2\right)\sin^2\varphi + \left(\frac{\partial r}{\partial \theta}\right)^2} = \frac{a\sin\varphi}{\sqrt{\sin 2\theta}},$$

再由公式 (9) 得到

$$S = 4a^2 \int_0^{\frac{\pi}{2}} \int_0^{\frac{\pi}{2}} \sin^2\varphi\, d\varphi\, d\theta = \frac{1}{2}\pi^2 a^2.$$

16) 考虑半径为 R 的球面

$$x^2 + y^2 + z^2 = 2Rz,$$

它与 xy 平面相切于坐标原点. 试求它包在顶点为原点的锥面 $z^2 = Ax^2 + By^2$ 内的部分的面积 (图 93).

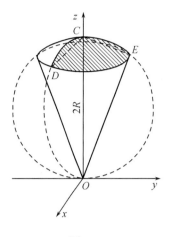

图 93

解　从球面的极坐标方程 $r = 2R\cos\varphi$ 出发, 这里也可以利用公式 (9), 我们有

$$S = \iint_{(\Delta)} 4R^2 \sin\varphi\cos\varphi d\varphi d\theta,$$

其中对 φ 与 θ 积分的区域 (Δ) 是由曲线

$$(A\cos^2\theta + B\sin^2\theta)\sin^2\varphi = \cos^2\varphi$$

所围成的. 如果归结为求曲面落在第一卦限内的那个部分的面积, 则对于 0 与 $\dfrac{\pi}{2}$ 之间的任一个 θ, 角度 φ 由 0 变到角度 $\varphi_0 = \varphi_0(\theta)$, 而

$$\mathrm{tg}^2\varphi_0 = \frac{1}{A\cos^2\theta + B\sin^2\theta}.$$

显然,

$$S = 16R^2 \int_0^{\frac{\pi}{2}} d\theta \int_0^{\varphi_0} \sin\varphi\cos\varphi d\varphi.$$

但

$$\int_0^{\varphi_0} \sin\varphi\cos\varphi d\varphi = \frac{1}{2}\sin^2\varphi_0 = \frac{1}{2}\frac{1}{1 + A\cos^2\theta + B\sin^2\theta},$$

于是最终得

$$S = 8R^2 \int_0^{\frac{\pi}{2}} \frac{d\theta}{(A+1)\cos^2\theta + (B+1)\sin^2\theta} = \frac{4\pi R^2}{\sqrt{(A+1)(B+1)}}.$$

有趣得很, 这个面积与以 DC 及 EC 为半轴的椭圆 (见图 93) 的面积相同.

17) 证明曲面

$$(x^2 + y^2 + z^2)^2 = \alpha^2 x^2 + \beta^2 y^2 + \gamma^2 z^2$$

的面积与椭球面

$$\frac{x^2}{a^2} + \frac{y^2}{b^2} + \frac{z^2}{c^2} = 1$$

的面积相同, 如取

$$a = \frac{\beta\gamma}{\alpha}, \quad b = \frac{\gamma\alpha}{\beta}, \quad c = \frac{\alpha\beta}{\gamma}.$$

证明　在球坐标下这曲面的方程是:

$$r^2 = \alpha^2 \sin^2\varphi\cos^2\theta + \beta^2 \sin^2\varphi\sin^2\theta + \gamma^2\cos^2\varphi,$$

于是按公式 (9) 它的面积等于

$$S_1 = 8 \int_0^{\frac{\pi}{2}} \int_0^{\frac{\pi}{2}} \sqrt{(\alpha^4\cos^2\theta + \beta^4\sin^2\theta)\sin^2\varphi + \gamma^4\cos^2\varphi}\,\sin\varphi d\varphi d\theta.$$

另一方面, 如果从椭球面的寻常的参数表示式

$$x = a\sin\varphi\cos\theta, \quad y = b\sin\varphi\sin\theta, \quad z = c\cos\varphi$$

$$(0 \leqslant \varphi \leqslant \pi, 0 \leqslant \theta \leqslant 2\pi)$$

出发, 则导数矩阵的行列式等于

$$A = cb\sin^2\varphi\cos\theta, \quad B = ac\sin^2\varphi\sin\theta, \quad C = ab\sin\varphi\cos\varphi,$$

而按公式 (3) 椭球面的面积得表为:

$$S = 8\int_0^{\frac{\pi}{2}}\int_0^{\frac{\pi}{2}}\sqrt{(c^2b^2\cos^2\theta + c^2a^2\sin^2\theta)\sin^2\varphi + a^2b^2\cos^2\varphi}\,\sin\varphi\,d\varphi\,d\theta.$$

我们看出, S_1 与 S 的表示式实际上是全同的, 只要令

$$cb = \alpha^2, \quad ca = \beta^2, \quad ab = \gamma^2$$

或

$$a = \frac{\beta\gamma}{\alpha}, \quad b = \frac{\gamma\alpha}{\beta}, \quad c = \frac{\alpha\beta}{\gamma}$$

这就是所要证明的.

18) 我们现在来确定三轴椭球面

$$\frac{x^2}{a^2} + \frac{y^2}{b^2} + \frac{z^2}{c^2} = 1 \quad (a > b > c > 0)$$

的面积.

把曲面在第一卦限内的方程写成显式:

$$z = c\sqrt{1 - \frac{x^2}{a^2} - \frac{y^2}{b^2}},$$

我们有

$$p = -c\frac{\dfrac{x}{a^2}}{\sqrt{1 - \dfrac{x^2}{a^2} - \dfrac{y^2}{b^2}}}, \quad q = -c\frac{\dfrac{y}{b^2}}{\sqrt{1 - \dfrac{x^2}{a^2} - \dfrac{y^2}{b^2}}},$$

因此

$$1 + p^2 + q^2 = \frac{1 - \left(1 - \dfrac{c^2}{a^2}\right)\dfrac{x^2}{a^2} - \left(1 - \dfrac{c^2}{b^2}\right)\dfrac{y^2}{b^2}}{1 - \dfrac{x^2}{a^2} - \dfrac{y^2}{b^2}}.$$

为简便起见, 我们令

$$1 - \frac{c^2}{a^2} = \alpha^2, \quad 1 - \frac{c^2}{b^2} = \beta^2,$$

于是所求的面积, 由公式 (5), 可由积分

$$S = 8\iint\limits_{\substack{z,y\geqslant 0 \\ \frac{x^2}{a^2}+\frac{y^2}{b^2}\leqslant 1}}\sqrt{\frac{1 - \alpha^2\dfrac{x^2}{a^2} - \beta^2\dfrac{y^2}{b^2}}{1 - \dfrac{x^2}{a^2} - \dfrac{y^2}{b^2}}}\,dxdy$$

来表示. 利用变换 $\frac{x}{a} = \xi, \frac{y}{b} = \eta$, 上面的积分可变为下面的形状:

$$S = 8ab \iint\limits_{\substack{\xi,\eta \geqslant 0 \\ \xi^2 + \eta^2 \leqslant 1}} \sqrt{\frac{1 - \alpha^2 \xi^2 - \beta^2 \eta^2}{1 - \xi^2 - \eta^2}} d\xi d\eta.$$

在这里需要利用卡塔兰的二重积分变换公式 [参考 **597**, 15) 与 **617**, 16)]. 我们注意, 曲线

$$\sqrt{\frac{1 - \alpha^2 \xi^2 - \beta^2 \eta^2}{1 - \xi^2 - \eta^2}} = u = 常数 \quad (u \geqslant 1)$$

不是别的, 恰是椭圆

$$\frac{\xi^2}{\dfrac{u^2 - 1}{u^2 - \alpha^2}} + \frac{\eta^2}{\dfrac{u^2 - 1}{u^2 - \beta^2}} = 1,$$

因此它的面积的四分之一是

$$\iint\limits_{\substack{\xi,\eta \geqslant 0 \\ \sqrt{\frac{1-\alpha^2\xi^2 - \beta^2\eta^2}{1-\xi^2-\eta^2}} \leqslant u}} d\xi d\eta = \frac{\pi}{4} \frac{u^2 - 1}{\sqrt{(u^2 - \alpha^2)(u^2 - \beta^2)}}.$$

于是按卡塔兰公式,

$$S = 2\pi ab \int_1^\infty u\, d\left(\frac{u^2 - 1}{\sqrt{(u^2 - \alpha^2)(u^2 - \beta^2)}} \right).$$

我们来变换这个椭圆积分.

首先用分部积分法:[①]

$$\int_1^{+\infty} u\, d\left(\frac{u^2 - 1}{\sqrt{(u^2 - \alpha^2)(u^2 - \beta^2)}} \right)$$
$$= \left\{ \frac{u(u^2 - 1)}{\sqrt{(u^2 - \alpha^2)(u^2 - \beta^2)}} - \int \frac{(u^2 - 1)du}{\sqrt{(u^2 - \alpha^2)(u^2 - \beta^2)}} \right\} \Bigg|_1^{+\infty}.$$

再实行变换

$$u = \frac{\alpha}{\sin\varphi}, \quad du = -\frac{\alpha\cos\varphi}{\sin^2\varphi} d\varphi,$$

并令 φ 由 $\mu = \arcsin\alpha$ 变到 0. 因此, 一方面有

$$\frac{u(u^2 - 1)}{\sqrt{(u^2 - \alpha^2)(u^2 - \beta^2)}} = \frac{\alpha^2 - \sin^2\varphi}{\alpha\sin\varphi\cos\varphi\sqrt{1 - k^2\sin^2\varphi}},$$

如果令 $k = \frac{\beta}{\alpha} \ (k < 1)$. 另一方面又有

[①]注意在这里无论是积分外面的项的双重代入也好, 由 1 到 $+\infty$ 的单积分也好, 单独起来就都没有意义. 当 $u = +\infty$ 时出现不定型 $\infty - \infty$!

$$-\frac{(u^2-1)du}{\sqrt{(u^2-\alpha^2)(u^2-\beta^2)}}=\left(\frac{\alpha^2}{\sin^2\varphi}-1\right)\frac{d\varphi}{\sqrt{\alpha^2-\beta^2\sin^2\varphi}}$$

$$=\left(\frac{\sqrt{\alpha^2-\beta^2\sin^2\varphi}}{\sin^2\varphi}-\frac{1-\beta^2}{\sqrt{\alpha^2-\beta^2\sin^2\varphi}}\right)d\varphi$$

$$=\left(\alpha\frac{\sqrt{1-k^2\sin^2\varphi}}{\sin^2\varphi}-\frac{1-\beta^2}{\alpha}\cdot\frac{1}{\sqrt{1-k^2\sin^2\varphi}}\right)d\varphi,$$

可见在双重代入记号下的积分成为下形

$$\alpha\int\frac{\sqrt{1-k^2\sin^2\varphi}}{\sin^2\varphi}d\varphi-\frac{1-\beta^2}{\alpha}\int\frac{d\varphi}{\sqrt{1-k^2\sin^2\varphi}}.$$

把第一项分部积分, 逐次地将这式化为:

$$-\alpha\mathrm{ctg}\varphi\cdot\sqrt{1-k^2\sin^2\varphi}-k^2\alpha\int\frac{\cos^2\varphi}{\sqrt{1-k^2\sin^2\varphi}}d\varphi-\frac{1-\beta^2}{\alpha}\int\frac{d\varphi}{\sqrt{1-k^2\sin^2\varphi}}$$

$$=-\alpha\mathrm{ctg}\varphi\cdot\sqrt{1-k^2\sin^2\varphi}-\frac{1}{\alpha}\int\frac{1-k^2\alpha^2\sin^2\varphi}{\sqrt{1-k^2\sin^2\varphi}}d\varphi$$

$$=-\alpha\mathrm{ctg}\varphi\cdot\sqrt{1-k^2\sin^2\varphi}-\frac{1-\alpha^2}{\alpha}\int\frac{d\varphi}{\sqrt{1-k^2\sin^2\varphi}}-\alpha\int\sqrt{1-k^2\sin^2\varphi}d\varphi.$$

然后把在积分以外的两项合并起来, 有:

$$\frac{\alpha^2-\sin^2\varphi}{\alpha\sin\varphi\cos\varphi\sqrt{1-k^2\sin^2\varphi}}-\alpha\mathrm{ctg}\varphi\cdot\sqrt{1-k^2\sin^2\varphi}=\frac{(\alpha^2+\beta^2\cos^2\varphi-1)\sin\varphi}{\alpha\cos\varphi\sqrt{1-k^2\sin^2\varphi}}.①$$

按 φ 由 $\mu=\arcsin\alpha$ 到 0 作双重代入, 得到这式的这样的一结果: $\sqrt{(1-\alpha^2)(1-\beta^2)}$. 再对积分作双重代入的计算, 最后得到由勒让德首先给出的公式

$$S=2\pi ab\left\{\sqrt{1-\alpha^2}\sqrt{1-\beta^2}+\frac{1-\alpha^2}{\alpha}F(\mu,k)+\alpha E(\mu,k)\right\}$$

$$=2\pi c^2+\frac{2\pi b}{\sqrt{a^2-c^2}}\left\{c^2 F(\mu,k)+(a^2-c^2)E(\mu,k)\right\},$$

这里

$$\mu=\arcsin\frac{\sqrt{a^2-c^2}}{a},\quad k=\frac{a}{b}\frac{\sqrt{b^2-c^2}}{\sqrt{a^2-c^2}}.$$

19) 高斯对于曲面曾引进过在一所给点处的全曲率概念, 它与平面曲线的曲率概念完全类似 [**250**].

设给定一曲面及其上一点, 取这曲面上围着这一点的任一部分 (S), 并考虑在 (S) 的各个点处所有法线的集合. 画一个以原点为中心的单位球面, 并由原点出发作平行于上述所有法线的射线; 它们割下球面的某一部分 (Σ). 它的面积 Σ 是所画的一切射线填满了的立体角的度量; 这和第 **250** 目定义中所说的角 ω 相当. 比值 $\frac{\Sigma}{S}$ 当 (S) 收缩为所给的点时的极限叫做这曲面在这点处的**全曲率**. 我们提出计算这曲率的问题.

①这样, 我们最后就避免了上述的它在 $\varphi=0$ 时的不定性.

假定曲面由方程

$$z = f(x, y)$$

给出, 并且函数 f 具有连续的一阶及二阶导数

$$p = \frac{\partial f}{\partial x}, \quad q = \frac{\partial f}{\partial y}, \quad r = \frac{\partial^2 f}{\partial x^2}, \quad s = \frac{\partial^2 f}{\partial x \partial y}, \quad t = \frac{\partial^2 f}{\partial y^2},$$

此外, 设行列式

$$\frac{D(p, q)}{D(x, y)} = rt - s^2 \tag{10}$$

不为零 (在所考虑的点处及其附近).

按公式 (56) 有

$$S = \iint_{(D)} \frac{dx\, dy}{|\cos \nu|}, \quad \Sigma = \iint_{(D')} \frac{dx'\, dy'}{|\cos \nu|},$$

其中 (D) 与 (D') 分别为 (S) 与 (Σ) 在 xy 平面上的射影, 并且对于这两曲面上的对应点 (x, y, z) 与 (x', y', z') 角度 ν 是相同的.

用变数 x, y 来变换第二个积分. 因为显然有

$$x' = \cos \lambda = \frac{-p}{\sqrt{1 + p^2 + q^2}},$$

$$y' = \cos \mu = \frac{-q}{\sqrt{1 + p^2 + q^2}}, \quad \left(z' = \cos \nu = \frac{1}{\sqrt{1 + p^2 + q^2}} \right),$$

所以

$$\frac{D(x', y')}{D(p, q)} = \frac{1}{(1 + p^2 + q^2)^2}.$$

只要注意 (10) 式, 最后就得到

$$\frac{D(x', y')}{D(x, y)} = \frac{rt - s^2}{(1 + p^2 + q^2)^2}.$$

在这种情形下, 按照变量变换公式, 得

$$\Sigma = \iint_{(D)} \frac{|rt - s^2|}{(1 + p^2 + q^2)^2} \frac{dx\, dy}{|\cos \nu|}.$$

把 S 与 Σ 都对于区域 (D) 来微分 [**593**], 现在不难得到

$$\lim_{(S) \to M} \frac{\Sigma}{S} = \frac{|rt - s^2|}{(1 + p^2 + q^2)^2}.$$

这就是所要求的全曲率的表示式.

20) 公式 (56) 可以很简单地得到, 只要从曲面面积的另一定义出发 (这里是对曲面 (S) 由显方程表示的情形而言).

分割曲面 (S) 成多个部分 (S_i) $(i = 1, 2, \cdots, n)$; 按照这分法它在 xy 平面上的射影 (D) 被分割成许多部分 (D_i). 在 (S_i) 的某一点 (M_i) 处作曲面的切面并把面积 (S_i) 平行于 z 轴地射影到这切面上. 用 T_i 表这所得的平面图形的面积, 显然有

$$D_i = T_i \cdot |\cos \nu_i|,$$

其中 ν_i 是曲面在点 M_i 处的法线与 z 轴作成的角. 只要把曲面的面积 S 理解为这些平面圆形的面积之和的极限, 则立得结果

$$S = \lim \sum_i T_i = \lim \sum_i \frac{D_i}{|\cos \nu_i|} = \iint_{(D)} \frac{dxdy}{|\cos \nu|},$$

因为所写出来的和显然是对最后这一积分的积分和.

我们要着重指出, 从这个改变了的曲面面积的定义, 虽然很简单地在这里导出了最终的公式, 但有着本质上的缺点: 它在形式上是与坐标三面形的选择有关 (射影要平行于 z 轴!), 而且只能应用到个别形式的曲面上.

21) 设由光滑曲面 (S) 的参数表示式

$$x = x(u,v), \quad y = y(u,v), \quad z = z(u,v), \quad ((u,v) \in (\Delta))$$

借公式 [1]

$$u = U(u^*, v^*), \quad v = V(u^*, v^*), \quad ((u^*, v^*) \in (\Delta^*))$$

之助, 我们得到它的另一个表示式

$$x = x^*(u^*, v^*), \quad y = y^*(u^*, v^*), \quad z = z^*(u^*, v^*),$$

就这表示式而言, 它同样地没有奇异性. 不难直接证明, 关于曲面面积 S 的公式 (3) 这时变为类似的公式

$$S = \iint_{(\Delta^*)} \sqrt{A^{*2} + B^{*2} + C^{*2}} \, du^* dv^*$$

(对于新的表示式我们用星号记在所有各个量上).

实际上, 令

$$I = \frac{D(u,v)}{D(u^*, v^*)},$$

我们由所熟悉的函数行列式性质得

$$A^* = AI, \quad B^* = BI, \quad C^* = CI.$$

由此便看出, 在 (Δ^*) 内 I 异于零; 因为不这样, 则在新的表示式下曲面就会有奇异性. 按照变量变换公式, 立即得到

$$\iint_{(\Delta)} \sqrt{A^2 + B^2 + C^2} \, dudv = \iint_{(\Delta^*)} \sqrt{A^2 + B^2 + C^2} \cdot |I| du^* dv^*$$
$$= \iint_{(\Delta^*)} \sqrt{A^{*2} + B^{*2} + C^{*2}} \, du^* dv^*,$$

这就是所需要证明的.

---

[1] 函数 U 与 V 连同它们的偏导数都假定是连续的.

§3. 第一型曲面积分

630. 第一型曲面积分的定义　第一型的曲面积分是二重积分同样自然的推广, 正像第一型曲线积分对于简单定积分一样.

这一推广是这样建立的. 设 (S) 是某一个由分段光滑的边界所围成的光滑的 (或分片光滑的) 双侧曲面, 函数 $f(M) = f(x, y, z)$ 定义于 (S) 的点上. 用任意画的一些分段光滑的曲线把曲面分成 $(S_1), (S_2), \cdots, (S_n)$ 诸部分. 在各个部分 (S_i) $(i = 1, 2, \cdots, n)$ 上各任取一点 $M_i(x_i, y_i, z_i)$, 计算函数在这点的值

$$f(M_i) = f(x_i, y_i, z_i),$$

并用对应的曲面部分的面积 S_i 来乘它. 作出所有这样的乘积的和:

$$\sigma = \sum_{i=1}^{n} f(M_i) S_i = \sum_{i=1}^{n} f(x_i, y_i, z_i) S_i,$$

像对以前讨论过的许多和一样, 我们称这个和为**积分和**.

若当各个部分 (S_i) 的直径趋于零时, 积分和有一个确定的有限极限而不依赖于曲面 (S) 的分法及点 M_i 的选择, 则这极限叫做函数 $f(M) = f(x, y, z)$ 沿曲面 (S) 的 (**第一型** [①]) **曲面积分**, 并用记号

$$I = \iint_{(S)} f(M) dS = \iint_{(S)} f(x, y, z) dS \tag{1}$$

来表示, 其中 dS 表示面积 S_i 的元素.

631. 化为寻常的二重积分　我们只讨论没有重点的不封闭的光滑曲面 (S) [**619**, 2)].

设 $f(x, y, z)$ 是任何一个定义于曲面 (S) 上的点函数并有界:

$$|f(x, y, z)| \leqslant L, \tag{2}$$

则等式

$$\iint_{(S)} f(x, y, z) dS$$
$$= \iint_{(\Delta)} f(x(u, v), y(u, v), z(u, v)) \sqrt{EG - F^2} du dv, \tag{3}$$

在这两个积分中有一个存在 (也就引起另一个存在) 的假定下是成立的.

因此, 要化第一型曲面积分为寻常的二重积分, 只需用坐标 x, y, z 的参数表示式来代替它们, 而用面积元素 dS 在曲线坐标下的表示式来代替 dS.

[①] 不同于以后 [**634**] 将要讨论的第二型曲面积分.

我们来给出所说的这个断语的证明.

像曾经指出过的情形一样, 与用分段光滑的一些曲线来分割曲面 (S) 的方法相对应, 有区域 (Δ) 的同样分法, 反转过来也是如此.

用对应的方法分割曲面 (S) 成 $(S_1), (S_2,) \cdots, (S_n)$ 诸部分, 而分区域 (Δ) 成 $(\Delta_1), (\Delta_2), \cdots, (\Delta_n)$ 诸部分, 并在每个部分 (S_i) 上与每个部分 (Δ_i) 上分别地取彼此对应的点 (x_i, y_i, z_i) 与 (u_i, v_i), 使得

$$x_i = x(u_i, v_i), \quad y_i = y(u_i, v_i), \quad z_i = z(u_i, v_i). \tag{4}$$

作关于积分 (1) 的积分和:

$$\sigma = \sum_{i=1}^{n} f(x_i, y_i, z_i) S_i.$$

按照第 **626** 目中一般的公式 (3*), 有

$$S_i = \iint_{(\Delta_i)} \sqrt{EG - F^2} \, du dv.$$

应用中值定理, 得

$$S_i = [\sqrt{EG - F^2}]_{\substack{u = \bar{u}_i \\ v = \bar{v}_i}} \cdot \Delta_i,$$

其中 $(\bar{u}_i, \bar{v}_i)$ 是区域 (Δ_i) 的某一个点.

利用 S_i 的这个表示式并记住 (4) 式, 我们可以写和 σ 为:

$$\sigma = \sum_{i=1}^{n} f(x(u_i, v_i), y(u_i, v_i), z(u_i, v_i)) [\sqrt{EG - F^2}]_{\substack{u = \bar{u}_i \\ v = \bar{v}_i}} \cdot \Delta_i.$$

在这个形状下它相像于 (3) 中第二个积分的积分和:

$$\sigma^* = \sum_{i=1}^{n} f(x(u_i, v_i), y(u_i, v_i), z(u_i, v_i)) [\sqrt{EG - F^2}]_{\substack{u = u_i \\ v = v_i}} \cdot \Delta_i.$$

在和 σ 与 σ^* 之间的区别是这样的, 在后一个和中复合函数 $f(\cdots)$ 与根式 $\sqrt{\cdots}$ 都恰好是在同一个 (任意取的) 点 (u_i, v_i) 处计算的, 而在第一个和中复合函数 $f(\cdots)$ 是在点 (u_i, v_i) 处计算的, 但表示式 $\sqrt{\cdots}$ 则是在点 $(\bar{u}_i, \bar{v}_i)$ 处计算的 (点 $(\bar{u}_i, \bar{v}_i)$ 要由中值定理来规定而不是任意的).

考虑这两个和的差:

$$\sigma - \sigma^* = \sum_{i} f(\cdots) \left\{ [\sqrt{EG - F^2}]_{\substack{u = \bar{u}_i \\ v = \bar{v}_i}} - [\sqrt{EG - F^2}]_{\substack{u = u_i \\ v = v_i}} \right\} \Delta_i.$$

设 $\varepsilon > 0$ 为任意小的一个数. 由函数 $\sqrt{EG - F^2}$ 的 (一致) 连续性, 我们知道当所有的区域 (Δ_i) 的直径足够小时, 有

$$\left| [\sqrt{EG - F^2}]_{\substack{u = \bar{u}_i \\ v = \bar{v}_i}} - [\sqrt{EG - F^2}]_{\substack{u = u_i \\ v = v_i}} \right| < \varepsilon.$$

把条件 (2) 估计进去, 不难得到

$$|\sigma - \sigma^*| < \varepsilon L\Delta,$$

因此

$$\lim(\sigma - \sigma^*) = 0.$$

由此可见, 从这两个和中一个和的极限存在可推到另一个和的极限存在并与它相等. 这就证明了我们的断语.

特别, (3) 式右端的二重积分, 也就是说左端的曲面积分, 在函数 $f(x, y, z)$ 沿曲面 (S) 的连续性的假定下是存在的.

如果曲面 (S) 是由显方程

$$z = z(x, y)$$

给出, 则公式 (3) 具有如下形式

$$\iint_{(S)} f(x, y, z)dS = \iint_{(D)} f(x, y, z(x, y))\sqrt{1 + p^2 + q^2}dxdy, \qquad (5)$$

其中 (D) 表曲面 (S) 在 xy 平面上的射影.

因为 $\sqrt{1 + p^2 + q^2} = \dfrac{1}{|\cos\nu|}$ (其中的 ν 像寻常一样是曲面的法线与 z 轴之间的角), 所以公式 (5) 又可写为:

$$\iint_{(S)} f(x, y, z)dS = \iint_{(D)} f(x, y, z(x, y))\frac{dxdy}{|\cos\nu|}. \qquad (5^*)$$

直到这里我们都假定了在它上面展布积分的曲面 (S) 是光滑的而且是开的. 我们的结果容易推广到分片光滑的曲面情形, 无论这曲面是开的或是闭的.

632. 第一型曲面积分在力学上的应用

1° 当质点以一定的密度分布在一曲面的各点处时, 我们可以利用所说的积分来确定这块物质的曲面的质量、矩、重心的坐标以及其它类似的量.

因为和以前讨论过的质量在平面形上分布的情形比较起来, 这里并没有什么新的东西, 所以我们只在习题中去讲这些问题.

2° 单层的引力　在研究分布于曲面上的质量的引力时, 自然要考虑到第一型曲面积分.

设沿着一曲面 (S) 连续地分布有质量, 它在曲面的每一点 $M(x, y, z)$ 处都有给定的密度 $\rho(M) = \rho(x, y, z)$.[①] 再设在点 $A(\xi, \eta, \zeta)$ 处 (在曲面之外) 有一单位质量. 如果以牛顿引力定律 (万有引力定律) 为根据, 试确定点 A 被曲面 (S) 吸引的力 $\overrightarrow{F}$ 的大小与方向.

假若点 A 仅被一个质点 $M(x, y, z)$ 所吸引, 集中在 M 上的质量是 m, 则引力的大小等于

$$F = \frac{m}{r^2}, \text{②}$$

[①] 在这情形下说的是单层 (与我们不考虑的双层不同).

② 像寻常一样, 为了书写简便计, 我们用一来代替 "引力常数", 即在牛顿公式 (与单位的选择有关系) 中的比例乘数.

其中 r 表距离 AM, 即

$$r = \sqrt{(x-\xi)^2 + (y-\eta)^2 + (z-\zeta^2)}. \tag{6}$$

因为这力是朝着由 A 到 M 的方向, 所以它的方向余弦是

$$\frac{x-\xi}{r}, \quad \frac{y-\eta}{r}, \quad \frac{z-\zeta}{r},$$

于是引力 $\vec{F}$ 在坐标轴上的射影可表为:

$$F_x = m\frac{x-\xi}{r^3}, \quad F_y = m\frac{y-\eta}{r^3}, \quad F_z = m\frac{z-\zeta}{r^3}. \tag{7}$$

在吸引的质点为一系时, 这些表示式各应以类似的一些表示式的和来代替; 最后, 当质量是连续地沿着曲面分布时, 积分就代替和而出现.

应用寻常的讲述方法, 可以把具有质量 ρdS 的曲面元素 dS 看作集中在它的一个点 $M(x,y,z)$ 上. 这一个点对 A 所发生的引力在坐标轴上具有射影 [参照 (7)]:

$$dF_x = \rho\frac{x-\xi}{r^3}dS, \quad dF_y = \rho\frac{y-\eta}{r^3}dS, \quad dF_z = \rho\frac{z-\zeta}{r^3}dS,$$

其中 r 是由公式 (6) 表示的距离 AM. 现在只要把这些表示式 "加" 起来, 便得到单层的引力 $\vec{F}$ 在坐标轴上的射影公式:

$$F_x = \iint_{(S)} \rho\frac{x-\xi}{r^3}dS, \quad F_y = \iint_{(S)} \rho\frac{y-\eta}{r^3}dS, \quad F_z = \iint_{(S)} \rho\frac{z-\zeta}{r^3}dS. \tag{8}$$

于是力 $\vec{F}$ 的大小方向都已完全确定.

假若被引点 A 本身也在曲面 (S) 上, 则引力在坐标轴上的射影仍然由积分 (8) 来表示, 不过这时积分是反常的, 因为在点 A 的近邻各积分号下的函数不再是有界的.

3° **单层的位势** 在一个吸引点 $M(x,y,z)$ 的情况下, 我们已知道引力在坐标轴上的射影具有表示式 (7). 不难看出, 这三个射影是函数

$$W(\xi,\eta,\zeta) = \frac{m}{r}$$

对于 ξ,η,ζ 的偏导数, 这一函数叫做点 M 的场对于点 A 的**牛顿位势** [参照 **566**, 1)].

如果场由质点系形成, 则位势是由这种形式的分式的和来表示, 并且位势对于 ξ,η,ζ 的导数仍然给出引力在坐标轴上的射影.

于是我们很自然地得到, 以密度 ρ 分布在曲面 (S) 上而作用于点 A 的**单层位势**的表示式:

$$W(\xi,\eta,\zeta) = \iint_{(S)} \rho\frac{dS}{r}. \tag{9}$$

问题只发生在, 对于这位势来说, 基本性质

$$\frac{\partial W}{\partial \xi} = F_x, \quad \frac{\partial W}{\partial \eta} = F_y, \quad \frac{\partial W}{\partial \zeta} = F_z \tag{10}$$

是否能够保持不变, 其中 F_x, F_y, F_z 是单层的引力 $\vec{F}$ 在坐标轴上的射影并且是由公式 (8) 确定的.

如果点 A 不在曲面上, 就是说连续性毫无破坏, 则不难证明, 在积分 (9) 对于 $\xi,\eta,$ 或 ζ 施行微分时, **莱布尼茨**的法则是可用的 (这只需要重演一遍我们已熟悉的推理). 用这种方法, 在所考虑的质量分布的情况下关系式 (10) 可得到证实.

633. 例 1) 计算曲面积分:

$$\text{(a)} \quad I_1 = \iint_{(S)} \sqrt{\frac{x^2}{a^4} + \frac{y^2}{b^4} + \frac{z^2}{c^4}} \, dS,$$

$$\text{(б)} \quad I_2 = \iint_{(S)} \frac{dS}{(x^2+y^2+z^2)^{\frac{3}{2}} \sqrt{\frac{x^2}{a^4} + \frac{y^2}{b^4} + \frac{z^2}{c^4}}},$$

其中 (S) 表示椭球面:

$$\frac{x^2}{a^2} + \frac{y^2}{b^2} + \frac{z^2}{c^2} = 1 \quad (a > b > c > 0).$$

解 (a) 如果采用这椭球面的表示式:

$$x = a\sin\varphi\cos\theta, \quad y = b\sin\varphi\sin\theta, \quad z = c\cos\varphi \quad (0 \leqslant \varphi \leqslant \pi, 0 \leqslant \theta \leqslant 2\pi),$$

则 [**629**, 17)] 曲面元素可表为下面的形状

$$dS = abc\sqrt{\frac{\sin^2\varphi\cos^2\theta}{a^2} + \frac{\sin^2\varphi\sin^2\theta}{b^2} + \frac{\cos^2\varphi}{c^2}} \sin\varphi d\varphi d\theta.$$

另一方面, 积分号下的函数为

$$\sqrt{\frac{x^2}{a^4} + \frac{y^2}{b^4} + \frac{z^2}{c^4}} = \sqrt{\frac{\sin^2\varphi\cos^2\theta}{a^2} + \frac{\sin^2\varphi\sin^2\theta}{b^2} + \frac{\cos^2\varphi}{c^2}}.$$

由对称性, 我们的计算可化到第一卦限内, 因此

$$I_1 = 8abc\int_0^{\frac{\pi}{2}}\int_0^{\frac{\pi}{2}} \left(\frac{\sin^2\varphi\cos^2\theta}{a^2} + \frac{\sin^2\varphi\sin^2\theta}{b^2} + \frac{\cos^2\varphi}{c^2}\right)\sin\varphi d\varphi d\theta$$

$$= \frac{4}{3}\pi abc\left(\frac{1}{a^2} + \frac{1}{b^2} + \frac{1}{c^2}\right).$$

(б) 同样,

$$I_2 = 8abc\int_0^{\frac{\pi}{2}}\int_0^{\frac{\pi}{2}} \frac{\sin\varphi d\varphi d\theta}{(a^2\sin^2\varphi\cos^2\theta + b^2\sin^2\varphi\sin^2\theta + c^2\cos^2\varphi)^{\frac{3}{2}}}.$$

要计算里面的对于 φ 的积分, 我们令 $\cos\varphi = z$, 得

$$\int_0^1 \frac{dz}{\{(a^2\cos^2\theta + b^2\sin^2\theta) - (a^2\cos^2\theta + b^2\sin^2\theta - c^2)z^2\}^{\frac{3}{2}}}$$

$$= \frac{1}{a^2\cos^2\theta + b^2\sin^2\theta} \times \frac{z}{\sqrt{(a^2\cos^2\theta + b^2\sin^2\theta) - (a^2\cos^2\theta + b^2\sin^2\theta - c^2)z^2}}\Bigg|_{z=0}^{z=1}$$

$$= \frac{1}{c}\frac{1}{a^2\cos^2\theta + b^2\sin^2\theta},$$

最后得到

$$I_2 = 8ab\int_0^{\frac{\pi}{2}} \frac{d\theta}{a^2\cos^2\theta + b^2\sin^2\theta} = 4\pi.$$

2) 计算积分

$$L = \iint_{(S)} (y^2z^2 + z^2x^2 + x^2y^2)dS,$$

其中 (S) 是锥面 $z^2 = k^2(x^2 + y^2)$ 被柱面 $x^2 + y^2 - 2ax = 0$ 截下的上部一块曲面.

解 把曲面的方程写成 $z = k\sqrt{x^2 + y^2}$, 我们得到 $dS = \sqrt{1 + k^2}dxdy$, 并由公式 (5) 得到

$$L = \sqrt{1 + k^2} \iint_{(D)} [k^2(x^2 + y^2)^2 + x^2y^2]dxdy,$$

其中 (D) 是 xy 平面上的圆周 $x^2 + y^2 - 2ax = 0$ 所围的圆域. 化为极坐标, 我们求得

$$L = \frac{1}{24}(80k^2 + 7)\pi a^6\sqrt{1 + k^2}.$$

3) 试推演 (泊松的)公式:

$$\int_0^\pi \int_0^{2\pi} f(m\sin\varphi\cos\theta + n\sin\varphi\sin\theta + p\cos\varphi)\sin\varphi d\theta d\varphi$$
$$= 2\pi \int_{-1}^1 f(u\sqrt{m^2 + n^2 + p^2})du$$

(其中 $m^2 + n^2 + p^2 > 0$ 并且 $f(t)$ 于 $|t| \leqslant \sqrt{m^2 + n^2 + p^2}$ 时为连续函数).

解 用 P 表左端的积分, 不难把它表为曲面积分的形状

$$P = \iint_{(S)} f(mx + ny + pz)dS,$$

其中 (S) 表半径为 1 而中心为原点的球面.

换为新坐标系 uvw, 取平面 $mx + ny + pz = 0$ 当作 vw 平面, 并令 u 轴垂直于它 (图 94); 于是

$$u = \frac{mx + ny + pz}{\sqrt{m^2 + n^2 + p^2}}.$$

在 uvw 坐标下这同一积分可写为:

$$P = \iint_{(S)} f(u\sqrt{m^2 + n^2 + p^2})dS.$$

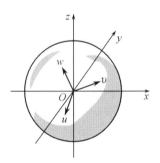

如果把球面 (S) 的参数表示式取作下面的形状

$$u = u, \quad v = \sqrt{1 - u^2}\cos\omega, \quad w = \sqrt{1 - u^2}\sin\omega$$
$$(-1 \leqslant u \leqslant 1; 0 \leqslant \omega \leqslant 2\pi),$$

图 94

则 $dS = dud\omega$, 而最后得到

$$P = \int_0^{2\pi} \int_{-1}^1 f(u\sqrt{m^2 + n^2 + p^2})dud\omega = 2\pi \int_{-1}^1 f(u\sqrt{m^2 + n^2 + p^2})du.$$

令 $u = \cos\lambda \ (0 \leqslant \lambda \leqslant \pi)$, 则**泊松公式**常可写成下形

$$\int_0^\pi \int_0^{2\pi} f(m\sin\varphi\cos\theta + n\sin\varphi\sin\theta + p\cos\varphi)\sin\varphi d\theta d\varphi$$
$$= 2\pi \int_0^\pi f(\sqrt{m^2 + n^2 + p^2}\cos\lambda)\sin\lambda d\lambda.$$

4) 设一质量是沿曲面 (S) 分布的, 具有密度 $\rho = \rho(x, y, z)$. 试用展布在 (S) 上的曲面积分来表示: (a) 质量的总值 m; (б) 它对于坐标平面的静矩 M_{yz}, M_{zx}, M_{xy} 与惯矩 I_{yz}, I_{zx}, I_{xy}; (в) 质量重心的坐标 ξ, η, ζ.

5) 试求球面的质量, 如果在它上面各点处的密度等于 (a) 这点到铅垂直径的距离, (б) 这距离的平方.

(a) **解**　取球心当作坐标原点, 并把铅垂线定为 z 轴. 令

$$x = R \sin \varphi \cos \theta, \quad y = R \sin \varphi \sin \theta, \quad z = R \cos \varphi,$$

其中 R 是球的半径, 我们变到球坐标 φ 与 θ. 于是

$$dS = R^2 \sin \varphi d\varphi d\theta, \quad \rho = \sqrt{x^2 + y^2} = R \sin \varphi,$$

因此

$$m = \iint_{(S)} \rho dS = R^3 \int_0^{2\pi} \int_0^{\pi} \sin^2 \varphi d\varphi d\theta = \pi^2 R^3.$$

(б) **答**　$m = \dfrac{8}{3} \pi R^4$.

6) 当质量分布的情形分别地和前题中的 (a) 与 (б) 一样时, 试求球面的上半部重心的位置.

(a) **解**　如果像刚才一样选取坐标轴, 则由对称性立刻知道 $\xi = \eta = 0$.
计算静矩:

$$M_{xy} = \iint_{(S)} z \rho dS = R^4 \int_0^{2\pi} \int_0^{\frac{\pi}{2}} \sin^2 \varphi \cos \varphi d\varphi d\theta = \frac{2}{3} \pi R^4.$$

我们已知 [见问题 5)] 质量的全部大小 $m = \dfrac{1}{2} \pi^2 R^3$. 于是

$$\zeta = \frac{M_{xy}}{m} = \frac{4}{3\pi} R.$$

(б) **答**　在同样安排坐标轴时, $\xi = \eta = 0, \zeta = \dfrac{3}{8} R$.

7) 试求 (a) 均匀的 ($\rho = $ 常数) 锥面

$$z = \frac{h}{R} \sqrt{x^2 + y^2} \quad (x^2 + y^2 \leqslant R^2)$$

重心的位置, (б) 它对于坐标平面的惯矩.

解　(a) 显然, $\xi = \eta = 0$, 其次, 有

$$dS = \sqrt{1 + \frac{h^2}{R^2}} dx dy = \frac{l}{R} dx dy \quad (l = \sqrt{h^2 + R^2}),$$

于是

$$M_{xy} = \frac{hl}{R^2} \rho \iint_{x^2 + y^2 \leqslant R^2} \sqrt{x^2 + y^2} dx dy = \frac{2\pi hl}{R^2} \rho \int_0^R r^2 dr = \frac{2}{3} \pi hl R \rho.$$

因为 $m = \pi l R \rho$, 所以 $\zeta = \dfrac{2}{3} h$.

(б)

$$I_{xy} = \iint_{(S)} \rho z^2 dS = \frac{2\pi h^2 l}{R^3} \rho \int_0^R r^3 dr = \frac{\pi h^2 l R}{2} \rho.$$

同样

$$I_{yz} = I_{zx} = \frac{\pi l R^3}{4}\rho.$$

8) 已给一个半径为 R, 高为 h 的直圆柱面. 设它的侧面是均匀的 ($\rho = 1$). 试求 (a) 底的中心感受到的曲面侧面的引力, (б) 这曲面对于底的中心的位势.

解 (a) 如果取底的中心当作坐标原点, 柱面的轴当作 z 轴, 则显然有 $F_x = F_y = 0$. 将柱面用参数表示为

$$x = R\cos\theta, \quad y = R\sin\theta, \quad z = z$$

时有 $dS = R\,dz\,d\theta$, 于是

$$F_z = \int_0^{2\pi}\int_0^h \frac{zR\,dz\,d\theta}{(R^2+z^2)^{\frac{3}{2}}} = 2\pi R\left(\frac{1}{R} - \frac{1}{\sqrt{R^2+h^2}}\right).$$

(б) 我们有

$$W = \int_0^{2\pi}\int_0^h \frac{R\,dz\,d\theta}{\sqrt{R^2+z^2}} = 2\pi R\ln\frac{h+\sqrt{R^2+h^2}}{R}.$$

9) 就问题 7) 中的锥面求出 (a) 这曲面对于锥底的中心的位势及 (б) 对于它的顶点的位势, 又 (в) 锥底的中心感受的引力及 (г) 它的顶点感受的引力.

解 (a) 令

$$l = \sqrt{R^2+h^2},$$

得

$$\begin{aligned}
W &= \frac{l}{R}\rho\iint_{x^2+y^2\leqslant R^2} \frac{dx\,dy}{\sqrt{x^2+y^2+(z-h)^2}}\\
&= 2\pi l\rho\int_0^R \frac{r\,dr}{\sqrt{l^2r^2 - 2Rh^2r + h^2R^2}}\\
&= \frac{2\pi}{l}\rho\int_0^R \frac{l^2r - Rh^2}{\sqrt{l^2r^2 - 2Rh^2r + h^2R^2}}dr + \frac{2\pi Rh^2}{l}\rho\int_0^R \frac{dr}{\sqrt{l^2r^2 - 2Rh^2r + h^2R^2}}\\
&= \frac{2\pi\rho}{l}\sqrt{l^2r^2 - 2Rh^2r + h^2R^2}\Big|_{r=0}^{r=R}\\
&\quad + \frac{2\pi Rh^2\rho}{l^2}\ln[l^2r - Rh^2 + \sqrt{l^2(l^2r^2 - 2Rh^2r + h^2R^2)}]\Big|_{r=0}^{r=R}\\
&= \frac{2\pi R\rho}{l}(R-h) + \frac{2\pi Rh^2\rho}{l^2}\ln\frac{R}{h}\frac{l+R}{l-h}.
\end{aligned}$$

(б)

$$W = \frac{l\rho}{R}\iint_{x^2+y^2\leqslant R^2} \frac{dx\,dy}{\sqrt{x^2+y^2+z^2}} = 2\pi R\rho.$$

(в) 按对称性, $F_x = F_y = 0$. 其次,

$$\begin{aligned}
F_z &= \frac{l\rho}{R}\iint_{x^2+y^2\leqslant R^2} \frac{z-h}{[x^2+y^2+(z-h)^2]^{\frac{3}{2}}}dx\,dy\\
&= 2\pi hlR\rho\int_0^R \frac{(r-R)r\,dr}{[l^2r^2 - 2Rh^2r + h^2R^2]^{\frac{3}{2}}}.
\end{aligned}$$

这一积分可化为三积分的和:

$$\frac{1}{l^2}\int_0^R\frac{dr}{(l^2r^2-2Rh^2r+R^2h^2)^{\frac{1}{2}}}+\frac{R(h^2-R^2)}{l^4}\int_0^R\frac{l^2r-Rh^2}{(l^2r^2-2Rh^2r+R^2h^2)^{\frac{3}{2}}}dr$$

$$-\frac{2R^4h^2}{l^4}\int_0^R\frac{dr}{(l^2r^2-2Rh^2r+R^2h^2)^{\frac{3}{2}}}$$

$$=\frac{1}{l^3}\ln\frac{R}{h}\frac{l+R}{l-h}+\frac{h^2-R^2}{Rhl^4}(R-h)-\frac{2}{l^4}(R+h).$$

整理所有的结果, 最后我们得到:

$$F_z=\frac{2\pi hR\rho}{l^2}\ln\frac{R}{h}\frac{l+R}{l-h}-\frac{2\pi\rho(R+h)}{l}.$$

(г) 这时反常积分是发散的:

$$F_z=\frac{Rh\rho}{l^2}\iint_{x^2+y^2\leqslant R^2}\frac{dxdy}{x^2+y^2}=+\infty.$$

10) 设分布在一锥面上的质量在各点的密度等于这点到顶点的距离, 试求 (a) 这曲面对于顶点的位势, (б) 顶点受到的曲面侧面的引力.

答　(a) $W=\pi Rl=S$; (б)$F_x=F_y=0, F_z=\frac{2\pi Rh}{l}$.

11) 求均匀的 ($\rho=1$) 球层上的点的引力.

解　设球心位于坐标原点, 被引点 (质量为 1) 位于正的 z 轴上离球心距离为 a 处. 这个引力在 x 与 y 轴上的射影 F_x 与 F_y 显然等于零, 其次, 我们有

$$F_z=\iint_{(S)}\rho\frac{z-a}{r^3}dS$$

(r 是球面上任一点 M 与点 A 的距离). 如果换为球坐标:

$$x=R\sin\varphi\cos\theta,\quad y=R\sin\varphi\sin\theta,\quad z=R\cos\varphi,$$

则

$$dS=R^2\sin\varphi d\varphi d\theta,\quad r=\sqrt{R^2+a^2-2Ra\cos\varphi},$$

而

$$F_z=2\pi R^2\rho\int_0^\pi\frac{(R\cos\varphi-a)\sin\varphi d\varphi}{(R^2+a^2-2Ra\cos\varphi)^{\frac{3}{2}}}.\tag{11}$$

用变换 $R^2+a^2-2Ra\cos\varphi=t^2$ 将这表示式改为

$$F_z=\frac{\pi R}{a^2}\rho\int_{|R-a|}^{R+a}\left(\frac{R^2-a^2}{t^2}-1\right)dt$$

$$=-\frac{\pi R^2}{a^2}\rho\left(2R-\frac{R^2-a^2}{|R-a|}-|R-a|\right).$$

我们现在要讨论两种情形.

(1) 设 $a<R$, 则 $|R-a|=R-a$, 而括号内的值为零, 于是

$$F_z=0.$$

因此, 凡在一均匀球层里面的点, 都不感受球层表面的任何引力.

(2) 若 $a > R$, 则 $|R - a| = -(R - a)$, 于是

$$F_z = -\frac{4\pi R^2 \rho}{a^2}.$$

因此, 在均匀球层外面的点感受到的球层表面的引力, 与集中球层的全部质量 $m = 4\pi R^2 \rho = S\rho$ 于球心时它感受到的引力一样.

特别来讨论 $a = R$ 的情形. 在这情形下点 A 在球面上, 而积分 (11) 成为反常的, 经过很明显的简化手续后, 它作下面的形状:

$$F_z = -\frac{\pi}{\sqrt{2}}\rho \int_0^\pi \frac{\sin\varphi d\varphi}{\sqrt{1 - \cos\varphi}} = -2\pi\rho.$$

当 a 从比 R 小的值或比 R 大的值趋近于 R 时, F_z 分别地有极限值 0 与 $-4\pi\rho$. 由此可见, 当被引点通过球面时, 引力的连续性遭到破坏, 并且它对于球面上的点的值是上述两个极限值的算术平均数.

12) 求均匀球层对于任意一点的位势.

解 在前面的记法下, 我们有

$$W(a) = \iint_{(S)} \rho \frac{dS}{r} = 2\pi R^2 \rho \int_0^\pi \frac{\sin\varphi d\varphi}{\sqrt{R^2 + a^2 - 2Ra\cos\varphi}}$$

$$= \frac{2\pi R}{a}\rho \int_{|R-a|}^{R+a} dt = \frac{2\pi R}{a}\rho(R + a - |R - a|).$$

若 $a < R$, 则

$$W(a) = 4\pi R\rho,$$

所以, 在均匀球层里面, 它的位势是一常数.

反之, 当 $a > R$ 时, 则

$$W(a) = \frac{4\pi R^2 \rho}{a},$$

也就是说, 如果把球层的全部质量集中于球心, 球层在其外部空间的位势不起变化.

在 $a = R$ 的情形下, 表达位势的反常积分具有值

$$W(R) = 4\pi R\rho.$$

由此可见, 当被引点通过球的表面时位势保持其连续性.

§4. 第二型曲面积分

634. 第二型曲面积分的定义 这一新积分的形成是按照第二型曲线积分的样子建立的.

在那里我们从有向 (定向) 曲线出发, 并把它分成一些元素后, 再把这种各有方向的元素射影到坐标轴上来. 射影也是有方向的, 而我们则取其长带正号或负号, 依其方向是否与轴的方向相同而定.

用类似的方法我们现在来考虑光滑的或分片光滑的双侧曲面 (S), 并且取定其两侧中某一侧; 如已所知 [**620**], 这等于说选取曲面的一个确定的定向.

为明确起见, 我们首先假定这曲面由显方程

$$z = z(x, y)$$

给出, 并且点 (x, y) 是在 xy 平面上由分段光滑的闭路所范围的区域 (D) 内变动. 于是在曲面的上侧与下侧[①]之间可以加以选择. 在第一种情况下曲面上的闭曲线, 如果从上面去看, 要记以反时针的方向, 而在第二种情况下则记以相反的方向.

如果把曲面分割为许多元素并把这种各有定向的每个元素射影到 xy 平面上来, 则被射影的图形边界的环行方向决定着它的射影闭路的环行方向. 若曲面 (S) 的上侧已确定, 则这一方向和反时针方向的转动相一致, 也就是与 xy 平面本身的定向一致; 在这种情况下我们对射影的面积要取正号. 在下侧的情形转动是相反的, 而我们对射影的面积要取负号 [参考 **610**].

现在设在所给曲面 (S) 的点上定义有某一函数 $f(M) = f(x, y, z)$. 用分段光滑的曲线网把这曲面分成许多元素

$$(S_1), (S_2), \cdots, (S_n)$$

后, 在每个元素 (S_i) 内选取一点 $M_i(x_i, y_i, z_i)$. 再算出函数的值 $f(M_i) = f(x_i, y_i, z_i)$ 并用元素 (S_i) 在 xy 平面上的射影的面积 D_i 去乘它, D_i 所带的符号是按照上面所说的规则来给的. 最后作出和 (也是一种积分和)

$$\sigma = \sum_{i=1}^{n} f(M_i) D_i = \sum_{i=1}^{n} f(x_i, y_i, z_i) D_i. \tag{1}$$

如果当各个小块 (S_i) 的直径趋于零时这个和有一个确定的有限极限, 则这极限叫做

$$f(M) dx dy = f(x, y, z) dx dy$$

展布在曲面 (S) 这个选定的侧上的 (**第二型**) **曲面积分**, 并用记号

$$I = \iint\limits_{(S)} f(M) dx dy = \iint\limits_{(S)} f(x, y, z) dx dy \tag{2}$$

来表示 (在这里 $dx dy$ 象征曲面元素在 xy 平面上的射影的面积).

但是在这记号中恰恰没有包含着一种记号说明曲面是取的哪一侧, 因此每次必须把这一说明特别提出来. 从定义本身可见, 当所考虑的曲面的一侧换为和它相反的一侧时, 积分要改变符号.

[①]参看第 **618** 目中的脚注.

如果曲面 (S) 不具备所说的特别形状, 则曲面积分的定义也可以照样完全建立起来, 只是各个射影的面积 D_i 无需全部带同样的符号, 譬如说, 如果曲面元素中有些在上面而其余的在下面 (图 95), 那就要带不同的符号.

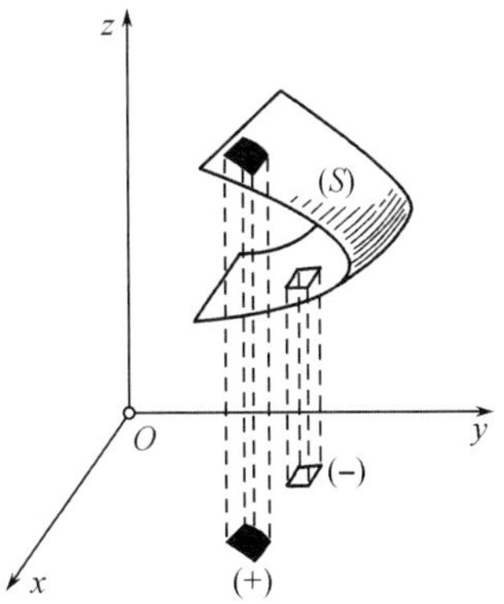

如果元素在曲面的具有平行于 z 轴的母线的柱面部分上, 则它的射影集结于一线, 面积成为零, 而用不着去谈它的符号.

可是这里会遇到这样的情形, 就是一个元素部分地落在上面, 部分地落在下面, 或者是一个元素不是按一一对应的方式射影到 xy 平面上.

因为在实际上这类 "不规则的" 元素不起什么作用, 所以我们在积分和中可以不把与这些元素的对应项加进去. 以后我们要证实这样做法, 无论是在曲面积分的计算中或是在它的应用中都不会引起任何紊乱.

若替代 xy 平面把曲面的各元素射影到 yz 或 zx 平面上, 则我们得到另外两个第二型曲面积分:

$$\iint_{(S)} f(x, y, z)\,dy\,dz \quad \text{或} \quad \iint_{(S)} f(x, y, z)\,dz\,dx. \tag{2*}$$

在应用中常常遇到这几个形状的积分联结在一起:

$$\iint_{(S)} P\,dy\,dz + Q\,dz\,dx + R\,dx\,dy,$$

其中 P, Q, R 是 (x, y, z) 的函数, 定义于曲面 (S) 的点处. 我们再一次着重指出, 在各种情况下曲面 (S) 都假定是双侧的并且积分是展布在它的确定的一侧上.[102]

635. 最简单的特殊情形 $1°$ 再回到积分 (2) 当曲面 (S) 是由显方程

$$z = z(x, y) \quad ((x, y) \text{ 属于 } (D))$$

给出的情形, 并且函数 z 与它的偏导数 $p = \dfrac{\partial z}{\partial x}$ 及 $q = \dfrac{\partial z}{\partial y}$ 都是连续的.

如果积分 (2) 是沿曲面的上侧取的, 则在积分和 (1) 中所有 D_i 都是正的. 在这和中用 z 的值 $z(x_i, y_i)$ 来代替 z_i, 我们就把它化为下面的形状

$$\sigma = \sum_{i=1}^{n} f(x_i, y_i, z(x_i, y_i)) D_i,$$

图 95

---

[102]在分析教程中可能有另外的方法引入第二型曲面积分, 这样, 为了定义第二型积分可以应用将其归结为第一型积分或通常的二重积分的公式; 特别, 第二型积分可借助 **636** 目的公式 (9) 或 (10) 来定义.

不难看出这就是寻常的二重积分

$$\iint_{(D)} f(x, y, z(x, y)) dx dy$$

的积分和. 取极限, 我们就确立了等式

$$\iint_{(S)} f(x, y, z) dx dy = \iint_{(D)} f(x, y, z(x, y)) dx dy, \tag{3}$$

并且这两个积分中一个存在就能推出另一个的存在. 特别, 如果函数 f 是连续的, 则这两个积分一定存在.

若积分展布在曲面 (S) 的下侧, 则显然有

$$\iint_{(S)} f(x, y, z) dx dy = -\iint_{(D)} f(x, y, z(x, y)) dx dy. \tag{3*}$$

附注　在各种情况下公式 (3) 可以保持不变, 只要认为右端二重积分所展布的区域 (D) 有其应有的定向 [参看 **610**].

我们现在要证明 (在所考虑的情况下), 第二型曲面积分可化为第一型曲面积分. 在选定曲面上侧的假设下, 就是说所有的 $D_i > 0$, 我们来重新考虑和 (1). 按照第 **626** 目中公式 (5a),

$$S_i = \iint_{(D_i)} \frac{dx dy}{\cos \nu},$$

其中 ν 是曲面的法线与 z 轴之间夹的锐角. 应用中值定理, 我们得到

$$S_i = \frac{D_i}{\cos \nu_i^*} \quad \text{或} \quad D_i = S_i \cos \nu_i^*;$$

这里的 ν_i^* 代表在元素 (S_i) 的某个 (但不是任意选择的) 点处的曲面法线与 z 轴所成的角. 把 D_i 的这个值代入 σ 中, 我们得到

$$\sigma = \sum_{i=1}^{n} f(x_i, y_i, z_i) \cos \nu_i^* S_i.$$

与这个和相应自然地有一个和

$$\overline{\sigma} = \sum_{i=1}^{n} f(x_i, y_i, z_i) \cos \nu_i S_i,$$

其中 ν_i 是与任意选好了的点 (x_i, y_i, z_i) 相对应的; 最后这个和显然是第一型曲面积分

$$\iint_{(S)} f(x, y, z) \cos \nu dS$$

的积分和.

由函数

$$\cos \nu = \frac{1}{\sqrt{1 + p^2 + q^2}}$$

的连续性, 如果把曲面 (S) 分成足够小的一些元素, 则这余弦在各个元素范围内的振动都会小于任意一个预先给定的数 $\varepsilon > 0$. 假定函数 f 是有界的: $|f| \leqslant M$, 我们估计这两个和 σ 与 $\overline{\sigma}$ 的差:

$$|\sigma - \overline{\sigma}| \leqslant \sum_{i=1}^{n} |f(x_i, y_i, z_i)| |\cos \nu_i^* - \cos \nu_i| S_i < MS\varepsilon;$$

所以 $\sigma - \overline{\sigma} \to 0$. 很明显, 这两个和的极限同时存在并且相等. 于是我们得到等式

$$\iint_{(S)} f(x, y, z) dx dy = \iint_{(S)} f(x, y, z) \cos \nu dS. \tag{4}$$

并且从这两积分中一个的存在就得出另一个的存在. 我们又看到, 特别在函数 f 连续性的假定下这两个积分都存在.

把曲面的上侧换为下侧, 我们同样要改变等式 (4) 左端的符号. 如果与此同时把 ν 理解为方向朝下的法线与 z 轴所成的角, 则余弦照样改变符号, 而右端的积分也跟着它改变符号, 所以等式仍然可以保持不变.

2° 如果 (S) 是柱面的一部分, 其棱平行于 z 轴, 则各元素的射影都成为零, 所以在这种情况下:

$$\iint_{(S)} f(x, y, z) dx dy = 0. \tag{5}$$

显然, 在这里公式 (4) 也成立: 因为 $\cos \nu = 0$, 所以这公式的右端也为零.

636. 一般情形 我们再回到简单、非闭的光滑曲面的一般情形. 在积分和

$$\sigma' = \sum_{i=1}^{n}{}' f(x_i, y_i, z_i) D_i$$

中, 像我们规定过的情形一样, 没有把曲面上那些 "不规则" 元素 (它们或者是部分地在上面而又部分地在下面的元素, 或者是不按一一对应的方式射影到 xy 平面上的元素) 的对应项加进去. 在和的记号上的撇号表明着这种情况.

把 ν 总认为是按照曲面选定的一侧而定向的法线与 z 轴所成的角, 我们恒有连符号在内都正确的等式:

$$D_i = S_i \cos \nu_i^*$$

(ν_i^* 具有以前所说的同样意义). 因此,

$$\sigma' = \sum{}' f(x_i, y_i, z_i) \cos \nu_i^* S_i.$$

把这个和与和

$$\overline{\sigma}' = \sum{}' f(x_i, y_i, z_i) \cos \nu_i S_i.$$

(ν_i 对应于所选取的点) 相比较. 像以前一样, 不难证实

$$\lim(\sigma' - \overline{\sigma}') = 0. \tag{6}$$

如果再把那个与抛弃了的 "不规则的" 元素相对应的和

$$\overline{\sigma}'' = \sum{}'' f(x_i, y_i, z_i) \cos \nu_i S_i$$

合并到 $\overline{\sigma}'$ 中, 则完全得到了关于第一型曲面积分

$$\iint_{(S)} f(x, y, z) \cos \nu dS$$

的积分和 $\overline{\sigma}$.

可以证明 (我们宁可在下面 **637** 中来做) 当所有元素 (S_i) 的直径趋向于零时,

$$\overline{\sigma}'' \to 0. \tag{7}$$

于是根据 (6), 我们在 (4) 中两个积分有一个存在的假定下 (因而推出另一个的存在) 重新得到等式 (4).

从曲面 (S) 的参数表示式出发, 可以把 (4) 中右端的积分化为展布在参数的变化区域 (Δ) 上的寻常二重积分, 而根据已证明的, 也就同时可以把右端积分化为这二重积分. 就是说, 因为

$$\cos \nu = \pm \frac{C}{\sqrt{A^2 + B^2 + C^2}}, \quad dS = \sqrt{A^2 + B^2 + C^2} dudv,$$

所以有

$$\iint_{(S)} f(x, y, z) dxdy = \pm \iint_{(\Delta)} f(x(u,v), y(u,v), z(u,v)) Cdudv. \tag{8}$$

正负符号对应于曲面 (S) 的两个侧; 特别, 如果 uv 平面的定向对应于曲面 (S) 上所选一侧的定向, 则应取正号 [**621**]. 而且在这里, 两个积分中一个的存在能导出另一个的存在.[103]

用类似的处理方法, 可以得出与曲面在另外两个坐标平面上的射影相关的另外两个第二型曲面积分. 把这些结果全部结合起来, 可以写成

$$\iint_{(S)} Pdydz + Qdzdx + Rdxdy = \iint_{(S)} (P \cos \lambda + Q \cos \mu + R \cos \nu) dS. \tag{9}$$

---

[103]换句话说, 如果所考虑的曲面 (S) 的侧是在参数公式中确定而产生的一侧, 即 (S_+) 侧, 则在公式 (8) 中选正号 [参看 **619** 目中的脚注 99)]. 在所考虑的曲面 (S) 的侧是 (S_-) 侧时, 则公式 (8) 中积分前取负号.

这是化第二型曲面积分为第一型曲面积分的一般公式. 在这里 P, Q, R 是定义于曲面 (S) 的点处的有界函数, 而 $\cos\lambda, \cos\mu, \cos\nu$ 是按照曲面的选定的一侧而定向的法线方向余弦.

最后, 我们导出化第二型曲面积分为寻常二重积分的一般公式:

$$\iint_{(S)} Pdydz + Qdzdx + Rdxdy = \pm\iint_{(\Delta)} (PA + QB + RC)dudv. \tag{10}$$

在右端所指的是, 函数 P, Q, R 中的 x, y, z 是由其用 u, v 表示的式子来代替的. 关于符号可以重用前面的说明.

所得的各个结果都可推广到更一般的情况 —— 分片光滑的闭的或开的曲面的情况 (因为这样的曲面是由一些一个接着一个的开的光滑曲面所组成的).

637. 证明的细节 现在回过头来证明关系式 (7). 我们可以断定, 对于任一预先给定的 $\varepsilon > 0$, 找得到这样的一个 $\eta > 0$, 只要各个元素的直径小于 η 时, 在 "不规则的" 各个元素的各处都有不等式

$$|\cos\nu| < \varepsilon. \tag{11}$$

假设这个断语不成立; 于是就有这样的一个 $\varepsilon_0 > 0$ 及这样的由 "不规则的" 而直径渐缩为零的一些元素 (S_k) 组成的序列存在, 使得在每个 (S_k) 的某一点处都有

$$|\cos\nu| \geqslant \varepsilon_0. \tag{12}$$

如果用 (δ_k) 表区域 (Δ) 中对应于 (S_k) 的元素, 则元素 (δ_k) 的直径也趋于零. 由布尔查诺–魏尔斯特拉斯定理 [**172**], 从序列 $\{(\delta_k)\}$ 中可取出这样一个部分序列, 它的元素集结于区域 (Δ) 的某一点 (u_0, v_0); 但是, 不失一般性不妨假定这就是序列 $\{(\delta_k)\}$ 本身.

对于与参数 u, v 的值 $u = u_0, v = v_0$ 相对应的角 $\nu = \nu_0$, 必定有

$$\cos\nu_0 = 0. \tag{13}$$

因为, 如果不然, 则对于参数的这一对值我们就该有

$$C = \left|\begin{array}{cc} x'_u & y'_u \\ x'_v & y'_v \end{array}\right| \neq 0,$$

于是在点 (u_0, v_0) 的一个邻域内, u, v 便可考虑作 x, y 的单值函数, 并且当 u, v 用 x, y 表示的式子代入函数 $z = z(u, v)$ 中时, 曲面便由显方程

$$z = f(x, y)$$

来表示 [①]. 除此以外, 若把这邻域取得足够小, 则在其内 $\cos\nu$ 保持一定的符号, 因为当 k 足够大时 (δ_k) 势必落到这个邻域之内, 所以它也就不能够对应于 "不规则的" 元素 (S_k).

[①]如果点 (u_0, v_0) 在区域 (Δ) 的边界上, 则对于上面所述这点的一个邻域和区域 (Δ) 的公共部分这话仍是正确的. 参考第一卷中的附录 [**262**].

由此可见等式 (13) 成立. 这样, 当 (δ_k) 足够地接近于点 (u_0, v_0) 时, 对于这些区域我们就到处有

$$|\cos \nu| < \varepsilon_0,$$

这和假设 (12) 相反. 这一矛盾的产生, 就证实了我们对于不等式 (11) 所下的断语.

现在设曲面 (S) 被分成的各个元素的直径都小于 η. 于是对于 "不规则的" 元素 (假若有的话) 不等式 (11) 成立, 并且与它们对应的和 $\bar{\sigma}''$ 的绝对值小于 $MS\varepsilon$, M 表 $|f|$ 的一个上界. 由此可见 (7) 式成立.

638. 用曲面积分表立体体积　　立体体积可用展布在范围着这立体的曲面上的积分来表示, 好像平面图形的面积可用沿着这图形的边界的积分来表示一样 [**551**]. 考虑一立体 (V), 它是由分片光滑的曲面

$$
\begin{aligned}
(S_1) & \quad z = z_0(x, y), \\
(S_2) & \quad z = Z(x, y)
\end{aligned}
\quad (z_0 < Z)
$$

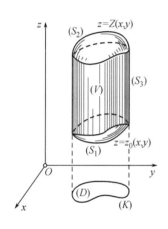

图 96

及母线平行于 z 轴的柱面 (S_3) 所围成的 (图 96). 在 xy 平面上, 范围一个平面区域 (D) 的分段光滑的闭路 (K) 是这柱面的准线. 在特殊情形下, 等式 $z_0(x, y) = Z(x, y)$ 可以在曲线 (K) 上成立; 那时曲面 (S_3) 缩成一线.

这立体的体积 V 显然等于两积分的差

$$V = \iint_{(D)} Z(x, y) dx dy - \iint_{(D)} z_0(x, y) dx dy.$$

引入曲面积分, 这等式可写为 [参看 (3) 与 (3*)]:

$$V = \iint_{(S_2)} z dx dy + \iint_{(S_1)} z dx dy,$$

并且这两积分是沿曲面 (S_2) 的上侧及沿曲面 (S_1) 的下侧来取的. 把展布在柱面 (S_3) 的外侧上的积分

$$\iint_{(S_3)} z dx dy$$

加到右端. 由 (5) 式知这积分等于零, 所以这积分的加入并不破坏原来的等式. 这样, 最终有

$$V = \iint_{(S)} z dx dy, \tag{14}$$

它是展布在范围着这立体的曲面 $(S) = (S_1) + (S_2) + (S_3)$ 的外侧上的.

公式 (14) 只是由我们就那种有确定定向的柱形长条建立起来的. 但是, 显然, 对于宽广得多的一类立体, 能够利用母线平行于 z 轴的一些柱面把它分成所研究过的形状的部分, 这个公式仍是正确的. 实际上, 实行这个分法, 我们可以应用公式 (14)

到各个部分, 然后把各个结果加在一起. 因为展布在各个辅助柱面上的积分等于零, 所以我们重新得到公式 (14).

我们现在要指出, 对于最常见的极广的一类立体, 就是说, 对于由任意一个分片光滑的曲面所范围的立体, 这公式成立.

设 (V) 是这样的一个立体. 首先用有限多个长方体[①] 将这立体的表面 (S) 上所有的 "棱" 包进去, 并且不仅要它们的总体积任意小, 还要它们包在曲面 (S) 的部分的面积也任意小, 而同时展布在这部分上的积分 $\iint z\,dx\,dy$ 也如此.

现在我们在曲面上任取一个不在 "棱" 上的点 $M_0(u_0, v_0)$. 因为这点不是奇点, 所以在这点处 A, B, C 三行列式中至少有一个不为零. 若 $C \neq 0$, 则我们知道, 在点 M_0 的一个邻域内曲面 (S) 的对应部分可用形如

$$z = f(x, y)$$

的显方程来表示. 当 $A \neq 0$ 或 $B \neq 0$ 时, 我们就得到另外两种形状的显方程:

$$x = g(y, z), \quad y = h(z, x).$$

因此, 点 M_0 可以被这样的一个长方体所包含, 它从立体 (V) 上割下的部分是由五个平面和这样三片曲面 (图 97) 之一所围的 "棱条".

把博雷尔引理 [**175**] 应用到我们的曲面上,[②] 我们从这种长方体的无穷集合中可选出有限多个长方体来. 结果除掉那些包着了 "棱" 的各个长方区域以外, 立体 (V) 的其余部分 (V_1) 被分成有限多个 "棱条" 及简单的长方体. 假若对于所有这些元素立体能够证明公式 (14) 的正确性, 则用加法立即证实这公式对于它

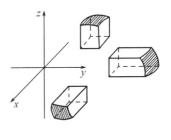

图 97

们的和的正确性, 然后取极限 (与缩小各个 "棱" 的邻域相联系) 也就知道这公式对于原来的立体 (V) 是正确的.

但是对于第一种形状的柱形长条, 因而对于长方体, 这公式是在前面已证明了的. 现在我们要讲到例如 (V) 的第二种形状的 "棱条", 它是由平面 $x = x_0, y = y_0, y = y_1, z = z_0, z = z_1$ 以及曲面 $(s): x = g(y, z)$ 所范围的.

仿照在第 **551** 目中为了扩大平面图形面积公式的应用范围我们曾经用过的方法, 这时替代内接于曲线的折线我们来画内接于曲面 (s) 的多面形 (σ). 我们知道 [**627**], 利用适当的三角剖分法来分我们的立体在 yz 平面上的射影所构成的矩形

$$(d) = [y_0, y_1; z_0, z_1],$$

[①] 在这里和下面我们指的是各面分别平行于三个坐标平面的平行六面体.

[②] 不难知道它是一个闭集合.

可以做得使曲面 (σ) 的各面上的法线方向随意地接近于曲面 (s) 在其对应部分各点处的法线. 用多面形 (σ) 代替了曲面 (s), 我们能够对于这改变了的立体 $(\widetilde{V})$ 写出公式

$$\widetilde{V} = \iint_{(\widetilde{S})} z\,dx\,dy, \tag{15}$$

其中 $(\widetilde{S})$ 是用来表示范围着多面体 $(\widetilde{V})$ 的整个表面. 实际上, 这个多面体容易分成许多像我们的公式对它们已取得证明的那种形状的立体. 要得到公式 (14) 现在只要在 (15) 中取极限 (当多面形的各棱无限地缩小而其各面上的法线方向与所给曲面上的法线方向无限地接近时).

为了证明所说的两公式的右端的近似, 我们将它们的差表如下形

$$\iint_{(s)} z\,dx\,dy - \iint_{(\sigma)} z\,dx\,dy + \alpha,$$

其中 α 表示沿立体 (V) 与 $(\widetilde{V})$ 的那些侧面 (即用以使这两曲面分开者) 上的积分. 显然, $\alpha \to 0$. 把这两积分化为第一型的积分, 它们的差首先可写成

$$\iint_{(s)} z\cos\nu\,ds - \iint_{(\sigma)} z\cos\widetilde{\nu}\,d\sigma,$$

其次, 再转到第二型的积分

$$\iint_{(s)} z\frac{\cos\nu}{\cos\lambda}\,dy\,dz - \iint_{(\sigma)} z\frac{\cos\widetilde{\nu}}{\cos\widetilde{\lambda}}\,dy\,dz.$$

在这里 $\cos\lambda, \cos\nu, \cos\widetilde{\lambda}, \cos\widetilde{\nu}$ 是这两曲面的外法线的方向余弦. 注意在 (s) 上

$$\cos\lambda = \frac{1}{\sqrt{1 + g_y'^2 + g_z'^2}}$$

是连续函数, 不趋向于零, 因此, 是以正数为其下界的; 当曲面 (s) 与 (σ) 的法线足够接近时, 对于多面形 (σ) 的 $\cos\widetilde{\lambda}$ 来说, 这也是一样正确的.

最后, 引用多面形 (σ) 的方程 $x = \widetilde{g}(y,z)$, 可以把最后两积分的差用展布在矩形 (d) 上的寻常二重积分写成下形:

$$\iint_{(d)} \left\{ \left[z\frac{\cos\nu}{\cos\lambda}\right]_{x=g(y,z)} - \left[z\frac{\cos\widetilde{\nu}}{\cos\widetilde{\lambda}}\right]_{x=\widetilde{g}(y,z)} \right\} dy\,dz.$$

考虑到了不仅曲面 (s) 与 (σ) 的对应点相接近, 而且这两曲面在对应点处的法线也相接近, 于是就显然可见, 所写出的积分在上述极限过程中趋向于零. 这就完成了我们的证明.

与公式 (14) 同时, 立体的体积也可用公式

$$V = \iint_{(S)} x\,dy\,dz \quad 或 \quad V = \iint_{(S)} y\,dz\,dx \tag{14*}$$

来表示, 这可由简单改换轴的地位而得到. 把三个结果合在一起, 可以得到更对称的公式

$$V = \frac{1}{3} \iint_{(S)} x\,dy\,dz + y\,dz\,dx + z\,dx\,dy. \tag{16}$$

在所有情况下, 积分都是沿着包围这个立体的曲面 (S) 的外侧而取的.

再引入外法线的方向余弦 $\cos\lambda, \cos\mu, \cos\nu$, 最后的表示式可写成第一型曲面积分:

$$V = \frac{1}{3} \iint_{(S)} (x\cos\lambda + y\cos\mu + z\cos\nu)dS. \tag{17}$$

639. 斯托克斯公式   再设 (S) 是由分段光滑的闭路 (L) 所范围的一个简单的光滑的双侧曲面. 曲面上的点借公式

$$x = x(u, v), \quad y = y(u, v), \quad z = z(u, v)$$

与平面区域 (Δ) 的点成一一对应, (Δ) 是由 uv 平面上分段光滑的闭路 (Λ) 所范围的. 此外, 总有 $A^2 + B^2 + C^2 > 0$.

选取曲面的确定一侧, 并与此相应选取它的定向 [**620**]. 为明确起见, 我们把闭路 (L) 算作按正环行方向对应于闭路 (Λ) 的正环行方向. 于是像我们在 **621** 目中规定的一样, 公式

$$\cos\lambda = \frac{A}{+\sqrt{A^2 + B^2 + C^2}}, \quad \cos\mu = \frac{B}{+\sqrt{A^2 + B^2 + C^2}},$$
$$\cos\nu = \frac{C}{+\sqrt{A^+ B^2 + C^2}} \tag{18}$$

正好显示出曲面 (S) 被选取的一侧.

注意这些事项以后, 我们将推演一重要公式, 它联系着曲面积分与曲线积分, 且为我们所熟知的格林公式 [**600**] 的推广.

设在某一个包含曲面 (S) 本身在内的空间区域内, 给出一个函数

$$P = P(x, y, z),$$

它和它的偏导数在这区域内都是连续的. 于是有公式

$$\int_{(L)} P\,dx = \iint_{(S)} \frac{\partial P}{\partial z} dz\,dx - \frac{\partial P}{\partial y} dx\,dy. \tag{19}$$

并且闭路 (L) 的环行方向对应于右端积分所展布曲面 (S) 的那一侧.

首先改变沿曲线 (L) 的曲线积分, 用沿曲线 (Λ) 的积分来代替:

$$\int_{(L)} P\,dx = \int_{(\Lambda)} P \cdot \left(\frac{\partial x}{\partial u} du + \frac{\partial x}{\partial v} dv\right). \tag{20}$$

关于这等式, 只要引进曲线 (Λ) 的参数表示式, 并通过它引进曲线 (L) 的参数表示式, 便可以将这两个积分化为同一个对参数的寻常积分. 于是证明了等式 (20) 成立.

现在我们应用格林公式于 (20) 中的右端积分, 得

$$\int_{(\Lambda)} P \cdot \left(\frac{\partial x}{\partial u} du + \frac{\partial x}{\partial v} dv \right) = \iint_{(\Delta)} \left\{ \frac{\partial}{\partial u} \left(P \frac{\partial x}{\partial v} \right) - \frac{\partial}{\partial v} \left(P \frac{\partial x}{\partial u} \right) \right\} du dv.$$

因为最后一个积分号下的式子可以展开成下形

$$\left(\frac{\partial P}{\partial x} \frac{\partial x}{\partial u} + \frac{\partial P}{\partial y} \frac{\partial y}{\partial u} + \frac{\partial P}{\partial z} \frac{\partial z}{\partial u} \right) \frac{\partial x}{\partial v} + P \frac{\partial^2 x}{\partial v \partial u}$$
$$- \left(\frac{\partial P}{\partial x} \frac{\partial x}{\partial v} + \frac{\partial P}{\partial y} \frac{\partial y}{\partial v} + \frac{\partial P}{\partial z} \frac{\partial z}{\partial v} \right) \frac{\partial x}{\partial u} - P \frac{\partial^2 x}{\partial u \partial v}$$
$$= \frac{\partial P}{\partial z} \left(\frac{\partial z}{\partial u} \frac{\partial x}{\partial v} - \frac{\partial z}{\partial v} \frac{\partial x}{\partial u} \right) - \frac{\partial P}{\partial y} \left(\frac{\partial x}{\partial u} \frac{\partial y}{\partial v} - \frac{\partial x}{\partial v} \frac{\partial y}{\partial u} \right),$$

所以我们得到二重积分

$$\iint_{(\Delta)} \left\{ \frac{\partial P}{\partial z} B - \frac{\partial P}{\partial y} C \right\} du dv.$$

按照公式 (10) 我们容易把它改为曲面积分

$$\iint_{(S)} \frac{\partial P}{\partial z} dz dx - \frac{\partial P}{\partial y} dx dy;$$

最后这一积分是沿所选的曲面一侧而取的, 因为公式 (18) 正好表示的是这一侧. 这样就完成了等式 (19) 的证明.①

这个公式是就光滑的曲面建立起来的; 但它也容易推广到分片光滑曲面的情形: 只要就每片光滑的面单独地把它写出来, 然后把所得的各等式加在一起.

用循环轮换字母 x, y, z 的方法, 再得到两个类似的等式:

$$\left. \begin{array}{l} \displaystyle\int_{(L)} Q dy = \iint_{(S)} \frac{\partial Q}{\partial x} dx dy - \frac{\partial Q}{\partial z} dy dz, \\[3mm] \displaystyle\int_{(L)} R dz = \iint_{(S)} \frac{\partial R}{\partial y} dy dz - \frac{\partial R}{\partial x} dz dx, \end{array} \right\} \tag{19*}$$

其中 Q 与 R 为 x, y, z 的两个新函数, 满足 P 所适合的同样的各条件.

合并 (19) 与 (19*) 三个等式, 我们得到所要求的结果, 即最普遍的公式:

$$\int_{(L)} P dx + Q dy + R dz = \iint_{(S)} \left(\frac{\partial Q}{\partial x} - \frac{\partial P}{\partial y} \right) dx dy$$
$$+ \left(\frac{\partial R}{\partial y} - \frac{\partial Q}{\partial z} \right) dy dz + \left(\frac{\partial P}{\partial z} - \frac{\partial R}{\partial x} \right) dz dx. \tag{21}$$

①应当指出, 在推演中导数 $\frac{\partial P}{\partial x}$ 和 $\frac{\partial^2 x}{\partial u \partial v}, \frac{\partial^2 x}{\partial v \partial u}$ 的存在性与连续性我们都利用到了, 但在最后的结果中它们并未出现. 实际上没有这些假设这个公式也能成立.

这个等式叫做**斯托克斯** (G. G. Stokes) **公式**. 我们再一次着重指出, 曲面的这一侧和它的边界的方向彼此是由 **620** 目中所建立的规则来决定的.

若取 xy 平面上的平面区域 (D) 作为曲面 (S) 这一块面, 则因 $z = 0$ 而得到公式

$$\int_{(L)} P dx + Q dy = \iint_{(S)} \left(\frac{\partial Q}{\partial x} - \frac{\partial P}{\partial y} \right) dx dy,$$

这是读者所知道的格林公式; 因此, 后者为斯托克斯公式的特例.[①]

最后我们指出, 在斯托克斯公式中第二型曲面积分可以用第一型曲面积分来代替. 于是这公式取下面的形式

$$\int_{(L)} P dx + Q dy + R dz = \iint_{(S)} \left\{ \left(\frac{\partial R}{\partial y} - \frac{\partial Q}{\partial z} \right) \cos \lambda \right.$$

$$\left. + \left(\frac{\partial P}{\partial z} - \frac{\partial R}{\partial x} \right) \cos \mu + \left(\frac{\partial Q}{\partial x} - \frac{\partial P}{\partial y} \right) \cos \nu \right\} dS, \tag{21*}$$

并且 $\cos \lambda, \cos \mu, \cos \nu$ 表示恰与所选的曲面一侧相对应的法线方向余弦.

640. 例 1) 计算积分

$$I = \iint_{(S)} (x^2 + y^2) dx dy,$$

它展布在圆 $x^2 + y^2 = R^2$ 的下侧.

提示 因为积分所展布的曲面与它在 xy 平面上的射影重合, 所以注意到侧时, 我们就有

$$I = -\iint_{(D)} (x^2 + y^2) dx dy.$$

答 $I = -\dfrac{\pi}{2} R^4$.

2) 计算积分

$$J = \iint_{(S)} x^2 y^2 z \, dx dy,$$

它是沿着球面 $x^2 + y^2 + z^2 = R^2$ 的下半部的上侧而取的.

提示 半球在 xy 平面上的射影是由圆周 $x^2 + y^2 = R^2$ 所范围的圆域 (D). 下半部球面的方程是 $z = -\sqrt{R^2 - x^2 - y^2}$, 所以

$$J = -\iint_{(D)} x^2 y^2 \sqrt{R^2 - x^2 - y^2} \, dx dy.$$

答 $J = -\dfrac{2\pi}{105} R^7$.

3) 计算积分

$$K = \iint_{(S)} x^2 dy dz + y^2 dz dx + z^2 dx dy,$$

它展布在球面 $(x - a)^2 + (y - b)^2 + (z - c)^2 = R^2$ 的外侧.

[①]为了便利记忆斯托克斯公式, 我们指出, 右端积分中第一项与格林公式中的是一样的, 而其余二项可由 x, y, z 与 P, Q, R 的循环轮换得到.

解　我们来讨论积分

$$K_3 = \iint_{(S)} z^2 dxdy$$

的计算. 因为球面的显方程为

$$z - c = \pm\sqrt{R^2 - (x-a)^2 - (y-b)^2}$$

(其中正号对应于上半球, 而负号对应于下半球), 所以该把被积函数 z^2 表为下形

$$z^2 = (z-c)^2 + c^2 + 2c(z-c).$$

前两项的和沿上半球面的上侧与下半球面的下侧来积分时给出不同符号的结果, 它们彼此相消. 最后一项由上半球面转到下半球面时本身改变符号, 因而沿这两半球积分时得出相等的两结果, 所以

$$K_3 = 4c \iint_{(x-a)^2 + (y-b)^2 \leqslant R^2} \sqrt{R^2 - (x-a)^2 - (y-b)^2}\,dxdy = \frac{8}{3}\pi cR^3.$$

同样可得到另二积分:

$$K_1 = \iint_{(S)} x^2 dydz, \quad K_2 = \iint_{(S)} y^2 dzdx.$$

答　$K = \dfrac{8}{3}\pi R^3(a+b+c).$

4) 求积分

$$\text{(a)}\ I_1 = \iint_{(S)} dxdy, \quad \text{(б)}\ I_2 = \iint_{(S)} zdxdy, \quad \text{(в)}\ I_3 = \iint_{(S)} z^2 dxdy,$$

它们展布在椭球面

$$\frac{x^2}{a^2} + \frac{y^2}{b^2} + \frac{z^2}{c^2} = 1$$

的外侧.

答　(a) $I_1 = 0$;　(б) $I_2 = \dfrac{4}{3}\pi abc$;　(в) $I_3 = 0.$

5) 计算积分

$$\text{(a)}\ L_1 = \iint_{(S)} x^3 dydz, \quad \text{(б)}\ L_2 = \iint_{(S)} yzdzdx,$$

它们是沿着这同一个椭球面的上半部的上侧而取的.

解　(a)

$$x = \pm a\sqrt{1 - \frac{y^2}{b^2} - \frac{z^2}{c^2}},$$

$$L_1 = 4a^3 \iint_{(D_1)} \left(1 - \frac{y^2}{b^2} - \frac{z^2}{c^2}\right)^{\frac{3}{2}} dydz,$$

其中 (D_1) 是椭圆 $\dfrac{y^2}{b^2} + \dfrac{z^2}{c^2} = 1$ 在第一象限内的部分. 换为广义极坐标, 不难求得

$$L_1 = \frac{2}{5}\pi a^3 bc.$$

从曲面的参数表示式

$$x = a\sin\varphi\cos\theta, \quad y = b\sin\varphi\sin\theta, \quad z = c\cos\varphi \quad \left(0 \leqslant \varphi \leqslant \frac{\pi}{2}; 0 \leqslant \theta \leqslant 2\pi\right) \quad (22)$$

出发, 同样容易地可以得到这个结果.

因为 $A = bc\sin^2\varphi\cos\theta$, 故按照公式 (10),

$$L_1 = a^3bc \int_0^{\frac{\pi}{2}} \sin^5\varphi d\varphi \int_0^{2\pi} \cos^4\theta d\theta = \frac{2}{5}\pi a^3bc$$

(曲面的上侧对应于所指公式中的正号).

(5) 在这里也利用参数表示式, 我们看出 $B = ac\sin^2\varphi\sin\theta$. 所以

$$L_2 = abc^2 \int_0^{\frac{\pi}{2}} \sin^3\varphi\cos\varphi d\varphi \int_0^{2\pi} \sin^2\theta d\theta = \frac{\pi}{4}abc^2.$$

6) 求积分

$$\iint_{(S)} \frac{dydz}{x} + \frac{dzdx}{y} + \frac{dxdy}{z},$$

它是沿着上面所指的椭球面的外侧而取的.

提示 这积分是反常的, 因为积分号下的式子变为无穷大 (在椭球面与坐标平面的截口上). 利用参数表示式我们得到常义的二重积分.

答 $4\pi \left(\dfrac{ab}{c} + \dfrac{bc}{a} + \dfrac{ca}{b}\right)$.

7) 若把关于体积 V 的表示式 (16) 按照公式 (10) 改为常义的二重积分, 则得

$$V = \pm\frac{1}{3}\iint_{(\Delta)} (Ax + By + Cz)dudv. \quad (23)$$

视 A, B, C 的值为行列式, 很容易地把这结果表成下面的形成

$$V = +\frac{1}{3}\iint_{(\Delta)} \begin{vmatrix} x & y & z \\ x'_u & y'_u & z'_u \\ x'_v & y'_v & z'_v \end{vmatrix} dudv.$$

这时符号规定是正的, 只要 A, B, C 具有外法线的方向余弦的符号; 在相反的情形下符号规定是负的.

8) 从参数表示式 (22) $(0 \leqslant \varphi \leqslant \pi; 0 \leqslant \theta \leqslant 2\pi)$ 出发, 用这个公式来计算椭球面

$$\frac{x^2}{a^2} + \frac{y^2}{b^2} + \frac{z^2}{c^2} = 1$$

的体积 V.

提示 这时的行列式等于 $abc\sin\varphi$.

答 $V = \dfrac{4}{3}\pi abc$.

9) 若范围着一个立体的曲面是由极坐标方程

$$r = r(\varphi, \theta)$$

给出, 则像在 [**629**, 14)] 中一样, 可以变到曲面的参数表示式, 并且 φ, θ 起着参数的作用. 再从这表示式出发就可由公式 (23) 导出体积的一个简洁表示式

$$V = \frac{1}{3} \iint_{(\Delta)} r^3 \sin \varphi d\varphi d\theta, \tag{24}$$

这时 (Δ) 是参数 φ, θ 的变域.

10) 计算由曲面

$$(x^2 + y^2 + z^2)^2 = 2a^2 xy$$

所范围立体的体积.

解　从曲面的极坐标方程

$$r = a \sin \varphi \sqrt{\sin 2\theta}$$

出发, 我们利用公式 (24) 会得到:

$$V = \frac{4}{3} (\sqrt{2})^3 a^3 \int_0^{\frac{\pi}{2}} \sin^4 \varphi d\varphi \int_0^{\frac{\pi}{2}} \sin^{\frac{3}{2}} \theta \cos^{\frac{3}{2}} \theta d\theta.$$

按照 [**312**, 1)] 中的公式 (8) 计算第一个积分, 按照 [**534**, 4) (a)] 中的公式计算第二个积分, 最后我们求得

$$V = \frac{\sqrt{2\pi}}{48} a^3 \Gamma^2 \left(\frac{1}{4} \right).$$

11) 设闭路 (L) 为圆周 $x^2 + y^2 = a^2, z = 0$, 而曲面 (S) 为半球面 $x^2 + y^2 + z^2 = a^2$ $(z > 0)$. 同时在曲面上我们取其上侧, 并给闭路以反时针方向 (如果是从上面来看它). 试就函数 $P = x^2 y^3, Q = 1, R = z$ 来验证斯托克斯公式 (21).

积分

$$\int_{(L)} x^2 y^3 dx + dy + z dz$$

显然可简化为只具第一项的积分

$$\int_{(L)} x^2 y^3 dx = -a^6 \int_0^{2\pi} \sin^4 \theta \cos^2 \theta d\theta = -\frac{\pi}{8} a^6.$$

其次, 我们有

$$\frac{\partial Q}{\partial x} - \frac{\partial P}{\partial y} = -3x^2 y^2, \quad \frac{\partial R}{\partial y} - \frac{\partial Q}{\partial z} = 0, \quad \frac{\partial P}{\partial z} - \frac{\partial R}{\partial x} = 0.$$

计算积分

$$-3 \iint_{(S)} x^2 y^2 dx dy = -3 \iint_{x^2 + y^2 \leqslant a^2} x^2 y^2 dx dy = -\frac{\pi}{8} a^6,$$

我们得到同样的结果.

12) 试就函数

$$P = y, \quad Q = z, \quad R = x$$

来验证斯托克斯公式, 如果 (L) 是圆周

$$x = a \cos^2 t, \quad y = a\sqrt{2} \sin t \cos t, \quad z = a \sin^2 t \quad (0 \leqslant t \leqslant \pi),$$

而 (S) 是由它所范围的圆.

(这一个圆是平面 $x + z = a$ 被球面 $x^2 + y^2 + z^2 = a^2$ 截下的部分, 它的半径等于 $\dfrac{a}{\sqrt{2}}$.)

曲线积分

$$\int_{(L)} ydx + zdy + xdz = a^2 \int_0^\pi (-\sqrt{2}\sin^2 t + 2\cos^3 t \sin t)dt = -\frac{1}{2}\sqrt{2}\pi a^2,$$

曲面积分

$$-\iint_{(S)} dxdy + dydz + dzdx$$

等于上述的圆在各坐标平面上射影的面积的和, 但取相反的符号, 即

$$-2\frac{\pi a^2}{2}\cos 45° = -\frac{1}{2}\sqrt{2}\pi a^2.$$

13) 假定

$$P = y^2 + z^2, \quad Q = z^2 + x^2, \quad R = x^2 + y^2,$$

并把球面 $x^2 + y^2 + z^2 = 2Rx$ $(R > r, z > 0)$ 被柱面 $x^2 + y^2 = 2rx$ 割下的曲面当作 (S), 试验证斯托克斯公式.

采用曲线的参数表示式

$$x = r(1 + \cos t), \quad y = r\sin t, \quad z = \sqrt{2r(R-r)}\sqrt{1+\cos t} \quad (0 \leqslant t \leqslant 2\pi), ^{①}$$

则对于曲线积分, 我们得到一个很复杂的用常义积分写出的表示式:

$$\int_0^{2\pi} \Big\{ [r^2\sin^2 t + 2r(R-r)(1+\cos t)](-r\sin t)$$
$$+ [2r(R-r)(1+\cos t) + r^2(1+\cos t)^2]r\cos t$$
$$+ [r^2(1+\cos t)^2 + r^2\sin^2 t] \cdot \frac{1}{2}\sqrt{\frac{2r(R-r)}{1+\cos t}}(-\sin t) \Big\} dt.$$

可是大括号内的第一项及第三项各与 dt 相乘都具有 $f(\cos t)d\cos t$ 的形式, 它们的积分由余弦的周期性应等于零, 实行剩下的计算, 我们得到 $2\pi Rr^2$.

至于曲面积分

$$2\iint_{(S)} (y-z)dydz + (z-x)dzdx + (x-y)dxdy,$$

它是展布在上述的曲面的上侧的, 我们首先把它改为另一形式:

$$2\iint_{(S)} [(y-z)\cos\lambda + (z-x)\cos\mu + (x-y)\cos\nu]dS.$$

因为

$$\cos\lambda = \frac{x-R}{R}, \quad \cos\mu = \frac{y}{R}, \quad \cos\nu = \frac{z}{R},$$

---

①如果令 $x - r = r\cos t, y = r\sin t$, 则参数 t 的几何意义很清楚; 把这二表示式代入球面的方程中, 我们可求得 z 与 t 的关系.

所以, 把这三式代入后, 经过简化即把所要求的积分化为下面的积分:

$$2\iint_{(S)} (z - y)dS.$$

依据这曲面对于 xz 平面的对称性, 积分 $\iint_{(S)} ydS$ 为零. 再把剩下的积分化为第二型的积分, 得到

$$2\iint_{(S)} zdS = 2\iint_{(S)} \frac{z}{\cos \nu} dxdy = 2R\iint_{(S)} dxdy = 2\pi Rr^2.$$

14) 验证斯托克斯公式

$$\int_{(L)} (z^2 - x^2)dx + (x^2 - y^2)dy + (y^2 - z^2)dz = 2\iint_{(S)} xdxdy + ydydz + zdzdx,$$

其中取螺旋曲面

$$x = u\cos v, \quad y = u\sin v, \quad z = cv \quad (a \leqslant u \leqslant b; 0 \leqslant v \leqslant 2\pi)$$

作为 (S), 它是由两个螺旋线及两个直线段作成的闭路 (L) 所范围的.

答　如果把曲面积分展布在所述曲面的上侧, 而依对应的方向取曲线积分, 则两积分都等于 $\pi c(b^2 - a^2)$.

641. 斯托克斯公式在研究空间曲线积分上的应用　设在开区域 (T) 内所给出的函数 P, Q, R 和它们的导数

$$\frac{\partial P}{\partial y}, \ \frac{\partial P}{\partial z}; \ \frac{\partial Q}{\partial z}, \ \frac{\partial Q}{\partial x}; \ \frac{\partial R}{\partial x}, \ \frac{\partial R}{\partial y}$$

都是连续的.

利用斯托克斯公式, 对于沿着任一个在 (T) 内而不穿过其自身的闭路 (L) 而取的积分

$$\int_{(L)} Pdx + Qdy + Rdz, \tag{25}$$

我们不难建立使得它为零的必要而且充分的条件.

可是, 为了要能够利用斯托克斯公式, 必须预先对于我们所讨论的三维区域 (T) 给以自然的限制. 就是说, 必须要求, 不管 (L) 是区域 (T) 内什么样的简单闭路, 总可以 "画出" 一个以 (L) 本身为边界而且也全部包含在 (T) 内的曲面 (S). 这个性质类似于平面区域单连通性的性质; 在具备这性质的情形下, 空间区域 (T) 也叫做 ("曲面"①) 单连通区域. 譬如说, 由两同心球面所范围的立体是在这意义下的单连通区域, 而环面体则不是.

设 (T) 就是一 (曲面) 单连通区域. 在边界 (L) 上, 如前所说, 画一曲面 (S), 我们按斯托克斯公式用曲面积分

$$\iint_{(S)} \left(\frac{\partial Q}{\partial x} - \frac{\partial P}{\partial y}\right) dxdy + \left(\frac{\partial R}{\partial y} - \frac{\partial Q}{\partial z}\right) dydz + \left(\frac{\partial P}{\partial z} - \frac{\partial R}{\partial x}\right) dzdx$$

---

① 与后面 [652] 将要说的空间区域的另一种单连通性不同.

来代替曲线积分 (25). 要使这积分为零, 其充分条件是

$$\frac{\partial Q}{\partial x} = \frac{\partial P}{\partial y}, \quad \frac{\partial R}{\partial y} = \frac{\partial Q}{\partial z}, \quad \frac{\partial P}{\partial z} = \frac{\partial R}{\partial x} \tag{Б}$$

这些条件同时也是必要的, 这我们不难予以证实 (像第 **601** 目中一样), 只要考虑轮流落在各坐标平面的平行面上的平面图形 (S).

读者可以看出, 我们在这里利用了斯托克斯公式, 完全像在 **601** 目中一样, 为了类似的目的利用了格林公式.

容易证明, 这些条件 (Б) 是使得积分

$$\int_{(AB)} Pdx + Qdy + Rdz \tag{26}$$

与连接区域 (T) 内任意两点 A 与 B 的曲线 (AB) 的形状无关的必要充分条件; 由假设, 当然, 这区域是 (曲面) 单连通区域.

必要性 如果假定积分 (26) 与路径无关, 那么 (如 **561** 目一样) 由此推出沿简单闭路 (L), 积分 (25) 变为零, 而这意味着条件 (Б) 成立.

充分性 由 (Б) 推出沿简单闭路 (L), 积分 (25) 为零. 如果曲线 (AIB) 与 (AIIB) 除 A 和 B 之外没有公共点, 那么 (如 **561** 目一样) 容易得出等式

$$\int_{(AIB)} = \int_{(AIIB)}, \tag{27}$$

如果不是这样, 所取的曲线相交, 那么这里的问题比平面情形更简单: 在连通的空间区域 (T) 总可以取这样的第三条曲线 (AIIIB), 使得它与前述两条曲线不相交, 于是

$$\int_{(AIB)} = \int_{(AIIIB)}, \qquad \int_{(AIIB)} = \int_{(AIIIB)},$$

由此得出 (27) 式.

从这讨论当中可以联系到这样一个问题, 即微分式

$$Pdx + Qdy + Rdz \tag{28}$$

是否为某一个三变量的单值函数的全微分. 为了要它是一个全微分, 条件 (Б) 的必要性可以直接验证, 参看第 **564** 目. 可是在那里条件 (Б) 的充分性只是就基本区域 (T) 是长方体的情形来建立的, 现在不难推到 (曲面) 单连通区域的一般情况. 于是原函数立可写成曲线积分的形式

$$F(x, y, z) = \int_{(x_0, y_0, z_0)}^{(x,y,z)} Pdx + Qdy + Rdz,$$

它 —— 当条件 (Б) 成立时 —— 与路径无关. 因此, 对于所述类型的区域 (T), 条件 (Б) 是使表示式 (28) 为一全微分的必要且充分的条件.

第十八章　三重积分及多重积分

§1. 三重积分及其计算

642. 立体质量计算的问题　设有充满质量的某一立体 (V), 并已知在它的每点 $M(x, y, z)$ 处, 这种质量的密度分布为

$$\rho = \rho(M) = \rho(x, y, z).$$

要求确定立体的全部质量 m.

为了解答这一问题, 将立体 (V) 分成许多小块:

$$(V_1), (V_2), \cdots, (V_n),$$

并在每一小块的范围内取一点

$$M_i(\xi_i, \eta_i, \zeta_i).$$

近似地认为在小块 (V_i) 的范围内密度是常数且恰等于所选取的点处的密度 $\rho(\xi_i, \eta_i, \zeta_i)$, 则这一小块的质量 m_i 可近似地表作:

$$m_i \doteq \rho(\xi_i, \eta_i, \zeta_i) V_i,$$

而整个立体的质量将为

$$m \doteq \sum_{i=1}^{n} \rho(\xi_i, \eta_i, \zeta_i) V_i.$$

如所有小块的直径趋近于零, 则变成极限时这一近似等式就成为准确的了, 故

$$m = \lim \sum_{i=1}^{n} \rho(\xi_i, \eta_i, \zeta_i) V_i, \tag{1}$$

而问题得以解决.

我们由此看到, 解决这问题也引导到要考察一特殊和的极限, 这种和是我们在全书中屡屡遇见的各种积分和的类型.

这种类似类型的极限在力学及物理学中必会常常考虑到, 它们称为三重积分. 用一种为它们而取的记法, 以上结果可写作:

$$m = \iiint\limits_{(V)} \rho(x, y, z) dV. \tag{2}$$

本章主要讨论三重积分的理论及其重要应用. 因为对二重积分所建立的一系列命题与它们的证明都可同时移到三重积分的情形上来, 故我们通常将这些命题表述出来就算了, 而请读者再复述一下以前的证明.

643. 三重积分及其存在的条件   在建立新的积分构造 —— 三重积分 —— 的一般定义时, 如同平面图形面积概念是二重积分定义的基础一样, 立体体积概念起着主要的作用.

在第一卷中我们已熟识了体积概念且不止一次遇见过它. 对于一已给立体, 其体积存在的条件在于范围它的曲面有体积 0 [**341**]. 我们将只考察这种曲面, 所以在一切所论的情形下体积的存在就由此得以保证. 特例, 如我们所知, 分片光滑的曲面就属于所述曲面类中.

现设在某一空间区域 (V) [104] 中已给一函数 $f(x, y, z)$. 用一曲面网将这一区域分成有限个部分 $(V_1), (V_2), \cdots, (V_n)$ 分别有体积 $V_1, V_2, \cdots, V_n$. 在第 i 个元素 (V_i) 的范围内任取一点 (ξ_i, η_i, ζ_i), 将这一点处的函数值 $f(\xi_i, \eta_i, \zeta_i)$ 乘上体积 V_i 并作积分和

$$\sigma = \sum_{i=1}^{n} f(\xi_i, \eta_i, \zeta_i) V_i.$$

当所有区域 (V_i) 的最大直径趋于零时, 这一和的极限 I 就称为函数 $f(x, y, z)$ 在区域 (V) 中的**三重积分**, 用记号表为

$$I = \iiint\limits_{(V)} f(x, y, z) dV = \iiint\limits_{(V)} f(x, y, z) dx dy dz.$$

这样的有限极限仅对有界函数存在; 对于这种函数, 除积分和 σ 外, 还可引进达布和:

$$s = \sum_{i=1}^{n} m_i V_i, \quad S = \sum_{i=1}^{n} M_i V_i,$$

其中

$$m_i = \inf_{(V_i)} \{f\}, \quad M_i = \sup_{(V_i)} \{f\}.$$

---

[104]在不作特别的预先声明时, 都假定区域 (V) 是有界的且是闭的, 而且也是连通的.

用普通的方法可证明积分存在的必要充分条件为

$$\lim(S - s) = 0$$

或

$$\lim \sum_{i=1}^{n} \omega_i V_i = 0,$$

其中 $\omega_i = M_i - m_i$ 是函数 f 在区域 (V_i) 上的振动. (注意, 当积分存在时, 两个和 s, S 均以它为极限.)

由此立刻得出, 任一连续函数 f 为可积的.

可以将这些条件略为放宽些, 即: 任一有界函数, 它的所有不连续点在有限个体积为 0 的曲面上时, 是可积的.

这一断语的证明 [参照 **590**] 建立于下一**引理**上:

如一区域 (V), 含有体积为 0 的曲面 (S), 被分为许多元素区域, 则那些与曲面 (S) 相遇的部分其体积和与所有部分区域的直径同时趋近于零. [105]

644. 可积函数与三重积分的性质　只需将这些性质逐条写出来就够了 [它们可与在 **592** 中所述的相像地证明].

1° 三重积分的存在及大小与函数在有限个体积为 0 的曲面上所取的值无关.

2° 如 $(V) = (V') + (V'')$ [106], 则

$$\iiint_{(V)} f dV = \iiint_{(V')} f dV + \iiint_{(V'')} f dV,$$

且由左端积分的存在就能推出右端两积分的存在, 反过来也是如此.

3° 如 $k = $ 常数, 则

$$\iiint_{(V)} k f dV = k \iiint_{(V)} f dV,$$

且由右端积分的存在就得出左端积分的存在.

4° 如在区域 (V) 中函数 f 及 g 皆可积, 则函数 $f \pm g$ 也可积分, 且

$$\iiint_{(V)} (f \pm g) dV = \iiint_{(V)} f dV \pm \iiint_{(V)} g dV.$$

5° 如在区域 (V) 中可积函数 f 及 g 适合不等式 $f \leqslant g$, 则

$$\iiint_{(V)} f dV \leqslant \iiint_{(V)} g dV.$$

---

[105] 换句话说, 与这些直径中最大者同时趋近于零.

[106] 我们记得, 记号 $(V) = (V') + (V'')$ 意味着, 区域 (V') 与 (V'') 没有公共内点, 它们连同各自的边界合并在一起给出区域 (V).

6° 在函数 f 可积时, 函数 $|f|$ 也可积, 且有不等式

$$\left| \iiint_{(V)} f dV \right| \leqslant \iiint_{(V)} |f| dV.$$

7° 如在 (V) 中可积函数 f 满足不等式

$$m \leqslant f \leqslant M,$$

则

$$mV \leqslant \iiint_{(V)} f dV \leqslant MV.$$

换句话说, 中值定理成立:

$$\iiint_{(V)} f dV = \mu V \quad (m \leqslant \mu \leqslant M)$$

在函数 f 连续时这一公式可写成

$$\iiint_{(V)} f dV = f(\bar{x}, \bar{y}, \bar{z}) V \tag{3}$$

的形状, 其中 $(\bar{x}, \bar{y}, \bar{z})$ 是区域 (V) 的某一点.[107]

又, 很容易将第 **593** 目的内容推广到三维的情形: 和那里一样, 可建立 (三维的) **区域函数**的概念, 特别, **可加函数**的概念. 对变动区域 (v) 的积分就是这种函数的一重要例子 (参看 2°):

$$\Phi((v)) = \iiint_{(v)} f dv. \tag{4}$$

与以前相似可引进函数 $\Phi((v))$ 在一已知点 M 处对区域的导数概念, 那就是当包含点 M 的区域 (v) 缩到这点时我们这样称呼极限

$$\lim_{(v) \to M} \frac{\Phi((v))}{v}.$$

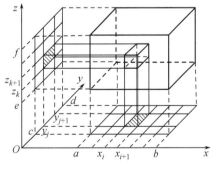

8° 如积分号下函数连续, 则积分 (4) 在点 $M(x, y, z)$ 处对区域的导数恰等于积分号下函数在这一点处的值, 即 $f(M) = f(x, y, z)$.

因此, 在所述假定下积分 (4) 在某种意义下是函数 f 的 "原函数", 且与平面情形相似, 可证明, 是唯一的可加原函数.

图 98

---

[107] 参看 **643** 目中的脚注 104).

645. 展布在平行六面体上的三重积分的计算　我们以下一情形开始来叙述三重积分计算的问题, 即当在其中函数 $f(x, y, z)$ 有定义的立体是一长方体 $(T) = [a, b; c, d; e, f]$ (图 98), 它在 yz 平面上射影于矩形 $(R) = [c, d; e, f]$.

定理　如对函数 $f(x, y, z)$ 三重积分

$$\iiint_{(T)} f(x, y, z) dT \tag{5}$$

存在, 且若对 $[a, b]$ 中每一固定的 x, 二重积分

$$I(x) = \iint_{(R)} f(x, y, z) dR \tag{6}$$

存在, 则逐次积分

$$\int_a^b dx \iint_{(R)} f(x, y, z) dR \tag{7}$$

也存在且适合等式

$$\iiint_{(T)} f(x, y, z) dT = \int_a^b dx \iint_{(R)} f(x, y, z) dR. \tag{8}$$

证明　与在第 **594** 目中所作者相似. 用点

$$x_0 = a < x_1 < \cdots < x_i < \cdots < x_n = b,$$
$$y_0 = c < y_1 < \cdots < y_j < \cdots < y_m = d,$$
$$z_0 = e < z_1 < \cdots < z_k < \cdots < z_l = f$$

将区间 $[a, b], [c, d]$ 及 $[e, f]$ 各分成许多部分, 这样就将长方体 (T) 分成许多元素长方体

$$(T_{i,j,k}) = [x_i, x_{i+1}; y_j, y_{j+1}; z_k, z_{k+1}]$$
$$(i = 0, 1, \cdots, n-1; j = 0, 1, \cdots, m-1; k = 0, 1, \cdots, l-1),$$

且同时矩形 (R) 也分成许多元素矩形

$$(R_{j,k}) = [y_j, y_{j+1}; z_k, z_{k+1}]$$

(其中 j 及 k 取与刚才所取相同的值).

令

$$m_{i,j,k} = \inf_{(T_{i,j,k})} \{f\}, \quad M_{i,j,k} = \sup_{(T_{i,j,k})} \{f\},$$

由 **644**, 7°, 对 $[x_i, x_{i+1}]$ 中一切的值 x 我们有

$$m_{i,j,k}\Delta y_j \Delta z_k \leqslant \iint_{(R_{j,k})} f(x,y,z)dydz \leqslant M_{i,j,k}\Delta y_j \Delta z_k.$$

在这一区间中固定一任意值 $x = \xi_i$, 将对所有的值 j 及 k 的类似不等式相加, 我们得不等式

$$\sum_j \sum_k m_{i,j,k}\Delta y_j \Delta z_k \leqslant I(\xi_i) = \iint_{(R)} f(\xi_i,y,z)dydz$$
$$\leqslant \sum_j \sum_k M_{i,j,k}\Delta y_j \Delta z_k.$$

最后, 将这些不等式逐端乘上 Δx_i, 这次并对记号 i 相加:

$$\sum_i \sum_j \sum_k m_{i,j,k}\Delta x_i \Delta y_j \Delta z_k \leqslant \sum_i I(\xi_i)\Delta x_i$$
$$\leqslant \sum_i \sum_j \sum_k M_{i,j,k}\Delta x_i \Delta y_j \Delta z_k.$$

两端是积分 (5) 的达布和, 当所有的差 $\Delta x_i, \Delta y_j, \Delta z_k$ 趋近于零时, 趋近于这积分为极限. 这就意味着, 在中间的积分和也趋近于同一极限. 这就同时既证明了积分 (7) 的存在, 又证明了等式 (8).

如再假定对 $[a,b]$ 的任何值 x 及 $[c,d]$ 的任何值 y, 单积分

$$\int_e^f f(x,y,z)dz \tag{9}$$

存在, 则等式 (8) 中的二重积分可用逐次积分来替代 [**594**], 而最后得:

$$\iiint_{(T)} f(x,y,z)dT = \int_a^b dx \int_c^d dy \int_e^f f(x,y,z)dz. \tag{10}$$

因此, 三重积分的计算就化为逐一计算三个单积分. 当然, 公式 (10) 中变数 x,y,z 的地位可以任意颠倒.

读者不妨自己论证: 由三重积分 (5) 及单积分 (9) 的存在可推得公式:

$$\iiint_{(T)} f(x,y,z)dT = \iint_{(Q)} dxdy \int_e^f f(x,y,z)dz, \tag{11}$$

其中 $(Q) = [a,b;c,d]$. 这里变量的次序也可以颠倒.

特别, 对连续函数 $f(x,y,z)$ 的情形, 显然所有的公式 (8), (11), (10) 及将变量颠倒得出的与它们相似的公式皆成立.

646. 在任何区域上的三重积分的计算　与第 **596** 目中一样, 展布在任何形状立体 (V) 上的积分其一般情形可很容易变到刚才考察的情形. 即若函数 $f(x,y,z)$

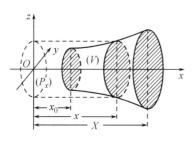

图 99

定义于区域 (V) 中, 则只要引进一函数 $f^*(x,y,z)$ 以代替它, 这一函数定义于一容纳 (V) 的长方体 (T) 中, 令

$$f^*(x,y,z) = \begin{cases} f(x,y,z), & \text{在 } (V) \text{ 中}, \\ 0, & \text{在 } (V) \text{ 外}. \end{cases}$$

用这种方法就可得到全部以后所引导的公式.

我们来讨论一些最有趣味的情形.

设立体 (V) 限制在平面 $x = x_0$ 及 $x = X$ 间, 且用每一个对应于一固定值 x $(x_0 \leqslant x \leqslant X)$ 的与它平行的平面截于某一有面积的图形; 以 (P_x) 表它在 yz 平面上的射影 (图 99). 则

$$\iiint_{(V)} f(x,y,z)dV = \int_{x_0}^{X} dx \iint_{(P_x)} f(x,y,z)dydz, \tag{8*}$$

当然是在三重积分及二重积分皆存在的假定之下得出的. 这与公式 (8) 相似.

再设立体 (V) 是一 "柱形长条", 其上下分别为曲面

$$z = z_0(x,y) \quad \text{及} \quad z = Z(x,y)$$

所围住, 这两曲面在 xy 平面上射影于某一被面积为 0 的曲线 (K) 所范围的一图形 (D); 立体 (V) 的侧面被一柱面所围住, 这柱面的母线平行于 z 轴并以曲线 (K) 为准线 (图 96). 则与公式 (11) 相似, 有

$$\iiint_{(V)} f(x,y,z)dV = \iint_{(D)} dxdy \int_{z_0(x,y)}^{Z(x,y)} f(x,y,z)dz; \tag{11*}$$

此时假定了三重积分及右端 —— 里面的 —— 单积分存在.

如区域 (D) 是由两曲线 (图 100)

$$y = y_0(x) \quad \text{及} \quad y = Y(x) \quad (x_0 \leqslant x \leqslant X)$$

以及两直线 $x = x_0, x = X$ 所围成的曲边梯形, 则立体 (V) 适合于上所考察的两种样子. 在公式 (8*) 内或在公式 (11*) 内将二重积分换作逐次积分, 得

$$\iiint_{(V)} f(x,y,z)dV = \int_{x_0}^{X} dx \int_{y_0(x)}^{Y(x)} dy \int_{z_0(x,y)}^{Z(x,y)} f(x,y,z)dz. \tag{10*}$$

这一公式推广了公式 (10).

与在前节中讨论过的最简单情形一样, 函数 $f(x,y,z)$ 的连续就保证了所有公式 (8*), (11*), (10*) 及由它们将变量 x, y, z 颠倒所得的与它们相类似公式皆可应用.

647. 反常三重积分　常积分区域延伸到无穷远或积分号下的函数在一些奇点、线或面附近不为有界时, 从常义积分出发, 借一个附加的极限过程之助可得到反常三重积分. 多维情况与线性情况相比较的特征已经在研究反常二重积分时讲过了, 而现在不要再添加什么.

反常三重积分同样必须是绝对收敛的. 这一情况就将这种积分的存在及计算的全部问题化为正的 (非负的) 积分号下函数的情形.

在这一假定下, 与二重积分情形时一样, 也可确立各种样子的三重积分与逐次积分间的联系. 我们不预备讨论这一点了.

648. 例　1) 计算积分
$$I = \iiint \frac{dxdydz}{(1+x+y+z)^3},$$
它展布在由平面 $x=0, y=0, z=0$ 及 $x+y+z=1$ 所围成的四面体 (V) 上 (图 101).

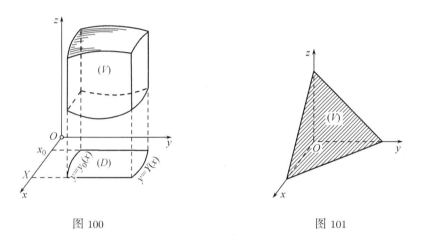

图 100　　　　　　　　　　　　　　　　　图 101

解　立体在 xy 平面上的射影为由直线 $x=0, y=0$ 及 $x+y=1$ 所组成的三角形, 显然, x 变化的界限是数 0 与 1, 而当 x 固定于这两个界之间时, 变量 y 自 0 变到 $1-x$. 如 x,y 都固定, 则点可沿垂线自平面 $z=0$ 移到平面 $x+y+z=1$; 因此,z 的变动范围为 0 及 $1-x-y$.

由公式 (10*), 我们有
$$I = \int_0^1 dx \int_0^{1-x} dy \int_0^{1-x-y} \frac{dz}{(1+x+y+z)^3}.$$

从里面开始, 逐一计算出各积分:
$$\int_0^{1-x-y} \frac{dz}{(1+x+y+z)^3} = \frac{1}{2}\left[\frac{1}{(1+x+y)^2} - \frac{1}{4}\right],$$
$$\frac{1}{2}\int_0^{1-x}\left[\frac{1}{(1+x+y)^2} - \frac{1}{4}\right]dy = \frac{1}{2}\left(\frac{1}{x+1} - \frac{3-x}{4}\right),$$

最后,

$$I = \frac{1}{2} \int_0^1 \left(\frac{1}{x+1} - \frac{3-x}{4} \right) dx = \frac{1}{2} \left(\ln 2 - \frac{5}{8} \right).$$

2) 计算积分

$$K = \iiint_{(V)} z dx dy dz,$$

其中 (V) 是椭球体 $\dfrac{x^2}{a^2} + \dfrac{y^2}{b^2} + \dfrac{z^2}{c^2} \leqslant 1$ 的上面一半.

解 立体在 xy 平面上的射影是椭圆盘 $\dfrac{x^2}{a^2} + \dfrac{y^2}{b^2} \leqslant 1$. 故 x 的变动范围是数 $-a$ 及 $+a$, 而当 x 固定时, 变量 y 自 $-\dfrac{b}{a}\sqrt{a^2-x^2}$ 变到 $+\dfrac{b}{a}\sqrt{a^2-x^2}$. 立体在下面为 xy 平面所限住, 而上面为椭球面所限住, 故当 x 及 y 都固定时 z 的变动范围是

$$0 \quad \text{及} \quad c\sqrt{1 - \frac{x^2}{a^2} - \frac{y^2}{b^2}}.$$

由同一公式 (10^*),

$$
\begin{aligned}
I &= \int_{-a}^{a} dx \int_{-\frac{b}{a}\sqrt{a^2-x^2}}^{+\frac{b}{a}\sqrt{a^2-x^2}} dy \int_0^{c\sqrt{1-\frac{x^2}{a^2}-\frac{y^2}{b^2}}} z dz \\
&= \frac{c^2}{2} \int_{-a}^{a} dx \int_{-\frac{b}{a}\sqrt{a^2-x^2}}^{\frac{b}{a}\sqrt{a^2-x^2}} \left(1 - \frac{x^2}{a^2} - \frac{y^2}{b^2} \right) dy \\
&= c^2 \int_{-a}^{a} dx \int_0^{\frac{b}{a}\sqrt{a^2-x^2}} \left(1 - \frac{x^2}{a^2} - \frac{y^2}{b^2} \right) dy = \frac{2bc^2}{3a^3} \int_{-a}^{a} (a^2 - x^2)^{\frac{3}{2}} dx \\
&= \frac{4bc^2}{3a^3} \int_0^{a} (a^2 - x^2)^{\frac{3}{2}} dx^{①} = \frac{\pi}{4} abc^2.
\end{aligned}
$$

也可用另一法来进行计算. 即, 由公式 (8^*), 但在它里面将变数 x 及 z 的地位交换, 我们将有

$$I = \int_0^c dz \iint_{(R_z)} z dx dy = \int_0^c z dz \iint_{(R_z)} dx dy,$$

其中 (R_z) 是椭球体被平面 $Z = z$ 所交的截面在 xy 平面上的射影 (射影时不发生变形). 但二重积分

$$\iint_{(R_z)} dx dy$$

不是别的, 恰为这一射影的面积 R_z. 因为射影的边界在 xy 平面上有方程

$$\frac{x^2}{a^2 \left(1 - \dfrac{z^2}{c^2} \right)} + \frac{y^2}{b^2 \left(1 - \dfrac{z^2}{c^2} \right)} = 1,$$

亦即是一有半轴

$$a\sqrt{1 - \frac{z^2}{c^2}}, \quad b\sqrt{1 - \frac{z^2}{c^2}}$$

---

①由于积分号下函数为偶函数.

的椭圆, 所以, 如我们已经知道的,

$$R_z = \pi ab \left(1 - \frac{z^2}{c^2}\right).$$

因此,

$$I = \pi ab \int_0^c z \left(1 - \frac{z^2}{c^2}\right) dz = \frac{\pi abc^2}{4}.$$

计算是简化得多了, 不过只是因为利用了为我们所熟知的椭圆面积的大小.

3) 计算积分

$$L = \iiint_{(T)} \left(\frac{x^2}{a^2} + \frac{y^2}{b^2} + \frac{z^2}{c^2}\right) dxdydz,$$

其中 (T) 是整个椭球体 $\frac{x^2}{a^2} + \frac{y^2}{b^2} + \frac{z^2}{c^2} \leqslant 1$.

解 应用在前题解答中所述的第二方法, 得

$$L = \int_{-a}^a \frac{x^2}{a^2} dx \iint_{(P_x)} dydz + \int_{-b}^b \frac{y^2}{b^2} dy \iint_{(Q_y)} dzdx + \int_{-c}^c \frac{z^2}{c^2} dz \iint_{(R_z)} dxdy.$$

于是,

$$L = \frac{\pi bc}{a^2} \int_{-a}^a x^2 \left(1 - \frac{x^2}{a^2}\right) dx + \frac{\pi ca}{b^2} \int_{-b}^b y^2 \left(1 - \frac{y^2}{b^2}\right) dy$$

$$+ \frac{\pi ab}{c^2} \int_{-c}^c z^2 \left(1 - \frac{z^2}{c^2}\right) dz = \frac{4}{5} \cdot \pi abc.$$

4) 计算积分

$$I = \iiint_{(A)} zdxdydz,$$

其中立体 (A) 是由锥面 $z^2 = \frac{h^2}{R^2}(x^2 + y^2)$ 及平面 $z = h$ 所围成的 (图 102).

解 (a) 锥体在 xy 平面上的射影 (Q) 为圆盘 $x^2 + y^2 \leqslant R^2$. 由公式 (11^*)

$$I = \iint_{(Q)} dxdy \int_{\frac{h}{R}\sqrt{x^2+y^2}}^h zdz = \frac{1}{2} \iint_{(Q)} \left[h^2 - \frac{h^2}{R^2}(x^2 + y^2)\right] dxdy,$$

或变到极坐标时,

$$I = \frac{h^2}{2R^2} \int_0^{2\pi} d\theta \int_0^R (R^2 - r^2)rdr = \frac{\pi R^2 h^2}{4}.$$

(6) 用另一解法, 可写

$$I = \int_0^h zdz \iint_{(D)} dxdy,$$

其中 (D) 是锥体被一平面所交的截面在 xy 平面上的射影, 这一平面平行于 xy 平面且在它上面高 z 处. 这一射影是一半径为 $\frac{Rz}{h}$ 的圆, 所以表明它面积的二重积分等于 $\frac{\pi R^2}{h^2}z^2$. 于是

$$I = \int_0^h \frac{\pi R^2}{h^2}z^3 dz = \frac{\pi R^2 h^2}{4}.$$

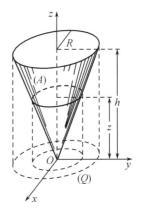

图 102

5) 计算积分

$$K = \iiint_{(V)} x\,dx\,dy\,dz,$$

其中 (V) 是由平面 $x = 0, y = 0, z = 0, y = h$ 及 $x + z = a$ 所围成的三角柱.

提示　利用公式 (8^*), (P_x) 是边为 h 及 $a - x$ 的矩形.

答　$K = \dfrac{a^3 h}{6}$.

6) 求积分

$$J = \iiint_{(T)} z^2\,dx\,dy\,dz$$

的值, 其中 (T) 是两个球

$$x^2 + y^2 + z^2 \leqslant R^2 \quad 及 \quad x^2 + y^2 + z^2 \leqslant 2Rz$$

的公共部分 (图 103).

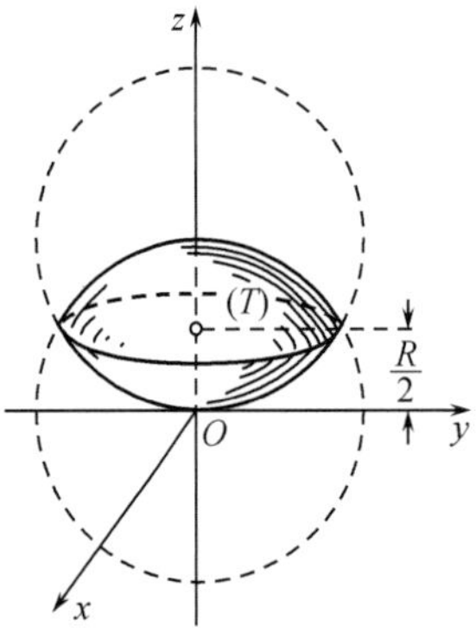

图 103

解　它们表面的交线位于平面 $z = \dfrac{R}{2}$ 上. 立体 (T) 被平行于 xy 平面的面所交的截面为圆. 在这里变成逐次积分 —— 自二重积分变到单积分, 得

$$J = \pi \int_0^{\frac{1}{2}R} z^2 (2Rz - z^2)\,dz + \pi \int_{\frac{1}{2}R}^R z^2 (R^2 - z^2)\,dz = \frac{59}{480}\pi R^5.$$

7) 计算积分

$$S = \iiint_{(V)} (x + y + z)^2\,dx\,dy\,dz,$$

其中 (V) 是抛物体 $x^2 + y^2 \leqslant 2az$ 及球 $x^2 + y^2 + z^2 \leqslant 3a^2$ 的公共部分.

解　首先, 将积分号下的式子展开, 可以看到, $2xy, 2xz, 2yz$ 诸项的积分由对称性都消失了.[1] 因此,

$$S = \iiint_{(V)} (x^2 + y^2 + z^2)\,dx\,dy\,dz.$$

由公式 (8^*) (将 x 及 z 的位置交换)

$$S = \int_0^a dz \iint_{x^2 + y^2 \leqslant 2az} (x^2 + y^2 + z^2)\,dx\,dy$$

$$+ \int_a^{a\sqrt{3}} dz \iint_{x^2 + y^2 \leqslant 3a^2 - z^2} (x^2 + y^2 + z^2)\,dx\,dy.$$

变成极坐标时这些二重积分便容易计算出来:

$$2\pi \int_0^{\sqrt{2az}} (r^2 + z^2) r\,dr = 2\pi (a^2 z^2 + az^3),$$

$$2\pi \int_0^{\sqrt{3a^2 - z^2}} (r^2 + z^2) r\,dr = \frac{1}{2}\pi (9a^4 - z^4).$$

---

[1] 这 (在引用逐次积分后) 可只用单积分及二重积分的性质来论证.

于是,

$$S = 2\pi \int_0^a (a^2 z^2 + a z^3) dz + \frac{1}{2}\pi \int_a^{a\sqrt{3}} (9a^4 - z^4) dz = \frac{\pi a^5}{5}\left(18\sqrt{3} - \frac{97}{6}\right).$$

8) 计算积分

$$I = \iiint_{(T)} (x^2 + y^2 + z^2) dx dy dz,$$

其中 (T) 是锥体 $y^2 + z^2 \leqslant x^2$ 及球 $x^2 + y^2 + z^2 \leqslant R^2$ 的公共部分 $(x \geqslant 0)$.

答 $I = \dfrac{\pi R^5}{5}(2 - \sqrt{2})$.

9) 设已知一锥面 $\left(\dfrac{z}{c}\right)^2 = \left(\dfrac{x}{a}\right)^2 + \left(\dfrac{y}{b}\right)^2$; 它与平面 $z = c$ 相交

于一椭圆, 这椭圆在 xy 平面上的射影其方程为 $\left(\dfrac{x}{a}\right)^2 + \left(\dfrac{y}{b}\right)^2 = 1$.
考察在第一卦限内的一立体 (V), 它是由上述锥面、平面 $z = c$ 以及
二坐标面 $x = 0$ 与 $y = 0$ 所围成的 (图 104).

试计算展布在这一立体上的积分

$$A = \iiint_{(V)} \frac{xy}{\sqrt{z}} dx dy dz.$$

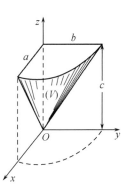

图 104

(a) 先对 z 积分, 再对 y, 最后对 x, 我们得变化的界限如下:

对 $x : 0$ 及 a; 对 $y : 0$ 及 $b\sqrt{1 - \dfrac{x^2}{a^2}}$;

对 $z : c\sqrt{\left(\dfrac{x}{a}\right)^2 + \left(\dfrac{y}{b}\right)^2}$ 及 c.

则

$$A = \int_0^a x dx \int_0^{b\sqrt{1 - \left(\frac{x}{a}\right)^2}} y dy \int_{c\sqrt{\left(\frac{x}{a}\right)^2 + \left(\frac{y}{b}\right)^2}}^c \frac{dz}{\sqrt{z}}.$$

因此

$$\int_{c\sqrt{\left(\frac{x}{a}\right)^2 + \left(\frac{y}{b}\right)^2}}^c \frac{dz}{\sqrt{z}} = 2\sqrt{c}\left[1 - \sqrt[4]{\left(\frac{x}{a}\right)^2 + \left(\frac{y}{b}\right)^2}\right],$$

$$2\sqrt{c}\int_0^{b\sqrt{1 - \left(\frac{x}{a}\right)^2}}\left[1 - \sqrt[4]{\left(\frac{x}{a}\right)^2 + \left(\frac{y}{b}\right)^2}\right] y dy$$

$$= \frac{b^2\sqrt{c}}{a^2}(a^2 - x^2) - \frac{4}{5}b^2\sqrt{c}\left[1 - \left(\frac{x}{a}\right)^{\frac{5}{2}}\right],$$

$$A = \frac{1}{36}a^2 b^2 \sqrt{c}.$$

(б) 如以相反的次序积分, 计算略为简单一些. 我们的立体在 yz 平面上射影于由直线 $y = 0, z = c$ 及 $y = \dfrac{b}{c}z$ 所围成的三角形. 所以变化的界限将为:

对 $z : 0$ 及 c, 对 $y : 0$ 及 $\dfrac{b}{c}z$,

对 $x : 0$ 及 $a\sqrt{\left(\dfrac{z}{c}\right)^2 - \left(\dfrac{y}{b}\right)^2}$,

而所求积分可重写为:

$$A = \int_0^c \frac{dz}{\sqrt{z}} \int_0^{\frac{b}{c}z} y\,dy \int_0^{a\sqrt{\left(\frac{z}{c}\right)^2 - \left(\frac{y}{b}\right)^2}} x\,dx.$$

这时,

$$\int_0^{a\sqrt{\left(\frac{z}{c}\right)^2 - \left(\frac{y}{b}\right)^2}} x\,dx = \frac{a^2}{2}\left[\left(\frac{z}{c}\right)^2 - \left(\frac{y}{b}\right)^2\right],$$

$$\frac{a^2}{2}\int_0^{\frac{b}{c}z}\left[\left(\frac{z}{c}\right)^2 - \left(\frac{y}{b}\right)^2\right]y\,dy = \frac{1}{8}\frac{a^2 b^2}{c^4}z^4,$$

$$A = \frac{1}{8}\frac{a^2 b^2}{c^4}\int_0^c z^{\frac{7}{2}}\,dz = \frac{1}{36}a^2 b^2\sqrt{c}.$$

10) 试求积分

$$\text{(a)}\ I_1 = \iiint_{(V)} z^m\,dx\,dy\,dz, \quad \text{(б)}\ I_2 = \iiint_{(V)} x^m\,dx\,dy\,dz,$$

其中立体 (V) 与前题同 (m 是自然数).

提示　将积分安置成与 9) (б) 中相同的次序. 在第二个情形下, 积分

$$\int_0^{\frac{b}{c}z}\left[\left(\frac{bz}{c}\right)^2 - y^2\right]^{\frac{m+1}{2}}dy$$

可化成熟知的积分 $\int_0^{\frac{\pi}{2}}\cos^{m+2}\theta\,d\theta$ [**300**, 1)].

答　(a) $I_1 = \dfrac{\pi}{4}\dfrac{abc^{m+1}}{m+3}$.

$$\text{(б)}\quad I_2 = \begin{cases} \dfrac{a^{m+1}bc}{m+3}\dfrac{(m-1)!!}{(m+2)!!}\dfrac{\pi}{2} & \text{(当 m 为偶数时)}, \\[3mm] \dfrac{a^{m+1}bc}{m+3}\dfrac{(m-1)!!}{(m+2)!!} & \text{(当 m 为奇数时)}. \end{cases}$$

11) 计算积分

$$H = \iiint_{\substack{x,y,z\geqslant 0 \\ x^2+y^2+z^2\leqslant R^2}} \frac{xyz\,dx\,dy\,dz}{\sqrt{\alpha^2 x^2 + \beta^2 y^2 + \gamma^2 z^2}} \qquad (\alpha > \beta > \gamma > 0).$$

解　我们有

$$H = \int_0^R x\,dx \int_0^{\sqrt{R^2-x^2}} y\,dy \int_0^{\sqrt{R^2-x^2-y^2}} \frac{z\,dz}{\sqrt{\alpha^2 x^2 + \beta^2 y^2 + \gamma^2 z^2}};$$

$$\int_0^{\sqrt{R^2-x^2-y^2}} \cdots dz = \frac{1}{\gamma^2}[\sqrt{\gamma^2 R^2 + (\alpha^2 - \gamma^2)x^2 + (\beta^2 - \gamma^2)y^2} - \sqrt{\alpha^2 x^2 + \beta^2 y^2}],$$

$$\frac{1}{\gamma^2}\int_0^{\sqrt{R^2-x^2}}[\cdots]y\,dy = \frac{1}{3\beta^2(\beta^2 - \gamma^2)}[\beta^2 R^2 + (\alpha^2 - \beta^2)x^2]^{\frac{3}{2}}$$

$$-\frac{1}{3\gamma^2(\beta^2 - \gamma^2)}[\gamma^2 R^2 + (\alpha^2 - \gamma^2)x^2]^{\frac{3}{2}} + \frac{\alpha^3}{3\beta^2\gamma^2}x^3,$$

最后, 经一些初等 (虽然是冗长的) 变换后,

$$H = \frac{R^5}{15} \frac{\beta\gamma + \gamma\alpha + \alpha\beta}{(\beta+\gamma)(\gamma+\alpha)(\alpha+\beta)}.$$

12) 求证: 计算 (a) 由曲面 $z = z(x,y)$ 所限制的柱形长条下体积的常用公式

$$V = \iint_{(P)} z\,dx\,dy$$

及 (б) 已知断面立体体积的常用公式

$$V = \int_a^b Q(x)\,dx$$

都是基本公式

$$V = \iiint_{(V)} dV = \iiint_{(V)} dx\,dy\,dz$$

的推论.

提示 应用公式 (11^*) 及 (8^*) 到后一积分.[①]

649. 力学应用 自然, 在空间某一立体 (V) 的范围内, 凡一切与质量分布有关的几何量及物理量在原则上这里都可表作取在立体 (V) 上的三重积分. 此处同样最简单是利用 "无穷小元素相加" 的原理 [参照 **348∼356** 及 **598**].

以 ρ 表质量分布在立体 (V) 的任意一点的密度, 它是点的坐标的函数, 我们将永远假定这一函数连续. 将质量的元素 $dm = \rho dV = \rho\,dx\,dy\,dz$ 相加, 对全部质量的大小我们将有

$$m = \iiint_{(V)} \rho\,dV = \iiint_{(V)} \rho\,dx\,dy\,dz \tag{12}$$

[参照 **642**].

从元素静矩

$$dM_{yz} = x\,dm = x\rho\,dV, \quad dM_{zx} = y\,dm = y\rho\,dV, \quad dM_{xy} = z\,dm = z\rho\,dV$$

出发, 求得静矩本身:

$$M_{yz} = \iiint_{(V)} x\rho\,dV, \quad M_{zx} = \iiint_{(V)} y\rho\,dV, \quad M_{xy} = \iiint_{(V)} z\rho\,dV, \tag{13}$$

而由此就得出重心的坐标:

$$\xi = \frac{\iiint_{(V)} x\rho\,dV}{m}, \quad \eta = \frac{\iiint_{(V)} y\rho\,dV}{m}, \quad \zeta = \frac{\iiint_{(V)} z\rho\,dV}{m}. \tag{14}$$

在均匀物体时, $\rho = $ 常数, 更简地得:

$$\xi = \frac{\iiint_{(V)} x\,dV}{V}, \quad \eta = \frac{\iiint_{(V)} y\,dV}{V}, \quad \zeta = \frac{\iiint_{(V)} z\,dV}{V}.$$

──────────

[①] 关于其它计算三重积分的例题可从第 **676** 目中拿过来, 那里考察的是 n 重积分, 只要取 $n = 3$.

对于坐标轴的惯矩公式

$$I_x = \iiint\limits_{(V)} (y^2+z^2)\rho dV, \quad I_y = \iiint\limits_{(V)} (z^2+x^2)\rho dV,$$

$$I_z = \iiint\limits_{(V)} (x^2+y^2)\rho dV \tag{15}$$

或对坐标面的惯矩公式

$$I_{zy} = \iiint\limits_{(V)} x^2\rho dV, \quad I_{xz} = \iiint\limits_{(V)} y^2\rho dV, \quad I_{xy} = \iiint\limits_{(V)} z^2\rho dV \tag{16}$$

也都自明.

最后, 设充满于立体 (V) 的质量按牛顿定律吸引一 (质量为 1 的) 点 $A(\xi,\eta,\zeta)$. 来自质量元素 $dm = \rho dV$ 的吸引力在坐标轴上的射影为[①]

$$dF_x = \frac{x-\xi}{r^3}\rho dV, \quad dF_y = \frac{y-\eta}{r^3}\rho dV, \quad dF_z = \frac{z-\zeta}{r^3}\rho dV,$$

其中

$$r = \sqrt{(x-\xi)^2 + (y-\eta)^2 + (z-\zeta)^2}$$

是点 A 到元素 (或到我们认为它的质量所集中的点处) 的距离. 为要得总吸引力 $\vec{F}$ 在坐标轴上的射影, 相加得:

$$F_x = \iiint\limits_{(V)} \frac{x-\xi}{r^3}\rho dV, \quad F_y = \iiint\limits_{(V)} \frac{y-\eta}{r^3}\rho dV, \quad F_z = \iiint\limits_{(V)} \frac{z-\zeta}{r^3}\rho dV. \tag{17}$$

同样亦可确定我们的立体在这一点上的位势:

$$W = \iiint\limits_{(V)} \frac{\rho dV}{r}. \tag{18}$$

如点 A 在立体以外, 则所有这些积分是常义的. 根据与在单积分时我们所利用过的相似的理由 [**507**], 此时可以将积分 W 对任一变量 ξ,η,ζ 在积分记号下微分. 结果我们得到

$$\frac{\partial W}{\partial \xi} = F_x, \quad \frac{\partial W}{\partial \eta} = F_y, \quad \frac{\partial W}{\partial \zeta} = F_z. \tag{19}$$

而当点 A 本身属于立体 (V) 时, 在这点处 $r=0$, 而在 (17) 及 (18) 中积分号下函数在它附近不再有界. 以后 [**663**] 将证明: 这些积分, 作为反常积分, 都收敛, 且对于它们基本关系式 (19) 仍适合.

650. 例 1) 在 **598** 中对均匀柱形长条 (当 $\rho = 1$ 时) 的静矩我们有过公式:

$$M_{yz} = \iint\limits_{(P)} zx dx dy, \quad M_{zx} = \iint\limits_{(P)} zy dx dy, \quad M_{xy} = \frac{1}{2}\iint\limits_{(P)} z^2 dx dy.$$

试由前目的一般公式 (13) 推出它们来.

[①] 见第 224 页脚注 ②.

例如, 我们有

$$M_{xy} = \iiint_{(V)} z dV = \iint_{(P)} dxdy \int_0^{z(x,y)} z dz;$$

但

$$\int_0^{z(x,y)} z dz = \frac{1}{2} z^2 \Big|_{z=0}^{z=z(x,y)},$$

这就导致所需结果.

在 **598** 中不是计算最后一积分, 而是引用了力学领域内 (关于元素细长条静矩) 的想法.

2) 同样, 假定立体 (V) 的平行于某一平面的断面面积已知为自这一平面到断面的距离 x 的函数: $P(x)$ 在 **356**, 1) 中已导得静矩的公式

$$M = \int_a^b x P(x) dx.$$

它也可作为一般公式的推论而得出.

即, 由公式 (8*),

$$M = \iiint_{(V)} x dV = \int_a^b x dx \iint_{(P_x)} dydz;$$

但里面的积分恰恰表示事先已知的断面面积.

附注　这些例子引起我们注意到这样一件事实: 与质量的空间分布有关的某些物理量, 在一些简单假定下, 确乎可表作二重积分甚至单积分. 这种积分多重性降低的错觉, 如读者所见, 是这样发生的: 当表示一三重积分为单积分的二重积分之形或二重积分的单积分之形时, 里面的积分, 在简单情况下已经由几何或力学观察可知道而不必计算.

3) 利用第 **648** 目问题 2), 4), 10) 以决定那里所考察的立体重心的位置.

4) 求由抛物面 $x^2 + y^2 = 2az$ 及球面 $x^2 + y^2 + z^2 = 3a^2$ 所围成的立体的重心.

解　最简便是按 2) 中所提到的公式计算对 xy 平面的静矩, 只需将 x 换作 z. 断面面积 $R(z)$ 在 z 自 0 到 a 间等于 $\pi \cdot 2az$, 在 z 自 a 到 $a\sqrt{3}$ 间等于 $\pi(3a^2 - z^2)$. 因此

$$M_{xy} = 2\pi a \int_0^a z^2 dz + \pi \int_a^{a\sqrt{3}} (3a^2 - z^2) z dz = \frac{5}{3}\pi a^4.$$

因为立体的体积已知: $V = \dfrac{\pi a^3}{3}(6\sqrt{3} - 5)$ [**343**, 6)], 故 $\zeta = \dfrac{5}{83}(6\sqrt{3} + 5)a$. 由对称性的观察: $\xi = \eta = 0$,

5) 求球

$$x^2 + y^2 + z^2 \leqslant 2az$$

的质量并确定重心的位置, 如球中各点的密度与坐标原点到这些点的距离成反比:

$$\rho = \frac{k}{\sqrt{x^2 + y^2 + z^2}}.$$

解　由第 **649** 目公式 (12), 质量

$$m = k \iiint_{x^2+y^2+z^2 \leqslant 2az} \frac{dxdydz}{\sqrt{x^2 + y^2 + z^2}}.$$

与 (8^*) 相仿将三重积分变换, 可将它表作二重积分的单积分之形:

$$m = k \int_0^{2a} dz \iint_{(R_z)} \frac{dxdy}{\sqrt{x^2 + y^2 + z^2}},$$

其中 (R_z) 是半径为 $\sqrt{2az - z^2}$ 的圆. 如变到极坐标, 不难将里面的积分计算出来; 它等于

$$\int_0^{2\pi} \int_0^{\sqrt{2az - z^2}} \frac{rdrd\theta}{\sqrt{r^2 + z^2}} = 2\pi(\sqrt{2az} - z).$$

于是

$$m = \frac{4}{3}\pi k a^2$$

同样亦可算出静矩

$$M_{xy} = k \iiint_{x^2 + y^2 + z^2 \leqslant 2az} \frac{zdxdydz}{\sqrt{x^2 + y^2 + z^2}} = \frac{16}{15}\pi k a^3,$$

因此, $\zeta = \frac{4}{5}a$, 重心的其余二坐标显然为 0.

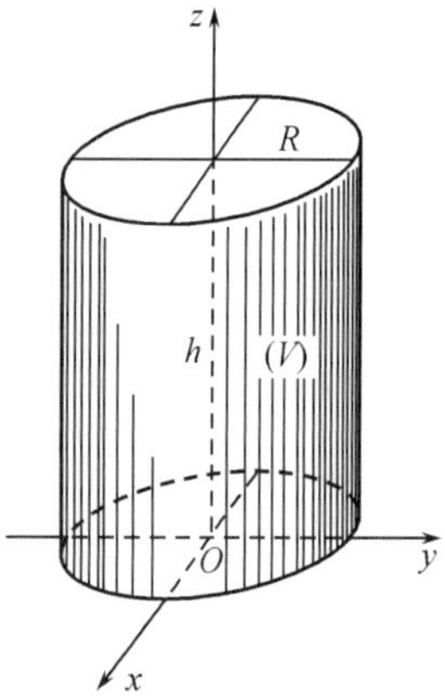

6) 同一问题, 但在质量另一分布的规则下:

$$\rho = \frac{k}{x^2 + y^2 + z^2},$$

可导得结果:

$$m = 2\pi k a, \quad M_{xy} = \pi k a^2, \quad \zeta = \frac{a}{2}.$$

图 105

在以下各题中质量分布的密度 ρ 假定为常数.

7) 求圆柱全部质量对圆柱底面中心的吸引力 (图 105).

记号如图, 我们有 [参看 **649**, (17)]

$$F_z = \iiint_{(V)} \frac{\rho z dV}{r^3} = \iint_{x^2 + y^2 \leqslant R^2} dxdy \int_0^h \frac{\rho z dz}{(x^2 + y^2 + z^2)^{\frac{3}{2}}}$$

$$= \iint_{x^2 + y^2 \leqslant R^2} \rho \left(\frac{1}{\sqrt{x^2 + y^2}} - \frac{1}{\sqrt{x^2 + y^2 + h^2}} \right) dxdy = 2\pi\rho(R + h - \sqrt{R^2 + h^2});$$

吸引力的其余二分力等于 0, 所以吸引力朝着向上的铅垂线.

8) 求锥体对它的顶点的吸引力 (图 106).

答 $F = F_z = \dfrac{2\pi h \rho}{l}(l - h).$

9) 求任意一点 A (质量为 1) 所受一球的吸引力 (图 107).

解 以 R 表球的半径, 而以 a 表距离 OA. 坐标轴这样放着, 使 z 轴的正向通过点 A. 则

$$F_z = \iiint_{(V)} \frac{\rho(z - a)}{[x^2 + y^2 + (z - a)^2]^{\frac{3}{2}}} dxdydz$$

$$= \rho \int_{-R}^{R} (z - a)dz \iint_{x^2 + y^2 \leqslant R^2 - z^2} \frac{dxdy}{[x^2 + y^2 + (z - a)^2]^{\frac{3}{2}}}.$$

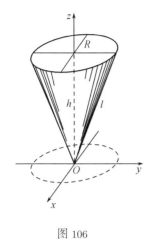

图 106

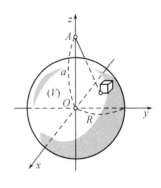

图 107

用变换到极坐标的方法很容易算出里面的积分, 它等于

$$2\pi\left(\frac{1}{|z-a|}-\frac{1}{\sqrt{R^2-2az+a^2}}\right).$$

因此,

$$F_z=2\pi\rho\int_{-R}^{R}\left[\frac{z-a}{|z-a|}-\frac{z-a}{\sqrt{R^2-2az+a^2}}\right]dz.$$

但

$$\int_{-R}^{R}\frac{z-a}{|z-a|}dz=\int_{-R}^{R}\mathrm{sign}(z-a)dz=\begin{cases} -2R, & \text{如 } a\geqslant R,\\ -2a, & \text{如 } a\leqslant R. \end{cases}$$

借变换 $t=\sqrt{R^2-2az+a^2}$ 之助 (或用分部积分法 —— 译者注) 第二个积分也容易算出来:

$$\int_{-R}^{R}\frac{z-a}{\sqrt{R^2-2az+a^2}}dz=\begin{cases} \dfrac{2}{3}\dfrac{R^3}{a^2}-2R, & \text{如 } a\geqslant R,\\[2mm] -\dfrac{4}{3}a, & \text{如 } a\leqslant R. \end{cases}$$

最终得

$$F_z=\begin{cases} -\dfrac{4}{3}\pi R^3\rho\cdot\dfrac{1}{a^2}, & \text{如 } a\geqslant R,\\[2mm] -\dfrac{4}{3}\pi a\rho, & \text{如 } a\leqslant R. \end{cases}$$

同时, 显然 $F_x=F_y=0$. 这样, 在所有情形下吸引力朝向球心.

此处, 位于球外的一点 $(a\geqslant R)$ 因球体而得到的吸引力就好像是将球体的全部质量 $m=\frac{4}{3}\pi R^3\rho$ 集中在它的中心处时该点所感受的一样. 另一方面, 对于在球里面的一点 $(a<R)$ 说来, 吸引力与 R 无关 (而其大小恰如 $R=a$ 时的情形一样), 故很清楚, 外面的球层在里面的点上不发生任何作用.

10) 求圆柱在它底面中心上的位势.

提示　这里较简便是从对 x 及 y 积分开始, 并引用极坐标来计算二重积分:

$$W = \int_0^h \rho dz \iint_{x^2+y^2 \leqslant R^2} \frac{dxdy}{\sqrt{x^2+y^2+z^2}} = 2\pi\rho \int_0^h (\sqrt{R^2+z^2} - z)dz$$

$$= \rho\pi R^2 \cdot \ln\frac{h+\sqrt{R^2+h^2}}{R} + \rho\pi h(\sqrt{R^2+h^2} - h).$$

11) 求锥体在 (a) 它的顶点及 (б) 它底面的中心上的位势.

提示——同.

答　(a) $W = \pi h(l-h)\rho$;

　　(б) $W = \dfrac{\pi R^2 h^3}{l^3}\rho\ln\dfrac{R(l+R)}{h(l-h)} + \dfrac{\pi R^2 h}{l^2}\rho(R-h).$

12) 求球在任意一点 A 上的位势.

解　如问题 9) 的记法, 我们有

$$W = \rho \int_{-R}^R dz \iint_{x^2+y^2 \leqslant R^2-z^2} \frac{dxdy}{\sqrt{x^2+y^2+(z-a)^2}}$$

$$= 2\pi\rho \int_{-R}^R \sqrt{R^2-2az+a^2} - |z-a|dz.$$

分开 $a \geqslant R$ 的情形, 于是我们有

$$\int_{-R}^R \sqrt{R^2-2az+a^2}dz = \frac{1}{3a}[(R+a)^3 - |R-a|^3]$$

$$= \begin{cases} \dfrac{2}{3}R^3 \cdot \dfrac{1}{a} + 2Ra & (a \geqslant R), \\[2mm] \dfrac{2}{3}a^2 + 2R^2 & (a \leqslant R), \end{cases}$$

及

$$\int_{-R}^R |z-a|dz = \begin{cases} 2Ra & (a \geqslant R), \\ a^2 + R^2 & (a \leqslant R). \end{cases}$$

因此,

$$W = \begin{cases} \dfrac{4}{3}\pi R^3 \rho \cdot \dfrac{1}{a} & (a \geqslant R), \\[3mm] \left(2\pi R^2 - \dfrac{2}{3}\pi a^2\right)\rho & (a \leqslant R). \end{cases}$$

首先我们看到, 在球外一点上的位势, 与将球的全部质量集中在它的中心处时一样.

而由所得的第二个公式导致这样一推论: 如考察一内半径为 R_1 外半径为 R_2 的一空心球, 则它在位于空隙处的一点 $(a < R_1)$ 上的位势可表作差

$$W = W_2 - W_1 = \left(2\pi R_2^2 - \frac{2}{3}\pi a^2\right)\rho - \left(2\pi R_1^2 - \frac{2}{3}\pi a^2\right)\rho = 2\pi(R_2^2 - R_1^2)\rho,$$

而不与 a 相关. 空心球体在其空隙的范围内的位势保持一常数值.

13) 如图 108 的记号, 求环面体的惯矩: I_z 及 I_x [参看 **649**, (15)].

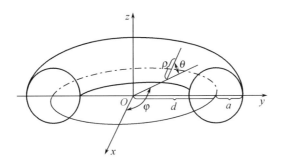

图 108

提示 我们有

$$I_z = 2\rho \int_0^a dz \iint_{R_1^2 \leqslant x^2 + y^2 \leqslant R_2^2} (x^2 + y^2) dx dy,$$

$$I_x = 2\rho \int_0^a dz \iint_{R_1^2 \leqslant x^2 + y^2 \leqslant R_2^2} (y^2 + z^2) dx dy,$$

其中 $R_1 = d - \sqrt{a^2 - z^2}$, $R_2 = d + \sqrt{a^2 - z^2}$. 变到极坐标可算出这两个二重积分.

答 $I_z = \dfrac{\pi^2}{2} a^2 d(4d^2 + 3a^2)\rho$, $I_x = \dfrac{\pi^2}{4} a^2 d(4d^2 + 5a^2)\rho$.

14) 设立体 (V) 绕 z 轴以角速度 ω 旋转, 则对离旋转轴距离为 $r = \sqrt{x^2 + y^2}$ 的元素 $dm = \rho dV$, 其线速度 $v = r\omega$, 因此, 其动能

$$dT = \frac{1}{2} dm \cdot v^2 = \frac{1}{2} \omega^2 r^2 \rho dV.$$

由此容易得到整个旋转体动能 T 的表示式:

$$T = \frac{1}{2} \omega^2 \iiint_{(V)} r^2 \rho dV = \frac{1}{2} \omega^2 \iiint_{(V)} (x^2 + y^2) \rho dV.$$

我们知道后一积分是立体对旋转轴的惯矩 I_z 的表示式 [**649**, (15)]. 这样, 最后我们有

$$T = \frac{1}{2} I_z \omega^2.$$

15) 现在我们提出这样一问题: 计算所讨论的立体 (V) 对任意一轴 u 的惯矩 (图 109), 而这一轴与坐标轴的夹角分别为 α, β, γ.

对自轴到立体上任意一点 $M(x, y, z)$ 的距离 $MD = \delta$, 我们有 $\delta^2 = r^2 - d^2$, 其中, 如由解析几何所知,

$$r^2 = x^2 + y^2 + z^2, \quad d = x \cos \alpha + y \cos \beta + z \cos \gamma. \text{①}$$

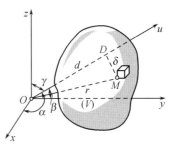

图 109

①后一关系式是记载这件事实: 点 M 在离原点距离为 d 且垂直于轴的平面上.

因为 $\cos^2\alpha + \cos^2\beta + \cos^2\gamma = 1$, 于是得

$$\delta^2 = x^2(\cos^2\beta + \cos^2\gamma) + y^2(\cos^2\gamma + \cos^2\alpha) + z^2(\cos^2\alpha + \cos^2\beta)$$
$$-2yz\cos\beta\cos\gamma - 2zx\cos\gamma\cos\alpha - 2xy\cos\alpha\cos\beta.$$

现在很明显了,

$$I_u = \iiint_{(V)} \delta^2\rho dV = I_x\cos^2\alpha + I_y\cos^2\beta + I_z\cos^2\gamma$$
$$-2K_{yz}\cos\beta\cos\gamma - 2K_{zx}\cos\gamma\cos\alpha - 2K_{xy}\cos\alpha\cos\beta,$$

其中

$$K_{yz} = \iiint_{(V)} yz\rho dV, \quad K_{zx} = \iiint_{(V)} zx\rho dV, \quad K_{xy} = \iiint_{(V)} xy\rho dV.$$

后面各积分名叫**惯性积**或**离心矩** [比照 **599**, 5)].

如果很清楚地描示立体对通过原点各不同轴的惯矩的分配情况, 则如我们对平面图形所作者相似, 应该在每一轴 u 上截取线段

$$ON = \frac{1}{\sqrt{I_u}}.$$

设

$$X = ON\cos\alpha = \frac{\cos\alpha}{\sqrt{I_u}},$$
$$Y = \frac{\cos\beta}{\sqrt{I_u}}, \quad Z = \frac{\cos\gamma}{\sqrt{I_u}}$$

是这一线段端点 N 的坐标. 则自求得的 I_u 的式子易得点 N 几何轨迹的方程

$$I_xX^2 + I_yY^2 + I_zZ^2 - 2K_{yz}YZ - 2K_{zx}ZX - 2K_{xy}XY = 1.$$

因为 ON 不变成无穷, 故这一二次曲面必定是一椭球面; 它称作**惯性椭球面**. 在研究刚体运动时, 惯性椭球面的各轴起着重要的作用, 称作**主惯性轴**; 如点 O 是立体重心, 则对应的惯性轴称为**中心主惯性轴**.

哪一个坐标轴是否为主惯性轴, 与这些**离心矩**有关. 例如, 要 x 轴是主惯性轴, 必要且充分须适合条件

$$K_{xy} = 0, \quad K_{zx} = 0.$$

特别, 如质量对 yz 平面对称地分布时, 它们就能适合.

16) 最后, 我们来考察在刚体绕一轴旋转时所发生的**离心力**的问题.

设立体 (V) 绕 z 轴以角速度 ω 旋转, 则在立体的元素 $dm = \rho dv$ 上将有一大小等于

$$dF = \omega^2 r dm = \omega^2 r\rho dV$$

的元素离心力作用着, 其中 r 是旋转轴到元素的距离. 它在坐标轴上的射影将为

$$dF_x = \omega^2 x\rho dV, \quad dF_y = \omega^2 y\rho dV, \quad dF_z = 0,$$

所以合成离心力 $\overrightarrow{F}$ 的射影可表作积分

$$F_x = \omega^2 \iiint_{(V)} x\rho dV = \omega^2 M_{yz}, \quad F_y = \omega^2 M_{zx}, \quad F_z = 0,$$

其中 M_{yz}, M_{zx} 是立体的静矩. 如以 ξ, η, ζ 表立体的重心坐标, 则这些公式可重写为:

$$F_x = \omega^2 \xi m, \quad F_y = \omega^2 \eta m, \quad F_z = 0.$$

由此可见, 所述合成离心力完全准确地好像是立体的全部质量集中在它的重心时一样.

上面所谈的元素离心力对各坐标轴有下列的矩:

$$d\boldsymbol{M}_x = zdF_y = \omega^2 yz\rho dV, \quad d\boldsymbol{M}_y = zdF_x = \omega^2 zx\rho dV, \quad d\boldsymbol{M}_z = 0.$$

因此, 对这些轴的合成矩将为:

$$\boldsymbol{M}_x = \omega^2 \iiint_{(V)} yz\rho dV = \omega^2 K_{yz}, \quad \boldsymbol{M}_y = \omega^2 K_{zx}, \quad \boldsymbol{M}_z = 0.$$

要使离心力相互平衡且对转动物不发生任何作用 (而由于它, 对它所借以固定的轴承也没有作用), 必要且充分的条件为

$$M_{yz} = 0, \quad M_{zx} = 0; \quad K_{yz} = 0, \quad K_{zx} = 0.$$

前面两条件是说, 立体的重心必须在 z 轴上; 就设这里是原点 O. 而后两条件指出, z 轴必须是主惯性轴之一. 因此, 离心力仅在下面条件下对轴承才没有压力, 即旋转轴须与旋转体的中心主惯性轴之一相重合.

§2. 高斯–奥斯特洛格拉得斯基公式

651. 高斯–奥斯特洛格拉得斯基公式　在二重积分理论中我们已熟识了联系平面区域上二重积分及沿区域边界的曲线积分的格林公式. 在三重积分理论中与它相类似的是联系空间区域上三重积分与区域边界上曲面积分的高斯–奥斯特洛格拉得斯基公式.

考察一个由分片光滑的曲面

$$\begin{aligned}(S_1)z &= z_0(x,y) \\ (S_2)z &= Z(x,y)\end{aligned} \quad (z_0 \leqslant Z)$$

及母线平行于 z 轴的柱面 (S_3) 所围成的立体 (V) (图 96). 这柱面的准线是在 xy 平面上范围区域 (D) —— 立体 (V) 在这平面上的射影 —— 的分段光滑的闭曲线 (K).

设在区域 (V) 中定义有某一函数 $R(x,y,z)$, 在整个区域 (V) 包括边界在内它与其导函数 $\dfrac{\partial R}{\partial z}$ 都连续. 则公式

$$\iiint_{(V)} \frac{\partial R}{\partial z} dxdydz = \iint_{(S)} Rdxdy \tag{1}$$

成立, 而 (S) 是范围立体的曲面, 且右端积分是取在它的外侧上的.

事实上, 由第 **646** 目公式 (11*),

$$\iiint_{(V)} \frac{\partial R}{\partial z} dxdydz = \iint_{(D)} dxdy \int_{z_0(x,y)}^{Z(x,y)} \frac{\partial R}{\partial z} dz$$
$$= \iint_{(D)} R(x,y,Z(x,y))dxdy - \iint_{(D)} R(x,y,z_0(x,y))dxdy.$$

如考察曲面积分, 则由第 **635** 目公式 (3) 及 (3*),

$$\iiint_{(V)} \frac{\partial R}{\partial z} dxdydz = \iint_{(S_2)} R(x,y,z)dxdy + \iint_{(S_1)} R(x,y,z)dxdy,$$

且右端第一个积分是取在曲面 (S_2) 的上侧, 而第二个取在曲面 (S_1) 的下侧. 如在这一等式的右端添加一个取在曲面 (S_3) 外侧的积分

$$\iint_{(S_3)} R(x,y,z)dxdy,$$

则等式仍旧成立, 因为这个积分等于零 [**635**, (5)]. 将所有这三个积分合并在一起, 我们就得到公式 (1), 它是高斯–奥斯特洛格拉得斯基公式的一特殊情形.

在所引用的推理中, 读者可能已观察到与在第 **638** 目中导出立体 (V) 体积的公式 (14) 时所用的推理的相似处: 当 $R(x,y,z) = z$ 时后者可从 (1) 得来.

与在那里一样, 容易明白, 公式 (1) 对更广泛的一类立体, 凡其能分成许多所讨论过的样子的部分者也正确. 同样也可证明, 公式 (1) 对由一些任意的分片光滑曲面所围成的立体一般也成立.

证明可像在第 **638** 目中当扩张体积公式的应用范围时一样地进行. 我们在它上面只加以一点说明. 如所考察的立体 (V) 是一 "棱柱形长条", 例如, 在右面由曲面 $x = g(y,z)$ 所限住时, 则在第 **638** 目中所述推理只有在下一假定下才能搬到现在的情形上来: 函数 R 及 $\dfrac{\partial R}{\partial z}$ 也在所述曲面右面的某一区域内有意义且连续 (因为内接多面形也可能略为越出所考察立体的范围).[①]

与公式 (1) 相似, 下面公式也成立:

$$\iiint_{(V)} \frac{\partial P}{\partial x} dxdydz = \iiint_{(S)} Pdydz, \tag{2}$$

$$\iiint_{(V)} \frac{\partial Q}{\partial y} dxdydz = \iint_{(S)} Qdzdx, \tag{3}$$

如函数 P 及 Q 在区域 (V) 中与它们的导函数 $\dfrac{\partial P}{\partial x}$ 及 $\dfrac{\partial Q}{\partial y}$ 都连续的话.

---

①事实上对公式的正确性来讲这一假定并非必要的.

将所有三公式 (1), (2), (3) 相加, 我们就得到一般的**高斯–奥斯特洛格拉得斯基公式**:

$$\iiint_{(V)} \left(\frac{\partial P}{\partial x} + \frac{\partial Q}{\partial y} + \frac{\partial R}{\partial z} \right) dxdydz$$
$$= \iint_{(S)} Pdydz + Qdzdx + Rdxdy. \tag{4}$$

它将闭曲面外侧的一般形式的第二型曲面积分用这一曲面所围的立体上的三重积分表示出来了.

如来讨论第一型曲面积分, 则得出高斯–奥斯特洛格拉得斯基公式的另一个常用且易于记忆的形式:

$$\iiint_{(V)} \left(\frac{\partial P}{\partial x} + \frac{\partial Q}{\partial y} + \frac{\partial R}{\partial z} \right) dxdydz$$
$$= \iint_{(S)} (P \cos \lambda + Q \cos \mu + R \cos \nu) dS, \tag{5}$$

其中 λ, μ, ν 是曲面 (S) 向外法线与坐标轴间的夹角.

附注 格林、斯托克斯以及高斯–奥斯特洛格拉得斯基公式可用一个思想统一起来: 它们将展布在某一几何图像上的积分用取在这一图像边缘上的积分来表示. 并且, 格林公式是属于二维空间情形的, 斯托克斯公式也是属于二维的不过是 "弯曲" 空间的, 而高斯–奥斯特洛格拉得斯基公式是属于三维空间的.

我们可以将积分计算的基本公式

$$\int_a^b f'(x)dx = f(b) - f(a)$$

看作这些公式对一维空间的某种类似物.[108]

652. 高斯–奥斯特洛格拉得斯基公式应用于曲面积分的研究 设在三维空间的某一开区域 (T) 中已给连续函数 P, Q, R. 取在这一区域内且围着某一立体的任一闭曲面 (S), 我们来考察曲面积分

$$\iint_{(S)} Pdydz + Qdzdx + Rdxdy$$
$$= \iint_{(S)} (P \cos \lambda + Q \cos \mu + R \cos \nu) dS. \tag{6}$$

要积分 (6) 恒等于零, 函数 P, Q, R 应满足怎样的条件呢?

---

[108]在叫做微分形式理论的这一数学分析的一支中, 建立了重要的一般的斯托克斯定理, 此前所述的几个公式都是它的特殊情况. 读者可在现代的数学分析教科书找到微分形式理论的详细论述.

　　这一问题与沿一闭路的曲线积分等于零的问题相似 [601; 641], 后者借格林或斯托克斯公式已容易地被解决了. 这里我们就使用高斯–奥斯特洛格拉得斯基公式, 当然假定在这一公式中写出的函数 P, Q, R 的导函数存在且连续.

　　然而, 为了可以有理由按高斯–奥斯特洛格拉得斯基公式变换积分 (6), 在现在的情形下还必须直接在基本区域 (T) 上加以某种限制. 亦即, 必须要求: 只要从外面围着一立体 (V) 的一简单闭曲面 (S) 属于区域 (T), 则这一立体也必整个含在所述区域内. 具有这种性质的区域称为 ("**空间**") **单连通的** [比照 **641**]. 这一型单连通性的实质就在于没有 "洞", 即便是点洞也要没有; 对于不伸展到无穷的立体来说, 可以简单地这样要求: 要一个唯一的闭曲面作它的边界 [比照 **659**]. 所以, 例如, 与在 **641** 中关于 "曲面的" 单连通性所谈的不同, 此处环面体是一单连通体, 而空心球却不是的.

　　由高斯–奥斯特洛格拉得斯基公式立刻将导得所求条件:

$$\frac{\partial P}{\partial x} + \frac{\partial Q}{\partial y} + \frac{\partial R}{\partial z} = 0. \tag{B}$$

它的**充分性**是显然的, 而**必要性**用三重积分对区域的微分法 [**644**, 8°] 也容易证明.

　　与曲线积分情形相像, 沿闭曲面积分等于零的问题, 相当于沿 "张" 在一已知闭路上的非闭曲面的积分与曲面形状无关的问题. 我们不讨论这一点了.

　　最后注意, 如函数 P, Q, R 及它们的导函数的连续性在区域 (T) 的一个或几个点被破坏了, 则在等式 (B) 适合时积分 (6) 仍可异于零. 但此时不难证明, 对于所有围住一确定奇点的闭曲面 (S), 积分 (6) 有相同的值 [参照 **562**].

　　所有这些情况将用高斯积分的例子来说明, 下一目我们就要来谈它.

　　653. 高斯积分　积分

$$G = \iint_{(S)} \frac{\cos (r, n)}{r^2} dS$$

就是这样称呼的, 其中 r 是连接定点 $A(\xi, \eta, \zeta)$ 与曲面上动点 $M(x, y, z)$ 的位径向量的长:

$$r = \sqrt{(x - \xi)^2 + (y - \eta)^2 + (z - \zeta)^2},$$

而这一位径向量与曲面在点 M 处的法线间夹角表作 (r, n). 同时, 曲面 (S) 假定是双侧的, 且法线 n 对应于它所确定的一侧.

　　如法线的方向余弦是 $\cos \lambda, \cos \mu, \cos \nu$, 则

$$\cos (r, n) = \cos (x, r) \cos \lambda + \cos (y, r) \cos \mu + \cos (z, r) \cos \nu$$
$$= \frac{x - \xi}{r} \cos \lambda + \frac{y - \eta}{r} \cos \mu + \frac{z - \zeta}{r} \cos \nu.$$

因此, 高斯积分可重写为:

$$G = \iint_{(S)} \left(\frac{x - \xi}{r^3} \cos \lambda + \frac{y - \eta}{r^3} \cos \mu + \frac{z - \zeta}{r^3} \cos \nu \right) dS$$
$$= \iint_{(S)} \frac{x - \xi}{r^3} dydz + \frac{y - \eta}{r^3} dzdx + \frac{z - \zeta}{r^3} dxdy.$$

这里

$$P = \frac{x-\xi}{r^3}, \quad Q = \frac{y-\eta}{r^3}, \quad R = \frac{z-\zeta}{r^3},$$

所以

$$\frac{\partial P}{\partial x} = \frac{1}{r^3} - \frac{3(x-\xi)^2}{r^5}, \quad \frac{\partial Q}{\partial y} = \frac{1}{r^3} - \frac{3(y-\eta)^2}{r^5}, \quad \frac{\partial R}{\partial z} = \frac{1}{r^3} - \frac{3(x-\zeta)^2}{r^5}.$$

容易验证条件 (в) 在整个空间除点 $A(\xi,\eta,\zeta)$ 外皆适合, 在这点处函数 P, Q, R 有一不连续. 因此, 沿一闭曲面而取的高斯积分, 如曲面不围住 A 点, 必等于零. 对所有包含这一点在其内的曲面, 积分保持同一值. 如取例如绕点 A 以半径 R 作出的球作为曲面 (S), 就很容易求得它. 此时, 球上点的位径向量保持一定长度, 而它的方向与球的向外法线相一致, 所以 $\cos(r,n) = 1$. 我们有

$$G = \iint_{(S)} \frac{dS}{R^2} = \frac{S}{R^2} = 4\pi;$$

对所有围着 A 点的曲面, 高斯积分的值就是如此.

如从高斯积分的几何意义出发, 即当作自点 A 来看曲面 (S) 时的立体角[1] 的度量, 所有这些结果也容易直接建立起来.

为了证明这, 开始时我们假定: 曲面 (S) 与自点 A 出发的每一射线相交于至多一点. 设法线 n 向着与 A 点相反的一侧. 取曲面 (S) 的一元素 (dS), 在它上面选取一点 M 并通过这一点以点 A 为中心作一球. 如将元素 (dS) 自 A 射影到这球上去, 则射影的面积将为

$$\cos(r,n)dS, \text{[2]}$$

所以被由 A 出发的视线在单位球上割下的图形的面积将为

$$\frac{\cos(r,n)}{r^2}dS.$$

这也就是元素 (dS) 的可见 (立体) 角. 所有这些元素角的和亦即积分 G 就是整个曲面 (S) 可见角的度量.

如曲面 (S) 与自 A 出发的射线交于不止一点, 但曲面可分为许多部分, 使其每一部分与这些射线只交于一点时, 则只需将对于这些部分的高斯积分相加就可以了.

通常总是选取曲面的一个定侧而使法线 n 的方向与这一选法一致. 则对曲面的某些部分来说, 这一法线是向着与 A 相反的一侧, 而可见角得出来是正的; 对另外一些部分, 其法线向着 A 的一侧, 这一角得出来是负的. 高斯积分将为这些可见角的代数和.

由高斯积分的几何解释, 立刻就可明白, 如曲面 (S) 是闭的, 且点 A 在它所围的区域的里面, 则 $G = 4\pi$. 反过来, 如点在这一区域的外面, 则不同符号的可见角互相相消而 $G = 0$.

如点 A 在曲面 (S) 上, 则高斯积分变成了反常的. 容易明白, 如曲面 (S) 在点 (A) 处有一确定的切面, 则 $G = 2\pi$.

---

[1] 被某一锥形曲面所围的空间称作**立体角**, 锥形的顶点是角顶. 如围绕顶点画一单位半径的球面, 则所述锥形在它上面割下一图形, 它的面积就是立体角的度量.

[2] 此处我们将元素 (dS) 以及它的射影近似地当作平面的, 并利用了正 (不是中心) 射影的公式. 但对无穷小元素 (dS) 这里可能的相对误差也是无穷小.

654. 例　1) 按高斯–奥斯特洛格拉得斯基公式变换曲面积分

$$(a)\ I_1 = \iint_{(S)} x^2 dydz + y^2 dzdx + z^2 dxdy,$$

$$(б)\ I_2 = \iint_{(S)} \sqrt{x^2 + y^2 + z^2}(\cos\lambda + \cos\mu + \cos\nu)dS,$$

$$(в)\ I_3 = \iint_{(S)} xdydz + ydzdx + zdxdy,$$

设曲面 (S) 范围一立体 (V).

答　(a) $I_1 = 2\iiint_{(V)}(x+y+z)dV,$　(б) $I_2 = \iiint_{(V)} \dfrac{x+y+z}{\sqrt{x^2+y^2+z^2}}dV,$

(в) $I_3 = 3V$ [参照 **638** (16)].

2) 用高斯–奥斯特洛格拉得斯基公式求证公式:

$$(a)\quad \iiint_{(V)} \Delta u dxdydz = \iint_{(S)} \frac{\partial u}{\partial n}dS,$$

$$(б)\quad \iiint_{(V)} v\Delta u dxdydz = -\iiint_{(V)} \left(\frac{\partial u}{\partial x}\frac{\partial v}{\partial x} + \frac{\partial u}{\partial y}\frac{\partial v}{\partial y} + \frac{\partial u}{\partial z}\frac{\partial v}{\partial z}\right)dxdydz$$
$$+ \iint_{(S)} v\frac{\partial u}{\partial n}dS,$$

$$(в)\quad \iiint_{(V)} (v\Delta u - u\Delta v)dxdydz = \iint_{(S)} \left(v\frac{\partial u}{\partial n} - u\frac{\partial v}{\partial n}\right)dS,$$

其中我们令

$$\Delta f = \frac{\partial^2 f}{\partial x^2} + \frac{\partial^2 f}{\partial y^2} + \frac{\partial^2 f}{\partial z^2},$$

$$\frac{\partial f}{\partial n} = \frac{\partial f}{\partial x}\cos(x,n) + \frac{\partial f}{\partial y}\cos(y,n) + \frac{\partial f}{\partial z}\cos(z,n),$$

且把 n 了解为曲面向外的法线.

提示　这一题与以下各题的解法完全与第 **602** 目中问题 3), 4), 5), 6), 7) 的解法相似.

3) 函数 u, 与其各导函数同时如皆连续, 且在区域 (V) 中满足方程 $\Delta u = 0$, 就称作在这一区域中的调和函数. 求证: 调和函数的特征是对含在区域 (V) 中的任一简单闭曲面 (S) 它适合条件

$$\iint_{(S)} \frac{\partial u}{\partial n}dS = 0.$$

4) 求证下一断语:

如函数 u 在一闭区域 (V) 中是调和函数, 则它在区域内部的值可唯一地被它在范围这一区域的曲面 (S) 上的值所确定.

5) 设 u 是在区域 (V) 中的调和函数, (x_0, y_0, z_0) 是这一区域的任一内点, 而 (S_R) 是中心在点 (x_0, y_0, z_0) 处半径为 R 的球. 则公式

$$u(x_0, y_0, z_0) = \frac{1}{4\pi R^2}\iint_{(S_R)} u(x,y,z)dS$$

成立. 试证.

提示 参考在 [**602**, 6)] 中的证明, 只需取 $v = \dfrac{1}{r}$ 作为辅助调和函数, 其中

$$r = \sqrt{(x - x_0)^2 + (y - y_0)^2 + (z - z_0)^2}.$$

6) 求证: 在一闭区域 (V) 上连续且在区域内面为调和的函数 $u(x, y, z)$ 在区域内面不会达到最大 (最小) 值 (只要不是常数).

利用这, 可与在 [**602**, 7)] 中所做者相类似地强化 4) 中的结果.

7) 求证: 一坚硬的闭曲面, 在各方面均等压力之下保持平衡.

为达此目的, 我们将证明: 作用于曲面的整个力系的主向量及 (对于任意一点的) 主力矩等于零.

取出曲面的一元素 (dS). 如以 $p = $ 常数表压强, 亦即作用于单位面积上的力, 则沿这一元素的法线方向作用于 (dS) 上的元素力在坐标轴上的射影为

$$-p \cos \lambda \, dS, \quad -p \cos \mu \, dS, \quad -p \cos \nu \, dS \tag{7}$$

(所以取负号是因为: 压力是向着曲面内面的, 而 λ, μ, ν 是向外的法线与坐标轴间的夹角).

主向量的射影 R_x, R_y, R_z 可自元素力的射影 (7) 相加得来:

$$R_x = -p \iint\limits_{(S)} \cos \lambda \, dS, \quad R_y = -p \iint\limits_{(S)} \cos \mu \, dS, \quad R_z = -p \iint\limits_{(S)} \cos \nu \, dS.$$

但所有这些积分都等于零, 这在高斯–奥斯特洛格拉得斯基公式中令

$$P = 1, \ Q = R = 0; \ Q = 1, \ P = R = 0; \ R = 1, \ P = Q = 0$$

就可看出. 因此, 压力的主向量等于零.

为了确定元素力系例如对坐标原点的主力矩, 我们就要将这些元素力的矩沿坐标轴的分量

$$p(z \cos \mu - y \cos \nu) dS, \quad p(x \cos \nu - z \cos \lambda) dS, \quad p(y \cos \lambda - x \cos \mu) dS \text{ [1]}$$

相加. 因此, 压力对原点的主力矩其射影为

$$L_x = p \iint\limits_{(S)} (z \cos \mu - y \cos \nu) dS, \quad L_y = p \iint\limits_{(S)} (x \cos \nu - z \cos \lambda) dS,$$

$$L_z = p \iint\limits_{(S)} (y \cos \lambda - x \cos \mu) dS.$$

如在高斯–奥斯特洛格拉得斯基公式中取 $P = 0, Q = pz, R = -py$, 则得 $L_x = 0$. 同样也易证明 $L_y = L_z = 0$. 压力 (对原点) 的主力矩等于零. 证完.

─────────

[1] 回忆一下, 如一力沿坐标轴的分力为 X, Y, Z 且这力作用于一点 (x, y, z), 则对点 (ξ, η, ζ) 的力矩在坐标轴上有下列各射影:

$$L_x = (y - \eta)Z - (z - \zeta)Y, \quad L_y = (z - \zeta)X - (x - \xi)Z,$$

$$L_z = (x - \xi)Y - (y - \eta)X.$$

8) 作为应用高斯–奥斯特洛格拉得斯基公式的最后一例, 我们来导出流体静力学的基本定律之一 —— 阿基米德定律.

大家都知道, 流体在浸入其内的一小平面块上的压力是向着这一小平面块的法线的, 且等于以这小块为底, 小块浸没深度为高的液柱的重量. 现设在液体中浸入一刚体 (V), 在它的表面 (S) 的每一元素 (dS) 上液体按上述定律施以压力. 要求确定这些元素压力的合力及它的作用点.

为了要解决这一问题, 我们选一坐标系, 将 xy 平面与液体自由面放在一起, 而 z 轴垂直向下. 设液体比重等于 ρ, 而元素 (dS) 浸没深度为 z; 则这一元素所受的压力将为

$$\rho z dS,$$

而它沿坐标轴的分力将为

$$-\rho z \cos \lambda dS, \quad -\rho z \cos \mu dS, \quad -\rho z \cos \nu dS.$$

此时对主向量在坐标轴上的射影我们有:

$$R_x = -\rho \iint_{(S)} z \cos \lambda dS, \quad R_y = -\rho \iint_{(S)} z \cos \mu dS, \quad R_z = -\rho \iint_{(S)} z \cos \nu dS.$$

与上题一样, 由高斯–奥斯特洛格拉得斯基公式, 易得

$$R_x = R_y = 0, \quad R_z = -\rho \iiint_{(V)} dV = -\rho V.$$

因此, 压力的主向量朝着垂直向上的方向且等于被物体排出的液体重量.

现在来考察这些元素力对物体重心 $C(\xi, \eta, \zeta)$ 的矩 (今后我们指的是在质量均匀分布时几何立体的重心, 它可能与物理物体的重心不相重合). 元素力矩沿坐标轴的分量为

$$\rho z[(z - \zeta) \cos \mu - (y - \eta) \cos \nu], \quad \rho z[(x - \xi) \cos \nu - (z - \zeta) \cos \lambda],$$

$$\rho z[(y - \eta) \cos \lambda - (x - \xi) \cos \mu],$$

而 (对点 C 的) 主力矩的分量得出来是:

$$L_x = \rho \iint_{(S)} z[(z - \zeta) \cos \mu - (y - \eta) \cos \nu] dS,$$

$$L_y = \rho \iint_{(S)} z[(x - \xi) \cos \nu - (z - \zeta) \cos \lambda] dS,$$

$$L_z = \rho \iint_{(S)} z[(y - \eta) \cos \lambda - (x - \xi) \cos \mu] dS.$$

应用高斯–奥斯特洛格拉得斯基公式于第一个积分, 得出

$$L_x = \rho \iiint_{(V)} \left[\frac{\partial z(z - \zeta)}{\partial y} - \frac{\partial z(y - \eta)}{\partial z} \right] dV$$

$$= \rho \iiint_{(V)} (\eta - y) dV = \rho \left[\eta V - \iiint_{(V)} y dV \right] = 0,$$

因为 $\iiint_{(V)} y dV$ 是立体对 xz 平面的静矩, 等于 ηV. 同样可证明, $L_y = 0$; 最后, 直接可得出 $L_z = 0$.

因此, 压力对立体重心的主力矩等于零. 将这一断语与前所证明的关于主向量的命题相对照, 可得出如下的结论; 在浸没于液体中的一立体上, 由液体方面对它作用有一力, 等于立体所排出的液体的重量; 这一力作用于立体的 (几何) 重心且垂直地朝向上.

§3. 三重积分中的变量变换

655. 空间的变换及曲线坐标　在第 603 目中发展的关于平面区域变换的思想也可自然地搬到空间区域的情况上来.

设有一空间采用直角坐标系 xyz, 另一空间用坐标系 $\xi\eta\zeta$. 在这两空间中, 考察分别由曲面 (S) 及 (Σ) 所围成的两闭区域 (D) 及 (Δ), 这两曲面恒假定为分片光滑的. 设这两区域以公式

$$\left.\begin{aligned} x &= x(\xi,\eta,\zeta), \\ y &= y(\xi,\eta,\zeta), \\ z &= z(\xi,\eta,\zeta) \end{aligned}\right\} \tag{1}$$

相关联, 彼此间形成一个一一的对应.

同时必须曲面 (Σ) 上的点即对应曲面 (S) 上的点, 反之亦然.

设函数 (1) 在区域 (Δ) 内有连续偏导数; 那么雅可比式

$$\frac{D(x,y,z)}{D(\xi,\eta,\zeta)} \tag{2}$$

同样也在 (Δ) 内有连续偏导数. 我们在这里 [参看 603] 将假定, 这个行列式总是非零的, 并保持其符号不变.

如果在区域 (Δ) 内取分块光滑的曲面:

$$\xi = \xi(u,v), \quad \eta = \eta(u,v), \quad \zeta = \zeta(u,v) \tag{3}$$

(假定参数在 uv 平面上某个区域 (E) 内变化), 那么公式 (1) 把这个区域变为区域 (D) 中的分片光滑曲面. 这个曲面的方程为

$$x = x(\xi(u,v),\eta(u,v),\zeta(u,v)) = x(u,v), \quad y = y(u,v), \quad z = z(u,v). \tag{4}$$

我们只限于考虑曲面 (3) 光滑的情形: 在曲面 (3) 上没有奇点, 于是行列式

$$\frac{D(\eta,\zeta)}{D(u,v)}, \frac{D(\zeta,\xi)}{D(u,v)}, \frac{D(\xi,\eta)}{D(u,v)} \tag{5}$$

不同时为零. 仅必须验证在曲面 (4) 上没有奇点.

按 **204** 目公式 (6), 我们有关于量 (5) 的线性等式:

$$\frac{D(y,z)}{D(u,v)} = \frac{D(y,z)}{D(\eta,\zeta)} \cdot \frac{D(\eta,\zeta)}{D(u,v)} + \frac{D(y,z)}{D(\zeta,\xi)} \cdot \frac{D(\zeta,\xi)}{D(u,v)} + \frac{D(y,z)}{D(\xi,\eta)} \cdot \frac{D(\xi,\eta)}{D(u,v)},$$

$$\frac{D(z,x)}{D(u,v)} = \frac{D(z,x)}{D(\eta,\zeta)} \cdot \frac{D(\eta,\zeta)}{D(u,v)} + \frac{D(z,x)}{D(\zeta,\xi)} \cdot \frac{D(\zeta,\xi)}{D(u,v)} + \frac{D(z,x)}{D(\xi,\eta)} \cdot \frac{D(\xi,\eta)}{D(u,v)},$$

$$\frac{D(x,y)}{D(u,v)} = \frac{D(x,y)}{D(\eta,\zeta)} \cdot \frac{D(\eta,\zeta)}{D(u,v)} + \frac{D(x,y)}{D(\zeta,\xi)} \cdot \frac{D(\zeta,\xi)}{D(u,v)} + \frac{D(x,y)}{D(\xi,\eta)} \cdot \frac{D(\xi,\eta)}{D(u,v)}.$$

根据代数学中的已知定理, 由 (5) 式中各量的系数, 即由行列式 (2) 各元素的代数余子式作为元素所组成的行列式, 等于行列式 (2) 的平方, 因此与 (2) 一起是**非零的**. 如果上述一组等式的左边在某一点同时为零, 那么 (5) 式中的三个行列式都等于零, 这与假设矛盾.[109]

唯一地描述空间 xyz 中点的位置的数 ξ, η, ζ 称为这点的曲线坐标. 空间 xyz 中保持三个坐标之一为常数的点构成坐标曲面. 共有三族这样的曲面; 区域 (D) 的每一点都有每一族中的一张曲面经过.

可是, 所有这些仅在区域 (D) 与 (Δ) 之间严格地单值对应的假定下才是如此的. 实际上, 这一单值性常常遭到破坏.

656. 例　1) **圆柱坐标**代表 xy 平面中的极坐标与通常的笛卡儿度量法 z 相联合 (图 110). 它们与笛卡儿坐标相关联的公式为

$$x = \rho\cos\theta, \quad y = \rho\sin\theta, \quad z = z.$$

这些公式将区域

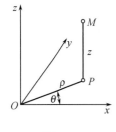

图 110

$$0 \leqslant \rho < +\infty, \quad 0 \leqslant \theta < 2\pi, \quad -\infty < z < +\infty$$

映射到整个 xyz 空间. 然而, 我们指出, 直线 $\rho = 0, z = z$ 被映射于一个点 $(0,0,z)$; 这就破坏了一一对应性.

在所考察情况下坐标曲面为:

(a) $\rho = $ 常数是母线平行于 z 轴的圆柱面, 它的准线是 xy 平面上以原点为中心的圆周;

(б) $\theta = $ 常数是通过 z 轴的半平面;

(в) $z = $ 常数是平行于 xy 平面的平面.

变换的雅可比式:

$$J = \begin{vmatrix} \cos\theta & \sin\theta & 0 \\ -\rho\sin\theta & \rho\cos\theta & 0 \\ 0 & 0 & 1 \end{vmatrix} = \rho \begin{vmatrix} \cos\theta & \sin\theta \\ -\sin\theta & \cos\theta \end{vmatrix} = \rho.$$

---

[109] 曲面 (4) 上不存在奇点也可以借助于代数中已知的**矩阵的乘积的秩的定理**来容易地验证. 事实上 (5) 式中行列式不同时为零意味着 (按照矩阵秩的定义) 由 ξ, η, ζ 对变量的 u, v 的偏导数组成的矩阵 M_1 的秩等于 2. 同时由 x, y, z 对 u, v 的偏导数组成的矩阵 M_2 等于 M_1 与由 x, y, z 对 ξ, η, ζ 的偏导数组成的非奇异矩阵的乘积. 所以矩阵 M_2 的秩同样等于 2, 因而曲面 (4) 没有奇点.

除 $\rho = 0$ 的情形外, 雅可比式保持正号.

2) **球坐标**, 或称为**空间的极坐标**, 与笛卡儿坐标用公式

$$x = r\sin\varphi\cos\theta, \quad y = r\sin\varphi\sin\theta, \quad z = r\cos\varphi$$

相关联, 其中

$$0 \leqslant r < +\infty, \quad 0 \leqslant \varphi \leqslant \pi, \quad 0 \leqslant \theta < 2\pi.$$

量 r, φ, θ 的几何意义由图 111 很清楚: r 是连接原点 (极) 与已知点 M 的位径向量 OM, φ 是这一位径向量与 z 轴 (极轴) 间的夹角, θ 是位径向量 OM 在 xy 平面上的射影 $OP = r\sin\varphi$ (垂直于极轴) 与 x 轴间的夹角.

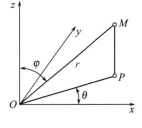

图 111

此时又逢到了一一对应性不成立: $r\varphi\theta$ 空间的平面 $r = 0$ 被映射于坐标原点 $x = y = z = 0$, 直线 $\varphi = 0(\pi), r = r$ 被映射于一个点

$$x = y = 0, \quad z = r.$$

坐标曲面形成三族:

(а) $r = $ 常数是中心在坐标原点的同心球;

(б) $\varphi = $ 常数是以 z 轴为轴的圆锥;

(в) $\theta = $ 常数是通过 z 轴的半平面.

这一变换的雅可比式:

$$J = \begin{vmatrix} \sin\varphi\cos\theta & \sin\varphi\sin\theta & \cos\varphi \\ r\cos\varphi\cos\theta & r\cos\varphi\sin\theta & -r\sin\varphi \\ -r\sin\varphi\sin\theta & r\sin\varphi\cos\theta & 0 \end{vmatrix} = r^2\sin\varphi.$$

除掉上述当 $r = 0$ 或 $\varphi = 0(\pi)$ 时雅可比式为零处, 它恒保持正号.

3) 空间在自身上按公式

$$x = \frac{\xi}{\xi^2 + \eta^2 + \zeta^2}, \quad y = \frac{\eta}{\xi^2 + \eta^2 + \zeta^2}, \quad z = \frac{\zeta}{\xi^2 + \eta^2 + \zeta^2}$$

$(\xi^2 + \eta^2 + \zeta^2 > 0)$ 的变换是一对一可逆的:

$$\xi = \frac{x}{x^2 + y^2 + z^2}, \quad \eta = \frac{y}{x^2 + y^2 + z^2}, \quad \zeta = \frac{z}{x^2 + y^2 + z^2}.$$

与平面情况一样 [**604**, 2)], 它称为**反演法**, 且有直观的几何解释; 读者试确立这解释, 并求出对应于这变换的三坐标曲面族.

4) **椭球坐标**   考察共焦点且共轴的二次曲面族:

$$\frac{x^2}{\lambda^2} + \frac{y^2}{\lambda^2 - h^2} + \frac{z^2}{\lambda^2 - k^2} = 1 \quad (0 < h < k),$$

这是由椭球面 (当 $\lambda > k$ 时)、单叶双曲面 (当 $k > \lambda > h$ 时) 以及还有双叶双曲面 (当 $0 < \lambda < h$ 时) 构成的.

过空间中不在坐标平面上的每一点 (x, y, z) 通过有每一类型的一个曲面. 事实上, 由原来的方程

$$\lambda^2(\lambda^2 - h^2)(\lambda^2 - k^2) - (\lambda^2 - h^2)(\lambda^2 - k^2)x^2$$
$$-\lambda^2(\lambda^2 - k^2)y^2 - \lambda^2(\lambda^2 - h^2)z^2 = 0$$

其左端当 $\lambda = 0$ 时有负号, 当 $\lambda = h$ 时有正号, 当 $\lambda = k$ 时又有负号, 而最后当更大的 λ 时有正号. 由此应得: 方程有三个正根: 一个 $\lambda > k$ (对应于椭球面), 第二个 $\mu < k$ 但 $> h$ (它给出单叶双曲面), 第三个 $\nu < h$ (双叶双曲面).

上面所写的方程可看作对 λ^2 的三次方程, 利用它根的性质, 即:

$$\lambda^2 + \mu^2 + \nu^2 = x^2 + y^2 + z^2 + h^2 + k^2,$$
$$\lambda^2\mu^2 + \mu^2\nu^2 + \nu^2\lambda^2 = (h^2 + k^2)x^2 + k^2 y^2 + h^2 z^2 + h^2 k^2,$$
$$\lambda^2\mu^2\nu^2 = h^2 k^2 x^2,$$

求得

$$x = \pm\frac{\lambda\mu\nu}{hk}, \quad y = \pm\frac{\sqrt{(\lambda^2 - h^2)(\mu^2 - h^2)(h^2 - \nu^2)}}{h\sqrt{k^2 - h^2}},$$
$$z = \pm\frac{\sqrt{(\lambda^2 - k^2)(k^2 - \mu^2)(k^2 - \nu^2)}}{k\sqrt{k^2 - h^2}}.$$

如限制于第一坐标卦限, 则在这些公式中应该只要正号. 数 λ, μ, ν 可视作这一基角内点的曲面坐标. 它们就称为椭球坐标. 三坐标曲面族, 也就是上面所说的椭球面族, 单叶双曲面族及双叶双曲面族.

变换的雅可比式有下形:

$$J = \frac{(\lambda^2 - \mu^2)(\lambda^2 - \nu^2)(\mu^2 - \nu^2)}{\sqrt{(\lambda^2 - h^2)(\lambda^2 - k^2)(\mu^2 - h^2)(k^2 - \mu^2)(h^2 - \nu^2)(k^2 - \nu^2)}}.$$

657. 曲线坐标下的体积表示法　回到第 **655** 目的假定及记号, 我们提出这样一问题: 要将 xyz 空间中的一 (有界) 立体 (D) 的体积用展布在 $\xi\eta\zeta$ 空间中的对应立体 (Δ) 上的三重积分来表示.[①]

所求体积首先可表为第二型曲面积分 [参看 **638** (14)]:

$$D = \iint_{(S)} z\,dx\,dy,$$

它是展布在曲面 (S) 的外侧上的. 由此设法变成普通的二重积分.

[①] 与第 **605** 目中一样, 这里我们补充假定偏导数

$$x''_{\xi\eta}, x''_{\eta\xi}, \cdots, y''_{\xi\eta}, y''_{\eta\xi}, \cdots$$

存在且连续; 虽然这对于结果本身的正确性并非必要, 但可使证明容易些.

我们将自曲面 (Σ) 的参数方程 (3) 出发, u, v 在 uv 平面上的某一区域 (E) 中变化. 则显然参数方程 (4) 表示曲面 (S).

令

$$C = \frac{D(x, y)}{D(u, v)},$$

由第 **636** 目公式 (8), 有

$$D = \iint_{(E)} z C \, du \, dv.$$

并且积分取正号, 如果曲面 (S) 与所考察的它的外侧相联带的定向对应于 uv 平面的定向; 且恒可假定如此 [**620, 621**].

因为 x, y 经过变数 ξ, η, ζ 的媒介依赖于 u, v, 则由熟知的函数行列式的性质 [**204**, (6)],

$$C = \frac{D(x, y)}{D(\xi, \eta)} \frac{D(\xi, \eta)}{D(u, v)} + \frac{D(x, y)}{D(\eta, \zeta)} \frac{D(\eta, \zeta)}{D(u, v)} + \frac{D(x, y)}{D(\zeta, \xi)} \frac{D(\zeta, \xi)}{D(u, v)}.$$

将 C 的表示式代入上面所得积分中, 得

$$D = \iint_{(E)} z \left[\frac{D(x, y)}{D(\xi, \eta)} \frac{D(\xi, \eta)}{D(u, v)} + \frac{D(x, y)}{D(\eta, \zeta)} \frac{D(\eta, \zeta)}{D(u, v)} + \frac{D(x, y)}{D(\zeta, \xi)} \frac{D(\zeta, \xi)}{D(u, v)} \right] du \, dv. \tag{6}$$

将这一积分与展布在曲面 (Σ) 外侧上的第二型曲面积分

$$\iint_{(\Sigma)} z \left[\frac{D(x, y)}{D(\xi, \eta)} d\xi d\eta + \frac{D(x, y)}{D(\eta, \zeta)} d\eta d\zeta + \frac{D(x, y)}{D(\zeta, \xi)} d\zeta d\xi \right] \tag{7}$$

相比较. 如将它从参数方程 (3) 按与第 **636** 目中公式 (10) 相似的公式变换到较普通二重积分, 则恰好得到积分 (6). 这两积分间唯一差别只可能在符号上: 如 uv 平面的定向对应于曲面 (Σ) 考察它的外侧时那一面的定向, 则二积分相等; 而在相反情形时相差一符号.

最后, 自积分 (7) 按高斯–奥斯特洛格拉得斯基公式可变到在区域 (Δ) 上的三重积分:

$$D = \pm \iiint_{(\Delta)} \left\{ \frac{\partial}{\partial \xi} \left[z \frac{D(x, y)}{D(\eta, \zeta)} \right] + \frac{\partial}{\partial \eta} \left[z \frac{D(x, y)}{D(\zeta, \xi)} \right] + \frac{\partial}{\partial \zeta} \left[z \frac{D(x, y)}{D(\xi, \eta)} \right] \right\} d\xi d\eta d\zeta.$$

积分号下的式子等于

$$\frac{\partial z}{\partial \xi} \frac{D(x, y)}{D(\eta, \zeta)} + \frac{\partial z}{\partial \eta} \frac{D(x, y)}{D(\zeta, \xi)} + \frac{\partial z}{\partial \zeta} \frac{D(x, y)}{D(\xi, \eta)}$$
$$+ z \left[\frac{\partial}{\partial \xi} \frac{D(x, y)}{D(\eta, \zeta)} + \frac{\partial}{\partial \eta} \frac{D(x, y)}{D(\zeta, \xi)} + \frac{\partial}{\partial \zeta} \frac{D(x, y)}{D(\xi, \eta)} \right].$$

在第一排中的和等于雅可比式

$$\frac{D(x,y,z)}{D(\xi,\eta,\zeta)} = \begin{vmatrix} \dfrac{\partial x}{\partial \xi} & \dfrac{\partial x}{\partial \eta} & \dfrac{\partial x}{\partial \zeta} \\[2mm] \dfrac{\partial y}{\partial \xi} & \dfrac{\partial y}{\partial \eta} & \dfrac{\partial y}{\partial \zeta} \\[2mm] \dfrac{\partial z}{\partial \xi} & \dfrac{\partial z}{\partial \eta} & \dfrac{\partial z}{\partial \zeta} \end{vmatrix},$$

这很容易证明, 只要将这一行列式按最后一行的元素展开; 在方括号中的和, 用直接计算可以证明等于零.[①]

因此, 得到公式

$$D = \pm \iiint_{(\Delta)} \frac{D(x,y,z)}{D(\xi,\eta,\zeta)} d\xi d\eta d\zeta.$$

如考虑到, 由假定, 雅可比式保有一定符号, 而这一符号是雅可比式加到积分上去的, 因而就可明白 (因为这里认为 $D > 0$), 积分号前面的符号必须与雅可比式的符号一致. 我们就可将所得结果重写为最终形式:

$$D = \iiint_{(\Delta)} \left| \frac{D(x,y,z)}{D(\xi,\eta,\zeta)} \right| d\xi d\eta d\zeta, \tag{8}$$

或者, 为简单起见以 $J(\xi,\eta,\zeta)$ 表雅可比式时:

$$D = \iiint_{(\Delta)} |J(\xi,\eta,\zeta)| d\xi d\eta d\zeta. \tag{8*}$$

积分号下的式子

$$\left| \frac{D(x,y,z)}{D(\xi,\eta,\zeta)} \right| d\xi d\eta d\zeta = |J(\xi,\eta,\zeta)| d\xi d\eta d\zeta$$

通常称为在**曲面坐标下的体积元素**.

658. 补充说明　1°　在曲面 (Σ) 及 (S) 上我们固定了一定的侧面, 例如对于被它们所围的立体来说的外侧. 与此相关对所述曲面也确立了确定的定向 [**620**]. 如在曲面 (Σ) 上的一点描画一分开曲面的简单闭路, 且我们讨论被它所范围的二区域中

───────────────

[①]显然,

$$\frac{\partial}{\partial \xi} \frac{D(x,y)}{D(\eta,\zeta)} = \frac{\partial^2 x}{\partial \eta \partial \xi} \frac{\partial y}{\partial \zeta} + \frac{\partial x}{\partial \eta} \frac{\partial^2 y}{\partial \zeta \partial \xi} - \frac{\partial^2 x}{\partial \zeta \partial \xi} \frac{\partial y}{\partial \eta} - \frac{\partial x}{\partial \zeta} \frac{\partial^2 y}{\partial \eta \partial \xi},$$

$$\frac{\partial}{\partial \eta} \frac{D(x,y)}{D(\zeta,\xi)} = \frac{\partial^2 x}{\partial \zeta \partial \eta} \frac{\partial y}{\partial \xi} + \frac{\partial x}{\partial \zeta} \frac{\partial^2 y}{\partial \xi \partial \eta} - \frac{\partial^2 x}{\partial \xi \partial \eta} \frac{\partial y}{\partial \zeta} - \frac{\partial x}{\partial \xi} \frac{\partial^2 y}{\partial \zeta \partial \eta},$$

$$\frac{\partial}{\partial \zeta} \frac{D(x,y)}{D(\xi,\eta)} = \frac{\partial^2 x}{\partial \xi \partial \zeta} \frac{\partial y}{\partial \eta} + \frac{\partial x}{\partial \xi} \frac{\partial^2 y}{\partial \eta \partial \zeta} - \frac{\partial^2 x}{\partial \eta \partial \zeta} \frac{\partial y}{\partial \xi} - \frac{\partial x}{\partial \eta} \frac{\partial^2 y}{\partial \xi \partial \zeta}.$$

将这些等式一一相加, 得右端恒等于零.

的任意一个时, 则由公式 (1) 在曲面 (S) 上与该点相对应的点就描画出一类似闭路, 且这时我们不必来进行二区域间的选择, 因为这一选择由同一对应规则 (1) 自然地做好了. 如果第一个闭路从曲面 (Σ) 的定向的观点来看其环行方向譬如说是正的, 则第二个闭路的环行方向, 如从曲面 (S) 的定向出发, 就可以是正的, 也可以是负的. 在第一种情况下, 我们就说这两曲面的定向由变换公式彼此相对应, 而在第二种情况下, 就说它们不相对应.

因为我们一开始就认为曲面 (S) 的定向对应于 uv 平面的定向, 故这一情况或那一情况的发生要看曲面 (Σ) 的定向对应于 uv 平面的定向或否. 与此相关也就有体积公式中积分前符号的选取. 但最后就发现了这一符号与雅可比式的符号相同.

综上所述, 我们得到结论:

两曲面 (Σ) 及 (S) 的定向由变换公式 (1) 彼此对应或否依雅可比式保有正号或负号而定.

2° 应用中值定理于公式 (8*), 得关系式

$$D = |J(\overline{\xi}, \overline{\eta}, \overline{\zeta})|\Delta, \tag{9}$$

其中 $(\overline{\xi}, \overline{\eta}, \overline{\zeta})$ 是区域 (Δ) 中某一点, 而 Δ 是这一区域的体积. 由此容易导出: 当将区域 (Δ) 缩到一点 (ξ, η, ζ) 时将有 [比照 **644**, 8°]:

$$|J(\xi, \eta, \zeta)| = \lim \frac{D}{\Delta},$$

所以雅可比式的绝对值是 $\xi\eta\zeta$ 空间当变换为 xyz 空间时 (在它的所给点处) 它的**延展系数**.

3° 公式 (8) [(8*)] 是在一些已知假定 (区域 (D) 及 (Δ) 间的可逆一对一且连续的对应等等) 下推出的. 但与 **606**, 4° 中一样, 可以证明: 这些条件在一些个别点处或沿一些个别线及面处不成立并不妨害公式正确, 只要雅可比式依然是有界的, 或至少是可积的 (即使是在反常意义下也行).

659. 几何推演 公式 (8) 的推演可建立在纯几何的考虑上 (奥斯特洛格拉得斯基最先创立这一点 [比照 **609**]). 对于 $\xi\eta\zeta$ 空间中的一长方体以 $d\xi, d\eta, d\zeta$ 为边者使它与 xyz 空间中在坐标曲面 "ξ" 及 "$\xi + d\xi$", "η" 及 "$\eta + d\eta$", "ζ" 及 "$\zeta + d\zeta$" 间的一元素立体相比较, 这一立体可近似地看作一斜的平行六面体. 它的体积等于以点

$$P_1(x, y, z), \quad P_2\left(x + \frac{\partial x}{\partial \xi}d\xi, y + \frac{\partial y}{\partial \xi}d\xi, z + \frac{\partial z}{\partial \xi}d\xi\right),$$

$$P_3\left(x + \frac{\partial x}{\partial \xi}d\xi + \frac{\partial x}{\partial \eta}d\eta, y + \frac{\partial y}{\partial \xi}d\xi + \frac{\partial y}{\partial \eta}d\eta, z + \frac{\partial z}{\partial \xi}d\xi + \frac{\partial z}{\partial \eta}d\eta\right),$$

$$P_4\left(x + \frac{\partial x}{\partial \xi}d\xi + \frac{\partial x}{\partial \eta}d\eta + \frac{\partial x}{\partial \zeta}d\zeta, y + \frac{\partial y}{\partial \xi}d\xi + \frac{\partial y}{\partial \eta}d\eta + \frac{\partial y}{\partial \zeta}d\zeta,\right.$$

$$\left. z + \frac{\partial z}{\partial \xi}d\xi + \frac{\partial z}{\partial \eta}d\eta + \frac{\partial z}{\partial \zeta}d\zeta\right)$$

为顶点的四面体体积的六倍, 由解析几何中所熟知的公式, 知 (其绝对值) 可表作行列式

$$\begin{vmatrix} \dfrac{\partial x}{\partial \xi} d\xi & \dfrac{\partial x}{\partial \eta} d\eta & \dfrac{\partial x}{\partial \zeta} d\zeta \\[2mm] \dfrac{\partial y}{\partial \xi} d\xi & \dfrac{\partial y}{\partial \eta} d\eta & \dfrac{\partial y}{\partial \zeta} d\zeta \\[2mm] \dfrac{\partial z}{\partial \xi} d\xi & \dfrac{\partial z}{\partial \eta} d\eta & \dfrac{\partial z}{\partial \zeta} d\zeta \end{vmatrix} = \frac{D(x, y, z)}{D(\xi, \eta, \zeta)} d\xi d\eta d\zeta.$$

将这些各别的 "体积元素" 相加, 便得公式 (8).

因此, 这里事情的实质是: 在确定立体的体积时, 它不是用互相垂直的平面而是用坐标曲面网来分成许多元素块.

在简单情形时 "体积元素" 在曲面坐标下的表示式可直接地得到.

作为一例, 在圆柱坐标 下来考察 (xyz 空间中的) 一元素区域, 它是由两个半径为 ρ 及 $\rho + d\rho$ 的圆柱面, 两个高 z 及 $z + dz$ 的水平面, 以及两个通过 z 轴与 xz 平面交角为 θ 及 $\theta + d\theta$ 的半平面所围成的 (图 112, a)). 将这一区域近似地当作一长方体, 不难求得它的边长为 $d\rho, \rho d\theta$ 及 dz, 所以它的体积等于 $\rho d\rho d\theta dz$, 而代表这一体积与 $\rho\theta z$ 空间中的元素长方体体积 $d\rho d\theta dz$ 之比的雅可比式等于 ρ.

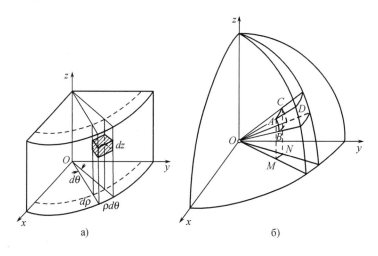

图 112

同样地, 在球坐标下来考察 (xyz 空间中的) 一元素区域. 它是由半径为 r 及 $r + dr$ 的球面, 锥面 φ 及 $\varphi + d\varphi$, 以及半平面 θ 及 $\theta + d\theta$ 所围成的 (图 112, б)). 这一区域也可当作一长方体, 其边长为 $AD = dr, AB = rd\varphi$ 以及 AC. 因为弧 AC 等于它自己的射影 MN, 而后者是由半径 $OM = r\sin\varphi$ 画出来的且对应于中心角 $d\theta$ 故 $AC = r\sin\varphi d\theta$, 因此所论区域的体积等于 $r^2 \sin\varphi dr d\varphi d\theta$, 而雅可比式是 $r^2 \sin\varphi$.

由初等几何观察出来的这两个结果与在 **656** 1) 及 2) 中所述的相符合.

660. 例 1) 计算由下列曲面所围各立体的体积:

(a) $(x^2 + y^2 + z^2)^2 = a^3 z$,

(б) $(x^2 + y^2 + z^2)^3 = a^3 xyz$,

(в) $(x^2 + y^2 + z^2)^n = x^{2n-1}$.

解 (a) 因为 x 及 y 在方程中只有平方项, 故立体对 yz 平面及 zx 平面对称. 又, 既然方程左端恒为正, 故必定 $z \geqslant 0$, 即整个立体在 xy 平面的上面. 这些说明就可使只计算立体在第一卦限中其四分之一的体积.

在方程中式子 $x^2 + y^2 + z^2$ 的出现暗示我们变到球坐标去. 将式子

$$x = r \sin\varphi \cos\theta, \quad y = r \sin\varphi \sin\theta, \quad z = r \cos\varphi$$

代入曲面方程 (a) 中, 得球坐标下的曲面方程: $r = a\sqrt[3]{\cos\varphi}$. 因为第一卦限可用不等式 $0 \leqslant \varphi \leqslant \dfrac{\pi}{2}, 0 \leqslant \theta \leqslant \dfrac{\pi}{2}$ 来说明, 故考虑到雅可比式 $J = r^2 \sin\varphi$ [**656**, 2)] 时, 将有

$$V = 4 \int_0^{\frac{\pi}{2}} d\theta \int_0^{\frac{\pi}{2}} d\varphi \int_0^{a\sqrt[3]{\cos\varphi}} r^2 \sin\varphi \, dr$$
$$= \frac{2}{3}\pi a^3 \int_0^{\frac{\pi}{2}} \sin\varphi \cos\varphi \, d\varphi = \frac{1}{3}\pi a^3.$$

(б) 立体在第一、第三、第六及第八卦限内, 对于这些卦限分别有:

$$x \geqslant 0, \ y \geqslant 0, \ z \geqslant 0; \quad x \leqslant 0, \ y \leqslant 0, \ z \geqslant 0;$$
$$x \leqslant 0, \ y \geqslant 0, \ z \leqslant 0; \quad x \geqslant 0, \ y \leqslant 0, \ z \leqslant 0;$$

它由四部分构成, 它们一对一对地对称于坐标轴之一 (方程的左端及右端当量 x, y, z 中的任何两个同时变号时都不改变).

变到球坐标时, 得

$$V = 4 \int_0^{\frac{\pi}{2}} d\theta \int_0^{\frac{\pi}{2}} d\varphi \int_0^{a\sqrt[3]{\sin^2\varphi \cos\varphi \sin\theta \cos\theta}} r^2 \sin\varphi \, dr$$
$$= \frac{4}{3}a^3 \int_0^{\frac{\pi}{2}} \sin^3\varphi \cos\varphi \, d\varphi \cdot \int_0^{\frac{\pi}{2}} \sin\theta \cos\theta \, d\theta = \frac{a^3}{6}.$$

(в) 这里较简单是如下形取变到球坐标的公式:

$$x = r\cos\varphi, \ y = r\sin\varphi\cos\theta, \ z = r\sin\varphi\sin\theta.$$

则曲面方程就具有形式 $r = \cos^{2n-1}\varphi$.

答

$$V = \frac{\pi}{3(3n-1)}.$$

2) 求由下面曲面所围各立体的体积:

(a) $(x^2 + y^2)^2 + z^4 = y$,

(б) $(x^2 + y^2)^3 + z^6 = 3z^3$.

解 (a) 虽然问题的类型多少与以前各题不同, 但在这里应用球坐标仍很方便. 曲面方程具有形式

$$r^3(\sin^4\varphi + \cos^4\varphi) = \sin\varphi\sin\theta.$$

考虑到对称性, 将有

$$V = 4\int_0^{\frac{\pi}{2}} d\theta \int_0^{\frac{\pi}{2}} d\varphi \int_0^{\sqrt[3]{\frac{\sin\varphi\sin\theta}{\sin^4\varphi+\cos^4\varphi}}} r^2\sin\varphi dr$$

$$= \frac{4}{3}\int_0^{\frac{\pi}{2}} \frac{\sin^2\varphi d\varphi}{\sin^4\varphi + \cos^4\varphi} = \frac{4}{3}\int_0^{\infty} \frac{t^2}{1+t^4}dt = \frac{\pi\sqrt{2}}{3}.$$

(б) **提示**

$$V = 2\pi\int_0^{\frac{\pi}{2}} \frac{\cos^3\varphi\sin\varphi d\varphi}{\sin^6\varphi + \cos^6\varphi} = \pi\int_0^1 \frac{udu}{3u^2 - 3u + 1}$$

(如令 $u = \cos^2\varphi$).

答 $V = \dfrac{2\pi^2}{3\sqrt{3}}.$

3) 求由下列曲面所围各立体的体积:

(a) $\left(\dfrac{x^2}{a^2} + \dfrac{y^2}{b^2} + \dfrac{z^2}{c^2}\right)^2 = \dfrac{x^2y}{h^3}$;

(б) $\left(\dfrac{x^2}{a^2} + \dfrac{y^2}{b^2} + \dfrac{z^2}{c^2}\right)^2 = \dfrac{x^2}{a^2} + \dfrac{y^2}{b^2}$;

(в) $\left(\dfrac{x^2}{a^2} + \dfrac{y^2}{b^2} + \dfrac{z^2}{c^2}\right)^2 = \left(\dfrac{x^2}{a^2} + \dfrac{y^2}{b^2}\right)\dfrac{z}{c}$.

解 (a) 在曲面方程中式子 $\dfrac{x^2}{a^2} + \dfrac{y^2}{b^2} + \dfrac{z^2}{c^2}$ 的出现, 常常是按公式:

$$x = ar\sin\varphi\cos\theta, \ y = br\sin\varphi\sin\theta, \ z = cr\cos\varphi$$

变到广义的球坐标[①] 较为有用; 这时雅可比式 $J = abcr^2\sin\varphi$. 我们有 (计及对称性):

$$V = 4\int_0^{\frac{\pi}{2}} d\theta \int_0^{\frac{\pi}{2}} d\varphi \int_0^{\frac{a^2b\sin^3\varphi\cos^2\theta\sin\theta}{h^3}} abcr^2\sin\varphi dr$$

$$= \frac{4}{3}\frac{a^7b^4c}{h^9}\int_0^{\frac{\pi}{2}} \cos^6\theta\sin^3\theta d\theta \cdot \int_0^{\frac{\pi}{2}} \sin^{10}\varphi d\varphi,$$

所以最后,

$$V = \frac{\pi}{192}\frac{a^7b^4c}{h^9}.$$

(б) **答** $V = \dfrac{\pi^2}{4}abc.$

(в) **答** $V = \dfrac{\pi}{60}abc.$

4) 求由下列各曲面所围立体的体积:

$$x^2 + y^2 + z^2 = 1, \ x^2 + y^2 + z^2 = 16, \ z^2 = x^2 + y^2, \ z = 0, \ y = 0, \ y = x.$$

[①]这与平面上广义的极坐标相仿.

提示 这些曲面确定了球坐标的变化区间:

$$1 \leqslant r \leqslant 4, \ \frac{\pi}{4} \leqslant \varphi \leqslant \frac{\pi}{2}, \quad 0 \leqslant \theta \leqslant \frac{\pi}{4} \quad \left(\text{或} \pi \leqslant \theta \leqslant \frac{5\pi}{4} \right).$$

立体是由 (在第一及第三坐标卦限内的) 二孤立的块组成.

答 $V = \dfrac{21\sqrt{2}\pi}{4}$.

5) 计算曲面

$$\left(\frac{x}{a} \right)^{\frac{2}{3}} + \left(\frac{y}{b} \right)^{\frac{2}{3}} + \left(\frac{z}{c} \right)^{\frac{2}{3}} = 1$$

所围立体的体积.

解 按下面公式引入新的坐标:

$$x = ar \sin^3 \varphi \cos^3 \theta, \ y = br \sin^3 \varphi \sin^3 \theta, \ z = cr \cos^3 \varphi$$

$$(0 \leqslant r \leqslant 1, \ 0 \leqslant \varphi \leqslant \pi, \ 0 \leqslant \theta \leqslant 2\pi).$$

这时雅可比式

$$J = 9abcr^2 \sin^5 \varphi \cos^2 \varphi \sin^2 \theta \cos^2 \theta,$$

所以

$$V = 9abc \int_0^1 r^2 dr \int_0^\pi \sin^5 \varphi \cos^2 \varphi d\varphi \int_0^{2\pi} \sin^2 \theta \cos^2 \theta d\theta = \frac{4}{35} \pi abc.$$

6) 求曲面

$$(x + y + z)^2 = ay, \ x = 0, \ y = 0, \ z = 0$$

所围立体的体积.

提示 令

$$x = r \sin^2 \varphi \cos^2 \theta, \ y = r \sin^2 \varphi \sin^2 \theta, \ z = r \cos^2 \varphi$$

$$\left(r \geqslant 0, \ 0 \leqslant \varphi \leqslant \frac{\pi}{2}, \ 0 \leqslant \theta \leqslant \frac{\pi}{2} \right).$$

雅可比式

$$J = 4r^2 \sin^3 \varphi \cos \varphi \sin \theta \cos \theta.$$

答 $V = \dfrac{a^3}{60}$.

7) 求由六平面:

$$a_1 x + b_1 y + c_1 z = \pm h_1,$$

$$a_2 x + b_2 y + c_2 z = \pm h_2,$$

$$a_3 x + b_3 y + c_3 z = \pm h_3$$

所围成的斜平行六面体的体积, 当然, 假定行列式

$$\Delta = \begin{vmatrix} a_1 & b_1 & c_1 \\ a_2 & b_2 & c_2 \\ a_3 & b_3 & c_3 \end{vmatrix}$$

不等于零.

解 引入新的变数

$$\xi = a_1 x + b_1 y + c_1 z,$$

$$\eta = a_2 x + b_2 y + c_2 z,$$

$$\zeta = a_3 x + b_3 y + c_3 z$$

$$(-h_1 \leqslant \xi \leqslant h_1,\ -h_2 \leqslant \eta \leqslant h_2,\ -h_3 \leqslant \zeta \leqslant h_3).$$

求出行列式 $\dfrac{D(x,y,z)}{D(\xi,\eta,\zeta)}$ 最为简便, 注意它等于行列式 $\dfrac{D(\xi,\eta,\zeta)}{D(x,y,z)}$ 的倒数. 我们有

$$V = \frac{1}{|\Delta|} \int_{-h_1}^{h_1} d\xi \int_{-h_2}^{h_2} d\eta \int_{-h_3}^{h_3} d\zeta = \frac{8h_1 h_2 h_3}{|\Delta|}.$$

8) 求由下列曲面所围各立体的体积:

(a) 柱面

$$(a_1 x + b_1 y + c_1 z)^2 + (a_2 x + b_2 y + c_2 z)^2 = R^2$$

及平面

$$a_3 x + b_3 y + c_3 z = 0 \quad \text{与} \quad a_3 x + b_3 y + c_3 z = h;$$

(б) 椭球面

$$(a_1 x + b_1 y + c_1 z)^2 + (a_2 x + b_2 y + c_2 z)^2 + (a_3 x + b_3 y + c_3 z)^2 = R^2$$

(在前面 $\Delta \neq 0$ 的假定下).

答 (a) $V = \dfrac{\pi R^2 h}{|\Delta|}$; (б) $V = \dfrac{4}{3}\dfrac{\pi R^3}{|\Delta|}$.

9) 应用圆柱坐标来计算立体体积时将得出一有趣的公式.

图 113

考察由一个分片光滑的曲面所围成的一立体 (V), 并假定自 z 轴出发的一个半平面对应于 $\theta =$ 常数者交立体于某一平面图形 (Q_θ), 而 θ 自 α 变到 β (图 113). 则

$$V = \iiint_{(V)} \rho \, d\rho \, d\theta \, dz = \int_\alpha^\beta d\theta \iint_{(Q_\theta)} \rho \, d\rho \, dz,$$

且将图形 (Q_θ) 引到直角坐标系 ρz 时就很方便, 但这坐标系与所述半平面同时绕 z 轴转动.[①]

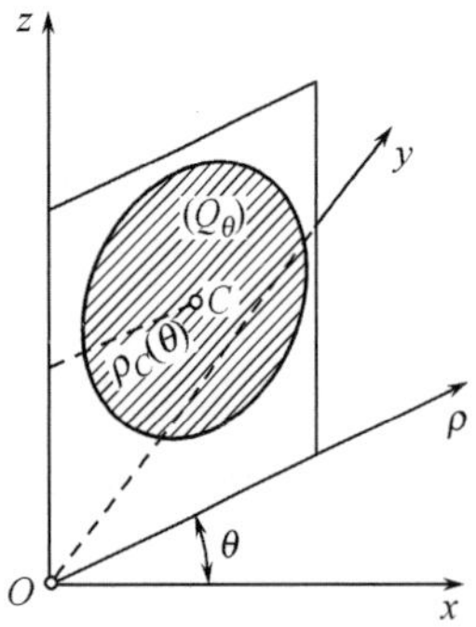

现在易见, 二重积分 $\iint_{(Q_\theta)} \rho \, d\rho \, dz$ 是图形 (Q_θ) 对 z 轴的静矩, 它等于这一图形的面积 $Q(\theta)$ 与 z 轴到它的重心 C 间距离 $\rho_C(\theta)$ 的乘积:

$$\iint_{(Q_\theta)} \rho \, d\rho \, dz = Q(\theta)\rho_C(\theta).$$

将这一体积的式子代入, 得最终公式:

$$V = \int_\alpha^\beta Q(\theta)\rho_C(\theta) \, d\theta.$$

_____

[①]而不是将与它全等的图形引到 $\rho\theta z$ 空间中的一固定平面 ρz 上去.

这一公式是库斯科夫指出的. 它在确定由 (不变的或变动的) 平面图形作螺旋运动时所得立体例如螺丝钉、弹簧等的体积时特别方便.

如立体 (V) 单纯地是一与 z 轴不相交的不变图形 (Q) 绕这一轴的**旋转体**, 则 $Q =$ 常数, $\rho_C =$ 常数, $\alpha = 0, \beta = 2\pi$, 而公式就具有形状

$$V = Q \cdot 2\pi\rho_C.$$

它表明了已知的古尔丹定理 [**351**], 这定理说: 平面图形绕与它不相交的轴旋转的立体体积等于这一图形的面积与图形重心描画出的圆周长的乘积. 因此, 库斯科夫公式是这一古典定理的自然推广 (且反过来, 这一公式也容易从它得来).

10) 三轴椭球体

$$\frac{x^2}{a^2} + \frac{y^2}{b^2} + \frac{z^2}{c^2} \leqslant 1 \quad (a > b > c)$$

的体积已算过好几次了, 它等于 $\frac{4}{3}\pi abc$. 但是, 我们现在想引用椭球坐标 λ, μ, ν [**656**, 4)] 来计算这一体积. 如令

$$h^2 = a^2 - b^2, \quad k^2 = a^2 - c^2,$$

则当 $\lambda = a$ 时就能得到已知椭球体本身.

椭球体的第一卦限与 λ 自 k 变到 a, μ 自 h 变到 k, ν 自 0 变到 h 相对应. 故

$$\frac{1}{8}V = \int_0^h d\nu \int_h^k d\mu \int_k^a \frac{(\lambda^2 - \mu^2)(\lambda^2 - \nu^2)(\mu^2 - \nu^2)}{\sqrt{(\lambda^2 - h^2)(\lambda^2 - k^2)(\mu^2 - h^2)(k^2 - \mu^2)(h^2 - \nu^2)(k^2 - \nu^2)}} \, d\lambda.$$

但, 如已所示, 这一体积等于

$$\frac{1}{8} \cdot \frac{4}{3}\pi abc = \frac{\pi}{6} a \sqrt{(a^2 - h^2)(a^2 - k^2)}.$$

因此, 上面所写出的复杂积分的值就是这个, 用别的方法来求这一值就会产生巨大的困难.

最后将给出基本公式 (8) 的两个有趣应用, 它们可确立曲面面积及曲线长度的概念与在原则上更简单的立体体积概念间的联系.

11) 设已给一光滑曲面 (S):

$$x = x(u, v), \quad y = y(u, v), \quad z = z(u, v),$$

且在参数 u, v 变化的区域 (Δ) 中这些函数有二阶连续导函数.

在曲面的每一点 M 处的法线上, 对称地在曲面的两侧截取长 $2r > 0$ 的一线段. 这些线段填满成某一立体 (V_r),[①] 已知曲面就含在其内 (图 114).

以 x, y, z 表曲面上点 M 的坐标, 而以 X, Y, Z 表该点处法线上所述线段的任一点的坐标, 显然, 我们将有

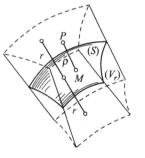

图 114

$$X = x + \frac{A}{\sqrt{A^2 + B^2 + C^2}}\rho, \quad Y = y + \frac{B}{\sqrt{A^2 + B^2 + C^2}}\rho,$$

$$Z = z + \frac{C}{\sqrt{A^2 + B^2 + C^2}}\rho,$$

[①] 可以证明: 对充分小的 r 所述线段彼此不相交, 所以立体的每一点恰在一条法线上.

其中 A, B, C 有通常的意义, 而 ρ 表距离 MP (带有相应的符号, 所以 $-r \leqslant \rho \leqslant r$). 因此, 参数 (u, v, ρ) 表所述区域 (V_r) 的点的曲面坐标. 由公式 (8) 这一立体的体积等于

$$V_r = \iiint \left| \frac{D(X, Y, Z)}{D(u, v, \rho)} \right| du dv d\rho.$$

但

$$\frac{D(X, Y, Z)}{D(u, v, \rho)} = \begin{vmatrix} x'_u + \alpha_1(u, v)\rho & y'_u + \alpha_2(u, v)\rho & z'_u + \alpha_3(u, v)\rho \\ x'_v + \beta_1(u, v)\rho & y'_v + \beta_2(u, v)\rho & z'_v + \beta_3(u, v)\rho \\ \dfrac{A}{\sqrt{A^2 + B^2 + C^2}} & \dfrac{B}{\sqrt{A^2 + B^2 + C^2}} & \dfrac{C}{\sqrt{A^2 + B^2 + C^2}} \end{vmatrix}$$

$$= \sqrt{A^2 + B^2 + C^2} + \gamma_1(u, v)\rho + \gamma_2(u, v)\rho^2,$$

其中 $\alpha_1, \alpha_2, \alpha_3, \beta_1, \beta_2, \beta_3, \gamma_1, \gamma_2$ 表 u, v 的某些连续函数. 显然, 对充分小的 r (因为 $|\rho| \leqslant r$) 这一式子的符号将与第一项同, 即为正的. 故

$$V_r = \int_{-r}^{r} d\rho \iint_{(\Delta)} \left\{ \sqrt{A^2 + B^2 + C^2} + \gamma_1 \rho + \gamma_2 \rho^2 \right\} du dv$$

$$= 2r \iint_{(\Delta)} \sqrt{A^2 + B^2 + C^2} du dv + L r^3 \quad (L = \text{常数}).$$

由此容易推出最终结果

$$\lim_{r \to 0} \frac{V_r}{2r} = \iint_{(\Delta)} \sqrt{A^2 + B^2 + C^2} du dv,$$

我们认识后面的积分是曲面的面积 S. 因此, 这一面积可自体积出发而得来.

12) 设已知一光滑曲线

$$x = x(t), \quad y = y(t), \quad z = z(t) \quad (t_0 \leqslant t \leqslant T),$$

且函数 x, y, z 有连续二阶导数. 在曲线的任一点 M 处的法面内, 想像一以 M 为中心半径为 $r > 0$ 的圆. 所有这样的圆构成某一立体 (V_r),[①] 它包含这曲线.

不失一般性, 可以假定在所考察的曲线段上恒有 $x'^2_t + y'^2_y > 0$. 则为了想在所述的曲线法面中建立一直角坐标系, 我们可以取有方向余弦

$$\frac{y'}{\sqrt{x'^2 + y'^2}}, \quad -\frac{x'}{\sqrt{x'^2 + y'^2}}, \quad 0 \quad \text{及} \quad \frac{x'z'}{\sqrt{x'^2 + y'^2}\sqrt{x'^2 + y'^2 + z'^2}},$$

$$\frac{y'z'}{\sqrt{x'^2 + y'^2}\sqrt{x'^2 + y'^2 + z'^2}}, \quad -\frac{\sqrt{x'^2 + y'^2}}{\sqrt{x'^2 + y'^2 + z'^2}}$$

的两个相互垂直的法线为坐标轴.

以 u, v 表对应的坐标, 我们可以表立体 (V_r) 的任一点 P 的坐标 X, Y, Z 为:

$$X = x + \frac{y'u}{\sqrt{x'^2 + y'^2}} + \frac{x'z'v}{\sqrt{x'^2 + y'^2}\sqrt{x'^2 + y'^2 + z'^2}},$$

$$Y = y - \frac{x'u}{\sqrt{x'^2 + y'^2}} + \frac{y'z'v}{\sqrt{x'^2 + y'^2}\sqrt{x'^2 + y'^2 + z'^2}},$$

$$Z = z - \frac{\sqrt{x'^2 + y'^2}}{\sqrt{x'^2 + y'^2 + z'^2}} v.$$

[①] 这里也可证明: 对充分小的 r, 这些圆两两无公共点, 故立体的每一点只属于其中的一个圆.

这里 t, u, v 起着点 P 的曲面坐标的作用, 所以

$$V_r = \iiint \left| \frac{D(X, Y, Z)}{D(t, u, v)} \right| dt \, du \, dv.$$

但是, 易见

$$\frac{D(X, Y, Z)}{D(t, u, v)}$$

$$= \left| \begin{array}{ccc} x' + \alpha_1(t)u + \beta_1(t)v & y' + \alpha_2(t)u + \beta_2(t)v & z' + \alpha_3(t)u + \beta_3(t)v \\ \dfrac{y'}{\sqrt{x'^2 + y'^2}} & -\dfrac{x'}{\sqrt{x'^2 + y'^2}} & 0 \\ \dfrac{x'z'}{\sqrt{x'^2 + y'^2}\sqrt{x'^2 + y'^2 + z'^2}} & \dfrac{y'z'}{\sqrt{x'^2 + y'^2}\sqrt{x'^2 + y'^2 + z'^2}} & -\dfrac{\sqrt{x'^2 + y'^2}}{\sqrt{x'^2 + y'^2 + z'^2}} \end{array} \right|$$

$$= \sqrt{x'^2 + y'^2 + z'^2} + \alpha(t)u + \beta(t)v,$$

其中 $\alpha_1, \cdots, \beta_3$ 是 t 的连续函数. 这一式子对充分小的 r 保持正号 (因为 $|u|, |v| \leqslant r$). 因此

$$V_r = \int_{t_0}^{T} dt \iint_{u^2 + v^2 \leqslant r^2} \left\{ \sqrt{x'^2 + y'^2 + z'^2} + \alpha(t)u + \beta(t)v \right\} du \, dv$$

$$= \pi r^2 \int_{t_0}^{T} \sqrt{x'^2 + y'^2 + z'^2} dt + \iint_{u^2 + v^2 \leqslant r^2} (Ku + Lv) du \, dv,$$

其中 K 及 L 是常数. 我们知道第一个积分是弧长 s, 而第二个积分等于零. 故

$$V_r = \pi r^2 s, \quad s = \frac{V_r}{\pi r^2}.$$

弧长还可更直接地从体积得来, 甚至不必用极限过程!

661. 三重积分中的变量变换   借体积在曲面坐标下的表示法, 不难建立三重积分中变量变换的一般公式.

设在 xyz 及 $\xi\eta\zeta$ 空间的区域 (D) 及 (Δ) 间存在一对应, 如在第 **655** 目中说明了的. 假设所有借以推出公式 (8) 的条件都保留, 我们现在求证下一等式成立:

$$\iiint_{(D)} f(x, y, z) dx \, dy \, dz$$

$$= \iiint_{(\Delta)} f(x(\xi, \eta, \zeta), y(\xi, \eta, \zeta), z(\xi, \eta, \zeta)) |J(\xi, \eta, \zeta)| d\xi \, d\eta \, d\zeta \qquad (10)$$

$$\left(\text{其中} J(\xi, \eta, \zeta) = \frac{D(x, y, z)}{D(\xi, \eta, \zeta)} \right),$$

它完全类似于二重积分中的变量变换公式. 同时我们假定函数 $f(x, y, z)$ 连续, 或者至多沿有限个分片光滑的曲面可以有不连续 (但在任一情况下都保持有界性). 因此, 在等式 (10) 中的两个积分的存在将无疑问, 仅需证明等式本身.

为了证明起见, 我们如同在第 **609** 目中一样来进行, 用分片光滑的曲面分区域 (D) 及 (Δ) 为 (彼此相对应的) 元素块 (D_i) 及 (Δ_i) $(i = 1, 2, \cdots, n)$, 应用公式 (9) 到每一对区域 (D_i),(Δ_i) 上; 我们得到

$$D_i = |J(\overline{\xi}_i, \overline{\eta}_i, \overline{\zeta}_i)|\Delta_i, \tag{11}$$

其中 $(\overline{\zeta}_i, \overline{\eta}_i, \overline{\xi}_i)$ 是区域 (Δ_i) 中不能随我们选取的某一点. 取区域 (D_i) 的对应点 $(\bar{x}_i, \bar{y}_i, \bar{z}_i)$, 即令

$$\bar{x}_i = x(\overline{\xi}_i, \overline{\eta}_i, \overline{\zeta}_i), \ \bar{y}_i = y(\overline{\xi}_i, \overline{\eta}_i, \overline{\zeta}_i), \ \bar{z}_i = z(\overline{\xi}_i, \overline{\eta}_i, \overline{\zeta}_i), \tag{12}$$

并作出 (10) 中第一个积分的积分和:

$$\sigma = \sum_i f(\bar{x}_i, \bar{y}_i, \bar{z}_i)D_i.$$

用 (12) 式代换此处的 $\bar{x}_i, \bar{y}_i, \bar{z}_i$, 而用 (11) 式代换 D_i, 得到和

$$\sigma = \sum_i f(x(\overline{\xi}_i, \overline{\eta}_i, \overline{\zeta}_i), \ y(\overline{\xi}_i, \overline{\eta}_i, \overline{\zeta}_i), \ z(\overline{\xi}_i, \overline{\eta}_i, \overline{\zeta}_i))|J(\overline{\xi}_i, \overline{\eta}_i, \overline{\zeta}_i)|\Delta_i,$$

显然这已就是 (10) 中第二积分的积分和.

我们让区域 (Δ_i) 的直径趋近于零, 由对应的连续性, 区域 (D_i) 的直径也趋近于零. 和 σ 必须同时趋近于两个积分, 由此即得所需要的等式.

与在二重积分情形时一样, 在证明公式 (8) 时, 当上面所作假定在一些个别点或沿有限个分段光滑曲线及分片光滑曲面处被破坏而只要雅可比式保持有界, 则公式 (10) 也成立.

允许反常积分时, 可更远地来推广公式 (10) 可应用的条件. 读者试对所考察的情形作与在第 **616** 目中所述者的平行叙述. 这里我们着重指出, 在那里所述的条件下假定 (10) 中积分之一存在时公式就成立, 另一积分的存在已由此能够推得.

最后我们提一下, 公式 (8) 及 (10) 也可以不用雅可比式的绝对值记号写出来. 为了可以这样做, 就应该引进立体定向 (与它的边界定向有关) 的概念, 再视它的定向而给它的体积以及展布在立体上的积分以某一符号. 详细情形留给读者, 并介绍他去参考第 **610** 目及第 **658** 目中的说明 1°.

662. 例　1) 计算积分

$$I = \iiint_{(V)} \frac{xyz}{x^2 + y^2}dxdydz,$$

其中 (V) 是一立体, 上面由曲面

$$(x^2 + y^2 + z^2)^2 = a^2xy$$

所限制, 下面由平面 $z = 0$ 所限制.

解 改成球坐标. 曲面方程作下形:

$$r^2 = a^2 \sin^2 \varphi \sin\theta \cos\theta,$$

注意立体对 z 轴对称, 积分变成:

$$I = 2 \int_0^{\frac{\pi}{2}} d\theta \int_0^{\frac{\pi}{2}} d\varphi \int_0^{a \sin \varphi \sqrt{\sin\theta \cos\theta}} r^3 \sin\varphi \cos\varphi \sin\theta \cos\theta \, dr$$

$$= \frac{a^4}{2} \int_0^{\frac{\pi}{2}} \sin^3\theta \cos^3\theta d\theta \int_0^{\frac{\pi}{2}} \sin^5\varphi \cos\varphi d\varphi = \frac{a^4}{144}.$$

2) 计算积分

$$H = \iiint_{\substack{x,y,z \geqslant 0 \\ x^2+y^2+z^2 \leqslant R^2}} \frac{xyz \, dx dy dz}{\sqrt{\alpha^2 x^2 + \beta^2 y^2 + \gamma^2 z^2}} \quad (\alpha > \beta > \gamma > 0)$$

[参照 **648**, 11)].

解 在球坐标下

$$H = \int_0^{\frac{\pi}{2}} \int_0^{\frac{\pi}{2}} \int_0^R \frac{r^4 \sin^3 \varphi \cos\varphi \sin\theta \cos\theta \, dr d\varphi d\theta}{\sqrt{\alpha^2 \sin^2 \varphi \cos^2\theta + \beta^2 \sin^2 \varphi \sin^2\theta + \gamma^2 \cos^2 \varphi}}.$$

进行替换 $\sin^2 \varphi = u, \sin^2 \theta = v$ 较为方便. 则

$$H = \frac{1}{4} \int_0^1 \int_0^1 \int_0^R r^4 \frac{u \, dr du dv}{\sqrt{\alpha^2 u(1-v) + \beta^2 uv + \gamma^2(1-u)}}$$

$$= \frac{R^5}{20} \int_0^1 u du \int_0^1 \frac{dv}{\sqrt{[\gamma^2 + (\alpha^2 - \gamma^2)u] + (\beta^2 - \alpha^2)uv}}$$

$$= \frac{R^5}{15} \frac{\beta\gamma + \gamma\alpha + \alpha\beta}{(\beta + \gamma)(\gamma + \alpha)(\alpha + \beta)}.$$

3) 计算积分

$$K = \iiint_{(V)} \frac{xyz \, dx dy dz}{x^2 + y^2 + z^2},$$

其中 (V) 是三轴椭球体

$$\frac{x^2}{a^2} + \frac{y^2}{b^2} + \frac{z^2}{c^2} \leqslant 1.$$

解 如按公式

$$x = ar \sin \varphi \cos \theta, \quad y = br \sin \varphi \sin \theta,$$

$$z = cr \cos \varphi, \quad J = abcr^2 \sin \varphi$$

变到广义球坐标, 则积分可重写为下形:

$$K = 8a^2 b^2 c^2 \int_0^{\frac{\pi}{2}} \int_0^{\frac{\pi}{2}} \int_0^1 r^3 \frac{\sin^3 \varphi \cos\varphi \sin\theta \cos\theta \, dr d\varphi d\theta}{a^2 \sin^2 \varphi \cos^2\theta + b^2 \sin^2 \varphi \sin^2\theta + c^2 \cos^2 \varphi}.$$

替换 $\sin^2\varphi = u, \sin^2\theta = v$. 最终结果:

$$K = \frac{a^2b^2c^2}{8(a^2-b^2)(b^2-c^2)(c^2-a^2)} \times \left\{ b^2c^2\ln\frac{c}{b} + c^2a^2\ln\frac{a}{c} + a^2b^2\ln\frac{b}{a} \right\}.$$

4) 计算逐次积分

$$\int_1^\infty dz \int_1^\infty y\,dy \int_0^{\frac{1}{yz}} e^{xyz}x^2\,dx.$$

解　将它换作三重积分

$$\iiint\limits_{\substack{x\geqslant 0,\,y,z\geqslant 1 \\ xyz\leqslant 1}} e^{xyz}x^2y\,dx\,dy\,dz,$$

再采用替换

$$x = u, \quad y = \frac{u+v}{u}, \quad z = \frac{u+v+w}{u+v}, \quad J = \frac{1}{u(u+v)}.$$

积分化为:

$$\iiint\limits_{\substack{u,v,w\geqslant 0 \\ u+v+w\leqslant 1}} e^{u+v+w}\,du\,dv\,dw,$$

这很容易计算.

答　$\dfrac{e}{2} - 1$.

5) 我们回到计算二重积分

$$B = \int_0^\infty \int_0^\infty e^{-a\sqrt{x^2+y^2}}\cos x\xi \cos y\eta\, dx\, dy$$

[参照 **617**, 21)]. 因为对 $b > 0$

$$\int_0^\infty e^{-\theta^2 - \frac{b}{4\theta^2}}\,d\theta = \frac{\sqrt{\pi}}{2}e^{-\sqrt{b}}$$

[**497**, 8)], 故如令 $\sqrt{b} = a\sqrt{x^2+y^2}$, 得:

$$e^{-a\sqrt{x^2+y^2}} = \frac{2}{\sqrt{\pi}}\int_0^\infty e^{-\theta^2 - \frac{a^2(x^2+y^2)}{4\theta^2}}\,d\theta.$$

将它代入积分 B 中并改变积分的次序, 求得

$$B = \frac{2}{\sqrt{\pi}}\int_0^\infty e^{-\theta^2}\,d\theta \int_0^\infty \int_0^\infty e^{-\frac{a^2(x^2+y^2)}{4\theta^2}}\cos x\xi \cos y\eta\, dx\, dy,$$

或者, 如改为变量 $u = \dfrac{ax}{2\theta}$ 及 $v = \dfrac{ay}{2\theta}$:

$$B = \frac{8}{\sqrt{\pi}a^2}\int_0^\infty e^{-\theta^2}\theta^2\,d\theta \left\{ \int_0^\infty e^{-u^2}\cos\frac{2\theta u\xi}{a}\,du \int_0^\infty e^{-v^2}\cos\frac{2\theta v\eta}{a}\,dv \right\}$$

$$= \frac{8}{\sqrt{\pi}a^2}\left(\frac{\sqrt{\pi}}{2}\right)^2 \int_0^\infty e^{-\frac{\theta^2}{a^2}(a^2+\xi^2+\eta^2)}\theta^2\,d\theta$$

[**519**, 6) (a)]. 分部积分, 就不难得到最终结果:

$$B = \frac{\pi}{2} \frac{a}{(a^2 + \xi^2 + \eta^2)^{\frac{3}{2}}}.$$

积分次序的颠倒基于三重积分的存在.

6) 求球

$$x^2 + y^2 + z^2 \leqslant 2az$$

在下面质量分布规则下的质量并决定其重心:

$$\rho = \frac{k}{\sqrt{x^2 + y^2 + z^2}}$$

[参照 **650**, 5)].

    提示   变到球坐标.

    7) 求空间任意一点所受一均匀球体的吸引力 [参照 **650**, 9)].

    解   变到球坐标, 求得

$$F_z = \int_0^{2\pi} \int_0^{\pi} \int_0^R \frac{\rho r^2 (r\cos\varphi - a)\sin\varphi \, dr \, d\varphi \, d\theta}{(r^2 + a^2 - 2ar\cos\varphi)^{\frac{3}{2}}}.$$

但在确定球层的吸引力 [**633**, 11)] 时, 我们已求得二重积分的值

$$\int_0^{2\pi} \int_0^{\pi} \frac{(r\cos\varphi - a)\sin\varphi \, d\varphi \, d\theta}{(r^2 + a^2 - 2ar\cos\varphi)^{\frac{3}{2}}} = \begin{cases} 0, & \text{当 } a < r \text{ 时}, \\ -\dfrac{4\pi}{a^2}, & \text{当 } a > r \text{ 时}. \end{cases}$$

现在, 当 $a > R$ 时

$$F_z = -\frac{4\pi\rho}{a^2} \int_0^R r^2 dr = -\frac{4}{3}\pi R^3 \rho \cdot \frac{1}{a^2},$$

而当 $a < R$ 时

$$F_z = -\frac{4\pi\rho}{a^2} \int_0^a r^2 dr = -\frac{4}{3}\pi\rho a.$$

    8) 求均匀球体在任意一点上的位势 [参照 **650**, 12)].

    提示   变到球坐标并利用 [**633**, 问题 12)] 的结果.

    9) 重解关于球的吸引力及位势的问题, 但在更一般的质量分布规则下:

$$\rho = f(r),$$

其中 f 是中心到点的距离的任一函数.

    注意我们在 [**650**, 9) 及 12)] 中所作论断在现在情况下仍然有效.

    10) 求环面体的惯矩 I_z 及 I_x [参照 **650**, 13)].

    提示   注意环面体是由圆旋转得来 (参看图 108), 这一立体内点的位置, 可以用经面与 xz 平面的夹角 φ 以及用在这一断面本身的范围内的通常极坐标 ρ, θ 来很自然地确定.

    因此

$$x = (d + \rho\cos\theta)\cos\varphi, \quad y = (d + \rho\cos\theta)\sin\varphi,$$

$$z = \rho\sin\theta, \quad J = \rho(d + \rho\cos\theta),$$

且 ρ 自 0 变到 a, 而 φ 及 θ 自 0 变到 2π.

11) 计算均匀 $(\rho = 1)$ 椭球体

$$\frac{x^2}{a^2} + \frac{y^2}{b^2} + \frac{z^2}{c^2} \leqslant 1 \quad (a > b > c)$$

在它中心上的位势时会导出椭圆积分.

引进球坐标, 但这一次取 x 轴作为极轴:

$$x = r\cos\varphi, \quad y = r\sin\varphi\cos\theta, \quad z = r\sin\varphi\sin\theta.$$

我们将有

$$
\begin{aligned}
W &= \iiint_{\left(\frac{x}{a}\right)^2 + \left(\frac{y}{b}\right)^2 + \left(\frac{z}{c}\right)^2 \leqslant 1} \frac{dxdydz}{\sqrt{x^2 + y^2 + z^2}} \\
&= 8\int_0^{\frac{\pi}{2}} \sin\varphi \, d\varphi \int_0^{\frac{\pi}{2}} d\theta \int_0^{\frac{1}{\sqrt{\left(\frac{\cos\varphi}{a}\right)^2 + \left(\frac{\sin\varphi\cos\theta}{b}\right)^2 + \left(\frac{\sin\varphi\sin\theta}{c}\right)^2}}} r \, dr \\
&= 4\int_0^{\frac{\pi}{2}} \sin\varphi \, d\varphi \int_0^{\frac{\pi}{2}} \frac{d\theta}{B\cos^2\theta + C\sin^2\theta},
\end{aligned}
$$

其中

$$B = \frac{\cos^2\varphi}{a^2} + \frac{\sin^2\varphi}{b^2}, \quad C = \frac{\cos^2\varphi}{a^2} + \frac{\sin^2\varphi}{c^2}.$$

里面的积分等于 $\dfrac{\pi}{2\sqrt{BC}}$. 又令 $\dfrac{\sqrt{a^2 - c^2}}{a}\cos\varphi = t$, 便得第二种椭圆积分

$$W = \frac{2\pi abc}{\sqrt{a^2 - c^2}} \int_0^{\frac{\sqrt{a^2 - c^2}}{a}} \frac{dt}{\sqrt{(1 - t^2)\left(1 - \frac{a^2 - b^2}{a^2 - c^2}t^2\right)}},$$

借变换 $t = \sin\lambda$, 它就被化至勒让德形式:

$$W = \frac{2\pi abc}{\sqrt{a^2 - c^2}} \int_0^{\lambda_0} \frac{d\lambda}{\sqrt{1 - k_0^2\sin^2\lambda}} = \frac{2\pi abc}{\sqrt{a^2 - c^2}} F(\lambda_0, k_0),$$

其中为简便计已令

$$\lambda_0 = \arcsin\frac{\sqrt{a^2 - c^2}}{a}, \quad k_0 = \sqrt{\frac{a^2 - b^2}{a^2 - c^2}}.$$

663. 立体的吸引力及在内点上的位势　现在我们回到对于一点 $A(\xi, \eta, \zeta)$ 被一立体所吸引的力在坐标轴上的射影及在这一点上的位势其在第 **649** 目中的一般的表示式 (17) 与 (18), 但特别讨论当点 A 本身属于这立体时的情况. 这又给出一机会来利用变量变换.

首先, 容易论证所述反常积分的存在. 为了要使这些积分变成非反常的, 只要取点 A 为极变到球坐标就行了. 如从立体 (V) 上割下一以 A 为中心以 r_0 为半径的球 (v_0), 则得

$$\iiint_{(v_0)} \frac{\rho dv}{r} = \int_0^{2\pi}\int_0^{\pi}\int_0^{r_0} \rho\frac{r^2\sin\varphi \, dr d\varphi d\theta}{r} = \int_0^{2\pi}\int_0^{\pi}\int_0^{r_0} \rho r\sin\varphi \, dr d\varphi d\theta;$$

同样,

$$\iiint_{(v_0)} \frac{\rho(x-\xi)}{r^3} dv = \int_0^{2\pi} \int_0^\pi \int_0^{r_0} \rho\cos\theta\sin^2\varphi\, dr\, d\varphi\, d\theta,$$

等等. 这里积分号下的函数显得是连续的.[①]

在所考察的情况下要建立第 **649** 目的关系式 (19) 需要精细得多的观察. 这里同样也显得要用球坐标.

首先由上面等式可得不等式

$$\iiint_{(v_0)} \frac{\rho dv}{r} \leqslant 2\pi L r_0^2, \tag{13}$$

$$(L = \max \rho),$$

$$\left| \iiint_{(v_0)} \frac{\rho(x-\xi)dv}{r^3} \right| \leqslant 2\pi L r_0 \tag{14}$$

以下我们要用到这一结果.

现在给 ξ 一增量 h, 并与点 $A(\xi, \eta, \zeta)$ 同时考察点 $A_1(\xi + h, \eta, \zeta)$. 如前, 以 r 表自点 A 到立体任一点 $M(x, y, z)$ 的距离 AM, 以 r_1 表距离 A_1M. 必须求证: 当 $h \to 0$ 时差

$$\Delta = \frac{1}{h} \left\{ \iiint_{(V)} \frac{\rho dV}{r_1} - \iiint_{(V)} \frac{\rho dV}{r} \right\} - \iiint_{(V)} \frac{\rho(x-\xi)}{r^3} dV$$

亦趋近于零.

从立体 (V) 中取出中心在 A 半径为 $2|h|$ 的球 (v_0) (图 115), 则 Δ 可表作四项和的形状:

$$\Delta = \frac{1}{h} \iiint_{(v_0)} \frac{\rho dv}{r_1} - \frac{1}{h} \iiint_{(v_0)} \frac{\rho dv}{r} - \iiint_{(v_0)} \frac{\rho(x-\xi)}{r^3} dv$$

$$+ \iiint_{(V)-(v_0)} \rho \left\{ \frac{1}{h} \left(\frac{1}{r_1} - \frac{1}{r} \right) - \frac{x-\xi}{r^3} \right\} dV.$$

第二及第三项立刻可用当 $r_0 = 2|h|$ 时的不等式 (13) 及 (14) 来估计:

$$\frac{1}{|h|} \iiint_{(v_0)} \frac{\rho dv}{r} \leqslant \frac{2\pi L(2h)^2}{|h|} = 8\pi L|h|,$$

$$\left| \iiint_{(v_0)} \frac{\rho(x-\xi)}{r^3} dv \right| \leqslant 2\pi L \cdot 2|h| = 4\pi L|h|.$$

为了更方便地估计第一项, 绕点 A_1 作一半径为 $3|h|$ 的球 (v_1); 球 (v_0) 整个含在它里面. 则再利用形如 (13) 的不等式时, 将有

$$\frac{1}{|h|} \iiint_{(v_0)} \frac{\rho dv}{r_1} \leqslant \frac{1}{|h|} \iiint_{(v_1)} \frac{\rho dv}{r_1} \leqslant \frac{2\pi L(3h)^2}{|h|} = 18\pi L \cdot |h|.$$

最后, 我们来讨论最后一项. 如引进函数

$$f(\xi, \eta, \zeta) = \frac{1}{r},$$

[①] 我们认为密度 ρ 是坐标的连续函数.

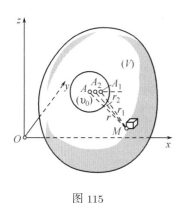

图 115

则在括号中的式子不是别的, 恰为

$$\frac{f(\xi+h,\eta,\zeta)-f(\xi,\eta,\zeta)}{h}-f'_\xi(\xi,\eta,\zeta),$$

由泰勒公式可换作

$$\frac{h}{2}f''_{\xi^2}(\xi+\theta h,\eta,\zeta)\quad(0<\theta<1).$$

但现在

$$f''_{\xi^2}(\xi,\eta,\zeta)=\frac{3(x-\xi)^2}{r^5}-\frac{1}{r^3};$$

所以

$$|f''_{\xi^2}(\xi+\theta h,\eta,\zeta)|\leqslant\frac{4}{r_2^3},$$

其中 r_2 是自点 M 到点 $A_2(\xi+\theta h,\eta,\zeta)$ 的距离 A_2M.

由三角形 AMA_2 (见图115) 有 $A_2M>AM-AA_2$. 但点 M 在半径为 $2|h|$ 的球 (v_0) 的外面, 而 AA_2 显然小于 $|h|$, 故 $AA_2<\frac{1}{2}AM$ 且 $A_2M>\frac{1}{2}AM$, 即 $r_2>\frac{1}{2}r$. 注意到所有这些, 我们得如下的估计:

$$\left|\iiint_{(V)-(v_0)}\rho\left\{\frac{1}{h}\left(\frac{1}{r_1}-\frac{1}{r}\right)-\frac{x-\xi}{r^3}\right\}dV\right|\leqslant16L|h|\cdot\iiint_{(V)-(v_0)}\frac{dV}{r^3}.$$

现取一中心在 A 的球 (V_1), 其半径 R 如此地大使立体 (V) 整个含在它里面. 则所得式子也就小于

$$16L|h|\iiint_{(V_1)-(v_0)}\frac{dV}{r^3}=16L|h|\int_0^{2\pi}\int_0^\pi\int_{2|h|}^R\frac{\sin\varphi}{r}drd\varphi d\theta$$
$$=64\pi L\cdot|h|(\ln R-\ln 2|h|).$$

最后,

$$|\Delta|\leqslant C_1|h|+C_2|h|\big|\ln 2|h|\big|,$$

其中 C_1 及 C_2 是不难计算的二常数, 由此可见, Δ 与 h 同时趋近于零, 则

$$\frac{\partial W}{\partial\xi}=F_x.$$

同样可建立在 **649** 中关系式 (19) 的另外二式. 最后, 用类似的观察可证明, 即使点 A 属于立体 (V) 时导函数 $\dfrac{\partial W}{\partial\xi},\dfrac{\partial W}{\partial\eta},\dfrac{\partial W}{\partial\zeta}$ 连续.

§4. 场论初步

664. 纯量及向量　将积分学在数学物理及力学问题上的应用化为向量形式常常较为方便. 所以读者能熟悉一些向量分析的基本概念是很有用处的, 这些概念能将积分构造及其涉及的积分公式变为向量的解释.

我们假定读者已熟悉纯量概念及向量概念, 前者完全可用其数值来说明 (例如体积、质量、密度、温度), 而后者要完全确定它就还要指出其方向 (位移、速度、加速度、力等). 讲到向量, 与通

常一样, 我们将设想一表明它的有向线段. 我们约定用带箭头的文字 $\vec{A}, \vec{r}, \vec{v}, \cdots$ 表示向量; 不带箭头的同样文字 $A, r, v, \cdots$ 表示向量的长:

$$A = |\vec{A}|, \quad r = |\vec{r}|, \quad v = |\vec{v}|,$$

而带附标的文字 $A_x, r_y, v_n, \cdots$ 表示它们分别在 $x, y, n, \cdots$ 轴上的射影, 向量 $\vec{A}$ 在坐标轴上的射影 A_x, A_y, A_z 能完全确定该向量的长 (数值) 及方向.

我们同样认为读者也掌握了向量代数学的基本知识. 我们只提一下纯量 (数)

$$\vec{A} \cdot \vec{B} = AB \cos(\vec{A}, \vec{B})$$

叫做向量 $\vec{A}$ 及 $\vec{B}$ 的**数量积**, 用它们在坐标轴上的射影可表作:

$$\vec{A} \cdot \vec{B} = A_x B_x + A_y B_y + A_z B_z. \tag{1}$$

向量 $\vec{A}$ 及 $\vec{B}$ 的**向量积**是长为 $AB \sin(\vec{A}, \vec{B})$ 的向量, 它垂直于两因子, 且朝向那一边, 从那里看来自 $\vec{A}$ 转 (一小于 $180°$ 的角) 到 $\vec{B}$ 是以反时针向进行的; 它表作 $\vec{A} \times \vec{B}$. 如果, 我们今后恒将这样假定, 一右手坐标系 [620] 取作基础时, 则向量积在坐标轴上的射影将为

$$A_y B_z - A_z B_y, \quad A_z B_x - A_x B_z, \quad A_x B_y - A_y B_x. \tag{2}$$

665. 纯量场及向量场   如在确定的空间区域 (可包有整个空间) 中的每一点处关联有某一纯量或向量, 则称已给的这一量的**纯量场**或**向量场**, 在以下各目中我们一直要讨论这种场.

温度场或电位场是纯量场的例子. 如果对某一任意选取的坐标系 $Oxyz$ 的坐标来确定点 M 的位置, 则给出一纯量场 U 就是相当于给出一数值函数 $U(x, y, z)$. 我们将永远假定, 这一函数对所有变量有连续偏导数. 如这些导数不同时为零则方程

$$U(x, y, z) = C \quad (C = 常数)$$

确定某一 (无奇点的) 曲面, 在它上面量 U 保有常数值; 这样的曲面称作**等量面**. 整个所考察的区域填满了这种曲面, 所以通过它的每一点有一个且仅有一个等量面. 显然, 等量面彼此并不相交.

力场或速度场可以作为向量场的例子, 我们已经遇见过这种类似的场了. 如以某一坐标系 $Oxyz$ 作基础, 则给出一向量场 $\vec{A}$ 可以用给出它在坐标轴上的射影

$$A_x(x, y, z), \quad A_y(x, y, z), \quad A_z(x, y, z) \tag{3}$$

作为与向量 $\vec{A}$ 相关的点 M 的坐标函数的方法来实现. 我们也将假定这些函数有连续导函数. 在研究向量场时, **向量线**非常重要; 向量线就是一曲线, 在它上面每一点 M 处的方向与对应于这一点的向量 $\vec{A}$ 的方向相重合. 如回想 [234] 曲线切线的方向余弦与微分 dx, dy, dz 成正比, 则得知向量线可用等式

$$\frac{dx}{A_x} = \frac{dy}{A_y} = \frac{dz}{A_z}$$

来说明, 在向量 $\vec{A}$ 不为零的假定下, 依靠线性微分方程组理论的 "存在定理" 可以证明: 整个所考察的区域被向量线所填满, 且通过它的每一点有一条且仅有一条这样的线. 向量线彼此并不相交.

有时候要考虑由向量线组成的曲面, 它们称为**向量面**, 向量面的特征是: 对应于每一点 M 的向量 $\vec{A}(M)$ 在曲面的这一点处的切面内 (或者是: 在其所有点处向量 $\vec{A}$ 在曲面的法线 n 上的射影等于零). 如在所考虑的区域内取任一异于向量线的线, 并过它的每一点引向量线, 则这些向量线的几何轨迹就给出一向量面. 当上述 "准" 线是闭曲线时, 就得到一管形的向量面, 称作**向量管**.

666. 梯度　设已给一纯量场 $U(M) = U(x, y, z)$. 在坐标轴上以

$$\frac{\partial U}{\partial x}, \quad \frac{\partial U}{\partial y}, \quad \frac{\partial U}{\partial z} \qquad (4)$$

为射影的向量 $\vec{g}$ 称作**纯量 U 的梯度**并这样来表示:

$$\vec{g} = \text{grad} U.$$

这一形式的定义有一缺点, 就是它利用了坐标轴而留下梯度概念与它们的选择无关的问题没有解决.

为了要证明这一无关性, 回想早在第一卷 [184] 中给出的函数沿一已知方向 l 的导数的定义: $\frac{\partial U}{\partial l}$, 它表明函数沿方向 l 增加的速度. 在那里我们曾有公式

$$\frac{\partial U}{\partial l} = \frac{\partial U}{\partial x} \cos \alpha + \frac{\partial U}{\partial y} \cos \beta + \frac{\partial U}{\partial z} \cos \gamma,$$

其中 $\cos \alpha, \cos \beta, \cos \gamma$ 是方向 l 的方向余弦; 如以 $\vec{\lambda}$ 表沿这一方向所引的单位向量, 则它也可重写作:

$$\frac{\partial U}{\partial l} = \text{grad} U \cdot \vec{\lambda} = \text{grad}_l U.$$

这一导数显然在当方向 l 与梯度的方向相重时达到最大值, 且这一最大值等于

$$|\text{grad} U| = \sqrt{\left(\frac{\partial U}{\partial x}\right)^2 + \left(\frac{\partial U}{\partial y}\right)^2 + \left(\frac{\partial U}{\partial z}\right)^2}.$$

这就将我们引到这样一定义 [比照 **184**]: 纯量 U 的梯度是一向量, 其数值及方向恰好说明常量 U 变化的最大速度. 这里坐标系已经完全没有提到了.

容易观察到, 梯度的方向与通过已知点的等量面 $U(x, y, z) = C$ 的法线方向相重合.

这样, 纯量场 $U(M)$ 产生一梯度的向量场 $\text{grad } U$.

哈密顿 (W. R. Hamilton) 介绍考虑一符号向量, 它在坐标轴上的射影为

$$\frac{\partial}{\partial x}, \quad \frac{\partial}{\partial y}, \quad \frac{\partial}{\partial z}.$$

他称之为 "纳布拉" 并表作 ∇. 用这种记法, 就可写

$$\text{grad} U = \nabla U.$$

事实上, 如将所述 "向量" 形式地乘上量 U, 就是以 (4) 为射影的向量!

例　1) 以 $\vec{r}$ 表联结某一定点 O 与空间一动点 M 的位径向量 $\overrightarrow{OM}$, 而以 r 表它的长, 令

$$U(M) = \varphi(r),$$

其中 φ 是正纯量变元 r 的任一纯量函数, 有不变号的导数者. 显然, 以 O 为中心半径为 r 的球面是等量面, 所以梯度的方向或与半径相一致或者恰恰与它相反, 视 $\varphi'(r) > 0$ 或 < 0 而定. 易见

$$\text{grad} \varphi(r) = \varphi'(r) \cdot \frac{\vec{r}}{r}.$$

特别

$$\operatorname{grad}\frac{c}{r} = -\frac{c}{r^3}\overrightarrow{r} \quad (c = \text{常数}).$$

如在点 O 处放一质量 m 并考察牛顿引力场, 则它在点 M 处的吸引力将为

$$\overrightarrow{F} = -\frac{m}{r^2}\frac{\overrightarrow{r}}{r} = -\frac{m}{r^3}\overrightarrow{r},$$

因而

$$\overrightarrow{F} = \operatorname{grad}\frac{m}{r}.$$

一已知向量场是否可看作某一纯量的梯度场这一问题非常重要. 实质上这一问题对我们来说并不是新的, 以后 [670] 我们将再谈它.

2) 考察一温度场 U. 取一曲面元素 (dS), 且带有一以确定方法定向的法线 n, 我们来计算在无穷小时间 dt 内沿 n 的方向通过这一元素所流过的热量 dQ. 热是从物体或介质的较热部分流向较冷部分的, 且温度减低得愈快, 流得也愈快. 通常认为: 上述元素热量 dQ 与 dS, dt 以及 $\left|\dfrac{\partial U}{\partial n}\right|$ 成正比. 以 $k > 0$ 表比例系数 (已知物体的 "内部热传导系数"), 可以写

$$dQ = -kdSdt\frac{\partial U}{\partial n};$$

如上所述, 热量 dQ 在当 $\dfrac{\partial U}{\partial n}$ 为负时, 即当沿 n 的方向 U 减少时为正.

如引进所谓**热流向量**

$$\overrightarrow{q} = -k\operatorname{grad}U,$$

则 dQ 的表示式可另写为:

$$dQ = dSdtq_n.$$

667. 向量通过曲面的流量 现设已给某一向量场 $\overrightarrow{A}(M)$, 亦即给出三函数 (3). 取一曲面 (S); 并选取它的一确定侧面后, 以 $\cos\lambda, \cos\mu, \cos\nu$ 表对应的有向法线 n 的方向余弦. 则称曲面积分

$$\iint_{(S)} (A_x\cos\lambda + A_y\cos\mu + A_z\cos\nu)dS$$

或另写作

$$\iint_{(S)} A_n dS$$

的积分为向量 $\overrightarrow{A}$ **通过曲面 (S) 在所述侧面的流量**.

我们来举一些例子.

1) "流量" 这一名称本身与某流体力学问题相关. 考察一流体在空间的运动; 在一般情形下我们不假定它是定常的, 所以运动速度 $\overrightarrow{v}$ 不仅与它所关联到的点 M 的位置有关, 且也与时间 t 有关. 我们提出这样一问题: 计算在无穷小时间 dt 内流体通过曲面 (S) 流进某确定侧面的量. 流体流过曲面元素 (dS) 的量可填满一以 dS 为底, $v_n dt$ 为

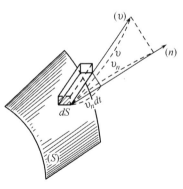

图 116

高的柱形 (图 116), 其中假定法线 n 向着所选的侧面的. 如以 ρ 表流体的密度, 它同样既与点的位置有关, 也与时间有关, 则流体流过 (dS) 的质量将为

$$\rho dS v_n dt.$$

对整个曲面 (S) 来说, 便得

$$dt \iint_{(S)} \rho v_n dS.$$

在单位时间内流体流过的量 Q 可表作积分

$$Q = \iint_{(S)} \rho v_n dS, \tag{5}$$

这积分读者将认得出是 $\rho\vec{v}$ 通过曲面 (S) 的 "向量流量"!

2) 同样也可以来谈**热流量**. 易见 [以第 **666** 目 2) 的记法] 在时间 dt 内有等于

$$dt \iint_{(S)} q_n dS$$

的热量流过了曲面 (S). 如将流过的热量变到单位时间内, 则得

$$\iint_{(S)} q_n dS,$$

也就是 $\vec{q}$ 通过 (S) 的 "向量流量". 因此, 向量

$$\vec{q} = -k \operatorname{grad} U$$

称为 "热流向量".

　　附注　因为在 1) 和 2) 中考虑的两个过程中, 没有假设是定常的, 那么, 一般说来, 事实上量 Q 本身与时间有关, 它具有速度的性质, 更准确地说可称为液体 (或热量) 在所考虑的时刻流经 (S) 的数量增长的速度.

　　3) 如考察一牛顿引力场 [在 **666**, 1) 中已谈到过]

$$\vec{F} = -\frac{m}{r^3} \vec{r},$$

则这一向量通过曲面 (S) 的流量

$$\iint_{(S)} F_n dS = -m \iint_{(S)} \frac{\cos(r, n)}{r^2} dS$$

与在 O 点看到曲面 (S) 的立体角有关系 [**653**].

668. 高斯–奥斯特洛格拉得斯基公式 · 散度   回到向量 $\overrightarrow{A}$ 的一般情况, 考察一由闭曲面 (S) 所范围的立体 (V); n 将表示曲面向外的法线. 则由高斯–奥斯特洛格拉得斯基公式 [**651**, (5)], 如在它里面令 $P = A_x, Q = A_y, R = A_z$, 向量 $\overrightarrow{A}$ 通过曲面 (S) 向外的流量可变为三重积分:

$$\iint_{(S)} A_n dS = \iint_{(S)} (A_x \cos \lambda + A_y \cos \mu + A_z \cos \nu) ds = \iiint_{(V)} \left(\frac{\partial A_x}{\partial x} + \frac{\partial A_y}{\partial y} + \frac{\partial A_z}{\partial z} \right) dV.$$

在三重积分记号下的式子称作向量 $\overrightarrow{A}$ 的**散度**, 并表作记号

$$\mathrm{div}\,\overrightarrow{A} = \frac{\partial A_x}{\partial x} + \frac{\partial A_y}{\partial y} + \frac{\partial A_z}{\partial z}. \tag{6}$$

因此高斯–奥斯特洛格拉得斯基公式可重写成

$$\iint_{(S)} A_n dS = \iiint_{(V)} \mathrm{div}\,\overrightarrow{A}\, dV, \tag{7}$$

这是最常用的形状.

刚才所介绍的散度是一纯量, 但它的定义形式上与坐标轴的选法有关. 为了要克服这一缺陷, 我们进行如下: 将点 M 用任一立体 (V) 围起来, 设 (V) 的表面为 (S), 并写出公式 (7); 如两端用立体的体积 V 相除并将立体 (V) 缩成点 M 而变到极限, 则 [**644**, 8°] 右端就恰得点 M 处的 $\mathrm{div}\,\overrightarrow{A}$. 这样,

$$\mathrm{div}\,\overrightarrow{A} = \lim_{(V) \to M} \frac{\iint_{(S)} A_n dS}{V}; \tag{8}$$

这一等式同样可作为散度的定义, 且在这一形式下的定义已经不与坐标系的选择有关了.

这一次向量场 $\overrightarrow{A}$ 产生出一散度 $\mathrm{div}\,\overrightarrow{A}$ 的纯量场.

注意, 散度定义 (6) 可用哈密顿符号向量 ∇ 写作: $\mathrm{div}\,\overrightarrow{A} = \nabla \cdot \overrightarrow{A}$; 如回想到二向量的数量积表示式 (1), 这就很清楚了.

例   我们来讨论一不可压缩流体 ($\rho = 1$) 当有泉源 (或漏洞) 存在时的运动. 流体在单位时间内通过 (S) 所流出的量, 亦即向量速度 $\overrightarrow{v}$ 的流量

$$\iint_{(S)} v_n dS$$

[参看 **667**, 1)] 称作包含在闭曲面 (S) 内面的**泉源生产率**. 如泉源在所考察的区域内连续地分布, 则**泉源密度**概念就可被引入. 这说的就是包围点 M 的立体 (V) 内泉源生产率在单位体积上计出的极限值, 即

$$\lim_{(V) \to M} \frac{\iint_{(V)} v_n dS}{V}.$$

但是, 如我们刚才已经看到的 [参看 (8)], 这一极限等于 $\mathrm{div}\,\overrightarrow{v}$; 这样, $\mathrm{div}\,\overrightarrow{v}$ 亦是泉源密度.

对于有热源的热流量也可作同样的考察, 只需取热流向量代替速度向量.

669. 向量的环流量 · 斯托克斯公式 · 旋度   又设已知任一向量场 $\overrightarrow{A}(M)$. 沿所考察区域范围内的某一曲线 (l) 上所取的积分

$$\int_{(l)} A_x dx + A_y dy + A_z dz = \int_{(l)} A_l dl,$$

称作向量 $\overrightarrow{A}$ 沿曲线 (l) 的**线性积分**. 在闭曲线情形下这一积分称为向量 $\overrightarrow{A}$ 沿 (l) 的**环流量**.

如场 $\overrightarrow{A}$ 是一力场, 则线性积分表示当点沿曲线位移时场中力的功 [参照 **554**].

设想由闭曲线 (l) 所张的某一曲面 (S). 则按读者所熟知的斯托克斯公式 [**639** (21*)], 向量 $\overrightarrow{A}$ 沿这一闭路的环流量可表作曲面积分:

$$\int_{(l)} A_l dl = \iint_{(S)} \left\{ \left(\frac{\partial A_z}{\partial y} - \frac{\partial A_y}{\partial z} \right) \cos \lambda + \left(\frac{\partial A_x}{\partial z} - \frac{\partial A_z}{\partial x} \right) \cos \mu + \left(\frac{\partial A_y}{\partial x} - \frac{\partial A_x}{\partial y} \right) \cos \nu \right\} dS.$$

在坐标轴上以

$$\frac{\partial A_z}{\partial y} - \frac{\partial A_y}{\partial z}, \ \frac{\partial A_x}{\partial z} - \frac{\partial A_z}{\partial x}, \ \frac{\partial A_y}{\partial x} - \frac{\partial A_x}{\partial y} \qquad (9)$$

为射影的向量称作向量 $\overrightarrow{A}$ 的**旋度**, 并表作记号 $\mathrm{rot} \overrightarrow{A}$.[①]

因此, 在向量形式下斯托克斯公式可写作:

$$\int_{(l)} A_l dl = \iint_{(S)} \mathrm{rot}_n \overrightarrow{A} \, dS. \qquad (10)$$

向量沿一闭路的环流量等于旋度通过这一闭路所张曲面的流量. 同时闭路的环行方向与曲面的侧面必须如在第 **620** 目中所说明者彼此相对应.

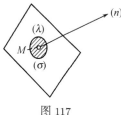

图 117

上面所给 "旋度" 概念定义具有同样的缺点: 在它里面利用了确定的坐标系. 取好自一已知点 M 出发的任一方向 n, 在与 n 相垂直的平面上将它用一以闭路 (λ) 为边界的平面块 (σ) 围起来 (图 117). 则由斯托克斯公式

$$\int_{(\lambda)} A_\lambda d\lambda = \iint_{(\sigma)} \mathrm{rot}_n \overrightarrow{A} \, d\sigma,$$

将这等式的两端除以所述小块的面积 σ 后并将后者 "缩" 成所给的点, 变到极限时得

$$\mathrm{rot}_n \overrightarrow{A} = \lim_{(\sigma) \to M} \frac{\int_{(\lambda)} A_\lambda d\lambda}{\sigma}. [②]$$

因而得以确定向量 $\mathrm{rot} \overrightarrow{A}$ 在任何轴上的射影, 这就是说, 不需事先选取坐标系就能确定向量本身.

特别指出, 这里向量场 $\overrightarrow{A}$ 产生一旋度向量场 $\mathrm{rot} \overrightarrow{A}$.

用哈密顿向量 ∇ 可简单地写出旋度的定义: $\mathrm{rot} \overrightarrow{A} = \nabla \times \overrightarrow{A}$ [参看向量积射影的表示式 (2)!].

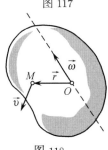

图 118

例　考察某一刚体的任意运动. 如在它上面固定一点 O (图 118), 则如在运动学中所证明的, 在任何时刻刚体点的速度场 $\vec{v}$ 可由公式 $\vec{v} = \vec{v}^O + \vec{\omega} \times \vec{r}$ 来确定, 其中 $\vec{v}^O$ 是 "平动速度", 即点 O 的速度, $\vec{\omega}$ 是瞬时 "角速度", 而 r 是连接 O 与刚体任意点 M 的位径向量. 这一向量在任意坐标系 $Oxyz$ 各轴上的射影将为 [参看 (2)]

$$v_x^O + \omega_y z - \omega_z y, \quad v_y^O + \omega_z x - \omega_x z, \quad v_z^O + \omega_x y - \omega_y x.$$

[①]由英文字 rotation＝旋转而来; 记号 $\mathrm{curl} \overrightarrow{A}$ 也常用 —— 这是由英文字 curl 而来, 表明 "鬈曲".
[②]这里容易观察到某种**区域微分法**, 让读者去论证它.

如利用 (9) 式, 计算出这一场的旋度的射影,[110) 则得 $2\omega_x, 2\omega_y, 2\omega_z$, 所以

$$\vec{\omega} = \frac{1}{2}\mathrm{rot}\,\vec{v}.$$

因此, 除去一数字因子外, 速度场 $\vec{v}$ 的旋度恰恰给出瞬时角速度, 由此就有 "旋度" 这一称呼.

670. 特殊的场 在本目及以下各目中, 为了简单, 仅限于考虑连通的**直角**形状的空间区域中的场, 特别是整个三维空间中的场.

1) 位势场   对于向量场 $\vec{A}$, 如果存在一个数量场 U, 使得 $\vec{A}$ 是它的梯度:

$$\vec{A} = \mathrm{grad}\,U,$$

那么 $\vec{A}$ 称为位势场.

上述等式可分解为如下三个等式 [参看 (4)]:

$$A_x = \frac{\partial U}{\partial x}, \quad A_y = \frac{\partial U}{\partial y}, \quad A_z = \frac{\partial U}{\partial z},$$

且与如下断言等价: 表达式 $A_x dx + A_y dy + A_z dz$ 是函数 $U(x,y,z)$ 的全微分. 原函数 U 称为场 $\vec{A}$ 的**势函数** (或称为**数量势**).

进一步解释为我们已知的 [**564**; **641**, 条件 (Б)], 可以说:

为使场 $\vec{A}$ 是势场, 必须且只需在整个所考虑的区域中成立等式

$$\frac{\partial A_z}{\partial y} = \frac{\partial A_y}{\partial z}, \quad \frac{\partial A_x}{\partial z} = \frac{\partial A_z}{\partial x}, \quad \frac{\partial A_y}{\partial x} = \frac{\partial A_x}{\partial y},$$

即使得 $\mathrm{rot}\,\vec{A}$ 为零.[111)

这样一来, 位势场的概念原来和 "无旋" 场的概念是一致的.

借助于在 **564** 与 **641** 目所说过的, 可以这样来描述位势场: 沿简单闭路的环流量总是为零, 沿连接场中任意两点的曲线上的曲线积分与曲线的形状无关.

势函数本身可准确到任意常数项不计以外, 由曲线积分

$$\int_{(l)} A_x dx + A_y dy + A_z dz = \int_{(l)} A_l dl$$

确定, 其中曲线 (l) 是在所考虑的区域中连接某一固定点 M_0 到变动的点 M 的任意曲线.

所有这些事实都很自然地可用位势力场的情形时功的术语来解释. 众所周知, 无论是在单个的引力中心的情况, 还是当是连续分布的质量的引力时的牛顿引力场的情况都是如此.

[110)这里假定某个瞬刻 $t = t_0$ 是固定的, 而量 $v_x^O, v_y^O, v_z^O, \omega_x, \omega_y, \omega_z$ 对坐标 x, y, z 看作是常量.

[111)提醒一下, 对函数 A_x, A_y, A_z 的偏导数的存在性与连续性, 先前已作过假定 [参看 **665** 目].

2) **管量场**　对向量场 $\vec{A}$, 如果存在向量 $\vec{B}$, 使得 $\vec{A}$ 是其旋度:

$$\vec{A} = \operatorname{rot}\vec{B}, \tag{11}$$

那么向量场 $\vec{A}$ 称为**管量场**或**管形场** (来源于希腊文 $\sigma o\lambda \acute{\epsilon}\nu$). 这个等式可分解为如下三个等式 [参看 (9) 式]:

$$A_x = \frac{\partial B_z}{\partial y} - \frac{\partial B_y}{\partial z}, \quad A_y = \frac{\partial B_x}{\partial z} - \frac{\partial B_z}{\partial x}, \quad A_z = \frac{\partial B_y}{\partial x} - \frac{\partial B_x}{\partial y}. \tag{12}$$

向量 $\vec{B}$ 本身称为场 $\vec{A}$ 的**向量势**.

现在证明如下定理, 它给出易于检验管性的条件.

为使场 $\vec{A}$ 是管量场, 其必要充分条件是在整个所考虑的区域中成立等式

$$\operatorname{div}\vec{A} = 0.\,^{112)}$$

必要性　用计算直接验证: 如果 $\vec{A} = \operatorname{rot}\vec{B}$, 那么 [参看 (12) 式]

$$\operatorname{div}\vec{A} = \operatorname{div}\operatorname{rot}\vec{B} = \frac{\partial}{\partial x}\left(\frac{\partial B_z}{\partial y} - \frac{\partial B_y}{\partial z}\right)$$
$$+ \frac{\partial}{\partial y}\left(\frac{\partial B_x}{\partial z} - \frac{\partial B_z}{\partial x}\right) + \frac{\partial}{\partial z}\left(\frac{\partial B_y}{\partial x} - \frac{\partial B_x}{\partial y}\right) = 0. \tag{13}$$

充分性　设等式 (13) 成立. 我们力图至少求出 (12) 式的一个特解 (B_x, B_y, B_z). 为了简化, 我们先令 $B_z \equiv 0$. 那么方程 (12) 的前两式成为

$$-\frac{\partial B_y}{\partial z} = A_x, \quad \frac{\partial B_x}{\partial z} = A_y,$$

对 z 求积分给出 B_x 与 B_y 的下述表达式:

$$B_y = -\int_{z_0}^{z} A_x(x, y, z)dz + \varphi(x, y), \quad B_x = \int_{z_0}^{z} A_y(x, y, z)dz,$$

其中 z_0 —— z 的任意一个容许值, 而 $\varphi(x, y)$ —— 还应确定的三元函数. 按照**莱布尼茨**法则对上述积分求导得

$$\frac{\partial B_y}{\partial x} = -\int_{z_0}^{z} \frac{\partial A_x}{\partial x}dz + \frac{\partial\varphi}{\partial x}, \quad \frac{\partial B_x}{\partial y} = \int_{z_0}^{z} \frac{\partial A_y}{\partial y}dz.$$

为了满足方程 (12) 的最后一式, 应用等式 (13), 得到函数 φ 这样的条件

$$\frac{\partial\varphi}{\partial x} = A_z(x, y, z_0),$$

由此, 利用对 x 的积分很容易确定 φ (准确到与 y 有关的自由项).

---

112)参看脚注 111).

这样一来, 我们的断言得到了证明. 令人引起兴趣的还有: 由方程 (11) 确定向量势 $\vec{B}$ 的时候, 任意到什么程度. 如果 $\vec{B}^{(0)}$ 是任意一个被确定的 (11) 的解, 那么通解 $\vec{B}$ 由条件 $\mathrm{rot}(\vec{B} - \vec{B}^{(0)}) = 0$ 确定, 且根据 2), $\vec{B}$ 可表为

$$\vec{B} = \vec{B}^{(0)} + \vec{C}$$

的形式, 其中 $\vec{C}$ 是任意一个**位势**向量.[113]

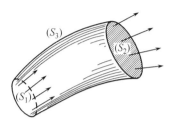

图 119

由 **652** 目的考虑, 可得出结论: 描述管量场的条件 (13) 与要求向量 $\vec{A}$ 通过任意闭的 [范围某一立体 V 的] 曲面 (S) 的流量等于零是等价的.

现在来考察一作为立体 (V) 向量管 (图 119) 界于它二任意断面 (S_1) 及 (S_2) 之间的一段, 以 (S_3) 表管子本身的侧面. 则由上所述,

$$\left\{ \iint_{(S_1)} + \iint_{(S_2)} + \iint_{(S_3)} \right\} A_n dS = 0,$$

且在所有情形下法线都向外. 沿曲面 (S_3), 显然, $A_n = 0$ [**665**]; 如在断面 (S_1) 处改变法线方向使它与 (S_2) 处的方向一致 (参看图119), 则得等式

$$\iint_{(S_1)} A_n dS = \iint_{(S_2)} A_n dS.$$

因此我们得到管量场的如下性质: *筒形向量通过一向量管的各横断面的流量是一常数值; 它称作向量管的***强度***.*

容易说明, 所指出的性质完全描述了管量场. 这可以从对向量 $\vec{A}$ 的散度的公式 (8) 中一下子推出: 如果把包含所选的点 M 的立体 (V), 即作为向量管的一段, 那么 $\iint_{(S)} A_n dS = 0$, 和它同时有 $\mathrm{div}\,\vec{A} = 0$.

如果回到前述的向量场的流体力学解释, 那么就是在不可压缩流体的情形, 且在**无源** $(\mathrm{div}\,\vec{v} = 0)$ 的情况下通过向量管的横截面的流量对所有的横截面都有相同的值.

3) **任意向量场的分解**   我们现在说明, 任意向量场 $\vec{A}$ 总可以表为位势向量 $\vec{A}'$ 与管形向量 $\vec{A}''$ 之和的形式:

$$\vec{A} = \vec{A}' + \vec{A}'' \quad (\mathrm{rot}\,\vec{A}' = 0, \mathrm{div}\,\vec{A}'' = 0).$$

我们立刻假定 $\vec{A}' = \mathrm{grad}\Phi$, 其中 Φ 是待定的数量函数, 等式 $\mathrm{rot}\,\vec{A}' = \mathrm{rot}\,\mathrm{grad}\Phi = 0$ 已被这一点保证了. 现在 $\vec{A}'' = \vec{A} - \mathrm{grad}\Phi$, 因此 Φ 应当在条件

$$\mathrm{div}\,\vec{A}'' = \mathrm{div}\,\vec{A} - \mathrm{div}\,\mathrm{grad}\Phi = 0$$

---

[113]此处与今后, 为了简洁, **向量场**有时简称为**向量**.

下来选取. 但是

$$\operatorname{div} \operatorname{grad}\Phi = \frac{\partial^2 \Phi}{\partial x^2} + \frac{\partial^2 \Phi}{\partial y^2} + \frac{\partial^2 \Phi}{\partial z^2} = \Delta\Phi,$$

这里通常 $\Delta\Phi$ 指的是拉普拉斯算子. 这样一来, 为了确定 Φ, 我们有二阶偏导数的方程

$$\Delta\Phi = \operatorname{div}\vec{A},$$

此方程总是有解的 (甚至有解的一个无穷集合).

671. 向量分析的逆问题　这个问题就是按预先给定的散度 $\operatorname{div}\vec{A} = F$ (F 是数量函数) 及旋度 $\operatorname{rot}\vec{A} = \vec{B}$, 求向量场 $\vec{A}$. 由于上一目中的 2), 显然为了在所有情况下的可解性, 需要条件 $\operatorname{div}\vec{B} = 0$; 我们假定这个条件是满足的.

自然 [如果回忆起上一目中的 3)] 是要求出解 $\vec{A}$ 为如下这样一组解 $\vec{A}'$ 与 $\vec{A}''$ 之和的形式:

(1) $\operatorname{rot}\vec{A}' = 0, \operatorname{div}\vec{A}' = F$;　(2) $\operatorname{rot}\vec{A}'' = \vec{B}, \operatorname{div}\vec{A}'' = 0$.

(1) 由第一个方程, 根据上一目中的 1), $\vec{A}' = \operatorname{grad}\Phi$. 为了确定 Φ, 转向第二个方程:

$$\operatorname{div}\operatorname{grad}\Phi = F \quad 或 \quad \Delta\Phi = F,$$

因此 Φ 是我们已经知道的微分方程的一个解.

(2) 由于 (按假定) $\operatorname{div}\vec{B} = 0$, 根据上一目中的 2), 所考虑的方程组中第一个方程有解.[①] 用 $\vec{A}_0''$ 表示该方程的任意一个确定的特解, 其**通解**可记为 $\vec{A}'' = \vec{A}_0'' + \vec{C}$ 的形式, 其中 $\vec{C}$ 是任意的位势向量, $\vec{C} = \operatorname{grad}\Phi$. 余下还要满足 (2) 组中第二个方程. 即由条件

$$\operatorname{div}\vec{A}'' = \operatorname{div}\vec{A}_0'' + \Delta\Phi = 0 \quad 或 \quad \Delta\Phi = -\operatorname{div}\vec{A}_0''$$

确定 Φ.

所提出的问题得以解决. 现在来研究在确定所求的向量 $\vec{A}$ 时, 任意的程度. 不难想到, 把这样的向量 $\vec{G}$ 分成两个解, $\vec{G}$ 满足两个方程:

$$\operatorname{div}\vec{G} = 0, \quad \operatorname{rot}\vec{G} = 0.$$

由其中第二个给出: $\vec{G} = \operatorname{grad}H$, 而由第一个方程得到 $\Delta H = 0 : H$ 是任意的调和函数. 如果给定 "边界条件", 它将唯一地确定上述调和函数, 于是向量 $\vec{A}$ 便可唯一地得到.

本目与上一目中的结果可以推广到一般形状的区域, 但需要强调的是, 这种区域应是满足单连通要求的这种或那种类型, 要视具体情况而定.

[①]请读者注意: 这里的符号与上一目中的 2) 符号不同.

672. 应用　在本节末, 我们来给出应用向量分析与向量形式的基本积分公式的各种例子. 我们从应用奥斯特洛格拉得斯基公式及与之有关概念的例子开始.

1° **连续性方程**　重新考察一流体在无泉源时的运动, 但一般说来, 我们不再假定它是不可压缩的了. 设流体连绵地充满于空间或其一确定的部分, 我们从流体中割下任一由曲面 (S) 所范围的立体 (V). 我们已知, 在单位时间内自这一立体向外流出的流量 Q 可以用公式 (5) 来表示. 我们用另一法来计算这同一量. 如考虑到在时间 dt 内密度 ρ 改变一值 $\dfrac{\partial \rho}{\partial t} dt$, 则立体元素 (dV) 的质量 ρdV 就改变 $\dfrac{\partial \rho}{\partial t} dt dV$, 而整个所考察的立体的质量改变

$$dt \iiint_{(V)} \frac{\partial \rho}{\partial t} dV.$$

这一流量必须在时间 dt 内流进立体; 改变它的符号, 便得在这一时间内向外流出的流量. 最后, 如将流出流量改作单位时间内, 则得出

$$Q = - \iiint_{(V)} \frac{\partial \rho}{\partial t} dV.$$

为了使 Q 的两表示式相等较为方便, 将曲面积分 (5) 按高斯–奥斯特洛格拉得斯基公式 (7) 同样变作三重积分. 用此法我们便得

$$\iiint_{(V)} \left\{ \frac{\partial \rho}{\partial t} + \operatorname{div}(\rho \overrightarrow{v}) \right\} dV = 0.$$

因为这一等式对在所考察区域的范围内的任何立体 (V) 都成立, 故由 **644**, 8°, 应得恒等式

$$\frac{\partial \rho}{\partial t} + \operatorname{div}(\rho \overrightarrow{v}) = 0.$$

这一等式大家称作**连续性方程**.

2° **理想流体运动的基本方程**　在一般情形下假定在流体上作用着有外力及内力. 我们将外力当作与质量成正比, 所以, 如 $\overrightarrow{F}$ 是作用在单位质量上的力, 则在流体元素 (dV) 上有力 $\rho dV \overrightarrow{F}$ 在作用着.

至于谈到内力, 是指从流体分出来一块 (V) 而其余流体作用在这块上的力. 于是理想流体就可这样来说明其特征: 这些力是沿着立体表面 (S) 的法线而指向立体内部的法线压力. 且这时落在单位面积上压力 p 本身的大小与压力所加于的无穷小面块的方向无关, 仅与它的坐标有关. 因此, 如以 $\cos \lambda, \cos \mu, \cos \nu$ 表曲面向外法线的方向余弦, 则在曲面元素 (dS) 上作用一力, 它在坐标轴上的射影为

$$-p dS \cos \lambda, \quad -p dS \cos \mu, \quad -p dS \cos \nu.$$

在整个立体 (V) 上将作用有一力, 可由射影

$$- \iint_{(S)} p \cos \lambda dS, \quad - \iint_{(S)} p \cos \mu dS, \quad - \iint_{(S)} p \cos \nu dS$$

来决定. 或者如再采取按高斯–奥斯特洛格拉得斯基公式的变换, 可由积分

$$- \iiint_{(V)} \frac{\partial p}{\partial x} dV, \quad - \iiint_{(V)} \frac{\partial p}{\partial y} dV, \quad - \iiint_{(V)} \frac{\partial p}{\partial z} dV$$

来决定. 加在流体元素 (dV) 这一部分上的力将有射影

$$-\frac{\partial p}{\partial x}dV, \quad -\frac{\partial p}{\partial y}dV, \quad -\frac{\partial p}{\partial z}dV,$$

因此, 作为一向量, 可表作

$$-dV\,\mathrm{grad}\ p.$$

如现在以 $\vec{a}$ 表对应于元素 (dV) 的加速度, 则按牛顿运动定律,

$$\rho dV\,\vec{a} = \vec{F}\rho dV - dV\,\mathrm{grad}p,$$

于是, 最终有

$$\vec{a} = \vec{F} - \frac{1}{\rho}\mathrm{grad}p. \tag{14}$$

这就是在向量形式下的 **理想流体运动的基本方程**. 如变到在三坐标轴上的射影, 它可拆成三个纯量方程.

3°　**热传导方程**　作为最后一例我们来考察一物体在内部热传导的作用下且无热源时的热状态.

如取出由曲面 (S) 所围的一立体 (V), 则在 **667**, 2) 中已经看到, 在单位时间内, 自立体通过曲面 (S) 向外流出的热量等于

$$Q = -\iint_{(S)} k\,\mathrm{grad}_n U dS$$

(我们保留以前的记法). 在这一式子中变号后并将它变作三重积分, 便得向立体内部流入的热量的表示式

$$\iiint_{(V)} \mathrm{div}(k\,\mathrm{grad}U)dV. \tag{15}$$

这一热量引起立体 (V) 内部温度的改变, 且可换一方法来计算. 在时间 dt 内温度 U 增加 $dU = \dfrac{\partial U}{\partial t}dt$ 需要对立体元素 (dV) 输入热量

$$cdU\rho dV = c\frac{\partial U}{\partial t}dt\rho dV,$$

其中 c 表物体在所考察点处的热容量. 在时间 dt 内整个立体就要吸收热量

$$dt\iiint_{(V)} c\rho\frac{\partial U}{\partial t}dV;$$

如将它改在单位时间内, 则得

$$\iiint_{(V)} c\rho\frac{\partial U}{\partial t}dV. \tag{16}$$

将 (15) 式及 (16) 式等置, 便得等式

$$\iiint_{(V)} \left\{c\rho\frac{\partial U}{\partial t} - \mathrm{div}(k\,\mathrm{grad}U)\right\}dV = 0,$$

它对取在所考察区域内的任何立体 (V) 都适合. 于是, 与上面 1) 中一样, 可以断定, 在这一区域内恒有

$$c\rho\frac{\partial U}{\partial t} = \mathrm{div}(k\,\mathrm{grad}U).$$

这就是**热传导方程**.

在均匀介质的情况下, 它作下形

$$\frac{\partial U}{\partial t} = a^2 \Delta U,$$

其中 $a^2 = \dfrac{k}{c\rho}$, Δ 表拉普拉斯运算号:

$$\Delta U = \frac{\partial^2 U}{\partial x^2} + \frac{\partial^2 U}{\partial y^2} + \frac{\partial^2 U}{\partial z^2}.$$

最后, 当温度 U 稳定分布时, 它就与时间无关而满足拉普拉斯方程

$$\Delta U = 0,$$

亦即是点坐标的调和函数.

现在转到斯托克斯公式及与其有关概念的应用. 这属于液体运动方面的应用.

4° 以后, 在考察某一时刻流体内部的线或面时, 我们将感兴趣于: 在另一时刻这些相同的流体小块形成什么样子. 在这种研究中, 下一辅助断语将起重要的作用, 速度沿一闭流体路线的环流量对时间的导数等于加速度沿同一闭路的环流量.

在时刻 t_0 时考察任一闭路 $(L_0) = (A_0 B_0)$. 取一确定在它上面的点 M_0 位置的参数. 例如, 弧长 $\sigma = A_0 M_0$ (图 120); 如在时刻 t 时, 流体闭路 $(L_0) = (A_0 B_0)$ 变成了 $(L) = (AB)$, 则点 M_0 所变到的点 M 的位置可由形如

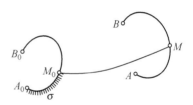

$$x = \varphi(\sigma, t),\ y = \psi(\sigma, t),\ z = \chi(\sigma, t) \quad (0 \leqslant \sigma \leqslant \bar{\sigma})$$

的方程来确定.

图 120

速度的环流量

$$J = \int_{(L)} v_x dx + v_y dy + v_z dz = \int_0^{\bar\sigma} \left(v_x \frac{\partial x}{\partial \sigma} + v_y \frac{\partial y}{\partial \sigma} + v_z \frac{\partial z}{\partial \sigma} \right) d\sigma \tag{17}$$

可按莱布尼茨规则对 t 微分:

$$\frac{dJ}{dt} = \int_0^{\bar\sigma} \left(\frac{\partial v_x}{\partial t} \frac{\partial x}{\partial \sigma} + \frac{\partial v_y}{\partial t} \frac{\partial y}{\partial \sigma} + \frac{\partial v_z}{\partial t} \frac{\partial z}{\partial \sigma} \right) d\sigma + \int_0^{\bar\sigma} \left(v_x \frac{\partial^2 x}{\partial \sigma \partial t} + v_y \frac{\partial^2 y}{\partial \sigma \partial t} + v_z \frac{\partial^2 z}{\partial \sigma \partial t} \right) d\sigma$$

$$= \int_0^{\bar\sigma} \left(a_x \frac{\partial x}{\partial \sigma} + a_y \frac{\partial y}{\partial \sigma} + a_z \frac{\partial z}{\partial \sigma} \right) d\sigma + \int_0^{\bar\sigma} \left(v_x \frac{\partial v_x}{\partial \sigma} + v_y \frac{\partial v_y}{\partial \sigma} + v_z \frac{\partial v_z}{\partial \sigma} \right) d\sigma,$$

所得二积分中的第一个是加速度的环流量

$$\int_{(L)} a_x dx + a_y dy + a_z dz.$$

而第二个可直接计算出来, 因为积分号下的式子是

$$\frac{1}{2} \left(v_x^2 + v_y^2 + v_z^2 \right) = \frac{1}{2} v^2$$

对 σ 的导数; 它等于

$$\frac{1}{2} v^2 \Big|_A^B,$$

在 (L) 为闭路的情形时为 0.

这样, 最终有:

$$\frac{dJ}{dt} = \int_{(L)} a_x dx + a_y dy + a_z dz, \tag{18}$$

这就是所要求证的.

5° 设我们有一在 2° 意义下的理想流体. 此外, 还作两个假定: 1) 力 $\vec{F}$ 有一位势, 即

$$\vec{F} = \mathrm{grad}\, U;$$

2) 密度 ρ 是压强的单值函数:[1]

$$\rho = \varphi(p).$$

我们引进一量

$$\Phi(p) = \int \frac{dp}{\varphi(p)};$$

则

$$\frac{\partial \Phi}{\partial x} = \frac{\partial \Phi}{\partial p} \frac{\partial p}{\partial x} = \frac{1}{\rho} \frac{\partial p}{\partial x},$$

同样,

$$\frac{\partial \Phi}{\partial y} = \frac{1}{\rho} \frac{\partial p}{\partial y}, \quad \frac{\partial \Phi}{\partial z} = \frac{1}{\rho} \frac{\partial p}{\partial z}.$$

所以

$$\mathrm{grad}\, \Phi = \frac{1}{\rho} \mathrm{grad}\, p.$$

我们已有过流体动力学的基本方程 [**672** (14)]. 现在它可写作

$$\vec{a} = \mathrm{grad}(U - \Phi).$$

如将它代入上面所得等式 (18) 中, 则有

$$\frac{dJ}{dt} = \int_{(L)} d(U - \Phi) = 0, \quad \text{所以 } J = \text{常数}.$$

因此, 速度沿任一闭流体路线的环流量在时间过程中不变. 这是汤姆森 (W. Thomson) 定理.

作为一简单推论, 由此得出一有趣的拉格朗日命题: 如所考察的流体质量在某一确定时刻没有旋度, 则它在任何其它时刻也无旋度. 事实上, 没有旋度相当于速度沿任一闭路的环流量为零. 如这一情况有一次发生了, 则由汤姆森定理它就永远如此.

6° 现在我们可以来证明有关 "涡" 线及 "涡" 管[2]的赫尔姆霍尔茨的两个重要定理了. 这时我们一直保留在 5° 开始处所述的假定.

涡线保持定理 流体在某一时刻形成涡线的部分在运动的整个过程中依旧形成涡线.

我们开始对涡面来证明它较为简便. 设 (S_0) 是在时刻 t_0 时的这样一曲面, 则在它的每一点处速度的旋度

$$\vec{\Omega} = \mathrm{rot}\, \vec{v}$$

---

[1] 满足后面这一要求的流体有时称作 "正压性的".

[2] 一旋度场的向量线或向量面 (特别, 向量管) 分别称为涡线或涡面 (特别, 涡管).

将在切于 (S_0) 的平面中, 即 $\Omega_n = 0$. 如在曲面上取任一围成曲面的一部分 (σ_0) 的闭路 (λ_0), 则由斯托克斯公式 [**669**, (10)],

$$\int_{(\lambda_0)} v_x dx + v_y dy + v_z dz = \iint_{(\sigma_0)} \Omega_n dS_0 = 0.$$

在时刻 t 时流体表面 (S_0) 变成了曲面 (S), 它的部分 (σ_0) 变成了 (σ), 而流体闭路 (λ_0) 变成了闭路 (λ), 但由汤姆森定理现在

$$\int_{(\lambda)} v_x dx + v_y dy + v_z dz = 0,$$

所以 (再由斯托克斯公式)

$$\iint_{(\sigma)} \Omega_n dS = 0.$$

由于 (σ) 的任意性由此易得出结论:[1] 沿 (S) 恒有

$$\Omega_n = 0,$$

所以曲面 (S) 也是涡面.

因为涡线永远可看作两涡面的交线, 故定理得证. 特别, 由此也得涡管的不变性.

现在已非常容易得到:

涡管强度保持定理 任一涡管的强度在整个运动过程中保持一常数.

由斯托克斯公式, 涡管的强度亦即旋度通过管子横断面的流量可化为速度沿这一断面边界的环流量 [比照 **670**, 2)]. 此时所需结论可直接由汤姆森定理 [5°] 推得.

我们只预备讨论这样一些应用所引概念及基本公式的例题了.

§5. 多重积分

673. 两立体间的引力及位势问题 已经研究的几种定积分: 简单的、二重的以及三重的, 还不能概括分析学及其应用的需要.

我们用二立体引力问题 来说明这一点. 我们将以 x_1, y_1, z_1 表第一立体 (V_1) 的点的坐标, 而以 x_2, y_2, z_2 表第二立体 (V_2) 的点的坐标. 设这两立体质量的分布以这些坐标的函数给出: $\rho_1 = \rho_1(x_1, y_1, z_1), \rho_2 = \rho_2(x_2, y_2, z_2)$. 如在每一立体中分别取出质量元素 $\rho_1 dx_1 dy_1 dz_1$ 及 $\rho_2 dx_2 dy_2 dz_2$, 则由牛顿定律, 第二立体以力

$$\frac{\rho_1 \rho_2 dx_1 dy_1 dz_1 dx_2 dy_2 dz_2}{r_{1,2}^2}\text{[2]}$$

作用于第一立体上, 其中 $r_{1,2}$ 是元素间的距离:

$$r_{1,2} = \sqrt{(x_2 - x_1)^2 + (y_2 - y_1)^2 + (z_2 - z_1)^2}.$$

---

[1] 参看第 306 页脚注 [2].

[2] 与通常一样, 我们令牛顿万有引力定律公式中的比例系数等于 1.

因为这一力自点 (x_1, y_1, z_1) 朝向点 (x_2, y_2, z_2), 故它的方向余弦为 $\dfrac{x_2 - x_1}{r_{1,2}}$, $\dfrac{y_2 - y_1}{r_{1,2}}, \dfrac{z_2 - z_1}{r_{1,2}}$. 所以第一元素对第二元素的引力臂如说在 x 轴上的射影等于

$$\frac{\rho_1 \rho_2 (x_2 - x_1)}{r_{1,2}^3} dx_1 dy_1 dz_1 dx_2 dy_2 dz_2.$$

第一立体吸引第二立体的合力的射影 F_x 可由将所求得的式子对两立体的所有元素相加得来, 亦即可表作一六重积分

$$F_x = \iiiiiint \frac{\rho_1 \rho_2 (x_2 - x_1)}{r_{1,2}^3} dx_1 dy_1 dz_1 dx_2 dy_2 dz_2,$$

它是展布在点 $(x_1, y_1, z_1, x_2, y_2, z_2)$ 的六维区域 $(V) = (V_1) \times (V_2)$ 上的, 其中 (x_1, y_1, z_1) 取自 (V_1), 而 (x_2, y_2, z_2) 取自 (V_2). 其它二射影亦可同样地表示.

与此相像, 量

$$\frac{\rho_1 \rho_2 dx_1 dy_1 dz_1 dx_2 dy_2 dz_2}{r_{1,2}}$$

是一元素在另一元素上的位势. 将这些式子相加, 得一立体在另一立体上的位势又作六重积分的形状:

$$W = \iiiiiint_{(V)} \frac{\rho_1 \rho_2}{r_{1,2}} dx_1 dy_1 dz_1 dx_2 dy_2 dz_2.$$

如两立体相重, 则类似的积分被 2 除 (因为否则每一对元素就被算了两次!) 就给出**立体在自身上的位势**.

举一例, 我们试来计算一均匀 $(\rho_1 = \rho_2 = 1)$ 球体 $x^2 + y^2 + z^2 \leqslant R^2$ 在自身上的位势, 即计算积分

$$W_0 = \frac{1}{2} \iiiiiint_{\substack{x_1^2 + y_1^2 + z_1^2 \leqslant R^2 \\ x_2^2 + y_2^2 + z_2^2 \leqslant R^2}} \frac{dx_1 dy_1 dz_1 dx_2 dy_2 dz_2}{r_{1,2}}.$$

可以这样进行计算: 球体 $x_2^2 + y_2^2 + z_2^2 \leqslant R^2$ 在一坐标为 x_1, y_1, z_1 与中心相距 $r_1 = \sqrt{x_1^2 + y_1^2 + z_1^2}$ 的一元素 $dx_1 dy_1 dz_1$ 上的位势我们是已经知道的 [**650**, 12)] 它可表作一三重积分且等于

$$\left(2\pi R^2 - \frac{2}{3} \pi r_1^2 \right) dx_1 dy_1 dz_1. \textcircled{1}$$

剩下的就是要将对球体 $x_1^2 + y_1^2 + z_1^2 \leqslant R^2$ 的一切元素的同样式子相加, 即还要取一个三重积分:

$$\iiint_{x_1^2 + y_1^2 + z_1^2 \leqslant R^2} \left(2\pi R^2 - \frac{2}{3} \pi r_1^2 \right) dx_1 dy_1 dz_1.$$

---

①应该考虑到, 这里所计算的位势所加在的点的质量不是 1 而是 $dx_1 dy_1 dz_1$; 此外, 这里 r_1 是取在早先推出的公式中的 a 的地位.

变到球坐标时, 这很容易做出来. 最后得

$$W_0 = \frac{16}{15}\pi^2 R^5.$$

在这一情况下, 六重积分的计算化为了两个三重积分的计算, 并且其中之一已经是知道了的.

虽然在大多数情形下只引用与上面所研究的积分的样子相像的东西, 但现在我们仍转而建立此处所处理的一般概念.

674. n 维立体的体积 · n 重积分   与在定义简单、二重、三重积分时我们利用过线段长、平面图形面积、空间立体体积诸概念相像, 在 n 重积分定义的基础中有 n 维区域体积[①]的概念. 对于最简单的 n 维区域 —— n 维长方体

$$[a_1, b_1; a_2, b_2; \cdots; a_n, b_n], \tag{1}$$

它的诸测度的乘积

$$(b_1 - a_1)(b_2 - a_2)\cdots(b_n - a_n)$$

称作体积. 由有限个这样的长方体组成的立体其体积应如何来了解自明. 可初等地证明: 这种立体的体积与怎样将它分为长方体无关.

考察内接于一已知 n 维立体 (V) 以及外接于它的这种 "长方状" 立体时, 用常用的方法可建立立体 (V) 的体积 V 的概念 [比照 **340**].

我们将只处理体积存在的立体; 对于由光滑的或分片光滑的曲面[②]所围的立体它根本是存在的, 特别, 对于最简单的为我们所熟悉的 n 维区域 —— n 维单纯形

$$x_1 \geqslant 0, x_2 \geqslant 0, \cdots, x_n \geqslant 0, x_1 + x_2 + \cdots + x_n \leqslant h$$

以及 n 维球体

$$x_1^2 + x_2^2 + \cdots + x_n^2 \leqslant r^2$$

体积都存在; 以后我们要计算它们的体积的 [**676**, 1) 及 2)].

设在区域 (V) 中给出一 n 个变量的函数 $f(x_1, x_2, \cdots, x_n)$; 则将这一区域分成许多元素部分, 并重复我们所熟知的其他运算 [参照 **643**], 便得 n 重积分的概念:

$$I = \overbrace{\int \cdots \int}^{n}_{(V)} f(x_1, x_2, \cdots, x_n) dx_1 dx_2 \cdots dx_n. \tag{2}$$

[①]我们决定保留这一术语, 虽然它的意义当然随 n 而变化: 问题是 "n 维体积". 也可以用 "广延"、"度量" 等类似字眼来代替它.

[②]这里所称光滑曲面就是在 n 维空间中用 $n-1$ 个参数的 n 个参数方程所确定的图像, 且在方程中写出的参数函数与其各偏导函数都必须连续, 又导函数矩阵的第 $n-1$ 阶行列式必须不同时为零.

在积分号下函数连续时它必定存在.

　　计算这样的积分可化为计算重数较低的积分, 直到许多简单的积分. 当积分区域 (V) 是一长方体 (1) 时, 类似于第 **645** 目公式 (10) 的公式成立:

$$I = \int_{a_1}^{b_1} dx_1 \int_{a_2}^{b_2} dx_2 \cdots \int_{a_n}^{b_n} f(x_1, x_2, \cdots, x_n) dx_n. \tag{3}$$

对于形状更一般的、由不等式

$$x_1^0 \leqslant x_1 \leqslant X_1, x_2^0(x_1) \leqslant x_2 \leqslant X_2(x_1), \cdots,$$

$$x_n^0(x_1, \cdots, x_{n-1}) \leqslant x_n \leqslant X_n(x_1, \cdots, x_{n-1})$$

所围的区域, 与第 **646** 目的公式 (10*) 相似的公式可以应用:

$$I = \int_{x_1^0}^{X_1} dx_1 \int_{x_2^0(x_1)}^{X_2(x_1)} dx_2 \cdots \int_{x_n^0(x_1,\cdots,x_{n-1})}^{X_n(x_1,\cdots,x_{n-1})} f(x_1, x_2, \cdots, x_n) dx_n. \tag{4}$$

　　用类似的方法, 与第 **646** 目中公式 (8*) 及 (11*) 相似的其它公式 (对于相对应的各种样子的区域, 在每一情况下都不难确定) 亦皆成立, 其中计算 n 重积分化为了逐次计算若干重数较低但和为 n 的积分.

　　整个这个可与 $n = 2$ 或 $n = 3$ 的情形完全同样地证明, 并不要引用任何新的思想, 所以没有必要在这一点上耽搁下来. 显然不用再作什么说明如何来定义反常 n 重积分以及如何在它们上面来推广上面所提到的一些公式.

　　附注　可以对 n 个变量的函数来建立展布在一 $n-1$ 维曲面上的积分的概念 [参看第 **676** 目例 3) 及 16) 的附注]. 由于这题目的复杂性我们这里不可能来讨论它了. 我们只指出: 奥斯特洛格拉得斯基 —— 在推广第 **651** 目公式 (4) 时 —— 已建立了一关系式, 连接了取在一闭曲面上的这样的积分与展布在由它所围的立体上的某一 n 重积分.

　　675. n **重积分中的变量变换**　这一问题我们将多少详细地讨论一下. 设已知两 n 维区域: $x_1 x_2 \cdots x_n$ 空间中的 (D) 以及 $\xi_1 \xi_2 \cdots \xi_n$ 空间中的 (Δ), 每一个是由一连续 —— 光滑或分片光滑 —— 曲面围起来的. 假定在它们之间用公式

$$\left. \begin{array}{l} x_1 = x_1(\xi_1, \xi_2, \cdots, \xi_n), \\ x_2 = x_2(\xi_1, \xi_2, \cdots, \xi_n), \\ \cdots\cdots\cdots\cdots\cdots\cdots\cdots\cdots \\ x_n = x_n(\xi_1, \xi_2, \cdots, \xi_n) \end{array} \right\} \tag{5}$$

确立一一对应. 则在对于各导函数通常的假定下以及限定雅可比式

$$J = \frac{D(x_1, x_2, \cdots, x_n)}{D(\xi_1, \xi_2, \cdots, \xi_n)} = \begin{vmatrix} \dfrac{\partial x_1}{\partial \xi_1} & \dfrac{\partial x_2}{\partial \xi_1} & \cdots & \dfrac{\partial x_n}{\partial \xi_1} \\ \dfrac{\partial x_1}{\partial \xi_2} & \dfrac{\partial x_2}{\partial \xi_2} & \cdots & \dfrac{\partial x_n}{\partial \xi_2} \\ \cdots & \cdots & \cdots & \cdots \\ \dfrac{\partial x_1}{\partial \xi_n} & \dfrac{\partial x_2}{\partial \xi_n} & \cdots & \dfrac{\partial x_n}{\partial \xi_n} \end{vmatrix}$$

符号不变时, 在 (D) 中连续的函数 $f(x_1, x_2, \cdots, x_n)$ 的积分可按公式

$$\overbrace{\int \cdots \int}^{n}{}_{(D)} f(x_1, \cdots, x_n) dx_1 \cdots dx_n$$

$$= \overbrace{\int \cdots \int}^{n}{}_{(D)} f(x_1(\xi_1, \cdots, \xi_n), \cdots, x_n(\xi_1, \cdots, \xi_n)) |J| d\xi_1 \cdots d\xi_n \tag{6}$$

来变换, 它完全类似于二重及三重积分变换的公式 [**609** (21); **661** (8)].

我们用数学归纳法来进行这一公式的证明. 因为对 $n = 2$ 及 $n = 3$ 它已经建立起来了, 所以只要在假定对 $n-1$ 重积分的类似变换公式为真后去求证对 n 重积分亦真.

不失一般性可以假定偏导数 $\dfrac{\partial x_i}{\partial \xi_k}$ 中某一个符号不变 (否则就只需将区域 (Δ) 分成若干部分, 在这些部分中它成立), 设这是导数 $\dfrac{\partial x_1}{\partial \xi_1}$.

在所提出的积分 (2) 中取出对 x_1 的积分后, 可将这一积分重写为

$$\int_{x_1^0}^{X_1} dx_1 \overbrace{\int \cdots \int}^{n-1}{}_{(D_{x_1})} f(x_1, x_2, \cdots, x_n) dx_2 \cdots dx_n; \tag{7}$$

这里 (D_{x_1}) 表对应于固定值 x_1 的变量 $x_2, \cdots, x_n$ 变动的区域.

将方程 (5) 中的第一个对变量 ξ_1 解出来, 表它为 $x_1, \xi_2, \cdots, \xi_n$ 的函数:

$$\xi_1 = \overline{\xi}_1(x_1, \xi_2, \cdots, \xi_n),$$

并将这一式子代入其余的公式中. 这样我们便得到新的变换公式:

$$\left. \begin{array}{l} x_2 = x_2(\overline{\xi}_1(x_1, \xi_2, \cdots, \xi_n), \xi_2, \cdots, \xi_n) = \overline{x}_2(x_1, \xi_2, \cdots, \xi_n), \\ \cdots\cdots\cdots\cdots\cdots\cdots\cdots\cdots\cdots\cdots\cdots\cdots\cdots\cdots\cdots \\ \cdots\cdots\cdots\cdots\cdots\cdots\cdots\cdots\cdots\cdots\cdots\cdots\cdots\cdots\cdots \\ x_n = x_n(\overline{\xi}_1(x_1, \xi_2, \cdots, \xi_n), \xi_2, \cdots, \xi_n) = \overline{x}_n(x_1, \xi_2, \cdots, \xi_n). \end{array} \right\} \tag{8}$$

自这些公式出发, 将 (7) 中里面的 $n-1$ 重积分变换到变量 $\xi_2, \cdots, \xi_n$, 这由假定可按照与 (6) 相似的公式来做. 我们得到积分

$$\int_{x_1^0}^{X_1} dx_1 \overbrace{\int \cdots \int}^{n-1}_{(\Delta_{x_1})} f(x_1, \overline{x}_2(x_1, \xi_2, \cdots, \xi_n), \cdots,$$
$$\overline{x}_n(x_1, \xi_2, \cdots, \xi_n))|J^*|d\xi_2 \cdots d\xi_n, \tag{9}$$

其中

$$J^* = \frac{D(\overline{x}_2, \cdots, \overline{x}_n)}{D(\xi_2, \cdots, \xi_n)} = \begin{vmatrix} \dfrac{\partial \overline{x}_2}{\partial \xi_2} & \cdots & \dfrac{\partial \overline{x}_n}{\partial \xi_2} \\ \cdots & \cdots & \cdots \\ \cdots & \cdots & \cdots \\ \dfrac{\partial \overline{x}_2}{\partial \xi_n} & \cdots & \dfrac{\partial \overline{x}_n}{\partial \xi_n} \end{vmatrix}.$$

现在在它里面将对 x_1 的积分放在第一个位置:

$$\overbrace{\int \cdots \int}^{n-1}_{(\Delta^*)} d\xi_2 \cdots d\xi_n \int_{x_1^0(\xi_2, \cdots, \xi_n)}^{X_1(\xi_2, \cdots, \xi_n)} f(x_1, \overline{x}_2(x_1, \xi_2, \cdots, \xi_n), \cdots,$$
$$\overline{x}_n(x_1, \xi_2, \cdots, \xi_n))|J^*|dx_1,$$

并在里面的积分中按公式 (5) 中第一个将自变量 x_1 改为变量 ξ_1 (当固定 $\xi_2, \cdots, \xi_n$ 时). 我们得到

$$\overbrace{\int \cdots \int}^{n-1}_{(\Delta^*)} d\xi_2 \cdots d\xi_n \int_{\xi_1^0(\xi_2, \cdots, \xi_n)}^{\Xi_1(\xi_2, \cdots, \xi_n)} f(x_1(\xi_1, \xi_2, \cdots, \xi_n),$$
$$x_2(\xi_1, \xi_2, \cdots, \xi_n), \cdots, x_n(\xi_1, \xi_2, \cdots, \xi_n)) \left| J^* \frac{\partial x_1}{\partial \xi_1} \right| d\xi_1,$$

或者, 还原到 n 重积分时:

$$\overbrace{\int \cdots \int}^{n}_{(\Delta)} f(x_1(\xi_1, \cdots, \xi_n), \cdots, x_n(\xi_1, \cdots, \xi_n)) \left| J^* \frac{\partial x_1}{\partial \xi_1} \right| d\xi_1 \cdots d\xi_n.$$

为了要得到 (6), 剩下的只要证明恒等式

$$J = J^* \frac{\partial x_1}{\partial \xi_1}.$$

但将复合函数 (8) 对 $\xi_2, \cdots, \xi_n$ 微分并对函数 $\overline{\xi}_1$ 的导数表示式利用隐函数微分法规则时, 求得

$$\frac{\partial \overline{x}_i}{\partial \xi_k} = \frac{\partial x_i}{\partial \xi_k} + \frac{\partial x_i}{\partial \xi_1}\frac{\partial \xi_1}{\partial \xi_k} = \frac{\partial x_i}{\partial \xi_k} - \frac{\dfrac{\partial x_i}{\partial \xi_1}\dfrac{\partial x_1}{\partial \xi_k}}{\dfrac{\partial x_1}{\partial \xi_1}} \quad (i, k = 2, \cdots, n).$$

所以, 如在行列式 J 中在第 k 列元素上 $(k = 2, \cdots, n)$ 加上相对应的第一列元素的 $-\dfrac{\dfrac{\partial x_1}{\partial \xi_k}}{\dfrac{\partial x_1}{\partial \xi_1}}$ 倍, 则它作下形:

$$\begin{vmatrix} \dfrac{\partial x_1}{\partial \xi_1} & \dfrac{\partial x_2}{\partial \xi_1} & \cdots & \dfrac{\partial x_n}{\partial \xi_1} \\ 0 & \dfrac{\partial \overline{x}_2}{\partial \xi_2} & \cdots & \dfrac{\partial \overline{x}_n}{\partial \xi_2} \\ \cdots & \cdots & \cdots & \cdots \\ \cdots & \cdots & \cdots & \cdots \\ 0 & \dfrac{\partial \overline{x}_2}{\partial \xi_n} & \cdots & \dfrac{\partial \overline{x}_n}{\partial \xi_n} \end{vmatrix},$$

由此可见, 它等于 $J^* \dfrac{\partial x_1}{\partial \xi_1}$, 这样证明就完成了.

注意, 我们暗暗地假定了 $n-1$ 维区域 (D_{x_1}) 及 (Δ_{x_1}) 每次都是由一个连续的、光滑或分片光滑的 (在所对应的空间内) 曲面所围起来的. 事先将区域 (D) 并与它同时将 (Δ) 分裂为若干部分后, 总可以达到使以上所述至少对每一部分分开来看为真. 公式 (6) 既对这些部分成立将对整个区域放在一起也成立.

用通常的方法, 变量变换的公式可推广到反常积分的情形.

676. 例 1) 求 n 维单纯形 [162]

$$(T_n): x_1 \geqslant 0, \cdots, x_n \geqslant 0, x_1 + x_2 + \cdots + x_n \leqslant h$$

的体积 T_n.

解 我们有

$$T_n = \overbrace{\int \cdots \int}^{n}_{(T_n)} dx_1 dx_2 \cdots dx_n = \int_0^h dx_1 \int_0^{h-x_1} dx_2 \cdots \int_0^{h-x_1-\cdots-x_{n-1}} dx_n.$$

在这些单积分中用公式

$$x_1 = h\xi_1, \quad x_2 = h\xi_2, \cdots, \quad x_n = h\xi_n,$$

逐次变换变量, 且不必利用一般公式 (6), 便得结果

$$T_n = h^n \int_0^1 d\xi_1 \int_0^{1-\xi_1} d\xi_2 \cdots \int_0^{1-\xi_1-\cdots-\xi_{n-1}} d\xi_n$$

$$= h^n \overbrace{\int \cdots \int}^{n}_{\substack{\xi_1 \geqslant 0, \cdots, \xi_n \geqslant 0 \\ \xi_1 + \cdots + \xi_n \leqslant 1}} d\xi_1 \cdots d\xi_n = \alpha_n h^n,$$

其中 α_n 表示与所提出的积分相类似但对应于 $h = 1$ 的积分的值.

而从另一方面, 我们有 (顺便利用已得的结果)

$$\alpha_n = \int_0^1 d\xi_n \overbrace{\int \cdots \int}^{n-1}_{\substack{\xi_1 \geqslant 0, \cdots, \xi_{n-1} \geqslant 0 \\ \xi_1 + \cdots + \xi_{n-1} \leqslant 1-\xi_n}} d\xi_1 \cdots d\xi_{n-1} = \alpha_{n-1} \int_0^1 (1-\xi_n)^{n-1} d\xi_n = \frac{\alpha_{n-1}}{n}.$$

所求得的递推关系式 (注意 $\alpha_1 = 1$) 给我们

$$\alpha_n = \frac{1}{n!},$$

所以最终有

$$T_n = \frac{h^n}{n!}.$$

2) 求 n 维球体 [**162**]

$$(V_n) : x_1^2 + x_2^2 + \cdots + x_n^2 \leqslant R^2$$

的体积 V_n

解　这一个问题是要计算积分

$$V_n = \overbrace{\int \cdots \int}^{n}_{x_1^2 + x_2^2 + \cdots + x_n^2 \leqslant R^2} dx_1 dx_2 \cdots dx_n.$$

令

$$x_1 = R\xi_1, x_2 = R\xi_2, \cdots, x_n = R\xi_n, {}^{①}$$

易得 $V_n = \beta_n R^n$, 其中数字系数 β_n 表半径为 1 的 n 维球体体积.

为要确定 β_n 我们进行变换

$$\beta_n = \overbrace{\int \cdots \int}^{n}_{\xi_1^2 + \cdots + \xi_n^2 \leqslant 1} d\xi_1 \cdots d\xi_n = \int_{-1}^1 d\xi_n \overbrace{\int \cdots \int}^{n-1}_{\xi_1^2 + \cdots + \xi_{n-1}^2 \leqslant 1-\xi_n^2} d\xi_1 \cdots d\xi_{n-1},$$

----

①这里同样一般公式 (6) 是不需要的: 将重积分按公式 (4) 表成逐次积分的形状后, 就可以再在每个单积分中分开一个个地变换变量.

里面的积分代表半径为 $\sqrt{1-\xi_n^2}$ 的 $n-1$ 维球体的体积, 因此等于 $\beta_{n-1}(1-\xi_n^2)^{\frac{n-1}{2}}$. 代入, 又得一递推关系式

$$\beta_n = 2\beta_{n-1}\int_0^{\frac{\pi}{2}} \sin^n\theta\,d\theta,$$

或 [参看 **534**, 4) (б)]

$$\beta_n = \beta_{n-1}\cdot\sqrt{\pi}\,\frac{\Gamma\left(\dfrac{n+1}{2}\right)}{\Gamma\left(\dfrac{n+2}{2}\right)}.$$

因为 $\beta_1 = 2$, 故简易的计算就给出

$$\beta_n = \frac{\pi^{\frac{n}{2}}}{\Gamma\left(\dfrac{n}{2}+1\right)}.$$

而所求体积等于

$$V_n = \frac{\pi^{\frac{n}{2}}}{\Gamma\left(\dfrac{n}{2}+1\right)}R^n.$$

对于偶数的 n 以及奇数的 n 得到公式

$$V_{2m} = \frac{\pi^m}{m!}R^{2m}, \quad V_{2m+1} = \frac{2(2\pi)^m}{(2m+1)!!}R^{2m+1}.$$

特别, 对于 V_1, V_2, V_3, 自然就求得熟知的值 $2R, \pi R^2, \dfrac{4}{3}\pi R^3$.

3) 计算 (反常的!) 积分

$$S = \overbrace{\int\cdots\int}^{n-1}_{x_1^2+\cdots+x_{n-1}^2\leqslant 1} \frac{dx_1\cdots dx_{n-1}}{\sqrt{1-x_1^2-\cdots-x_{n-1}^2}} \quad (n>2).$$

解   将所提出的积分变换为:

$$S = \int\cdots\int_{x_1^2+\cdots+x_{n-2}^2\leqslant 1} dx_1\cdots dx_{n-2}\times$$

$$\int_{-\sqrt{1-x_1^2-\cdots-x_{n-2}^2}}^{\sqrt{1-x_1^2-\cdots-x_{n-2}^2}} \frac{dx_{n-1}}{\sqrt{1-x_1^2-\cdots-x_{n-2}^2-x_{n-1}^2}}.$$

里面的积分现在等于 π, 所以 [参看 2)]

$$S = \pi\int\cdots\int_{x_1^2+\cdots+x_{n-2}^2\leqslant 1} dx_1\cdots dx_{n-2} = \pi\beta_{n-2} = \frac{\pi^{\frac{n}{2}}}{\Gamma\left(\dfrac{n}{2}\right)}.$$

附注   很有趣的我们指出, 刚才所计算的积分差一个因子 2 表示 n 维球面 $x_1^2+\cdots+x_n^2 = 1$ 的面积. 不作详细探讨, 我们提一下, 在以显式给出曲面

$$x_n = f(x_1,\cdots,x_{n-1})$$

时, 其中点 $(x_1, \cdots, x_{n-1})$ 在一 $n-1$ 维区域 (E) 内变动, 这一曲面的面积可表作积分

$$
\overbrace{\int \cdots \int}^{n-1} \sqrt{1 + \left(\frac{\partial x_n}{\partial x_1}\right)^2 + \cdots + \left(\frac{\partial x_n}{\partial x_{n-1}}\right)^2} dx_1 \cdots dx_{n-1}. \quad ①
$$

特别, 对半球面

$$
x_n = \sqrt{1 - x_1^2 - \cdots - x_{n-1}^2},
$$

我们有

$$
\int \cdots \int_{x_1^2 + \cdots + x_{n-1}^2 \leqslant 1} \frac{dx_1 \cdots dx_{n-1}}{x_n}
$$

$$
= \int \cdots \int_{x_1^2 + \cdots + x_{n-1}^2 \leqslant 1} \frac{dx_1 \cdots dx_{n-1}}{\sqrt{1 - x_1^2 - \cdots - x_{n-1}^2}}.
$$

因此, 半径为 1 的 n 维球面面积等于 $2\pi\beta_{n-2}$; 在半径为 R 的球时, 其面积显然是

$$
2\pi\beta_{n-2} R^{n-1} = 2\frac{\pi^{\frac{n}{2}}}{\Gamma\left(\frac{n}{2}\right)} R^{n-1}.
$$

这一结果是属于雅可比的.

4) 求证狄利克雷公式

$$
\overbrace{\int \cdots \int}^{n}_{\substack{x_1, \cdots, x_n \geqslant 0 \\ x_1 + \cdots + x_n \leqslant 1}} x_1^{p_1-1} \cdots x_n^{p_n-1} dx_1 \cdots dx_n = \frac{\Gamma(p_1) \cdots \Gamma(p_n)}{\Gamma(p_1 + \cdots + p_n + 1)} \quad (p_1, \cdots, p_n > 0).
$$

由于当 $n = 2$ 时公式已经确立起来过 [**597**, 12); **617**, 14)], 我们将应用数学归纳法. 设它对 $n-1$ 重积分正确. 将公式左端重写为形如

$$
\int_0^1 x_n^{p_n-1} dx_n \overbrace{\int \cdots \int}^{n-1}_{\substack{x_1, \cdots, x_{n-1} \geqslant 0 \\ x_1 + \cdots + x_{n-1} \leqslant 1-x_n}} x_1^{p_1-1} \cdots x_{n-1}^{p_{n-1}-1} dx_1 \cdots dx_{n-1}
$$

后, 在里面的积分中进行变换

$$
x_1 = (1 - x_n)\xi_1, \cdots, x_{n-1} = (1 - x_n)\xi_{n-1}, \quad ②
$$

再应用狄利克雷公式到 $n-1$ 重积分. 我们将得

$$
\frac{\Gamma(p_1) \cdots \Gamma(p_{n-1})}{\Gamma(p_1 + \cdots + p_{n-1} + 1)} \int_0^1 x_n^{p_n-1}(1 - x_n)^{p_1 + \cdots + p_{n-1}} dx_n;
$$

---

　　① 它的结构完全与平面曲线弧长的公式 [**329**, (4a)] 以及曲面面积的公式 [**626**, (5)] 相像, 在这两种情况下考虑的都是显的已知式.

　　② 参看第 322 页上脚注.

如将积分用它的 Γ 表示式:

$$\frac{\Gamma(p_n)\Gamma(p_1 + \cdots + p_{n-1} + 1)}{\Gamma(p_1 + \cdots + p_{n-1} + p_n + 1)}$$

来代替, 便得所需结果.

5) 容易推广狄利克雷公式:

$$\overbrace{\int \cdots \int}^{n}_{\substack{x_1, \cdots, x_n \geqslant 0 \\ \left(\frac{x_1}{a_1}\right)^{\alpha_1} + \cdots + \left(\frac{x_n}{a_n}\right)^{\alpha_n} \leqslant 1}} x_1^{p_1 - 1} \cdots x_n^{p_n - 1} dx_1 \cdots dx_n$$

$$= \frac{a_1^{p_1} \cdots a_n^{p_n}}{\alpha_1 \cdots \alpha_n} \frac{\Gamma\left(\frac{p_1}{\alpha_1}\right) \cdots \Gamma\left(\frac{p_n}{\alpha_n}\right)}{\Gamma\left(\frac{p_1}{\alpha_1} + \cdots + \frac{p_n}{\alpha_n} + 1\right)} \quad (a_i, \alpha_i, p_i > 0).$$

如变到新的变量 $\xi_i = \left(\frac{x_i}{a_i}\right)^{\alpha_i} (i = 1, 2, \cdots, n),$[1] 这一公式就化为已证过的公式.

特别, 当 $p_1 = \cdots = p_n = 1, \alpha_1 = \cdots = \alpha_n = 2, a_1 = \cdots = a_n = R$ 时, 由此又可得到 n 维球体体积 V_n 的公式[2] [参看 2)].

6) 特别指出在 $n = 3$ 时的狄利克雷公式:

$$\iiint_{\substack{x,y,z \geqslant 0 \\ \left(\frac{x}{a}\right)^{\alpha} + \left(\frac{y}{b}\right)^{\beta} + \left(\frac{z}{c}\right)^{\gamma} \leqslant 1}} x^{p-1} y^{q-1} z^{r-1} dxdydz = \frac{a^p b^q c^r}{\alpha\beta\gamma} \frac{\Gamma\left(\frac{p}{\alpha}\right)\Gamma\left(\frac{q}{\beta}\right)\Gamma\left(\frac{r}{\gamma}\right)}{\Gamma\left(\frac{p}{\alpha} + \frac{q}{\beta} + \frac{r}{\gamma} + 1\right)} \quad (p, q, r > 0),$$

它在确定所述形状均匀立体的体积、静矩、惯矩以及离心矩时都有用处.

例如, 对椭球体 $\left(\frac{x}{a}\right)^2 + \left(\frac{y}{b}\right)^2 + \left(\frac{z}{c}\right)^2 \leqslant 1 (\alpha = \beta = \gamma = 2)$ 包含在第一卦限内的部分, 我们得到 (将密度算作 1):

对 $p = q = r = 1,$

$$V = \frac{abc}{8} \frac{\left[\Gamma\left(\frac{1}{2}\right)\right]^3}{\Gamma\left(\frac{5}{2}\right)} = \frac{\pi}{6} abc;$$

对 $p = 2, q = r = 1,$

$$M_{yz} = \frac{a^2 bc}{8} \frac{\Gamma(1)\left[\Gamma\left(\frac{1}{2}\right)\right]^2}{\Gamma(3)} = \frac{\pi}{16} a^2 bc;$$

对 $p = 3, q = r = 1,$

$$I_{yz} = \frac{a^3 bc}{8} \frac{\Gamma\left(\frac{3}{2}\right)\left[\Gamma\left(\frac{1}{2}\right)\right]^2}{\Gamma\left(\frac{7}{2}\right)} = \frac{\pi}{30} a^3 bc;$$

---

[1] 参看第 322 页上脚注.
[2] 只要注意到, 在限制于变量的正值时, 狄利克雷公式仅直接给出体积的 $\frac{1}{2^n}$.

对 $p = 1, q = r = 2$.

$$K_{yz} = \frac{ab^2c^2}{8} \frac{\Gamma\left(\dfrac{1}{2}\right)[\Gamma(1)]^2}{\Gamma\left(\dfrac{7}{2}\right)} = \frac{1}{15}ab^2c^2, \text{等等}.$$

7) 求证刘维尔公式 $(p_1, p_2, \cdots, p_n > 0)$:

$$\overbrace{\int\cdots\int}^{n}_{\substack{x_1,\cdots,x_n \geqslant 0 \\ x_1+\cdots+x_n \leqslant 1}} \varphi(x_1 + \cdots + x_n)x_1^{p_1-1}x_2^{p_2-1}\cdots x_n^{p_n-1}dx_1 dx_2 \cdots dx_n$$

$$= \frac{\Gamma(p_1)\Gamma(p_2)\cdots\Gamma(p_n)}{\Gamma(p_1 + p_2 + \cdots + p_n)}\int_0^1 \varphi(u)u^{p_1+p_2+\cdots+p_n-1}du,$$

其中假定了右端的单积分绝对收敛.

对 $n = 2$ 这一公式已经知道 [**597**, 16); **611**, 17); **617**, 14)]. 设它对 $n-1$ 重积分为真. 被证公式的左端可重写为:

$$\overbrace{\int\cdots\int}^{n-1}_{\substack{x_1,\cdots,x_{n-1} \geqslant 0 \\ x_1+\cdots+x_{n-1} \leqslant 1}} x_1^{p_1-1}\cdots x_{n-1}^{p_{n-1}-1}dx_1 \cdots dx_{n-1}$$

$$\times \int_0^{1-x_1-\cdots-x_{n-1}} \varphi(x_1 + \cdots + x_n)x_n^{p_n-1}dx_n.$$

如令

$$\psi(t) = \int_0^{1-t} \varphi(t + x_n)x_n^{p_n-1}dx_n,$$

则里面的积分此处可用 $\psi(x_1 + \cdots + x_{n-1})$ 来代替, 因而由刘维尔公式应用到这 $n-1$ 重积分上去, 它可表作:

$$\frac{\Gamma(p_1)\cdots\Gamma(p_{n-1})}{\Gamma(p_1+\cdots+p_{n-1})}\int_0^1 \psi(t)t^{p_1+\cdots+p_{n-1}-1}dt.$$

将 $\psi(t)$ 换作它的表示式, 我们就将所得的逐次积分变换为二重积分:

$$\iint_{\substack{t,x_n \geqslant 0 \\ t+x_n \leqslant 1}} \varphi(t + x_n)t^{p_1+\cdots+p_{n-1}-1}x_n^{p_n-1}dt dx_n,$$

要想得到所需结果, 只要应用已证得的公式到这一积分上去就行了.

8) 由此将容易得出更一般的公式:

$$\overbrace{\int\cdots\int}^{n}_{\substack{x_1,\cdots,x_n \geqslant 0 \\ \left(\frac{x_1}{a_1}\right)^{\alpha_1}+\cdots+\left(\frac{x_n}{a_n}\right)^{\alpha_n} \leqslant 1}} \varphi\left(\left(\frac{x_1}{a_1}\right)^{\alpha_1} + \cdots + \left(\frac{x_n}{a_n}\right)^{\alpha_n}\right)x_1^{p_1-1}\cdot x_n^{p_n-1}dx_1\cdots dx_n$$

$$= \frac{a_1^{p_1}\cdots a_n^{p_n}}{\alpha_1\cdots\alpha_n}\frac{\Gamma\left(\dfrac{p_1}{\alpha_1}\right)\cdots\Gamma\left(\dfrac{p_n}{\alpha_n}\right)}{\Gamma\left(\dfrac{p_1}{\alpha_1} + \cdots + \dfrac{p_n}{\alpha_n}\right)}\int_0^1 \varphi(u)u^{\frac{p_1}{\alpha_1}+\cdots+\frac{p_n}{\alpha_n}-1}du$$

(假定所有的数 a_i, α_i, p_i 为正的).

这一公式, 例如, 可用来计算下列各积分, 并同时附带确定了它们的存在条件:[1]

(a)
$$\overbrace{\int \cdots \int}^{n}_{\substack{x_1, \cdots, x_n \geqslant 0 \\ x_1^{\alpha_1} + \cdots + x_n^{\alpha_n} \leqslant 1}} \frac{x_1^{p_1-1} \cdots x_n^{p_n-1}}{(1 - x_1^{\alpha_1} - \cdots - x_n^{\alpha_n})^{\mu}} dx_1 \cdots dx_n$$

$$= \frac{1}{\alpha_1 \cdots \alpha_n} \frac{\Gamma\left(\dfrac{p_1}{\alpha_1}\right) \cdots \Gamma\left(\dfrac{p_n}{\alpha_n}\right) \Gamma(1-\mu)}{\Gamma\left(1 - \mu + \dfrac{p_1}{\alpha_1} + \cdots + \dfrac{p_n}{\alpha_n}\right)} \quad (\text{当 } \mu < 1 \text{ 时});$$

(б)
$$\overbrace{\int \cdots \int}^{n}_{\substack{x_1, \cdots, x_n \geqslant 0 \\ x_1^{\alpha_1} + \cdots + x_n^{\alpha_n} \leqslant 1}} \frac{x_1^{p_1-1} \cdots x_n^{p_n-1}}{(x_1^{\alpha_1} + \cdots + x_n^{\alpha_n})^{\mu}} dx_1 \cdots dx_n$$

$$= \frac{1}{\alpha_1 \cdots \alpha_n \left(\dfrac{p_1}{\alpha_1} + \cdots + \dfrac{p_n}{\alpha_n} - \mu\right)} \frac{\Gamma\left(\dfrac{p_1}{\alpha_1}\right) \cdots \Gamma\left(\dfrac{p_n}{\alpha_n}\right)}{\Gamma\left(\dfrac{p_1}{\alpha_1} + \cdots + \dfrac{p_n}{\alpha_n}\right)} \quad \left(\text{当 } \mu < \dfrac{p_1}{\alpha_1} + \cdots + \dfrac{p_n}{\alpha_n} \text{ 时}\right);$$

(в)
$$\overbrace{\int \cdots \int}^{n}_{\substack{x_1, \cdots, x_n \geqslant 0 \\ x_1^{\alpha_1} + \cdots + x_n^{\alpha_n} \leqslant 1}} x_1^{p_1-1} \cdots x_n^{p_n-1} \sqrt{\frac{1 - x_1^{\alpha_1} - \cdots - x_n^{\alpha_n}}{1 + x_1^{\alpha_1} + \cdots + x_n^{\alpha_n}}} dx_1 \cdots dx_n$$

$$= \frac{\sqrt{\pi}}{2} \frac{\Gamma\left(\dfrac{p_1}{\alpha_1}\right) \cdots \Gamma\left(\dfrac{p_n}{\alpha_n}\right)}{\alpha_1 \cdots \alpha_n} \frac{1}{\Gamma(m)} \left\{ \frac{\Gamma\left(\dfrac{m}{2}\right)}{\Gamma\left(\dfrac{m}{2} + \dfrac{1}{2}\right)} - \frac{\Gamma\left(\dfrac{m}{2} + \dfrac{1}{2}\right)}{\Gamma\left(\dfrac{m}{2} + 1\right)} \right\},$$

其中为简便计已令

$$m = \frac{p_1}{\alpha_1} + \cdots + \frac{p_n}{\alpha_n}.$$

9) 用数学归纳法求证公式:

$$\overbrace{\int \cdots \int}^{n}_{\substack{x_1, \cdots, x_n \geqslant 0 \\ x_1 + \cdots + x_n \leqslant 1}} \varphi(x_1 + \cdots + x_n) \frac{x_1^{p_1-1} \cdots x_n^{p_n-1} dx_1 \cdots dx_n}{(a_1 x_1 + \cdots + a_n x_n + b)^{p_1 + \cdots + p_n}}$$

$$= \frac{\Gamma(p_1) \cdots \Gamma(p_n)}{\Gamma(p_1 + \cdots + p_n)} \int_0^1 \phi(u) \frac{u^{p_1 + \cdots + p_n - 1}}{(a_1 u + b)^{p_1} \cdots (a_n u + b)^{p_n}} \quad (a_1, \cdots, a_n \geqslant 0, \ b > 0)$$

[参看 **611**, 18); 利用 **534**, 2)].

10) 按照柯西那样, 我们指出计算重积分

$$K = \int_0^{\infty} \cdots \int_0^{\infty} \frac{x_1^{p_1-1} \cdots x_n^{p_n-1} e^{-(a_1 x_1 + \cdots + a_n x_n)}}{(b_0 + b_1 x_1 + \cdots + b_n x_n)^q} dx_1 \cdots dx_n \quad (p_i, a_i, b_j, \ q > 0)$$

---

[1]因为刘维尔公式中左端及右端的积分或同时收敛或同时发散.

可以怎样化为计算一单积分.

由已知的公式 [**531**, (13)],

$$\frac{1}{(b_0 + b_1 x_1 + \cdots + b_n x_n)^q} = \frac{1}{\Gamma(q)} \int_0^\infty e^{-u(b_0 + b_1 x_1 + \cdots + b_n x_n)} u^{q-1} du.$$

将它代入积分 K 中并改变积分次序, 我们可将它表作

$$K = \int_0^\infty e^{-b_0 u} u^{q-1} du$$
$$\times \left\{ \int_0^\infty e^{-(a_1 + b_1 u) x_1} x_1^{p_1 - 1} dx_1 \cdots \int_0^\infty e^{-(a_n + b_n u) x_n} x_n^{p_n - 1} dx_n \right\},$$

或者, 最后, 如对在括号中的积分再利用上述公式:

$$K = \frac{\Gamma(p_1) \cdots \Gamma(p_n)}{\Gamma(q)} \int_0^\infty \frac{e^{-b_0 u} u^{q-1} du}{(a_1 + b_1 u)^{p_1} \cdots (a_n + b_n u)^{p_n}}.$$

这一结果对 $b_0 = 0$ 亦成立, 但须假设 $p_1 + \cdots + p_n > q$.

11) 试计算积分

$$L_{2k} = \int \cdots \int_{x_1^2 + \cdots + x_n^2 \leqslant 1} (a_1 x_1 + \cdots + a_n x_n)^{2k} dx_1 \cdots dx_n,$$

其中 $2k$ 是一偶自然数, 而 $a_1, \cdots, a_n$ 是任意的实数.

首先, 由多项式定理的公式, 我们有

$$(a_1 x_1 + \cdots + a_n x_n)^{2k} = \sum_{\lambda_1 + \cdots + \lambda_n = 2k} \frac{(2k)!}{\lambda_1! \cdots \lambda_n!} a_1^{\lambda_1} \cdots a_n^{\lambda_n} x_1^{\lambda_1} \cdots x_n^{\lambda_n}.$$

如沿球体 $x_1^2 + \cdots + x_n^2 \leqslant 1$ 积分, 则指数 λ 中至少有一个为奇数的那些项其积分为零. 因此,

$$L_{2k} = \sum_{\mu_1 + \cdots + \mu_n = k} \frac{(2k!)}{(2\mu_1)! \cdots (2\mu_n)!} a_1^{2\mu_1} \cdots a_n^{2\mu_n} \int \cdots \int_{x_1^2 + \cdots + x_n^2 \leqslant 1} x_1^{2\mu_1} \cdots x_n^{2\mu_n} dx_1 \cdots dx_n,$$

但由推广了的狄利克雷公式 [参看 5)], 所写出的积分有值[①]

$$\frac{\Gamma\left(\mu_1 + \frac{1}{2}\right) \cdots \Gamma\left(\mu_n + \frac{1}{2}\right)}{\Gamma\left(\frac{n}{2} + k + 1\right)}$$

这里令

$$\Gamma\left(\mu + \frac{1}{2}\right) = \left(\mu - \frac{1}{2}\right)\left(\mu - \frac{3}{2}\right) \cdots \frac{1}{2} \sqrt{\pi} = \frac{(2\mu - 1)!!}{2^\mu} \sqrt{\pi},$$

经变换后得:

$$L_{2k} = \frac{(2k-1)!!}{2^k} \frac{\pi^{\frac{n}{2}}}{\Gamma\left(\frac{n}{2} + k + 1\right)} \sum_{\mu_1 + \cdots + \mu_n = k} \frac{k!}{\mu_1! \cdots \mu_n!} a_1^{2\mu_1} \cdots a_n^{2\mu_n}$$

$$= \frac{(2k-1)!!}{2^k} \frac{\pi^{\frac{n}{2}}}{\Gamma\left(\frac{n}{2} + k + 1\right)} (a_1^2 + \cdots + a_n^2)^k.$$

[①]这时应该注意到, 狄利克雷公式中假定限制于 $x_1 \geqslant 0, \cdots, x_n \geqslant 0$; 所以由它所给出的结果必须还要乘上 2^n.

这一积分首先是索宁 (虽然是用另一方法) 计算出来的. 在注意到积分

$$L_{2k} + 1 = \overbrace{\int \cdots \int}^{n}_{x_1^2 + \cdots + x_n^2 \leqslant 1} (a_1 x_1 + \cdots + a_n x_n)^{2k+1} dx_1 \cdots dx_n$$

恒等于零后, 索宁借将指数函数展开为级数的办法并逐项积分便得到这样一积分的值

$$\overbrace{\int \cdots \int}^{n}_{x_1^2 + \cdots + x_n^2 \leqslant 1} e^{a_1 x_1 + \cdots + a_n x_n} dx_1 \cdots dx_n = \pi^{\frac{n}{2}} \sum_{k=0}^{\infty} \frac{1}{k! \Gamma\left(\frac{n}{2} + k + 1\right)} \left(\frac{\rho}{2}\right)^{2k},$$

其中为简便计已令

$$\rho = \sqrt{a_1^2 + \cdots + a_n^2}.$$

对偶数的 $n = 2m$, 这一结果可重写为

$$\pi^m \sum_{k=0}^{\infty} \frac{1}{k!(k+m)!} \left(\frac{\rho}{2}\right)^{2k} = \frac{(2\pi)m}{(i\rho)m} \sum_{k=0}^{\infty} \frac{(-1^k)}{k!(k+m)!} \left(\frac{i\rho}{2}\right)^{2k+m} = \frac{(2\pi)^{\frac{n}{2}}}{(i\rho)^{\frac{n}{2}}} J_{\frac{n}{2}}(i\rho),$$

亦即可以虚变元的附标为 $m = \dfrac{n}{2}$ 的贝塞尔函数 [**395**, 14)] 来表示. 但是, 必须指出, 如将任何附标的贝塞尔函数放入考察之中, 则所得结果同样对奇数的 n 依然有效.

12) 现在我们转向将变量变换的一般公式 (6) 应用到计算重积分的例题.

很自然的, 首先是由公式

$$\left.\begin{aligned}
x_1 &= r \cos \varphi_1, \\
x_2 &= r \sin \varphi_1 \cos \varphi_2, \\
x_3 &= r \sin \varphi_1 \sin \varphi_2 \cos \varphi_3, \\
&\cdots\cdots\cdots\cdots\cdots\cdots\cdots\cdots\cdots\cdots\cdots \\
x_{n-1} &= r \sin \varphi_1 \sin \varphi_2 \cdots \sin \varphi_{n-2} \cos \varphi_{n-1}, \\
x_n &= r \sin \varphi_1 \sin \varphi_2 \cdots \sin \varphi_{n-2} \sin \varphi_{n-1}
\end{aligned}\right\} \tag{10}$$

所得的广义极坐标变换. 如在 $x_1 x_2 \cdots x_n$ 空间内考察一球体 $x_1^2 + x_2^2 + \cdots + x_n^2 \leqslant R^2$, 则在新的 $r \varphi_1 \cdots \varphi_{n-1}$ 空间中显然可使长方体

$$0 \leqslant r \leqslant R, \quad 0 \leqslant \varphi_1 \leqslant \pi, \cdots, \quad 0 \leqslant \varphi_{n-2} \leqslant \pi, \quad 0 \leqslant \varphi_{n-1} \leqslant 2\pi$$

与它相对应; 如只取球体的对应于由 $x_1 \geqslant 0, x_2 \geqslant 0, \cdots, x_n \geqslant 0$ 所围的部分, 则所有的角 $\varphi_1, \cdots, \varphi_{n-1}$ 的变化就限制在区间 $\left[0, \dfrac{\pi}{2}\right]$ 上.

变换的雅可比式

$$J = \frac{D(x_1, x_2, \cdots, x_n)}{D(r, \varphi_1, \cdots, \varphi_{n-1})}$$

直接由定义来计算非常麻烦. 所以我们用一曲折的方法来计算它. 由公式 (10) 容易导出方程组:

$$\begin{aligned}
F_1 &\equiv r^2 - (x_1^2 + x_2^2 + \cdots + x_n^2) = 0, \\
F_2 &\equiv r^2 \sin^2 \varphi_1 - (x_2^2 + \cdots + x_n^2) = 0, \\
F_3 &\equiv r^2 \sin^2 \varphi_1 \sin^2 \varphi_2 - (x_3^2 + \cdots + x_n^2) = 0. \\
&\cdots\cdots\cdots\cdots\cdots\cdots\cdots\cdots\cdots\cdots\cdots\cdots\cdots \\
F_n &\equiv r^2 \sin^2 \varphi_1 \cdots \sin^2 \varphi_{n-1} - x_n^2 = 0.
\end{aligned}$$

反过来, 对于这一组来说, 函数组 (10) 就是解. 在这种情况下由第 **210** 目 8) 中的公式:

$$\frac{D(x_1, x_2, \cdots, x_n)}{D(r, \varphi_1, \cdots, \varphi_{n-1})} = (-1)^n \frac{\dfrac{D(F_1, F_2, \cdots, F_n)}{D(r, \varphi_1, \cdots, \varphi_{n-1})}}{\dfrac{D(F_1, F_2, \cdots, F_n)}{D(x_1, x_2, \cdots, x_n)}}.$$

后面这两行列式可立刻计算出来, 因为都可化为对角线上各项的乘积, 它们分别等于

$$\frac{D(F_1, \cdots, F_n)}{D(r, \varphi_1, \cdots, \varphi_{n-1})}$$
$$= (-1)^n 2^n r^{2n-1} \sin^{2n-3} \varphi_1 \cos \varphi_1 \sin^{2n-5} \varphi_2 \cos \varphi_2 \cdots \sin \varphi_{n-1} \cos \varphi_{n-1},$$

$$\frac{D(F_1, \cdots, F_n)}{D(x_1, \cdots, x_n)} = 2^n x_1 x_2 \cdots x_n$$
$$= 2^n r^n \sin^{n-1} \varphi_1 \cos \varphi_1 \sin^{n-2} \varphi_2 \cos \varphi_2 \cdots \sin \varphi_{n-1} \cos \varphi_{n-1}.$$

因此, 结果有

$$J = \frac{D(x_1, x_2, \cdots, x_n)}{D(r, \varphi_1, \cdots, \varphi_{n-1})} = r^{n-1} \sin^{n-2} \varphi_1 \sin^{n-3} \varphi_2 \cdots \sin \varphi_{n-2}.$$

作为一例考察积分

$$G = \overbrace{\int \cdots \int}^{n}_{x_1^2 + \cdots + x_n^2 \leqslant R^2} f\left(\sqrt{x_1^2 + \cdots + x_n^2}\right) dx_1 \cdots dx_n.$$

如采用极坐标变换, 则它的计算可直接化为计算 n 个各不相干的分开的积分:

$$G = \int_0^R r^{n-1} f(r) dr \cdot \int_0^\pi \sin^{n-2} \varphi_1 d\varphi_1 \cdots \int_0^\pi \sin^2 \varphi_{n-3} d\varphi_{n-3}$$
$$\times \int_0^\pi \sin \varphi_{n-2} d\varphi_{n-2} \cdot \int_0^{2\pi} d\varphi_{n-1}.$$

如利用计算正弦幂积分 [**534**, 4), 6)] 的公式:

$$\int_0^\pi \sin^{a-1} \varphi d\varphi = 2 \int_0^{\frac{\pi}{2}} \sin^{a-1} \varphi d\varphi = \sqrt{\pi} \frac{\Gamma\left(\dfrac{a}{2}\right)}{\Gamma\left(\dfrac{a+1}{2}\right)},$$

化简后则得

$$G = 2 \frac{\pi^{\frac{n}{2}}}{\Gamma\left(\dfrac{n}{2}\right)} \int_0^R r^{n-1} f(r) dr,$$

所以问题就化成计算一个对 r 的单积分了.

习题 2) 及 3) 的结果可作为特殊情形包含于其中. 反过来, 所得结果又包含在 8) 中刘维尔公式内.

13) 如将公式 (10) 平方, 并将 $x_1^2, x_2^2, \cdots, x_n^2$ 换作 $x_1, x_2, \cdots, x_n$,[①] 而将 $r^2, \sin^2\varphi_1 \cdots$, $\sin^2\varphi_{n-1}$ 换作 $u_1, u_2, \cdots, u_n$, 则得这样一组关系式:

$$\left.\begin{array}{l} x_1 = u_1(1 - u_2), \\ x_2 = u_1 u_2(1 - u_3), \\ \cdots\cdots\cdots\cdots\cdots\cdots\cdots\cdots\cdots \\ x_{n-1} = u_1 u_2 \cdots u_{n-1}(1 - u_n), \\ x_n = u_1 u_2 \cdots u_n. \end{array}\right\} \tag{11}$$

变换 (11) 因而在某种意义上相当于极坐标变换 (10). 在 $n = 2$ 时, 雅可比曾应用它去证明 B 及 Γ 函数间所已知的关系式 [**617**, 13)].

应用变换 (11) 到刘维尔公式 7) 左端的积分中后, 可直接证明它. 单纯形

$$x_1 \geqslant 0, x_2 \geqslant 0, \cdots, x_n \geqslant 0, \quad x_1 + \cdots + x_n \leqslant 1$$

这时与 $u_1 \cdots u_n$ 空间中的立方体 $[0, 1; \cdots; 0, 1]$ 相对应. 变换的雅可比式等于

$$J = \left| \begin{array}{ccccc} 1 - u_2 & u_2(1 - u_3) & \cdots & u_2 \cdots u_{n-1}(1 - u_n) & u_2 \cdots u_n \\ -u_1 & u_1(1 - u_3) & \cdots & u_1 u_3 \cdots u_{n-1}(1 - u_n) & u_1 u_3 \cdots u_n \\ 0 & -u_1 u_2 & \cdots & \cdots & \cdots \\ \cdots & \cdots & \cdots & \cdots & \cdots \\ 0 & 0 & \cdots & u_1 \cdots u_{n-2}(1 - u_n) & u_1 \cdots u_{n-2} u_n \\ 0 & 0 & \cdots & -u_1 \cdots u_{n-1} & u_1 \cdots u_{n-1} \end{array} \right|.$$

如在每一行的元素上加上所有以后各行相对应的元素, 则所有在对角线下面的全部元素都换作了零, 而在对角线上的元素就等于

$$1, u_1, u_1 u_2, \cdots, u_1 \cdots u_{n-1}.$$

因此, 最终有

$$J = u_1^{n-1} u_2^{n-2} \cdots u_{n-1}.$$

由公式 (6) 我们的积分就化为

$$\overbrace{\int_0^1 \cdots \int_0^1}^{n} \varphi(u_1) u_1^{p_1 + p_2 + \cdots + p_{n-1}} (1 - u_2)^{p_1 - 1}$$

$$\times u_2^{p_2 + \cdots + p_{n-1}} \cdots (1 - u_n)^{p_{n-1} - 1} u_n^{p_n - 1} du_1 \cdots du_n,$$

而这已经表作许多单积分乘积的样子, 剩下的就很明显了.

14) 同一变量变换可以得到一变了形的刘维尔公式. 其中 n 重积分是展布在无穷区域上的:

$$\overbrace{\underset{\substack{x_1, \cdots, x_n \geqslant 0 \\ x_1 + \cdots + x_n \geqslant 1}}{\int \cdots \int}}^{n} \varphi(x_1 + x_2 + \cdots + x_n) x_1^{p_1 - 1} x_2^{p_2 - 1} \cdots x_n^{p_n - 1} dx_1 dx_2 \cdots dx_n$$

$$= \frac{\Gamma(p_1)\Gamma(p_2) \cdots \Gamma(p_n)}{\Gamma(p_1 + p_2 + \cdots + p_n)} \int_1^\infty \varphi(u) u^{p_1 + p_2 + \cdots + p_n - 1} du;$$

[①] 当然, 在这种情况下这些变数只能取非负的值.

此处假定右端的积分绝对收敛.

与以前的公式一样, 它可同样推广 [比照 8)]:

$$
\overbrace{\int\cdots\int}^{n}_{\substack{x_1,\cdots,x_n\geqslant 0\\ \left(\frac{x_1}{a_1}\right)^{\alpha_1}+\cdots+\left(\frac{x_n}{a_n}\right)^{\alpha_n}\geqslant 1}} \varphi\left(\left(\frac{x_1}{a_1}\right)^{\alpha_1}+\cdots+\left(\frac{x_n}{a_n}\right)^{\alpha_n}\right) x_1^{p_1-1}\cdots x_n^{p_n-1}dx_1\cdots dx_n
$$

$$
=\frac{a_1^{p_1}\cdots a_n^{p_n}}{\alpha_1\cdots\alpha_n}\frac{\Gamma\left(\frac{p_1}{\alpha_1}\right)\cdots\Gamma\left(\frac{p_n}{\alpha_n}\right)}{\Gamma\left(\frac{p_1}{\alpha_1}+\cdots+\frac{p_n}{\alpha_n}\right)}\int_1^\infty \varphi(u)u^{\frac{p_1}{\alpha_1}+\cdots+\frac{p_n}{\alpha_n}-1}du.
$$

用最后一公式, 可以证明, 例如,

$$
\overbrace{\int\cdots\int}^{n}_{\substack{x_1,\cdots,x_n\geqslant 0\\ x_1^{\alpha_1}+\cdots+x_n^{\alpha_n}\geqslant 1}} \frac{x_1^{p_1-1}\cdots x_n^{p_n-1}dx_1\cdots dx_n}{(x_1^{\alpha_1}+\cdots+x_n^{\alpha_n})^\mu}
$$

$$
=\frac{1}{\alpha_1\cdots\alpha_n\left(\mu-\frac{p_1}{\alpha_1}-\cdots-\frac{p_n}{\alpha_n}\right)}\frac{\Gamma\left(\frac{p_1}{\alpha_1}\right)\cdots\Gamma\left(\frac{p_n}{\alpha_n}\right)}{\Gamma\left(\frac{p_1}{\alpha_1}+\cdots+\frac{p_n}{\alpha_n}\right)}\quad\left(\text{当 } \mu>\frac{p_1}{\alpha_1}+\cdots+\frac{p_n}{\alpha_n} \text{ 时}\right).
$$

15) 求证公式 (同样亦属于刘维尔的)

$$
\int_0^1\cdots\int_0^1 \varphi(v_1v_2\cdots v_n)(1-v_1)^{p_1-1}(1-v_2)^{p_2-1}
$$
$$
\cdots(1-v_n)^{p_n-1}v_2^{p_1}v_3^{p_1+p_2}\cdots v_n^{p_1+\cdots+p_{n-1}}dv_1\cdots dv_n
$$
$$
=\frac{\Gamma(p_1)\Gamma(p_2)\cdots\Gamma(p_n)}{\Gamma(p_1+p_2+\cdots+p_n)}\int_0^1 \varphi(u)(1-u)^{p_1+p_2+\cdots+p_n-1}du.
$$

提示　如在 7) 中所给的公式中将 $\varphi(u)$ 换成 $\varphi(1-u)$ 并令

$$
x_1=(1-v_1)v_2\cdots v_n,
$$
$$
x_2=(1-v_2)v_3\cdots v_n,
$$
$$
\cdots\cdots\cdots\cdots\cdots\cdots
$$
$$
x_{n-1}=(1-v_{n-1})v_n,
$$
$$
x_n=1-v_n,
$$

则它可由这一公式推出来. 这时变换的雅可比式有值

$$
J=(-1)^n v_2 v_3^2\cdots v_{n-1}^{n-2}v_n^{n-1}.
$$

16) 依照卡塔兰, 我们来考察积分 $(n \geqslant 3)$

$$K = \overbrace{\int \cdots \int}^{n-1}_{x_1^2 + \cdots + x_n^2 = 1} f(m_1 x_1 + \cdots + m_n x_n) \frac{dx_1 \cdots dx_{n-1}}{|x_n|} \quad ①$$

$$= 2 \overbrace{\int \cdots \int}^{n-1}_{x_1^2 + \cdots + x_{n-1}^2 \leqslant 1} f(m_1 x_1 + \cdots + m_n x_n) \frac{dx_1 \cdots dx_{n-1}}{\sqrt{1 - x_1^2 - \cdots - x_{n-1}^2}};$$

此处, 令

$$M = \sqrt{m_1^2 + \cdots + m_n^2}$$

时, 我们设函数 $f(u)$ 当 $u \leqslant M$ 时连续.

采用包含 x_n 在内的所有变量的线性正交变换公式

$$x_1 = a_1 u_1 + b_1 u_2 + \cdots + k_1 u_{n-1} + l_1 u_n,$$
$$x_2 = a_2 u_1 + b_2 u_2 + \cdots + k_2 u_{n-1} + l_2 u_n,$$
$$\cdots\cdots\cdots\cdots\cdots\cdots\cdots\cdots\cdots\cdots\cdots\cdots\cdots$$
$$\cdots\cdots\cdots\cdots\cdots\cdots\cdots\cdots\cdots\cdots\cdots\cdots\cdots$$
$$x_n = a_n u_1 + b_n u_2 + \cdots + k_n u_{n-1} + l_n u_n,$$

其中 n^2 个系数受制于 $\dfrac{n(n+1)}{2}$ 个条件

$$a_1^2 + a_2^2 + \cdots + a_n^2 = 1, \quad a_1 b_1 + a_2 b_2 + \cdots + a_n b_n = 0,$$
$$\cdots\cdots\cdots\cdots\cdots\cdots, \qquad \cdots\cdots\cdots\cdots\cdots\cdots$$
$$l_1^2 + l_2^2 + \cdots + l_n^2 = 1, \quad k_1 l_1 + k_2 l_2 + \cdots + k_n l_n = 0.$$

由此应得

$$u_1^2 + u_2^2 + \cdots + u_n^2 = x_1^2 + x_2^2 + \cdots + x_n^2 = 1,$$

并在令

$$u_n = \pm \sqrt{1 - u_1^2 - \cdots - u_{n-1}^2}$$

后, 我们将取 $u_1, \cdots, u_{n-1}$ 作为新的独立变量.

系数选择的任意性很大, 使我们有权利实际令

$$a_i = \frac{m_i}{M} \quad (i = 1, 2, \cdots, n),$$

_____

①在原始的形式下这一积分实质上是展布在 n 维空间中单位球面上的一曲面积分

$$\int \cdots \int f(m_1 x_1 + \cdots + m_n x_n) dS,$$

[参照 3) 中附注].

并甚至可进一步要求由变换系数组成的行列式要等于 $+1$, 在这种假定之下, 如大家所知, 对应于行列式任一元的代数余子式等于元素本身. 估计到这一点, 雅可比式

$$\frac{D(x_1,\cdots,x_{n-1})}{D(u_1,\cdots,u_{n-1})} = \begin{vmatrix} a_1 - l_1\dfrac{u_1}{u_n} & b_1 - l_1\dfrac{u_2}{u_n} & \cdots & k_1 - l_1\dfrac{u_{n-1}}{u_n} \\[2mm] a_2 - l_2\dfrac{u_1}{u_n} & b_2 - l_2\dfrac{u_2}{u_n} & \cdots & k_2 - l_2\dfrac{u_{n-1}}{u_n} \\ \cdots\cdots\cdots & \cdots\cdots\cdots & \cdots\cdots\cdots & \cdots\cdots\cdots \\ \cdots\cdots\cdots & \cdots\cdots\cdots & \cdots\cdots\cdots & \cdots\cdots\cdots \\ a_{n-1} - l_{n-1}\dfrac{u_1}{u_n} & b_{n-1} - l_{n-1}\dfrac{u_2}{u_n} & \cdots & k_{n-1} - l_{n-1}\dfrac{u_{n-1}}{u_n} \end{vmatrix}$$

就会等于

$$l_n + a_n\frac{u_1}{u_n} + b_n\frac{u_2}{u_n} + \cdots + k_n\frac{u_{n-1}}{u_n} = \frac{x_n}{u_n}.$$

因此

$$K = 2 \overbrace{\int\cdots\int}^{n-1}_{u_1^2+\cdots+u_{n-1}^2\leqslant 1} f(Mu_1)\frac{du_1\cdots du_{n-1}}{\sqrt{1 - u_1^2 - \cdots - u_{n-1}^2}}$$

$$= 2\int_{-1}^{1} f(Mu_1)du_1 \overbrace{\int\cdots\int}^{n-2}_{u_2^2+\cdots+u_{n-1}^2\leqslant 1-u_1^2} \frac{du_2\cdots du_{n-1}}{\sqrt{(1-u_1^2) - u_2^2 - \cdots - u_{n-1}^2}}.$$

里面的积分, 容易由 3) 得出, 等于

$$\frac{\pi^{\frac{n-1}{2}}}{\Gamma\left(\dfrac{n-1}{2}\right)}(1-u_1^2)^{\frac{n-3}{2}},$$

所以最终有

$$K = 2\frac{\pi^{\frac{n-1}{2}}}{\Gamma\left(\dfrac{n-1}{2}\right)}\int_{-1}^{1} f\left(\sqrt{m_1^2 + \cdots + m_n^2}\,u\right)(1-u^2)^{\frac{n-3}{2}}du.$$

在这里令 $u = \cos\lambda$ $(0 \leqslant \lambda \leqslant \pi)$, 也可将结果写作下形:

$$K = 2\frac{\pi^{\frac{n-1}{2}}}{\Gamma\left(\dfrac{n-1}{2}\right)}\int_{0}^{\pi} f\left(\sqrt{m_1^2 + \cdots + m_n^2}\cos\lambda\right)\sin^{n-2}\lambda\,d\lambda.$$

当 $n = 3$ 时由此得到我们已知的泊松公式, 这在 **633**, 3) 中我们已推出, 且在实质上是用的同一坐标变换法推得的.

17) 已为我们熟知的卡塔兰公式 [参看 **597**, 15) 及 **617**, 16)] 可立刻重复同样的推理 —— 移到 n 维的情形:

$$\overbrace{\int\cdots\int}^{n}_{m\leqslant g(x_1,\cdots,x_n)\leqslant M} f(x_1,\cdots,x_n)\varphi(g(x_1,\cdots,x_n))dx_1\cdots dx_n$$

$$= (\text{S})\int_{m}^{M}\varphi(u)d\psi(u) = (\text{R})\int_{m}^{M}\varphi(u)\frac{d\psi(u)}{du}du, \tag{12}$$

其中

$$\psi(u) = \overbrace{\int \cdots \int}^{n}_{m \leqslant g(x_1,\cdots,x_n) \leqslant M} f(x_1,\cdots,x_n)dx_1 \cdots dx_n. \tag{13}$$

这里 M 也可以是 $+\infty$, 但 $\int_m^{+\infty}$ 了解为 $\lim\limits_{M\to\infty} \int_m^M$.

作为一例不妨按照卡塔兰的方法从狄利克雷公式 4) 去求得刘维尔公式 7).

18) 索宁注意到有时卡塔兰公式可在另一种设计下来利用.

假定函数 $f(x_1,\cdots,x_n)$ 是 s 次齐次函数 **[187]**, 而函数 $g(x_1,\cdots,x_n)$ 也是齐次但为一次的; 例如, 函数 g 可以有下形

$$x_1 + \cdots + x_n \quad 或 \quad \sqrt{x_1^2 + \cdots + x_n^2}.$$

又设 $m=0$. 则在 (13) 中令

$$x_1 = u\xi_1,\ x_2 = u\xi_2,\cdots,x_n = u\xi_n$$

(雅可比式 $J = u^n$) 并考虑到不等式 $0 \leqslant g(x_1,\cdots,x_n) \leqslant u$ 此时变为不等式 $0 \leqslant g(\xi_1,\cdots,\xi_n) \leqslant 1$ 时, 我们得到

$$\psi(u) = u^{n+s} \overbrace{\int \cdots \int}^{n}_{0 \leqslant g(\xi_1,\cdots,\xi_n) \leqslant 1} f(\xi_1,\cdots,\xi_n)d\xi_1 \cdots d\xi_n.$$

将它代入 (12) (但将 ξ 又写为 x):

$$\overbrace{\int \cdots \int}^{n}_{0 \leqslant g(x_1,\cdots,x_n) \leqslant M} f(x_1,\cdots,x_n)\varphi(g(x_1,\cdots,x_n))dx_1 \cdots dx_n$$

$$= \overbrace{\int \cdots \int}^{n}_{0 \leqslant g(x_1,\cdots,x_n) \leqslant 1} f(x_1,\cdots,x_n)dx_1 \cdots dx_n \cdot \int_0^M \varphi(u)du^{n+s}.$$

现在, 如果能够首先选取函数 φ, 其次选取上限 M 使左端的积分容易计算, 则由此就得积分

$$\overbrace{\int \cdots \int}^{n}_{0 \leqslant g(x_1,\cdots,x_n) \leqslant 1} f(x_1,\cdots,x_n)dx_1 \cdots dx_n$$

的表示式.

例如, 如限定于 $x_1,\cdots,x_n$ 的非负值时, 取

$$g(x_1,\cdots,x_n) = x_1 + \cdots + x_n,$$
$$f(x_1,\cdots,x_n) = x_1^{p_1-1} \cdots x_n^{p_n-1} \quad (p_i > 0),$$
$$\varphi(u) = e^{-u}, \quad M = +\infty,$$

则 s 就等于 $p_1 + \cdots + p_n - n$, 而我们将得狄利克雷公式 [4]:

$$\overbrace{\int \cdots \int}^{n}_{\substack{x_1, \cdots, x_n \geqslant 0 \\ 0 \leqslant x_1 + \cdots + x_n \leqslant 1}} x_1^{p_1-1} \cdots x_n^{p_n-1} dx_1 \cdots dx_n$$

$$= \frac{\int_0^\infty e^{-x_1} x_1^{p_1-1} dx_1 \cdots \int_0^\infty e^{-x_n} x_n^{p_n-1} dx_n}{(p_1 + \cdots + p_n) \int_0^\infty e^{-u} u^{p_1 + \cdots + p_n - 1} du} = \frac{\Gamma(p_1) \cdots \Gamma(p_n)}{\Gamma(p_1 + \cdots + p_n + 1)}.$$

19) 用同一方法试化简积分

$$\overbrace{\int \cdots \int}^{n}_{\substack{x_1, \cdots, x_n \geqslant 0 \\ 0 \leqslant x_1 + \cdots + x_n \leqslant 1}} \frac{x_1^{p_1-1} \cdots x_n^{p_n-1}}{(b_1 x_1 + \cdots + b_n x_n)^q} dx_1 \cdots dx_n,$$

但假定

$$p_i > 0, \quad b_i > 0, \quad p_1 + \cdots + p_n > q > 0.$$

提示　取 $\varphi(u) = e^{-u}, M = +\infty$; 利用当 $a_1 = \cdots = a_n = 1$ 及 $b_0 = 0$ 时 10) 的结果.

答　$\dfrac{\Gamma(p_1) \cdots \Gamma(p_n)}{\Gamma(p_1 + \cdots + p_n - q + 1)\Gamma(q)} \displaystyle\int_0^\infty \dfrac{u^{q-1} du}{(1 + b_1 u)^{p_1} \cdots (1 + b_n u)^{p_n}}.$

20) 卡塔兰公式的下一推广同样也是属于索宁的:

$$\overbrace{\int \cdots \int}^{n}_{m \leqslant g(x_1, \cdots, x_n) \leqslant M} \varphi(x_1, \cdots, x_n, g(x_1, \cdots, x_n)) dx_1 \cdots dx_n = (\mathrm{R}) \int_m^M \left\{ \frac{\partial \Phi(t, c)}{\partial t} \right\}_{c=t} dt$$

其中

$$\Phi(t, c) = \overbrace{\int \cdots \int}^{n}_{m \leqslant g(x_1, \cdots, x_n) \leqslant t} \varphi(x_1, \cdots, x_n, c) dx_1 \cdots dx_n.$$

[如给函数 $\varphi(x_1, \cdots, x_n, c)$ 以特殊形式: $f(x_1, \cdots, x_n)\varphi(c)$, 由此就得卡塔兰公式.]

我们将采用著者的证明.

在显明的等式

$$\int_m^M dt \overbrace{\int \cdots \int}^{n}_{m \leqslant g \leqslant M} F(x_1, \cdots, x_n, t) dx_1 \cdots dx_n = \overbrace{\int \cdots \int}^{n}_{m \leqslant g \leqslant M} dx_1 \cdots dx_n \int_m^M F(x_1, \cdots, x_n, t) dt$$

中, 令

$$F = \begin{cases} \dfrac{\partial \varphi(x_1, \cdots, x_n, t)}{\partial t}, & \text{当 } m \leqslant g(x_1, \cdots, x_n) \leqslant t, \\ 0, & \text{当 } g(x_1, \cdots, x_n) > t \text{ 时;} \end{cases}$$

则得

$$
\int_m^M dt \overbrace{\int \cdots \int}^{n} \frac{\partial \varphi(x_1, \cdots, x_n, t)}{\partial t} dx_1 \cdots dx_n
$$

$$
= \overbrace{\int \cdots \int}^{n}_{m \leqslant g \leqslant M} dx_1 \cdots dx_n \int_g^M \frac{\partial \varphi(x_1, \cdots, x_n, t)}{\partial t} dt.
$$

如算出右端里面的积分, 则由此有

$$
\overbrace{\int \cdots \int}^{n}_{m \leqslant g \leqslant M} \varphi(x_1, \cdots, x_n, g) dx_1 \cdots dx_n
$$

$$
= \Phi(M, M) - \int_m^M dt \overbrace{\int \cdots \int}^{n}_{m \leqslant g \leqslant t} \frac{\partial \varphi(x_1, \cdots, x_n, t)}{\partial t} dx_1 \cdots dx_n. \tag{14}
$$

另一方面, 按照复合函数的微分法规则, "全导数"

$$
\frac{d}{dt} \Phi(t, t) = \left\{ \frac{\partial \Phi(t, c)}{\partial t} \right\}_{c=t} + \left\{ \frac{\partial \Phi(t, c)}{\partial c} \right\}_{c=t}.
$$

应用莱布尼茨规则到右端第二个导数, 可将它换作

$$
\overbrace{\int \cdots \int}^{n}_{m \leqslant g \leqslant t} \frac{\partial \varphi(x_1, \cdots, x_n, t)}{\partial t} dx_1 \cdots dx_n,
$$

现在将这一等式对 t 自 m 积分到 M; 注意 $\Phi(m, m) = 0$, 便得出

$$
\Phi(M, M) - \int_m^M dt \overbrace{\int \cdots \int}^{n}_{m \leqslant g \leqslant t} \frac{\partial \varphi(x_1, \cdots, x_n, t)}{\partial t} dx_1 \cdots dx_n
$$

$$
= \int_m^M \left\{ \frac{\partial \Phi(t, c)}{\partial t} \right\}_{c=t} dt. \tag{15}
$$

如比较 (14) 及 (15), 则得所要证的公式.

21) 我们将应用索宁公式去计算积分

$$
S = \overbrace{\int \cdots \int}^{n}_{0 \leqslant \sqrt{x_1^2 + \cdots + x_n^2} \leqslant 1} e^{\frac{a_1 x_1 + \cdots + a_n x_n}{\sqrt{x_1^2 + \cdots + x_n^2}}} dx_1 \cdots dx_n.
$$

这里

$$\varphi(x_1, \cdots, x_n, c) = e^{\frac{a_1 x_1 + \cdots + a_n x_n}{c}},$$

$$g(x_1, \cdots, x_n) = \sqrt{x_1^2 + \cdots + x_n^2},$$

$$m = 0, \quad M = 1,$$

$$\Phi(t, c) = \overbrace{\int \cdots \int}^{n} _{0 \leqslant \sqrt{x_1^2 + \cdots + x_n^2} \leqslant t} e^{\frac{a_1 x_1 + \cdots + a_n x_n}{c}} dx_1 \cdots dx_n.$$

显然, 我们有

$$\overbrace{\int \cdots \int}^{n} _{0 \leqslant \sqrt{x_1^2 + \cdots + x_n^2} \leqslant t} e^{\frac{a_1 x_1 + \cdots + a_n x_n}{c}} dx_1 \cdots dx_n$$

$$= t^n \overbrace{\int \cdots \int}^{n} _{0 \leqslant \sqrt{x_1^2 + \cdots + x_n^2} \leqslant 1} e^{\frac{t}{c}(a_1 x_1 + \cdots + a_n x_n)} dx_1 \cdots dx_n.$$

利用习题 11) 的结果后, 易得展开式

$$\Phi(t, c) = \pi^{\frac{n}{2}} \sum_{k=0}^{\infty} \frac{1}{k! \Gamma\left(\frac{n}{2} + k + 1\right)} \left(\frac{\rho}{2c}\right)^{2k} t^{2k+n}.$$

其中

$$\rho = \sqrt{a_1^2 + \cdots + a_n^2}.$$

于是

$$\left[\frac{\partial \Phi(t, c)}{\partial t}\right]_{c=t} = t^{n-1} \cdot 2\pi^{\frac{n}{2}} \sum_{k=0}^{\infty} \frac{1}{k! \Gamma\left(\frac{n}{2} + k\right)} \left(\frac{\rho}{2}\right)^{2k}$$

所以由索宁公式,

$$S = \frac{2\pi^{\frac{n}{2}}}{n} \sum_{k=0}^{\infty} \frac{1}{k! \Gamma\left(\frac{n}{2} + k\right)} \left(\frac{\rho}{2}\right)^{2k} = \frac{2\pi^{\frac{n}{2}}}{n(\rho i)^{\frac{n}{2}-1}} J_{\frac{n}{2}-1}(\rho i)$$

[比较 11)].

22) 计算积分 $(\lambda \geqslant 0)$

$$R(\lambda) = \overbrace{\int_0^{\infty} \cdots \int_0^{\infty}}^{n-1} e^{-\left(x_1 + \cdots + x_{n-1} + \frac{\lambda^n}{x_1 \cdots x_{n-1}}\right)}$$

$$\times x_1^{\frac{1}{n}-1} x_2^{\frac{2}{n}-1} \cdots x_{n-1}^{\frac{n-1}{n}-1} dx_1 \cdots dx_{n-1}$$

[比照 **617**, 19)].

对参数 λ 在积分号下面微分 (当 $\lambda > 0$ 时) 并在结果中将一个变数 x_1 以

$$z = \frac{\lambda^n}{x_1 x_2 \cdots x_{n-1}}$$

来代换, 则得

$$\frac{dR}{d\lambda} = -n \overbrace{\int_0^\infty \cdots \int_0^\infty}^{n-1} e^{-\left(x_2 + \cdots + x_{n-1} + z + \frac{\lambda^n}{x_2 \cdot x_{n-1} z}\right)}$$
$$\times x_2^{\frac{1}{n}-1} \cdots x_{n-1}^{\frac{n-2}{n}-1} z^{\frac{n-1}{n}-1} dx_2 \cdots dx_{n-1} dz,$$

亦即

$$\frac{dR}{d\lambda} = -nR.$$

于是

$$R = Ce^{-n\lambda}.$$

因为当 $\lambda = 0$ 时积分 R 保有连续性, 故

$$C = R(0) = \Gamma\left(\frac{1}{n}\right)\Gamma\left(\frac{2}{n}\right)\cdots\Gamma\left(\frac{n-1}{n}\right) = \frac{1}{\sqrt{n}}(2\pi)^{\frac{n-1}{2}}$$

[**531**, 6°]. 最终:

$$R = \frac{1}{\sqrt{n}}(2\pi)^{\frac{n-1}{2}}e^{-n\lambda}.$$

23) 刘维尔很聪明地利用这一积分来推演属于高斯的 Γ 函数乘法定理 [**536**].

在所得等式两端乘上 λ^{p-1} $(p > 0)$ 后, 将它对 λ 自 $\lambda = 0$ 积分到 $\lambda = +\infty$. 从右边得到

$$\frac{1}{\sqrt{n}}(2\pi)^{\frac{n-1}{2}} \cdot \int_0^\infty \lambda^{p-1} e^{-n\lambda} d\lambda = \frac{(2\pi)^{\frac{n-1}{2}}}{n^{p+\frac{1}{2}}}\Gamma(p). \tag{16}$$

而在左边我们就将对 λ 的积分移到 (按施行次序的) 第一个位置:

$$\overbrace{\int_0^\infty \cdots \int_0^\infty}^{n-1} e^{-(x_1 + \cdots + x_{n-1})} x_1^{\frac{1}{n}-1} \cdots x_{n-1}^{\frac{n-1}{n}-1} dx_1 \cdots dx_{n-1}$$
$$\times \int_0^\infty e^{-\frac{\lambda^n}{x_1 \cdots x_{n-1}}} \cdot \lambda^{p-1} d\lambda.$$

用代换 $\dfrac{\lambda^n}{x_1 \cdots x_{n-1}} = t$, 里面的积分就化为

$$\frac{1}{n}\Gamma\left(\frac{p}{n}\right)(x_1 \cdots x_{n-1})^{\frac{p}{n}},$$

于是余下的 $n-1$ 重积分就可拆成分离的单积分的乘积:

$$\frac{1}{n}\Gamma\left(\frac{p}{n}\right) \cdot \int_0^\infty e^{-x_1} \cdot x_1^{\frac{p+1}{n}-1} dx_1 \cdots \int_0^\infty e^{-x_{n-1}} \cdot x_{n-1}^{\frac{p+n-1}{n}-1} dx_{n-1}$$
$$= \frac{1}{n}\Gamma\left(\frac{p}{n}\right) \cdot \Gamma\left(\frac{p+1}{n}\right) \cdots \Gamma\left(\frac{p+n-1}{n}\right).$$

令这一积分与 (16) 式相等并将 p 换作 na $(a > 0)$, 我们就得到在通常形式下的高斯公式:

$$\Gamma(a)\Gamma\left(a + \frac{1}{n}\right)\cdots\Gamma\left(a + \frac{n-1}{n}\right) = \frac{(2\pi)^{\frac{n-1}{2}}}{n^{na-\frac{1}{2}}}\Gamma(na).$$

24) 设 $f_1(x), f_2(x), \cdots, f_n(x)$ 为在有限区间 $[a,b]$ 上可积的有界函数. 求证:

$$\frac{1}{n!}\overbrace{\int_a^b\cdots\int_a^b}^{n}\begin{vmatrix} f_1(x_1) & f_1(x_2) & \cdots & f_1(x_n) \\ f_2(x_1) & f_2(x_2) & \cdots & f_2(x_n) \\ \cdots & \cdots & \cdots & \cdots \\ \cdots & \cdots & \cdots & \cdots \\ f_n(x_1) & f_n(x_2) & \cdots & f_n(x_n) \end{vmatrix}^2 dx_1 dx_2 \cdots dx_n$$

$$= \begin{vmatrix} \int_a^b f_1^2\,dx & \int_a^b f_1 f_2\,dx & \cdots & \int_a^b f_1 f_n\,dx \\ \int_a^b f_2 f_1\,dx & \int_a^b f_2^2\,dx & \cdots & \int_a^b f_2 f_n\,dx \\ \cdots & \cdots & \cdots & \cdots \\ \int_a^b f_n f_1\,dx & \int_a^b f_n f_2\,dx & \cdots & \int_a^b f_n^2\,dx \end{vmatrix}.$$

右端的行列式称作格拉姆 (J. P. Gram) 行列式.

将区间 $[a,b]$ 分成 $m\ (> n)$ 等分, 考察所有 n 个函数在各分点的值:

$$f_{ij}^{(m)} = f_i\left(a + j\frac{b-a}{m}\right) \quad (i = 1, 2, \cdots, n;\ j = 0, 1, \cdots, m-1).$$

将由这些数组成的矩阵自乘. 由熟知的定理, 对应于它的行列式

$$\left|\sum_j f_{ij}^{(m)}\ f_{kj}^{(m)}\right| \ ①$$

等于所述的原来矩阵的许多行列式的平方和:

$$\sum_{j_1 < j_2 < \cdots < j_n}\left|f_{ijk}^{(m)}\right|^2,$$

其中加法是分布在从 $m\ (> n)$ 个附标 $0, 1, \cdots, m-1$ 中取 n 个的一切可能组合上. 如在各组合中颠倒其位置, 则每一项重复 $n!$ 次; 附标 j 相等也可不必避免, 因为这种情况对应的项为零. 结果可以写为:

$$\frac{1}{n!}\sum_{j_1=0}^{m-1}\cdots\sum_{j_n=0}^{m-1}\left|f_{ijk}^{(m)}\right|^2 = \left|\sum_{j=0}^{m-1} f_{ij}^{(m)}\ f_{kj}^{(m)}\right|.$$

如左端多重的和中每一项乘上 $\left(\frac{b-a}{m}\right)^n$ 且同时右端行列式的每一元乘上 $\frac{b-a}{m}$, 则得一类似于所求证的等式, 不过不是积分而是积分和. 要完成证明, 只需令 $m \to \infty$ 时变到极限.

---

① 为简便计, 我们将一行列式在第 i 行及第 k 列交叉处是元 a_{ik} 者写成 $|a_{ik}|$ 的形状.

第十九章　傅里叶级数

§1. 导言

677. 周期量与调和分析　在科学与工程中时常要遇到周期现象，也就是经历一定的时间 T 后要恢复原状的现象，时间 T 称为**周期**. 蒸汽机所作的稳定运动是这种现象的实例，它经历了一定的转数后又重新经过原来的位置. 我们也可取交流电等现象作为实例. 与所考虑的周期现象有关的各种量，在经历周期 T 后，重新取得它们的原值；因此这些量是时间 t 的**周期函数**，可用下列等式来表明：

$$\varphi(t + T) = \varphi(t).$$

例如交流电的强度与电压就是这样的量. 在蒸汽机的例子中，十字头的行程，它的速度与加速度，蒸汽压力，以及在曲柄梢处的切线力等也都是这样的量.

最简单的周期函数 (如果我们不计常数) 是**正弦型量**: $A \sin(\omega t + \alpha)$，其中 ω 是"频率"，它与周期的关系是：

$$\omega = \frac{2\pi}{T}. \tag{1}$$

用这类简单的周期函数可以组成比较复杂的周期函数. 显然用以组成复杂函数的各正弦型量必须有不同的频率，因为频率相等的正弦型量的和仍是有同一频率的正弦型量. 反过来考察形状为

$$\left. \begin{array}{l} y_0 = A_0, \quad y_1 = A_1 \sin(\omega t + \alpha_1), \quad y_2 = A_2 \sin(2\omega t + \alpha_2), \\ y_3 = A_3 \sin(3\omega t + \alpha_3), \cdots \end{array} \right\} \tag{2}$$

的量；如果不计常数，这些量的频率

$$\omega, 2\omega, 3\omega, \cdots$$

是最小频率 ω 的倍数; 它们的周期是

$$T, \frac{1}{2}T, \frac{1}{3}T, \cdots$$

如果将其中某些量相加, 则得到一个周期函数 (周期是 T), 但在实质上与 (2) 型的量已不同.

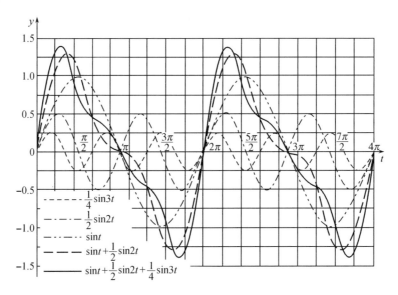

图 121

作为一例, 作三个正弦型量的和 (图 121):

$$\sin t + \frac{1}{2}\sin 2t + \frac{1}{4}\sin 3t;$$

这函数的图解就其特征来说已与正弦型函数的图解大不相同. 用 (2) 型各量所作成的无穷级数的和的图解则更要不同了.

现在我们很自然地提出相反的问题: 将一个周期是 T 的已给函数 $\varphi(t)$ 表作有限个, 或者即使是无穷个形如 (2) 的正弦型量的和, 是不是可能呢? 在下面, 我们可以看到, 对于相当广泛的一类函数, 可以给这问题以肯定的答复; 不过我们要引用全部数量 (2) 所成的无穷序列. 对于这类函数 "三角级数" 展开式

$$\varphi(t) = A_0 + A_1\sin(\omega t + \alpha_1) + A_2\sin(2\omega t + \alpha_2) + A_3\sin(3\omega t + \alpha_3) + \cdots$$

$$= A_0 + \sum_{n=1}^{\infty} A_n\sin(n\omega t + \alpha_n) \tag{3}$$

成立, 其中 $A_0, A_1, \alpha_1, A_2, \alpha_2, \cdots$ 是常数, 对于每个这样的函数, 各取特殊的值, 而频率 ω 由公式 (1) 给出.

在几何上, 这就表明: 周期函数的图解可以由叠加一系列正弦型量的图解得来. 如果将每个正弦型量解释为力学上的调和振动, 则也可说这里由函数 $\varphi(t)$ 表示的复杂振动可以分解成各别的**调和振动**. 因此组成展开式 (3) 的各正弦型量称为函数 $\varphi(t)$ 的**调和成分**或简称**调和素** (第一, 第二调和素等). 将周期函数分解成调和素的手续称为**调和分析**.

如果选取

$$x = \omega t = \frac{2\pi t}{T}$$

作为自变数, 则得 x 的函数

$$f(x) = \varphi\left(\frac{x}{\omega}\right),$$

这也是周期函数, 但具有标准周期 2π. 展开式 (3) 将有下面的形状:

$$f(x) = A_0 + A_1 \sin(x + \alpha_1) + A_2 \sin(2x + \alpha_2) + A_3 \sin(3x + \alpha_3) + \cdots$$
$$= A_0 + \sum_{n=1}^{\infty} A_n \sin(nx + \alpha_n). \tag{4}$$

用二角和的正弦公式展开级数的各项, 并令

$$A_0 = a_0, \quad A_n \sin \alpha_n = a_n, \quad A_n \cos \alpha_n = b_n \quad (n = 1, 2, \cdots),$$

则得三角展开式的最终形状:

$$f(x) = a_0 + (a_1 \cos x + b_1 \sin x) + (a_2 \cos 2x + b_2 \sin 2x)$$
$$+ (a_3 \cos 3x + b_3 \sin 3x) + \cdots = a_0 + \sum_{n=1}^{\infty} (a_n \cos nx + b_n \sin nx), \tag{5}$$

今后我们总是研究这种形状的展开式.[①] 在这里角 x 的以 2π 为周期的函数就表为 x 的倍角的余弦及正弦的展开式.

在上面, 从周期振动现象及与它们有关的量出发, 我们得到了函数的三角级数展开式. 然而重要的是现在就应注意: 当研究只是在有限区间上给出、而完全不是由任何振动现象所产生的函数时, 这样的展开式也时常是有用的.

678. 欧拉–傅里叶确定系数法 要研究已给的以 2π 为周期的函数 $f(x)$ 展开为三角级数 (5) 的可能性, 必须从系数 $a_0, a_1, b_1, \cdots, a_n, b_n, \cdots$ 的一确定组合出发. 我们将说明在 18 世纪的下半叶欧拉所用的系数确定法, 而在 19 世纪之初, 傅里叶也曾经独立地应用过.

假定函数 $f(x)$ 在区间 $[-\pi, \pi]$ 上按常义或非常义可积分; 在后一情形, 我们补充假定函数绝对可积. 设展开式 (5) 成立, 并将它逐项从 $-\pi$ 积分到 π, 则得

$$\int_{-\pi}^{\pi} f(x)dx = 2\pi a_0 + \sum_{n=1}^{\infty}\left[a_n \int_{-\pi}^{\pi} \cos nx dx + b_n \int_{-\pi}^{\pi} \sin nx dx\right].$$

[①]如果需要的话, 当然不难从这个展开式反过来变成形如 (4) 的展开式.

但容易看出

$$\left.\begin{array}{l} \int_{-\pi}^{\pi} \cos nx dx = \dfrac{\sin nx}{n}\Big|_{-\pi}^{\pi} = 0 \\[3mm] \int_{-\pi}^{\pi} \sin nx dx = -\dfrac{\cos nx}{n}\Big|_{-\pi}^{\pi} = 0. \end{array}\right\} \tag{6}$$

与

因此在和数符号后的各项都是零, 最后求得

$$a_0 = \frac{1}{2\pi}\int_{-\pi}^{\pi} f(x)dx. \tag{7}$$

为要确定系数 a_m 的大小, 用 $\cos mx$ 乘等式 (5) (我们总假定这等式成立) 的两端, 再在同一区间上逐项积分:

$$\int_{-\pi}^{\pi} f(x)\cos mx dx$$
$$= a_0 \int_{-\pi}^{\pi} \cos mx dx + \sum_{n=1}^{\infty}\left[a_n \int_{-\pi}^{\pi} \cos nx \cos mx dx + b_n \int_{-\pi}^{\pi} \sin nx \cos mx dx\right].$$

由 (6), 上式右端第一项等于零. 此外, 不论 n, m 如何, 恒有 [参考 **308**, 4)]

$$\int_{-\pi}^{\pi} \sin nx \cos mx dx = \frac{1}{2}\int_{-\pi}^{\pi}[\sin(n+m)x + \sin(n-m)x]dx = 0, \tag{8}$$

而 $n \neq m$ 时, 则

$$\int_{-\pi}^{\pi} \cos nx \cos mx dx = \frac{1}{2}\int_{-\pi}^{\pi}[\cos(n+m)x + \cos(n-m)x]dx = 0; \tag{9}$$

最后还有

$$\int_{-\pi}^{\pi} \cos^2 mx dx = \int_{-\pi}^{\pi}\frac{1+\cos 2mx}{2}dx = \pi. \tag{10}$$

因此在和数符号后的一切积分, 除了以系数 a_m 为乘数的积分外, 都等于零. 从而这系数就被确定为:

$$a_m = \frac{1}{\pi}\int_{-\pi}^{\pi} f(x)\cos mx dx \quad (m = 1, 2, \cdots). \tag{11}$$

同样, 用 $\sin mx$ 乘展开式 (5) 后再逐项积分, 即定出正弦的系数:

$$b_m = \frac{1}{\pi}\int_{-\pi}^{\pi} f(x)\sin mx dx \quad (m = 1, 2, \cdots). \tag{12}$$

在这里除了要用 (6) 与 (8) 外, 我们还应用了容易验证的关系式:

$$\int_{-\pi}^{\pi} \sin nx \sin mx dx = 0 \qquad (n \neq m), \tag{13}$$

与

$$\int_{-\pi}^{\pi} \sin^2 mx \, dx = \pi. \tag{14}$$

公式 (7), (11) 与 (12) 称为**欧拉–傅里叶公式**, 用这些公式算出的系数称为已给函数的**傅里叶系数**, 用这些系数作成的三角级数 (5) 称为已给函数的**傅里叶级数**. 在本章中我们专门研究傅里叶级数.

现在来看以上的讨论在逻辑上有什么价值. 我们的出发点是假设三角展开式 (5) 成立, 但是这个假设究竟真实与否这一问题自然没有解决. 即令假定展开式 (5) 为真, 我们依欧拉与傅里叶的方法算出了展开式 (5) 的系数, 然而像这样做的理由是否令人信服呢? 我们一再应用过级数的逐项积分法, 但是这种运算并不是什么时候都能进行的 [**434**]. 级数的一致收敛性是可以应用这种运算的充分条件. 因此现在只有下列定理能够算作已经严格地证明了:

如果周期是 2π 的函数 $f(x)$ 可以展开成一致收敛的三角级数(5),[①] 则这级数一定是 $f(x)$ 的傅里叶级数.

如果不预先假设一致收敛性, 以上的讨论甚至不能证明函数能展开成傅里叶级数 [参考下面 **750**, **751**]. 那么以上的讨论究竟有怎样的意义呢? 我们只能将它看成一种导入法, 由此足以使得在求已给函数的三角展开式时, 至少可以从它的傅里叶级数出发, 而必须 (完全严格地!) 确定在那些条件下级数收敛并且收敛于已给函数.

在没有这样做以前, 我们只能够在形式上考虑已给函数 $f(x)$ 的傅里叶级数, 除了知道它是由函数 $f(x)$ "所产生" 外, 不能再下任何结论. 通常用下列符号来表示这级数与函数 f 的关系:

$$f(x) \sim a_0 + \sum_{n=1}^{\infty} (a_n \cos nx + b_n \sin nx), \tag{5a}$$

而避免采用等号.

679. 正交函数系 上节中所讲的是一种讨论的范例, 这样的讨论在数学分析中研究许多展开式时常常要应用到.

如果在区间 $[a, b]$ 上所定义的两函数 $\varphi(x)$ 与 $\psi(x)$ 的乘积, 其积分为零:

$$\int_a^b \varphi(x) \psi(x) dx = 0,$$

则此两函数称为在这区间上**正交**. 考虑定义在区间 $[a, b]$ 上的函数系 $\{\varphi_n(x)\}$. 设系中各函数与它们的平方在 $[a, b]$ 上皆可积分, 则它们的两两乘积在同一区间上也可积分 [**483**, 6)]. 如果系中各函数两两正交:

$$\int_a^b \varphi_n(x) \varphi_m(x) dx = 0 \qquad (n, m = 0, 1, 2, \cdots; n \neq m), \tag{15}$$

[①]注意, 用有界函数 $\cos mx, \sin mx$ 乘级数各项时并不改变级数的一致收敛性 [**429**]. 在这里, 一致收敛性也可换成级数各部分和的有界性 [**526**].

则此系称为**正交函数系**. 同时我们还永远假定

$$\int_a^b \varphi_n^2(x)dx = \lambda_n > 0, \tag{16}$$

因而在正交系中不包含恒等于零的函数, 也不包含其他任何平方的积分等于零的函数 (在某种意义下与恒等于零的函数相似 [①]).

当条件 $\lambda_n = 1 \ (n = 0, 1, 2, \cdots)$ 成立时, 这函数系称为**规范的**. 如果这些条件不成立, 则当需要时可换取函数系 $\left\{\dfrac{\varphi_n(x)}{\sqrt{\lambda_n}}\right\}$, 这一函数系显然就是规范的. 现举几个**例**如下:

1) 上面考虑过的在区间 $[-\pi, \pi]$ 上的三角函数系

$$1, \cos x, \sin x, \cos 2x, \sin 2x, \cdots, \cos nx, \sin nx, \cdots \tag{17}$$

正是正交函数的重要例子; 其正交性可以由关系式 (6), (8), (9) 与 (13) 看出. 然而由 (10) 与 (14), 可知它不是规范的. 将 (17) 中各三角函数乘以适当乘数, 不难获得规范系:

$$\frac{1}{\sqrt{2\pi}}, \frac{\cos x}{\sqrt{\pi}}, \frac{\sin x}{\sqrt{\pi}}, \cdots, \frac{\cos nx}{\sqrt{\pi}}, \frac{\sin nx}{\sqrt{\pi}}, \cdots \tag{17*}$$

2) 注意函数系 (17) 或 (17*) 在缩小了的区间 $[0, \pi]$ 上不再是正交的. 因为如果 n 与 m 一为奇数一为偶数, 则

$$\int_0^\pi \sin nx \cos mx dx \neq 0.$$

相反地, 每一仅由余弦

$$1, \cos x, \cos 2x, \cdots, \cos nx, \cdots \tag{18}$$

或仅由正弦

$$\sin x, \sin 2x, \cdots, \sin nx, \cdots \tag{19}$$

所组成的部分系在这区间上分别成为正交系. 这点不难验证.

3) 下列两函数系与刚才考虑过的函数系没有本质上的区别.

$$1, \cos \frac{\pi x}{l}, \cos \frac{2\pi x}{l}, \cdots, \cos \frac{n\pi x}{l}, \cdots \tag{18*}$$

与

$$\sin \frac{\pi x}{l}, \sin \frac{2\pi x}{l}, \cdots, \sin \frac{n\pi x}{l}, \cdots \tag{19*}$$

其中每一个都是在区间 $[0, l]$ 上的正交系.

4) 为了要给出由三角函数构成的更复杂的正交系的例子, 考虑**超越**方程

$$\text{tg}\,\xi = c\xi \quad (c = 常数). \tag{20}$$

[①] 参考下面 **733** 目.

可以证明这方程的正根成一无穷集合:

$$\xi_1, \xi_2, \cdots, \xi_n \cdots;$$

在图解上, 各根是正切曲线 $\eta = \mathrm{tg}\xi$ 与直线 $\eta = c\xi$ 相交之点的横坐标 (图 122). 作函数系

$$\sin\frac{\xi_1}{l}x, \sin\frac{\xi_2}{l}x, \cdots, \sin\frac{\xi_n}{l}x, \cdots$$

容易算出 (当 $\alpha \neq \beta$ 时)

$$\int_0^l \sin\alpha x \sin\beta x\, dx = \frac{1}{2}\left\{\frac{\sin(\alpha-\beta)l}{\alpha-\beta} - \frac{\sin(\alpha+\beta)l}{\alpha+\beta}\right\}$$
$$= \cos\alpha l\cos\beta l\frac{\beta\,\mathrm{tg}\alpha l - \alpha\,\mathrm{tg}\beta l}{\alpha^2-\beta^2}.$$

如果在这里令 $\alpha = \frac{\xi_n}{l}, \beta = \frac{\xi_m}{l}$ (当 $n \neq m$ 时), 则利用方程 (20) 可得

$$\int_0^l \sin\frac{\xi_n}{l}x \cdot \sin\frac{\xi_m}{l}x\, dx = 0 \quad (n \neq m).$$

由此证实了所述函数系在区间 $[0, l]$ 上的正交性.

如果

$$\xi_1', \xi_2', \cdots, \xi_n', \cdots$$

是方程

$$\mathrm{ctg}\xi = c\xi \quad (c = 常数)$$

的正根序列, 则对于函数系

$$\cos\frac{\xi_1'}{l}x, \cos\frac{\xi_2'}{l}x, \cdots, \cos\frac{\xi_n'}{l}x, \cdots,$$

也可作出类似的结论.

但是这些函数系都不是规范的.

5) 勒让德多项式

$$X_0(x) = 1, \quad X_n(x) = \frac{1}{2^n n!}\frac{d^n(x^2-1)^n}{dx^n} \quad (n = 1, 2, \cdots)$$

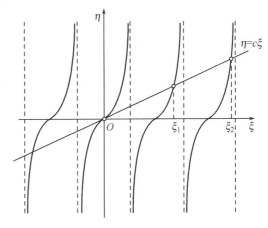

图 122

是在区间 $[-1, 1]$ 上的正交系的重要例子 [参考第 **118** 及 **320** 目]. 因为

$$\int_{-1}^1 X_n^2\, dx = \frac{2}{2n+1},$$

所以要得到规范系, 必须分别用 $\sqrt{n+\frac{1}{2}}$ $(n = 0, 1, 2, \cdots)$ 乘这些多项式.

6) 最后, 再考虑一个与贝塞尔函数有关的例子. 为了写起来简单起见, 我们只限于考虑函数 $J_0(x)$, 但以下所讨论的一切对于函数 $J_n(x)$ $(n > 0)$ 也都成立.

在贝塞尔函数的理论中, 证明了 $J_0(x)$ 的正根成一无穷集合:

$$\xi_1, \xi_2, \cdots, \xi_n, \cdots.$$

将函数 $J_0(x)$ 所满足的方程改写为

$$\frac{d}{dx}\left[x\frac{dz}{dx}\right] = -xz,$$

则容易得到: 不论 α 与 β 是什么数,

$$\frac{d}{dx}\left[x\frac{dJ_0(\alpha x)}{dx}\right] = -\alpha^2 x J_0(\alpha x), \quad \frac{d}{dx}\left[x\frac{dJ_0(\beta x)}{dx}\right] = -\beta^2 x J_0(\beta x).$$

用 $J_0(\beta x)$ 乘第一个等式, 用 $J_0(\alpha x)$ 乘第二个等式, 再将两端相减, 则得:

$$(\beta^2 - \alpha^2)x J_0(\alpha x) J_0(\beta x) = \frac{d}{dx}[\alpha x J_0(\beta x) J_0'(\alpha x) - \beta x J_0(\alpha x) J_0'(\beta x)].$$

因此如果 $\alpha \neq \beta$, 则

$$\int_0^1 x J_0(\alpha x) J_0(\beta x) dx = \frac{\alpha J_0(\beta) J_0'(\alpha) - \beta J_0(\alpha) J_0'(\beta)}{\beta^2 - \alpha^2}. \tag{21}$$

如果在这里令 $\alpha = \xi_n, \beta = \xi_m \ (n \neq m)$, 则得关系式:

$$\int_0^1 x J_0(\xi_n x) J_0(\xi_m x) dx = 0,$$

这就证明了函数系 $\{\sqrt{x}J_0(\xi_n x)\}$ 在区间 $[0,1]$ 上是正交的.[1] 然而此系并不是规范的.

设在区间 $[a,b]$ 上已给任一正交系 $\{\varphi_n(x)\}$. 我们试行将定义在 $[a,b]$ 上的函数 $f(x)$ 展开成 "函数 φ 的级数"

$$f(x) = c_0\varphi_0(x) + c_1\varphi_1(x) + \cdots + c_n\varphi_n(x) + \cdots \tag{22}$$

为了要确定这展开式中的系数, 先设函数可能展开, 然后进行与上述特例中相同的手续. 这就是说, 先用 $\varphi_m(x)$ 乘展开式的两端, 再逐项积分:

$$\int_a^b f(x)\varphi_m(x)dx = \sum_{n=0}^{\infty} c_n \int_a^b \varphi_n(x)\varphi_m(x)dx.$$

由于正交性 [参考 (15) 与 (16)], 右端各积分除去一个以外都是零, 因此容易得到:

$$c_m = \frac{1}{\lambda_m}\int_a^b f(x)\varphi_m(x)dx \quad (m = 0, 1, 2, \cdots). \tag{23}$$

---

[1]要推广函数 φ 与 ψ 正交性的概念, 我们引进**加权 $p(x)$ 的正交性**的概念, 用等式

$$\int_a^b p(x)\varphi(x)\psi(x)dx = 0$$

来说明这种正交性. 如果采用这术语, 也能说函数系 $\{J_0(\xi_n x)\}$ 是加权 x 正交的.

[公式 (7), (11), (12) 是这公式的特殊情形.]

用公式 (23) 所确定之系数作出级数 (22), 它称为已给函数对于函数系 $\{\varphi_n(x)\}$ 的 (**广义**) **傅里叶级数**, 而各系数本身则称为 (**广义**) **傅里叶系数**. 在规范系的情形下, 公式 (23) 特别简单; 这时

$$c_m = \int_a^b f(x)\varphi_m(x)dx \quad (m = 0, 1, 2, \cdots). \tag{23*}$$

在这里当然也可重复在上目末尾所作的那些说明. 由已给函数所作出的广义傅里叶级数仅仅是在形式上与这函数发生联系. 在一般情形下, 函数 $f(x)$ 与它的 (广义) 傅里叶级数之间的关系表示如下:

$$f(x) \sim \sum_0^\infty c_n\varphi_n(x). \tag{22*}$$

与三角级数的情形一样, 这级数是否收敛于函数 $f(x)$, 还须加以研究.

680. 三角插值法   从三角插值法出发, 也可自然地接触到用三角级数表示已给函数 $f(x)$ 的问题. 所谓三角插值法就是用三角多项式

$$\sigma_n(x) = \alpha_0 + \sum_{k=1}^n (\alpha_k \cos kx + \beta_k \sin kx) \tag{24}$$

作为函数 $f(x)$ 的近似式, 使三角多项式与函数在许多点上有相同的值.

总能选取 n 阶三角多项式 (24) 的 $2n+1$ 个系数: $a_0, \alpha_1, \beta_1, \cdots, \alpha_n, \beta_n$, 使得在区间 $(-\pi, \pi)$ 内预先指定的 $2n+1$ 个点处, 例如在

$$\xi_i = i\lambda \quad (i = -n, -n+1, \cdots, -1, 0, 1, \cdots, n-1, n)$$

各点处 $\left(\text{其中} \lambda = \dfrac{2\pi}{2n+1}\right)$, 三角多项式的值与函数 $f(x)$ 的值相等. 实际上, 为了要确定这 $2n+1$ 个系数, 我们有个数相同的线性方程:

$$\alpha_0 + \sum_{k=1}^n (\alpha_k \cos k\xi_i + \beta_k \sin k\xi_i) = f(\xi_i) \quad (i = -n, -n+1, \cdots, n). \tag{25}$$

要解这些方程, 应当回忆到一个初等三角恒等式:[1]

$$\frac{1}{2} + \sum_{i=1}^n \cos ih = \frac{\sin\left(n + \frac{1}{2}\right)h}{2\sin\frac{1}{2}h}. \tag{26}$$

---

[1]如果用 $2\sin\frac{1}{2}h$ 乘此式左端, 并且将每一乘积 $2\sin\frac{1}{2}h\cos ih$ 换成差式 $\sin\left(i+\frac{1}{2}\right)h - \sin\left(i-\frac{1}{2}\right)h$, 就不难求得这恒等式. [参考 **307** (2).]

将 (25) 中各等式两端分别相加. 由于正弦是奇函数, 所以 β_k 的系数

$$\sum_{i=-n}^{n} \sin k\xi_i = 0.$$

α_k 的系数也是这样, 这是因为余弦是**偶**函数, 所以如果在恒等式 (26) 中, 令 $h = k\lambda = \dfrac{2k\pi}{2n+1}$ 时, 应有

$$\sum_{i=-n}^{n} \cos k\xi_i = 1 + 2\sum_{i=1}^{n} \cos ik\lambda = 0. \tag{27}$$

由此得

$$\alpha_0 = \frac{1}{2n+1} \sum_{i=-n}^{n} f(\xi_i). \tag{28}$$

为了要确定 α_m $(1 \leqslant m \leqslant n)$, 分别用 $\cos m\xi_i$ 乘 (25) 中各等式, 然后将它们的两端分别相加. 则由 (27), α_0 的系数是零; 因为正弦是奇函数, 所以 β_k 的系数显然也等于零. 至于 α_k 的系数则可表为:

$$\sum_{i=-n}^{n} \cos k\xi_i \cos m\xi_i = \frac{1}{2} \sum_{i=-n}^{n} \cos(k+m)\xi_i + \frac{1}{2} \sum_{i=-n}^{n} \cos(k-m)\xi_i;$$

当 $k \neq m$ 时, 由 (27), 上式右端的两个和式都为零; 当 $k = m$ 时, 第一个和式为零而第二个和式的值显然是 $\dfrac{2n+1}{2}$. 这样, 只有 α_m 的系数不等于零, 而等于 $\dfrac{2n+1}{2}$. 现在已不难求得

$$\alpha_m = \frac{2}{2n+1} \sum_{i=-n}^{n} f(\xi_i) \cos m\xi_i \quad (1 \leqslant m \leqslant n). \tag{29}$$

完全与以上相仿, 用 $\sin m\xi_i$ 乘 (25) 中各等式并且相加, 求得

$$\beta_m = \frac{2}{2n+1} \sum_{i=-n}^{n} f(\xi_i) \sin m\xi_i \quad (1 \leqslant m \leqslant n). \tag{30}$$

读者一定已经注意到这里所用方法与欧拉–傅里叶确定三角级数系数法相似. 但是在这里我们的计算是无可非议的, 因为不难验证所求得未知数的值确乎适合方程 (25). 并且, 由简单的代数推理, 此点可不待验证而自明. 我们看到方程系 (25) 只可能有 (如果一般说来有解) 唯一的解, 此解是由公式 (28), (29), (30) 给出, 而不论各式的右端是怎样. 在这种情形下, 方程系的行列式一定不等于零, 而这种方程系是确定的. 因此用求出的各值为系数作出三角多项式 $\sigma_n(x)$, 则它满足所提出的要求, 并能作为我们的函数在区间 $[-\pi, \pi]$ 上的插值式.

现设已给函数在这区间上可积分 (这次是在可积分的原义下!). 如果 n 增大到无穷, 则插值多项式 $\sigma_n(x)$ 也作相应的变化, 而与 $f(x)$ 在愈来愈 "稠密" 的点集上

重合. 插值多项式不仅要 "加长", 而且其中的系数也要改变. 为了更好地分析系数的性质, 将区间 $[-\pi, \pi]$ 用分点 $x_i = (2i-1)\dfrac{\pi}{2n+1}$ $(-n \leqslant i \leqslant n+1)$ 分成 $2n+1$ 个相等的部分. 则点 ξ_i 恰好是这些部分区间的中点, 而各部分区间的长度都等于 $\Delta x_i = \dfrac{2\pi}{2n+1} = \lambda$. 如果将公式 (28), (29) 和 (30) 改写成下列形状

$$\alpha_0 = \frac{1}{2\pi} \sum_{i=-n}^{n} f(\xi_i) \Delta x_i, \quad \alpha_m = \frac{1}{\pi} \sum_{i=-n}^{n} f(\xi_i) \cos m\xi_i \Delta x_i,$$

$$\beta_m = \frac{1}{\pi} \sum_{i=-n}^{n} f(\xi_i) \sin m\xi_i \Delta x_i,$$

则各式右端中的和式就是与上述区间分法相对应的插值和式. 现在显然可见, 当 $n \to \infty$ 时,

$$\alpha_0 \to \frac{1}{2\pi} \int_{-\pi}^{\pi} f(x)dx, \quad \alpha_m \to \frac{1}{\pi} \int_{-\pi}^{\pi} f(x) \cos mx dx,$$

$$\beta_m \to \frac{1}{\pi} \int_{-\pi}^{\pi} f(x) \sin mx dx,$$

所以我们的函数的傅里叶系数分别是插值三角多项式各系数的极限值. 可以说插值多项式 "在取极限时" 似乎变成了傅里叶级数.

这种步骤当然只能认为是一种导入法. 对于函数与其傅里叶级数之关系来说, 这种步骤不能证明什么, 但也足以引起研究这种级数的兴趣. 在以下各节中, 我们就要最后直接研究各不同类函数的傅里叶级数之性质.

§2. 函数的傅里叶级数展开式

681. 问题的提出 · 狄利克雷积分 设 $f(x)$ 是以 2π 为周期的函数, 在区间 $[-\pi, \pi]$ 上至少是非常义绝对可积, 因而在任一有限区间上也如此. 算出常数 (函数的傅里叶系数):

$$a_m = \frac{1}{\pi} \int_{-\pi}^{\pi} f(u) \cos mu du \quad (m = 0, 1, 2, \cdots),$$

$$b_m = \frac{1}{\pi} \int_{-\pi}^{\pi} f(u) \sin mu du \quad (m = 1, 2, \cdots), \tag{1}$$

并用这些常数作成函数的傅里叶级数

$$f(x) \sim \frac{a_0}{2} + \sum_{m=1}^{\infty} (a_m \cos mx + b_m \sin mx). \tag{2}$$

读者可看到这里与第 **678** 目的符号略有不同: 在这里我们不用该目中的公式 (7), 而用 a_m 的一般公式在 $m = 0$ 时的情形来确定 a_0, 因而我们须将级数的常数项写成 $\dfrac{a_0}{2}$ 的形状.

尤需注意 (在下面我们还要用到这一说明): 对于以 2π 为周期的函数 $F(u)$, 在长为 2π 的区间上, 其积分

$$\int_{\alpha}^{\alpha+2\pi} F(u)du$$

的大小与 α 无关 [参考 **314**, 10) 与 **316**]. 因此在确定傅里叶系数的公式 (1) 中, 积分可取在任一长为 2π 的区间上; 例如可以写

$$\left.\begin{aligned} a_m &= \frac{1}{\pi}\int_0^{2\pi} f(x)\cos mx dx \quad (m=0,1,2,\cdots), \\ b_m &= \frac{1}{\pi}\int_0^{2\pi} f(x)\sin mx dx \quad (m=1,2,\cdots), \end{aligned}\right\} \tag{1*}$$

等等.

为了研究级数 (2) 于任一定点 $x = x_0$ 的性质, 作出其部分和的相应表示式

$$s_n(x_0) = \frac{a_0}{2} + \sum_{m=1}^{n}(a_m\cos mx_0 + b_m\sin mx_0).$$

用积分表示式 (1) 代替 a_m 与 b_m, 并在积分号下引入常数 $\cos mx_0, \sin mx_0$, 则得:

$$\begin{aligned} s_n(x_0) &= \frac{1}{2\pi}\int_{-\pi}^{\pi} f(u)du \\ &\quad + \sum_{m=1}^{n}\frac{1}{\pi}\int_{-\pi}^{\pi} f(u)[\cos mu\cos mx_0 + \sin mu\sin mx_0]du \\ &= \frac{1}{\pi}\int_{-\pi}^{\pi} f(u)\left\{\frac{1}{2} + \sum_{m=1}^{n}\cos m(u-x_0)\right\}du. \end{aligned}$$

利用第 680 目中的公式 (26) 来变换在大括号中的表示式, 就有:

$$\frac{1}{2} + \sum_{m=1}^{n}\cos m(u-x_0) = \frac{\sin(2n+1)\dfrac{u-x_0}{2}}{2\sin\dfrac{u-x_0}{2}},$$

最后得

$$s_n(x_0) = \frac{1}{\pi}\int_{-\pi}^{\pi} f(u)\frac{\sin(2n+1)\dfrac{u-x_0}{2}}{2\sin\dfrac{u-x_0}{2}}du. \tag{3}$$

这个重要的积分称为**狄利克雷** (G. Lejeune–Dirichlet) **积分**.

因为我们在这里讨论周期为 2π 的 u 的函数, 所以由上面所作的说明, 可将积分区间 $[-\pi,\pi]$ 例如改成 $[x_0-\pi, x_0+\pi]$:

$$s_n(x_0) = \frac{1}{\pi}\int_{x_0-\pi}^{x_0+\pi} f(u)\frac{\sin(2n+1)\dfrac{u-x_0}{2}}{2\sin\dfrac{u-x_0}{2}}du.$$

用代换 $t = u - x_0$, 将这积分变换成下列形式:

$$s_n(x_0) = \frac{1}{\pi} \int_{-\pi}^{\pi} f(x_0 + t) \frac{\sin\left(n + \frac{1}{2}\right) t}{2 \sin \frac{1}{2} t} dt.$$

然后将积分分成两部分: $\int_0^\pi + \int_{-\pi}^0$, 并用改换变数符号的方法, 将第二个积分也化为在区间 $[0, \pi]$ 上的积分, 则对于傅里叶级数的第 n 个部分和, 最后得到这样的表示式:

$$s_n(x_0) = \frac{1}{\pi} \int_0^\pi [f(x_0 + t) + f(x_0 - t)] \frac{\sin\left(n + \frac{1}{2}\right) t}{2 \sin \frac{1}{2} t} dt. \tag{4}$$

因此, 问题就化为研究这个含有参数 n 的积分的性质. 这里所提出的问题的特征是: 在这里不能应用积分号下取极限法.[1] 直到现在为止, 对于含参数的积分求极限, 这是我们所应用过的唯一的方法 (参看第十四章). 在本章与下章中, 我们必须系统地研究不能应用这种方法的情况.

682. 第一基本引理   在继续研究以前, 先证明黎曼所发现的下一定理, 它在以后的讨论中很重要.

如果函数 $g(t)$ 在某一有限区间 $[a, b]$ 上绝对可积, 则

$$\lim_{p \to \infty} \int_a^b g(t) \sin pt\, dt = 0,$$

同样

$$\lim_{p \to \infty} \int_a^b g(t) \cos pt\, dt = 0.$$

只要作出上列第一个极限式的**证明**就够了. 预先应注意, 不论取任何有限区间 $[\alpha, \beta]$, 我们有估值如下:

$$\left| \int_\alpha^\beta \sin pt\, dt \right| = \left| \frac{\cos p\alpha - \cos p\beta}{p} \right| \leqslant \frac{2}{p}. \tag{5}$$

先设函数 $g(t)$ 在原义下可积分. 用点

$$a = t_0 < t_1 < \cdots < t_i < t_{i+1} < \cdots < t_n = b \tag{6}$$

将区间 $[a, b]$ 分成 n 个部分, 并与此相应来分解积分:

$$\int_a^b g(t) \sin pt\, dt = \sum_{i=0}^{n-1} \int_{t_i}^{t_{i+1}} g(t) \sin pt\, dt.$$

---

[1]在这种情形下, 积分号下的表示式当 $n \to \infty$ 时根本没有极限.

用 m_i 表示 $g(t)$ 的值在第 i 个区间上的下确界, 则可将上面的表示式变换为:

$$\int_a^b g(t)\sin ptdt = \sum_{i=0}^{n-1}\int_{t_i}^{t_{i+1}}[g(t)-m_i]\sin ptdt + \sum_{i=0}^{n-1}m_i\int_{t_i}^{t_{i+1}}\sin ptdt.$$

如果 ω_i 是函数 $g(t)$ 在第 i 个区间上的振幅, 则在这区间上 $g(t)-m_i \leqslant \omega_i$; 考虑到不等式 (5), 不难求得我们的积分的估值:

$$\left|\int_a^b g(t)\sin ptdt\right| \leqslant \sum_{i=0}^{n-1}\omega_i\Delta t_i + \frac{2}{p}\sum_{i=0}^{n-1}|m_i|.$$

已给任一数 $\varepsilon > 0$, 首先选取分法 (6), 使得

$$\sum_{i=0}^{n-1}\omega_i\Delta t_i < \frac{\varepsilon}{2};$$

由于函数 g 的可积分性, 这种分法是可能的 [**297**]. 现因数 m_i 已由此确定, 所以能选取

$$p > \frac{4}{\varepsilon}\sum|m_i|,$$

对于这些值 p, 可得

$$\left|\int_a^b g(t)\sin ptdt\right| < \varepsilon,$$

因此证明了我们的断语.

在函数 $g(t)$ 是非常义可积 (但必须是非常义绝对可积!) 的情形下, 只要假定在区间 $[a,b]$ 上只有一个奇异点, 例如点 b, 就够了.[①]

设 $0 < \eta < b-a$. 将积分分成两部分:

$$\int_a^b = \int_a^{b-\eta} + \int_{b-\eta}^b,$$

上式右端的第二个积分对于任一值 p 有估值如下:

$$\left|\int_{b-\eta}^b g(t)\sin ptdt\right| \leqslant \int_{b-\eta}^b|g(t)|dt;$$

如果选取 η 充分小, 则这个估值 $< \dfrac{\varepsilon}{2}$. 至于积分

$$\int_a^{b-\eta} g(t)\sin ptdt,$$

则由已经证明了的结果, 当 $p \to +\infty$ 时, 它趋近于零, 因为在区间 $[a,b-\eta]$ 上, 函数 $g(t)$ 在原义下可积分; 当 p 充分大时, 这积分的绝对值也变为 $< \dfrac{\varepsilon}{2}$. 这样, 定理的证明就完成了.

[①]否则我们可将区间分成有限个部分, 使每部分只含一个奇异点, 然后将推理分别应用到每一部分上.

我们提起读者注意: 在这里, 积分所趋近的极限不是用积分号下取极限法求出的.

如果回忆起表示傅里叶系数的公式 (1), 则由此得出第一个直接的推论:

绝对可积分函数的傅里叶系数 a_m, b_m 当 $m \to \infty$ 时趋近于零.

683. 局部化定理 值得注意的 "局部化定理" 是已证的引理的第二个直接推论, 它也是黎曼所发现的.

先取任一正数 $\delta < \pi$, 将 (4) 中的积分拆成两部分: $\int_0^\pi = \int_0^\delta + \int_\delta^\pi$. 如果将第二个积分改写成

$$\frac{1}{\pi} \int_\delta^\pi \frac{f(x_0 + t) + f(x_0 - t)}{2\sin\frac{1}{2}t} \sin\left(n + \frac{1}{2}\right) t dt,$$

则显然正弦的乘数是 t 的函数, 在区间 $[\delta, \pi]$ 上绝对可积, 因其分母 $2\sin\frac{1}{2}t$ 在这区间上不为零. 在这种情形下, 由引理, 这一积分当 $n \to \infty$ 时趋近于零, 因此对于傅里叶级数的部分和 $s_n(x_0)$, 其极限的存在与极限的大小都可由一个积分

$$\rho_n(\delta) = \frac{1}{\pi} \int_0^\delta [f(x_0 + t) + f(x_0 - t)] \frac{\sin\left(n + \frac{1}{2}\right) t}{2\sin\frac{1}{2}t} dt \tag{7}$$

的性质来完全确定. 但在这积分中函数 $f(x)$ 的值只包含对应于变元从 $x_0 - \delta$ 变到 $x_0 + \delta$ 时的那一部分. 由这种简单的讨论, 就证明了黎曼定理:

黎曼定理 函数 $f(x)$ 的傅里叶级数在一点 x_0 处的性质[①] 只与函数在这点邻近所取的值有关, 即与在这点的任意小的邻域内所取的值有关.

因此, 例如如果取两函数, 使其在 x_0 的任意小的邻域内的值相同, 则不论这两函数在邻域外怎样不同, 在点 x_0 处, 与它们相应的傅里叶级数有相同的性质: 或者两级数同时收敛并收敛于同一和式; 或者两级数同时发散. 如果注意到所考虑的两函数的傅里叶系数既然与两函数的一切值有关, 因而也就可能完全不同, 那么上述结果就显得更令人惊讶了!

这个定理通常与黎曼的名字相连, 因为它是黎曼在 1853 年证明的更一般定理的推论. 然而应指出在奥斯特洛格拉得斯基于 1828 年有关数学物理的文章中含有 "局部化原理" 的思想, 同样罗巴切夫斯基关于三角级数的研究中也反映出这一思想.

684. 迪尼与利普希茨的傅里叶级数收敛性的判别法 现在再回来继续研究傅里叶级数的部分和式 $s_n(x_0)$ 的性质. 我们已经得到它的积分表示式 (4). 注意这等式对于满足所提到的条件的每一函数 $f(x)$ 都成立. 如果特别取 $f(x) \equiv 1$, 则 $s_n(x) \equiv 1$,

---

[①]我们指的是级数在点 x_0 处的收敛与发散性, 以及级数 (在收敛的情形下) 有怎样的和.

由 (4) 就得到

$$1 = \frac{2}{\pi} \int_0^\pi \frac{\sin\left(n + \frac{1}{2}\right)t}{2\sin\frac{1}{2}t} dt.$$

设常数 S_0 是级数的和, 在下面将要求出它的确值. 用 S_0 乘等式两端, 所得结果从 (4) 式减去, 则得

$$s_n(x_0) - S_0 = \frac{1}{\pi} \int_0^\pi \varphi(t) \frac{\sin\left(n + \frac{1}{2}\right)t}{2\sin\frac{1}{2}t} dt, \tag{8}$$

其中为简便计, 已令

$$\varphi(t) = f(x_0 + t) + f(x_0 - t) - 2S_0. \tag{9}$$

如果我们要想断定 S_0 真是级数的和, 则必须证明积分 (8) 当 $n \to \infty$ 时趋于零.

现在回来选取 S_0 这个数. 实际上重要的情形是: (a) 函数 $f(x)$ 在点 x_0 连续, 或 (б) $f(x)$ 在这点的两边只可能有第一种不连续 (即跳跃), 从而极限 $f(x_0 + 0)$ 与 $f(x_0 - 0)$ 存在. 以后我们只讨论这两种情形, 并且恒设

$$在情形 (a) 时: S_0 = f(x_0),$$
$$在情形 (б) 时: S_0 = \frac{f(x_0 + 0) + f(x_0 - 0)}{2}.$$

如果在第一种不连续的点 x_0 上, 等式

$$f(x_0) = \frac{f(x_0 + 0) + f(x_0 - 0)}{2}$$

成立, 则 (a) 与 (б) 两种情形没有区分的必要. 适合于这种条件的不连续点有时称为**正则的**.

注意: 因为

$$(a) \lim_{t \to +0} f(x_0 \pm t) = f(x_0) \quad 或 \quad (б) \lim_{t \to +0} f(x_0 \pm t) = f(x_0 \pm 0)$$

(视那一种情况而定), 故由上述选取数 S_0 的方法, 恒有

$$\lim_{t \to +0} \varphi(t) = 0. \tag{10}$$

由此可形成:

迪尼 (U. Dini) **判别法**　如果对于某一 $h > 0$, 积分

$$\int_0^h \frac{|\varphi(t)|}{t} dt$$

存在, 则函数 $f(x)$ 的傅里叶级数在点 x_0 收敛于和数 S_0.

事实上, 在这一假定下, 积分

$$\int_0^\pi \frac{|\varphi(t)|}{t} dt$$

也存在. 如果将表示式 (8) 改写成

$$\frac{1}{\pi} \int_0^\pi \frac{\varphi(t)}{t} \cdot \frac{\frac{1}{2}t}{\sin \frac{1}{2}t} \cdot \sin\left(n + \frac{1}{2}\right) t \, dt,$$

则因函数 $\dfrac{\varphi(t)}{t}$ 绝对可积, 从而 $\dfrac{\varphi(t)}{t} \cdot \dfrac{\frac{1}{2}t}{\sin \frac{1}{2}t}$ 也绝对可积, 直接由基本引理, 可知上一

积分式当 $n \to \infty$ 时趋近于零. 因此这个判别法的证明就完成了.

迪尼积分展开的形状:

在情形 (a) 时, 为 $\displaystyle\int_0^h \frac{|f(x_0+t) + f(x_0-t) - 2f(x_0)|}{t} dt$;

在情形 (б) 时, 为 $\displaystyle\int_0^h \frac{|f(x_0+t) + f(x_0-t) - f(x_0+0) - f(x_0-0)|}{t} dt$.

显然, 只要 (依不同情况) 假设积分

$$\int_0^h \frac{|f(x_0+t) - f(x_0)|}{t} dt \quad \text{与} \quad \int_0^h \frac{|f(x_0-t) - f(x_0)|}{t} dt \tag{11}$$

或

$$\int_0^h \frac{|f(x_0+t) - f(x_0+0)|}{t} dt \quad \text{与} \quad \int_0^h \frac{|f(x_0-t) - f(x_0-0)|}{t} dt$$

分别存在就够了. 由此应用积分存在的各种已知判别法, 可得关于傅里叶级数收敛性的许多判别法. 例如, 在情形 (a) 时, 我们能证明

利普希茨 (R. O. Lipschitz) **判别法** 如果函数 $f(x)$ 在点 x_0 处连续, 并且对于充分小的 t, 不等式

$$|f(x_0 \pm t) - f(x_0)| \leqslant Lt^\alpha$$

成立, 其中 L 与 α 都是正的常数 $(\alpha \leqslant 1)$; 则 $f(x)$ 的傅里叶级数在点 x_0 处收敛于和数 $f(x_0)$.

当 $\alpha = 1$ 时, 则简单地有

$$\left| \frac{f(x_0 \pm t) - f(x_0)}{t} \right| \leqslant L,$$

因此积分 (11) 作为原义积分而存在 [**480**]. 如果 $\alpha < 1$, 则有

$$\left| \frac{f(x_0 \pm t) - f(x_0)}{t} \right| \leqslant \frac{L}{t^{1-\alpha}},$$

并且因为上式右端的函数可积分, 所以积分 (11) 至少是作为反常积分而存在 [**482**].

特别, 如果函数 $f(x)$ 在点 x_0 处有有限导数 $f'(x_0)$, 或者即令有不相等的单侧导数 ("尖点"):

$$f'_+(x_0) = \lim_{t \to +0} \frac{f(x_0 + t) - f(x_0)}{t}, \quad f'_-(x_0) = \lim_{t \to +0} \frac{f(x_0 - t) - f(x_0)}{-t},$$

则当 $\alpha = 1$ 时的利普希茨条件显然成立. 因此, 如果在点 x_0 处, 函数 $f(x)$ 有导数, 或者甚至只有两个有限单侧导数, 则其傅里叶级数收敛, 并且它的和等于 $f(x_0)$.

对于情形 (б), 也容易说明利普希茨判别法. 作为一特别的推论, 我们在这里指出: 要使得傅里叶级数在第一种不连续点 x_0 处收敛, 只需假定有限的极限

$$\lim_{t \to +0} \frac{f(x_0 + t) - f(x_0 + 0)}{t}, \quad \lim_{t \to +0} \frac{f(x_0 - t) - f(x_0 - 0)}{-t}$$

存在, 且这次级数的和是 $\dfrac{f(x_0 + 0) + f(x_0 - 0)}{2}$.

上列极限在某种意义下与单侧导数相似, 不过函数在点 x_0 处的值 $f(x_0)$ 要分别用它在这点右边及左边的值的极限来代替.

在实用上最常遇到以 2π 为周期的函数 $f(x)$ 是可微分的函数, 或者是由几个可微分的函数组成的, 即分段可微分的函数.[①] 我们可看到: 对于这样的函数 $f(x)$, 其傅里叶级数除在各别函数的 "衔接点" 处外, 收敛于函数 $f(x)$; 而在 "衔接点" 处, 级数的和是 $\dfrac{f(x_0 + 0) + f(x_0 - 0)}{2}$.

685. 第二基本引理　为了要作出另外一些判别法, 我们还需要建立一个引理, 它是由狄利克雷首先发现的.

如果函数 $g(t)$ 在区间 $[0, h]$ $(h > 0)$ 上单调增加并且有界, 则

$$\lim_{p \to \infty} \int_0^h g(t) \frac{\sin pt}{t} dt = \frac{\pi}{2} g(+0). \tag{12}$$

证　首先, 所考虑的积分可以表为两个积分之和的形状:

$$g(+0) \int_0^h \frac{\sin pt}{t} dt + \int_0^h [g(t) - g(+0)] \frac{\sin pt}{t} dt. \tag{13}$$

[①] 函数 $f(x)$ 称为在区间 $[a, b]$ 内分段可微, 是指当 $[a, b]$ 被分成有限多个子区间时, 在每个子区间内部, 函数是可微的, 而在端点处不仅有极限值, 而且在这些端点处以上述极限值代换函数值时, 存在单侧导数. 可以把分段可微函数想象为由若干在闭子区间内可微的函数 "粘合" 而成, 仅在 "衔接点" (以及基本区间的端点 a 与 b) 要特地确定函数值.

如果应用代换 $pt = z$, 将第一个积分变换为

$$g(+0) \int_0^{ph} \frac{\sin z}{z} dz,$$

则立刻可见, 当 $p \to +\infty$ 时, 这积分趋近于 $\frac{\pi}{2} \cdot g(+0)$, 因为

$$\int_0^{+\infty} \frac{\sin z}{z} dz = \frac{\pi}{2}.$$

因此整个问题就在如何证明 (13) 中的第二个积分趋近于零.

任意给出 $\varepsilon > 0$, 则有这样的 $\delta > 0$ (可认为 $\delta < h$) 存在, 使得对于 $0 < t \leqslant \delta$,

$$0 \leqslant g(t) - g(+0) < \varepsilon.$$

刚才所提到的积分拆成两部分:

$$\left(\int_0^\delta + \int_\delta^h \right) [g(t) - g(+0)] \frac{\sin pt}{t} dt = I_1 + I_2.$$

对积分 I_1 应用波内公式 [**306**], 则得

$$I_1 = [g(\delta) - g(+0)] \int_\eta^\delta \frac{\sin pt}{t} dt = [g(\delta) - g(+0)] \int_{p\eta}^{p\delta} \frac{\sin z}{z} dz,$$

其中第一个因子 $< \varepsilon$, 而第二个因子对于一切值 p 一致有界. 事实上, 由反常积分 $\int_0^\infty \frac{\sin z}{z} dz$ 的收敛性, 可见当 $z \to \infty$ 时, z 的 ($z \geqslant 0$) 连续函数

$$\int_0^z \frac{\sin z}{z} dz,$$

有有限的极限, 并且对于一切值 z 有界:

$$\left| \int_0^z \frac{\sin z}{z} dz \right| \leqslant L \quad (L = \text{常数}),$$

从而

$$\left| \int_{p\eta}^{p\delta} \frac{\sin z}{z} dz \right| = \left| \int_0^{p\delta} - \int_0^{p\eta} \right| \leqslant 2L.$$

因此积分 I_1 具有与 p 无关的估计值:

$$|I_1| < 2L\varepsilon. \tag{14}$$

至于积分 I_2, 则因 $\sin pt$ 的乘数在原义下可积分 (须知 $t \geqslant \delta$), 由第 **682** 目中的引理, 可知当 $p \to +\infty$ 时 (并对固定的 δ), 这积分趋近于零. 这定理因而得证.

686. 狄利克雷–若尔当判别法　　现在转而推导从另一种思想而来的傅里叶级数收敛性的一个新判别法.

狄利克雷–若尔当判别法　　如果在以点 x_0 为中点的区间 $[x_0 - h, x_0 + h]$ 上, 函数 $f(x)$ 有有界变差, 则这函数的傅里叶级数在点 x_0 处收敛于和数 S_0.

在第 683 目中我们已经看到, 当 $n \to \infty$ 时, 部分和 $s_n(x)$ 的性质由积分 $\rho_n(\delta)$ 的性质确定 [参看 (7)], 其中特别可取上面所说的数 h 作为 δ. 将积分 $\rho_n(h)$ 改为

$$\rho_n(h) = \frac{1}{\pi} \int_0^h [f(x_0 + t) + f(x_0 - t)] \frac{\frac{1}{2}t}{\sin \frac{1}{2}t} \cdot \frac{\sin \left(n + \frac{1}{2}\right)t}{t} dt.$$

由假定, 方括号内的和式为一有界变差函数; 商数 $\dfrac{\frac{1}{2}t}{\sin \frac{1}{2}t}$ 则为增函数. 可见它们的

乘积也有有界变差, 而且因此可以表示为两个单调增函数的差的形状. 既然上目中的引理可以分别应用到每个增函数, 所以也可以应用到它们的差, 由此立即得到

$$\lim_{n \to \infty} \rho_n(h) = \frac{1}{\pi} \cdot \frac{\pi}{2} [f(x_0 + 0) + f(x_0 - 0)] = \frac{f(x_0 + 0) + f(x_0 - 0)}{2}.$$

因为在连续点处, 所得表示式成为 $f(x_0)$, 所以我们的证明就完成了.

必须说明由狄利克雷所首先举出的可展开函数为傅里叶级数之条件, 则具有较特殊的性质. 他所证明的命题是:

狄利克雷判别法　　如果以 2π 为周期的函数 $f(x)$ 在区间 $[-\pi, \pi]$ 上分段单调,[①] 并且在这区间上不连续点的个数不超过一个有限数, 则此函数的傅里叶级数在每个连续点处收敛于和数 $f(x_0)$, 在每个不连续点处收敛于和数 $\dfrac{f(x_0 + 0) + f(x_0 - 0)}{2}$.

此后, 这里所说的条件称为 "狄利克雷条件".

因为适合于这条件的函数在任一有限区间上显然有有界变差, 所以这判别法可以在形式上包括在前一判别法中.

以上所述判别法完全足以满足分析及其在实用上的要求. 其它提出的判别法主要具有理论上的意义; 对于这些, 我们不可能详细研讨.

最后来谈一谈迪尼及狄利克雷–若尔当的两判别法之间关系的问题. 可以证明, 这两判别法是不可比较的, 这就是说不能从其中的一个推出另一个. 先考虑函数 $f(x)$, 它在区间 $[-\pi, \pi]$ 上定义为:[②]

$$\begin{cases} f(x) = \dfrac{1}{\ln \dfrac{|x|}{2\pi}}, & \text{在 } x \neq 0 \text{ 时}, \\ f(0) = 0. \end{cases}$$

[①] 这意思是说能将区间 $[-\pi, \pi]$ 分解成为有限个部分区间, 使得函数在每个部分区间上单调.

[②] 用周期法则 $f(x + 2\pi) = f(x)$ 将函数推广到实数轴上的其余部分.

这函数是连续的, 并且是分段单调的, 即满足狄利克雷条件. 而这时在点 $x = 0$ 处, 对于任一 $h > 0$, 迪尼积分

$$\int_0^h \frac{|f(t) + f(-t) - 2f(0)|}{t} dt = 2 \int_0^h \frac{dt}{t \ln \frac{t}{2\pi}}$$

显然是发散的.

在另一方面, 如果用下列等式在区间 $[-\pi, \pi]$ 上定义函数:[①]

$$\begin{cases} f(x) = x \cos \dfrac{\pi}{2x}, & \text{在 } x \neq 0 \text{ 时}, \\ f(0) = 0, \end{cases}$$

则在点 $x = 0$ 处, 利普希茨条件显然成立:

$$|f(x) - f(0)| \leqslant |x|,$$

因此迪尼条件也成立. 然而, 此时函数 $f(x)$ 在点 $x = 0$ 的任何邻域内没有有界变差 [**567**].

687. 非周期函数的情形   以上所建立的全部理论的出发点是: 假定所给函数对于一切实值 x 有定义, 并且有周期 2π. 但是最常遇到的函数 $f(x)$ 或者是: (a) 只在区间 $(-\pi, \pi]$ 上被给出; 或者是: (б) 即使在这区间以外也有定义, 它是非周期的.

为了要能将上面的理论应用到这种函数, 引进由下述方式所定义的辅助函数 $f^*(x)$ 来代替它. 在区间 $(-\pi, \pi]$ 上, 取 f^* 与 f 恒等:

$$f^*(x) = f(x) \qquad (-\pi < x \leqslant \pi), \tag{15}$$

又令

$$f^*(-\pi) = f^*(\pi),$$

而用周期法则将函数 $f^*(x)$ 推广到 x 的其他实数值.

对于这样作出的以 2π 为周期的函数 $f^*(x)$, 可以应用已证的关于展开的定理. 然而, 如果所讨论的点 x_0 严格地在 $-\pi$ 与 π 之间, 则当检查这些定理的条件是否成立时, 由于 (15), 只需考虑实际上给出的函数 $f(x)$. 根据同样的理由, 可以不必引进函数 $f^*(x)$ 就直接用公式 (1) 将展开式的系数计算出来. 简单地说, 不必用辅助函数 $f^*(x)$, 以上所证明的全部结果都可直接应用到已给函数 $f(x)$ 上来.

但是必须特别注意区间的端点 $x = \pm\pi$. 当检查第 **684**, **686** 目中任一定理的条件对于 $f^*(x)$ 譬如说在点 $x = \pi$ 处是否成立时, 则既需考察辅助函数 $f^*(x)$ 在 $x = \pi$ 左侧的值, 又需考察在右侧的值; 其左侧的值与已给函数 $f(x)$ 的对应值一致, 而其

---

① 见上页脚注 ②.

右侧的值则与 $f(x)$ 在 $x = -\pi$ 的右侧的值一致. 因此, 如果我们要对于点 $x = \pm\pi$ 复述狄利克雷–若尔当判别法, 则在两种情形下都必须要求 $f(x)$ 在 $x = \pi$ 的左侧与 $x = -\pi$ 的右侧都有有界变差, 此时在两种情形下, 应取

$$S_0 = \frac{f^*(\pi + 0) + f^*(\pi - 0)}{2} = \frac{f^*(-\pi + 0) + f^*(-\pi - 0)}{2}$$
$$= \frac{f(\pi + 0) + f(\pi - 0)}{2}$$

作为值 S_0. 由此可知, 即使已给函数 $f(x)$ 在 $x = \pm\pi$ 处连续, 但是没有周期 2π, 从而 $f(\pi) \neq f(-\pi)$, 则当傅里叶级数收敛性的任一个充分条件成立时, 这一级数的和将为

$$\frac{f(-\pi) + f(\pi)}{2},$$

而与 $f(-\pi)$ 及 $f(\pi)$ 都不相同. 对于这种函数, 展开式只在开区间 $(-\pi, \pi)$ 内成立.

　　读者应当特别留心下面的说明. 如果三角级数 (2) 在区间 $(-\pi, \pi)$ 内收敛于函数 $f(x)$, 则因为它的各项都以 2π 为周期, 级数处处收敛, 而且它的和 $S(x)$ 也是以 2π 为周期的 x 的周期函数. 不过一般说来, 这个和在上述区间以外已与函数 $f(x)$ 不同 [如果已经在整个实轴上给出 $f(x)$]. 以后 [690] 将用许多例子来解说此点.

　　最后指出, 可取长为 2π 的任一区间 $(a, a + 2\pi]$ 来代替区间 $(-\pi, \pi]$.

688. 任意区间的情形　设在任意长 $2l$ $(l > 0)$ 的区间 $(-l, l]$ 上给出一函数 $f(x)$. 如果用下式变换:

$$x = \frac{ly}{\pi} \quad (-\pi < y \leqslant \pi),$$

则得在区间 $(-\pi, \pi]$ 上一个 y 的函数 $f\left(\frac{ly}{\pi}\right)$, 此时就可应用上目中的讨论. 我们已看到, 在一定的条件下, 可将它展开为傅里叶级数:

$$f\left(\frac{yl}{\pi}\right) = \frac{a_0}{2} + \sum_{n=1}^{\infty} (a_n \cos ny + b_n \sin ny),$$

其中各系数由欧拉–傅里叶公式确定:

$$a_n = \frac{1}{\pi} \int_{-\pi}^{\pi} f\left(\frac{ly}{\pi}\right) \cos ny \, dy \quad (n = 0, 1, 2, \cdots),$$
$$b_n = \frac{1}{\pi} \int_{-\pi}^{\pi} f\left(\frac{ly}{\pi}\right) \sin ny \, dy \quad (n = 1, 2, \cdots).$$

现在回到原有的变数 x, 令

$$y = \frac{\pi x}{l},$$

则得已给函数 $f(x)$ 的三角级数展开式, 但其型式略有变更:

$$f(x) = \frac{a_0}{2} + \sum_{n=1}^{\infty} \left(a_n \cos \frac{n\pi x}{l} + b_n \sin \frac{n\pi x}{l}\right). \tag{16}$$

这里取的不是角 x 的, 而是角 $\frac{\pi x}{l}$ 的倍角的余弦与正弦. 用同一变换, 可将关于确定展开式系数的公式变换成下形:

$$a_n = \frac{1}{l} \int_{-l}^{l} f(x) \cos \frac{n\pi x}{l} dx \qquad (n = 0, 1, 2, \cdots),$$
$$b_n = \frac{1}{l} \int_{-l}^{l} f(x) \sin \frac{n\pi x}{l} dx \qquad (n = 1, 2, \cdots). \tag{17}$$

对于区间的端点 $x = \pm l$, 上目中对点 $x = \pm \pi$ 所作的说明仍然有效. 最后, 区间 $(-l, l)$ 可用另外任一长为 $2l$ 的区间来代替, 特别可用区间 $(0, 2l)$ 来代替. 此时则必须用公式

$$a_n = \frac{1}{l} \int_0^{2l} f(x) \cos \frac{n\pi x}{l} dx \qquad (n = 0, 1, 2, \cdots),$$
$$b_n = \frac{1}{l} \int_0^{2l} f(x) \sin \frac{n\pi x}{l} dx \qquad (n = 1, 2, \cdots) \tag{17*}$$

来代替公式 (17).

在区间的端点或函数的不连续点处保留所有条件时, 已证明了下一重要而有原则性意义的事实: 在任意区间上任意给定的函数属于极广泛一类者,[1] 可以展开为三角级数, 这就是说, 在函数有定义的整个区域中, 可用唯一的分析式 —— 三角级数 —— 将它表示出来. 在第 **690** 目中, 我们将特别找出函数的展开式的许多例子, 而各函数原先在区间的各部分上是用不同的分析表示式给出的. 三角级数这一工具是用来 "接连" 函数的普通工具, 最终消除了在整个定义域中可用一个分析式表示的函数与要用几个分析式来定义的函数之间的界限 [参考 **46**, 3°; **363**, 5); **407**, 附注 I; **497**, 11), 等等].

689. 只含余弦或正弦的展开式　首先注意: 如果在区间 $[-\pi, \pi]$ 上所给出的 (常义或非常义) 可积函数 $f(x)$ 是奇函数, 则

$$\int_{-\pi}^{\pi} f(x) dx = 0.$$

将积分 $\int_{-\pi}^{\pi}$ 化为两积分之和的形状: $\int_0^{\pi} + \int_{-\pi}^0$, 并且在第二个积分中将 x 换为 $-x$, 则不难推出此结果. 用同样方法, 可知当 $f(x)$ 为偶函数时,

$$\int_{-\pi}^{\pi} f(x) dx = 2 \int_0^{\pi} f(x) dx$$

[参考 **314**, 9) 及 **316**].

现设 $f(x)$ 是在区间 $[-\pi, \pi]$ 上绝对可积分的偶函数. 则 $f(x) \sin nx$ 是奇函数, 由上所述,

$$b_n = \frac{1}{\pi} \int_{-\pi}^{\pi} f(x) \sin nx\, dx = 0 \qquad (n = 1, 2, \cdots).$$

---

[1] 例如分段可微分或分段单调的函数等都包括在内.

因此, 偶函数的傅里叶级数只含余弦:

$$f(x) \sim \frac{a_0}{2} + \sum_{n=1}^{\infty} a_n \cos nx. \tag{18}$$

因为在这种情形下, $f(x) \cos nx$ 也是偶函数, 则应用上述第二个说明, 能将展开式的系数 a_n 写作

$$a_n = \frac{2}{\pi} \int_0^{\pi} f(x) \cos nx dx \qquad (n = 0, 1, 2, \cdots). \tag{19}$$

如果函数 $f(x)$ 是奇函数, 则函数 $f(x) \cos nx$ 也是奇函数, 从而

$$a_n = \frac{1}{\pi} \int_{-\pi}^{\pi} f(x) \cos nx dx = 0 \qquad (n = 0, 1, 2, \cdots).$$

我们得结论如下: 奇函数的傅里叶级数只含正弦:

$$f(x) \sim \sum_{n=1}^{\infty} b_n \sin nx. \tag{20}$$

而且由于乘积 $f(x) \sin nx$ 是偶函数, 所以能写出

$$b_n = \frac{2}{\pi} \int_0^{\pi} f(x) \sin nx dx \qquad (n = 1, 2, \cdots). \tag{21}$$

顺便注意到在区间 $[-\pi, \pi]$ 上所给出的每一函数 $f(x)$ 都能够表作偶函数与奇函数之和的形式:

$$f(x) = f_1(x) + f_2(x),$$

其中

$$f_1(x) = \frac{f(x) + f(-x)}{2}, \qquad f_2(x) = \frac{f(x) - f(-x)}{2}.$$

显然, 函数 $f(x)$ 的傅里叶级数恰巧是由函数 $f_1(x)$ 的余弦展开式与函数 $f_2(x)$ 的正弦展开式所组成的.

再设只是在区间 $[0, \pi]$ 上给出 $f(x)$. 要想在这区间上将它展开为傅里叶级数 (2), 我们对于在区间 $[-\pi, 0)$ 上的值 x, 任意补充函数的定义, 然后应用第 **687** 目中的结果. 由于可以任意补充函数的定义, 所以就有可能得到各种不同的三角级数. 如果在 0 与 π 之间的任一点 x_0 处, 函数满足在第 **694, 696** 目中所建立的一个判别法, 则这些级数在点 x_0 处或者收敛于 $f(x_0)$, 或者在 x_0 是不连续点时收敛于 $\frac{f(x_0 + 0) + f(x_0 - 0)}{2}$.

利用函数定义在区间 $[-\pi, 0)$ 的任意性, 可以得到 $f(x)$ 的只含余弦的或只含正弦的展开式. 实际上, 想象在 $0 < x \leqslant \pi$ 时, 令

$$f(-x) = f(x), \tag{22}$$

则得在区间 $[-\pi, \pi]$ 上的偶函数 (图 123, a), 而且它有周期 2π. 由前述可知它的展开式只含余弦. 展开式的系数可用公式 (19) 来计算, 而在计算中只用得着原给函数 $f(x)$ 的值.

同样, 如果用条件 (对于 $0 < x \leqslant \pi$)

$$f(-x) = -f(x) \tag{23}$$

来补充函数 $f(x)$ 的定义, 使它成为奇函数 (图 123, б),
则其展开式中只含一些正弦项. 而其系数可由公式 (21)
来确定.

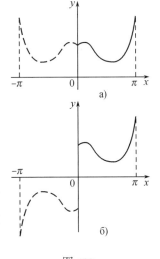

图 123

因此, 当已知的一些条件成立时, 在区间 $[0, \pi]$ 上所
给出的函数既能展开为只含正弦的级数, 又能展开为只
含余弦的级数!

然而, 点 $x = 0$ 及 $x = \pi$ 需要特别加以研究. 在这两
点处, 两个展开式是不同的. 为简单起见, 假定所给函数
$f(x)$ 在 $x = 0$ 及 $x = \pi$ 处连续, 而首先考虑余弦展开式.
条件 (22) 首先使得在 $x = 0$ 处的连续性保持不变, 因此
当应有的条件成立时, 级数 (18) 在 $x = 0$ 处恰好收敛于
$f(0)$. 又因

$$f(-\pi + 0) = f(\pi - 0) = f(\pi),$$

所以在 $x = \pi$ 处也有类似的情况.

正弦展开式的情况则不相同. 现不深入讨论由于条件 (23) 而破坏了函数的连续
性等等, 而只简单地指出在点 $x = 0$ 与 $x = \pi$ 处级数 (20) 的和显然是零. 因此只有
在 $f(0)$ 及 $f(\pi)$ 的值等于零时, 级数的和才能给出这些值.

如果函数 $f(x)$ 是在区间 $[0, l]$ $(l > 0)$ 上给出的, 则引用与 **688** 目中相同的变量
变换后, 展开函数为余弦级数

$$\frac{a_0}{2} + \sum_{n=1}^{\infty} a_n \cos \frac{n\pi x}{l}$$

或正弦级数

$$\sum_{n=1}^{\infty} b_n \sin \frac{n\pi x}{l}$$

的问题就化为刚才所讨论过的问题. 此时展开式中的系数可分别用公式

$$a_n = \frac{2}{l} \int_0^l f(x) \cos \frac{n\pi x}{l} dx \quad (n = 0, 1, 2, \cdots) \tag{24}$$

或

$$b_n = \frac{2}{l} \int_0^l f(x) \sin \frac{n\pi x}{l} dx \quad (n = 1, 2, \cdots) \tag{25}$$

计算出来.

690. 例 下面作为例子的函数不是可微分函数, 就是分段可微分的函数. 这种函数无疑地能展开为傅里叶级数, 因此我们不讨论展开问题.

1) 在区间 $(-\pi, \pi)$ 内展开函数

$$f(x) = e^{ax} \quad (a = \text{常数}, \ a \neq 0).$$

由公式 (1):

$$a_0 = \frac{1}{\pi} \int_{-\pi}^{\pi} e^{ax} dx = \frac{e^{a\pi} - e^{-a\pi}}{a\pi} = 2\frac{\text{sh} a\pi}{a\pi},$$

$$a_n = \frac{1}{\pi} \int_{-\pi}^{\pi} e^{ax} \cos nx dx = \frac{1}{\pi} \left. \frac{a\cos nx + n\sin nx}{a^2 + n^2} e^{ax} \right|_{-\pi}^{\pi}$$

$$= (-1)^n \frac{1}{\pi} \frac{2a}{a^2 + n^2} \text{sh} a\pi,$$

$$b_n = \frac{1}{\pi} \int_{-\pi}^{\pi} e^{ax} \sin nx dx = \frac{1}{\pi} \left. \frac{a\sin nx - n\cos nx}{a^2 + n^2} e^{ax} \right|_{-\pi}^{\pi}$$

$$= (-1)^{n-1} \frac{1}{\pi} \frac{2n}{a^2 + n^2} \text{sh} a\pi.$$

因此, 对于 $-\pi < x < \pi$, 则有

$$e^{ax} = \frac{2}{\pi} \text{sh} a\pi \left\{ \frac{1}{2a} + \sum_{n=1}^{\infty} \frac{(-1)^n}{a^2 + n^2} [a\cos nx - n\sin nx] \right\}.$$

如果我们从区间 $(0, 2\pi)$ 出发, 则得系数不同的展开式 —— 此时必须利用公式 (1*). 不过新的展开式也不难从已经求得的展开式推出.

2) 在区间 $(0, 2\pi)$ 内展开函数

$$f(x) = \frac{\pi - x}{2}.$$

由公式 (1*):

$$a_0 = \frac{1}{\pi} \int_0^{2\pi} \frac{\pi - x}{2} dx = \frac{1}{2\pi} \left. \left(\pi x - \frac{1}{2} x^2 \right) \right|_0^{2\pi} = 0,$$

$$a_n = \frac{1}{\pi} \int_0^{2\pi} \frac{\pi - x}{2} \cos nx dx = \frac{1}{2\pi} (\pi - x) \left. \frac{\sin nx}{n} \right|_0^{2\pi} + \frac{1}{2n\pi} \int_0^{2\pi} \sin nx dx$$

$$= 0 \quad (n = 1, 2, \cdots)$$

$$b_n = \frac{1}{\pi} \int_0^{2\pi} \frac{\pi - x}{2} \sin nx dx = -\frac{1}{2\pi} (\pi - x) \left. \frac{\cos nx}{n} \right|_0^{2\pi} - \frac{1}{2n\pi} \int_0^{2\pi} \cos nx dx$$

$$= \frac{1}{n} \quad (n = 1, 2, \cdots).$$

这样得到特别简单并且只含正弦的展开式:

$$\frac{\pi - x}{2} = \sum_{n=1}^{\infty} \frac{\sin nx}{n} \quad (0 < x < 2\pi).$$

在 $x = 0$ (或 2π) 处, 级数的和等于零, 上面的等式不成立. 在以上所指出的区间之外, 这个等式也不成立. 级数和 $S(x)$ 的图解 (图 124) 是由无限多个平行线段与在 x 轴上的一列孤立点所构成的.

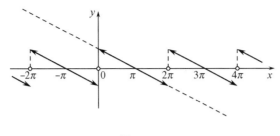

图 124

3) 由于上题中所得展开式特别重要, 今不依赖一般的理论, 而用初等的方法将它推演出来. 设 $0 < x < 2\pi$. 利用第 **680** 目中的公式 (26), 将它改写为:

$$\sum_{k=1}^{n} \cos kx = \frac{\sin(2n+1)\dfrac{x}{2}}{2\sin\dfrac{x}{2}} - \frac{1}{2},$$

逐步求得:

$$\sum_{k=1}^{n} \frac{\sin kx}{k} = \int_0^x \sum_{k=1}^{n} \cos kt\,dt = -\frac{x}{2} + \int_0^x \frac{\sin(2n+1)\dfrac{t}{2}}{2\sin\dfrac{t}{2}}dt$$

$$= -\frac{x}{2} + \int_0^x \left[\frac{1}{2\sin\dfrac{t}{2}} - \frac{1}{t}\right]\sin(2n+1)\frac{t}{2}dt + \int_0^x \frac{\sin(2n+1)\dfrac{t}{2}}{t}dt.$$

但当 $n \to +\infty$ 时, 由第 **682** 目中的基本引理, 上面的等式最后一部分中的第二项趋近于 0;[①] 而作变换 $u = (2n+1)\dfrac{t}{2}$, 则第三项变换为

$$\int_0^{(2n+1)\frac{x}{2}} \frac{\sin u}{u}du,$$

它显然趋近于 $\int_0^{+\infty} \dfrac{\sin u}{u}du = \dfrac{\pi}{2}$. 于是

$$\lim_{n\to\infty} \sum_{k=1}^{n} \frac{\sin kx}{k} = \frac{\pi - x}{2},$$

这就是我们所要证明的.

4) 从 2) 中的展开式出发, 不加计算, 可推得其他有趣的展开式. 在原展开式中将 x 换成 $2x$, 并用 2 除等式两端, 得:

$$\frac{\pi}{4} - \frac{x}{2} = \sum_{k=1}^{\infty} \frac{\sin 2kx}{2k} \quad (0 < x < \pi),$$

———————

[①]如果令方括弧中的因子当 $t = 0$ 时的值为 0, 则它是在这点解析的函数, 因为它在这点邻近, 可以展开成幂级数:

$$\frac{1}{2\sin\dfrac{t}{2}} - \frac{1}{t} = \frac{1}{12}t + \frac{37}{5760}t^3 + \cdots.$$

由原展开式减去这个展开式, 得:

$$\frac{\pi}{4} = \sum_{k=1}^{\infty} \frac{\sin(2k-1)x}{2k-1} \quad (0 < x < \pi).$$

如果用 $S(x)$ 表示上面级数的和, 则 $S(0) = S(\pi) = 0$. 因为正弦是奇函数, 改变 x 的符号, 可知在区间 $(-\pi, 0)$ 内, $S(x) = -\frac{\pi}{4}$; 对于 x 的其他数值, 和数 $S(x)$ 可由周期规律推出, 因此特别在区间 $(2\pi, 3\pi)$ 内, 又得 $S(x) = \frac{\pi}{4}$, 等等. 函数 $S(x)$ 的图解见图 125; 图 126 显示由级数的各部分和所表示的、不连续函数的逐步渐近值.

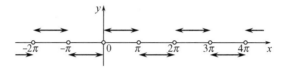

图 125

如果在所考虑的展开式中, 令 $x = \frac{\pi}{2}$, 即得我们熟知的莱布尼茨级数 [**404** (16)]

$$\frac{\pi}{4} = 1 - \frac{1}{3} + \frac{1}{5} - \frac{1}{7} + \cdots$$

当 $x = \frac{\pi}{6}$ 及 $x = \frac{\pi}{3}$ 时, 得级数

$$\frac{\pi}{4} = 1 + \frac{1}{5} - \frac{1}{7} - \frac{1}{11} + \frac{1}{13} + \frac{1}{17} - \cdots$$

及

$$\frac{\pi}{2\sqrt{3}} = 1 - \frac{1}{5} + \frac{1}{7} - \frac{1}{11} + \frac{1}{13} - \cdots$$

合并此处所求得的展开式与 2) 中的展开式, 不难得出关于函数 $f(x) = x$ 的级数:

$$x = 2 \sum_{n=1}^{\infty} (-1)^{n-1} \frac{\sin nx}{n} \quad (-\pi < x < \pi).$$

我们只是对于 $0 < x < \pi$ 直接得出此等式, 但显然这等式对于 $x = 0$ 也成立; 此外它的两端显然都是奇函数, 因此最后的展开式对于整个区间 $(-\pi, \pi)$ 正确.

当 x 由 $-\infty$ 变到 $+\infty$ 时, 级数和的图解不难由图 127 表出. 在图 128 上, 描画着部分和

$$y = s_5(x) = 2 \left(\sin x - \frac{\sin 2x}{2} + \frac{\sin 3x}{3} - \frac{\sin 4x}{4} + \frac{\sin 5x}{5} \right)$$

的图解.

5) 依靠 2) 中的展开式, 证明在整个实数轴上

$$\frac{1}{2} - \frac{1}{\pi} \sum_{n=1}^{\infty} \frac{\sin 2n\pi x}{n} = \begin{cases} x - E(x), & \text{对于非整数 } x, \\ \frac{1}{2}, & \text{对于整数 } x. \end{cases}$$

6) 在区间 $[-\pi, \pi]$ 上, 展开 (偶) 函数 $f(x) = x^2$ 为余弦级数.

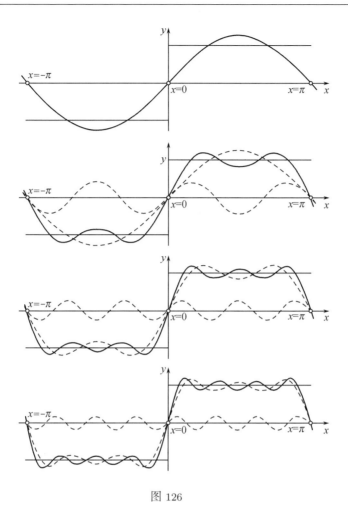

图 126

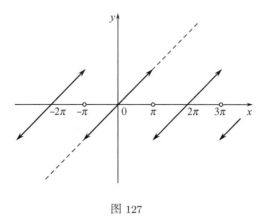

图 127

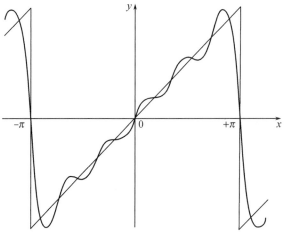

图 128

由公式 (19):

$$\frac{1}{2}a_0 = \frac{1}{\pi}\int_0^\pi x^2\,dx = \frac{\pi^2}{3},$$

$$a_n = \frac{2}{\pi}\int_0^\pi x^2\cos nx\,dx = \frac{2}{\pi}x^2\left.\frac{\sin nx}{n}\right|_0^\pi - \frac{4}{n\pi}\int_0^\pi x\sin nx\,dx$$

$$= \frac{4}{n\pi}x\left.\frac{\cos nx}{n}\right|_0^\pi - \frac{4}{n^2\pi}\int_0^\pi \cos nx\,dx = (-1)^n\frac{4}{n^2}\quad(n>0),$$

因此

$$x^2 = \frac{\pi^2}{3} + 4\sum_{n=1}^\infty (-1)^n\frac{\cos nx}{n^2}\qquad (-\pi \leqslant x \leqslant \pi).$$

级数和的图解表示在图 129 上，它是由无穷个互相连接的抛物线弧所组成的.

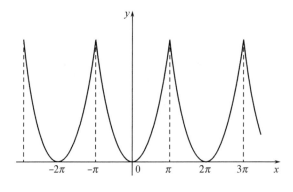

图 129

在所得展开式中, 令 $x = \pi$ 或 $x = 0$, 则得出熟知的结果:

$$\frac{\pi^2}{6} = \sum_{n=1}^{\infty} \frac{1}{n^2}, \quad \frac{\pi^2}{12} = \sum_{n=1}^{\infty} \frac{(-1)^{n-1}}{n^2},$$

此两式中, 任何一式亦可由其他一式直接推演出来.

7) 将函数:

(a) $f_1(x) = \cos ax$, 在 $[-\pi, \pi]$ 上按余弦展开,

(б) $f_2(x) = \sin ax$, 在 $(-\pi, \pi)$ 内按正弦展开

(这里假定数 a 不是整数).

(a) 我们有

$$\frac{1}{2} a_0 = \frac{1}{\pi} \int_0^{\pi} \cos ax \, dx = \frac{\sin a\pi}{a\pi},$$

$$(n > 0) \quad a_n = \frac{2}{\pi} \int_0^{\pi} \cos ax \cos nx \, dx$$

$$= \frac{1}{\pi} \int_0^{\pi} [\cos(a+n)x + \cos(a-n)x] dx = (-1)^n \frac{2a}{a^2 - n^2} \frac{\sin a\pi}{\pi},$$

因此

$$\frac{\pi}{2} \frac{\cos ax}{\sin a\pi} = \frac{1}{2a} + \sum_{n=1}^{\infty} (-1)^n \frac{a \cos nx}{a^2 - n^2} \quad (-\pi \leqslant x \leqslant \pi).$$

(б) 答 $\quad \dfrac{\pi}{2} \dfrac{\sin ax}{\sin a\pi} = \sum_{n=1}^{\infty} (-1)^n \dfrac{n \sin nx}{a^2 - n^2} \quad (-\pi < x < \pi).$

顺便注意到当 $x = 0$ 时, 可由 (a) 得:

$$\frac{1}{\sin a\pi} = \frac{1}{a\pi} + 2 \sum_{n=1}^{\infty} \frac{a\pi}{(a\pi)^2 - (n\pi)^2},$$

或者令 $a\pi = z$; 则得:

$$\frac{1}{\sin z} = \frac{1}{z} + \sum_{n=1}^{\infty} (-1)^n \frac{2z}{z^2 - (n\pi)^2} = \frac{1}{z} + \sum_{n=1}^{\infty} (-1)^n \left[\frac{1}{z - n\pi} + \frac{1}{z + n\pi} \right]$$

(其中 z 是不为 π 之整倍数的任何数). 由此重新求得函数 $\dfrac{1}{\sin z}$ 之由简单分数形成的展开式. 在 (a) 中令 $x = \pi$, 便又得到函数 $\operatorname{ctg} z$ 的简单分数形式的展开式 [参看 **441**, 9)].

非常显著的是: 这几个数学上的重要结果可以简单地从各别的三角展开式推得.

8) 由 1) 中函数 $f(x) = e^{ax}$ 的展开式可以很简单地推得函数:

(a) $f_1(x) = \operatorname{ch} ax$, 在 $[-\pi, \pi]$ 上的余弦展开式,

(б) $f_2(x) = \operatorname{sh} ax$, 在 $(-\pi, \pi)$ 内的正弦展开式, 而且 $f_1(x)$ 与 $f_2(x)$ 分别是关于 $f(x)$ 的偶的与奇的组成函数 [**689**]. 其展开式的形状是:

$$\frac{\pi}{2} \frac{\operatorname{ch} ax}{\operatorname{sh} a\pi} = \frac{1}{2a} + \sum_{n=1}^{\infty} (-1)^n \frac{a}{a^2 + n^2} \cos nx \qquad (-\pi \leqslant x \leqslant \pi),$$

$$\frac{\pi}{2} \frac{\operatorname{sh} ax}{\operatorname{sh} a\pi} = \sum_{n=1}^{\infty} (-1)^{n-1} \frac{n}{a^2 + n^2} \sin nx \qquad (-\pi < x < \pi).$$

作为推论, 由此可得函数 $\dfrac{1}{\mathrm{sh}z}$ 与 $\mathrm{cth}z$ 的简单分数形式的展开式.

现转到从 0 到 π 的区间上所给出的函数之余弦或正弦展开式的例子 [**689**].

9) 在区间 $[0, \pi]$ 上, 用余弦展开函数 $f(x) = x$.

由公式 (19):

$$\frac{1}{2}a_0 = \frac{1}{\pi}\int_0^\pi x\,dx = \frac{\pi}{2},$$

$$a_n = \frac{2}{\pi}\int_0^\pi x\cos nx\,dx = \frac{2}{\pi}x\,\frac{\sin nx}{n}\bigg|_0^\pi - \frac{2}{n\pi}\int_0^\pi \sin nx\,dx = 2\frac{\cos n\pi - 1}{n^2\pi} \quad (n > 0),$$

即

$$a_{2k} = 0, \quad a_{2k-1} = -\frac{4}{(2k-1)^2\pi} \quad (k = 1, 2, \cdots).$$

所求展开式的形状为:

$$x = \frac{\pi}{2} - \frac{4}{\pi}\sum_{k=1}^\infty \frac{\cos(2k-1)x}{(2k-1)^2} \quad (0 \leqslant x \leqslant \pi).$$

级数和的图解表示在图 130 上 [比较同一函数在 4) 中的正弦展开式及其在图 127 上的图解]. 在图 131 上, 描画出近似曲线:

$$y = s_5(x) = \frac{\pi}{2} - \frac{4}{\pi}\left(\cos x + \frac{1}{3^2}\cos 3x + \frac{1}{5^2}\cos 5x\right).$$

结合所得结果与在 6) 中函数 x^2 的余弦展开式, 容易得出:

$$\frac{3x^2 - 6\pi x + 2\pi^2}{12} = \sum_{n=1}^\infty \frac{\cos nx}{n^2} \quad (0 \leqslant x \leqslant \pi).$$

然而, 因为将 x 换成 $2\pi - x$ 时, 等式两端的值均不变, 所以事实上等式在较大的区间 $[0, 2\pi]$ 上依然成立.

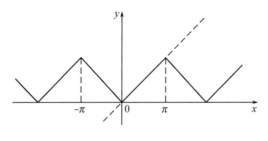

图 130

10) 在区间 $(0, \pi)$ 内, 按正弦展开函数 $f(x) = x^2$.

答

$$x^2 = \sum_{n=1}^\infty b_n \sin nx,$$

其中

$$b_{2k} = -\frac{\pi}{k}, \quad b_{2k-1} = \frac{2\pi}{2k-1} - \frac{8}{\pi(2k-1)^3}.$$

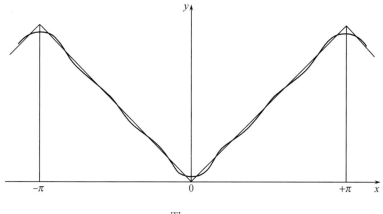

图 131

读者试作出级数和的图解, 并且将它与图 129 上的图解相比较.

11) 在从 0 到 π 的区间中, 展开函数 $f(x) = e^{ax}$ 为 (a) 余弦级数与 (б) 正弦级数.

答 (a) $e^{ax} = \dfrac{e^{a\pi} - 1}{a\pi} + \dfrac{2a}{\pi} \sum_{n=1}^{\infty} \dfrac{(-1)^n e^{a\pi} - 1}{a^2 + n^2} \cos nx \quad (0 \leqslant x \leqslant \pi)$,

(б) $e^{ax} = \dfrac{2}{\pi} \sum_{n=1}^{\infty} [1 - (-1)^n e^{a\pi}] \dfrac{n}{a^2 + n^2} \sin nx \quad (0 < x < \pi)$.

12) 将函数

(a) $f_1(x) = \sin ax$, 在 $[0, \pi]$ 上按余弦展开,

(б) $f_2(x) = \cos ax$, 在 $(0, \pi)$ 内按正弦展开.

(a) **解** 首先假定 a 不是整数. 则

$$\frac{1}{2} a_0 = \frac{1}{\pi} \int_0^{\pi} \sin ax\, dx = \frac{1 - \cos a\pi}{\pi},$$

$$a_n = \frac{2}{\pi} \int_0^{\pi} \sin ax \cos nx\, dx = \frac{1}{\pi} \int_0^{\pi} [\sin(a+n)x + \sin(a-n)x]dx$$

$$= \frac{2a}{\pi} [1 - (-1)^n \cos a\pi] \frac{1}{a^2 - n^2}.$$

所求展开式可写成下列形式:

$$\sin ax = \frac{1 - \cos a\pi}{\pi} \left\{ 1 + 2a \sum_{k=1}^{\infty} \frac{\cos 2kx}{a^2 - (2k)^2} \right\}$$

$$+ 2a \frac{1 + \cos a\pi}{\pi} \sum_{k=1}^{\infty} \frac{\cos(2k-1)x}{a^2 - (2k-1)^2} \quad (0 \leqslant x \leqslant \pi).$$

现设 a 为整数, 则需要分成偶数 $a = 2m$ 或奇数 $a = 2m - 1$ 两种情形. 当 $a = 2m$ 时,

$$a_0 = 0, \quad a_{2k} = 0, \quad a_{2k-1} = \frac{8m}{\pi} \frac{1}{(2m)^2 - (2k-1)^2},$$

因此

$$\sin 2mx = \frac{8m}{\pi} \sum_{k=1}^{\infty} \frac{\cos(2k-1)x}{(2m)^2 - (2k-1)^2} \quad (0 \leqslant x \leqslant \pi).$$

同样, 当 $a = 2m - 1$ 时,

$$\sin(2m-1)x = \frac{2}{\pi}\left\{1 + 2(2m-1)\sum_{k=1}^{\infty}\frac{\cos 2kx}{(2m-1)^2 - (2k)^2}\right\} ① \quad (0 \leqslant x \leqslant \pi).$$

(б) **提示**　应分成与在 (a) 中一样的各种情形来讨论.

13) 证明关于在 $[0, \pi]$ 上的 x,

$$\sum_{k=1}^{\infty}\frac{\cos(2k-1)x}{(2k-1)^4} = \frac{1}{96}\pi(\pi - 2x)(\pi^2 + 2\pi x - 2x^2).$$

提示　将在上式右端的函数 $f(x)$ 展开为傅里叶级数, 当重复进行分部积分时, 顾及 $f'(0) = f'(\pi) = 0$.

14) 现在考虑非常义可积函数展开式的例子. 设要在区间 $(-\pi, \pi)$ 内, 按余弦展开偶函数

$$f(x) = \ln 2\cos\frac{x}{2}.$$

函数在区间的两端变为 ∞, 但依然保持 (绝对) 可积分性.

由公式 (19):

$$\frac{1}{2}a_0 = \frac{1}{\pi}\int_0^{\pi}\ln 2\cos\frac{x}{2}dx = \ln 2 + \frac{2}{\pi}\int_0^{\frac{\pi}{2}}\ln\cos t\,dt = 0$$

[参考 **492**, 1°], 而关于 $n > 0$,

$$a_n = \frac{2}{\pi}\int_0^{\pi}\ln 2\cos\frac{x}{2}\cos nx\,dx = \frac{2}{\pi}\ln 2\cos\frac{x}{2}\cdot\frac{\sin nx}{n}\bigg|_0^{\pi}$$

$$+ \frac{1}{n\pi}\int_0^{\pi}\frac{\sin nx\cdot\sin\frac{x}{2}}{\cos\frac{x}{2}}dx = (-1)^{n-1}\frac{1}{n\pi}\int_0^{\pi}\frac{\sin nx\cos\frac{x}{2}}{\sin\frac{x}{2}}dx$$

(将 x 换作 $\pi - x$). 为了计算最后一个积分, 将被积分函数写为和的形状:

$$\frac{\sin nx\cos\frac{x}{2}}{\sin\frac{x}{2}} = \frac{\sin\left(n+\frac{1}{2}\right)x}{2\sin\frac{1}{2}x} + \frac{\sin\left(n-\frac{1}{2}\right)x}{2\sin\frac{1}{2}x},$$

根据第 **680** 目中的恒等式 (26), 将上式每一项分别换作和数

$$\frac{1}{2} + \sum_{i=1}^{n}\cos ix \quad \text{或} \quad \frac{1}{2} + \sum_{i=1}^{n-1}\cos ix.$$

最后,

$$a_n = \frac{(-1)^{n-1}}{n} \quad (n = 1, 2, \cdots),$$

而所求展开式的形状是

$$\ln 2\cos\frac{x}{2} = \sum_{n=1}^{\infty}(-1)^{n-1}\frac{\cos nx}{n} \quad (-\pi < x < \pi).$$

---

①不难证明, 如果在等式左端将正弦用它的绝对值来代替, 则展开式在整个实数轴上成立.

如果当 $x = \pm\pi$ 时令等式两端的值是 $-\infty$, 则可看作等式在此时也成立. 如果在 ln 符号下将余弦用它的绝对值来代替, 则新的等式对于一切实数值 x 皆成立!

在证得的等式中, 用 $\pi - x$ 代替 x, 就得另一有趣的展开式:

$$-\ln 2 \sin \frac{x}{2} = \sum_{n=1}^{\infty} \frac{\cos nx}{n} \quad (0 < x < 2\pi).$$

关于此公式的推广, 可作与上相同的说明.

最后举几个展开 "接连" 函数的例子, 这种函数在区间不同的部分上是用不同的分析表示式给出的.[①]

15) 设

$$f(x) = \begin{cases} 0, & \text{如果 } -\pi < x < 0. \\ x, & \text{如果 } 0 \leqslant x \leqslant \pi. \end{cases}$$

展开这函数为完全的傅里叶级数.

由公式 (1) 有:

$$\frac{1}{2}a_0 = \frac{1}{2\pi} \int_0^\pi x \, dx = \frac{\pi}{4},$$

$$a_n = \frac{1}{\pi} \int_0^\pi x \cos nx \, dx = \frac{1}{\pi} x \frac{\sin nx}{n} \Big|_0^\pi - \frac{1}{n\pi} \int_0^\pi \sin nx \, dx = \frac{\cos n\pi - 1}{n^2 \pi},$$

即

$$a_{2k} = 0, \quad a_{2k-1} = -\frac{2}{(2k-1)^2 \pi}.$$

同样

$$b_n = -\frac{\cos nx}{n} = (-1)^{n-1} \frac{1}{n}.$$

展开式为

$$f(x) = \frac{\pi}{4} - \frac{2}{\pi} \cos x + \sin x - \frac{\sin 2x}{2} - \frac{2}{9\pi} \cos 3x$$
$$+ \frac{\sin 3x}{3} - \frac{\sin 4x}{4} - \cdots \quad (-\pi < x < \pi).$$

16) 在从 0 到 π 的区间上按余弦展开函数

$$(a) \qquad f_1(x) = \begin{cases} 1, & \text{对于 } 0 \leqslant x \leqslant h, \\ 0, & \text{对于 } h < x \leqslant \pi; \end{cases}$$

$$(б) \qquad f_2(x) = \begin{cases} 1 - \dfrac{x}{2h}, & \text{对于 } 0 \leqslant x \leqslant 2h, \\ 0, & \text{对于 } 2h < x \leqslant \pi. \end{cases}$$

$$(a) \qquad \frac{1}{2}a_0 = \frac{1}{\pi} \int_0^h dx = \frac{h}{\pi}, \quad a_n = \frac{2}{\pi} \int_0^h \cos nx \, dx = \frac{2}{\pi} \frac{\sin nh}{n},$$

[①]然而与以上已研究过的例子比较, 此处并没有包含任何新的原则: 实际上, 2) 中的级数和也可看作是由许多线性函数 "接连" 而得的函数 (参考图 124).

除在点 $x = h$ 外,

$$f_1(x) = \frac{2h}{\pi}\left\{\frac{1}{2} + \sum_{n=1}^{\infty}\frac{\sin nh}{nh}\cos nx\right\}\quad(0 \leqslant x \leqslant \pi),$$

而在点 $x = h$, 级数和等于 $\frac{1}{2}$.

(б)

$$\frac{1}{2}a_0 = \frac{1}{\pi}\int_0^{2h}\left(1 - \frac{x}{2h}\right)dx = \frac{h}{\pi},$$

$$a_n = \frac{2}{\pi}\int_0^{2h}\left(1 - \frac{x}{2h}\right)\cos nx\,dx = \frac{2}{\pi}\frac{1 - \cos 2nh}{2n^2h} = \frac{2}{\pi}\frac{\sin^2 nh}{n^2h},$$

$$f_2(x) = \frac{2h}{\pi}\left\{\frac{1}{2} + \sum_{n=1}^{\infty}\left(\frac{\sin nh}{nh}\right)^2\cos nx\right\}\quad(0 \leqslant x \leqslant \pi).$$

17) 求证

(a)
$$\cos x - \frac{\cos 5x}{5} + \frac{\cos 7x}{7} - \frac{\cos 11x}{11} + \cdots = \begin{cases} \dfrac{\pi}{2\sqrt{3}}, & \text{当 } 0 \leqslant x < \dfrac{\pi}{3} \text{ 时,} \\[2mm] \dfrac{\pi}{4\sqrt{3}}, & \text{当 } x = \dfrac{\pi}{3} \text{ 时,} \\[2mm] 0, & \text{当 } \dfrac{\pi}{3} < x < \dfrac{2\pi}{3} \text{ 时,} \\[2mm] -\dfrac{\pi}{4\sqrt{3}}, & \text{当 } x = \dfrac{2\pi}{3} \text{ 时,} \\[2mm] -\dfrac{\pi}{2\sqrt{3}}, & \text{当 } \dfrac{2\pi}{3} < x \leqslant \pi \text{ 时.} \end{cases}$$

(б)
$$\sin x - \frac{\sin 5x}{5^2} + \frac{\sin 7x}{7^2} - \frac{\sin 11x}{11^2} + \cdots = \begin{cases} \dfrac{\pi}{2\sqrt{3}}x, & \text{当 } 0 \leqslant x \leqslant \dfrac{\pi}{3} \text{ 时,} \\[2mm] \dfrac{\pi^2}{6\sqrt{3}}, & \text{当 } \dfrac{\pi}{3} < x < \dfrac{2\pi}{3} \text{ 时,} \\[2mm] \dfrac{\pi}{2\sqrt{3}}(\pi - x), & \text{当 } \dfrac{2\pi}{3} \leqslant x \leqslant \pi \text{ 时.} \end{cases}$$

18) 设函数 $f(x)$ 由下列各等式定义:

$$f(x) = \begin{cases} \cos x, & \text{关于 } 0 \leqslant x \leqslant \dfrac{\pi}{2}, \\[2mm] -\cos x, & \text{关于 } \dfrac{\pi}{2} < x \leqslant \pi. \end{cases}$$

按余弦展开这函数.

答

$$f(x) = \frac{4}{\pi}\left\{\frac{1}{2} + \sum_{k=1}^{\infty}(-1)^{k-1}\frac{\cos 2kx}{4k^2 - 1}\right\}.$$

19) 求证级数和

$$\frac{\pi}{2}(\cos x + \sin x) + \sum_{k=0}^{\infty} \frac{1}{2k+1}[\cos(4k+1)x - \sin(4k+1)x - \cos(4k+3)x - \sin(4k+3)x]$$

当 $m\pi < x < m\pi + \frac{\pi}{2}$ 时等于 $\pi \sin x$, 当 $m\pi + \frac{\pi}{2} < x < (m+1)\pi$ 时等于 $\pi \cos x$, 而当 $x = m\pi$ 或 $\left(m + \frac{1}{2}\right)\pi$ 时等于 $(-1)^m \frac{\pi}{2}$ $(m = 0, \pm 1, \pm 2, \cdots)$.

20) 以正六边形的边长 a 为半径, 以其 (互不相邻的) 三顶点为圆心作圆; 圆的外弧构成**三叶线** (图 132). 如果取六边形的中心作为极点, 取通过一圆心的直线作为极轴, 试写出三叶线的极坐标方程式.

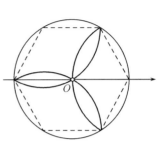

图 132

提示 $r = f(\theta)$ $(-\pi \leqslant \theta \leqslant \pi)$, 其中偶函数 $f(\theta)$ 由下列等式定义:

$$f(\theta) = \begin{cases} 2a\cos\theta, & \text{关于 } 0 \leqslant \theta \leqslant \frac{\pi}{3}, \\ 2a\cos\left(\theta - \frac{2\pi}{3}\right), & \text{关于 } \frac{\pi}{3} \leqslant \theta \leqslant \pi. \end{cases}$$

按余弦展开此函数.

答 $\dfrac{\pi}{6\sqrt{3}a}r = \dfrac{1}{2} + \dfrac{1}{2\cdot 4}\cos 3\theta - \dfrac{1}{5\cdot 7}\cos 6\theta + \dfrac{1}{8\cdot 10}\cos 9\theta - \cdots$ $(-\pi \leqslant \theta \leqslant \pi)$.

21) 利用已知的展开式, 求证

(a) $x\sin x = 1 - \dfrac{1}{2}\cos x + 2\sum_{n=2}^{\infty} \dfrac{(-1)^n \cos nx}{n^2 - 1}$ $(-\pi \leqslant x \leqslant \pi)$;

(б) $x\cos x = -\dfrac{1}{2}\sin x + 2\sum_{n=2}^{\infty}(-1)^n \dfrac{n}{n^2 - 1}\sin nx$ $(-\pi < x < \pi)$;

(в) $\sin x \ln 2\cos \dfrac{x}{2} = \dfrac{1}{4}\sin x + \sum_{n=2}^{\infty} \dfrac{(-1)^n}{n^2 - 1}\sin nx$ $(-\pi < x < \pi)$;

(г) $\cos x \ln 2\cos \dfrac{x}{2} = \dfrac{1}{2} - \dfrac{1}{4}\cos x + \sum_{n=2}^{\infty} \dfrac{(-1)^n n}{n^2 - 1}\cos nx$ $(-\pi < x < \pi)$.

22) 如果在区间 $[0, 2\pi]$ 上所给出的函数 $f(x)$ 适合条件:

(a) $f(2\pi - x) = f(x)$ 或   (б) $f(2\pi - x) = -f(x)$,

则在第一种情形下, 所有的 $b_n = 0$; 在第二种情形下, 所有的 $a_n = 0$.

证明此结果 [或者从公式 (1) 出发, 或者按周期性开拓而得的函数为偶函数或奇函数来证明].

附注   由此可预见函数 $\dfrac{\pi - x}{2}$ 与 $\ln 2\sin\dfrac{x}{2}$ 在区间 $[0, 2\pi]$ 上的展开式 [2) 与 14)] 的特性, 因为

$$\frac{\pi - (2\pi - x)}{2} = -\frac{\pi - x}{2}, \quad \ln 2\sin\frac{2\pi - x}{2} = \ln 2\sin\frac{x}{2}.$$

23) 求证: 如果在区间 $[-\pi, \pi]$ 上函数 $f(x)$ 适合条件:

$$\text{(a)} \ f(x + \pi) = f(x) \quad \text{或} \quad \text{(б)} \ f(x + \pi) = -f(x),$$

则在第一种情形下, $a_{2m-1} = b_{2m-1} = 0$; 在第二种情形下, $a_{2m} = b_{2m} = 0$.

24) 限于在区间 $[0, \pi]$ 上所给出的函数, 求证由条件

(a) $f(\pi - x) = f(x)$ 可导出等式 $a_{2m-1} = 0$ (在余弦展开式中) 或 $b_{2m} = 0$ (在正弦展开式中);

(б) $f(\pi - x) = -f(x)$ 可导出等式 $a_{2m} = 0$ (在余弦展开式中) 或 $b_{2m-1} = 0$ (在正弦展开式中).

附注　基于此点, 可以预见: 在 4) 中函数 $\dfrac{\pi}{4} - \dfrac{x}{2}$ 与 $\dfrac{\pi}{4}$ 的正弦展开式的特性; 在 12) 中函数 $\sin 2mx$ 与 $\sin(2m - 1)x$ 的余弦展开式的特性; 以及在 13), 17) 与 18) 中各展开式的特性.

25) 仿照第 **689** 目中的推理, 证明在通常的条件下, 能将在区间 $\left[0, \dfrac{\pi}{2}\right]$ 上所给出的函数在这区间上展开为只含偶数或奇数倍 x 的余弦或正弦展开式. 求出系数的公式, 并应用于各例.

26) 设已给函数 $f(x)$ 有周期 2π, 并以 a_m, b_m 为其傅里叶系数. 求用这些系数表示 "经过位移的" 函数 $f(x + h)$ ($h =$ 常数) 的傅里叶系数 $\bar{a}_m, \bar{b}_m$.

利用在 **681** 目中关于周期函数积分的说明, 有

$$\bar{a}_0 = \frac{1}{\pi} \int_{-\pi}^{\pi} f(x + h) dx = \frac{1}{\pi} \int_{-\pi+h}^{\pi+h} f(x) dx = a_0,$$

$$\bar{a}_m = \frac{1}{\pi} \int_{-\pi}^{\pi} f(x + h) \cos mx dx = \frac{1}{\pi} \int_{-\pi+h}^{\pi+h} f(x) \cos m(x - h) dx$$

$$= \cos mh \cdot \frac{1}{\pi} \int_{-\pi+h}^{\pi+h} f(x) \cos mx dx + \sin mh \cdot \frac{1}{\pi} \int_{-\pi+h}^{\pi+h} f(x) \sin mx dx$$

$$= a_m \cos mh + b_m \sin mh.$$

同样,

$$\bar{b}_m = b_m \cos mh - a_m \sin mh.$$

691. $\ln \Gamma(x)$ **的展开式**　作为较复杂的例子, 我们按照库默尔 (E. E. Kummer) 的方法, 作出函数 $\ln \Gamma(x)$ 在区间 $(0, 1]$ 上的傅里叶级数展开式.

利用在第 **688** 目中关于在区间 $(0, 2l]$ 上的函数展开式所作的说明 (在现在的情形下, $2l = 1$), 求出下列形式的展开式:

$$\ln \Gamma(x) = \frac{a_0}{2} + \sum_{n=1}^{\infty} (a_n \cos 2n\pi x + b_n \sin 2n\pi x),$$

而且可由与第 **688** 目中公式 (17*) 相仿的公式求出其系数:

$$a_n = 2 \int_0^1 \ln \Gamma(x) \cos 2n\pi x dx \quad (n = 0, 1, 2, \cdots),$$

$$b_n = 2 \int_0^1 \ln \Gamma(x) \sin 2n\pi x dx \quad (n = 1, 2, \cdots).$$

但我们要指出, 系数 a_n 几乎不加计算就可确定出来. 事实上, 对已知的关系式 [**531**, 5°]

$$\Gamma(x)\Gamma(1-x) = \frac{2\pi}{2\sin\pi x}$$

两端取对数, 求得

$$\ln\Gamma(x) + \ln\Gamma(1-x) = \ln 2\pi - \ln 2\sin\pi x.$$

函数 $\ln\Gamma(1-x)$ 的傅里叶级数可由函数 $\ln\Gamma(x)$ 的傅里叶级数中将 x 换成 $1-x$ 而得. 因此含余弦的各项保持不变, 而含正弦的各项变号. 两级数相加, 得

$$a_0 + \sum_{n=1}^{\infty} 2a_n\cos 2n\pi x.$$

另一方面, 如果利用函数 $-\ln 2\sin\dfrac{x}{2}$ 的已知的展开式 [**690**, 14)], 但将其中的 x 换成 $2\pi x$, 则不难写出上面等式右端函数的傅里叶级数:

$$\ln 2\pi + \sum_{n=1}^{\infty} \frac{1}{n}\cos 2n\pi x.$$

这样立刻可得

$$\frac{1}{2}a_0 = \ln\sqrt{2\pi}, \quad a_n = \frac{1}{2n} \qquad (n = 1, 2, \cdots).$$

计算系数 b_n 要复杂得多. 从 $\ln\Gamma(x)$ 的公式出发 [**540**]

$$\ln\Gamma(x) = \int_0^{\infty} \left[(x-1)e^{-z} - \frac{e^{-z} - e^{-xz}}{1 - e^{-z}} \right] \frac{dz}{z},$$

作代换 $e^{-z} = t$, 此式变换为

$$\ln\Gamma(x) = \int_0^1 \left[\frac{1 - t^{x-1}}{1 - t} - x + 1 \right] \frac{dt}{\ln t}.$$

将此表示式代入 b_n 的公式中, 并且颠倒对 x 及对 t 积分的次序, 得

$$b_n = 2\int_0^1 \frac{dt}{\ln t} \int_0^1 \left[\frac{1 - t^{x-1}}{1 - t} - x + 1 \right] \sin 2n\pi x\, dx.$$

我们可以改变积分次序的理由如下: 表示式

$$\left[\frac{1 - t^{x-1}}{1 - t} - x + 1 \right] \frac{\sin 2n\pi x}{\ln t}$$

作为二元函数, 只是在 $t = 0$ 处不连续.[①] 但此表示式对变数 t 的积分对于在区间 $[0,1]$ 上的 x 一致收敛, 因为

$$\int_0^{\tau} \left[\frac{t^{x-1} - 1}{1 - t} - (1 - x) \right] \frac{|\sin 2n\pi x|}{|\ln t|} dt$$

$$< \frac{1}{1 - \tau} \cdot \frac{1}{|\ln\tau|} \cdot \frac{|\sin 2n\pi x|}{x} \tau^x < \frac{1}{1 - \tau} \cdot \frac{1}{|\ln\tau|} \cdot 2n\pi.$$

[①] 不难验证在 $t = 1$ 处, 连续性事实上并未破坏.

由已知的定理 [**521**], 改变积分次序是可容许的.

现来继续计算. 我们有

$$\int_0^1 \sin 2n\pi x dx = 0, \quad \int_0^1 x \sin 2n\pi x dx = -\frac{1}{2n\pi},$$

$$\int_0^1 t^{x-1} \sin 2n\pi x dx = \frac{1}{t}\int_0^1 e^{x\ln t}\sin 2n\pi x dx$$

$$= \frac{\ln t \cdot \sin 2n\pi x - 2n\pi\cos 2n\pi x}{t[\ln^2 t + 4n^2\pi^2]}e^{x\ln t}\bigg|_{x=0}^{x=1} = \frac{(1-t)2n\pi}{t[\ln^2 t + 4n^2\pi^2]}.$$

于是

$$b_n = 2\int_0^1\left[-\frac{2n\pi}{t[\ln^2 t + 4n^2\pi^2]} + \frac{1}{2n\pi}\right]\frac{dt}{\ln t}.$$

在这里令 $t = e^{-2n\pi u}$, 最后将 b_n 的表示式化成下式:

$$b_n = \frac{1}{n\pi}\int_0^\infty\left[\frac{1}{1+u^2} - e^{-2n\pi u}\right]\frac{du}{u}.$$

特别推得

$$b_1 = \frac{1}{\pi}\int_0^\infty\left[\frac{1}{1+u^2} - e^{-2\pi u}\right]\frac{du}{u},$$

由此

$$nb_n - b_1 = \frac{1}{\pi}\int_0^\infty (e^{-2\pi u} - e^{-2n\pi u})\frac{du}{u} = \frac{1}{\pi}\ln n,$$

(伏汝兰尼积分, **495**), 这样, 确定一切系数的问题化成了确定第一个系数的问题.

回忆**欧拉常数**的积分表示式 [**535**]

$$\boldsymbol{C} = \int_0^\infty\left(\frac{1}{1+u} - e^{-u}\right)\frac{du}{u},$$

则

$$b_1 - \frac{1}{\pi}\boldsymbol{C} = \frac{1}{\pi}\int_0^\infty\left(\frac{1}{1+u^2} - \frac{1}{1+u}\right)\frac{du}{u} + \frac{1}{\pi}\int_0^\infty(e^{-u} - e^{-2\pi u})\frac{du}{u}.$$

但第一个积分可以直接计算出来, 它等于零; 第二个积分等于 $\frac{1}{\pi}\ln 2\pi$ (又是伏汝兰尼积分). 最后得

$$b_1 = \frac{1}{\pi}(\boldsymbol{C} + \ln 2\pi).$$

从而得

$$b_n = \frac{1}{n\pi}(\boldsymbol{C} + \ln 2n\pi).$$

所求展开式的形状是

$$\ln\Gamma(x) = \ln\sqrt{2\pi} + \sum_{n=1}^\infty \frac{1}{2n}\cos 2n\pi x + \frac{1}{n\pi}(\boldsymbol{C} + \ln 2n\pi)\sin 2n\pi x \quad (0 < x < 1).$$

§3. 补充

692. 系数递减的级数 直到此时为止, 我们是从预先给定的函数出发, 将它展为傅里叶级数, 而应用到确定可展开函数为傅里叶级数的充分条件. 在少数简单的情形下, 反过来可证明已给的三角级数收敛于某一绝对可积分函数, 并且是这函数的傅里叶级数. 我们在这里叙述杨 (W. H. Young) 的有关研究.

我们将讨论下列形状的级数:

$$\text{(C)}\ \frac{1}{2}q_0 + \sum_{\nu=1}^{\infty} q_\nu \cos \nu x, \quad \text{(S)}\ \sum_{\nu=1}^{\infty} q_\nu \sin \nu x,$$

而且恒假定系数 q_ν 是正数, 并且单调减趋近于零. 如我们所知 [参考第 **430** 目末], 在任一不含点 $2k\pi\ (k = 0, \pm 1, \cdots)$ 的闭区间上, 两级数均一致收敛. 用 $f(x)$ 表示级数 (C) 的和, 用 $g(x)$ 表示级数 (S) 的和; 两函数都有周期 2π, 并且除去形如 $2k\pi$ 的各点外, 处处连续. 在这些例外点, 级数 (C) 可能发散.[①] 因为函数 f 是偶的, g 是奇的, 因此只需在区间 $[0, \pi]$ 上进行讨论.

1° 如果函数 f (或 g) 绝对可积, 则级数 (C) [或 (S)] 是它的傅里叶级数.[②]

(a) 用 $\sin mx\ (m = 1, 2, \cdots)$ 乘函数 g 的展开式:

$$g(x) \sin mx = \sum_{\nu=1}^{\infty} q_\nu \sin \nu x \cdot \sin mx,$$

即得在区间 $[0, \pi]$ 上一致收敛的级数. 事实上, 因为

$$\sum_{\nu=1}^{n} \sin \nu x = \frac{\cos \frac{1}{2}x - \cos\left(n + \frac{1}{2}\right)x}{2\sin \frac{x}{2}},$$

则

$$\left| \sum_{\nu=1}^{n} \sin \nu x \sin mx \right| \leqslant \frac{|\sin mx|}{\sin \frac{x}{2}} \leqslant \frac{mx}{\frac{x}{\pi}} = m\pi,$$

然后在这里应用狄利克雷判别法 [**430**]. [我们在这里应用初等不等式

$$|\sin z| \leqslant z \quad (z \geqslant 0), \quad \sin z > \frac{2}{\pi}z \quad \left(0 < z \leqslant \frac{\pi}{2}\right).]$$

在这种情形下, 可将级数从 0 到 π 逐项积分, 求得

$$q_m = \frac{2}{\pi} \int_0^\pi g(x) \sin mx\, dx.$$

[①] 如果级数 $\sum_1^\infty q_\nu$ 收敛, 则级数 (C) 及 (S) 一致收敛于两连续函数, 而两级数就是这两连续函数的傅里叶级数 [**678**]. 下文只在级数 $\sum_1^\infty q_\nu$ 发散时有意义.

[②] 这定理是一个很难证明的一般定理 [参考 **750**, **751**] 的特殊情形, 在这里我们宁可就所考虑的简单类型的级数来解决这个问题.

(б) 转到讨论函数 f, 用 $1 - \cos mx$ 乘它的展开式:

$$f(x)(1 - \cos mx) = \frac{1}{2}q_0(1 - \cos mx) + \sum_{\nu=1}^{\infty} q_\nu \cos \nu x(1 - \cos mx).$$

由狄利克雷判别法, 这级数同样在区间 $[0, \pi]$ 上一致收敛. 要想证明此点, 只需注意

$$\frac{1}{2} + \sum_{\nu=1}^{n} \cos \nu x = \frac{\sin \left(n + \frac{1}{2}\right) x}{2 \sin \frac{1}{2}x}, \tag{1}$$

因此

$$\left| \frac{1}{2}(1 - \cos mx) + \sum_{\nu=1}^{n} \cos \nu x(1 - \cos mx) \right| \leqslant \frac{1 - \cos mx}{2 \sin \frac{1}{2}x}$$

$$\leqslant \frac{\frac{1}{2}m^2x^2}{\frac{2x}{\pi}} = \frac{1}{4}m^2\pi x \leqslant \frac{1}{4}m^2\pi^2.$$

$$\left[\text{应用不等式}: 1 - \cos z < \frac{1}{2}z^2. \right]$$

逐项从 0 到 π 积分, 得

$$q_0 - q_m = \frac{2}{\pi} \int_0^{\pi} f(x)dx - \frac{2}{\pi} \int_0^{\pi} f(x) \cos mx dx \quad (m = 1, 2, \cdots).$$

在这里取 $m \to +\infty$ 时的极限. 由假设, $q_m \to 0$, 又由第 **682** 目中的基本引理, 上式最后一个积分也趋近于零. 这样, 首先得

$$q_0 = \frac{2}{\pi} \int_0^{\pi} f(x)dx,$$

然后普遍地求得

$$q_m = \frac{2}{\pi} \int_0^{\pi} f(x) \cos mx dx,$$

至此证明完毕.

2° 如果级数

$$\sum_{\nu=1}^{\infty} \frac{q_\nu}{\nu} = Q \tag{2}$$

收敛, 则两级数 (C) 及 (S) 各确定一个绝对可积的函数 (并且因此是这两函数的傅里叶级数).

因为讨论上两级数的方式相同, 所以我们只限于讨论级数 (C). 令

$$Q_n = \frac{1}{2}q_0 + q_1 + \cdots + q_n,$$

我们逐步求得

$$\sum_{n=1}^{\infty} \frac{Q_n}{n(n+1)} = \frac{1}{2}q_0 + \sum_{n=1}^{\infty} \frac{1}{n(n+1)} \sum_{\nu=1}^{n} q_\nu$$

$$= \frac{1}{2}q_0 + \sum_{\nu=1}^{\infty} q_\nu \sum_{n=\nu}^{\infty} \frac{1}{n(n+1)} = \frac{1}{2}q_0 + \sum_{\nu=1}^{\infty} \frac{q_\nu}{\nu} = \frac{1}{2}q_0 + Q; \qquad (3)$$

在这里, 我们交换了两个求和步骤的次序 [393] 并且利用了显而易见的等式

$$\sum_{n=1}^{\infty} \frac{1}{n(n+1)} = 1, \text{ 以及一般的 } \sum_{n=\nu}^{\infty} \frac{1}{n(n+1)} = \frac{1}{\nu}.$$

现设

$$\frac{\pi}{n+1} \leqslant x \leqslant \frac{\pi}{n}.$$

对于 x 的这些值, $f(x)$ 表示如下式:

$$f(x) = \left(\frac{1}{2}q_0 + \sum_{\nu=1}^{n} q_\nu \cos \nu x \right) + \sum_{\nu=n+1}^{\infty} q_\nu \cos \nu x.$$

第一个和式的绝对值按 Q_n 来估值. 为了估值第二个和式, 将阿贝尔引理 [383] 应用到表示式

$$\sum_{\nu=n+1}^{n+m} q_\nu \cos \nu x.$$

因为

$$\left| \sum_{\nu=n+1}^{n+\mu} \cos \nu x \right| = \left| \frac{\sin \left(n + \mu + \frac{1}{2} \right) x - \sin \left(n + \frac{1}{2} \right) x}{2 \sin \frac{1}{2}x} \right| \leqslant \frac{1}{\sin \frac{1}{2}x},$$

则

$$\left| \sum_{\nu=n+1}^{n+m} q_\nu \cos \nu x \right| \leqslant \frac{q_{n+1}}{\sin \frac{1}{2}x} < \frac{\pi}{x}q_{n+1} < \frac{\pi}{x}q_n < (n+1)q_n.$$

在趋近于极限时, 第二个和式的同一估值保持有效, 故最后得

$$|f(x)| \leqslant Q_n + (n+1)q_n \qquad \left(\frac{\pi}{n+1} \leqslant x \leqslant \frac{\pi}{n} \right).$$

在这种情形下 [参考 (3) 及 (2)],

$$\int_0^\pi |f(x)|dx = \sum_{n=1}^{\infty} \int_{\frac{\pi}{n+1}}^{\frac{\pi}{n}} |f(x)|dx$$

$$\leqslant \sum_{n=1}^{\infty} \frac{\pi}{n(n+1)}[Q_n + (n+1)q_n] = \pi \left(\frac{1}{2}q_0 + 2Q \right),$$

因此函数 $f(x)$ 确是绝对可积. 只需应用 $1°$ 就可完成这定理的证明了.

我们以后可以看到 [**731**], 级数 (2) 的收敛性同时是级数 (S) 为傅里叶级数的必要条件, 因此对于级数 (S) 所得的结果, 不能再加改善. 而级数 (C) 的情况则不相同: 这里所提到的条件决不是必要条件. 对于这种情形, 我们还要举出上面没有包括的另一充分条件.

$3°$　如果差数 $\Delta q_\nu = q_\nu - q_{\nu+1}$ 随着 ν 增大而单调减小, 则函数 $f(x)$ 是非负的并且是可积的 [级数 (C) 是它的傅里叶级数].

对部分和

$$C_n(x) = \frac{1}{2}q_0 + \sum_{\nu=1}^{n} q_\nu \cos \nu x \quad (x > 0)$$

作阿贝尔变换 [**383**]. 考虑到 (1), 求得

$$C_n(x) = \frac{1}{2\sin\frac{1}{2}x} \left\{ \sum_{\nu=0}^{n-1} \Delta q_\nu \cdot \sin\left(\nu + \frac{1}{2}\right)x + q_n \cdot \sin\left(n + \frac{1}{2}\right)x \right\}.$$

再对所得和式作阿贝尔变换. 如果为简单起见, 令 $\Delta q_\nu - \Delta q_{\nu+1} = \Delta^2 q_\nu$, 并考虑到

$$\sum_{\nu=0}^{m} \sin\left(\nu + \frac{1}{2}\right)x = \frac{1 - \cos(m+1)x}{2\sin\frac{1}{2}x},$$

则 $C_n(x)$ 化成下列形式:

$$C_n(x) = \frac{1}{4\sin^2\frac{1}{2}x} \sum_{\nu=0}^{n-2} \Delta^2 q_\nu \cdot (1 - \cos(\nu+1)x)$$

$$+ \Delta q_{n-1} \cdot \frac{1 - \cos nx}{4\sin^2\frac{1}{2}x} + q_n \cdot \frac{\sin\left(n + \frac{1}{2}\right)x}{2\sin\frac{1}{2}x}.$$

因为当 $n \to +\infty$ 时, 上式最后两项趋近于零, 所以在取极限时, 即得用非负的连续函数所作成的 $f(x)$ 的展开式:

$$f(x) = \sum_{\nu=0}^{\infty} \Delta^2 q_\nu \cdot \frac{1 - \cos(\nu+1)x}{4\sin^2\frac{1}{2}x}$$

(由假定, 系数 $\Delta^2 q_\nu$ 是非负的). 由此可见, 函数 $f(x)$ 也是非负的.

为了证明这函数的可积分性, 我们利用第 518 目中的推论, 以及将该推论换述为级数情形所作的说明. 只要下面的级数收敛, 则可写出

$$\int_0^\pi f(x)dx = \sum_{\nu=0}^{\infty} \Delta^2 q_\nu \int_0^\pi \frac{1 - \cos(\nu+1)x}{4\sin^2\frac{1}{2}x} dx.$$

因为

$$\frac{1 - \cos(\nu + 1)x}{4 \sin^2 \frac{1}{2}x} = \sum_{\mu=0}^{\nu} \frac{\sin\left(\mu + \frac{1}{2}\right)x}{2 \sin \frac{1}{2}x} = \sum_{\mu=0}^{\nu} \left\{\frac{1}{2} + \sum_{\lambda=1}^{\mu} \cos \lambda x\right\},$$

则直接可得

$$\int_0^\pi \frac{1 - \cos(\nu + 1)x}{4 \sin^2 \frac{1}{2}x} dx = \frac{\pi}{2}(\nu + 1)$$

[参考 **309**, 5) (б)], 因此

$$\int_0^\pi f(x)dx = \frac{\pi}{2} \sum_{\nu=0}^{\infty} (\nu + 1)\Delta^2 q_\nu.$$

现在还只需证实上式右端的级数收敛.

在 **375**, 3) 中, 我们已经看到如果有单调减的正项级数

$$\sum_{\nu=0}^{\infty} a_\nu \tag{4}$$

收敛, 则条件

$$\nu a_\nu \to 0$$

必须成立. 由此还可知, 级数

$$\sum_{\nu=0}^{\infty} (\nu + 1)(a_\nu - a_{\nu+1}) = \sum_{\nu=0}^{\infty} (\nu + 1)\Delta a_\nu$$

收敛且与级数 (4) 有相同的和数: 此点可由恒等式

$$\sum_{\nu=0}^{n-1} (\nu + 1)(a_\nu - a_{\nu+1}) = \sum_{\nu=0}^{n-1} a_\nu - na_n$$

看出. 现在如果取 $a_\nu = \Delta q_\nu$, 则有

$$\sum_{\nu=0}^{\infty} (\nu + 1)\Delta^2 q_\nu = \sum_{\nu=0}^{\infty} \Delta q_\nu = q_0,$$

最后得

$$\int_0^\pi f(x)dx = \frac{\pi}{2}q_0.$$

定理便已得证.

例如, 级数

$$\sum_{n=2}^{\infty} \frac{\cos nx}{\ln n}$$

适合于这定理中的条件; 这个例子所以值得注意是由于对于它不能应用定理 2°, 因为级数

$$\sum_{n=2}^{\infty} \frac{1}{n \ln n}$$

发散 [**367**, 6)].

附注 如果在级数 (C) 与 (S) 中, 将变数 x 换成 $x + \pi$, 则得系数变号而其绝对值减的级数. 对于这类级数, 已证明的各定理还是保持有效.

693. 三角级数借助于复变量解析函数的求和法 在许多情形下, 当研究形如 (C) 或 (S) 的级数之系数时, 能证明这些级数收敛 (可能除去若干个别的点), 且为其和的傅里叶级数 (可参考前目), 但在所有这些情形下, 自然要产生下一问题: 怎样求出这些级数的和? 或者更正确地说, 如果级数的和一般地可用初等函数表示为有限的形状, 则怎样将它们表示成为这种形状呢? 早在欧拉 (与拉格朗日) 就已成功地应用了复变量解析函数求出三角级数的有限形和. 欧拉方法的思想将叙述如下.

设对于某一组系数 $\{q_\nu\}$, 两级数 (C) 与 (S) 在区间 $[0, 2\pi]$ 上 (可能除去若干个别的点) 处处收敛于函数 $f(x)$ 与 $g(x)$. 现考虑具有同样系数, 且用复变量 z 所作成的幂级数:

$$\frac{1}{2}q_0 + \sum_{\nu=1}^{\infty} q_\nu z^\nu. \tag{5}$$

由假设, 在单位圆的圆周 $|z| = 1$ 上, 即当 $z = e^{ix}$ 时, 除在若干个别的点外, 这级数收敛:

$$\frac{1}{2}q_0 + \sum_{\nu=1}^{\infty} q_\nu e^{\nu i x} = \frac{1}{2}q_0 + \sum_{\nu=1}^{\infty} q_\nu (\cos \nu x + i \sin \nu x)$$
$$= f(x) + i g(x). \tag{6}$$

在这种情形下, 由熟知的幂级数的性质, 当 $|z| < 1$ 时, 即在单位圆内, 级数 (5) 显然收敛, 且在那里定出某一复变量函数 $\varphi(z)$. 利用已知的初等复变函数的展开式 [参考第十二章, §5], 我们常常能将 $\varphi(z)$ 化为这些函数. 于是对于 $z = re^{ix}(r < 1)$, 就有

$$\frac{1}{2}q_0 + \sum_{\nu=1}^{\infty} q_\nu r^\nu e^{i\nu x} = \varphi(re^{ix}),$$

又由阿贝尔定理 [**456**], 只要级数 (6) 收敛, 它的和可以作为极限

$$f(x) + i g(x) = \lim_{r \to 1} \varphi(re^{ix}) \tag{7}$$

而求得. 通常这极限就等于 $\varphi(e^{ix})$, 由此可以计算出函数 $f(x)$ 与 $g(x)$ 的有限形状.

例如, 设给出级数

$$\sum_{\nu=1}^{\infty} \frac{\cos \nu x}{\nu} \quad \text{及} \quad \sum_{\nu=1}^{\infty} \frac{\sin \nu x}{\nu}.$$

由前目中所证明的断语可得结论: 这两级数收敛 (第一个级数除去在点 0 与 2π 外), 并且是它们所定出的函数 $f(x)$ 与 $g(x)$ 的傅里叶级数. 可是这些函数究竟是什么呢? 要回答这问题, 作出级数

$$\sum_{\nu=1}^{\infty} \frac{z^{\nu}}{\nu}.$$

由于这级数与对数级数 [**458**] 相似, 不难求得其和为

$$\varphi(z) = -\ln(1-z) = \ln \frac{1}{1-z} \quad (|z| < 1),$$

因此

$$f(x) + ig(x) = \ln \frac{1}{1-e^{ix}} \quad (x \neq 0, 2\pi).$$

由简单的计算, 得

$$\frac{1}{1-e^{ix}} = \frac{1}{(1-\cos x) - i\sin x} = \frac{1}{2} + i\frac{\sin x}{2(1-\cos x)}$$
$$= \frac{1}{2\sin\frac{x}{2}}\left[\cos\left(\frac{\pi}{2} - \frac{x}{2}\right) + i\sin\left(\frac{\pi}{2} - \frac{x}{2}\right)\right],$$

所以这表示式的模数是 $\dfrac{1}{2\sin\dfrac{x}{2}}$, 而辐角是 $\dfrac{\pi-x}{2}$. 故

$$\ln \frac{1}{1-e^{ix}} = -\ln 2\sin\frac{x}{2} + i\frac{\pi-x}{2},$$

因此, 最后求得

$$f(x) = -\ln 2 \cdot \sin\frac{x}{2}, \quad g(x) = \frac{\pi-x}{2} \quad (0 < x < 2\pi).$$

我们已经知道了这些结果 [**690**, 14) 与 2)], 并且过去有一次也是用 "复数的" 推理求得的 [**461**, 6) (б)]; 但以往我们是从函数 f 与 g 出发的, 而现在是从解析函数 φ 出发的. 在这里两个级数本身是我们讨论的起点. 读者可以在下一目中找到另一些类似的例子.

再次强调指出: 必须预先确知, 级数 (C) 及 (S)收敛, 我们才能够应用极限等式 (7) 来确定级数的和. 但由等式右端极限存在, 还不能断定两级数收敛. 为了要用例子说明此点, 考虑对于 $0 < x < 2\pi$ 显然发散的级数

$$\frac{1}{2} + \sum_{\nu=1}^{\infty} \cos \nu x \quad \text{与} \quad \sum_{\nu=1}^{\infty} \sin \nu x.$$

但是如果作出与它们相对应的级数

$$\frac{1}{2} + \sum_{\nu=1}^{\infty} z^{\nu} = \frac{1}{1-z} - \frac{1}{2},$$

则当点 $z = re^{ix}$ 沿着单位圆的半径趋近于圆周上的点 e^{ix} 时, 这级数的和有完全确定的极限

$$\frac{1}{1-e^{ix}} - \frac{1}{2} = i\frac{\sin x}{2(1-\cos x)} \quad (0 < x < 2\pi).$$

如果预先不能断定级数 (C) 与 (S) 收敛, 则等式 (7) 只能看作一种导入法: 先由这等式求得函数 f 与 g, 然后计算它们的傅里叶系数, 只有当这些系数与已知级数的系数一致时, 才可应用我们所已知的傅里叶级数收敛性判别法.

694. 例　在下面所有各题中, 请读者证明所设级数的收敛性.

1) 求下列各级数的和:

(a) $1 + \dfrac{\cos x}{1} + \dfrac{\cos 2x}{1 \cdot 2} + \cdots + \dfrac{\cos nx}{1 \cdot 2 \cdots n} + \cdots$;

(б) $\dfrac{\sin x}{1} + \dfrac{\sin 2x}{1 \cdot 2} + \cdots + \dfrac{\sin nx}{1 \cdot 2 \cdots n} + \cdots$.

解　这里

$$\varphi(z) = 1 + \sum_{\nu=1}^{\infty} \frac{z^{\nu}}{\nu!} = e^{z}, \text{①}$$

所以

$$\varphi(e^{ix}) = e^{\cos x + i \sin x} = e^{\cos x}[\cos(\sin x) + i\sin(\sin x)].$$

由此得

(a) $f(x) = e^{\cos x}\cos(\sin x)$;　(б) $g(x) = e^{\cos x}\sin(\sin x)$.

2) 求下列级数的和:

(a)　$\dfrac{\cos x}{1!} - \dfrac{\cos 3x}{3!} + \dfrac{\cos 5x}{5!} - \cdots$;　　(б)　$\dfrac{\sin x}{1!} - \dfrac{\sin 3x}{3!} + \dfrac{\sin 5x}{5!} - \cdots$;

(в)　$1 - \dfrac{\cos 2x}{2!} + \dfrac{\cos 4x}{4!} - \cdots$;　　　　(г)　$\dfrac{\sin 2x}{2!} - \dfrac{\sin 4x}{4!} + \dfrac{\sin 6x}{6!} - \cdots$.

提示　在情形 (a), (б) 下, 函数 $\varphi(z)$ 等于

$$\sin z = \frac{z}{1!} - \frac{z^3}{3!} + \frac{z^5}{5!} - \cdots;$$

在情形 (в), (г) 下, 它等于

$$\cos z = 1 - \frac{z^2}{2!} + \frac{z^4}{4!} - \cdots.$$

利用将复变量的正弦及余弦分解为实虚两部分的展开式 [**459**]:

$$\sin(\alpha + \beta i) = \sin\alpha \mathrm{ch}\beta + i\cos\alpha \mathrm{sh}\beta,$$

$$\cos(\alpha + \beta i) = \cos\alpha \mathrm{ch}\beta - i\sin\alpha \mathrm{sh}\beta.$$

---

①我们保持上目中的记号.

答 (a) $\sin(\cos x)\mathrm{ch}(\sin x)$;   (б) $\cos(\cos x)\mathrm{sh}(\sin x)$;

(в) $\cos(\cos x)\mathrm{ch}(\sin x)$;   (г) $\sin(\cos x)\mathrm{sh}(\sin x)$.

3) 求下列级数的和:

(a) $1 + \sum_{n=1}^{\infty} (-1)^{n-1} \dfrac{\cos nx}{n(n+1)}$;   (б) $\sum_{n=1}^{\infty} (-1)^{n-1} \dfrac{\sin nx}{n(n+1)}$;

(в) $\sum_{n=2}^{\infty} (-1)^n \dfrac{\cos nx}{n^2-1}$;   (г) $\sum_{n=2}^{\infty} (-1)^n \dfrac{\sin nx}{n^2-1}$;

(д) $\sum_{n=2}^{\infty} (-1)^n \dfrac{n}{n^2-1} \cos nx$;   (е) $\sum_{n=2}^{\infty} (-1)^n \dfrac{n}{n^2-1} \sin nx$;

(ж) $\sum_{n=0}^{\infty} (-1)^n \dfrac{\cos nx}{(n+1)(n+2)}$;   (з) $\sum_{n=1}^{\infty} (-1)^{n-1} \dfrac{\sin nx}{(n+1)(n+2)}$.

(a), (б). **解** 与这两情形相对应的级数

$$\varphi(z) = 1 + \frac{z}{1 \cdot 2} - \frac{z^2}{2 \cdot 3} + \frac{z^3}{3 \cdot 4} - \cdots$$

不能直接求出已知的初等函数, 但是如果利用显明的等式

$$\frac{1}{n(n+1)} = \frac{1}{n} - \frac{1}{n+1},$$

将级数变换如下:

$$1 + \left\{ z - \frac{z^2}{2} + \frac{z^3}{3} - \cdots \right\} + \left\{ -\frac{z}{2} + \frac{z^2}{3} - \frac{z^3}{4} + \cdots \right\},$$

则由对数级数 [**458**] 不难求得

$$\varphi(z) = 1 + \ln(1+z) + \frac{1}{z}[\ln(1+z) - z] = \left(1 + \frac{1}{z} \right) \ln(1+z).$$

现在在这里代入 $z = e^{ix} = \cos x + i\sin x$. 即有

$$1 + z = (1 + \cos x) + i\sin x = 2\cos \frac{x}{2} \left(\cos \frac{x}{2} + i\sin \frac{x}{2} \right),$$

因此 (对于 $0 < x < \pi$) 这表示式的模数是 $2\cos \dfrac{x}{2}$, 其辐角是 $\dfrac{x}{2}$, 并且

$$\ln(1+z) = \ln 2\cos \frac{x}{2} + i\frac{x}{2}.$$

最后得

$$\varphi(e^{ix}) = [(1 + \cos x) - i\sin x] \cdot \left[\ln 2\cos \frac{x}{2} + i\frac{x}{2} \right].$$

由此对于 $-\pi < x < \pi$,

$$f(x) = (1 + \cos x)\ln 2\cos \frac{x}{2} + \frac{1}{2}x\sin x,$$

$$g(x) = \frac{1}{2}x(1 + \cos x) - \sin x \ln 2\cos \frac{x}{2}.$$

(в)∼(з) **提示**　在所有各情形下, 利用对应的等式

$$\frac{1}{n^2-1}=\frac{1}{2}\left(\frac{1}{n-1}-\frac{1}{n+1}\right),\quad \frac{n}{n^2-1}=\frac{1}{2}\left(\frac{1}{n-1}+\frac{1}{n+1}\right),$$

$$\frac{1}{(n+1)(n+2)}=\frac{1}{n+1}-\frac{1}{n+2},$$

就不难化为对数级数的问题.

　　答　(ж) $(\cos x+\cos 2x)\ln 2\cos\dfrac{x}{2}+\dfrac{x}{2}(\sin x+\sin 2x)-\cos x,$

　　(з) $(\sin x+\sin 2x)\ln 2\cos\dfrac{x}{2}-\dfrac{x}{2}(\cos x+\cos 2x)-\sin x.$

[关于 (в)∼(e) 参考 **690**, 21).]

　　4) 求下一级数的和:

$$\sum_{n=1}^{\infty}(-1)^{n-1}\frac{\cos(2n-1)x}{n}.$$

　　提示　$\varphi(z)=\dfrac{1}{z}\ln(1+z^2).$

　　答　限制在区间 $0\leqslant x\leqslant\pi$ 上, 有

$$f(x)=\begin{cases}\cos x\ln 2\cos x+x\sin x, & \text{对于 } 0\leqslant x<\dfrac{\pi}{2},\\[2mm]\cos x\ln 2|\cos x|+(x-\pi)\sin x, & \text{对于 } \dfrac{\pi}{2}<x\leqslant\pi.\end{cases}$$

　　5) 求下列级数的和:

　　(a) $\dfrac{\cos 2x}{1\cdot 2}+\dfrac{\cos 3x}{2\cdot 3}+\dfrac{\cos 4x}{3\cdot 4}+\cdots;$

　　(б) $\dfrac{\cos 2x}{1\cdot 2\cdot 3}+\dfrac{\cos 3x}{2\cdot 3\cdot 4}+\dfrac{\cos 4x}{3\cdot 4\cdot 5}+\cdots.$

　　提示　利用

$$\frac{1}{(n-1)n}\quad \text{及}\quad \frac{1}{(n-1)n(n+1)}$$

的 "简单分数" 展开式, 则化为 $\ln\dfrac{1}{1-z}$ 的问题.

　　答　在两种情形下, 关于 $0<x<2\pi,$

$$\text{(a)}\quad (1-\cos x)\ln 2\sin\frac{x}{2}-\frac{\pi-x}{2}\sin x+\cos x;$$

$$\text{(б)}\quad (1-\cos x)\ln 2\sin\frac{x}{2}+\frac{3}{4}\cos x-\frac{1}{2}.$$

　　6) 求下列级数的和:

　　(a) $\displaystyle\sum_{n=1}^{\infty}(-1)^{n-1}\frac{\cos(2n-1)x}{2n-1};$　　　(б) $\displaystyle\sum_{n=1}^{\infty}(-1)^{n-1}\frac{\sin(2n-1)x}{2n-1};$

　　(в) $\displaystyle\sum_{n=1}^{\infty}(-1)^{n-1}\frac{\cos(2n-1)x}{(2n-1)2n}.$

　　(a), (б). **解**　作出级数

$$\sum_{n=1}^{\infty}(-1)^{n-1}\frac{z^{2n-1}}{2n-1},$$

于其中可看出反正切函数

$$\operatorname{arctg} z = \frac{1}{2i} \ln \frac{1+zi}{1-zi}$$

的展开式; 除去 $z = \pm i$ 外, 这展开式关于 $|z| \leqslant 1$ 成立 [**459**].

在这里令 $z = e^{ix}$, 并且限于区间 $0 \leqslant x \leqslant \pi$, 但除去点 $x = \dfrac{\pi}{2}$. 则有

$$\frac{1+zi}{1-zi} = i \frac{\cos x}{1+\sin x} = i \operatorname{tg}\left(\frac{\pi}{4} - \frac{x}{2}\right),$$

因此这表示式的模数为 $\left| \operatorname{tg}\left(\dfrac{\pi}{4} - \dfrac{x}{2}\right) \right|$, 其辐角为 $+\dfrac{\pi}{2}$ 或 $-\dfrac{\pi}{2}$, 依 $x < \dfrac{\pi}{2}$ 或 $x > \dfrac{\pi}{2}$ 而定. 所以

$$\ln \frac{1+zi}{1-zi} = \ln \left| \operatorname{tg}\left(\frac{\pi}{4} - \frac{x}{2}\right) \right| \pm \frac{\pi}{2} i,$$

并且

$$\operatorname{arctg} z = \pm \frac{\pi}{4} + i \cdot \frac{1}{2} \ln \left| \operatorname{tg}\left(\frac{\pi}{4} + \frac{x}{2}\right) \right|.$$

这样,

$$f(x) = \begin{cases} \dfrac{\pi}{4}, & 0 \leqslant x < \dfrac{\pi}{2}, \\[2mm] -\dfrac{\pi}{4}, & \dfrac{\pi}{2} < x \leqslant \pi. \end{cases}$$

且关于这些 x 的值,

$$g(x) = \frac{1}{2} \ln \left| \operatorname{tg}\left(\frac{\pi}{4} + \frac{x}{2}\right) \right| = \frac{1}{4} \ln \operatorname{tg}^2\left(\frac{\pi}{4} + \frac{x}{2}\right).$$

(в) **提示** 合并刚才所得的结果及习题 4) 中的结果, 求得

$$f(x) = \begin{cases} \dfrac{\pi}{4} - \dfrac{1}{2}(\cos x \ln 2 \cos x + x \sin x), & 0 \leqslant x < \dfrac{\pi}{2}, \\[2mm] -\dfrac{\pi}{4} - \dfrac{1}{2}(\cos x \ln 2|\cos x| + (x-\pi)\sin x), & \dfrac{\pi}{2} < x \leqslant \pi. \end{cases}$$

7) 求下列级数的和:

(a) $\cos x + \dfrac{1}{2} \dfrac{\cos 3x}{3} + \dfrac{1 \cdot 3}{2 \cdot 4} \dfrac{\cos 5x}{5} + \dfrac{1 \cdot 3 \cdot 5}{2 \cdot 4 \cdot 6} \dfrac{\cos 7x}{7} + \cdots$;

(б) $\sin x + \dfrac{1}{2} \dfrac{\sin 3x}{3} + \dfrac{1 \cdot 3}{2 \cdot 4} \dfrac{\sin 5x}{5} + \dfrac{1 \cdot 3 \cdot 5}{2 \cdot 4 \cdot 6} \dfrac{\sin 7x}{7} + \cdots$;

(в) $\dfrac{\cos x}{1 \cdot 2} + \dfrac{1}{2} \dfrac{\cos 3x}{3 \cdot 4} + \dfrac{1 \cdot 3}{2 \cdot 4} \dfrac{\cos 5x}{5 \cdot 6} + \dfrac{1 \cdot 3 \cdot 5}{2 \cdot 4 \cdot 6} \dfrac{\cos 7x}{7 \cdot 8} + \cdots$;

(г) $\dfrac{\sin x}{1 \cdot 2} + \dfrac{1}{2} \dfrac{\sin 3x}{3 \cdot 4} + \dfrac{1 \cdot 3}{2 \cdot 4} \dfrac{\sin 5x}{5 \cdot 6} + \cdots$.

解 关于情形 (a) 及 (б)

$$\varphi(z) = \sum_{n=1}^{\infty} \frac{(2n-3)!!}{(2n-2)!!} \frac{z^{2n-1}}{2n-1} = \arcsin z$$

[**459**]. 其次, 关于 $0 \leqslant x \leqslant \pi$,

$$\arcsin e^{ix} = \arcsin \frac{\cos x}{\sqrt{1+\sin x}} + i \ln(\sqrt{1+\sin x} + \sqrt{\sin x}).$$

知道了表示式右端的正弦实际上等于 e^{ix}, 则易于验证此点.[114) 又由方程

$$\sin u \mathrm{ch} v = \cos x, \quad \cos u \mathrm{sh} v = \sin x$$

求得 u, v, 就不难推出上面的表示式. 这样,

$$f(x) = \arcsin \frac{\cos x}{\sqrt{1 + \sin x}}, \qquad (0 \leqslant x \leqslant \pi).$$
$$g(x) = \ln(\sqrt{1 + \sin x} + \sqrt{\sin x})$$

关于情形 (в) 及 (г), 得级数

$$\frac{z}{1 \cdot 2} + \frac{1}{2} \frac{z^3}{3 \cdot 4} + \frac{1 \cdot 3}{2 \cdot 4} \frac{z^5}{5 \cdot 6} + \frac{1 \cdot 3 \cdot 5}{2 \cdot 4 \cdot 6} \frac{z^7}{7 \cdot 8} + \cdots$$
$$= \left\{ z + \frac{1}{2} \frac{z^3}{3} + \frac{1 \cdot 3}{2 \cdot 4} \frac{z^5}{5} + \frac{1 \cdot 3 \cdot 5}{2 \cdot 4 \cdot 6} \frac{z^7}{7} + \cdots \right\}$$
$$- \frac{1}{z} \left\{ \frac{1}{2} z^2 + \frac{1 \cdot 1}{2 \cdot 4} z^4 + \frac{1 \cdot 1 \cdot 3}{2 \cdot 4 \cdot 6} z^6 + \frac{1 \cdot 1 \cdot 3 \cdot 5}{2 \cdot 4 \cdot 6 \cdot 8} z^8 + \cdots \right\}$$
$$= \arcsin z + \frac{1}{z} (\sqrt{1 - z^2} - 1)$$

[**460**]. 因此关于 $0 \leqslant x \leqslant \pi$,

$$f(x) = \arcsin \frac{\cos x}{\sqrt{1 + \sin x}} + \sqrt{2 \sin x} \cos \left(\frac{x}{2} + \frac{\pi}{4} \right) - \cos x,$$
$$g(x) = \ln(\sqrt{1 + \sin x} + \sqrt{\sin x}) - \sqrt{2 \sin x} \sin \left(\frac{x}{2} + \frac{\pi}{4} \right) + \sin x.$$

695. 傅里叶级数的复数形式　　重新考虑以 2π 为周期且在任一有限区间上绝对可积的任意函数 $f(x)$, 并考虑与这函数相对应的傅里叶级数

$$f(x) \sim \frac{a_0}{2} + \sum_{m=1}^{\infty} a_m \cos mx + b_m \sin mx. \tag{8}$$

级数的系数由下列公式确定:

$$a_m = \frac{1}{\pi} \int_{-\pi}^{\pi} f(u) \cos mu \, du \quad (m = 0, 1, 2, \cdots),$$
$$b_m = \frac{1}{\pi} \int_{-\pi}^{\pi} f(u) \sin mu \, du \quad (m = 1, 2, \cdots). \tag{9}$$

现在如果将 $\cos mx$ 与 $\sin mx$ 用纯虚变量的指数函数表示式来代替 [**457**]:

$$\cos mx = \frac{1}{2} (e^{mxi} + e^{-mxi}),$$
$$\sin mx = \frac{1}{2i} (e^{mxi} - e^{-mxi}) = \frac{i}{2} (e^{-mxi} - e^{mxi}),$$

---

114)右端并非简单地是 Arcsin z 的一个值, 而即是用 arcsin z 表示的**主值**, 这样一件事可从主值的定义立即得出 [参看 **459**].

则得级数

$$f(x) \sim \frac{a_0}{2} + \sum_{m=1}^{\infty} \frac{1}{2}(a_m - b_m i)e^{mxi} + \frac{1}{2}(a_m + b_m i)e^{-mxi}.$$

此式可简单地写成:

$$f(x) \sim \sum_{k=-\infty}^{+\infty} c_k e^{kxi}, \tag{10}$$

其中

$$c_0 = \frac{1}{2}a_0, \quad c_m = \frac{1}{2}(a_m - b_m i), \quad c_{-m} = \frac{1}{2}(a_m + b_m i) \quad (m = 1, 2, \cdots), \tag{11}$$

因此

$$c_{-m} = \bar{c}_m. \quad ^{\textcircled{1}} \tag{12}$$

上一表示式是函数 $f(x)$ 的傅里叶级数的复数形式.

如果级数 (8) 收敛于函数 $f(x)$ 的充分条件成立, 则级数 (10) 也收敛于同一和数, 不过只要 (由求得级数的方法可知) 将求和的手续了解为求对称的部分和

$$\sum_{m=-n}^{n} c_m e^{mxi}$$

在 $n \to +\infty$ 时的极限. 然而如果级数

$$\sum_{m=0}^{\infty} c_m e^{mxi} \quad \text{及} \quad \sum_{m=1}^{\infty} c_{-m} e^{-mxi}$$

分别收敛, 则上面所说的极限可由这两级数的和相加而得.

如果考虑到欧拉–傅里叶公式 (9), 则由公式 (11) 所确定的展开式 (10) 的系数 c_m 可一律写成:

$$c_n = \frac{1}{2\pi} \int_{-\pi}^{\pi} f(u)e^{-nui}du \quad (n = 0, \pm 1, \pm 2, \cdots). \tag{13}$$

如果设函数 $f(x)$ 能展开为级数 (10) (因此能用 = 代替 ~), 我们用 e^{-nxi} 乘等式的两端, 再从 $-\pi$ 积分到 π, 并在等式的右端逐项积分, 则也可直接求得这些系数, 而与系数 a_m 及 b_m 相似 [**678**].

如果有复函数

$$f(x) = f_1(x) + if_2(x),$$

其中 f_1 及 f_2 为属于所考虑类型的实函数, 则函数 f 的傅里叶级数很自然地称为函数 f_1 与 f_2 的傅里叶级数的形式和, 而预先须用 i 乘 f_2 的傅里叶级数的各项. 在复

---

①请回忆, 如果 z 是复数, 则符号 $\bar{z}$ 表示与它相共轭的复数.

数形式下, 函数 f 的傅里叶级数有 (10) 的形状, 其中系数 c_n 和刚才一样, 可用公式 (13) 表示出来 (但在一般的情形下, 当然不能肯定系数 c_m 与 c_{-m} 的共轭性).

有时很自然就直接得到函数的傅里叶级数展开式的复数形式. 作为一例, 回忆贝塞尔函数的母函数及其展开式 [**395**, 14)];

$$e^{\frac{a}{2}(z-z^{-1})} = \sum_{n=-\infty}^{+\infty} J_n(a)z^n.$$

不难看出, 这展开式对于不等于零的一切复值 z 皆成立. 在这里, 令 $z = e^{ix}$, 则得

$$e^{ai\sin x} = \sum_{n=-\infty}^{+\infty} J_n(a)e^{nxi}, \tag{14}$$

复函数

$$e^{ai\sin x} = \cos(a\sin x) + i\sin(a\sin x) \tag{15}$$

就已被展开为 (10) 型的级数, 此级数对于 x 一致收敛 [1] (由于幂级数的性质), 并且因此显然为此复函数的傅里叶级数.

回忆

$$J_{-m}(a) = (-1)^m J_m(a)$$

[**395**, 14)], 将求得的展开式改写为下列形式:

$$J_0(a) + \sum_{m=1}^{\infty} J_m(a)[e^{mxi} + (-1)^m e^{-mxi}]$$
$$= J_0(a) + 2\sum_{k=1}^{\infty} J_{2k}(a)\cos 2kx + 2i\sum_{k=1}^{\infty} J_{2k-1}(a)\sin(2k-1)x. \tag{16}$$

分别比较表示式 (15) 及 (16) 的实数与虚数部分, 即得有趣的展开式:

$$\cos(a\sin x) = J_0(a) + 2\sum_{k=1}^{\infty} J_{2k}(a)\cos 2kx,$$

$$\sin(a\sin x) = 2\sum_{k=1}^{\infty} J_{2k-1}(a)\sin(2k-1)x.$$

在此处将 x 换成 $x + \dfrac{\pi}{2}$, 还能得到另外两个展开式:

$$\cos(a\cos x) = J_0(a) + 2\sum_{k=1}^{\infty}(-1)^k J_{2k}(a)\cos 2kx,$$

$$\sin(a\cos x) = 2\sum_{k=1}^{\infty}(-1)^{k-1} J_{2k-1}(a)\cos(2k-1)x,$$

最后, 如果应用公式 (13) 来计算展开式 (14) 的系数, 则得熟知的贝塞尔函数的积分表示式:

$$J_n(a) = \frac{1}{2\pi}\int_{-\pi}^{\pi} e^{(a\sin x - nx)i}dx = \frac{1}{\pi}\int_0^{\pi}\cos(a\sin x - nx)dx,$$

这公式我们已经遇到过好几次了.

---

[1] 我们分别考察两级数 $\sum_{n=0}^{\infty}$ 与 $\sum_{n=-1}^{-\infty}$.

696. 共轭级数 具有任意实系数的三角级数

$$\frac{a_0}{2} + \sum_{m=1}^{\infty} a_m \cos mx + b_m \sin mx \tag{17}$$

可以在形式上① 当作复变数 z 的幂级数

$$\frac{a_0}{2} + \sum_{m=1}^{\infty} (a_m - b_m i) z^m \tag{18}$$

在 $z = e^{xi}$ 时的实数部分. 事实上, 这时

$$z^m = e^{mxi} = \cos mx + i \sin mx$$

并且

$$(a_m - b_m i) z^m = (a_m \cos mx + b_m \sin mx) + i(-b_m \cos mx + a_m \sin mx).$$

级数的虚数部分也可在形式上表示为级数

$$\sum_{m=1}^{\infty} (-b_m \cos mx + a_m \sin mx). \tag{19}$$

级数 (19) 称为与级数 (17) 共轭.

　　与某一 (以 2π 为周期并且绝对可积分的) 函数 $f(x)$ 的傅里叶级数相共轭的级数值得特殊注意. 与傅里叶级数 (17) 本身收敛性问题相平行, 特别能提出共轭级数的收敛性的问题. 但是在这种情形下, 由于事先不能自然地预料到共轭级数的和是什么, 所以产生了额外的困难.

　　与在第 **681** 目中一样, 我们开始先作出在 $x = x_0$ 处级数 (19) 的部分和 $\tilde{s}_n(x_0)$ 的适当表示式. 将系数 $a_0, a_1, b_1, \cdots, a_m, b_m, \cdots$ 用它们的积分表示式来代替 [参考 (9)], 则逐步求得:

$$\tilde{s}_n(x_0) = \sum_{m=1}^{n} \frac{1}{\pi} \int_{-\pi}^{\pi} f(u)[-\sin mu \cos mx_0 + \cos mu \sin mx_0] du$$

$$= -\frac{1}{\pi} \int_{-\pi}^{\pi} f(u) \sum_{m=1}^{n} \sin m(u - x_0) du.$$

如果用公式

$$\sum_{m=1}^{n} \sin mt = \frac{\cos \frac{1}{2} t - \cos \left(n + \frac{1}{2}\right) t}{2 \sin \frac{1}{2} t}$$

---

①因为我们不知道这级数是否收敛, 所以这里只能说在形式上.

变换积分号下的和式, 则 $\widetilde{s}_n(x_0)$ 的表示式取得下列形式:

$$\widetilde{s}_n(x_0) = -\frac{1}{2\pi} \int_{-\pi}^{\pi} f(u) \frac{\cos\frac{1}{2}(u-x_0) - \cos\left(n+\frac{1}{2}\right)(u-x_0)}{\sin\frac{1}{2}(u-x_0)} du.$$

这积分与狄利克雷积分相似.

换取区间 $[x_0-\pi, x_0+\pi]$, 并利用代换 $u-x_0 = t$, 与第 **681** 目中一样, 求得

$$\widetilde{s}_n(x_0) = -\frac{1}{2\pi} \int_{-\pi}^{\pi} f(x_0+t) \frac{\cos\frac{1}{2}t - \cos\left(n+\frac{1}{2}\right)t}{\sin\frac{1}{2}t} dt$$

$$= -\frac{1}{2\pi} \int_{0}^{\pi} \psi(t) \frac{\cos\frac{1}{2}t - \cos\left(n+\frac{1}{2}\right)t}{\sin\frac{1}{2}t} dt, \tag{20}$$

其中为简单起见, 已令

$$\psi(t) = f(x_0+t) - f(x_0-t). \tag{21}$$

如果假定积分

$$\widetilde{S}_0 = -\frac{1}{2\pi} \int_{0}^{\pi} \frac{\psi(t)}{\operatorname{tg}\frac{1}{2}t} dt \tag{22}$$

收敛, 即使不是绝对收敛, 则可写出:

$$\widetilde{s}_n(x_0) - \widetilde{S}_0 = \frac{1}{\pi} \int_{0}^{\pi} \psi(t) \frac{\cos\left(n+\frac{1}{2}\right)t}{2\sin\frac{1}{2}t} dt$$

并能设法证明此积分当 $n \to +\infty$ 时趋近于零: 这时 $\widetilde{S}_0$ 就是级数 (19) 的和. 我们只指出按照迪尼判别法 [**684**] 型式建立的关于级数 (19) 有和 $\widetilde{S}_0$ 的充分条件:

如果积分

$$\int_{0}^{h} \frac{|\psi(t)|}{t} dt \quad (h>0)$$

存在, 则与函数 $f(x)$ 的傅里叶级数共轭的级数在点 x_0 处收敛于和数 $\widetilde{S}_0$.

由于

$$\frac{\psi(t)}{2\operatorname{tg}\frac{1}{2}t} = \frac{\psi(t)}{t} \cdot \frac{\frac{1}{2}t}{\operatorname{tg}\frac{1}{2}t},$$

则由所作假定, 首先推出积分 (22) 绝对收敛. 同样可证明积分

$$\int_{0}^{\pi} \frac{\psi(t)}{2\sin\frac{1}{2}t} dt$$

为绝对收敛, 由此根据第 **682** 目中的引理, 则有 $\tilde{s}_n(x_0) - \tilde{S}_0 \to 0$, 这就是所需要证明的.

显然, 我们只需假定两积分

$$\int_0^h \frac{|f(x_0 + t) - f(x_0)|}{t} dt \quad \text{及} \quad \int_0^h \frac{|f(x_0 - t) - f(x_0)|}{t} dt$$

分别存在, 或者更特别地只需假定利普希茨条件

$$|f(x_0 \pm t) - f(x_0)| \leqslant Ct^\alpha \quad (0 < \alpha \leqslant 1)$$

成立就够了.

注意在所有这些条件中, 都要假设函数 $f(x)$ 在点 x_0 处连续, 或至少两极限 $f(x_0 \pm 0)$ 相等. 但在一般情形下, 当函数 $f(x)$ 在所考虑的点 x_0 有一跳跃, 即当条件

$$f(x_0 + 0) - f(x_0 - 0) \gtreqless 0,$$

成立时, 可以证明共轭级数 (19) 在这点显然发散,[①] 因此假定函数 $f(x)$ 在点 x_0 处连续是必要的. 在此处可看出级数 (17) 与 (19) 的情况有特殊的差别: 实际上, 对于傅里叶级数 (17), 仅有跳跃存在并不足以妨碍级数的收敛.

我们对于与傅里叶级数共轭的级数不再作更详细的研究.

697. 多重傅里叶级数

我们也能考虑多元函数的傅里叶级数. 为了作出这种表示式, 只需限于考虑二元函数的情形.

设对于一切实值 x 与 y 给出函数 $f(x, y)$. 我们假设它对 x 及对 y 都有周期 2π, 并且它在正方形

$$(Q) = [-\pi, \pi; -\pi, \pi]$$

上可积分 (常义或非常义). 仿照展开式 (10), 写出二重级数

$$f(x, y) \sim \sum_{n,m=-\infty}^{+\infty} \gamma_{n,m} e^{(nx+my)i}, \tag{23}$$

与它相对应, 其中系数 $\gamma_{\nu,\mu}$ 是由类似于 (13) 的公式确定:

$$\gamma_{\nu,\mu} = \frac{1}{4\pi^2} \iint_{(Q)} f(x, y) e^{-(\nu x + \mu y)i} dx dy \quad (\nu, \mu = 0, \pm 1, \pm 2, \cdots).$$

这就是函数 $f(x, y)$ 的复数形式的傅里叶级数. 如果在上面写出的关系式中, 我们将符号 $\sim$ 换为 $=$, 再用 $e^{-(nx+my)i}$ 乘 "等式" 两端, 并且在矩形 (Q) 上积分, 而对级数则逐项积分, 则能由通常的方法求得傅里叶级数的系数.

[①] 显然积分 (22) 也发散!

这时实数形式的傅里叶级数十分复杂. 如果在复级数中集合各共轭项, 则得

$$f(x,y) \sim \sum_{n,m=0}^{\infty} [a_{n,m} \cos nx \cos my + b_{n,m} \cos nx \sin my$$
$$+ c_{n,m} \sin nx \cos my + d_{n,m} \sin nx \sin my], \tag{24}$$

其中

$$a_{0,0} = \frac{1}{4\pi^2} \iint_{(Q)} f(x,y) dxdy,$$

$$a_{n,0} = \frac{1}{2\pi^2} \iint_{(Q)} f(x,y) \cos nx dxdy \quad (n = 1, 2, \cdots);$$

$$a_{0,m} = \frac{1}{2\pi^2} \iint_{(Q)} f(x,y) \cos my dxdy \quad (m = 1, 2, \cdots);$$

$$b_{0,m} = \frac{1}{2\pi^2} \iint_{(Q)} f(x,y) \sin my dxdy \quad (m = 1, 2, \cdots);$$

$$c_{n,0} = \frac{1}{2\pi^2} \iint_{(Q)} f(x,y) \sin nx dxdy \quad (n = 1, 2, \cdots).$$

并且, 最后得: $m, n = 1, 2, \cdots$ 时,

$$\left. \begin{aligned} a_{n,m} &= \frac{1}{\pi^2} \iint_{(Q)} f(x,y) \cos nx \cos my dxdy, \\ b_{n,m} &= \frac{1}{\pi^2} \iint_{(Q)} f(x,y) \cos nx \sin my dxdy, \\ c_{n,m} &= \frac{1}{\pi^2} \iint_{(Q)} f(x,y) \sin nx \cos my dxdy, \\ d_{n,m} &= \frac{1}{\pi^2} \iint_{(Q)} f(x,y) \sin nx \sin my dxdy. \end{aligned} \right\} \tag{25}$$

但通常将级数 (24) 写成下列形式:

$$f(x,y) \sim \sum_{n,m=0}^{\infty} \lambda_{n,m} [a_{n,m} \cos nx \cos my + b_{n,m} \cos nx \sin my$$
$$+ c_{n,m} \sin nx \cos my + d_{n,m} \sin nx \sin my], \tag{24*}$$

其中乘数 $\lambda_{n,m}$ 当 $n = m = 0$ 时为四分之一, 当指标 n, m 中只有一个等于零时为二分之一, 当 n, m 都不等于零时为一. 而系数 $a_{n,m}, b_{n,m}, c_{n,m}, d_{n,m}$ 都可由公式 (25) 计算出来.

级数 (24) [或 (24*)] 的收敛的问题可以由研究它的部分和 $S_{n,m}(x_0, y_0)$ 来解决. 对于这种部分和能得到类似于狄利克雷积分的积分表示式:

$$S_{n,m}(x_0, y_0) = \frac{1}{4\pi^2} \iint_{(Q)} f(x_0 + u, y_0 + v) \frac{\sin\left(n + \frac{1}{2}\right) u \sin\left(m + \frac{1}{2}\right) v}{\sin\frac{1}{2}u \sin\frac{1}{2}v} dudv.$$

我们不研究这个问题. 而只说明, 如果下列条件成立, 则函数 $f(x, y)$ 在点 (x_0, y_0) 处显然可展开为傅里叶级数: 1) 偏导数 f'_x 和 f'_y 处处存在并且有界, 2) 在所给点的邻域内二阶导数 f''_{xy} (或 f''_{yx}) 存在, 并且在所给点处连续.

§4. 傅里叶级数的收敛特性

698. 对于基本引理的几点补充 当转而研究傅里叶级数本身的收敛特性时, 我们首先讨论这种级数一致收敛的充分条件.

要研究这个问题, 必须先将第 **682** 目中的第一基本引理加以补充. 这就要在该目所讨论的积分中引入不同的参数, 现在研究对于这些参数积分一致趋近于零的问题.

$1°$ 设函数 $g(t)$ 定义在区间 $[A, B]$ 上并且在这区间上绝对可积, 此时如果变数 a 与 b 取区间 $[A, B]$ 上的任何值, 则两积分

$$\int_a^b g(t) \sin pt \, dt, \qquad \int_a^b g(t) \cos pt \, dt$$

当 $p \to +\infty$ 时对于 a 与 b 一致趋近于零.

我们只要讨论上列第一个积分就够了. 由于函数

$$\int_A^t |g(t)| dt$$

一致连续, 对于给出的 $\varepsilon > 0$, 能用点

$$A = \tau_0 < \tau_1 < \cdots < \tau_i < \tau_{i+1} < \cdots < \tau_n = B$$

将区间 $[A, B]$ 分得充分小, 使得

$$\int_{\tau_i}^{\tau_{i+1}} |g(t)| dt < \varepsilon \qquad (i = 0, 1, \cdots, n-1).$$

又因形如

$$\int_{\tau_i}^{\tau_j} g(t) \sin pt \, dt \qquad (i, j = 0, 1, 2, \cdots, n) \tag{1}$$

的积分只有有限个, 所以能求出共同的 $\Delta > 0$, 使得对于 $p > \Delta$, 所有的积分的绝对值都小于 ε. 但不难看出不论 a 与 b 如何, 积分

$$\int_a^b g(t) \sin pt \, dt$$

与 (1) 中某一积分之差 (对于任意的 p) 小于 2ε. 因此当 $p > \Delta$ 时, 不论 a 与 b 如何, 这积分的绝对值小于 3ε. 这就是需要证明的.

2° 其次可以断定积分

$$\int_a^b g(x \pm t) \sin pt\, dt, \quad \int_a^b g(x \pm t) \cos pt\, dt$$

当 $p \to +\infty$ 时对于参数 a, b 及 x 一致趋近于零, 只要其中各参数适合条件

$$A \leqslant x \pm a, \quad x \pm b \leqslant B.$$

事实上, 例如对第一个积分作代换

$$x \pm t = u,$$

则可以写成

$$\int_{x \pm a}^{x \pm b} g(u) \sin p(u - x)\, du$$

$$= \cos px \int_{x \pm a}^{x \pm b} g(u) \sin pu\, du - \sin px \int_{x \pm a}^{x \pm b} g(u) \cos pu\, du,$$

因此问题化为前一情形 (1°).

3° 最后, 如果在积分号下的表示式中还引入在区间 $[A, B]$ 上有有界变差的任意乘数 $\gamma(t)$, 则积分

$$\int_a^b g(x \pm t) \gamma(t) \sin pt\, dt, \quad \int_a^b g(x \pm t) \gamma(t) \cos pt\, dt$$

当 $p \to +\infty$ 时也一致趋近于零.

因为 $\gamma(t)$ 可写成两个单调增函数的差的形状, 所以我们只要假设 $\gamma(t)$ 本身是增函数就够了. 在这种情形下, 由第二中值定理 [**306**],

$$\int_a^b g(x \pm t) \gamma(t) \sin pt\, dt$$

$$= \gamma(a) \int_a^\tau g(x \pm t) \sin pt\, dt + \gamma(b) \int_\tau^b g(x \pm t) \cos pt\, dt \quad (a \leqslant \tau \leqslant b).$$

由于函数 $\gamma(t)$ 有界, 在这里问题也化为已经考虑过的情形 (2°).

现在转到第二基本引理; 我们对于它只补充说明如下:

4° 设函数 $g(t)$ 在区间 $[A, B]$ 上连续并且单调增加, 而区间 $[a, b]$ 含在 $[A, B]$ 的内部. 则积分

$$\int_0^h g(x \pm t) \frac{\sin pt}{t}\, dt$$

(其中 $0 < h \leqslant a - A$ 及 $B - b$) 当 $p \to +\infty$ 时对于在区间 $[a, b]$ 上的 x 一致趋近于极限 $\frac{\pi}{2} g(x)$.

依照第 **685** 目中的证明并使其适合于这里所设的情形. 现将第 **685** 目 (13) 中的第一个积分写作

$$g(x) \int_0^h \frac{\sin pt}{t} dt = g(x) \int_0^{ph} \frac{\sin z}{z} dz,$$

由于 $g(x)$ 有界, 所以这积分对于在 $[a,b]$ 上的 x 一致趋近于极限 $\frac{\pi}{2} g(x)$. 在另一方面, 因为函数 $g(x)$ 在 $[A,B]$ 上一致连续, 所以对于已给的 $\varepsilon > 0$, 我们可选出与 x (在从 a 到 b 的范围中变化) 无关的数 $\delta > 0$, 使得

$$|g(x \pm t) - g(x)| < \varepsilon \quad \text{当 } 0 < t \leqslant \delta.$$

分解第 **685** 目 (13) 中第二个积分 (与在那目中一样) 为和数 $I_1 + I_2$, 我们有不仅与 p 无关而且也与 x 无关的估计值 **685** 目 (14). 最后, 由 3°, I_2 对于 x 一致趋近于零. 总之, 由此可推得所需要的结论.

699. 傅里叶级数一致收敛性的判别法 现在不难作出一些适当的判别法来判断傅里叶级数在某一区间 $[a,b]$ 上是否一致收敛于 $f(x)$. 当然首先要假定这函数在所述区间上连续 [参考 **431**]. 现先作出形状改变了的

迪尼判别法 已给在区间 $[a,b]$ 上的一连续函数 $f(x)$. 如果取定某一 $h > 0$, 对于在 $[a,b]$ 上的一切 x, 积分

$$\int_0^h \frac{|\varphi(t)|}{t} dt \tag{2}$$

存在, 并且对于 x 一致收敛 (当 $t = 0$ 时), 则函数 $f(x)$ 的傅里叶级数在区间 $[a,b]$ 上一致收敛于这函数.

我们回忆在这种情形下,

$$\varphi(t) = f(x+t) + f(x-t) - 2f(x)$$

并且

$$s_n(x) - f(x) = \frac{1}{\pi} \int_0^\pi \varphi(t) \frac{\sin\left(n + \frac{1}{2}\right)t}{2\sin\frac{1}{2}t} dt. \tag{3}$$

由所作假定, 对于任意给出的 $\varepsilon > 0$, 有一与 x 无关的数 $\delta > 0$ 存在, 使得对于在 $[a,b]$ 上的一切 x,

$$\int_0^\delta \frac{|\varphi(t)|}{t} dt < \varepsilon.$$

这时积分 (3) 可表示为和数 $\frac{1}{\pi}\int_0^\delta + \frac{1}{\pi}\int_\delta^\pi$ 的形状. 并且显然不论 n 为何值,

$$\left| \frac{1}{\pi}\int_0^\delta \varphi(t) \frac{\sin\left(n+\frac{1}{2}\right)t}{2\sin\frac{1}{2}t} dt \right| \leqslant \frac{1}{\pi}\int_0^\delta \frac{|\varphi(t)|}{t} \cdot \frac{\frac{1}{2}t}{\sin\frac{1}{2}t} dt < \frac{1}{2}\int_0^\delta \frac{|\varphi(t)|}{t} dt < \frac{\varepsilon}{2}, \text{①}$$

这式对上述所有的值 x 一致成立.

转到积分

$$\frac{1}{\pi}\int_\delta^\pi \varphi(t) \frac{\sin\left(n+\frac{1}{2}\right)t}{2\sin\frac{1}{2}t} dt, \tag{4}$$

由前目 3°, 可见积分

$$\frac{1}{\pi}\int_\delta^\pi f(x\pm t) \cdot \frac{1}{2\sin\frac{1}{2}t} \cdot \sin\left(n+\frac{1}{2}\right)t\,dt$$

当 $n\to\infty$ 时对于在 $[a,b]$ 上的 x 一致趋近于零. 由于函数 $f(x)$ 在区间 $[a,b]$ 上有界, 这个结果对于积分

$$\frac{1}{\pi}f(x)\int_\delta^\pi \frac{1}{\sin\frac{1}{2}t} \cdot \sin\left(n+\frac{1}{2}\right)t\,dt$$

也成立. 由此可见有一个与 x 无关的数 N 存在, 使得当 $n>N$ 时, 不论 x 是 $[a,b]$ 上的何数, 积分 (3) 的绝对值变为 $<\varepsilon$. 至此证明完成.

由此可特别推出

利普希茨判别法　如果在某一比较 $[a,b]$ 更宽的区间 $[A,B]$ 上 $(A<a<b<B)$, 条件

$$|f(x')-f(x)| \leqslant C|x'-x|^\alpha$$

成立, 其中 x,x' 是 $[A,B]$ 上的任意点, C 与 α 是正常数 $(\alpha\leqslant 1)$; 则函数 $f(x)$ 的傅里叶级数在区间 $[a,b]$ 上一致收敛于这函数.

事实上, 如果选取 h 为两数 $B-b$ 与 $a-A$ 中较小的一数, 则对于在 $[a,b]$ 上一切 x 的值, 积分 (2) 小于下一收敛积分:

$$\int_0^h \frac{2C}{t^{1-\alpha}} dt.$$

---

①利用不等式

$$\sin z > \frac{2}{\pi}z \quad \left(0<z<\frac{\pi}{2}\right).$$

如果函数 $f(x)$ 在比 $[a,b]$ 更宽的区间上有有界的导数 $f'(x)$, 则显然利普希茨条件 (在 $\alpha = 1$ 时) 成立, 因此函数 $f(x)$ 的傅里叶级数在 $[a,b]$ 上一致收敛于这函数.

而且这条件是下一判别法的一个特殊情形:

狄利克雷–若尔当判别法   如果在某一比 $[a,b]$ 更宽的区间 $[A,B]$ 上函数 $f(x)$ 连续并有有界变差, 则函数 $f(x)$ 的傅里叶级数在区间 $[a,b]$ 上一致收敛于这函数.

依照第 **686** 目中的论证, 将积分

$$s_n(x) = \frac{1}{\pi} \int_0^\pi [f(x+t) + f(x-t)] \frac{\sin\left(n + \frac{1}{2}\right)t}{2\sin\frac{1}{2}t} dt$$

表示为积分的和 $\frac{1}{\pi}\int_0^h + \frac{1}{\pi}\int_h^\pi$, 其中正数 h 要选得小于 $a - A$ 与 $B - b$, 且与 $[a,b]$ 上 x 的值无关. 由 3°, 显然上面第二个积分当 $n \to \infty$ 时对于 x 一致趋近于零. 在第一个积分中, 令

$$\frac{1}{2\sin\frac{1}{2}t} = \left[\frac{1}{2\sin\frac{1}{2}t} - \frac{1}{t}\right] + \frac{1}{t},$$

首先从第一个积分中分出一部分:

$$\frac{1}{\pi}\int_0^h [f(x+t) + f(x-t)]\left[\frac{1}{2\sin\frac{1}{2}t} - \frac{1}{t}\right]\sin\left(n + \frac{1}{2}\right)tdt,$$

又由 3°, 这部分一致趋近于零.[①]

最后回到积分

$$\frac{1}{\pi}\int_0^h [f(x+t) + f(x-t)]\frac{\sin\left(n + \frac{1}{2}\right)t}{t}dt.$$

因为在区间 $[A,B]$ 上函数 $f(x)$ 可以表示为两个连续增函数之差的形状:

$$f(x) = f_1(x) - f_2(x),$$

所以对这两函数分别应用命题 4°, 便能断定上面的积分一致趋近于极限 $\frac{1}{\pi} \cdot \frac{\pi}{2} \cdot 2f(x) = f(x)$. 证明至此完成.

特别, 如果在区间 $[-\pi, \pi]$ 上给出一连续并有有界变差的函数 $f(x)$, 且适合条件

$$f(-\pi) = f(\pi),$$

[①]参考第 **690** 目 3) 的脚注.

则它的傅里叶级数在整个区间上一致收敛于这函数.

为了要证明这定理, 只需以 2π 为周期, 按周期规则在整个数轴上延拓此函数, 然后任取一包含 $[-\pi, +\pi]$ 在其内部的区间作为 $[A, B]$.

700. 傅里叶级数在不连续点附近的性质; 特殊情形　　现在研究函数 $f(x)$ 的傅里叶级数在这函数的不连续点附近的性质. 我们开始考虑一个特殊的级数. 这级数有一种有趣的现象, 能够最简单明了地表现出来.

我们知道级数

$$2\sum_{k=1}^{\infty} \frac{\sin(2k-1)x}{2k-1} = 2\left\{\sin x + \frac{\sin 3x}{3} + \frac{\sin 5x}{5} + \cdots\right\} \tag{5}$$

收敛于和式

$$\sigma(x) = \begin{cases} \dfrac{\pi}{2}, & \text{如果 } 0 < x < \pi, \\[2mm] 0, & \text{如果 } x = 0, \pm\pi, \\[2mm] -\dfrac{\pi}{2}, & \text{如果 } -\pi < x < 0 \end{cases}$$

[参考 **690**, 4)]; 在点 $x = 0$ 的左方及右方, 函数有跳跃:

$$\sigma(+0) - \sigma(0) = \frac{\pi}{2}, \quad \sigma(0) - \sigma(-0) = \frac{\pi}{2}.$$

我们将研究级数部分和

$$\sigma_{2n-1}(x) = 2\sum_{k=1}^{n} \frac{\sin(2k-1)x}{2k-1}$$

的性质.[①] 因为它是奇函数, 所以只要在区间 $[0, \pi]$ 上考虑它就够了. 此外, 显而易见的恒等式

$$\sin(2k-1)\left(\frac{\pi}{2} + x'\right) = \sin(2k-1)\left(\frac{\pi}{2} - x'\right)$$

指出 $\sigma_{2n-1}(x)$ 关于点 $x = \dfrac{\pi}{2}$ 为对称:

$$\sigma_{2n-1}\left(\frac{\pi}{2} + x'\right) = \sigma_{2n-1}\left(\frac{\pi}{2} - x'\right);$$

因此可以限于在区间 $\left[0, \dfrac{\pi}{2}\right]$ 上进行研究.

不难求得 $\sigma_{2n-1}(x)$ 的表示式:

$$\sigma_{2n-1}(x) = 2\int_0^x [\cos u + \cos 3u + \cdots + \cos(2n-1)u]du = \int_0^x \frac{\sin 2nu}{\sin u}du; \tag{6}$$

或者, 如果令 $2nu = t$, 即得:

$$\sigma_{2n-1}(x) = \frac{1}{2n}\int_0^{2nx} \frac{\sin t}{\sin \dfrac{t}{2n}}dt. \tag{7}$$

[①]显然 $\sigma_{2n}(x) = \sigma_{2n-1}(x)$.

这表示式可写成和式的形状:

$$\sigma_{2n-1}(x) = \frac{1}{2n}\left\{\int_0^\pi + \int_\pi^{2\pi} + \cdots + \int_{(k-1)\pi}^{k\pi} + \int_{k\pi}^{2nx}\right\}\frac{\sin t}{\sin\dfrac{t}{2n}}dt, \tag{8}$$

其中 $k = E\left(\dfrac{2nx}{\pi}\right)$. 对于 $i = 0, 1, \cdots, n-1$, 一般地令

$$\frac{1}{2n}\int_{i\pi}^{(i+1)\pi}\frac{\sin t}{\sin\dfrac{t}{2n}}dt = (-1)^i\frac{1}{2n}\int_0^\pi\frac{\sin z}{\sin\dfrac{z+i\pi}{2n}}dz = (-1)^i v_i,$$

我们显然有

$$v_i > 0 \quad 及 \quad v_{i+1} < v_i. \tag{9}$$

因此, 最后得:

$$\sigma_{2n-1}(x) = v_0 - v_1 + \cdots + (-1)^{k-1}v_{k-1} + (-1)^k\widetilde{v}_k, \tag{8*}$$

其中用 $(-1)^k\widetilde{v}_k$ 表示最后的一个 "不规则" 项; 它的符号是 $(-1)^k$, 而其绝对值小于 v_k.

由此立即推得关于和式 $\sigma_{2n-1}(x)$ 的性质的一系列结论. 如果固定 n, 而 x 从 0 变到 $\dfrac{\pi}{2}$, 则

1) 和式 $\sigma_{2n-1}(x)$ 为正, 且只在 $x = 0$ 处为零;

2) 它在点

$$x_m = \frac{m\pi}{2n} \quad (m = 1, 2, \cdots, n)$$

处有极值: 当 m 是奇数时有极大值, 是偶数时有极小值. 事实上, 由 (8^*) 可见在区间 $\left[m\dfrac{\pi}{2n},\right.$ $\left.(m+1)\dfrac{\pi}{2n}\right]$ 上, 函数 $\sigma_{2n-1}(x)$ 当 m 是偶数时为增函数, 当 m 是奇数时为减函数.[①]

最后, 由极值的表示式

$$\sigma_{2n-1}(x_m) = v_0 - v_1 + \cdots + (-1)^m v_m$$

并且考虑不等式 (9), 可知:

3) 当 x 在区间 $\left[0, \dfrac{\pi}{2}\right]$ 上变化时, $\sigma_{2n-1}(x)$ 的极大值从左向右减小而极小值则增大.

所有这些断语都表现于图 133, 在这图中描述了函数 $\sigma_{11}(x)$ 的图解作为例子.

现讨论函数 $\sigma_{2n-1}(x)$ 的最大的极大值, 即从 $x = 0$ 计算起的第一个极大值, 它就是函数在点

$$x_1^{(n)} = \frac{\pi}{2n}$$

处的值, 其大小等于 [参考 (7)]

$$M_1^{(n)} = \sigma_{2n-1}(x_1^{(n)}) = \frac{1}{2n}\int_0^\pi\frac{\sin t}{\sin\dfrac{t}{2n}}dt.$$

[①] 考虑导数

$$\frac{d}{dx}\sigma_{2n-1}(x) = \frac{\sin 2nx}{\sin x}$$

时, 也容易得到关于函数 $\sigma_{2n-1}(x)$ 的极值的论断 2) [参考 (6)].

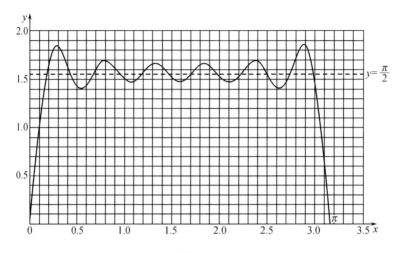

图 133

在这里我们取 n 作为指标, 因为现在打算要研究当 n 变化时函数的性质. 显然当 n 增大时, $x_1^{(n)}$ 单调减小, 并且当 $n \to +\infty$ 时趋近于零. 为了简化对于 $M_1^{(n)}$ 的大小的研究起见, 将它的表示式换写为下列形式:

$$M_1^{(n)} = \int_0^\pi \frac{\sin t}{t} \frac{\dfrac{t}{2n}}{\sin \dfrac{t}{2n}} dt.$$

因为当 n 增大时, 被积分式中的第二个因子随着 n 的递增而一致 (关于 t) 递减 [①] 趋近于1, 所以 $M_1^{(n)}$ 也显然递减趋近于极限:

$$\lim_{n \to +\infty} M_1^{(n)} = \int_0^\pi \frac{\sin t}{t} dt = \mu_1. \tag{10}$$

由此得:

4) 函数 $\sigma_{2n-1}(x)$ 在值 $x = x_1^{(n)}$ 处达到第一个 (最大的) 极大值, 当 n 无限增大时, $x_1^{(n)}$ 单调减趋近于零, 而极大值 $M_1^{(n)}$ 本身则单调减趋近于公式 (10) 所表示的极限 μ_1.

一般说来, 对于函数的第 k 个 (k 固定!) 极值也能作类似的断语: 函数在值

$$x_k^{(n)} = k \cdot \frac{\pi}{2n} \quad (n \geqslant k)$$

处达到它; 当 $n \to \infty$ 时, $x_k^{(n)}$ 趋近于 0, 而第 k 个极值的大小 $M_k^{(n)}$, 则单调趋近于极限

$$\mu_k = \int_0^{k\pi} \frac{\sin t}{t} dt;$$

如果所讲的是极大值 (k 为奇数) 则 $M_k^{(n)}$ 减小; 如果是极小值 (k 为偶数) 则 $M_k^{(n)}$ 增大.

为了说明起见, 我们作出了图 134, 在其中将前六个和式 σ_{2n-1} ($n = 1, 2, 3, 4, 5, 6$) 的图解加以比较.

[①]我们在此处应用到这个事实: 当 z 从 0 增大到 $\dfrac{\pi}{2}$ 时, 函数 $\dfrac{z}{\sin z}$ 本身也增大.

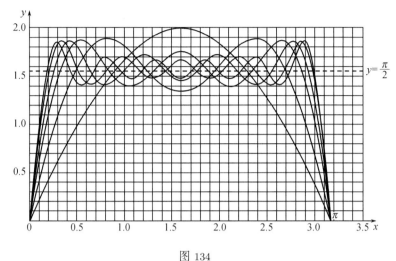

图 134

由第 **478** 目中所作的推理, 显然数 μ_k 比起数

$$\int_0^\infty \frac{\sin t}{t} dt = \frac{\pi}{2}$$

来, 依次交互一大一小. 差数 $\rho_k = \mu_k - \frac{\pi}{2}$ 有下列各值:

$$\rho_1 \doteq 0.281;^① \quad \rho_2 \doteq -0.153; \quad \rho_3 \doteq 0.104; \quad \rho_4 \doteq -0.073; \quad \rho_5 \doteq 0.063; \quad \cdots \qquad (11)$$

现在我们已能充分完满地说明级数 (5) 的部分和 $\sigma_{2n-1}(x)$ 收敛于和式 $\sigma(x)$ 这一特性; 为了明确起见, 我们的讨论限于在区间 $[0, \pi]$ 上.

如果用任意充分小的邻域 $[0, \delta]$ 及 $(\pi - \delta, \pi]$ 划出不连续点 $x = 0$ 及 $x = \pi$, 则由前目所证明的结果, 级数在余下的区间 $[\delta, \pi - \delta]$ 上一致收敛. 换句话说, 当 n 充分大时, 部分和 $\sigma_{2n-1}(x)$ 的图解在这区间的整个范围就向着直线 $y = \frac{\pi}{2}$ 任意充分靠拢, 在点 $x = 0$ (及 $x = \pi$) 附近, 函数从值 $\frac{\pi}{2}$ 变到值 0, 即有一跳跃; 在这里, 自然不可能有一致逼近的性质, 因为 $\sigma_{2n-1}(x)$ 从在 $x = \delta$ (或 $\pi - \delta$) 处接近于 $\frac{\pi}{2}$ 的值以连续的方式变为在 $x = 0$ (或 π) 处的值 0.

然而很值得注意的是: 一致近似性之所以不能成立的原因不仅在此; 我们要提醒读者注意这个事实. 在 y 轴右侧附近, 当函数 $\sigma_{2n-1}(x)$ 的图解突然趋近于原点 $(0,0)$ 以前, 它围绕着直线 $y = \frac{\pi}{2}$ 振动, 而且振动的振幅当 $n \to \infty$ 时一点没有无限减小的趋势. 反之, 如我们所看到, 在这个直线上面的第一个峰, 也就是最高的一个峰的高度在这时趋近于数量 $\rho_1 \doteq 0.281$, 随着第一个峰, 其余的谷与峰当 n 增大时从右向左推移, 并向 y 轴密集, 而且当 $n \to \infty$ 时, 它们的顶点与直线 $y = \frac{\pi}{2}$ 的距离分别趋近于序列 (11) 中其余的数量 $\rho_2, \rho_3, \cdots$ 等等. 在直线 $x = \pi$ 的左侧邻近, 也有类似的图形. 在 y 轴左侧附近也是一样, 应重新作出同一图形; 不过要将所有考虑过的数量变号.

_____

① 参考 **412** 目, 4).

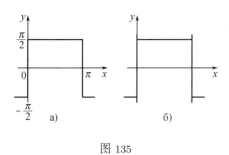

图 135

可以说对于曲线 $y = \sigma_{2n-1}(x)$, 当 $n \to \infty$ 时, 画在图 135, a 上的折线不是 "极限的几何图形" (不是如我们自然料想到的那样!), 而应取图 135, б 中的折线作为极限图形, 其中垂直的线段分别延长了约 $0.281 : \dfrac{\pi}{2} \doteq 18\%$.

在 19 世纪的末年, 吉布斯 (J. W. Gibbs) 首先也是在一个三角展开式的特例上注意到这种收敛性的缺点, 因此我们称它为**吉布斯现象**. 现在将看到在某种意义下, 这种现象在一般情况下也要产生.

701. 任意函数的情形　考虑以 2π 为周期并具有第一种孤立不连续点 $x = x_0$ 的绝对可积函数 $f(x)$. 则在某一区间 $[x_0 - \Delta, x_0 + \Delta]$ 上 $(\Delta > 0)$, 没有其它不连续点; 为了简单起见, 假定函数在这区间上有有界变差.

现引用函数 $\sigma(x - x_0)$, 它与上目中所研究的函数的差别只是在于向右平移了 x_0, 利用它作出函数

$$\varphi(x) = f(x) - \frac{f(x_0 + 0) + f(x_0 - 0)}{2} - \frac{1}{\pi}[f(x_0 + 0) - f(x_0 - 0)]\sigma(x - x_0).$$

如果在不连续点 $x = x_0$ 处, 约定取 $\dfrac{f(x_0 + 0) + f(x_0 - 0)}{2}$ 作为值 $f(x_0)$, 则容易证实:

$$\varphi(x_0 + 0) = \varphi(x_0 - 0) = \varphi(x_0) = 0.$$

这样, 函数 $\varphi(x)$ 在点 $x = x_0$ 处就是连续的: 利用函数 σ 能够补救函数 f 的不连续性! 如果取 $\Delta < \pi$, 则函数 φ 在区间 $[x_0 - \Delta, x_0 + \Delta]$ 的其余各点处也连续; 而且函数 φ 也与函数 f 及 σ 一样, 在这个区间上也有有界变差.

现在可写出

$$f(x) = f(x_0) + \frac{1}{\pi}[f(x_0 + 0) - f(x_0 - 0)]\sigma(x - x_0) + \varphi(x).$$

在这里, 将函数 $\sigma(x - x_0)$ 及 $\varphi(x)$ 用它们的傅里叶级数展开式来代替, 我们显然就得到已给函数的傅里叶级数展开式. 它的部分和 $s_m(x)$ 可表示为下列形式:

$$s_m(x) = f(x_0) + \frac{f(x_0 + 0) - f(x_0 - 0)}{\pi}\sigma_m(x - x_0) + \varphi_m(x).$$

在这里, 当 $m = 2n - 1$ 或 $2n$ 时,

$$\sigma_m(x - x_0) = \sum_{k=1}^{n} \frac{\sin(2k - 1)(x - x_0)}{2k - 1}$$

$$= \sum_{k=1}^{n} \frac{1}{2k - 1}[\cos x_0 \sin(2k - 1)x - \sin x_0 \cos(2k - 1)x],$$

而 $\varphi_m(x)$ 则表示 φ 的级数的相应部分和.

因为 $\varphi(x_0) = 0$, 并且函数 $\varphi(x)$ 在 $x = x_0$ 处连续, 所以当 Δ 充分小时, $\varphi(x)$ 在区间 $[x_0 - \Delta, x_0 + \Delta]$ 上的一切值可任意小. 同时 $\varphi_m(x)$ 在这区间上一致趋近于 $\varphi(x)$, 因此当 m 充

分大时, $\varphi_m(x)$ 的值可任意小. 这样, 和式 $s_m(x)$ 的性质基本上已由和式 $\sigma_m(x-x_0)$ 的已知性质所确定; $\varphi_m(x)$ 一项的出现只会有不重要的改变, 而当 x 愈接近于 x_0 及 m 愈大时, 则改变愈小.

如果对于奇数 $m = 2n - 1$, 令

$$\xi_m = x_0 + \frac{\pi}{2n} = x_0 + \frac{\pi}{m+1},$$

而对于偶数 $m = 2n$:

$$\xi_m = x_0 + \frac{\pi}{2n} = x_0 + \frac{\pi}{m},$$

则

$$\lim_{m \to \infty} \xi_m = x_0.$$

如果同时考虑到 (10), 则

$$\lim_{m \to \infty} s_m(\xi_m) = f(x_0) + \frac{f(x_0+0) - f(x_0-0)}{\pi} \cdot \mu_1,$$

因为当 $m \to \infty$ 时, 显然

$$\varphi_m(\xi_m) = [\varphi_m(\xi_m) - \varphi(\xi_m)] + \varphi(\xi_m) \to 0.$$

用 $\frac{\pi}{2} + \rho_1$ 代替 μ_1, 并且引用跳跃量 $D = f(x_0+0) - f(x_0-0)$, 可将所得结果改写为:

$$\lim_{m \to \infty} s_m(\xi_m) = f(x_0+0) + \frac{D}{\pi}\rho_1. \tag{12}$$

同样, 按照 m 是奇数或偶数, 令

$$\overline{\xi}_m = x_0 - \frac{\pi}{m+1} \quad \text{或} \quad x_0 - \frac{\pi}{m},$$

得

$$\lim_{m \to \infty} s_m(\overline{\xi}_m) = f(x_0-0) - \frac{D}{\pi}\rho_1. \tag{13}$$

这样, 在所考虑的一般情形下, 和式 $s_m(x)$ 在不连续点 x_0 的邻域内之振幅的极限值比较函数 $f(x)$ 的跳跃量 $|D|$ 大

$$\frac{2|D|}{\pi}\rho_1,$$

即大 18%. 在这里, 要得到和式 $s_m(x)$ 的图解的极限几何图形, 只对曲线 $y = f(x)$ 附加在垂直线 $x = x_0$ 上连接纵坐标为 $f(x_0-0)$ 及 $f(x_0+0)$ 的两点的线段是不够的, 还必须把这线段相应地向上下两方延长. 可以说对于任意的函数都有吉布斯现象!

附注 对吉布斯现象的研究还可得到其他有趣的结论. 譬如, 利用这种研究, 对于有有界变差的函数 $f(x)$, 则能由它的傅里叶级数直接求出确定它在任意点 x_0 处的单侧极限 $f(x_0 \pm 0)$ 及跳跃量的公式. 为了这个目的, 例如, 可应用公式 (12) 与 (13): 将它们两端相减, 求得

$$D = \frac{\pi}{2\mu_1} \lim_{m \to \infty} [s_m(\xi_m) - s_m(\overline{\xi}_m)],$$

然后确定 $f(x_0 \pm 0)$ 便容易多了. 这种类型的公式都是由费耶 (L. Fejér) 求得的.

702. 傅里叶级数的奇异性质·预先的说明　在连续函数的傅里叶级数的一切收敛判别法中, 除了连续性本身以外, 总还需要加上某些条件: 有时是某一积分存在, 某一不等式成立, 或有限的导数存在; 有时是函数有有界变差或逐段单调. 因而很自然地发生了下一问题: 要傅里叶级数的收敛, 仅有产生这级数的函数连续这一性质是否就够了呢? 早在 1876 年, 杜·布瓦–雷蒙 (P.du Bois–Reymond) 已经对这问题作了否定的答复, 他作出了一个连续函数的例子, 其傅里叶级数在若干点发散.

勒贝格 (H. Lebesgue) 在 1906 年作出了一连续函数的例子, 其傅里叶级数处处收敛, 但是并不一致收敛.

在这里, 我们要依照费耶所指出的方法, 作出具有 "杜·布瓦–雷蒙奇异性质" 及 "勒贝格奇异性质" 的一些例子.

在这两种情形下, 都要用下列有限三角多项式 (m 与 n 表示自然数) 作为作法的要素:

$$P_{m,n}(x) = \left[\frac{\cos mx}{n} + \frac{\cos(m+1)x}{n-1} + \cdots + \frac{\cos(m+n-1)x}{1}\right]$$
$$- \left[\frac{\cos(m+n+1)x}{1} + \cdots + \frac{\cos(m+2n-1)x}{n-1} + \frac{\cos(m+2n)x}{n}\right],$$
$$Q_{m,n}(x) = \left[\frac{\sin mx}{n} + \frac{\sin(m+1)x}{n-1} + \cdots + \frac{\sin(m+n-1)x}{1}\right]$$
$$- \left[\frac{\sin(m+n+1)x}{1} + \cdots + \frac{\sin(m+2n-1)x}{n-1} + \frac{\sin(m+2n)x}{n}\right].$$

事先推出这些多项式的若干性质:

1°　第一, 不论变数 x 及指标 m 及 n 的值是怎样, 一定有一个常数 M 存在, 使得

$$|P_{m,n}(x)| \leqslant M \quad \text{及} \quad |Q_{m,n}(x)| \leqslant M. \tag{14}$$

为了要证明这性质, 变换多项式 P 与 Q, 合并其中具有相同系数的各项. 这样, 在第一个多项式中, 令 (当 $\nu = 1, 2, \cdots, n$ 时)

$$\frac{\cos(m+n-\nu)x}{\nu} - \frac{\cos(m+n+\nu)x}{\nu} = 2\sin(m+n)x\frac{\sin\nu x}{\nu},$$

我们将它化成下列形式:

$$P_{m,n}(x) = 2\sin(m+n)x\sum_{\nu=1}^{n}\frac{\sin\nu x}{\nu}.$$

同样,

$$Q_{m,n}(x) = -2\cos(m+n)x\sum_{\nu=1}^{n}\frac{\sin\nu x}{\nu}.$$

因为在这里两种情形下, 所出现的和式的乘数显然有界, 所以问题归结为和式本身的有界性. 我们过去已将这和式表成下列形式 [**690**, 3)]:

$$\sum_{\nu=1}^{n} \frac{\sin \nu x}{\nu} = -\frac{x}{2} + \int_0^x \left[\frac{1}{2 \sin \frac{t}{2}} - \frac{1}{t} \right] \sin\left(n + \frac{1}{2}\right) t\, dt + \int_0^{(n+\frac{1}{2})x} \frac{\sin u}{u}\, du.$$

在这里, 右端的第二项当 $n \to \infty$ 时一致趋近于零, 所以它有界 [**698**, 1°]; 又因积分 $\int_0^\infty \frac{\sin u}{u}\, du$ 收敛, 所以第三项也有界. 由此推得所需要的结论.

2° 多项式 P 及 Q 的部分和 (即在多项式中从第一项起任意个相连各项的和) 的情况则有所不同. 如果取多项式 $P_{m,n}(x)$ 前 n 项的和, 则当 $x = 0$ 时, 它的值是

$$H_n = 1 + \frac{1}{2} + \cdots + \frac{1}{n},$$

即随着n一同发散于无穷大 [**365**, 1)]. 因为, 显然,

$$\frac{1}{\nu} > \int_\nu^{\nu+1} \frac{dx}{x} = \ln(\nu + 1) - \ln \nu,$$

所以可求得 H_n 的下一熟知的估计值

$$H_n > \ln n.$$

当 $x = 0$ 时, 多项式 $Q_{m,n}(x)$ 的部分和全都等于零. 但是如果我们计算多项式的前 n 项在靠近于零的 (当 m 及 n 很大时) 点 $x = \frac{\pi}{2(m+n)}$ 处的和, 则得

$$\sum_{\nu=1}^{n} \frac{1}{\nu} \sin\left(\frac{\pi}{2} - \frac{\nu \pi}{2(m+n)} \right).$$

根据熟知的不等式 $\sin z > \frac{2}{\pi} z \ \left(0 < z < \frac{\pi}{2} \right)$, 这和式比

$$\sum_{\nu=1}^{n} \left(\frac{1}{\nu} - \frac{1}{m+n} \right) = H_n - \frac{n}{m+n} > \ln n - 1$$

更大, 并且也随着 n 无穷增大. 实际上在这里已经包含着 (杜·布瓦–雷蒙及勒贝格的) 两种奇异性质的胚胎了.

3° 如果我们取任意正数 ε, 限制变量 x 在区间 $[\varepsilon, 2\pi - \varepsilon]$ 上变化,[①] 则两多项式的一切部分和 (的绝对值) 都以同一与 m 及 n 无关的常数 $L(\varepsilon)$ 为界, 只需关于表示式

$$\sum_{\lambda=1}^{l} \frac{\cos(p \pm \lambda)x}{\lambda}, \quad \sum_{\lambda=1}^{l} \frac{\sin(p \pm \lambda)x}{\lambda}, \tag{15}$$

[①]或取从 $2k\pi + \varepsilon$ 到 $2(k+1)\pi - \varepsilon$ 的区间 (其中 k 为任意整数), 像这样并没有什么不同.

证明此点就够了, 因为容易看出在一般的情形下, 各部分和可写成两个类似表示式的差.

现取表示式

$$\sum_{\lambda=1}^{l} \frac{\cos(p+\lambda)x}{\lambda}$$

为例, 并且为了求它的估计值须应用阿贝尔引理 [**383**]. 当标数 λ 增大时, 因子 $\frac{1}{\lambda}$ 减小, 但总是正数. 至于因子 $\cos(p+\lambda)x$, 则其任意个的和

$$\sum_{\lambda=1}^{\lambda_0} \cos(p+\lambda)x = \frac{\sin\left(p+\lambda_0+\frac{1}{2}\right)x - \sin\left(p+\frac{1}{2}\right)x}{2\sin\frac{x}{2}}$$

的绝对值不超过常数 $\dfrac{1}{\sin\frac{\varepsilon}{2}}$. 由此可作结论:

$$\left|\sum_{\lambda=1}^{l} \frac{\cos(p+\lambda)x}{\lambda}\right| \leqslant \frac{1}{\sin\frac{\varepsilon}{2}}.$$

对于 (15) 中其它的表示式, 这个结论还是成立. 这样, 可以取常数 $\dfrac{2}{\sin\frac{\varepsilon}{2}}$ 作为上述的界 $L(\varepsilon)$.

所有这些性质在下款中都要应用到.

703. 奇异性质的作法　现在取正数序列 $\{a_k\}$, 使得级数 Σa_k 收敛. 又取两个无穷增加的自然数序列 $\{m_k\}$ 及 $\{n_k\}$, 作出两级数

$$\sum_{k=1}^{\infty} a_k P_{m_k,n_k}(x) = \Phi(x) \tag{I}$$

及

$$\sum_{k=1}^{\infty} a_k Q_{m_k,n_k}(x) = \Psi(x). \tag{II}$$

则因根据 (14), 这两级数都以收敛级数 $M\Sigma a_k$ 为强函数, 所以它们绝对且一致收敛. 因此 [**431**] 函数 $\Phi(x)$ 及 $\Psi(x)$ 显然连续.

我们先取 a_k, m_k 及 n_k 使其适合下列两个要求:

1) $m_{k+1} > m_k + 2n_k$ (关于 $k = 1, 2, \cdots$),

2) 当 $k \to \infty$ 时, $a_k \ln n_k \to +\infty$. 例如可令

$$a_k = \frac{1}{k^2}, \quad m_k = n_k = 2^{k^3}.$$

两个不同的三角多项式 $a_k P_{m_k,n_k}(x)$ 或 $a_k Q_{m_k,n_k}(x)$ 分别在级数 (I) 或 (II) 中出现, 由 1), 它们不包含具有 x 的相同倍数的项. 如果现在简单地依次一一写出 (I) 或 (II) 中的多项式序列的一切项, 即去掉所有括号, 则得两个三角级数 (一个是余弦级数, 另一个是正弦级数), 就是函数 $\Phi(x)$ 及 $\Psi(x)$ 的傅里叶级数. 事实上, 例如如果用 $\cos px$ 乘等式 (I) 的两端并从 0 到 2π 积分, 则由级数的一致收敛性, 能够进行级数的逐项积分法. 然后将每个积分

$$\int_0^{2\pi} a_k P_{m_k,n_k}(x) \cos px\, dx$$

用有限个积分的和来代替, 则除了在 $a_k P_{m_k,n_k}(x)$ 中含 $\cos px$ 项的情形以外, 一切积分都是零, 由此可知 $\cos px$ 的系数是傅里叶系数.

现在研究这些傅里叶级数收敛及其收敛的特性问题. 如果限制 x 在区间 $[\varepsilon, 2\pi - \varepsilon]$ 上变化, 则这两级数也与级数 (I) 及 (II) 一样, 是收敛的, 并且甚至是一致收敛的. 这是因为 (例如) 函数 $\Phi(x)$ 的傅里叶级数的任一部分和, 与级数 (I) 的某一部分和

$$\sum_{k=1}^{s-1} a_k P_{m_k,n_k}(x)$$

的差只是三角多项式

$$a_s P_{m_s,n_s}(x)$$

中的某一部分和, 而由 **702**, 3°, 这一部分和的绝对值不会超过 $a_s L(\varepsilon)$. 并且当 s 无穷增加时一致趋近于零.

由于 ε 的任意性, 因此就保证了函数 $\Phi(x)$ 与 $\Psi(x)$ 的傅里叶级数在 $(0, 2\pi)$ 内的一切值 x 处收敛. 然而第一个级数在 $x=0$ (或 2π) 处发散, 即有 "杜·布瓦-雷蒙奇异性质"! 实际上, 如果一般地用 $s_m(x)$ 表示它的第 m 个部分和, 我们有

$$s_{m_k+n_k-1} - s_{m_k-1}(x) = a_k \left[\frac{\cos m_k x}{n_k} + \cdots + \frac{\cos(m_k+n_k-1)x}{1} \right],$$

因此 [参考 **702**, 2°]

$$s_{m_k+n_k-1}(0) - s_{m_k-1}(0) = a_k H_{n_k} > a_k \ln n_k,$$

结合要求 2), 此式证实了级数收敛的基本条件 [**376**, 5°] 不能成立.

至于函数 $\Psi(x)$ 的傅里叶级数则仅含正弦, 所以当然它在 $x=0$ (或 2π) 处也收敛. 但是这时在点 $x=0$ 的邻域内, 收敛性不是一致的, 因而我们在这里体现了 "勒贝格奇异性质"! 为了要证实这一点, 一般地用 $\bar{s}_m(x)$ 表示它的第 m 个部分和, 并且计算在点 $x = \dfrac{\pi}{2(m_k+n_k)}$ 处的差数

$$\bar{s}_{m_k+n_k-1}(x) - \bar{s}_{m_k-1}(x) = a_k \left[\frac{\sin m_k x}{n_k} + \cdots + \frac{\sin(m_k+n_k-1)x}{1} \right];$$

由 **702**, 2°, 它比

$$a_k(\ln n_k - 1)$$

还大, 并且随着 k 增加到无穷大.

将作法加繁, 则能确定以 2π 为周期的连续函数 $\Phi(x)$, 使得它的傅里叶级数在区间 $[0, 2\pi]$ 的任一部分有发散点.

然而直到现在为止, 关于连续函数的傅里叶级数是不是可能处处发散的问题还没有解决.[115) 的确, 处处发散的傅里叶级数曾由柯尔莫戈洛夫院士用精密的方法作出了一例, 但是他的例子已与性质较复杂的函数有关, 并且利用了较通常更普遍的 (勒贝格的) 积分定义.

§5. 与函数可微分性相关的余项估值

704. 函数与其导数的傅里叶系数间之关系 考虑以 2π 为周期并有直到 k 阶 $(k \geqslant 1)$ 导数的函数 $f(x)$. 当然, 前 $k-1$ 个导数是连续函数; 而假定第 k 阶导数为 (绝对) 可积. 与在前面一样, 我们用 a_m, b_m 表示函数 $f(x)$ 的傅里叶系数; 对于导数 $f^{(i)}(x)$ $(i = 1, 2, \cdots, k)$, 则用 $a_m^{(i)}, b_m^{(i)}$ 表示其傅里叶系数.

分部积分, 求得 (对 $m = 1, 2, \cdots$)

$$\pi a_m = \int_{-\pi}^{\pi} f(x) \cos mx \, dx = f(x) \frac{\sin mx}{m} \Big|_{-\pi}^{\pi} - \frac{1}{m} \int_{-\pi}^{\pi} f'(x) \sin mx \, dx,$$

因此

$$a_m = -\frac{b_m'}{m};$$

同样

$$b_m = \frac{a_m'}{m}.$$

如果将所得公式应用到系数 a_m', b_m', 则得用 a_m'', b_m'' 表示它们的式子, 将这些式子代入 a_m, b_m 的公式中, 则有

$$a_m = -\frac{a_m''}{m^2}, \quad b_m = -\frac{b_m''}{m^2}.$$

继续应用这种方法, 我们分别偶数与奇数的情形, 归纳作出最后的公式:

$$当 k = 2h 时: a_m = (-1)^h \frac{a_m^{(k)}}{m^k}, \quad b_m = (-1)^h \frac{b_m^{(k)}}{m^k}, \tag{1a}$$

$$当 k = 2h+1 时: a_m = (-1)^{h+1} \frac{b_m^{(k)}}{m^k}, \quad b_m = (-1)^h \frac{a_m^{(k)}}{m^k}. \tag{16}$$

[115)]所述问题的否定解答由 L. 卡尔列逊 (L. Carleson) 于 1966 年发表的论文中得到.

我们提出的问题是: 在对 k 阶可微分函数的 k 阶导数加上若干条件时, 利用上列公式求出这函数的傅里叶级数的余项估值. 在前一节的开始, 我们研究了傅里叶级数的一致收敛性的问题, 即它的余项一致趋近于零的问题; 的确, 在这里, 在更严格的假定下, 利用函数的可微分性求出余项的无穷小阶后, 我们甚至能估计这种趋近的速度.

705. 在有界函数情形时部分和的估值 现只假定函数 $f(x)$ 有界:

$$|f(x)| \leqslant M,$$

在这里, 例如, 可把 M 了解为 $|f(x)|$ 的上确界. 我们预先要给出傅里叶级数的部分和 $s_n(x)$ 以及与它共轭的级数的部分和 $\tilde{s}_n(x)$ 的估值.

由熟知的公式 [参考 **681**, (4)],

$$s_n(x) = \frac{1}{\pi} \int_0^\pi [f(x+t) + f(x-t)] \frac{\sin\left(n+\frac{1}{2}\right)t}{2\sin\frac{1}{2}t} dt.$$

由此逐步有:

$$|s_n(x)| \leqslant \frac{2M}{\pi} \int_0^\pi \frac{\left|\sin\left(n+\frac{1}{2}\right)t\right|}{2\sin\frac{1}{2}t} dt < M \int_0^\pi \frac{\left|\sin\left(n+\frac{1}{2}\right)t\right|}{t} dt \, ^{①}$$

$$= M \int_0^{\left(n+\frac{1}{2}\right)\pi} \frac{|\sin u|}{u} du < M \int_0^1 du + M \int_1^{\left(n+\frac{1}{2}\right)\pi} \frac{du}{u}$$

$$= M \left[1 + \ln\left(n+\frac{1}{2}\right)\pi\right] < M(\ln n + 1 + \ln 2\pi).$$

如果将 A 理解为一充分大的常数, 则 (当 $n \geqslant 2$ 时) 在最后一个括号中的表示式比 $A \ln n$ 小, 因此最后得

$$|s_n(x)| \leqslant AM \ln n \, ^{②} \quad (n \geqslant 2). \tag{2}$$

转到共轭级数, 我们回忆 [**696**, (20)]

$$\tilde{s}_n(x) = -\frac{1}{\pi} \int_0^\pi [f(x+t) - f(x-t)] \frac{\cos\frac{1}{2}t - \cos\left(n+\frac{1}{2}\right)t}{2\sin\frac{1}{2}t} dt.$$

---

① 参考 **699** 目迪尼判别法下的脚注.

② 例如可以取

$$A = 2 + \frac{1 + \ln\pi}{\ln 2}.$$

但是这当然不是常数 A 所能取得的最好值.

因此

$$|\tilde{s}_n(x)| \leqslant \frac{2M}{\pi} \int_0^\pi \frac{\left|\cos\frac{1}{2}t - \cos\left(n+\frac{1}{2}\right)t\right|}{2\sin\frac{1}{2}t} dt$$

$$= \frac{4M}{\pi} \int_0^\pi \frac{\left|\sin\frac{n}{2}t \cdot \sin\frac{n+1}{2}t\right|}{2\sin\frac{1}{2}t} dt < \frac{4M}{\pi} \int_0^\pi \frac{\left|\sin\frac{n+1}{2}t\right|}{2\sin\frac{1}{2}t} dt.$$

再与以上同样进行推理, 我们得到类似的估值:

$$|\tilde{s}_n(x)| \leqslant AM\ln n \quad (n \geqslant 2), \tag{3}$$

其中 A 是新的常数, 一般说来与前面的 A 不同, 但是与它相似的是这个 A 也与函数 $f(x)$ 的选取无关. 然而当然能在两种情形下采用同一常数 —— 即两数中较大的一数.

差式 $R_n(x) = f(x) - s_n(x)$ [只有当 $s_n(x)$ 收敛于函数 f 时, 它才是傅里叶级数的余项] 的估值与 (2) 相仿:

$$|R_n(x)| \leqslant AM\ln n \quad (n \geqslant 2),$$

事实上,

$$|R_n(x)| \leqslant |f(x)| + |s_n(x)| \leqslant M + AM\ln n,$$

因此只要适当地增大常数 A, 即得所需要的不等式.

对于随着 n 增加到无穷大的数量在不等式右端这个事实, 读者不必感觉惊讶. 的确, 我们知道对于若干有界 (甚至于是连续的, 参考 **703**) 函数 $f(x)$, 量 $R_n(x)$ 确乎能够无穷增大, 而我们的不等式则必须对于一切有界可积的函数都成立.

706. 函数有 k 阶有界导数时余项的估值　现在再转而考虑以 2π 为周期并有直到 k 阶 ($k \geqslant 1$) 导数的函数 $f(x)$, 而且这次假定 k 阶导数有界:

$$|f^{(k)}(x)| \leqslant M_k$$

并且有常义积分.

我们将证明 S.N.伯恩施坦院士所发现的重要结果: 在已作的假定下, 有一个绝对常数 A 存在, 使得 (对于 $n \geqslant 2$)

$$|R_n(x)| \leqslant AM_k\frac{\ln n}{n^k}. \tag{4}$$

在**证明**时, 我们将分别 k 为偶数及奇数两种情形.

1° 设 $k = 2h$. 如果利用公式 (1a), 则可将函数 $f(x)$ 的傅里叶级数的余项的表示式 [①]

$$R_n = R_n(x) = \sum_{m=n+1}^{\infty} a_m \cos mx + b_m \sin mx$$

写成下列形式

$$R_n = (-1)^h \sum_{m=n+1}^{\infty} \frac{1}{m^k} (a_m^{(k)} \cos mx + b_m^{(k)} \sin mx).$$

在括弧中, 我们有函数 $f^{(k)}(x)$ 的傅里叶级数的第 m 项; 引用这个级数的部分和 $\sigma_m = \sigma_m(x)$, 则可用 $\sigma_m - \sigma_{m-1}$ 来代替此项:

$$R_n = (-1)^h \sum_{m=n+1}^{\infty} \frac{1}{m^k} (\sigma_m - \sigma_{m-1}).$$

除去括弧并换一种方式集合诸项 [参考 **383**], 我们得到级数

$$(-1)^h R_n = -\frac{\sigma_n}{(n+1)^k} + \sum_{m=n+1}^{\infty} \left(\frac{1}{m^k} - \frac{1}{(m+1)^k} \right) \sigma_m. \tag{5}$$

可以这样变换的理由是

$$\lim_{m \to \infty} \frac{\sigma_m}{m^k} = 0;$$

这是由不等式

$$|\sigma_m| \leqslant A M_k \ln m \tag{6}$$

推出的, 而这个不等式则是将不等式 (2) 应用于函数 $f^{(k)}(x)$ 而求得的. 由 (5) 及 (6) 推得估值

$$\frac{|R_n|}{M_k} \leqslant \frac{A \ln n}{(n+1)^k} + A \sum_{m=m+1}^{\infty} \left(\frac{1}{m^k} - \frac{1}{(m+1)^k} \right) \ln m.$$

最后和式重新变换为下列形式 [参考 **371**]:

$$\frac{\ln(n+1)}{(n+1)^k} + \sum_{m=n+1}^{\infty} \frac{1}{(m+1)^k} [\ln(m+1) - \ln m].$$

如果利用不等式

$$\ln(m+1) - \ln m = \ln\left(1 + \frac{1}{m}\right) < \frac{1}{m}$$

及

$$\sum_{m=n+1}^{\infty} \frac{1}{m^{k+1}} < \frac{1}{k} \cdot \frac{1}{n^k}$$

[①] 在已作的假定下, 傅里叶级数处处收敛于函数 $f(x)$ [**684**].

[参考 **373**, a)], 则逐步求得它的估值:

$$\frac{\ln(n+1)}{(n+1)^k} + \sum_{m=n+1}^{\infty} \frac{1}{m(m+1)^k} < \frac{\ln(n+1)}{(n+1)^k}$$

$$+ \sum_{m=n+1}^{\infty} \frac{1}{m^{k+1}} < \frac{\ln n}{n^k} + \frac{1}{n^{k+1}} + \frac{1}{k} \cdot \frac{1}{n^k} < \frac{\ln n + 2}{n^k}.$$

回到 $|R_n|$, 关于它的大小我们得到这样一个估值:

$$|R_n| < M_k \frac{2A\ln n + 2A}{n^k} \quad (n \geqslant 2),$$

当然, 适当改变 A, 由此容易推出 (4).

2° 现假定 $k = 2h + 1$. 依靠公式 (16), 我们改写 R_n 为:

$$R_n = (-1)^h \sum_{m=n+1}^{\infty} \frac{1}{m^k} (a_m^{(k)} \sin mx - b_m^{(k)} \cos mx).$$

这次我们看出在括号内的表示式是与函数 $f^{(k)}(x)$ 的傅里叶级数共轭的级数的第 m 项 [**696**]. 因为我们有它的部分和 $\tilde{\sigma}_m = \tilde{\sigma}_m(x)$ 的估值

$$|\tilde{\sigma}_m| \leqslant AM_k \ln m$$

[参考 (3)], 所以其余的推理与上面已说过的没有什么不同.

707. 函数有有界变差的 k 阶导数的情形　首先考虑以 2π 为周期且在区间 $[-\pi, \pi]$ 上其本身有有界变差的函数 $f(x)$. 转用斯蒂尔切斯积分并应用分部积分的公式 [**577**], 我们将函数 $f(x)$ 的系数 a_n 表成下列形式:

$$a_n = \frac{1}{\pi}(\text{S}) \int_{-\pi}^{\pi} f(x) d\frac{\sin nx}{n}$$

$$= f(x) \frac{\sin nx}{n\pi} \Big|_{-\pi}^{\pi} - \frac{1}{n\pi}(\text{S}) \int_{-\pi}^{\pi} \sin nx \, df(x). \tag{7}$$

积分号外的一项为零, 至于最后一个积分, 则用通常对斯蒂尔切斯积分所应用的方法 [**582**, 2°] 来估值, 我们得到

$$\left| \int_{-\pi}^{\pi} \sin nx \, df(x) \right| \leqslant \max |\sin nx| \cdot \mathop{\text{V}}_{-\pi}^{\pi} f(x).$$

这样, 如果用 V 表示函数 $f(x)$ 在区间 $[-\pi, \pi]$ 上的全变差, 最后得

$$|a_n| \leqslant \frac{1}{\pi} V \cdot \frac{1}{n}.$$

系数 b_n 的估值也是这样.

如果与同一变量有关的两变量 α 及 β 具有下述性质, 即它们的比值保持有界:

$$\left|\frac{\beta}{\alpha}\right| \leqslant M \quad (M = 常数),$$

则用下列方式写出这个事实:

$$\beta = O(\alpha).\,^①$$

应用这符号, 我们能表示出有界变差函数的傅里叶系数 a_n, b_n 的已证明的性质如下:

$$a_n = O\left(\frac{1}{n}\right), \quad b_n = O\left(\frac{1}{n}\right).$$

现在对于以 2π 为周期的函数 $f(x)$, 设其 k 阶 $(k \geqslant 1)$ 导数 $f^{(k)}(x)$ 存在并在区间 $[-\pi, \pi]$ 上有有界变差; 则对于函数 $f(x)$ 的傅里叶系数, 估值

$$|a_n|, |b_n| \leqslant \frac{V_k}{\pi} \cdot \frac{1}{n^{k+1}} \quad (n = 1, 2, \cdots)$$

为真, 其中 V_k 是函数 $f^{(k)}(x)$ 在区间 $[-\pi, \pi]$ 上的全变差.

比较刚才所证明的结果与第 **704** 目中的公式 (1a) 及 (1б) 立即得到上述命题.

因此, 这一次,

$$a_n = O\left(\frac{1}{n^{k+1}}\right), \quad b_n = O\left(\frac{1}{n^{k+1}}\right). \tag{8}$$

知道了傅里叶系数的阶次, 现在就不难估值傅里叶级数的余项: 在同样的假定下, 对于函数 $f(x)$ 的傅里叶级数的余项 $R_n(x)$, 我们有不等式

$$|R_n(x)| < \frac{V_k}{n^k}.$$

事实上,

$$|R_n(x)| \leqslant \sum_{m=n+1}^{\infty} (|a_m| + |b_m|)$$

$$\leqslant \frac{2V_k}{\pi} \sum_{m=n+1}^{\infty} \frac{1}{m^{k+1}} < \frac{2V_k}{k\pi} \cdot \frac{1}{n^k} < \frac{V_k}{n^k}.$$

这样, 对于函数的第 k 阶导数加上某些较严格的条件 (与上目中的条件比较), 则可引导出余项 $R_n(x)$ 的较好的估值: 在估值的分子中, $\ln n$ 不再出现.

附注 我们再次强调在本目与前目的推理中, 函数 $f(x)$ 及其导数的周期性起着主要的作用. 如果函数预先只是在区间 $[-\pi, \pi]$ 上被给出, 则必须有下列条件成立:

$$f(-\pi) = f(\pi), f'(-\pi) = f'(\pi), \cdots, f^{(k)}(-\pi) = f^{(k)}(\pi).$$

在这里各导数理解为单侧导数. 只有这时才能保证周期地延拓出的函数有连续的逐级导数, 而且上面所作出的估值也才能成立.

---

①比较这个符号与我们在第 **60** 目中所引用的符号 $o(\alpha)$.

708. 函数及其导数的不连续性对于傅里叶系数的无穷小阶的影响　我们已看到如函数有一系列连续导数, 则能保证其傅里叶系数迅速减小, 并且因而能保证傅里叶级数迅速收敛.

然而在数学的应用上, 时常要遇到这种情况: 在从 $-\pi$ 到 π 的范围中, 由若干个在各自的区间有一定个数导数的函数 "接连" 而得一函数, 要把这函数展开为傅里叶级数. 这样, 在 "接连" 点处, 这函数本身以及它的各级导数都有跳跃. 这种不连续性降低了傅里叶系数的无穷小阶, 并且不难了解, 同时也降低了傅里叶级数的余项的无穷小阶. 我们来详细研究这个问题.

1° 设除去 "接连点"

$$\xi_1, \xi_2, \cdots, \xi_m \tag{9}$$

外, 函数 $f(x)$ 在区间 $[-\pi, \pi)$ 上连续, 而它在各 "接连点" 处有第一种不连续, 即具有跳跃

$$\delta_\mu^{(0)} = f(\xi_\mu + 0) - f(\xi_\mu - 0) \quad (\mu = 1, 2, \cdots, m).$$

如果差数

$$\delta_0^{(0)} = f(-\pi + 0) - f(\pi - 0)$$

不等于零, 在不连续点中, 还必须加入点 $\xi_0 = -\pi$, 因为周期地延拓函数时, 在这点出现了不连续性.

又假定只除去在所指出的各点外, 有限的导数 $f'(x)$ 处处存在, 并假定它在区间 $[-\pi, \pi]$ 上绝对可积. 对于函数 $f(x)$ 的系数 a_n 的表示式, 我们重新应用斯蒂尔切斯积分与分部积分法 [参考等式 (7)]. 如果在最后一积分中分出与函数 $f(x)$ 的跳跃相对应的项 [**579**, (15)], 则得

$$a_n = \frac{1}{\pi} \int_{-\pi}^{\pi} f(x) \cos nx \, dx$$
$$= -\frac{1}{n\pi} \sum_{\mu=1}^{m} \delta_\mu^{(0)} \sin n\xi_\mu - \frac{1}{n\pi} \int_{-\pi}^{\pi} f'(x) \sin nx \, dx$$

或较简单地

$$a_n = \frac{A_n}{n} - \frac{b_n'}{n}, \tag{10}$$

其中已令

$$A_n = -\frac{1}{\pi} \sum_{\mu=1}^{m} \delta_\mu^{(0)} \sin n\xi_\mu, \tag{11}$$

并与以前相同, 用 b_n' 表示函数 $f'(x)$ 的傅里叶系数. 同样能断定,

$$b_n = \frac{B_n}{n} + \frac{a_n'}{n}, \tag{12}$$

其中

$$B_n = \frac{1}{\pi} \sum_{\mu=0}^{m} \delta_\mu^{(0)} \cos n\xi_\mu, \tag{13}$$

而 a_n' 同样也表示 $f'(x)$ 的傅里叶系数.

现在我们假定导数 $f'(x)$ 在区间 $[-\pi, \pi]$ 上有有界变差. 因为在这个假定下, 它的傅里叶系数有阶 $O\left(\dfrac{1}{n}\right)$ [**707**], 所以也能将公式 (10) 与 (12) 写成这样:

$$a_n = \frac{A_n}{n} + O\left(\frac{1}{n^2}\right), \tag{14}$$

$$b_n = \frac{B_n}{n} + O\left(\frac{1}{n^2}\right). \tag{15}$$

这些公式明白指出: 如果函数有不连续点, 则虽然在其余一切点导数存在, 傅里叶系数的无穷小的阶仍是怎样立即降低.

反之, 现在设已知某一函数 $f(x)$ 的傅里叶系数有 (14) 与 (15) 的形式, 而且 A_n, B_n 的大小由公式 (11) 与 (13) 所确定, 其中 $\{\delta_\mu^{(0)}\}$ 是已给的一组 $m+1$ 个数. 则函数 $f(x)$ 就在点 (9) 处一定有第一种不连续, 并且有跳跃, 且其跳跃分别等于 $\delta_\mu^{(0)}$ $(\mu = 1, 2, \cdots, m)$; 此外, 对于这函数, 极限 $f(-\pi+0), f(\pi-0)$ 存在,[①] 并且它们的差是 $\delta_0^{(0)}$. 在其余各点处, 函数连续.

为了要证实此点, 例如用 $(\xi_\mu, \xi_{\mu+1})$ 内的线性函数作出补助函数 $\bar{f}(x)$, 使得它在所指定的点恰好有所指定的跳跃. 与 (14) 及 (15) 类似, 对于它的傅里叶系数我们有:

$$a_n = \frac{A_n}{n} + O\left(\frac{1}{n^2}\right), \quad b_n = \frac{B_n}{n} + O\left(\frac{1}{n^2}\right),$$

其中 A_n 与 B_n 有前述的值. 这时差数 $f(x) - \bar{f}(x)$ 有如下列形式的展开式

$$\frac{1}{2}\alpha_0 + \sum_{n=1}^{\infty} (\alpha_n \cos nx + \beta_n \sin nx),$$

其中

$$\alpha_n, \beta_n = O\left(\frac{1}{n^2}\right),$$

即

$$|\alpha_n|, |\beta_n| \leqslant \frac{K}{n^2} \quad (K = \text{常数}).$$

[①] 在这里以及在后面. 我们总是认为

$$f(\xi_\mu) = \frac{1}{2}[f(\xi_\mu + 0) + f(\xi_\mu - 0)],$$

同时

$$f(-\pi) = f(\pi) = \frac{1}{2}[f(-\pi + 0) + f(\pi - 0)];$$

从而一切不连续点都是正则的 [参考 **684**].

这个级数以收敛级数 $2K \sum_1^\infty \frac{1}{n^2}$ 为强函数, 它处处一致收敛. 由此已可见, 差数 $f(x) - \bar{f}(x)$ 表示以 2π 为周期的连续函数, 从而 $f(x)$ 也与 $\bar{f}(x)$ 在相同的点处有相同的跳跃.

　　$2°$　除去已述过的假定以外, 现在还假定一阶导数 $f'(x)$ 有极限值

$$f'(-\pi + 0), \quad f'(\xi_\mu \pm 0), \quad f'(\pi - 0)$$

而且二阶导数 $f''(x)$ 处处 ("接连点" 除外) 存在, 并在区间 $[-\pi, \pi]$ 上有有界变差.

　　利用已经证明的结果, 则可断言这时

$$a'_n = \frac{A'_n}{n} - \frac{b''_n}{n} = \frac{A'_n}{n} + O\left(\frac{1}{n^2}\right),$$
$$b'_n = \frac{B'_n}{n} + \frac{a''_n}{n} = \frac{B'_n}{n} + O\left(\frac{1}{n^2}\right),$$

此处用 A'_n, B'_n 表示类似于 (11) 及 (13) 的量

$$A'_n = -\frac{1}{\pi} \sum_{\mu=1}^m \delta_\mu^{(1)} \sin n\xi_\mu, \tag{16}$$
$$(n = 1, 2, \cdots),$$
$$B'_n = \frac{1}{\pi} \sum_{\mu=0}^m \delta_\mu^{(1)} \cos n\xi_\mu \tag{17}$$

而且

$$\delta_\mu^{(1)} = f'(\xi_\mu + 0) - f'(\xi_\mu - 0) \quad (\mu = 1, 2, \cdots, m),$$
$$\delta_0^{(1)} = f'(-\pi + 0) - f'(\pi - 0).$$

　　将这些 a'_n 与 b'_n 的表示式代入公式 (10) 及 (12), 则对于所考虑的情形, 最后得到:

$$a_n = \frac{A_n}{n} - \frac{B'_n}{n^2} + O\left(\frac{1}{n^3}\right), \tag{18}$$
$$b_n = \frac{B_n}{n} + \frac{A'_n}{n^2} + O\left(\frac{1}{n^3}\right). \tag{19}$$

　　在这里同样可证明在某种意义下的逆断语. 设函数 $f(x)$ 的傅里叶系数有如 (18) 及 (19) 的形式, 其中 A_n, B_n, A'_n, B'_n 的大小由公式 (11), (13), (16), (17) 所确定, 而 $\{\delta_\mu^{(0)}\}, \{\delta_\mu^{(1)}\}$ 则为先给出的一组数. 可以断言函数 $f(x)$ 在区间 $(-\pi, \pi)$ 内除去点 ξ_μ 外处处连续并且有连续导数 $f'(x)$, 而在点 ξ_μ 处, 函数及它的导数有跳跃, 且其跳跃分别等于 $\delta_\mu^{(0)}$ 及 $\delta_\mu^{(1)}$; 此外

$$f(-\pi + 0) - f(\pi - 0) = \delta_0^{(0)}$$

并且

$$f'(-\pi + 0) - f'(\pi - 0) = \delta_0^{(1)}.$$

与上面相仿, 也要作出补助函数 $\bar{f}(x)$ 来证明这断语. 在这次能用二次函数作补助函数, 使得它与它的导数就在所指定的点有所指定的跳跃. 容易看出差数 $f(x) - \bar{f}(x)$ 将展开成为有 $O\left(\dfrac{1}{n^3}\right)$ 阶系数的傅里叶级数. 这时不仅这个级数, 而且由它逐项微分所得的有 $O\left(\dfrac{1}{n^2}\right)$ 阶系数的级数, 均一致收敛, 从而差数 $f(x) - \bar{f}(x)$ 与它的导数同是周期的 (以 2π 为周期) 及连续的. 由此推得所需要的断语.

3° 在一般情形下, 设 $f, f', \cdots, f^{(k-1)}$ 在 $[-\pi, \pi]$ 上除去点 ξ_μ $(\mu = 0, 1, \cdots, m)$ 外连续, 而在点 ξ_μ 处, 这些函数有跳跃, 且其跳跃分别等于

$$\delta_\mu^{(0)}, \delta_\mu^{(1)}, \cdots, \delta_\mu^{(k-1)} \quad (\mu = 0, 1, \cdots, m).$$

此外, 假定导数 $f^{(k)}$ 处处 ("接连点" 除外) 存在, 并且在区间 $[-\pi, \pi]$ 上有有界变差. 引用符号:

$$A_n^{(i)} = -\frac{1}{\pi} \sum_{\mu=1}^m \delta_\mu^{(i)} \sin n\xi_\mu,$$
$$\hspace{6cm} (i = 0, 1, \cdots, k-1; n = 1, 2, \cdots)$$
$$B_n^{(i)} = \frac{1}{\pi} \sum_{\mu=0}^m \delta_\mu^{(i)} \cos n\xi_\mu.$$

则当 k 为奇数及偶数时, 下列公式分别成立:

$$a_n = \frac{A_n}{n} - \frac{B_n'}{n^2} - \frac{A_n''}{n^3} + \frac{B_n'''}{n^4} + \cdots \begin{cases} +(-1)^{\frac{k-1}{2}} \dfrac{A_n^{(k-1)}}{n^k} + O\left(\dfrac{1}{n^{k+1}}\right), \\[3mm] +(-1)^{\frac{k}{2}} \dfrac{B_n^{(k-1)}}{n^k} + O\left(\dfrac{1}{n^{k+1}}\right); \end{cases} \quad (20)$$

$$b_n = \frac{B_n}{n} + \frac{A_n'}{n^2} - \frac{B_n''}{n^3} - \frac{A_n'''}{n^4} + \cdots \begin{cases} +(-1)^{\frac{k-1}{2}} \dfrac{B_n^{(k-1)}}{n^k} + O\left(\dfrac{1}{n^{k+1}}\right), \\[3mm] +(-1)^{\frac{k}{2}+1} \dfrac{A_n^{(k-1)}}{n^k} + O\left(\dfrac{1}{n^{k+1}}\right). \end{cases} \quad (21)$$

如果已知类似的公式成立, 则反之, 关于函数本身及其 $k-1$ 个导数的不连续点与跳跃量可以 (如上所述) 作出结论.

709. 在区间 $[0, \pi]$ 上给出函数时的情形 如我们所知, 如果函数 $f(x)$ 只从 0 到 π 给定, 则当适当的条件成立时, 可将它在这区间上展开成余弦级数

$$f(x) = \frac{a_0}{2} + \sum_1^\infty a_n \cos nx \quad (0 \leqslant x \leqslant \pi), \quad (22)$$

也可展开成正弦级数

$$f(x) = \sum_1^\infty b_n \sin nx \quad (0 < x < \pi) \quad (23)$$

[**689**]. 在实用上最常遇到这种展开式. 上目的结果也能应用到所考虑的情形, 如果设想将函数 $f(x)$ 用下列方式延拓到区间 $[-\pi, 0)$ 上的话: (a) 用偶的方式 —— 为的是得到余弦级数; 或者 (б) 用奇的方式 —— 为的是得到正弦级数.

设

$$0 < \xi_1 < \xi_2 < \cdots < \xi_m < \pi$$

是在区间 $(0, \pi)$ 内的点, 函数与它的一直到 $(k-1)$ 级导数在这些点处都有跳跃, 并且与在前面一样, 用

$$\delta_\mu^{(0)}, \delta_\mu^{(1)}, \cdots, \delta_\mu^{(k-1)} \quad (\mu = 1, 2, \cdots, m)$$

表示跳跃量.

在用偶的方式延拓函数的情形下, 在点 $-\xi_\mu$ 处也重新产生点 ξ_μ 处的跳跃, 但其符号相反; 当用奇的方式延拓这个函数时, 在点 $-\xi_\mu$ 处产生跳跃, 而其符号不变. 又对于偶函数,

$$f(+0) - f(-0) = 0, \quad f(-\pi + 0) - f(\pi - 0) = 0,$$

对于奇函数, 跳跃

$$f(+0) - f(-0) = 2f(+0),$$
$$f(-\pi + 0) - f(\pi - 0) = -2f(\pi - 0)$$

一般地可能异于零. 最后, 我们还注意当微分时, 偶函数变为奇函数, 而奇函数变为偶函数. 如果考虑到所有这些说明, 则关于我们的函数的余弦或正弦展开式的系数 a_n 与 b_n, 分别得到形如 (20) 及 (21) 的公式, 但 $A_n^{(i)}$ 与 $B_n^{(i)}$ 则有这样的数值:

$$\left.\begin{aligned}
A_n^{(i)} &= -\frac{2}{\pi} \sum_{\mu=1}^m \delta_\mu^{(i)} \sin n\xi_\mu, \\
B_n^{(i)} &= \frac{2}{\pi} \{\sum_{\mu=1}^m \delta_\mu^{(i)} \cos n\xi_\mu + f^{(i)}(+0) - \cos n\pi \cdot f^{(i)}(\pi - 0)\}. \\
&\quad (n = 1, 2, \cdots)
\end{aligned}\right\} \quad (24)$$

与这些公式相关, 我们作出下一重要的**说明**. 设在整个区间 $[0, \pi]$ 上, 函数 $f(x)$ 与它的直到 $(k-1)$ 阶导数连续; 此外, 设 k 阶导数也存在. 并且在这区间上有有界变差. 然而一般说来, 对于展开式 (22) 与 (23) 的系数 a_n 与 b_n, 不可能断定它们的阶是 $O\left(\dfrac{1}{n^{k+1}}\right)$ [再参考 **707** 公式 (8)!].

实际上, 虽然在这种情形下一切和数 $A_n^{(i)}$ 是零, 但是不可能说和数

$$B_n^{(i)} = \frac{2}{\pi} \{f^{(i)}(0) - \cos n\pi \cdot f^{(i)}(\pi)\}$$

也是这样. 用奇的方式扩充函数, 在 $x = 0$ 处人为地造成了不连续性, 或破坏了函数与它的偶数阶导数的周期性; 而用偶的方式扩充函数, 则使得奇数阶导数也是这样!

因此, 如果需要完全利用函数的可微分性, 将所述函数 $f(x)$ 在区间 $[0, \pi]$ 上展开成迅速收敛的级数, 则为了这个目的, 用下列条件所确定的 $(2k-1)$ 次多项式 $r(x)$ 将函数延续到区间 $[-\pi, 0)$ 上:

$$r(0) = f(0), r'(0) = f'(0), \cdots, r^{(k-1)}(0) = f^{(k-1)}(0),$$

$$r(-\pi) = f(\pi), r'(-\pi) = f'(\pi), \cdots, r^{(k-1)}(-\pi) = f^{(k-1)}(\pi).$$

[例如可用在第 **257** 目中所指出的方法作出这种多项式.] 用这种方法, 我们使函数在整个的区间 $[-\pi, \pi]$ 保持可微分性.

设对于 $0 \leqslant x \leqslant \pi, f(x) = x - \dfrac{\pi}{2}$. 为了作出这个函数的有 $O\left(\dfrac{1}{n^4}\right)$ 阶系数的展开式, 我们用多项式

$$r(x) = x - \frac{\pi}{2} + x^3 \left[-\frac{12}{\pi^4} x^2 - \frac{30}{\pi^3} x - \frac{20}{\pi^2} \right] = -\frac{12}{\pi^4} x^5 - \frac{30}{\pi^3} x^4 - \frac{20}{\pi^2} x^3 + x - \frac{\pi}{2}$$

扩充它. 如果对这样扩充出的函数作出通常的傅里叶级数, 则对在区间 $[0, \pi]$ 上的函数 $f(x)$, 就能得到所求的迅速收敛的展开式:

$$\frac{240}{\pi^3} \sum_{\nu=1}^{\infty} \left[\frac{1}{(2\nu-1)^4} - \frac{12}{\pi^2(2\nu-1)^6} \right] \cos(2\nu-1)x + \frac{1440}{\pi^4} \sum_{\nu=1}^{\infty} \frac{1}{(2\nu)^5} \sin 2\nu x.$$

这里叙述的是马立叶夫所指出的方法.

710. 分离奇异性质法 设函数 $f(x)$ 在区间 $[0, \pi]$ 上是由 x 的倍角的余弦级数 (22) 或正弦级数 (23) 所给出,[①] 而且这些展开式的系数有如 (20) 或 (21) 的形式, 其中 $A_n^{(i)}, B_n^{(i)}$ 是由公式 (24) 所确定. 这些级数收敛得较慢, 并且我们知道函数与它的导数的不连续性是造成这种现象的原因. 对于这种情况, 克雷洛夫院士提出了首创的分离奇异性质法, 应用这种方法可以改善级数的收敛性.

实在说来, 这种方法的本质已经包含在前面的叙述中. 它在于用熟知的三角展开式作出 (逐段为多项式的) 补助函数 $\bar{f}(x)$, 使其好似吸收了已给函数 $f(x)$ 的展开式中所明白表出的奇异性质. 从函数 $f(x)$ 中减去这个补助函数, 并且相应地从已给函数的展开式中减去补助函数的展开式, 这样我们就分离了已给展开式的收敛得较慢的一部分, 从而余下的级数已经迅速收敛.

然而, 如果利用已知的展开式, 知道能直接求收敛得较慢的部分的和, 则可最简捷地获得上述结果.

1° 设已给余弦级数 (22), 并且

$$a_n = \frac{A_n}{n} + O\left(\frac{1}{n^2}\right),$$

其中

$$A_n = -\frac{2}{\pi} \sum_{\mu=1}^{m} c_\mu \sin n\xi_\mu. \tag{25}$$

[①]实用上时常遇到的情况是: 展开式是在区间 $[0, l]$ 上用 $\dfrac{\pi x}{l}$ 的倍角的余弦或正弦作出的, 这种情况可由课文所考虑的情况中简单地将 x 换成 $\dfrac{\pi x}{l}$ 而得.

给出点

$$0 < \xi_1 < \xi_2 < \cdots < \xi_m < \pi$$

并且给出一组数 $\{c_\mu\}$. 直接确定级数的和

$$g(x) = \sum_{n=1}^{\infty} \frac{A_n}{n} \cos nx.$$

用简单的变换可引导出下面的结果:

$$g(x) = \sum_{\mu=1}^{m} \frac{c_\mu}{\pi} \left[\sum_{n=1}^{\infty} \frac{\sin n(x - \xi_\mu)}{n} - \sum_{n=1}^{\infty} \frac{\sin n(x + \xi_\mu)}{n} \right] = \sum_{\mu=1}^{m} \frac{c_\mu}{\pi} \varphi_\mu(x).$$

其中和式

$$\varphi_\mu(x) = \sum_{n=1}^{\infty} \frac{\sin n(x - \xi_\mu)}{n} - \sum_{n=1}^{\infty} \frac{\sin n(x + \xi_\mu)}{n}$$

是容易算出的, 如果我们回忆到熟知的 [**690**, 2)] 展开式

$$\sum_{n=1}^{\infty} \frac{\sin nz}{n}$$

的话, 这展开式的和当 $0 < z < 2\pi$ 时是 $\frac{\pi - z}{2}$, 而且当 $-2\pi < z < 0$ 时显然是 $-\frac{\pi + z}{2}$. 这样,

$$\varphi_\mu(x) = \begin{cases} -\dfrac{\pi + x - \xi_\mu}{2} - \dfrac{\pi - x - \xi_\mu}{2} = -\pi + \xi_\mu, & \text{对于 } x < \xi_\mu, \\[2mm] \dfrac{\pi - x + \xi_\mu}{2} - \dfrac{\pi - x - \xi_\mu}{2} = \xi_\mu, & \text{对于 } x > \xi_\mu. \end{cases}$$

于是在每一区间 $(\xi_\mu, \xi_{\mu+1})$ $(\mu = 0, 1, \cdots, m)$ 的内部,[①] $g(x) = $ 常数 $= \gamma_\mu$; 而在点 ξ_μ $(\mu = 1, 2, \cdots, m)$ 处, 它有恰等于 c_μ 的跳跃. 因此我们有 $\gamma_\mu - \gamma_{\mu-1} = c_\mu$, 从而

$$\gamma_\mu = \gamma_0 + \sum_{\lambda=1}^{\mu} c_\lambda; \tag{26}$$

又因为 $\varphi_\mu(0) = -\pi + \xi_\mu$ 所以

$$\gamma_0 = g(0) = \sum_{\mu=1}^{m} \frac{c_\mu}{\pi}(-\pi + \xi_\mu) = \frac{1}{\pi} \sum_{\mu=1}^{m} c_\mu \xi_\mu - \sum_{\mu=1}^{m} c_\mu. \tag{27}$$

这样, 函数 $g(x)$ 便完全确定了.

例如, 设我们有展开式

$$g(x) = \sum_{n=1}^{\infty} \frac{\sin n\frac{\pi}{2}}{n} \cos nx.$$

在这里

$$A_n = -\frac{2}{\pi} c_1 \sin n\frac{\pi}{2},$$

[①]为方便计, 我们令 $\xi_0 = 0, \xi_{m+1} = \pi$.

而且 $c_1 = -\dfrac{\pi}{2}, \xi_1 = \dfrac{\pi}{2}$. 这时

$$\gamma_0 = -\frac{1}{\pi} \cdot \frac{\pi}{2} \cdot \frac{\pi}{2} + \frac{\pi}{2} = \frac{\pi}{4},$$

或者直接有

$$\gamma_0 = g(0) = \sum_{n=1}^{\infty} \frac{\sin n\frac{\pi}{2}}{n} = \sum_{\nu=1}^{\infty} \frac{(-1)^{\nu}}{2\nu - 1} = \frac{\pi}{4};$$

然后

$$\gamma_1 = \gamma_0 + c_1 = -\frac{\pi}{4}.$$

因此, 最后求得函数 $g(x)$ 当 $0 \leqslant x < \dfrac{\pi}{2}$ 时等于 $\dfrac{\pi}{4}$, 当 $\dfrac{\pi}{2} < x \leqslant \pi$ 时等于 $-\dfrac{\pi}{4}$.

2° 现在考虑余弦级数 (23), 而且

$$b_n = \frac{B_n}{n} + O\left(\frac{1}{n^2}\right),$$

其中

$$B_n = \frac{2}{\pi} \left\{ \sum_{\mu=1}^{m} c_{\mu} \cos n\xi_{\mu} + c_0 - c_{m+1} \cos n\pi \right\}. \tag{28}$$

但在这次我们的目的是直接求级数

$$h(x) = \sum_{n=1}^{\infty} \frac{B_n}{n} \sin nx$$

的和. 我们有

$$h(x) = \sum_{\mu=1}^{m} \frac{c_{\mu}}{\pi} \left[\sum_{n=1}^{\infty} \frac{\sin n(x + \xi_{\mu})}{n} + \sum_{n=1}^{\infty} \frac{\sin n(x - \xi_{\mu})}{n} \right]$$
$$+ \frac{2c_0}{\pi} \sum_{n=1}^{m} \frac{\sin nx}{n} - \frac{c_{m+1}}{\pi} \left[\sum_{n=1}^{\infty} \frac{\sin n(x + \pi)}{n} + \frac{\sin n(x - \pi)}{n} \right]$$
$$= \sum_{\mu=1}^{m} \frac{c_{\mu}}{\pi} \varphi_{\mu}(x) + \frac{c_0}{\pi}(\pi - x) - \frac{c_{m+1}}{\pi} \varphi(x),$$

而且

$$\varphi(x) = \frac{\pi - (x + \pi)}{2} - \frac{\pi + (x - \pi)}{2} = -x, \quad \text{关于一切 } x; \text{[116]}$$

$$\varphi_{\mu}(x) = \begin{cases} \dfrac{\pi - (x + \xi_{\mu})}{2} - \dfrac{\pi + (x - \xi_{\mu})}{2} = -x, & \text{关于 } x < \xi_{\mu}, \\[3mm] \dfrac{\pi - (x + \xi_{\mu})}{2} + \dfrac{\pi - (x - \xi_{\mu})}{2} = \pi - x, & \text{关于 } x > \xi_{\mu}. \end{cases}$$

显然

$$h(+0) = c_0, \quad h(\pi - 0) = c_{m+1};$$
$$h(\xi_{\mu} + 0) - h(\xi_{\mu} - 0) = c_{\mu} \quad (\mu = 1, 2, \cdots, m).$$

---

[116]所指的是 $x \in (-\pi, \pi)$.

同时导数 $h'(x) =$ 常数 $= \gamma$ 处处 (除去不连续点外) 存在, 其中

$$\gamma = \frac{1}{\pi} \left(c_{m+1} - c_0 - \sum_{\mu=1}^{m} c_\mu \right). \tag{29}$$

函数 $h(x)$ 在每一区间 $(\xi_\mu, \xi_{\mu+1})$ 内都是 x 的线性函数, 其中 x 的系数是 γ:

$$\text{当 } x_\mu < x < x_{\mu+1} \text{ 时,} \quad h(x) = \gamma x + \delta_\mu \quad (\mu = 0, 1, \cdots, m),$$

而且

$$\delta_0 = c_0, \quad \delta_1 = c_0 + c_1, \cdots, \quad \delta_m = c_0 + c_1 + \cdots + c_m. \tag{30}$$

容易作出函数 $h(x)$ 的图解 (图 136). 连接点

$$(0, c_0) \quad \text{及} \quad \left(\pi, c_{m+1} - \sum_{\mu=1}^{m} c_\mu \right)$$

的直线显然有角系数 γ. 余下的作法可以从图上看出.

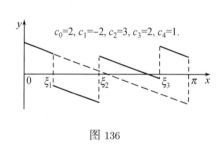

图 136

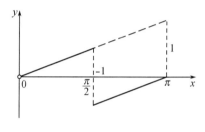

图 137

例如, 设

$$h(x) = -\frac{2}{\pi} \sum_{n=1}^{\infty} \frac{\cos n\frac{\pi}{2}}{n} \sin nx,$$

因此

$$B_n = -\frac{2}{\pi} \cos n\frac{\pi}{2}, \quad c_0 = c_2 = 0, \quad c_1 = -1, \quad \xi_1 = \frac{\pi}{2}.$$

因此, 在这里 (图 137)

$$h(x) = \begin{cases} \dfrac{1}{\pi}x, & \text{当 } 0 \leqslant x < \dfrac{\pi}{2} \text{ 时,} \\[2mm] \dfrac{1}{\pi}x - 1 = \dfrac{1}{\pi}(x - \pi), & \text{当 } \dfrac{\pi}{2} < x \leqslant \pi \text{ 时.} \end{cases}$$

为了改善级数

$$f(x) = -\frac{2}{\pi} \sum_{n=2}^{\infty} \frac{n}{n^2 - 1} \cos n\frac{\pi}{2} \sin nx \tag{31}$$

的收敛性, 我们要应用这一结果. 因为

$$\frac{n}{n^2 - 1} = \frac{1}{n} \cdot \frac{1}{1 - \dfrac{1}{n^2}} = \frac{1}{n} + \frac{1}{n(n^2 - 1)},$$

所以在所给的情形下,

$$b_n = -\frac{2}{\pi} \frac{\cos n\frac{\pi}{2}}{n} - \frac{2}{\pi} \cos n\frac{\pi}{2} \cdot \frac{1}{n(n^2 - 1)}.$$

如果从函数 $f(x)$ 中减去刚才求得的函数 $h(x)$, 则得差数 $f(x) - h(x)$ 的展开式

$$-\frac{2}{\pi} \sum_{n=1}^{\infty} \frac{\cos n\frac{\pi}{2}}{n(n^2 - 1)} \sin nx,$$

它的系数已经是 $O\left(\dfrac{1}{n^3}\right)$ 阶!

3° 回到余弦级数(22), 我们现在假定

$$a_n = \frac{A_n}{n} - \frac{B_n'}{n^2} + O\left(\frac{1}{n^3}\right),$$

其中 A_n 是由公式 (25) 表出, 而 B_n' 则由 (28) 中将常数 $c_0, c_1, \cdots, c_{m+1}$ 换成其它常数 $c_0', c_1', \cdots, c_{m+1}'$ 而得. 因为我们会 [参考 1°] 分离三角级数中与系数展开式的第一阶诸项相关的部分, 所以我们转到第二阶诸项.

设 (为了简化符号, 用 B_n 代替 B_n')

$$g_1(x) = -\sum_{n=1}^{\infty} \frac{B_n}{n^2} \cos nx.$$

显然, $g_1(x)$ 是 x 的连续函数. 逐项微分这级数, 得到新级数

$$g_1'(x) = \sum_{n=1}^{\infty} \frac{B_n}{n} \sin nx.$$

我们已经会求这级数的和 [2°]. 因为在区间 $[0, \pi]$ 的任一个不含区间端点及不连续点的闭合部分上, 新级数一致收敛,[1] 所以 (除去这些点外) 实际上它的和表示函数 $g_1(x)$ 的导数. 因此, 由 2°,

$$g_1'(x) = \gamma x + \delta_\mu \quad \text{关于} \ \xi_\mu < x < \xi_{\mu+1} \quad (\mu = 0, 1, \cdots, m),$$

其中 γ 及 δ_μ 是由公式(29) 及 (30) 确定的. 积分后, 求得 (考虑到连续性!):

$$g_1(x) = \frac{1}{2}\gamma x^2 + \delta_\mu x + \varepsilon_\mu \quad \text{关于} \ \xi_\mu \leqslant x \leqslant \xi_{\mu+1} \quad (\mu = 0, 1, \cdots, m).$$

函数 $g_1(x)$ 在分点 $\xi_{\mu+1}$ 处的值可同时由两个公式求得, 所以

$$\frac{1}{2}\gamma \xi_{\mu+1}^2 + \delta_\mu \xi_{\mu+1} + \varepsilon_\mu = \frac{1}{2}\gamma \xi_{\mu+1}^2 + \delta_{\mu+1}\xi_{\mu+1} + \varepsilon_{\mu+1}.$$

由此 (如果回忆到 $\delta_{\mu+1} = \delta_\mu + c_{\mu+1}$):

$$\varepsilon_{\mu+1} = \varepsilon_\mu - c_{\mu+1}\xi_{\mu+1}.$$

如果已知 ε_0, 则由这公式可逐步得到 $\varepsilon_1, \cdots, \varepsilon_m$. 至于 ε_0, 则由等式

$$\varepsilon_0 = g_1(0) = -\sum_{n=1}^{\infty} \frac{B_n}{n^2}$$

---

[1] 这是由级数 $\sum_1^{\infty} \dfrac{\sin nz}{n}$ 的熟知的性质推出的.

确定. 这级数的和也能求出为有限的形状, 只要回忆到 B_n 的表示式, 并且利用已知的 [**690**, 9)]
展开式

$$\sum_{n=1}^{\infty} \frac{\cos nx}{n^2} = \frac{3x^2 - 6\pi x + 2\pi^2}{12} \quad (0 \leqslant x \leqslant 2\pi).$$

例如, 如果已给

$$g_1(x) = \sum_{n=1}^{\infty} \frac{1 - \cos n\frac{\pi}{3}}{n^2} \cos nx,$$

则在这里

$$B_n = -1 + \cos n\frac{\pi}{3}, \quad c_0 = -\frac{\pi}{2}, \quad c_1 = \frac{\pi}{2}, \quad c_2 = 0, \quad \xi_1 = \frac{\pi}{3},$$
$$\gamma = 0, \quad \delta_0 = -\frac{\pi}{2}, \quad \delta_1 = 0.$$

为了确定

$$\varepsilon_0 = \sum_{n=1}^{\infty} \frac{1}{n^2} - \sum_{n=1}^{\infty} \frac{\cos n\frac{\pi}{3}}{n^2},$$

我们在上述展开式中先令 $x = 0$, 然后令 $x = \frac{\pi}{3}$; 结果求得 $\varepsilon_0 = \frac{5\pi^2}{36}$. 这时 $\varepsilon_1 = \varepsilon_0 - c_1\xi_1 = -\frac{\pi^2}{36}$.
最后得

$$g_1(x) = \begin{cases} -\dfrac{\pi}{2}x + \dfrac{5\pi^2}{36}, & \text{如果 } 0 \leqslant x \leqslant \dfrac{\pi}{3}, \\[2mm] -\dfrac{\pi^2}{36}, & \text{如果 } \dfrac{\pi}{3} \leqslant x \leqslant \pi. \end{cases}$$

　　4° 现在在正弦级数 (23) 中, 令

$$b_n = \frac{B_n}{n} + \frac{A_n'}{n^2} + O\left(\frac{1}{n^3}\right),$$

其中 B_n 与前面一样, 是由公式 (28) 所表出, 而 A_n' 则按照 (25) 的形式作出 —— 但将 c 换成
c'. 在这里, 只讨论第二阶的项就够了.

　　考虑级数 (又用 A_n 代替 A_n')

$$h_1(x) = \sum_{n=1}^{\infty} \frac{A_n}{n^2} \sin nx,$$

它显然表示连续函数. 微分:

$$h_1'(x) = \sum_{n=1}^{\infty} \frac{A_n}{n} \cos nx = g(x)$$

[参考 1°]. 与以上同样, 不难证实 (除在区间的端点及点 ξ_μ 外) $g(x)$ 实际上是 $h_1(x)$ 的导数.
由 1°,

$$h_1'(x) = \gamma_\mu \quad \text{关于 } \xi_\mu < x < \xi_{\mu+1} \quad (\mu = 0, 1, \cdots, m),$$

其中 γ_μ 是由公式 (26) 及 (27) 所确定. 因此

$$h_1(x) = \gamma_\mu x + \delta_\mu \quad \text{关于 } \xi_\mu \leqslant x \leqslant \xi_{\mu+1}.$$

而且 $\delta_0 = 0$ [因为 $h_1(0) = 0$], 其余的 δ_μ 则由函数 $h_1(x)$ 在点 $\xi_{\mu+1}$ 处的连续性的条件所逐步确定:

$$\gamma_\mu \xi_{\mu+1} + \delta_\mu = \gamma_{\mu+1} \xi_{\mu+1} + \delta_{\mu+1} \quad (\mu = 0, 1, \cdots, m-1),$$

由此得

$$\delta_{\mu+1} = \delta_\mu - c_{\mu+1} \xi_{\mu+1}.$$

例如, 设已给级数

$$h_1(x) = \sin x - \frac{1}{9} \sin 3x + \frac{1}{25} \sin 5x - \cdots,$$

它可表成下列形式:

$$h_1(x) = \sum_{n=1}^{\infty} \frac{\sin n \frac{\pi}{2}}{n^2} \sin nx.$$

在这里

$$\xi_1 = \frac{\pi}{2}, \quad c_1 = -\frac{\pi}{2}, \quad \gamma_0 = \frac{\pi}{4}, \quad \gamma_1 = -\frac{\pi}{4}, \quad \delta_0 = 0, \quad \delta_1 = \frac{\pi^2}{4}$$

[参考 1° 中的例], 因此

$$h_1(x) = \begin{cases} \dfrac{\pi}{4} x, & \text{如果 } 0 \leqslant x \leqslant \dfrac{\pi}{2}, \\[2mm] -\dfrac{\pi}{4} x + \dfrac{\pi^2}{4} = \dfrac{\pi}{4}(\pi - x), & \text{如果 } \dfrac{\pi}{2} \leqslant x \leqslant \pi. \end{cases}$$

5° 用适当的方式, 对于三角级数, 也能求出与其系数展开式中较高阶项相关的部分的和. 现不建立一般的方法, 而在所给的每个具体情形下, 进行在上面考虑一般形式的级数时所做过的手续, 更为实际.

为了举例, 我们重新回到级数 (31); 在这次令

$$\frac{n}{n^2 - 1} = \frac{1}{n} + \frac{1}{n^3} + \frac{1}{n^3(n^2 - 1)},$$

将 b_n 表成下列形式:

$$b_n = -\frac{2}{\pi} \cos n \frac{\pi}{2} \cdot \frac{1}{n} - \frac{2}{\pi} \cos n \frac{\pi}{2} \cdot \frac{1}{n^3} - \frac{2}{\pi} \cos n \frac{\pi}{2} \cdot \frac{1}{n^3(n^2 - 1)},$$

与此相应, 将函数 $f(x)$ 分成三部分. 其中第一部分是在 2° 中已经计算过的函数. 考虑第二部分

$$g(x) = -\frac{2}{\pi} \sum_{n=1}^{\infty} \frac{\cos n \frac{\pi}{2}}{n^3} \sin nx.$$

微分两次, 我们得到

$$g'(x) = -\frac{2}{\pi} \sum_{n=1}^{\infty} \frac{\cos n \frac{\pi}{2}}{n^2} \cos nx,$$

$$g''(x) = \frac{2}{\pi} \sum_{n=1}^{\infty} \frac{\cos n \frac{\pi}{2}}{n} \sin nx.$$

最后的函数只与 $h(x)$ 相差一符号:

$$g''(x) = \begin{cases} -\dfrac{1}{\pi}x, & \text{如果 } 0 \leqslant x \leqslant \dfrac{\pi}{2}, \\[3mm] -\dfrac{1}{\pi}(x-\pi), & \text{如果 } \dfrac{\pi}{2} \leqslant x \leqslant \pi. \end{cases}$$

由此积分, 得

$$g'(x) = \begin{cases} -\dfrac{1}{2\pi}x^2 + \gamma_0, & \text{关于 } 0 \leqslant x \leqslant \dfrac{\pi}{2}, \\[3mm] -\dfrac{1}{2\pi}(x-\pi)^2 + \gamma_1, & \text{关于 } \dfrac{\pi}{2} \leqslant x \leqslant \pi. \end{cases}$$

令此处所得的 $g'\left(\dfrac{\pi}{2}\right)$ 的两个值相等, 得 $\gamma_1 = \gamma_0$. 在 $g'(x)$ 的展开式中直接令 $x = 0$, 容易确定 γ_0 的值: $\gamma_0 = \dfrac{\pi}{24}$. 再积分一次, 并且注意 $g(0) = g(2\pi) = 0$, 我们得到

$$g(x) = \begin{cases} -\dfrac{1}{6\pi}x^3 + \gamma_0 x, & \text{关于 } 0 \leqslant x \leqslant \dfrac{\pi}{2}, \\[3mm] -\dfrac{1}{6\pi}(x-\pi)^3 + \gamma_0(x-\pi), & \text{关于 } \dfrac{\pi}{2} \leqslant x \leqslant \pi.^{①} \end{cases}$$

这样, 函数 $g(x)$ 就完全确定了, 并且我们最后有

$$f(x) = h(x) + g(x) + \varphi(x),$$

其中函数 $\varphi(x)$, 虽然其有限形式我们不知道, 但是能由展开式

$$\varphi(x) = -\frac{2}{\pi} \sum_{n=2}^{\infty} \frac{\cos n\dfrac{\pi}{2}}{n^3(n^2-1)} \sin nx$$

给出, 其中系数已是 $O\left(\dfrac{1}{n^5}\right)$ 阶, 并且显然迅速减小.

§6. 傅里叶积分

711. 傅里叶积分作为傅里叶级数的极限情形　在这里我们要在实质上作出傅里叶对于他的积分公式所作的讨论, 这种讨论虽然不严格, 可是因其简洁所以值得加以注意.[②]

如果在有限区间 $[-l, l]$ 上给出函数 $f(x)$, 则在确定的条件下 (我们在这里不研究这些条件), 可在这区间上将它用三角级数表示出来:

$$f(x) = \frac{a_0}{2} + \sum_{m=1}^{\infty} a_m \cos\frac{m\pi x}{l} + b_m \sin\frac{m\pi x}{l},$$

[①] 取此处所得 $g\left(\dfrac{\pi}{2}\right)$ 的两值相等, 又得到 $\gamma_0 = \dfrac{\pi}{24}$.

[②] 柯西也曾经不依赖傅里叶而独立推出过这公式.

其中

$$a_m = \frac{1}{l} \int_{-l}^{l} f(u) \cos \frac{m\pi u}{l} du \qquad (m = 0, 1, 2, \cdots),$$

$$b_m = \frac{1}{l} \int_{-l}^{l} f(u) \sin \frac{m\pi u}{l} du \qquad (m = 1, 2, \cdots)$$

[参考 **688**]. 将 a_m 与 b_m 用它们的表示式来代替, 则级数可改写成下列形式:

$$f(x) = \frac{1}{2l} \int_{-l}^{l} f(u) du + \sum_{m=1}^{\infty} \frac{1}{l} \int_{-l}^{l} f(u) \cos \frac{m\pi}{l}(u - x) du. \qquad (1)$$

现设函数 $f(x)$ 被定义在整个无穷区间 $(-\infty, +\infty)$ 上. 在这种情形下, 不论 x 是怎样, 对于任意的 $l > |x|$, 相应的值 $f(x)$ 由展开式 (1) 表出. 在这里取 $l \to +\infty$ 时的极限, 我们设法求出这展开式的 "极限形式".

关于等式右端的第一项, 自然可设它趋近于零.[①] 回到无穷级数, 我们能将余弦符号后的因子 $\frac{m\pi}{l}$ 看作某一 (从 0 连续变到 $+\infty$ 的) 参数 z 所取的间断的数值

$$z_1 = \frac{\pi}{l}, \quad z_2 = \frac{2\pi}{l}, \cdots, z_m = \frac{m\pi}{l}, \cdots;$$

并且当 $l \to +\infty$ 时, 增量

$$\Delta z_m = z_{m+1} - z_m = \frac{\pi}{l}$$

显然趋近于零. 用这这符号, 级数可改写成:

$$\frac{1}{\pi} \sum_{m=1}^{\infty} \Delta z_{m-1} \int_{-l}^{l} f(u) \cos z_m(u - x) du.$$

它好像是区间 $[0, +\infty]$ 上的 z 的函数

$$\frac{1}{\pi} \int_{-\infty}^{+\infty} f(u) \cos z(u - x) du$$

的积分和. 取 $l \to +\infty$ 时的极限, 我们得到的是积分而不是级数; 用这种方法就得到傅里叶积分公式:

$$f(x) = \frac{1}{\pi} \int_{0}^{+\infty} dz \int_{-\infty}^{+\infty} f(u) \cos z(u - x) du.$$

展开差角余弦的表示式, 可表这公式成下列形式:

$$f(x) = \int_{0}^{\infty} [a(z) \cos zx + b(z) \sin zx] dz,$$

[①] 例如如果假定积分 $\int_{-\infty}^{+\infty} f(u) du$ 收敛, 则这结果就成为明显的了.

其中

$$a(z) = \frac{1}{\pi} \int_{-\infty}^{+\infty} f(u) \cos zu \, du, \quad b(z) = \frac{1}{\pi} \int_{-\infty}^{+\infty} f(u) \sin zu \, du.$$

在这里显然发现与三角展开式相似之点: 只要将取自然数值的参数 m 换成连续变化的参数 z, 而将无穷级数换成积分. 系数 $a(z)$ 与 $b(z)$ 的构成也与傅里叶系数相像.

当然, 所有这些讨论都只有导入法的性质; 还需说明傅里叶公式成立的实际条件. 但是当作出严格的推理时, 我们将要依照对傅里叶级数推理的基本步骤.

712. 预先的说明　　现假定函数 $f(x)$ 在无穷区间 $[-\infty, +\infty]$ 上绝对可积. 在这个假定下, 考虑积分

$$J(A) = \frac{1}{\pi} \int_{0}^{A} dz \int_{-\infty}^{+\infty} f(u) \cos z(u - x_0) du,$$

其中 A 是任意的有限正数, 而 x_0 是 x 的任一固定的值. 这个积分与傅里叶级数的部分和相似: 对它取 $A \to +\infty$ 时的极限, 则得到傅里叶积分:

$$\frac{1}{\pi} \int_{0}^{+\infty} dz \int_{-\infty}^{+\infty} f(u) \cos z(u - x_0) du. \tag{2}$$

因为对于任一有限的 $B > 0$, 函数 $f(x)$ 在区间 $[-B, B]$ 上也绝对可积, 故由第 **510** 目的定理 4*, 我们有

$$\int_{0}^{A} dz \int_{-B}^{B} f(u) \cos z(u - x_0) du = \int_{-B}^{B} f(u) du \int_{0}^{A} \cos z(u - x_0) dz$$

$$= \int_{-B}^{B} f(u) \frac{\sin A(u - x_0)}{u - x_0} du. \tag{3}$$

但积分

$$\int_{-\infty}^{+\infty} f(u) \cos z(u - x_0) du \tag{4}$$

以根据假定为收敛的积分

$$\int_{-\infty}^{+\infty} |f(u)| du$$

为强函数, 所以积分 (4) 在它的值的任一区间上对于 z (当 $u = +\infty$ 及 $u = -\infty$ 时) 一致收敛. 这样, 积分 $\int_{-B}^{B} f(u) \cos z(u - x_0) du$ 当 $B \to +\infty$ 时一致趋近于极限 (4). 因此, 在等式 (3) 中取 $B \to +\infty$ 时的极限, 则在左端的积分中可在积分号下取极限 [第 **506** 目的定理 1].[①] 由此, 关于 $J(A)$ 得到形如积分

$$J(A) = \frac{1}{\pi} \int_{-\infty}^{+\infty} f(u) \frac{\sin A(u - x_0)}{u - x_0} du$$

[①]参考第 **508** 目的定理 4, 在那里我们假定被积分函数是连续的. 在这里我们不作这样的假定.

的表示式, 它与狄利克雷积分相像 [681], 而且实际上也正是起着同样的作用, 应用初等变换, 容易将它化成以下形式:

$$J(A) = \frac{1}{\pi} \int_{-\infty}^{+\infty} f(x_0 + t) \frac{\sin At}{t} dt$$

$$= \frac{1}{\pi} \int_0^{+\infty} [f(x_0 + t) + f(x_0 - t)] \frac{\sin At}{t} dt. \tag{5}$$

为了以后的叙述起见, 对于第 **682** 目的基本引理, 必须作显而易见的补充如下: 如果函数 $g(t)$ 在无穷区间 $[a, +\infty]$ 上绝对可积, 则

$$\lim_{p \to +\infty} \int_a^{+\infty} g(t) \sin pt \, dt = 0$$

(同样

$$\lim_{p \to +\infty} \int_a^{+\infty} g(t) \cos pt \, dt = 0).$$

证明可仿照第 **682** 目中的引理 (在函数 $f(x)$ 有奇异点的情形下) 的证明.

713. 充分判别法   用常数 S_0 [积分 (2) 的假定值] 乘等式

$$1 = \frac{2}{\pi} \int_0^\infty \frac{\sin At}{t} dt \quad (A > 0)$$

的两端, 从等式 (5) 的两端减去这个结果. 如果也与第 **683** 目中一样, 为了简便起见, 令

$$\varphi(t) = f(x_0 + t) + f(x_0 - t) - 2S_0,$$

我们便得到

$$J(A) - S_0 = \frac{1}{\pi} \int_0^\infty \varphi(t) \frac{\sin At}{t} dt. \tag{6}$$

在这里, 我们也只限于两种情形: (a) 函数 $f(x)$ 在点 x_0 处连续, 或 (б) 在这点两侧只可能有第一种不连续. 而且我们假定

在情形 (a) $S_0 = f(x_0),$

在情形 (б) $S_0 = \dfrac{f(x_0 + 0) + f(x_0 - 0)}{2}.$

在这种假定下, 我们现有

迪尼判别法   如果对于某一 $h > 0$, 积分

$$\int_0^h \frac{|\varphi(t)|}{t} dt$$

收敛, 则函数 $f(x)$ 的傅里叶积分在点 x_0 处收敛, 并且有值 S_0.

把积分 (6) 表成两积分的和:

$$\frac{1}{\pi}\int_0^\infty = \frac{1}{\pi}\int_0^h + \frac{1}{\pi}\int_h^\infty.$$

由第 **682** 目中的基本引理, 两积分中的第一个当 $A \to +\infty$ 时趋近于零. 至于第二个积分, 则将 $\varphi(t)$ 的展开式代入, 我们又分解这积分为两项:

$$\frac{1}{\pi}\int_h^\infty \frac{f(x_0+t)+f(x_0-t)}{t}\sin At\,dt - \frac{2}{\pi}S_0\int_h^\infty \frac{\sin At}{t}dt.$$

由于假定函数 f 绝对可积, 函数

$$\frac{f(x_0+t)+f(x_0-t)}{t}$$

也绝对可积. 由上目末对于基本引理所作的补充说明, 前式第一项当 $A \to +\infty$ 时趋近于零. 最后, 直接根据反常积分的定义, 积分

$$\int_h^\infty \frac{\sin At}{t}dt = \int_{Ah}^\infty \frac{\sin z}{z}dz$$

显然趋近于零.

于是, 与第 **684** 目中一样, 可得一些较简单的特殊判别法. 作为一例, 我们提出: 函数在点 x_0 处有有限的导数或至少有两个有限的单侧导数, 就足够了.

对于傅里叶积分, 我们也可应用

狄利克雷–若尔当判别法 如果在以 x_0 为中点的某一区间 $[x_0-h, x_0+h]$ 上, 函数 $f(x)$ 有有界变差, 则函数 $f(x)$ 的傅里叶积分在点 x_0 处收敛, 并且有值 S_0.

如果把积分

$$J(A) = \frac{1}{\pi}\int_0^\infty [f(x_0+t)+f(x_0-t)]\frac{\sin At}{t}dt$$

表成两积分的和:

$$\frac{1}{\pi}\int_0^h + \frac{1}{\pi}\int_h^\infty,$$

则刚才已证实第二个积分当 $A \to \infty$ 时趋近于零. 而第一个积分趋近于

$$\frac{1}{\pi}\cdot\frac{\pi}{2}[f(x_0+0)+f(x_0-0)] = S_0$$

—— 这次是根据第 **685** 目的基本引理. 实际上, 函数 $f(x_0+t)+f(x_0-t)$ 在值 t 的区间 $[0,h]$ 上有有界变差, 从而可表示为两个增函数之差的形式, 对于每个增函数可分别应用引理.

714. 基本假设的变形 直到现在为止, 我们的推理建立在第 **712** 目开始所作的假定上: 函数 $f(x)$ 在从 $-\infty$ 到 $+\infty$ 的整个无穷区间上绝对可积. 然后在所讨论的点 x_0 的近邻, 对函数的性质加以各种补充的条件, 我们得到了函数在这点可用傅里叶积分表出的若干充分判别法.

然而在实用上有时嫌上面所指出的基本假定过于狭隘, 而只假定:

1° 函数 $f(x)$ 在每个有限区间上绝对可积, 至于无穷大的条件则换成下面的条件.

2° 对于 $|x| \geqslant H$, 函数 $f(x)$ 是单调的,[①] 而且

$$\lim_{x \to \pm\infty} f(x) = 0. \tag{7}$$

我们记得到第 **712** 目的推理中, 积分 (4)

$$\int_{-\infty}^{+\infty} f(u) \cos z(u - x_0) du$$

当 $u = +\infty$ 及 $u = -\infty$ 时对于 z 的一致收敛性起着实质上的作用. 因为关于 $z \geqslant a > 0$

$$\left| \int_H^u \cos z(u - x_0) du \right| \leqslant \frac{2}{z} \leqslant \frac{2}{a},$$

所以由第 **515** 目 2° 的判别法, 我们现在就能断定这个积分对于 z 一致收敛, 但是如我们就要看到的, 在这次只有对于值 $z \geqslant a$ 的一致收敛性, 其中 a 是任意的, 但是固定的正数. 这样使我们不得不考虑积分

$$J(A, a) = \frac{1}{\pi} \int_a^A dz \int_{-\infty}^{+\infty} f(u) \cos z(u - x_0) du \quad (A > a > 0),$$

而不考虑积分 $J(A)$, 取这积分当 $A \to +\infty$ 及 $a \to 0$ 时的二重极限, 即得傅里叶积分. 完全与在第 **712** 目中所做的一样, 已可得积分 $J(A, a)$ 的表示式

$$J(A, a) = \frac{1}{\pi} \int_0^\infty [f(x_0 + t) + f(x_0 - t)] \frac{\sin At}{t} dt$$
$$- \frac{1}{\pi} \int_0^\infty [f(x_0 + t) + f(x_0 - t)] \frac{\sin at}{t} dt, \tag{8}$$

因此

$$J(A, a) - S_0 = \frac{1}{\pi} \int_0^\infty \varphi(t) \frac{\sin At}{t} dt - \frac{1}{\pi} \int_0^\infty [f(x_0 + t) + f(x_0 - t)] \frac{\sin at}{t} dt. \tag{9}$$

首先我们要证明

$$\lim_{a \to 0} \int_0^\infty [f(x_0 + t) + f(x_0 - t)] \frac{\sin at}{t} dt = 0. \tag{10}$$

把我们的积分表成下列形式:

$$\int_0^\Delta + \int_\Delta^\infty,$$

其中 Δ 在任一情形下都假定是充分大, 使得 $x_0 - \Delta' < -H, x_0 + \Delta > H$. 现在立刻显而易见

$$\left| \int_0^\Delta \right| \leqslant a \int_0^\Delta [|f(x_0 + t)| + |f(x_0 - t)|] dt,$$

---

① 正确地说来, 对于 $x \geqslant H$ 与 $x \leqslant -H$ 它分别是单调的.

因此不论 Δ 是怎样, 积分 $\int_0^\Delta$ 当 $a \to 0$ 时趋近于零.

转到第二个积分, 根据第二中值定理 [487], 并考察到关系式 (7), 我们有

$$\int_\Delta^\infty f(x_0 \pm t) \frac{\sin at}{t} dt = f(x_0 \pm \Delta) \int_\Delta^{\Delta'} \frac{\sin at}{t} dt = f(x_0 \pm \Delta) \int_{a\Delta}^{a\Delta'} \frac{\sin z}{z} dz \quad (\Delta' > \Delta).$$

因为在这里第二个因子是有界量 (我们已经不止一次提到此点); 而由 (7), 增大 Δ 时能使第一个因子任意小, 所以整个表示式也是如此, 这样证明了关系式 (10), 并且与从前一样, 表示式 (8) 或 (9) 的性质也只与含 A 的积分有关.

从前我们依靠函数 f 在无穷区间上的绝对可积性, 证明了极限等式

$$\lim_{A \to +\infty} \int_h^\infty [f(x_0 + t) + f(x_0 - t)] \frac{\sin At}{t} dt = 0$$

(其中 h 是某一固定的正数). 利用我们的新假定也能证明此点. 事实上, 取 $\Delta > h$, 我们有

$$\int_h^\infty = \int_h^\Delta + \int_\Delta^\infty.$$

我们能与处理含参变数 a 的类似的积分一样来处理右端第二个积分; 由第 **682** 目的基本引理, 第一个积分当 $A \to +\infty$ 时趋近于 0.

现在已经显然, 在对于函数 $f(x)$ 所作的新假定下, 迪尼及狄利克雷–若尔当判别法 [713] 还是成立.

由整个以上所述, 特别, 得到这样一个应用傅里叶公式的条件: 如果函数 $f(x)$ 在整个无穷区间 $[-\infty, +\infty]$ 上有有界变差, 而且极限等式 (7) 成立, 则在每点 x_0 处, 傅里叶积分收敛并且有值 S_0.

实际上, 在所作假定下, 可表示函数 $f(x)$ 成两个有界增函数之差的形式, 并且这两函数当 $x \to +\infty$ 及 $x \to -\infty$ 时有相等的 [由 (7)] 极限:

$$f_1(+\infty) = f_2(+\infty) = c', \quad f_1(-\infty) = f_2(-\infty) = c''.$$

现引用函数

$$\varphi_1(x) = \begin{cases} f_1(x) - c', & \text{关于 } x \geqslant 0, \\ f_1(x) - c'', & \text{关于 } x < 0, \end{cases} \qquad \varphi_2(x) = \begin{cases} f_2(x) - c', & \text{关于 } x \geqslant 0, \\ f_2(x) - c'', & \text{关于 } x < 0 \end{cases}$$

来代替 f_1 及 f_2. 则与从前一样,

$$f(x) = \varphi_1(x) - \varphi_2(x),$$

但是在这次

$$\lim_{x \to \pm\infty} \varphi_1(x) = \lim_{x \to \pm\infty} \varphi_2(x) = 0,$$

因此对于函数 φ_1, φ_2 中每一个, 条件 1) 及 2) 成立; 此处显然在任一点对这两函数可应用狄利克雷–若尔当判别法.

715. 傅里叶公式的各种形式 假定可应用傅里叶公式的充分条件成立, 为了简单起见, 我们设函数 $f(x)$ 在所考察的点 x 处连续, 如果不连续, 则设条件

$$f(x) = \frac{f(x+0) + f(x-0)}{2}$$

成立, 即设所考虑的点是正则的 [**684**]. 在任一情形下, 得

$$f(x) = \frac{1}{\pi} \int_0^\infty dz \int_{-\infty}^{+\infty} f(u) \cos z(u-x) du. \tag{11}$$

由于内层积分显然是 z 的偶函数, 所以也可将这公式换写为

$$f(x) = \frac{1}{2\pi} \int_{-\infty}^{+\infty} dz \int_{-\infty}^{+\infty} f(u) \cos z(u-x) du. \tag{12}$$

又容易证明在第 **712** 目 [或第 **714** 目] 对于函数 $f(x)$ 所作的一般假定下, 积分

$$\int_{-\infty}^{+\infty} f(u) \sin z(u-x) du$$

也存在. 而且, 这积分是 z 的连续函数,[①] 并且显然是奇函数. 虽然不可能保证这函数从 $-\infty$ 到 $+\infty$ 的反常积分存在, 但是它在**主值**的意义下 [**484**] 一定存在, 而且

$$\text{V.p.} \int_{-\infty}^{+\infty} dz \int_{-\infty}^{+\infty} f(u) \sin z(u-x) du = 0.$$

用 $\dfrac{i}{2\pi}$ 乘这等式, 并且再与 (12) 相加, 便得关系式

$$f(x) = \frac{1}{2\pi} \int_{-\infty}^{+\infty} dz \int_{-\infty}^{+\infty} f(u) e^{iz(u-x)} du, \tag{13}$$

其中外层积分是被了解为在主值意义下的积分. 柯西首先将公式表示为这种形状.

回到公式 (11), 我们将它写作下列形式:

$$\begin{aligned}
f(x) = {} & \frac{1}{\pi} \int_0^\infty \cos zx dz \int_{-\infty}^{+\infty} f(u) \cos zu du \\
& + \frac{1}{\pi} \int_0^\infty \sin zx dz \int_{-\infty}^{+\infty} f(u) \sin zu du.
\end{aligned}$$

如果 $f(u)$ 是偶函数, 则

$$\int_{-\infty}^{+\infty} f(u) \cos zu du = 2 \int_0^\infty f(u) \cos zu du, \qquad \int_{-\infty}^{+\infty} f(u) \sin zu du = 0,$$

[①] 如果以第 **714** 目中的假定为基础, 则只在 $z = 0$ 处可能有例外.

而我们得到只含余弦的简化了的公式

$$f(x) = \frac{2}{\pi} \int_0^\infty \cos zx dz \int_0^\infty f(u) \cos zu du. \tag{14}$$

同样, 在 $f(z)$ 为奇函数的情形下, 我们得到只含正弦的公式:

$$f(x) = \frac{2}{\pi} \int_0^\infty \sin zx dz \int_0^\infty f(u) \sin zu du. \tag{15}$$

现在设函数 $f(x)$ 只是在区间 $[0, +\infty)$ 上被给出, 并且在这区间上满足的条件与以前对于整个区间 $(-\infty, +\infty)$ 所加的条件相类似, 利用等式 $(x > 0)$:

$$f(-x) = f(x) \quad \text{或} \quad f(-x) = -f(x)$$

延拓函数到区间 $(-\infty, 0)$, 则在第一种情形下, 我们得到在区间 $(-\infty, +\infty)$ 上的偶函数, 在第二种情形下, 得到奇函数. 因此, 对于正值 x (当相应的充分条件成立时), 我们既能应用公式 (14), 又能应用公式 (15).

如果假定函数 $f(x)$ 在点 $x = 0$ 处连续, 则在这点也能应用公式 (14), 因为用偶的方式延拓出的函数在这点保持连续性. 一般地在点 $x = 0$ 处不能应用公式 (15): 只有在 $f(0)$ 是零的情形下, 它才能给出这个值.

这些讨论完全与第 **689** 目中对于傅里叶级数所述的相类似.

716. 傅里叶变换　我们假定傅里叶公式 (12) 可能除去在有限个点外, 关于 x 在区间 $(-\infty, +\infty)$ 上的一切值成立. 可设想这公式是由下列两公式叠加而得:

$$F(z) = \frac{1}{\sqrt{2\pi}} \int_{-\infty}^{+\infty} f(u) e^{izu} du, \quad f(x) = \frac{1}{\sqrt{2\pi}} \int_{-\infty}^{+\infty} F(z) e^{-ixz} dz. ^{①} \tag{16}$$

函数 $F(z)$ 根据第一个公式与函数 $f(x)$ 对照, 称为后者的**傅里叶变换**. 而根据第二个公式, 函数 $f(x)$ 是函数 $F(z)$ 的**傅里叶 (逆) 变换** (区别在 i 的符号!). 我们注意, 一般说来, 即使当 f 取实数值时, 函数 F 取复数值, 然而在这里可假定原始函数 f 也取复数值.

当函数 $f(x)$ 已给时, 等式

$$f(x) = \frac{1}{\sqrt{2\pi}} \int_{-\infty}^{+\infty} F(z) e^{-ixz} dz$$

可当作对于 (在积分符号后的) 未知函数 $F(z)$ 的积分方程. 方程的解由公式

$$F(z) = \frac{1}{\sqrt{2\pi}} \int_{-\infty}^{+\infty} f(u) e^{izu} du$$

给出, 自然, 我们也可更换这两个等式的次序.

---

①如果只对函数 $f(x)$ 作上面所说到的假定, 则最后的积分被了解为在主值意义下的积分.

现在回到公式 (14); 如果除去前述的例外值外, 它对于一切正值 x 成立, 则能表示它为下列两个 (在这次是实值的并且是完全对称的) 公式的叠加:

$$\left.\begin{array}{l} F_c(z) = \sqrt{\dfrac{2}{\pi}} \int_0^\infty f(u) \cos zu\,du, \\[3mm] f(x) = \sqrt{\dfrac{2}{\pi}} \int_0^\infty F_c(z) \cos xz\,dz. \end{array}\right\} \tag{17}$$

同样, 公式 (15) 也能分解为两个公式:

$$\left.\begin{array}{l} F_s(z) = \sqrt{\dfrac{2}{\pi}} \int_0^\infty f(u) \sin zu\,du, \\[3mm] f(x) = \sqrt{\dfrac{2}{\pi}} \int_0^\infty F_s(z) \sin xz\,dz. \end{array}\right\} \tag{18}$$

函数 $F_c(x)$ 及 $F_s(z)$ 分别称为函数 $f(x)$ 的**傅里叶余弦变换**或**正弦变换**. 如我们所看到, 由 F_c (或 F_s) 求得函数 f 与由 f 求得 F_c (F_s) 完全一样, 换句话说, 函数 f 与 F_c (F_s) 互为余弦 (正弦) 变换. 柯西将函数对 f 与 F_c 或 f 与 F_s 分别称为**第一种**或**第二种共轭函数**. 在这里, (17) [或 (18)] 中的每个等式又可当作为积分方程, 其中积分以外的函数是已给的, 而积分号后的函数是要求的; 方程的解由另一等式给出.

比较函数 F, F_c 及 F_s, 可叙述如下. 在 $f(x)$ 是偶函数的情形下, 我们有

$$F(z) = F_c(z)$$

(用偶的方式延拓函数 $F_c(z)$ 到值 $z < 0$), 而在 $f(x)$ 是奇函数的情形下:

$$F(z) = iF_s(z)$$

(用奇的方式延拓函数 $F_s(z)$ 到值 $z < 0$). 在一般情形下, 将函数 $f(x)$ 分解为偶函数与奇函数

$$g(x) = \frac{f(x) + f(-x)}{2}, \quad h(x) = \frac{f(x) - f(-x)}{2}$$

的和. 因而

$$F(z) = G_c(z) + iH_s(z).\,^{①}$$

由于这种情况, 我们只举出余弦及正弦变换的**例子**就够了.

1) 设函数 $f(x) = e^{-ax}$ $(a > 0, x \geqslant 0)$; 则函数

$$F_c(x) = \sqrt{\frac{2}{\pi}} \int_0^\infty e^{-az} \cos zx\,dz = \sqrt{\frac{2}{\pi}} \frac{a}{a^2 + x^2}$$

是它的余弦变换, 而函数

$$F_s(x) = \sqrt{\frac{2}{\pi}} \int_0^\infty e^{-az} \sin zx\,dz = \sqrt{\frac{2}{\pi}} \frac{x}{a^2 + x^2}$$

---

① $G_c(z)$ 表示函数 $g(x)$ 的余弦变换, 而 $H_s(z)$ 表示函数 $h(x)$ 的正弦变换.

是正弦变换.

因为 e^{-ax} 在区间 $[0, +\infty]$ 上可积分, 所以下列相互的关系式一定成立:

$$\frac{2a}{\pi} \int_0^\infty \frac{\cos zx}{a^2 + z^2} dz = e^{-ax} \quad (x \geqslant 0)$$

与

$$\frac{2}{\pi} \int_0^\infty \frac{z \sin zx}{a^2 + z^2} dz = e^{-ax} \quad (x > 0),$$

或

$$\int_0^\infty \frac{\cos zx}{a^2 + z^2} dz = \frac{\pi}{2a} e^{-ax}, \quad \int_0^\infty \frac{z \sin xz}{a^2 + z^2} dz = \frac{\pi}{2} e^{-ax}.$$

在这些积分中我们可看出已知的拉普拉斯积分 [**522**, 4°].

因此, 在下列函数对的形式下:

$$e^{-ax}, \sqrt{\frac{2}{\pi}} \frac{a}{a^2 + x^2} \quad 及 \quad e^{-ax}, \sqrt{\frac{2}{\pi}} \frac{x}{a^2 + x^2}.$$

我们在这里有 (柯西的) 第一种与第二种共轭函数的例子. 如果不知道拉普拉斯积分, 则上述的理论指出了计算它的方法.

2) 现在考虑由下列等式所定义的函数:

$$f(x) = \begin{cases} 1, & 关于 0 \leqslant x < a, \\ \dfrac{1}{2}, & 关于 x = a, \quad\quad (a > 0). \\ 0, & 关于 x > a \end{cases}$$

在这种情形下,

$$F_c(x) = \sqrt{\frac{2}{\pi}} \int_0^a \cos zx dz = \sqrt{\frac{2}{\pi}} \frac{\sin ax}{x}.$$

如果为了要在这个例子上证实傅里叶公式, 求出所得函数的余弦变换, 则得到狄利克雷的 "不连续乘数" [**497**, 11)]

$$\frac{2}{\pi} \int_0^\infty \frac{\sin az}{z} \cos zx dz,$$

实际上它的值与原始函数 $f(x)$ 一致! 同样,

$$F_s(x) = \sqrt{\frac{2}{\pi}} \int_0^a \sin zx dz = \sqrt{\frac{2}{\pi}} \frac{1 - \cos ax}{x},$$

等等.

读者将在第 **718** 目中找到傅里叶变换的许多例子.

717. 傅里叶变换的若干性质　　从对函数 $f(x)$ 的种种假定出发, 研究它的傅里叶变换 $F(x)$ 的性质.

首先, 如果函数 $f(x)$ 在区间 $[-\infty, +\infty]$ 上绝对可积, 则函数

$$F(x) = \frac{1}{\sqrt{2\pi}} \int_{-\infty}^{+\infty} f(u) e^{ixu} du \tag{19}$$

在整个区间上连续, 并且当 $x \to \pm\infty$ 时趋近于零.

函数的连续性是由于所写出的积分以不含参数 x 的收敛积分

$$\int_{-\infty}^{+\infty} |f(u)| du$$

为强函数, 从而当 $u = \pm\infty$ 时, 它关于 x 一致收敛. 证明仿照第 **518** 目的定理 1 与第 **520** 目的定理 2, 并参照第 **510** 目的定理 1 (代替第 **506** 目的定理 1). 至于函数 F 在无穷大的性质, 则建立在第 **712** 目最后说明的基础上.

现在假定 $x^n f(x)$ 也在区间 $[-\infty, +\infty]$ 上绝对可积, 其中 n 是自然数. 则函数 $F(x)$ 有 n 个逐阶导数

$$F'(x), \cdots, F^{(n)}(x),$$

它们当 $x \to \pm\infty$ 时都趋近于零.

在积分号下逐次对参数 x 求积分 (19) 的微分, 我们得到

$$F^{(k)}(x) = \frac{i^k}{\sqrt{2\pi}} \int_{-\infty}^{+\infty} f(u) u^k e^{ixu} du \qquad (k = 1, 2, \cdots, n).$$

这个积分关于 x 一致收敛, 因为有强积分

$$\int_{-\infty}^{+\infty} |f(u) u^k| du$$

存在, 于是我们可应用莱布尼茨规则. 证明仿照第 **520** 目定理 3 的证明, 并参照第 **510** 目的定理 3* (代替第 **507** 目的定理 3). 在这里, 导数在无穷大的性质是借第 **712** 目最后的说明来建立的.

因此, 函数 $F(x)$ 的微分性质主要是由函数 $f(x)$ 在无穷大的性质所确定, 反过来说, 由函数 $f(x)$ 的微分性质能在某种程度上判断函数 $F(x)$ 在无穷大的性质. 这就是说: 如果函数 $f(x)$ 与它的前 $n-1$ 个导数当 $x \to \pm\infty$ 时趋近于零, 而 n 阶导数 $f^{(n)}(x)$ 在区间 $[-\infty, +\infty]$ 上绝对可积, 则

$$\lim_{n \to \pm\infty} x^n F(x) = 0.$$

这点可直接由 $F(x)$ 的表示式

$$F(x) = \frac{1}{\sqrt{2\pi}} \left(\frac{i}{x}\right)^n \int_{-\infty}^{+\infty} f^{(n)}(u) e^{ixu} du$$

推出, 而这表示式是逐步用分部积分法求得的.

718. 例题与补充 1) 证明函数 $e^{-\frac{1}{2}x^2}$ 的余弦变换与这函数本身相同. 实际上, 由第 **519** 目 6), (a) 的公式:

$$\sqrt{\frac{2}{\pi}} \int_0^\infty e^{-\frac{1}{2}z^2} \cos zx\, dz = \sqrt{\frac{2}{\pi}} \cdot \sqrt{\frac{\pi}{2}} e^{-\frac{1}{2}x^2} = e^{-\frac{1}{2}x^2}.$$

对于 x 微分这等式, 我们得到另一结论: 函数 $xe^{-\frac{1}{2}x^2}$ 的正弦变换与这函数本身恒等.

2) 证明公式

$$(\text{a})\ \frac{2}{\pi}\int_0^\infty \frac{\sin^2 z}{z^2}\cos 2zx\,dz = \begin{cases} 1-x, & \text{如果 } 0 \leqslant x \leqslant 1, \\ 0, & \text{如果 } x \geqslant 1. \end{cases}$$

$$(\text{б})\ \frac{2}{\pi}\int_0^\infty \ln\frac{\sqrt{1+z^2}}{z}\cos xz\,dz = \frac{1-e^{-x}}{x} \quad (x \geqslant 0).$$

提示　计算右端所列出的 x 的函数的余弦变换, 并利用两函数的共轭性 (适用傅里叶公式的条件成立!).

3) 关于下列两种情形:

$$(\text{a})\ f(x) = \begin{cases} \dfrac{\pi}{2}\sin x, & \text{关于 } 0 \leqslant x \leqslant \pi, \\ 0, & \text{关于 } x \geqslant \pi; \end{cases}$$

或

$$(\text{б})\ f(x) = \begin{cases} \dfrac{\pi}{2}\cos x, & \text{关于 } 0 \leqslant x < \pi, \\ -\dfrac{\pi}{4}, & \text{关于 } x = \pi, \\ 0, & \text{关于 } x > \pi, \end{cases}$$

解积分方程

$$\int_0^\infty g(z)\sin zx\,dz = f(x).$$

提示　函数 $\sqrt{\dfrac{2}{\pi}}f(x)$ 的正弦变换是它的解.[117]

答　(a) $\dfrac{\sin \pi x}{1-x^2}$;　(б) $\dfrac{x\sin \pi x}{1-x^2}$.

4) 证明函数 $\dfrac{1}{\sqrt{x}}$ 同时是它本身的余弦变换及正弦变换.

例如, 我们有

$$\sqrt{\frac{2}{\pi}}\int_0^\infty \frac{\sin xz}{\sqrt{z}}\,dz = \sqrt{\frac{2}{\pi}}\cdot\frac{1}{\sqrt{x}}\int_0^\infty \frac{\sin t}{\sqrt{t}}\,dt = \frac{1}{\sqrt{x}}\ [\mathbf{522}, 5°].$$

5) 利用函数

$$\frac{1}{e^{2\pi x}+1}$$

的正弦变换求新的积分.

根据第 **519** 目 8) (б) 的公式, 所述的变换是

$$\frac{1}{\sqrt{2\pi}}\left(\frac{1}{x} - \frac{1}{e^{\frac{x}{2}} - e^{-\frac{x}{2}}}\right).$$

---

[117]因此这里可能会发生 3) 题中积分方程求解的**唯一性**问题. 如果从一开始我们即约定仅仅考虑使形如 (15) 的傅里叶公式成立的函数 $g(x)$, 答案将是肯定的. 在一般情况下可以证明: 对 3) 题中积分方程右端的无论怎样的 $f(x)$, 其两个解 $g_1(x)$ 与 $g_2(x)$ (关于其中每一个仅假定 3) 题中积分方程左端的反常积分存在) 仅相差一个等价于零的函数 [参看 **733**]. 这一论断在完全一般的情况下, 由 A. 奥福特 (A. Offord) 在 1940 年证明了, 这已超出了本书的范围; 特别, 由此立即推出上述积分方程可能有不多于一个的连续解.

因为原始函数满足于适用傅里叶公式的条件, 所以它是刚才所引的函数的正弦变换.

注意积分

$$\int_0^\infty \frac{\sin xz}{z} dz = \frac{\pi}{2} \quad (x > 0)$$

的值, 由此容易得到

$$\int_0^\infty \frac{\sin xz}{e^{\frac{z}{2}} - e^{-\frac{z}{2}}} dz = \frac{\pi}{2} \frac{e^{\pi x} - e^{-\pi x}}{e^{\pi x} + e^{-\pi x}},$$

或最后用另外的记号,

$$\int_0^\infty \frac{\sin ax}{\mathrm{sh}\,\pi x} dx = \frac{1}{2} \mathrm{th} \frac{a}{2} \quad (a > 0).$$

6) 证明函数

$$\frac{1}{e^{\sqrt{2\pi x}} - 1} - \frac{1}{\sqrt{2\pi x}}$$

的正弦变换恒等于这函数本身.

提示 利用第 **519** 目 8)(a) 的公式.

7) 关于函数 $\cos \frac{1}{2} x^2$ 及 $\sin \frac{1}{2} x^2$, 证实傅里叶公式 (14). (顺便指出, 这两函数不适合我们推演傅里叶公式时所假定的条件!)

我们有

$$\sqrt{\frac{2}{\pi}} \int_0^\infty \cos \frac{1}{2} z^2 \cos xz\, dz$$
$$= \frac{1}{\sqrt{2\pi}} \left\{ \int_0^\infty \cos \left(\frac{1}{2} z^2 - xz \right) dz + \int_0^\infty \cos \left(\frac{1}{2} z^2 + xz \right) dz \right\}$$
$$= \frac{1}{\sqrt{2\pi}} \int_{-\infty}^{+\infty} \cos \left(\frac{1}{2} z^2 - xz \right) dz,$$

或者令 $z = x + u$, 并且考虑到已知的弗烈内尔积分的值 [**522**, 5°]:

$$\frac{1}{\sqrt{2\pi}} \int_{-\infty}^{+\infty} \cos \frac{1}{2} (u^2 - x^2) du$$
$$= \frac{1}{\sqrt{2\pi}} \left\{ \cos \frac{1}{2} x^2 \int_{-\infty}^{+\infty} \cos \frac{1}{2} u^2 du + \sin \frac{1}{2} x^2 \int_{-\infty}^{+\infty} \sin \frac{1}{2} u^2 du \right\}$$
$$= \frac{1}{\sqrt{2}} \left(\cos \frac{1}{2} x^2 + \sin \frac{1}{2} x^2 \right).$$

同样,

$$\sqrt{\frac{2}{\pi}} \int_0^\infty \sin \frac{1}{2} z^2 \cos xz\, dz = \frac{1}{\sqrt{2}} \left(\cos \frac{1}{2} x^2 - \sin \frac{1}{2} x^2 \right).$$

现在已经显而易见所得函数的余弦变换就是原始函数, 而这点与傅里叶公式的正确性等价.

8) 证实 (a) 关于函数

$$f(x) = \mathrm{ci}\, x = -\int_x^\infty \frac{\cos t}{t} dt$$

(积分余弦) 的傅里叶公式 (14) 成立

(б) 关于函数

$$g(x) = \mathrm{si}\, x = -\int_x^\infty \frac{\sin t}{t} dt$$

(积分正弦) 的公式 (15) 成立.

对于这些公式是否适用, 我们所建立的条件没有讨论到.

(a) **解**　根据第 **497**, 23) (a) 公式:

$$F_c(x) = -\sqrt{\frac{2}{\pi}} \int_0^\infty \cos xu du \int_u^\infty \frac{\cos t}{t} dt = \begin{cases} -\sqrt{\frac{\pi}{2}}\frac{1}{x}, & \text{关于 } x > 1, \\[2mm] -\frac{1}{2}\sqrt{\frac{\pi}{2}}, & \text{关于 } x = 1, \\[2mm] 0, & \text{关于 } x < 1. \end{cases}$$

其次

$$\sqrt{\frac{2}{\pi}} \int_0^\infty F_c(z) \cos xz dz = -\int_1^\infty \frac{\cos xz}{z} dz = -\int_x^\infty \frac{\cos t}{t} dt = \mathrm{ci}x.$$

(б) **提示**　利用 **497**, 23) (б).

9) 关于函数 $\dfrac{1}{x^s}$, 证实两个傅里叶公式 (14) 及 (15), 其中 $0 < s < 1$.

由 **539**, 3),

$$\sqrt{\frac{2}{\pi}} \int_0^\infty \frac{\cos zx}{z^s} dz = \sqrt{\frac{\pi}{2}} \frac{x^{s-1}}{\Gamma(s)\cos\frac{\pi s}{2}},$$

然后

$$\frac{1}{\Gamma(s)\cos\frac{\pi s}{2}} \int_0^\infty \frac{\cos zx}{z^{1-s}} dz = \frac{1}{\Gamma(s)\cos\frac{\pi s}{2}} \cdot \frac{\pi}{2} \cdot \frac{x^{-s}}{\Gamma(1-s)\cos\frac{\pi(1-s)}{2}}.$$

这就等于 $\dfrac{1}{x^s}$ (如果考虑到关于 Γ 函数的余元公式 **531**, 5°).

同样可证实公式 (15).

10) 关于有零指标的贝塞尔函数 $J_0(x)$, 证实傅里叶公式 (14).

在 **524**, 5) 中, 我们有过

$$\int_0^\infty J_0(z) \cos zx dz = \begin{cases} 0, & \text{当 } x > 1 \text{ 时}, \\[2mm] \dfrac{1}{\sqrt{1-x^2}}, & \text{当 } x < 1 \text{ 时}. \end{cases}$$

因此

$$\frac{2}{\pi} \int_0^\infty \cos ux du \int_0^\infty J_0(z) \cos zu du = \frac{2}{\pi} \int_0^1 \frac{\cos ux}{\sqrt{1-u^2}} du = \frac{2}{\pi} \int_0^{\frac{\pi}{2}} \cos(x\sin\varphi) d\varphi,$$

这实际上等于 $J_0(x)$ [参考 **695**].

11) 考虑由等式

$$f(x) = \begin{cases} (1-x^2)^{n-\frac{1}{2}}, & \text{关于 } 0 \leqslant x < 1, \\[2mm] 0, & \text{关于 } x > 1 \end{cases}$$

所确定的函数 $f(x)$ $(n = 0, 1, 2, \cdots)$. 它的余弦变换等于

$$F_c(x) = \sqrt{\frac{2}{\pi}} \int_0^1 (1-z^2)^{n-\frac{1}{2}} \cos zx dz,$$

或者展开余弦为级数并且逐项积分:

$$F_c(x) = \sqrt{\frac{2}{\pi}} \sum_{\nu=0}^\infty (-1)^\nu \frac{x^{2\nu}}{(2\nu)!} \int_0^1 z^{2\nu}(1-z^2)^{n-\frac{1}{2}} dz.$$

但由 **534**, 1),

$$\int_0^1 z^{2\nu}(1-z^2)^{n-\frac{1}{2}}dz = \frac{1}{2}\frac{\Gamma\left(\nu+\frac{1}{2}\right)\Gamma\left(n+\frac{1}{2}\right)}{\Gamma(\nu+n+1)} = \frac{(2\nu-1)!!(2n-1)!!}{2^{\nu+n+1}(\nu+n)!}\pi.$$

因此, 回忆到有指标 n 的贝塞尔函数的展开式 [**395**, 14)], 最后得

$$F_c(x) = \sqrt{\frac{\pi}{2}}(2n-1)!!\sum_{\nu=0}^{\infty}\frac{(-1)^\nu}{\nu!(\nu+n)!}\frac{x^{2\nu}}{2^{n+2\nu}} = \sqrt{\frac{\pi}{2}}\frac{(2n-1)!!}{x^n}J_n(x).$$

因为关于原始函数, 适用傅里叶公式的条件成立, 所以函数 $F_c(x)$ 的余弦变换一定就是原始函数. 这样引出了有趣的积分:

$$\int_0^{\infty}\frac{J_n(z)}{z^n}\cos zx dz = \begin{cases} \dfrac{1}{(2n-1)!!}(1-x^2)^{n-\frac{1}{2}}, & \text{当 } 0 \leqslant x < 1 \text{ 时,} \\ 0, & \text{当 } x > 1 \text{ 时.} \end{cases}$$

当 $n = 0$ 时, 由此得到已知的公式 [**524**, 5)].

12) 在积分对数的表示式

$$\text{li}z = \int_0^z \frac{dt}{\ln t} \quad (0 < z < 1)$$

中, 令 $z = e^{-x}(x > 0)$, 及 $t = e^{-u}$, 我们得到

$$\text{li}e^{-x} = -\int_x^{\infty}\frac{du}{ue^u}.$$

因为当 $x > 1$ 时

$$\int_x^{\infty}\frac{du}{ue^u} < e^{-x},$$

而当 $0 < x < 1$ 时,

$$\int_x^1 \frac{du}{ue^u} < |\ln x|,$$

所以 $|\text{li}e^{-x}|$ 从 0 到 $+\infty$ 可积分, 并且显然适用傅里叶公式 (14) 及 (15).

现在求函数 $\text{li}e^{-x}$ 的余弦变换:

$$\sqrt{\frac{2}{\pi}}\int_0^{\infty}\text{li}e^{-z}\cos zx dz = \sqrt{\frac{2}{\pi}}\int_0^{\infty}\cos zx dz\int_z^{\infty}\frac{du}{ue^u}.$$

分部积分, 将它化成下列形式:

$$-\sqrt{\frac{2}{\pi}}\frac{1}{x}\int_0^{\infty}e^{-z}\frac{\sin zx}{z}dz = -\sqrt{\frac{2}{\pi}}\frac{\text{arctg}x}{x}$$

[**522**, 2°]. 于是, 其逆为

$$\int_0^{\infty}\frac{\text{arctg}z}{z}\cos zx dz = -\frac{\pi}{2}\text{li}e^{-x} \quad (x > 0),$$

这样就求得了新积分的值.

用类似的方法, 利用正弦变换, 求得另一积分:

$$\int_0^\infty \frac{\ln(1+z^2)}{z} \sin zx dz = -\pi \mathrm{li} e^{-x} \textcircled{1} \quad (x > 0).$$

13) 证明在傅里叶公式

$$f(x) = \frac{1}{\pi} \int_0^\infty dz \int_{-\infty}^{+\infty} f(u) \cos z(u-x) du$$

中, 当前面所指出的任意的充分条件成立时, 可将里面的积分换成在任意有限区间上的积分

$$\int_a^b f(u) \cos z(u-x) du,$$

只要点 x 在 a 与 b 之间就可以了.

提示 不取 $f(u)$, 我们考虑当 $a < u < b$ 时等于 $f(u)$, 而对于其余的 u 值等于零的新函数.

14) 设函数 $f(x)$ 在区间 $(0, +\infty)$ 内 (在广义下) 单调减, 并且当 $x \to +\infty$ 时趋近于零; 我们假定这函数在点 $x = 0$ 的邻域内可积分.$\textcircled{2}$ 证明这时它的正弦变换 $F_s(x)$ 关于 $x > 0$ 是非负的函数.

由所作假定, 首先推得积分

$$F_s(x) = \sqrt{\frac{2}{\pi}} \int_0^\infty f(z) \sin xz dz$$

存在 [**476, 482**]. 我们能将它表示成级数和的形状:

$$F_s(x) = \sqrt{\frac{2}{\pi}} \sum_{n=0}^\infty \int_{\frac{n\pi}{x}}^{\frac{(n+1)\pi}{x}} f(z) \sin xz dz,$$

这级数的各项正负相间, 而且它们的绝对值递减 ("莱布尼茨型" 的级数, **381**). 由此得到所要求的结论.

15) 设 $f(x)$ 是在区间 $[0, +\infty]$ 上的有界单调减函数, 当 $x \to +\infty$ 时趋近于零. 此外, 我们还假定当 $x > 0$ 时, 这函数有负的 (在广义下) 单调增加的导数 $f'(x)$. 证明这时余弦变换 $F_c(x)$ 是在区间 $[0, +\infty]$ 上的非负的可积分函数.

如果 $0 < a < A < +\infty$, 我们有

$$\int_a^A |f'(x)| dx = -\int_a^A f'(x) dx = f(a) - f(A),$$

因此由于函数 $f(x)$ 有界, 导数 $f'(x)$ 在区间 $[0, +\infty]$ 上可积分. 从而推得

$$\text{当 } x \to +\infty \text{ 时}, f'(x) \to 0.$$

$\textcircled{1}$对参变数 x 求微分, 容易算出中间积分

$$\int_0^\infty e^{-z} \frac{\cos xz - 1}{z} dz.$$

$\textcircled{2}$如果函数 $f(x)$ 在点 $x = 0$ 变为无穷大, 则它可能在非常义下可积.

分部积分, 我们得到

$$F_c(x) = \sqrt{\frac{2}{\pi}} \int_0^\infty f(z) \cos xz\, dz = -\sqrt{\frac{2}{\pi}} \cdot \frac{1}{x} \int_0^\infty f'(z) \sin xz\, dz;$$

如果对最后一积分应用 14) 中所证明的结果, 则有 $F_c(x) \geqslant 0$.

因为关于函数 $f(x)$, 可应用傅里叶公式的条件成立, 所以当 $x = 0$ 时, 我们得到

$$f(+0) = \sqrt{\frac{2}{\pi}} \int_0^\infty dz \int_0^\infty f(u) \cos zu\, du = \sqrt{\frac{2}{\pi}} \int_0^\infty F_c(z) dz,$$

在这里已包含了关于函数 $F_c(z)$ 的可积分性的断语.

附注 我们强调这两个定理中的任何一个对于其它型的变换都不是真实的. 关于第 **716** 目的例 2) 中所考察的函数 $f(x)$, 相应的余弦变换

$$F_c(x) = \sqrt{\frac{2}{\pi}} \frac{\sin ax}{x}$$

改变符号. 如果取 $f(x) = e^{-ax}$ [同目的例 1], 则正弦变换

$$F_s(x) = \sqrt{\frac{2}{\pi}} \frac{x}{a^2 + x^2}$$

虽然关于 $x > 0$ 保持正号, 但在区间 $[0, +\infty]$ 上不可积分.

719. 二元函数的情形 傅里叶公式也能推广到多元函数 $f(x_1, x_2, \cdots, x_n)$ 的情形. 我们较详细地研究二元函数 $f(x_1, x_2)$, 并且假定这函数确定在整个平面 $(-\infty, +\infty; -\infty, +\infty)$ 上, 而且分别对每一变数可微分.

又设当任意固定 x_2 时, 函数 $f(x_1, x_2)$ 对于 x_1 在区间 $[-\infty, +\infty]$ 上绝对可积; 同样, 当任意固定 x_1 时, 它对于 x_2 在同一区间上绝对可积分. 当 x_2 固定时, 对于单变数 x_1 的函数 $f(x_1, x_2)$ 应用已知的傅里叶公式 [1] (11), 便得到

$$f(x_1, x_2) = \frac{1}{\pi} \int_0^\infty dz_1 \int_{-\infty}^{+\infty} f(u_1, x_2) \cos z_1(u_1 - x_1) du_1.$$

同样, 当 u_1 固定时, 变数 x_2 的函数 $f(u_1, x_2)$ 也能用下一公式表示:

$$f(u_1, x_2) = \frac{1}{\pi} \int_0^\infty dz_2 \int_{-\infty}^{+\infty} f(u_1, u_2) \cos z_2(u_2 - x_2) du_2.$$

代入前式, 我们就得到所求的公式:

$$
\begin{aligned}
f(x_1, x_2) &= \frac{1}{\pi^2} \int_0^\infty dz_1 \int_{-\infty}^{+\infty} \cos z_1(u_1 - x_1) du_1 \int_0^\infty dz_2 \\
&\times \int_{-\infty}^{+\infty} f(u_1, u_2) \cos z_2(u_2 - x_2) du_2 = \frac{1}{\pi^2} \int_0^\infty dz_1 \int_{-\infty}^{+\infty} du_1 \int_0^\infty dz_2 \\
&\times \int_{-\infty}^{+\infty} f(u_1, u_2) \cos z_1(u_1 - x_1) \cos z_2(u_2 - x_2) du_2.
\end{aligned}
$$

---

[1] 根据所作假定, 在这里适用这公式的条件成立. 当然我们也能改变这些假定的形状.

与 **715** 中所做的一样, 在这里也能转换到含指数函数的公式:

$$f(x_1, x_2)$$
$$= \frac{1}{4\pi^2} \int_{-\infty}^{+\infty} dz_1 \int_{-\infty}^{+\infty} du_1 \int_{-\infty}^{+\infty} dz_2 \int_{-\infty}^{+\infty} f(u_1, u_2) e^{i[z_1(u_1-x_1)+z_2(u_2-x_2)]} du_2, \quad (20)$$

只要将对 z_1 及对 z_2 的积分了解为在主值意义下的积分.

如果函数 $f(x_1, x_2)$ 对于 x_1 及对于 x_2 都是偶函数, 则能将整个积分区间化成区间 $[0, +\infty]$, 而且只保留着余弦:

$$f(x_1, x_2) = \frac{4}{\pi^2} \int_0^{\infty} \cos z_1 x_1 dz_1 \int_0^{\infty} \cos z_1 u_1 du_1 \int_0^{\infty} \cos z_2 x_2 dz_2$$
$$\times \int_0^{\infty} f(u_1, u_2) \cos z_2 u_2 du_2. \quad (21)$$

在奇函数情形下, 在这里必须处处用正弦代替余弦.

对于只在第一象限 $[0, +\infty; 0, +\infty]$ 上给出的函数 $f(x_1, x_2)$, 这两公式也成立, 因为能随意用偶的或奇的方式将函数延拓到整个平面上. (关于含正弦的公式, 坐标轴上的点除外!)

在所有这些公式中, 积分的次序必须如所指出的那样 (只可能交换指标 1 与 2). 如果我们有理由交换两个中间积分的次序, 则公式 (20) 可取特别对称的形式. 在这种情形下, 公式 (20) 与下列两个公式等价:

$$F(z_1, z_2) = \frac{1}{2\pi} \int_{-\infty}^{+\infty} du_1 \int_{-\infty}^{+\infty} f(u_1, u_2) e^{i(z_1 u_1 + z_2 u_2)} du_2,$$
$$f(x_1, x_2) = \frac{1}{2\pi} \int_{-\infty}^{+\infty} dz_1 \int_{-\infty}^{+\infty} F(z_1, z_2) e^{-i(z_1 x_1 + z_2 x_2)} dz_2;$$

函数 $F(z_1, z_2)$ 称为函数 $f(x_1, x_2)$ 的**傅里叶变换**.

与这相仿, 公式 (21) 也可分解为两个公式, 在这次, 两公式的形状完全相同:

$$F_c(z_1, z_2) = \frac{2}{\pi} \int_0^{\infty} du_1 \int_0^{\infty} f(u_1, u_2) \cos z_1 u_1 \cos z_2 u_2 du_2,$$
$$f(x_1, x_2) = \frac{2}{\pi} \int_0^{\infty} dz_1 \int_0^{\infty} F_c(z_1, z_2) \cos z_1 x_1 \cos z_2 x_2 dz_2.$$

在这里 $F_c(z_1, z_2)$ 是函数 $f(x_1, x_2)$ 的余弦变换; 显然 $f(x_1, x_2)$ 也是函数 $F_c(z_1, z_2)$ 的余弦变换.

请读者将以上所讲的推到正弦变换.

§7. 应用

720. 用行星的平均近点角所作出的它的偏近点角的表示式　　函数的傅里叶级数展开式引导出函数的一种便利的分析表示法, 它对于计算往往是有帮助的. 在下面, 我们从理论天文学中取出这种类型的一个重要的例子.

我们已经遇到过表示行星的偏近点角 E 与平均近点角 M 之间关系的开普勒方程 [**83**; **452**, 3)]:

$$E = M + \varepsilon \sin E \quad (0 < \varepsilon < 1). \tag{1}$$

根据这个方程, E 是 M 的单值可微分函数, 而且是奇函数, 将 M 增大 2π 时, 则显然 E 也增大 2π. 由此可知 $\sin E$ 是 M 的 (以 2π 为周期的) 周期函数, 并且可用 M 的倍弧的正弦展开成为级数:

$$\sin E = \sum_{n=1}^{\infty} b_n \sin nM.$$

现在要确定系数 b_n.

由第 **689** 目的公式 (21),

$$\frac{\pi}{2} b_n = \int_0^{\pi} \sin E \sin nM dM$$
$$= - \sin E \cdot \frac{\cos nM}{n} \Big|_{M=0}^{M=\pi} + \frac{1}{n} \int_0^{\pi} \cos nM \frac{d \sin E}{dM} dM.$$

因为当 $M = 0$ (或 π) 时, $E = 0$ (或 π), 所以积分外面的项等于零. 在后面的积分中用变数 E 代替变数 M (像这样, 变化的区间没有改变), 并且考虑到开普勒方程, 我们得到:

$$\frac{\pi}{2} b_n = \frac{1}{n} \int_0^{\pi} \cos nM \cos E dE = \frac{1}{n} \int_0^{\pi} \cos(nE - n\varepsilon \sin E) \cos E dE$$
$$= \frac{1}{2n} \left[\int_0^{\pi} \cos(\overline{n+1}E - n\varepsilon \sin E) dE + \int_0^{\pi} \cos(\overline{n-1}E - n\varepsilon \sin E) dE \right].$$

由已知的贝塞尔函数 $J_m(x)$ 的积分公式,

$$\frac{1}{\pi} \int_0^{\pi} \cos(mE - x \sin E) dE = J_m(x)$$

[例如, 可参考第 **695** 目]. 因此

$$b_n = \frac{1}{n} [J_{n+1}(n\varepsilon) + J_{n-1}(n\varepsilon)].$$

在另一方面, 不难证明恒等式

$$\frac{x}{2n} [J_{n+1}(x) + J_{n-1}(x)] = J_n(x).$$

因此

$$b_n = \frac{2}{n\varepsilon} J_n(n\varepsilon),$$

故

$$\sin E = \frac{2}{\varepsilon} \sum_{n=1}^{\infty} \frac{1}{n} J_n(n\varepsilon) \sin nM.$$

最后得

$$E = M + 2 \sum_{n=1}^{\infty} \frac{1}{n} J_n(n\varepsilon) \sin nM.$$

所得到的用平均近点角 M 表示偏近点角 E 的表示式在天体力学中起着重要的作用. 从前我们已经将 E 展开为含离心率 ε 的乘幂的展开式, 它的系数与 M 有关 [**452**, 2)]. 但是这展开式只有当 $\varepsilon < 0.6627\cdots$ 时适用, 譬如关于离心率较大的彗星轨道就不适用; 在这里所建立的公式没有这种缺点.

721. 弦振动的问题　傅里叶级数 (与积分) 的最重要的应用是在数学物理方面. 想用例子说明这类应用, 我们从古典的弦振动的问题开始. 它对于函数可否有三角展开式这一问题的提出起了重要的作用.

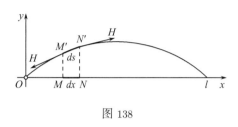

图 138

我们所谓弦就是指能自由弯曲的很轻的线. 设有长度是 l 的弦, 它的端点固定在 x 轴上 $x = 0$ 及 $x = l$ 两点, 并且在张力 H 的作用下, 弦沿着 x 轴平衡 (图 138). 设在 $t = 0$ 时, 弦离开了平衡位置, 而且它的各点具有某些在铅直方向的速度. 于是弦上各点开始在这铅直的平面上振动.[①] 如果假定弦上的每点 M (有横坐标 x) 严格铅直地振动, 则在时间 $t \geqslant 0$, 它与平衡位置的偏差 y 是两变量 x 与 t 的函数:

$$y = y(x, t).$$

现在的问题就是要确定这函数.

我们只讨论弦的小振动. 这时量 y 与 $\dfrac{\partial y}{\partial x}$ 都很小 (从而弦离开平衡位置不远并且弯曲不大); 因此我们能省略这些小量的二次项.

取在时间 t 的弦元素 $ds = M'N'$ (见图); 由以上所述, 我们可将它的长度算作与它在开始时的原长 $dx = MN$ 相等. 这是因为

$$ds = \sqrt{1 + \left(\frac{\partial y}{\partial x}\right)^2}\, dx = dx.$$

既然我们将长度的改变略去不计, 就可将弦的张力也算作没有改变.

在所取的弦元素上, 张力 H 作用于点 M', 它的方向是沿着在这点的切线向左; 同样大小的张力作用于点 N', 它的方向是沿着切线向右. 如果用 α 与 $\overline{\alpha}$ 分别表示切线的斜角, 则这两张力在铅直方向的分力的和是

$$H(\sin\overline{\alpha} - \sin\alpha) = H\left[\left(\frac{\partial y}{\partial x}\right)_{N'} - \left(\frac{\partial y}{\partial x}\right)_{M'}\right] = H\frac{\partial^2 y}{\partial x^2}\, dx.$$

在这里, 我们又已省略了小量的二次项: 例如, 我们已经令

$$\sin\alpha = \frac{\mathrm{tg}\,\alpha}{\sqrt{1 + \mathrm{tg}^2\alpha}} = \mathrm{tg}\,\alpha = \frac{\partial y}{\partial x},$$

然后用函数 $\dfrac{\partial y}{\partial x}$ 的微分代替它的增量.

如果用 ρ 表示弦的 "线性" 密度, 则弦元素的质量是

$$\rho\, ds = \rho\, dx.$$

于是由牛顿运动定律, 弦元素的质量 $\rho\, dx$ 与加速度 $\dfrac{\partial^2 y}{\partial t^2}$ 的乘积必须等于上面所求得的作用于这段元素上的力:

$$\rho\, dx \cdot \frac{\partial^2 y}{\partial t^2} = H\frac{\partial^2 y}{\partial x^2}\, dx.$$

[①] 我们假定图 138 所在的平面是铅直的.

令

$$a^2 = \frac{H}{\rho},$$

最后我们得到描述所研究的现象的偏微分方程:

$$\frac{\partial^2 y}{\partial t^2} = a^2 \frac{\partial^2 y}{\partial x^2}. \tag{2}$$

除了这个方程以外, 未知函数 $y = y(x,t)$ 必须还要满足一系列条件, 首先就要满足表示弦端点固定不变的所谓**边界**或**极值条件**:

$$y(0,t) = 0, \quad y(l,t) = 0. \tag{3}$$

其次, 如果函数 $f(x)$ 与 $g(x)^{①}$ $(0 \leqslant x \leqslant l)$ 表示弦上的点在 $t = 0$ 时的偏差与速度, 则初值条件

$$y(x,0) = f(x), \quad \frac{\partial y(x,0)}{\partial t} = g(x) \tag{4}$$

必须成立.

因此, 问题化为求满足方程 (2) 及条件 (3) 与 (4) 的函数 $y(x,t)$.

依照傅里叶所指出的方法, 先求方程 (2) 的特解, 而且使它满足极值条件 (3), 并与零解不同 (我们暂不考虑初值条件). 我们开始求形状为两函数的积的特解, 并且这两函数中的一个只与 x 有关, 另一个只与 t 有关:

$$y = X(x)T(t).$$

在这种情形下, 方程 (2) 有下列形式:

$$XT'' = a^2 X''T,$$

或

$$\frac{T''}{T} = a^2 \frac{X''}{X}, \tag{5}$$

其中撇号表示对于各函数的变量的导数, 因为等式 (5) 的左端与 x 无关, 右端与 t 无关, 所以它们的共同的值必须与 x 及 t 都无关, 于是为一常数, 将它取为 $-a^2\lambda^2$ $(\lambda > 0)$ 之形式. 这时方程 (5) 分解为两个方程:

$$T'' + a^2\lambda^2 T = 0, \quad X'' + \lambda^2 X = 0; \tag{6}$$

它们的解 ("一般积分") 的形状是:

$$T = A\cos a\lambda t + B\sin a\lambda t,$$
$$X = C\cos \lambda x + D\sin \lambda x.$$

为了要使得函数 $y = XT$ 满足极限条件 (3), 函数 X 必须满足这些条件. 令 $x = 0$, 我们立刻看到 $C = 0$; 又令 $x = l$, 并且考虑到 D 不可能为零, 就得到条件

$$\sin \lambda l = 0,$$

---

^{①}当 $x = 0$ 或 $x = l$ 时, 两函数显然必须为零.

从而, 当 n 是自然数时, $\lambda l = n\pi$. 因此 λ 可取下列各值中的一值:

$$\lambda_1 = \frac{\pi}{l}, \quad \lambda_2 = 2\frac{\pi}{l}, \cdots, \lambda_n = n\frac{\pi}{l}, \cdots \text{①} \tag{7}$$

当 $\lambda = \lambda_n$ 时, 令

$$AD = a_n, \quad BD = b_n,$$

我们得到一系列特解:

$$y_n = (a_n \cos a\lambda_n t + b_n \sin a\lambda_n t) \sin \lambda_n x \quad (n = 1, 2, \cdots).$$

不难看到任意个这些解的和也满足上面所提出的条件. 因此推想到考虑所有这些解构成的无穷级数, 并且令

$$y = \sum_{n=1}^{\infty} (a_n \cos a\lambda_n t + b_n \sin a\lambda_n t) \sin \lambda_n x. \tag{8}$$

我们暂且假定这个级数收敛, 并且它的和满足方程 (2); 条件 (3) 显然成立. 现在轮到来讨论初值条件 (4), 我们设法定出常数 a_n, b_n, 使得这些条件成立. 假定可以将级数 (8) 对于 t 逐项微分, 从而

$$\frac{\partial y}{\partial t} = \sum_{n=1}^{\infty} (-a_n a\lambda_n \sin a\lambda_n t + b_n a\lambda_n \cos a\lambda_n t) \sin \lambda_n x. \tag{9}$$

在 (8) 与 (9) 中, 令 $t = 0$, 我们得到条件

$$\sum_{1}^{\infty} a_n \sin \lambda_n x = f(x), \quad \sum_{1}^{\infty} a\lambda_n b_n \sin \lambda_n x = g(x). \tag{10}$$

因此只要 f 与 g 满足可展开为傅里叶级数的条件, 则由第 **689** 目的公式 (25) 最后确定出所求的系数:

$$a_n = \frac{2}{l} \int_0^l f(x) \sin \lambda_n x dx, \quad b_n = \frac{2}{a\lambda_n l} \int_0^l g(x) \sin \lambda_n x dx. \tag{11}$$

这样, 我们至少在形式上求得了所提出的问题的全解, 其形状为级数 (8), 而级数的系数则由公式 (11) 所定出.

的确, 它实际上是否是解的问题暂时还没有解决. 为了要回答这个问题, 对于函数 f 与 g 还要加上一些条件, 就是要设函数 g 可微分, 函数 f 二次可微分, 而且假定导数 f'' 与 g' 在区间 $[0, l]$ 上有有界变差. 这时下列估计值成立:

$$a_n = O\left(\frac{1}{n^3}\right), \quad \lambda_n b_n = O\left(\frac{1}{n^2}\right). \text{②}$$

---

①如果我们取比值 (5) 的常数值为 $a^2\lambda^2$ 的形式, 则只有恒等于零的函数 X 可能满足极限条件.

②这是由第 **708** 目的一般公式 (21) 与第 **709** 目的说明推得的; 在这里用区间 $[0, l]$ 代替 $[0, \pi]$ 当然不关重要. 这时, 从与弦端点固定这一性质相关的自然的条件

$$f(0) = f(l) = 0, \quad g(0) = g(l) = 0$$

出发, 恰好能推出上述各目中用 B_n 所表示的数量是零.

两展开式 (10) 实际上在整个区间 $[0, l]$ 上成立; 展开式 (8) 也收敛, 而且由它所确定的函数既满足极限条件, 也满足初值条件 [由于级数 (9) 一致收敛, 现在我们知道可以对 t 逐项微分!]. 证实这函数满足微分方程要比较复杂些.[①]

我们注意级数 (10) 在区间 $[0, l]$ 的范围内也收敛; 与从前一样, 用 $f(x)$ 及 $g(x)$ 表示它们的和, 由此得到这两函数在整个无穷区间上的开拓, 而且只可能除去在 kl 形的点处外 (k 为整数), 它们保持着可微分性. 我们可逐项积分 (在任一有限区间上一致收敛的) $g(x)$ 的级数, 从而

$$-\sum_{1}^{\infty} b_n \cos \lambda_n x = \frac{1}{a} g_1(x),$$

其中 $g_1(x)$ 是函数 $g(x)$ 的一个原函数. 解除 (8) 中的括号, 可将这表示式换写为下列形式

$$y = \frac{1}{2} \left\{ \sum_{1}^{\infty} a_n \sin \lambda_n(x + at) + \sum_{1}^{\infty} a_n \sin \lambda_n(x - at) \right.$$
$$\left. - \sum_{1}^{\infty} b_n \cos \lambda_n(x + at) + \sum_{1}^{\infty} b_n \cos \lambda_n(x - at) \right\}$$
$$= \frac{1}{2} \left\{ f(x + at) + f(x - at) + \frac{1}{a} g_1(x + at) - \frac{1}{a} g_1(x - at) \right\}.$$

对 t 并对 x 微分两次, 不难证实这函数满足方程 (2)!

对于在这里所考虑的问题, 也可直接求得上面的形式的解答, 但是三角级数 (8) 形的解答有些优点, 因为它揭露出所研究的现象的重要物理特性, 合并 (8) 中在括号内的两项, 将展开式换写为:

$$y = \sum_{n=1}^{\infty} A_n \sin \frac{n\pi}{l} x \sin \left(\frac{n\pi a}{l} t + \alpha_n \right).$$

我们看到弦的全振动是由一系列各别的振动

$$y_n = A_n \sin \frac{n\pi}{l} x \sin \left(\frac{n\pi a}{l} t + \alpha_n \right)$$

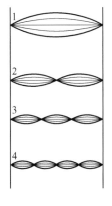

所组成的. 在这个振动元素中, 弦上各点振动的频率相同, 如果愿意的话, 也可说振动的周期相同, 而与一定高度的音相应. 每点振动的振幅与它的位置有关, 并且等于

$$A_n \left| \sin \frac{n\pi}{l} x \right|.$$

将整个弦分为 n 个相等的部分, 在同一部分上的点恒有相同的相, 而在相邻的部分上的点有恰好相反的相. 在图 139 上, 画出了当 $n = 1, 2, 3, 4$ 时的弦的位置. 每两部分的分界点静止不动, 这就是所谓 "波节". 各部分的中点 ("波腹") 则有最大的振幅. 这种现象称为**驻波**, 因此通常称傅里叶法为**驻波法**.

图 139

基音是由第一个分音 y_1 所确定; 频率 $\omega_1 = \dfrac{\pi a}{l} = \dfrac{\pi}{l} \sqrt{\dfrac{H}{\rho}}$ 及周期

$T_1 = 2l \sqrt{\dfrac{\rho}{H}}$ 则与它相应. 与基音同时, 弦所发出的其余的音 (或称泛音) 表征出确定的声音的

①只有当对函数 f 与 g 加上特别强的限制以致于系数 α_n 与 b_n 的无穷小阶增高, 才能用逐项微分法证实此点.

"色" 或音色. 如果用手指压住弦的中点, 则基音以及奇泛音立受阻碍; 对于这种音, 弦的中点是波腹. 但偶泛音则都保持不变; 对于这种音, 弦的中点是波节. 这时, 在偶泛音中, 以 $T_2 = \frac{1}{2}T_1$ 为周期的第二泛音起着基本的作用, 并且弦开始发出原音的八度. 所有这些结果都能从所得问题的解答推演出来!

722. 在有限长杆上的热传导问题　设有一长度为 l 的均匀细杆放在 x 轴上的点 $x = 0$ 与 $x = l$ 之间. 设杆的断面的面积 σ 是充分小, 以致于在每一瞬时断面的一切点都可算作有相同的温度, 假定杆的侧面对于周围的介质绝缘,[①] 设已给出在开始时刻 $t = 0$ 时, 温度 u 的沿着杆的分布, 并用函数 $f(x)$ $(0 \leqslant x \leqslant l)$ 来表示它, 此外, 又已给出在杆的端点处的热的状况. 我们的问题就是要确定杆上的点的温度为点的横坐标 x 与时间 t 的函数:

$$u = u(x, t).$$

我们考虑在断面 x 与 $x + dx$ 之间的杆元素. 在无穷小的时间区间 dt 内, 经过左方的断面传入元素内的热量可表示为 [参考 **666**, 例子的 2)]:

$$-k\sigma \frac{\partial u}{\partial x} dt$$

其中 k 是杆的 "内导热系数" 取负号是由于热从高温传到低温的地方. 同样, 在同一时间区间内, 热量

$$-k\sigma \left(\frac{\partial u}{\partial x} + \frac{\partial^2 u}{\partial x^2} dx \right) dt$$

经过右方的断面传出; 改变这里的符号后, 我们得到从右向左经过这个断面的热量, 即传入元素的热量. 因此, 在时间区间 dt 内, 在这段元素内积蓄起来的总热量是

$$k\sigma \frac{\partial^2 u}{\partial x^2} dx dt.$$

从温度的增高 $\frac{\partial u}{\partial t} dt$ 是由热量所制约这一事实出发, 我们可用另一种方法算出这热量. 如果用 c 及 ρ 分别表示构成杆的物质的热容量与密度, 则在此消耗的热可表示为:

$$c\rho\sigma dx \cdot \frac{\partial u}{\partial t} dt.$$

令两个表示式相等, 我们得到基本的热传导微分方程:

$$\frac{\partial u}{\partial t} = a^2 \frac{\partial^2 u}{\partial x^2}, \tag{12}$$

其中为简单起见, 已令

$$a = \sqrt{\frac{k}{c\rho}}.$$

(然而, 从第 **672** 目, 3° 中对于空间所导出的一般方程

$$\frac{\partial u}{\partial t} = a^2 \Delta u$$

————————————

[①] 我们也能用平面 $x = 0$ 与 $x = l$ 之间的无限巨壁来代替细杆, 但须假定在每个与 x 轴垂直的平面上热的状况保持不变.

出发, 也能导出这个方程, 不过要将 u 算作与 y 及 z 都无关.)

(a) 首先假定在杆的两端点处, 温度保持为常数, 譬如为 0. 这样就导出了边界条件:

$$u(0,t) = u(l,t) = 0 \quad (t \geqslant 0).$$

在上面我们已经提到过初值条件:

$$u(x,0) = f(x) \quad (0 \leqslant x \leqslant l), \tag{13}$$

并且由于边界条件, 必须假定 $f(0) = f(l) = 0$. 为了求满足方程 (12) 以及所有提出来的条件的函数 $u(x,t)$, 我们应用傅里叶的方法.

与前面一样, 令 $u = XT$, 因而方程成为下列形式:

$$XT' = a^2 X''T \quad \text{或} \quad \frac{T'}{T} = a^2 \frac{X''}{X};$$

如果令这两个比的常数值为 $-a^2\lambda^2$ $(\lambda > 0)$, 则这方程可分解为两个方程

$$T' + a^2\lambda^2 T = 0, \quad \text{从而} \quad T = Ce^{-a^2\lambda^2 t} \tag{14}$$

与

$$X'' + \lambda^2 X = 0, \quad \text{从而} \quad X = A\cos\lambda x + B\sin\lambda x. \tag{15}$$

为了要使得函数 XT 满足边界条件, 必须有

$$A = 0, \lambda l = n\pi \quad (\text{其中 } n = 1, 2, \cdots).$$

因此与在前面的问题中一样, λ 只可能有值 (7).[①] 令 $BC = b_n$, 我们得到一系列特解:

$$u_n = b_n e^{-a^2\lambda_n^2 t} \sin\lambda_n x \quad (n = 1, 2\cdots).$$

取通解为级数的形状:

$$u = \sum_{n=1}^{\infty} b_n e^{-a^2\lambda_n^2 t} \sin\lambda_n x. \tag{16}$$

要想满足初值条件, 必须令

$$\sum_{n=1}^{\infty} b_n \sin\frac{n\pi}{l}x = f(x) \quad (0 \leqslant x \leqslant l).$$

如果函数 $f(x)$ 连续并且有有界变差, 则要使这展开式成立, 只需取

$$b_n = \frac{2}{\pi} \int_0^l f(x) \sin\frac{n\pi x}{l} dx.$$

这时, 证明形式上的解就是实际的解没有困难. 既然有因子

$$e^{-a^2\lambda_n^2 t} = e^{-\frac{a^2 n^2 \pi^2}{l^2} t}$$

---

①参考第 **454** 页上的脚注 ①.

的出现, 于是我们可将级数 (16) 对于 t 逐项微分, 并且对于 x 两次微分; 因为所得的级数对于 x ($0 \leqslant x \leqslant l$) 与 t ($t \geqslant \alpha > 0$) 一致收敛.

(б) 现在设在端点 $x = l$ 处温度 u_0 保持不变, 而另一端点 $x = 0$ 对外不传热, 因此经过它完全没有热的运动. 下列边界条件与这些假定相对应:

$$u(l,t) = u_0, \qquad \frac{\partial u(0,t)}{\partial x} = 0. \tag{17}$$

初值条件还是保持从前的形状.

为方便计, 引用新的未知函数 v 来代替 u, 令 $u = u_0 + v$. 对于 v, 我们显然有这样的方程:

$$\frac{\partial v}{\partial t} = a^2 \frac{\partial^2 v}{\partial x^2}.$$

极限条件则被换为较简单的条件:

$$v(l,t) = 0, \qquad \frac{\partial v(0,t)}{\partial x} = 0.$$

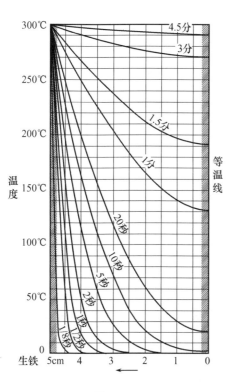

图 140

最后, 初值条件变换为

$$v(x,0) = f(x) - u_0.$$

与通常一样, 令 $v = XT$, 我们对于 T 与 X 得到前面的表示式 (14) 与 (15). 因为

$$\frac{dX}{dx} = -\lambda A \sin \lambda x + \lambda B \cos \lambda x,$$

所以第二个边界条件给出 $B = 0$, 而由第一个条件推得

$$\cos \lambda l = 0,$$

因此这时 λ 可取下列的值

$$\lambda_1 = \frac{\pi}{2l}, \lambda_2 = 3\frac{\pi}{2l}, \cdots, \lambda_n = (2n-1)\frac{\pi}{2l}, \cdots$$

最后我们得到特解如下:

$$v_n = a_n e^{-a^2 \lambda_n^2 t} \cos \lambda_n x \qquad (n = 1, 2, \cdots),$$

由此就可作出通解

$$v = \sum_1^\infty a_n e^{-a^2 \lambda_n^2 t} \cos \lambda_n x.$$

在这种情形下, 初值条件化为非标准形状的展开式:

$$\sum_1^\infty a_n \cos(2n-1)\frac{\pi x}{2l} = f(x) - u_0$$

[参考第 **690** 目的问题 25)]. 但不难证明当函数 $f(x)$ 适合通常的条件时, 如果

$$a_n = \frac{2}{l} \int_0^l f(x) \cos(2n-1)\frac{\pi x}{2l} dx - \frac{4}{\pi} u_0 \cdot \frac{1}{2n-1},$$

则这展开式实际成立.

因此, 用刚才所指出的系数值, 最后我们得到

$$u = u_0 + \sum_1^\infty a_n e^{-a^2\lambda_n^2 t} \cos\lambda_n x,$$

证实它是实际的解的方法, 也与情形 (a) 相同.

特别, 如果 $f(x) = 0$, 则有展开式

$$u = u_0 - \frac{4u_0}{\pi} \sum_1^\infty \frac{1}{2n-1} e^{-a^2\lambda_n^2 t} \cos\lambda_n x.$$

在这公式中, 当 $u_0 = 300, a^2 = 0.139$ 时,[1] 对于不同的 t 与 x, 已经算出了 u 的值, 并且由此在图 140 上作出了表示在不同时刻杆上温度分布的图解.

723. 无穷长杆的情形　我们现在对于两端无穷长的杆要解决热传导的问题, 譬如说这杆是放在 x 轴上 (或者可对于整个空间解决这个问题, 只要每个垂直于 x 轴的平面上的各点温度相同), 这时微分方程还是与从前的一样; *初值条件*

$$u(x,0) = f(x)$$

则必须在整个区间 $(-\infty, +\infty)$ 上成立, 而自然没有任何边界条件.

与在前面的情形一样, 我们得到如下列形式的特解:

$$u = (a\cos\lambda x + b\sin\lambda x)e^{-a^2\lambda^2 t};$$

但是在这里没有理由从参数 λ 的一切正值中挑选某些值. 因此, 考虑到常数 a 及 b 与 λ 有关:

$$a = a(\lambda), \quad b = b(\lambda),$$

则要得到通解自然是不用和式而用积分

$$u = \int_0^\infty [a(\lambda)\cos\lambda x + b(\lambda)\sin\lambda x]e^{-a^2\lambda^2 t} d\lambda. \tag{18}$$

为了使得这个 —— 暂且还是形式上的—— 解满足初值条件, 必须选择函数 $a(\lambda)$ 与 $b(\lambda)$ 使得对于一切 x,

$$\int_0^\infty [a(\lambda)\cos\lambda x + b(\lambda)\sin\lambda x]d\lambda = f(x).$$

---

[1] 设有一根 5 厘米长的生铁杆, 则在这种情形下

$$\rho = 0.0072\frac{\text{千克}}{\text{厘米}^3}, \quad c = 0.13\frac{\text{大卡}}{\text{千克}\cdot\text{℃}}, \quad k = 0.00013\frac{\text{大卡}}{\text{厘米}\cdot\text{℃秒}},$$

因此 $a^2 = 0.139$.

现在假定函数 $f(x)$ 满足可应用傅里叶公式的条件, 则这公式可写成下列形式:

$$f(x) = \frac{1}{\pi} \int_0^\infty \left\{ \cos \lambda x \int_{-\infty}^{+\infty} f(z) \cos \lambda z dz + \sin \lambda x \int_{-\infty}^{+\infty} f(z) \sin \lambda z dz \right\} d\lambda.$$

由此函数 $a(\lambda)$ 及 $b(\lambda)$ 显然可由公式

$$a(\lambda) = \frac{1}{\pi} \int_{-\infty}^{+\infty} f(z) \cos \lambda z dz, \quad b(\lambda) = \frac{1}{\pi} \int_{-\infty}^{+\infty} f(z) \sin \lambda z dz$$

确定, 在这种情形下, 解 (18) 有下列形式:

$$u = \frac{1}{\pi} \int_0^\infty e^{-a^2 \lambda^2 t} d\lambda \int_{-\infty}^{+\infty} f(z) \cos \lambda(z - x) dz.$$

如果函数 $f(x)$ 在区间 $[-\infty, +\infty]$ 上绝对可积, 则 [**521**, 定理 5] 在这里可交换对 λ 及对 z 积分的次序:

$$u = \frac{1}{\pi} \int_{-\infty}^{+\infty} f(z) dz \int_0^\infty e^{-a^2 \lambda^2 t} \cos \lambda(z - x) d\lambda.$$

我们可依照第 **519** 目的 6) (a) 直接计算内层积分; 它等于

$$\frac{1}{2a} \sqrt{\frac{\pi}{t}} e^{-\frac{(z-x)^2}{4a^2 t}};$$

因此, 最后可将问题的解表示为简单积分的形式:

$$u = \frac{1}{2a\sqrt{\pi t}} \int_{-\infty}^{+\infty} f(z) e^{-\frac{(z-x)^2}{4a^2 t}} dz. \tag{19}$$

在积分号下对 t 并对 x 微分 (对 x 微分二次), 不难证实这确乎是一个解.

我们还要考虑 "半无穷大" 的情形, 即杆的一端为无穷长的情形, 例如设这杆是放在 x 轴的正的部分上 (如果愿意的话, 或者考虑半空间 $x \geqslant 0$ 的情形). 设在端点 $x = 0$ 处, 温度保持为 0. 对于这种情形, 我们可应用前面的解 (19), 不过只要将函数 $f(x)$ (在这里, 它只是对于 0 与 $+\infty$ 之间的值给出的), 延拓到 x 的负值上, 使得

$$\int_{-\infty}^{+\infty} f(z) e^{-\frac{z^2}{4a^2 t}} dz = 0.$$

因为指数因子是偶的, 所以显然只需用奇的方式延拓函数 $f(x)$. 这时新问题的解可写作:

$$u = \frac{1}{2a\sqrt{\pi t}} \int_0^\infty f(z) \left[e^{-\frac{(z-x)^2}{4a^2 t}} - e^{-\frac{(z+x)^2}{4a^2 t}} \right] dz.$$

如果当 $x = 0$ 时, 需要有 $u = u_0$, 则引用新未知函数 $v = u - u_0$, 不难得到

$$u = u_0 + \frac{1}{2a\sqrt{\pi t}} \int_0^\infty [f(z) - u_0] \cdot \left[e^{-\frac{(z-x)^2}{4a^2 t}} - e^{-\frac{(z+x)^2}{4a^2 t}} \right] dz.$$

在这里我们注意 $f(x) = 0$ 时的特殊情形; 这时解有如下的形式:

$$u = u_0 \left\{ 1 - \frac{2}{\sqrt{\pi}} \int_0^{\frac{x}{2a\sqrt{t}}} e^{-\xi^2} d\xi \right\}.$$

当 $u_0 = 300, a^2 = 0.139$ 时, [①] 对于不同的 x 与 t, 用这公式计算 u 的值, 并且由此作出在不同时刻杆上温度分布的图解. 这些图解画在图 141 上, 把它与图 140 上的图解相比较是有趣的.

---

①这与生铁杆的情形相应, 参考第 **459** 页上的脚注.

724. 边界条件的变形 我们回到 (**722** 中所讨论的) 在有限长杆上的热传导问题, 但是要改变边界条件. 这就是说, 与从前一样, 假定端点 $x = 0$ 处的温度保持为零, 但设在端点 $x = l$ 处, 到 (温度为 0 的) 周围介质中有自由辐射. 在时间区间 dt 中, 传到这个端点的热量是 [参考 **722**]

$$-k\sigma \frac{\partial u(l,t)}{\partial x} dt,$$

又根据牛顿定律 [参考 **359**, 3)] 辐射出的热量等于

$$h\sigma u(l,t)dt,$$

其中 h 是 "外导热系数". 因此, 在端点 $x = l$ 处, 下列条件必须成立:

$$-k\frac{\partial u(l,t)}{\partial x} = hu(l,t).$$

如果考虑形如 $u = XT$ 的特解, 则与在第 **722** 目中一样, 我们得到

$$T = Ce^{-a^2\lambda^2 t}, \quad X = A\cos\lambda x + B\sin\lambda x.$$

由在端点 $x = 0$ 处的边界条件得到 $A = 0$; 由在端点 $x = l$ 处的边界条件导出等式

$$-k\lambda\cos\lambda l = h\sin\lambda l,$$

或

$$\mathrm{tg}\lambda l = -\frac{k}{hl}\lambda l.$$

因此, 我们得到一系列 λ 的值:

$$\lambda_n = \frac{\xi_n}{l},$$

其中 ξ_n $(n = 1, 2, \cdots)$ 是超越方程

$$\mathrm{tg}\xi = -\frac{k}{hl}\xi$$

的正根 [参考 **679**, 4)]. 通解的形状则为

$$u = \sum_1^\infty b_n e^{-a^2\lambda_n^2 t}\sin\lambda_n x,$$

而与 (16) 相似, 但是 (我们强调指出这是重要的) 在这里数 λ_n 的性质要复杂得多.

由初值条件导出展开式

$$\sum_1^\infty b_n \sin\frac{\xi_n x}{l} = f(x); \tag{20}$$

我们可将它看作函数 $f(x)$ 在区间 $[0, l]$ 上的广义傅里叶级数, 并且利用函数

$$\sin\frac{\xi_n x}{l}$$

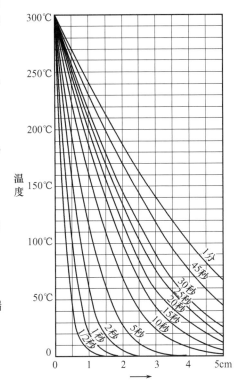

图 141

的正交性 [**679**, 4)] 可用通常的方法确定系数 b_n:

$$b_n = \frac{\int_0^l f(x) \sin \frac{\xi_n x}{l} dx}{\int_0^l \sin^2 \frac{\xi_n x}{l} dx}.$$

应当加什么条件在函数 $f(x)$ 上就能使等式 (20) 成立, 这一问题还是没有解决, 我们只讨论了所提出的问题的形式的解.

725. 在圆盘上的热传导　我们还对于一种情形 —— 以 R 为半径, 以坐标原点为中心的圆盘的情形 —— 考虑热的问题. 假定圆盘是这样薄, 以致于它的温度不因高度而有所变更, 并设它的上下表面都是绝缘的. 而且我们限于研究温度 u 只与极动径向量 r 有关 (而与极角 θ 无关) 的情形: 为了进行研究, 只需假定初值与边界条件是怎样的. (在这里, 也可考虑用上下两方无穷长的圆柱来代替表面绝缘的圆盘.)

取一般的热传导微分方程:

$$\frac{\partial u}{\partial t} = a^2 \Delta u$$

[**672**, 3°], 首先由于 u 与 z 无关, 我们将它换写为

$$\frac{\partial u}{\partial t} = a^2 \left(\frac{\partial^2 u}{\partial x^2} + \frac{\partial^2 u}{\partial y^2} \right).$$

在 xy 平面上换用极坐标, 则必须改变括弧中的表示式如下:

$$\frac{\partial^2 u}{\partial r^2} + \frac{1}{r^2} \frac{\partial^2 u}{\partial \theta^2} + \frac{1}{r} \frac{\partial u}{\partial r}$$

[参考 **222**, 1)], 最后, 考虑到 u 与 θ 无关, 我们得到这样的方程:

$$\frac{\partial u}{\partial t} = a^2 \left(\frac{\partial^2 u}{\partial r^2} + \frac{1}{r} \frac{\partial u}{\partial r} \right). \tag{21}$$

设给出温度的初值分布如下:

$$u(r, 0) = \varphi(r) \quad (0 \leqslant r \leqslant R),$$

而边界条件化为

$$u(R, t) = 0.$$

在这里也采用傅里叶的方法, 我们先求方程 (21) 如下列形式的特解:

$$u = R(r) T(t);$$

这时我们得到确定这两函数的方程

$$T' + a^2 \lambda^2 T = 0 \quad \text{及} \quad R'' + \frac{1}{r} R' + \lambda^2 R = 0.$$

由其中第一个方程, $T = Ce^{-a^2 \lambda^2 t}$. 如果令 $r = \frac{1}{\lambda} z$ 及 $R\left(\frac{1}{\lambda} z \right) = J(z)$, 则第二个方程变为贝塞尔方程:

$$J'' + \frac{1}{z} J' + J = 0.$$

将 J 看作有零指标的贝塞尔函数, 亦即令 $R(r) = J_0(\lambda r)$, 则由边界条件得

$$J_0(\lambda R) = 0.$$

在 **679**, 6) 中, 我们已经提到函数 $J_0(x)$ 有无穷个正根 ξ_n $(n = 1, 2, \cdots)$; 因此, λ 可能有一系列的值如下:

$$\lambda_n = \frac{\xi_n}{R} \quad (n = 1, 2, \cdots).$$

下面的特解与这些值相对应:

$$u_n = c_n e^{-a^2 \lambda_n^2 t} J_0(\lambda_n r),$$

与通常一样, 由此作出通解:

$$u = \sum_1^\infty c_n e^{-a^2 \lambda_n^2 t} J_0(\lambda_n r).$$

再只要确定系数 c_n. 在这种情形下, 从没有应用过的初值条件可推出

$$\sum_1^\infty c_n J_0\left(\frac{\xi_n r}{R}\right) = \varphi(r) \quad (0 \leqslant r \leqslant R).$$

在 **679**, 6) 中, 我们已看到, 函数系 $\{J_0(\xi_n x)\}$ 在区间 $[0,1]$ 上 "加权" x 广义正交;[①] 显然, 函数系 $\left\{J_0\left(\dfrac{\xi_n r}{R}\right)\right\}$ 在区间 $[0, R]$ 上 "加权" r 正交. 用通常的方法确定这个广义傅里叶级数的系数, 我们得到

$$c_n = \frac{\int_0^R r\varphi(r)J_0\left(\dfrac{\xi_n r}{R}\right) dr}{\int_0^R r J_0^2\left(\dfrac{\xi_n r}{R}\right) dr}.$$

在这里我们也只满足于求得的形式的解.

读者看出最后的两例已经越出了通常的傅里叶级数的范围. 现在举出它们是为了使读者明了傅里叶级数的应用问题在数学物理中的正确地位. 它们在那里起着重要的作用. 可是还远不能满足数学物理上的需要: 只要问题的条件略有变更, 则必须应用另一种展开式. 因为傅里叶级数永远是 "正交展开式" 的最重要且最简单的实例, 所以上述情况丝毫不能减低傅里叶级数及其理论上发展的价值; 其他一切类似的展开式都是以它为典范而作出的, 它们的理论与傅里叶级数的理论有着最密切的联系.

726. 实用调和分析 · 十二个纵坐标的方法 在机械及电机工程等许多纯粹实用的问题中, 函数的傅里叶级数展开式或调和分析是不可缺少的. 但在这些情形下, 很少要直接利用欧拉–傅里叶公式来计算展开式的系数:

$$\left. \begin{array}{l} a_0 = \dfrac{1}{2\pi} \int_0^{2\pi} f(x)dx, \text{②} \\[2mm] a_n = \dfrac{1}{\pi} \int_0^{2\pi} f(x)\cos nx\, dx, \ b_n = \dfrac{1}{\pi} \int_0^{2\pi} f(x)\sin nx\, dx \end{array} \right\} \quad (n = 1, 2, \cdots) \tag{22}$$

---

①参考在第 **679** 目 6) 的脚注.

②在这里, 我们回到用 a_0 $\left(\text{而不用} \dfrac{a_0}{2}\right)$ 来表示三角展开式中的常数项.

我们要对给出的函数应用调和分析, 但是问题在于这些函数通常是用数值表或图解给出的. 因此, 我们没有函数的分析表示式; 有时应用调和分析就是为了用这种方法求得函数的分析表示式 (即令是近似的也好). 在这些条件下, 必须用近似法计算傅里叶系数, 当然, 在实用上只需要用到三角展开式的前若干项, 在多数情况下, 傅里叶级数的系数迅速减小, 而较远各调和素的影响也随着迅速减小.

通常先给出 (或用图解画出) 一系列等距离的纵坐标, 即函数 y 的一系列数值 (与变数 x 的等距离的各值相对应). 应用第九章 (§5) 中所述的方法, 可由这些纵坐标近似地计算出 (22) 中各值. 但是在这里, 计算十分复杂, 为了使计算简化, 或如所谓使其自动化, 已经得到了许多不同的方法, 现在我们说明其中一种方法.

譬如设将 0 到 2π 的区间分成 k 个相等的部分, 并且已知与分点

$$0, \quad \frac{2\pi}{k}, \quad 2 \cdot \frac{2\pi}{k}, \quad \cdots, \quad (k-1)\frac{2\pi}{k}, \quad 2\pi$$

相对应的纵坐标是

$$y_0, y_1, y_2, \cdots, y_{k-1}, y_k = y_0.$$

这时由梯形公式 [**322**], 我们有 (当然只是近似地!)

$$a_0 = \frac{1}{2\pi} \cdot \frac{2\pi}{k} \left[\frac{1}{2}y_0 + y_1 + y_2 + \cdots + y_{k-1} + \frac{1}{2}y_k \right].$$

由于函数的周期性, $y_k = y_0$, 就可将 a_0 的值写作:

$$ka_0 = y_0 + y_1 + y_2 + \cdots + y_{k-1}. \tag{23}$$

同样, 对于 (22) 中其他的积分应用梯形公式, 求得

$$a_m = \frac{1}{\pi} \cdot \frac{2\pi}{k} \left[y_0 + y_1 \cos m\frac{2\pi}{k} + y_2 \cos m\frac{4\pi}{k} + \cdots + y_{k-1} \cos m\frac{2(k-1)\pi}{k} \right]$$

或

$$\frac{k}{2}a_m = y_0 + y_1 \cos m\frac{2\pi}{k} + y_2 \cos m\frac{4\pi}{k} + \cdots + y_{k-1} \cos m\frac{2(k-1)\pi}{k}, \tag{24}$$

同样得到

$$\frac{k}{2}b_m = y_1 \sin m\frac{2\pi}{k} + y_2 \sin m\frac{4\pi}{k} + \cdots + y_{k-1} \sin m\frac{2(k-1)\pi}{k}. \tag{25}$$

首先令 $k = 12$, 并且从十二个纵坐标

$$y_0, y_1, y_2, \cdots, y_{11}$$

出发, 与之相当的有等间隔的变量数值:

$$0, \frac{\pi}{6}, \frac{\pi}{3}, \frac{\pi}{2}, \frac{2\pi}{3}, \frac{5\pi}{6}, \pi, \frac{7\pi}{6}, \frac{4\pi}{3}, \frac{3\pi}{2}, \frac{5\pi}{3}, \frac{11\pi}{6},$$

或用度数表示, 则有

$$0°, 30°, 60°, 90°, 120°, 150°, 180°, 210°, 240°, 270°, 300°, 330°.$$

根据公式, 需要用来乘这些纵坐标的所有因子不外乎下列几个:

$$\pm 1; \quad \pm\sin 30° = \pm 0.5; \quad \pm\sin 60° = \pm 0.866.$$

亦即容易证实

$$
\left.\begin{aligned}
12a_0 &= y_0 + y_1 + y_2 + y_3 + y_4 + y_5 + y_6 + y_7 + y_8 + y_9 + y_{10} + y_{11}; \\
6a_1 &= (y_2 + y_{10} - y_4 - y_8)\sin 30° + (y_1 + y_{11} - y_5 - y_7)\sin 60° + (y_0 - y_6); \\
6a_2 &= (y_1 + y_5 + y_7 + y_{11} - y_2 - y_4 - y_8 - y_{10})\sin 30° + (y_0 + y_6 - y_3 - y_9); \\
6a_3 &= y_0 + y_4 + y_8 - y_2 - y_6 - y_{10}; \\
6b_1 &= (y_1 + y_5 - y_7 - y_{11})\sin 30° + (y_2 + y_4 - y_8 - y_{10})\sin 60° + (y_3 - y_9); \\
6b_2 &= (y_1 + y_2 + y_7 + y_8 - y_4 - y_5 - y_{10} - y_{11})\sin 60°; \\
6b_3 &= y_1 + y_5 + y_9 - y_3 - y_7 - y_{11}, \text{等等}.
\end{aligned}\right\} \tag{26}
$$

例如

$$
\begin{aligned}
6a_1 &= y_0 + y_1\cos 30° + y_2\cos 60° + y_3\cos 90° + y_4\cos 120° + y_5\cos 150° \\
&\quad + y_6\cos 180° + y_7\cos 210° + y_8\cos 240° + y_9\cos 270° \\
&\quad + y_{10}\cos 300° + y_{11}\cos 330° = y_0 + y_1\sin 60° + y_2\sin 30° - y_4\sin 30° \\
&\quad - y_5\sin 60° - y_6 - y_7\sin 60° - y_8\sin 30° + y_{10}\sin 30° + y_{11}\sin 60°,
\end{aligned}
$$

即与上面所写出的表示式相符合.

为了使计算 (特别是乘法) 减少到最低限度, 可用龙格 (C. Runge) 所提出的方法来计算.

先依下面所指出的次序写出纵坐标, 并且对每一组上下成对的纵坐标作加法与减法:

	纵坐标						
	y_0	y_1	y_2	y_3	y_4	y_5	y_6
		y_{11}	y_{10}	y_9	y_8	y_7	
和	u_0	u_1	u_2	u_3	u_4	u_5	u_6
差		v_1	v_2	v_3	v_4	v_5	

然后同样抄下这些和与差, 并且再对它们作加法与减法:

	和					差		
	u_0	u_1	u_2	u_3		v_1	v_2	v_3
	u_6	u_5	u_4			v_5	v_4	
和	s_0	s_1	s_2	s_3	和	σ_1	σ_2	σ_3
差	d_0	d_1	d_2		差	δ_1	δ_2	

作了所有这些加法与减法后, 就得到了一系列数值 s, d, σ, δ, 我们可用它们表示出未知系数如下:

$$
\left.\begin{aligned}
12a_0 &= s_0 + s_1 + s_2 + s_3, \\
6a_1 &= d_0 + 0.866d_1 + 0.5d_2, \\
6a_2 &= (s_0 - s_3) + 0.5(s_1 - s_2), \\
6a_3 &= d_0 - d_2, \\
6b_1 &= 0.5\sigma_1 + 0.866\sigma_2 + \sigma_3, \\
6b_2 &= 0.866(\delta_1 + \delta_2), \\
6b_3 &= \sigma_1 - \sigma_3, \text{等等}.
\end{aligned}\right\} \tag{27}
$$

不难证实这些公式恰与公式 (26) 相对应.

727. 例　1) 在图 142 上, 给出了某蒸汽机 (在曲柄梢处) 的切线力的图.[①] 由于曲柄轴的扭转振动的问题, 选定切线力 T 的调和素作为曲柄转角 φ 的函数是有趣的. 从图上取出十二个等距离的纵坐标, 并且用上面所指出的方式进行调和分析:

T	-7200	-300	7000	4300		0	-5200	-7400
		250	4500	7600	3850	-2250		
u	-7200	-50	11500	11900		3850	-7450	-7400
v		-550	2500	-3300	-3850	-2950		

u	-7200	-50	11500	11900	v	-550	-2500	-3300
	-7400	-7450	3850			-2950	-3850	
s	-14600	-7500	15350	11900	σ	-3500	-1350	-3300
d	200	7400	7650		δ	2400	6350	

现由公式 (27):

$$12a_0 = -14600 - 7500 + 15350 + 11900 = 5150, \qquad a_0 = 429;$$
$$6a_1 = 200 + 7400 \times 0.866 + 7650 \times 0.5 = 10433, \qquad a_1 = 1739;$$
$$6a_2 = (-14600 - 11900) + (-7500 - 15350) \times 0.5 = -37925, \qquad a_2 = -6321;$$
$$6a_3 = 200 - 7650 = -7450, \qquad a_3 = -1242;$$
$$6b_1 = -3500 \times 0.5 - 1350 \times 0.866 - 3300 = -6219, \qquad b_1 = -1037;$$
$$6b_2 = (2400 + 6350) \times 0.866 = 7578, \qquad b_2 = 1263;$$
$$6b_3 = -3500 + 3300 = -200, \qquad b_3 = -33.$$

因此

$$T = 429 + 1739\cos\varphi - 1037\sin\varphi - 6321\cos 2\varphi + 1263\sin 2\varphi - 1242\cos 3\varphi - 33\sin 3\varphi + \cdots$$

集合含同一角的正弦与余弦的各项:

$$T = 430 + 2020\sin(\varphi + 121°) + 6440\sin(2\varphi + 281°) + 1240\sin(3\varphi + 268°) + \cdots$$

我们可看到: 在这里, 第二调和素的影响最大.

2) 用函数的图解上的十二纵坐标, 可以求得傅里叶系数. 为了要知道这种方法的精确度是怎样, 我们将它应用到若干有分析式的函数, 并且将近似的与精确的结果加以比较.

先考虑函数 $f(x)$, 它在区间 $[0, 2\pi]$ 上是由下一公式给定:

$$y = f(x) = \frac{1}{2\pi^2}(x^3 - 3\pi x^2 + 2\pi^2 x),$$

而对于其余的值 x, 则由周期规律所确定:

$$f(x + 2\pi) = f(x).$$

这函数的图解画在图 143 上.

[①] 考虑到惯性力, 可由指标图作出类似的图.

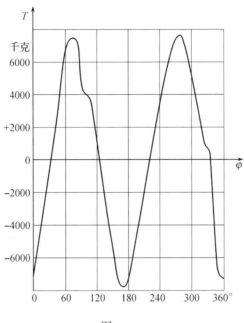

图 142

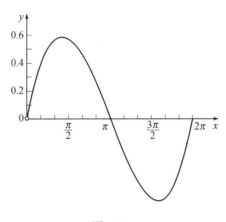

图 143

用计算得出下表:

$x=$	0	$\dfrac{\pi}{6}$	$\dfrac{\pi}{3}$	$\dfrac{\pi}{2}$	$\dfrac{2\pi}{3}$	$\dfrac{5\pi}{6}$	π
$y=$	0	0.400	0.582	0.589	0.465	0.255	0
$x=$	$\dfrac{7\pi}{6}$	$\dfrac{4\pi}{3}$	$\dfrac{3\pi}{2}$	$\dfrac{5\pi}{3}$	$\dfrac{11\pi}{6}$	2π	
$y=$	-0.255	-0.465	-0.589	-0.582	-0.400	0	

在这里可应用不难证实的恒等式:

$$f(2\pi - x) = -f(x).$$

用龙格的方法, 由这些 y 的值求得

$$b_1 = 0.608, \quad b_2 = 0.076, \quad b_3 = 0.022;$$

一切数 u_i 都是零, 从而一切系数 a_n 也都是零 [**690**, 22)].

同时, 由公式 (22) 直接推出 (应用分部积分三次):

$$b_m = \frac{1}{2\pi^3} \int_0^{2\pi} (x^3 - 3\pi x^2 + 2\pi^2 x) \sin mx \, dx = \frac{6}{m^3 \pi^2},$$

因此

$$b_1 = \frac{6}{\pi^2} = 0.6079, \quad b_2 = \frac{3}{4\pi^2} = 0.0760, \quad b_3 = \frac{2}{9\pi^2} = 0.0225.$$

与上面的结果相符合!

3) 但是并不是永远可以得到这样精确的结果.

作为第二个例子, 我们取一以 2π 为周期的函数, 它在区间 $[0, 2\pi]$ 上定义如下:

$$y = f(x) = \frac{1}{\pi^2} (x - \pi)^2.$$

它的图解画在图 144 上.

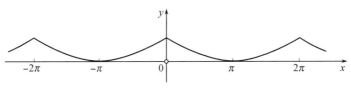

图 144

利用显而易见的恒等式:

$$f(2\pi - x) = f(x),$$

作出下表:

$x =$	0	$\dfrac{\pi}{6}$	$\dfrac{\pi}{3}$	$\dfrac{\pi}{2}$	$\dfrac{2\pi}{3}$	$\dfrac{5\pi}{6}$	π
$y =$	1	0.694	0.444	0.250	0.111	0.028	0
$x =$	$\dfrac{7\pi}{6}$	$\dfrac{4\pi}{3}$	$\dfrac{3\pi}{2}$	$\dfrac{5\pi}{3}$	$\dfrac{11\pi}{6}$	2π	
$y =$	0.028	0.111	0.250	0.444	0.694	1	

这时由龙格的方法, 求得

$$a_0 = 0.338; \quad a_1 = 0.414; \quad a_2 = 0.111; \quad a_3 = 0.056;$$

在这次, 数 v_i 与系数 b_m 都是零 [**690**, 22)]. 系数的正确的值是:

$$a_0 = \frac{1}{2\pi^3} \int_0^{2\pi} (x-\pi)^2 dx = \frac{1}{3} \doteq 0.333,$$

$$a_m = \frac{1}{\pi^3} \int_0^{2\pi} (x-\pi)^2 \cos mx\, dx = \frac{4}{m^2\pi^2} \quad (m \geqslant 1).$$

特别,

$$a_1 = \frac{4}{\pi^2} \doteq 0.405; \quad a_2 = \frac{1}{\pi^2} \doteq 0.101; \quad a_3 = \frac{4}{9\pi^2} \doteq 0.045.$$

这样, 即令前两个系数的相对误差不超过 $1.5\% \sim 2\%$, 而后面的系数的误差则达到 10% (a_2) 甚至 20% (a_3)! 以后 [**730**] 我们还要研究求得的近似公式的精确性的问题. 但是现在已经可以看出要提高精确性, 必须取较多的纵坐标.

728. 二十四个纵坐标的方法   假定已经给出或已经从图解取出与幅角的值

$$0, \quad \frac{\pi}{12}, \quad \frac{\pi}{6}, \quad \frac{\pi}{4}, \quad \cdots, \quad \frac{23\pi}{12},$$

或

$$0°, \quad 15°, \quad 30°, \quad 45°, \quad \cdots, \quad 345°$$

相对应的二十四个纵坐标

$$y_0, \quad y_1, \quad y_2, \quad \cdots, \quad y_{23}.$$

在这次, 近似计算傅里叶系数时所必须与纵坐标相乘的因子不外乎下列几个:

$$\pm 1, \quad \pm \sin 30°, \quad \pm \sin 45°, \quad \pm \sin 60°, \quad \pm \sin 75°.$$

我们现不详细讨论 (因为与前面的讨论完全相仿), 而立即引入还是由龙格所提出的计算方法. 在读者有了经验后, 不必加以说明, 这种方法也是很明显的. 它就是:

我们注意不要对于 q 与 r 各数量作加法及减法.

由所指出的方法求得数量 k, l, m, n, p, q, 及 r 后, 用它们将傅里叶系数表示如下:

$$
\left.
\begin{aligned}
& 24a_0 = k_0 + k_1 + k_2 + k_3, \\
& 12a_1 = [q_0 + 0.5q_4 + 0.6124(q_1 + q_5)] + [0.8660q_2 + 0.7071q_3 + 0.3536(q_1 - q_5)], \\
& 12a_2 = l_0 + 0.8660l_1 + 0.5l_2, \\
& 12a_3 = (q_0 - q_4) + 0.7071(q_1 - q_3 - q_5), \\
& 12a_4 = (k_0 - k_3) + 0.5(k_1 - k_2), \\
& 12a_5 = [q_0 + 0.5q_4 + 0.6124(q_1 + q_5)] - [0.8660q_2 + 0.7071q_3 + 0.3536(q_1 - q_5)], \\
& 12a_6 = l_0 - l_2, \\
& 12b_1 = [0.5r_2 + r_6 + 0.6124(r_1 + r_5)] + [0.7071r_3 + 0.8660r_4 - 0.3536(r_1 - r_5)], \\
& 12b_2 = 0.5m_1 + 0.8660m_2 + m_3, \\
& 12b_3 = (r_2 - r_6) + 0.7071(r_1 + r_3 - r_5), \\
& 12b_4 = 0.8660(n_1 + n_2), \\
& 12b_5 = [0.5r_2 + r_6 + 0.6124(r_1 + r_5)] - [0.7071r_3 + 0.8660r_4 - 0.3536(r_1 - r_5)], \\
& 12b_6 = m_1 - m_3, \quad \text{等等.}
\end{aligned}
\right\} \tag{28}
$$

用二十四个纵坐标, 求其余的系数, 则其精确度逐渐减低.

请读者注意一个细节的问题. 为了得到系数 a_1 与 a_5 必须先分别计算在方括弧中的表示式, 然后将它们相加 (在求 a_1 时) 及相减 (在求 a_5 时). 计算系数 b_1 与 b_5 也与此相仿.

729. 例 1) 再回到图 142 上所作出的切线力的图, 从其中取出二十四个纵坐标, 应用新的方法重新进行调和分析:

T	-7200	-4150	-300	3250	7000	7450	4300	2750
		-5150	250	2300	4500	6800	7600	6400
u	-7200	-9300	-50	5550	11500	14250	11900	9150
v		1000	-550	950	2500	650	-3300	-3650

T	0	-2650	-5200	-7700	-7400
	3850	650	-2250	-4850	
u	3850	-2000	-7450	-12550	-7400
v	-3850	-3300	-2950	-2850	

u	-7200	-9300	-50	5550	11500	14250	11900
	-7400	-12550	-7450	-2000	3850	9150	
p	-14600	-21850	-7500	3550	15350	23400	11900
q	200	3250	7400	7550	7650	5100	

v	1000	-550	950	2500	650	-3300
	-2850	-2950	-3300	-3850	-3650	
r	-1850	-3500	-2350	-1350	-3000	-3300
s	3850	2400	4250	6350	4300	

p	-14600	-21850	-7500	3550	s	3850	2400	4250
	11900	23400	15350			4300	6350	
k	-2700	1550	7850	3550	m	8150	8750	4250
l	-26500	-45250	-22850		n	-450	-3950	

于是按照公式 (28)

$$a_0 = 427, \quad a_1 = 1685, \quad a_2 = -6426, \quad a_3 = -1175, \quad a_4 = -783,$$
$$a_5 = -163, \quad a_6 = -304, \quad b_1 = -938, \quad b_2 = 1325, \quad b_3 = -87,$$
$$b_4 = -318, \quad b_5 = -398, \quad b_6 = 325.$$

故求得展开式:

$$T = 427 + 1685\cos\varphi - 938\sin\varphi - 6426\cos 2\varphi + 1325\sin 2\varphi - 1175\cos 3\varphi - 87\sin 3\varphi$$

$$-783\cos 4\varphi - 318\sin 4\varphi - 163\cos 5\varphi - 398\sin 5\varphi - 304\cos 6\varphi + 325\sin 6\varphi + \cdots,$$

或者合并各项并加括弧:

$$T = 430 + 1930\sin(\varphi + 119°) + 6560\sin(2\varphi + 282°) + 1180\sin(3\varphi + 266°)$$

$$+ 845\sin(4\varphi + 248°) + 430\sin(5\varphi + 202°) + 445\sin(6\varphi + 317°) + \cdots$$

比较这个展开式与第 **727** 目, 1) 中所求出的同一量 T 的展开式, 我们看到对于前三个调和素, 其符合程度多少令人满意.

2) 请读者计算第 **727** 目, 3) 中所提出的曲线

$$y = \frac{1}{\pi^2}(x - \pi)^2$$

的二十四个纵坐标, 并且利用已指出的方法, 求出系数 $a_0, a_1, a_2, a_3, a_4, a_5, a_6$ 的近似值.

答 $a_0 \doteq 0.334; a_1 \doteq 0.407; a_2 \doteq 0.104; a_3 \doteq 0.047; a_4 \doteq 0.028; a_5 \doteq 0.019; a_6 \doteq 0.014$, 而这时正确的数值是:

$$a_0 \doteq 0.333; \ a_1 \doteq 0.405; \ a_2 \doteq 0.101; \ a_3 \doteq 0.045; \ a_4 \doteq 0.025; \ a_5 \doteq 0.016; \ a_6 \doteq 0.011.$$

为了近似计算函数三角展开式的系数, 除了上面的方法以外, 还有其他的方法: 例如十六个或三十二个纵坐标法 (在航海中, 当研究罗盘的偏差时, 通常要用到这种方法), 三十六个纵坐标法 (在电机工程上采用), 等等. 也还有自动安排计算的各种方法. 在所有这些情形下, 当实际计算傅里叶系数时用来简化计算的方法, 其实质与上面的方法相同.

730. 傅里叶系数的近似值与精确值的比较   如果函数 $y = f(x)$ 是在区间 $[0, 2\pi]$ 上用分析式给出的并且是二阶可微分的, 则可与通常一样 [**326**], 对于上面所得到的傅里叶系数的近似公式, 求出误差. 在这里, 我们还有另一目的, 就是要作出已给系数的近似值与这系数及其他系数的精确值之间的关系式. 虽然从这些关系式不能导出误差的估计值, 但是还是阐明了整个问题, 并且指出了问题应有的方向.

我们假定所考虑的函数 $y = f(x)$ 的区间 $[0, 2\pi]$ 上有傅里叶展开式:

$$y = A_0 + \sum_{n=1}^{\infty} A_n \cos nx + \sum_{n=1}^{\infty} B_n \sin nx.$$

在这里, 我们故意用大写字母表示傅里叶系数, 使得它们与小写字母所表示的近似值有所区别. 在所写出的等式中, 令 $x = \frac{2i\pi}{k}$ $(i = 0, 1, \cdots, k-1)$, 我们计算出函数的各特别值 y_i:

$$y_i = A_0 + \sum_{n=1}^{\infty} A_n \cos \frac{2in\pi}{k} + \sum_{n=1}^{\infty} B_n \sin \frac{2in\pi}{k}.$$

它们是要在系数近似值的公式 (23), (24) 与 (25) 中出现的.

将 y_i 代入上述第一个公式; 交换求和的次序, 我们求得:

$$a_0 = \frac{1}{k} \left\{ kA_0 + \sum_{n=1}^{\infty} A_n \sum_{i=0}^{k-1} \cos \frac{2in\pi}{k} + \sum_{n=1}^{\infty} B_n \sum_{i=0}^{k-1} \sin \frac{2in\pi}{k} \right\}.$$

可是不难看出和式

$$\sum_{i=0}^{k-1} \cos \frac{2in\pi}{k}, \quad \sum_{i=0}^{k-1} \sin \frac{2in\pi}{k}$$

除去 n 是 k 的倍数的情形外, 都等于零; 而在 n 是 k 的倍数时, 第一个和式的值是 k (这时第二个和式等于零). 由此立刻得到

$$a_0 = A_0 + A_k + A_{2k} + A_{3k} + \cdots \tag{29}$$

将 y_i 的表示式代入公式 (24), 并且重新交换求和的次序, 我们得到:

$$
\begin{aligned}
a_m = \frac{2}{k} \Bigg\{ & A_0 \sum_{i=0}^{k-1} \cos i\frac{2m\pi}{k} + \sum_{n=1}^{\infty} A_n \sum_{i=0}^{k-1} \cos i\frac{2m\pi}{k} \cos i\frac{2n\pi}{k} \\
& + \sum_{n=1}^{\infty} B_n \sum_{i=0}^{k-1} \cos i\frac{2m\pi}{k} \sin i\frac{2n\pi}{k} \Bigg\} = \frac{1}{k} \Bigg\{ 2A_0 \sum_{i=0}^{k-1} \cos i\frac{2m\pi}{k} \\
& + \sum_{n=1}^{\infty} A_n \left[\sum_{i=0}^{k-1} \cos i\frac{2(n+m)\pi}{k} + \sum_{i=0}^{k-1} \cos i\frac{2(n-m)\pi}{k} \right] \\
& + \sum_{n=1}^{\infty} B_n \left[\sum_{i=1}^{k-1} \sin i\frac{2(n+m)\pi}{k} + \sum_{i=1}^{k-1} \sin i\frac{2(n-m)\pi}{k} \right] \Bigg\}.
\end{aligned}
$$

在这里, 也只有当余弦式所含的因子 $n \pm m$ 是 k 的倍数时 (也就是当 n 的值具有 $pk \pm m$ 的形式时, 其中 p 是整数), 这些和式才不等于零 (而等于 k). 如果为了明确起见, 设 $2m \leqslant k$, 则对于 a_m, 得到级数如下:

$$a_m = A_m + A_{k-m} + A_{k+m} + A_{2k-m} + \cdots. \tag{30}$$

与这完全相仿, 可得

$$b_m = B_m - B_{k-m} + B_{k+m} - B_{2k-m} + \cdots. \tag{31}$$

这就是我们所想要建立的公式.

由此我们就看出: 譬如说, 只要 k 大而 m 并不太大, a_m 与 A_m 的差是若干个有较大的附标的系数 A 的和式. 显然在近似值的精确性的问题中, 傅里叶系数减小的速度起着重要的作用, 而我们知道 [**706~708**] 这种速度又与延拓在整个区间 $(-\infty, +\infty)$ 上的函数的可微分性相关. 第 **727** 目的例 2) 与 3) 很好地表明了这种情况: 请读者注意例 3) 的图解上的尖点!

令 $k = 12$, 我们特别有 (限于取余弦的系数为例):

$$a_0 = A_0 + A_{12} + \cdots, \quad a_1 = A_1 + A_{11} + \cdots,$$
$$a_2 = A_2 + A_{10} + \cdots, \quad a_3 = A_3 + A_9 + \cdots$$

并且同时有

$$a_5 = A_5 + A_7 + \cdots, \quad a_6 = 2A_6 + \cdots \, (!)$$

等等. 由此可见: 超出了前面两、三个调和素的范围以外, 不可能期望有多少令人满意的精确性.

当转到 $k = 24$ 时, 就立刻改善了这些结果:

$$a_0 = A_0 + A_{24} + \cdots, \quad a_1 = A_1 + A_{23} + \cdots,$$
$$a_6 = A_6 + A_{18} + \cdots, \quad 等等.$$

在这里, 一般说来, 对于前面七、八个调和素, 可期望有较好的精确性.

第二十章　傅里叶级数 (续)[①]

---

§1. 傅里叶级数的运算 · 完全性与封闭性

731. 傅里叶级数的逐项积分法　与通常一样, 假定函数 $f(x)$ 在区间 $[-\pi, \pi]$ 上绝对 可积. 设它的傅里叶级数是

$$f(x) \sim \frac{a_0}{2} + \sum_{n=1}^{\infty} a_n \cos nx + b_n \sin nx. \tag{1}$$

考虑关于 $-\pi \leqslant x \leqslant \pi$ 的函数

$$F(x) = \int_0^x \left[f(x) - \frac{a_0}{2} \right] dx, \tag{2}$$

显然它是连续的, 并且有有界变差 [**486**, 7°; **568**, 4°]; 而且因为

$$F(\pi) - F(-\pi) = \int_{-\pi}^{\pi} f(x)dx - \pi a_0 = 0, \tag{3}$$

所以它有周期 2π. 在这种情形下, 由第 **686** 目的定理, 可将这个函数在整个区间上展开为傅里叶级数:

$$F(x) = \frac{A_0}{2} + \sum_{n=1}^{\infty} A_n \cos nx + B_n \sin nx \tag{4}$$

[①]第十九章主要是讨论函数的傅里叶收敛级数展开式; 在那章中, 这些级数是作为计算的工具而研究的. 在本章中, 我们要从较一般的观点出发, 并且叙述一系列主要在理论上有意义的重要问题.

(而且根据 **699**, 这级数一致收敛于这个函数).

级数 (1) 及 (4) 的系数之间存在着简单的联系. 实际上, 如果利用第 **580** 目, 9) 中所推广了的分部积分公式, 则有 (对 $n \geqslant 1$)

$$
\begin{aligned}
A_n &= \frac{1}{\pi} \int_{-\pi}^{\pi} F(x) \cos nx \, dx \\
&= \frac{1}{\pi} F(x) \frac{\sin nx}{n} \Big|_{-\pi}^{\pi} - \frac{1}{n\pi} \int_{-\pi}^{\pi} f(x) \sin nx \, dx,
\end{aligned}
$$

即

$$
A_n = -\frac{b_n}{n}.
$$

同样, 在这次考虑等式 (3), 我们得到

$$
B_n = \frac{a_n}{n}.
$$

为了求出 A_0, 在 (4) 中令 $x = 0$:

$$
\frac{A_0}{2} = -\sum_{n=1}^{\infty} A_n = \sum_{n=1}^{\infty} \frac{b_n}{n}. \tag{5}
$$

在展开式 (4) 中, 代入所求得的各系数的值, 则能将它改写为下列形式:

$$
F(x) = \sum_{n=1}^{\infty} \frac{a_n \sin nx + b_n (1 - \cos nx)}{n}.
$$

由此, 如果考虑等式 (2), 我们有

$$
\int_0^x f(x) \, dx = \int_0^x \frac{a_0}{2} \, dx + \sum_{n=1}^{\infty} \int_0^x [a_n \cos nx + b_n \sin nx] \, dx. \tag{6}
$$

显然, 对于任意区间 $[x', x'']$ (其中 $-\pi \leqslant x' < x'' \leqslant \pi$), 相似的关系式成立:

$$
\int_{x'}^{x''} f(x) \, dx = \int_{x'}^{x''} \frac{a_0}{2} \, dx + \sum_{n=1}^{\infty} \int_{x'}^{x''} [a_n \cos nx + b_n \sin nx] \, dx.
$$

因此, 函数 $f(x)$ 的积分可将与它相应的傅里叶级数逐项积分而求得. 我们已经证明: 即令不假定傅里叶级数 (1) 本身收敛于函数 $f(x)$, 还恒可将它逐项积分, 这个事实很值得注意.

显然可选取另外任一个长为 2π 的区间来代替 $[-\pi, \pi]$ 作为基本区间. 关于在区间 $[0, \pi]$ 上且只含余弦或正弦的级数 [**689**], 这里所讲到的一切也还是完全一样.

积分已知的三角展开式, 可得到另外一些展开式. 如果还是要得到三角展开式. 则应将 (6) 中的 $\frac{a_0}{2}$ 这一项移到等式的另一端. 需要注意常数项 $\frac{A_0}{2}$: 直接由级数 (5) 求和, 或者按照下一公式求积分:

$$
\frac{A_0}{2} = \frac{1}{2\pi} \int_{-\pi}^{\pi} \left[f(x) - \frac{a_0}{2} \right] dx,
$$

就能得到 $\dfrac{A_0}{2}$ 的有限形状.

我们举例说明此点. 如果从 0 到 x 积分下一展开式

$$\sum_{n=1}^{\infty} \frac{\sin nx}{n} = \frac{\pi - x}{2} \quad (0 < x < 2\pi)$$

[参考 **690**, 2], 则得

$$\sum_{n=1}^{\infty} \frac{1 - \cos nx}{n^2} = \frac{\pi}{2}x - \frac{1}{4}x^2.$$

于是

$$\sum_{n=1}^{\infty} \frac{\cos nx}{n^2} = \frac{1}{4}x^2 - \frac{\pi}{2}x + c \quad (0 \leqslant x \leqslant 2\pi),$$

其中 c 或为级数之和

$$\sum_{n=1}^{\infty} \frac{1}{n^2} = \frac{\pi^2}{6}$$

所确定, 或为积分

$$\frac{1}{2\pi} \int_0^{2\pi} \left(\frac{\pi}{2}x - \frac{1}{4}x^2 \right) dx = \frac{\pi^2}{6}$$

所确定. 这样, 我们得到了 **690**, 9) 中已经独立求得的展开式. 同样, 7) (a) 中的展开式可由 7) (б) 中的展开式求得, 等等.

   附注   我们着重指出已作的讨论顺便证明了这个事实: 不论区间 $[-\pi, \pi]$ 上的绝对可积函数 $f(x)$ 是怎样, 级数

$$\sum_{n=1}^{\infty} \frac{b_n}{n} \tag{5*}$$

必收敛, 其中 b_n 是 $f(x)$ 的傅里叶级数的正弦项的系数 [参考 **692**, 2°]. 在下面 **758** 中, 我们要用到这个附注.

   732. 傅里叶级数的逐项微分法   设在区间 $[-\pi, \pi]$ 上给出一连续函数 $f(x)$, 它满足条件 $f(-\pi) = f(\pi)$, 并且有 (只可能除了在有限个孤立点处外) 导数 $f'(x)$; 又设这个导数在所述的区间上绝对可积分. 这时

$$f(x) = \int_0^x f'(x)dx + f(0)$$

[**310**, **481**], 并且如我们刚才已看出, 函数 $f(x)$ 的傅里叶级数 (1) 可由函数 $f'(x)$ 的傅里叶级数

$$f'(x) \sim \sum_{n=1}^{\infty} a'_n \cos nx + b'_n \sin nx \tag{7}$$

逐项积分而得, 因为根据对 $f(x)$ 所加的条件, 上一展开式中没有常数项:

$$a'_0 = \frac{1}{\pi} \int_{-\pi}^{\pi} f'(x)dx = \frac{1}{\pi}[f(\pi) - f(-\pi)] = 0.$$

在这种情形下, 显然反过来 —— 导数 $f'(x)$ 的级数 (7) 可由函数 $f(x)$ 的级数 (1) 逐项微分而得.

我们请读者特别注意函数 $f(x)$ 的周期性这一假定在这里所起的作用. 当这个条件不成立时, $f'(x)$ 的傅里叶级数的常数项 $\dfrac{a'_0}{2}$ 不等于零, 因此这个级数不能由级数 (1) 逐项微分而得! 例如在展开式 (a 不是整数)

$$\frac{\pi}{2}\frac{\sin ax}{\sin a\pi} = \sum_{n=1}^{\infty}(-1)^n\frac{n}{a^2-n^2}\sin nx$$

[**690**, 7 (6)] 的情形下, 逐项微分后得到级数

$$\sum_{n=1}^{\infty}(-1)^n\frac{n^2}{a^2-n^2}\cos nx,$$

它显然不可能是傅里叶级数, 因为它的系数甚至不趋近于零 [**682**].

附注　直到现在为止, 我们已讲过: 将原有函数 $f(x)$ 的傅里叶级数逐项微分, 可能求得导数 $f'(x)$ 的傅里叶级数 (7). 我们完全没有说到级数 (7) 收敛于 $f'(x)$; 应当利用若干充分判别法, 来特别判断这种收敛性 [**684**, **686**].

必须注意: 由于在微分 $\cos nx$ 与 $\sin nx$ 时有自然数因子 n 出现, 所以系数的无穷小阶降低, 并且收敛的机会也减少了. 然而在利用傅里叶级数解决数学物理中的问题时, 往往必须微分这些级数, 而且甚至于要重微分. 为了保证所得的级数收敛, 依照克雷洛夫 [**710**] 的方法, 预先分出收敛得较慢的部分有时是有用的. 这时, 已知分出了的部分的和的有限形式, 从而可以直接微分, 而余下的级数的系数必须达到的这样的无穷小阶, 使得微分后还是得到一致收敛级数.

733. 三角函数系的完全性　如果在区间 $[-\pi,\pi]$ 上的连续函数 $f(x)$ 有全等于零的傅里叶系数, 则这函数本身恒等于零. 实际上, 在这种情形下, 由等式 (6) 显然可知: 对于一切 x,

$$\int_0^x f(x)dx = 0; \tag{8}$$

由此对 x 微分, 根据被积函数的连续性 [**305**, 12°], 我们就得到恒等式

$$f(x) = 0.$$

换句话说, 除了恒等于零的函数外, 在区间 $[-\pi,\pi]$[①] 上没有连续函数与三角函数系

$$1,\cos x,\sin x,\cos 2x,\sin 2x,\cdots,\cos nx,\sin nx,\cdots \tag{9}$$

中的一切函数正交 [**679**]. 这个事实可说是表明: 三角函数系在连续函数类中是**完全的**.

---

　①或在另外任一长为 2π 的区间上.

如果两连续函数有相同的傅里叶系数, 则它们必恒等, 因为它们的差 $f_1(x) - f_2(x)$ 有完全等于零的傅里叶系数. 因此, 连续函数由它的傅里叶系数唯一地确定. 这只是三角函数系的完全性的另外一种表述法.

如果转而考虑不连续函数, 则情况可能不同. 譬如说, 只在有限个点处不等于零的函数已不 "恒" 等于零, 但显然这时它与 (9) 中任一函数正交, 而且也与每个 (常义或非常义) 可积分函数正交. 我们可作出一个在无穷点集上不等于零的函数, 但仍具有上述性质. 例如下一函数 $f(x)$ [**70**, 8), **300**, 1)] 就是这样: 如果 x 是形如 $\pm \frac{p}{q}$ $(\frac{p}{q} < \pi)$ 的既约分数, 则 $f(x)$ 等于 $\frac{1}{q}$; 而在区间 $[-\pi, \pi]$ 上的其余各点, $f(x)$ 等于零.

然而在所考虑的区间上, 与每个一般可积分函数正交的函数 "在实质上" 与零没有区别; 我们称这种函数与**零等价**.

现在可证明: 如果在区间 $[-\pi, \pi]$ 上绝对可积分函数 $f(x)$ 的傅里叶系数都等于零, 则这函数必与零等价.

实际上, 如果 $g(x)$ 是常义可积分的任一函数, 则由 **579**, 1°,

$$(\mathrm{R}) \int_{-\pi}^{\pi} f(x)g(x)dx = (\mathrm{S}) \int_{-\pi}^{\pi} g(x)dF(x),$$

其中 $F(x) = \int_0^x f(x)dx$. 在所作的假定下, $F(x) = 0$ [参考 (8)], 因此 $f(x)$ 与 $g(x)$ 正交.

由此不难转到 $g(x)$ 是非常义可积的情形. 例如设点 π 是它的唯一的奇异点. 则在 $[-\pi, \pi - \varepsilon]$ 上 $(\varepsilon > 0)$, 令 $g^*(x) = g(x)$, 在 $(\pi - \varepsilon, \pi]$ 上, 令 $g^*(x) = 0$, 由前证可知:

$$\int_{-\pi}^{\pi-\varepsilon} f \cdot g dx = \int_{-\pi}^{\pi} f \cdot g^* dx = 0.$$

现在只要取 $\varepsilon \to 0$ 时的极限.

推广 "完全性" 的概念, 我们可断定: 三角函数系 (9) 在绝对可积函数类中是完全的. 这个断语的意义是: 除了与零等价的函数外, 在区间 $[-\pi, \pi]$ 上没有绝对可积函数与 (9) 中一切函数正交.

最后, 如果两个绝对可积函数有相同的傅里叶系数, 则它们的差与零等价. 如果不认为这种函数 "在实质上" 有区别, 我们在某种意义上也可说绝对可积函数是由它的傅里叶系数所唯一确定的.

附注 关于只在区间 $[0, \pi]$ 上的函数系

$$1, \quad \cos x, \quad \cos 2x, \cdots, \cos nx, \cdots$$

或

$$\sin x, \quad \sin 2x, \cdots, \sin nx, \cdots,$$

以上所述的一切还是成立.

734. 函数的一致近似法 · 魏尔斯特拉斯定理   如果用函数 $g(x)$ "接近" [1] 在区间 $[a, b]$ 上的某一函数 $f(x)$, 则能根据各种情况, 分别估计这种近似法的性质. 但是当然在所有的情形下, 基本上还是要考虑差式

$$r(x) = f(x) - g(x).$$

如果我们同样注意一个函数与另一函数在一切分别取出的点处的小偏差, 则可取它们的**最大偏差**, 即数

$$\delta = \sup_{a \leqslant x \leqslant b} |r(x)|$$

作为近似的尺度. 在这种情形下, 我们说这是函数 $f(x)$ 借助于函数 $g(x)$ 的一致近似法.

我们将导出关于连续函数一致近似法的两个基本的魏尔斯特拉斯定理, 在第一个定理中用到三角多项式, 在第二个定理中用到通常的 (代数) 多项式.

定理 1   如果函数 $f(x)$ 在区间 $[-\pi, \pi]$ 上连续并且满足条件

$$f(-\pi) = f(\pi),$$

则无论数 $\varepsilon > 0$ 是怎样, 可找到三角多项式

$$T(x) = \alpha_0 + \sum_{m=1}^{n} (\alpha_m \cos mx + \beta_m \sin mx),$$

使得对于在上述区间上的一切值 x 不等式

$$|f(x) - T(x)| < \varepsilon \tag{10}$$

一致成立.

首先作出逐段线性的函数 $\varphi(x)$, 使得在 $[-\pi, \pi]$ 上不等式

$$|f(x) - \varphi(x)| < \frac{\varepsilon}{2} \tag{11}$$

处处成立.

为了要达到这个目的, 用点

$$-\pi = x_0 < x_1 < \cdots < x_i < x_{i+1} < \cdots < x_k = \pi$$

将区间 $[-\pi, \pi]$ 分成这样小的部分, 使得在每一个部分上, 函数 f 的振幅 $< \frac{\varepsilon}{2}$. 我们在区间 $[-\pi, \pi]$ 上确定函数 $\varphi(x)$, 令它在每个个别的区间 $[x_i, x_{i+1}]$ 上等于线性函数

$$f(x_i) + \frac{f(x_{i+1}) - f(x_i)}{x_{i+1} - x_i}(x - x_i),$$

---

[1]这就是近似地表示的意思.

则它在区间的端点与 $f(x)$ 符合. 在实质上, 这就是在由方程 $y = f(x)$ 所表示的曲线上作内接折线. 如果用 m_i 及 M_i 表示函数 f 在第 i 个区间上的最小值与最大值, 则根据条件, $M_i - m_i < \dfrac{\varepsilon}{2}$, 又因为在这个区间上, 函数 f 与 φ 的值均包含在 m_i 与 M_i 之间, 所以不等式 (11) 在整个区间 $[-\pi, \pi]$ 上成立.

与 $f(x)$ 一样, 函数 $\varphi(x)$ 在区间 $[-\pi, \pi]$ 上连续, 并且满足条件

$$\varphi(-\pi) = \varphi(\pi);$$

而且作为逐段单调的函数, 它在这区间上有有界变差 [**568**, 1°]. 在这些条件下, 根据狄利克雷–若尔当判别法 [**699**], 可将 $\varphi(x)$ 展开为一致收敛的傅里叶级数:

$$\varphi(x) = \alpha_0 + \sum_{m=1}^{\infty} \alpha_m \cos mx + \beta_m \sin mx.$$

因此当 n 充分大时, 如果取这级数的第 n 个部分和作为多项式 $T(x)$, 则它与 $\varphi(x)$ 的差小于 $\dfrac{\varepsilon}{2}$: 即关于所考虑的 x 的一切值,

$$|\varphi(x) - T(x)| < \frac{\varepsilon}{2}. \tag{12}$$

从 (11) 与 (12) 就得到 (10).

我们现在取递减到零的正数序列 $\{\varepsilon_k\}$, 并且对于每个数 $\varepsilon = \varepsilon_k$, 作出在已证的定理中所指出的多项式 $T = T_k(x)$; 这样得到一个三角多项式的序列 $\{T_k(x)\}$, 它在区间 $[-\pi, \pi]$ 上一致收敛于函数 $f(x)$. 用通常的方式 [**427**] 从序列转到无穷级数, 我们得到这定理的另一种表述法, 它与前面的表述法显然是同等的: 在定理 1 中所指出的条件下, 可将函数 $f(x)$ 展开为一致收敛的级数, 其中各项是三角多项式.

由定理 1 就不难导出

定理 2　如果函数 $f(x)$ 在区间 $[a, b]$ 上连续, 则无论数 $\varepsilon > 0$ 是怎样, 可找到这样的整[118]代数多项式

$$P(x) = c_0 + c_1 x + c_2 x^2 + \cdots + c_n x^n,$$

使得关于在 $[a, b]$ 上 x 的一切值, 不等式

$$|f(x) - P(x)| < \varepsilon \tag{13}$$

一致成立.

通过简单的代换

$$x = a + \frac{x'}{\pi}(b - a),$$

---

[118]在涉及代数多项式时, 使用形容词 "整", 是为了强调在记法 $P(x) = c_0 + c_1 x + c_2 x^2 + \cdots + c_n x^n$ 中出现的仅仅是变量 x 的**自然数幂**.

我们能够在区间 $[0,\pi]$ 上讨论这个问题, 因为 x' 的整多项式显然也是 x 的整多项式. 为了不使符号复杂, 认为原来给出的区间就是 $[0,\pi]$.

现在将函数 $f(x)$ 延拓到整个区间 $[-\pi,\pi]$ 上, 令

$$f(-x) = f(x) \quad (0 < x \leqslant \pi).$$

这样函数还是保持着连续性, 并且显然满足条件 $f(-\pi) = f(\pi)$. 在这种情形下, 根据定理 1, 可以找到这样的三角多项式 $T(x)$, 使得关于在 $-\pi$ 与 π 之间的一切值 x, 我们有

$$|f(x) - T(x)| < \frac{\varepsilon}{2}. \tag{14}$$

如果将 T 中的每个三角函数用它的 x 的幂级数展开式 [**404**] 来代替, 则也可将函数 T 表示为处处收敛的幂级数:

$$T(x) = \sum_{m=0}^{\infty} c_m x^m.$$

这个级数在区间 $[-\pi,\pi]$ 上一致收敛; 因此当 n 充分大时, 如果令这级数的第 n 个部分和就是多项式 $P(x)$, 则关于在区间 $[-\pi,\pi]$ 上 x 的一切值, 我们有

$$|T(x) - P(x)| < \frac{\varepsilon}{2}. \tag{15}$$

现在只要比较 (14) 与 (15), 即得 (13).

与前面相仿, 我们能给出这个定理的另一种表述法: 我们可将在区间 $[a,b]$ 上的连续函数 $f(x)$ 展开为一致收敛的级数, 其中各项是整代数多项式.

735. 函数的平均近似法 · 傅里叶级数的部分和的极值性质 当用函数 $g(x)$ 接近在区间 $[a,b]$ 上的函数 $f(x)$ 时, 我们可不用一致近似法, 而在另外一种观点上, 要求两函数只是 "平均" 近似. 在这种情形下, 可取它们的**平均偏差**

$$\delta' = \frac{1}{b-a} \int_a^b |r(x)| dx$$

或**均方偏差** (在下面, 我们总是用这种偏差)

$$\delta'' = \sqrt{\frac{1}{b-a} \int_a^b r^2(x) dx}$$

作为近似的尺度. 而且不考虑这一表示式, 而考虑比较简单的数量:

$$\Delta = \int_a^b r^2(x) dx = (b-a)\delta''^2,$$

则更为便利.

我们重新考虑区间 $[a, b]$ 上平方可积函数的任一正交系 $\{\varphi_m(x)\}$ $(m = 0, 1, 2, \cdots)$ [**679**]. 设 $f(x)$ 是在同一区间上所给出的一个平方可积函数, 并且 n 是一个固定的自然数. 我们提出这样的问题: 当任意选取系数 $\gamma_0, \gamma_1, \cdots, \gamma_n$ 时, 从前面 $n+1$ 个函数 φ 的一切线性组合

$$\sigma_n(x) = \gamma_0 \varphi_0(x) + \gamma_1 \varphi_1(x) + \cdots + \gamma_n \varphi_n(x) \tag{16}$$

中, 找出那样的函数, 在均方偏差的意义下, 最好近似于函数 $f(x)$. 换句话说, 就是需要使数量

$$\Delta_n = \int_a^b [f(x) - \sigma_n(x)]^2 dx$$

达到最小值.

在这里, 代入 $\sigma_n(x)$ 的展开式, 我们得到

$$\Delta_n = \int_a^b f^2(x) dx - 2 \sum_{m=0}^n \gamma_m \int_a^b f(x) \varphi_m(x) dx$$
$$+ \sum_{m=0}^n \gamma_m^2 \int_a^b \varphi_m^2(x) dx + 2 \sum_{k<m} \gamma_k \gamma_m \int_a^b \varphi_k(x) \varphi_m(x) dx.$$

由于函数系的正交性, 最后一个和式等于零. 引入常数

$$\lambda_m = \int_a^b \varphi_m^2(x) dx$$

及函数 $f(x)$ 的 (广义) 傅里叶系数

$$c_m = \frac{1}{\lambda_m} \int_a^b f(x) \varphi_m(x) dx,$$

则可将 Δ_n 的表示式改写成下列形式:

$$\Delta_n = \int_a^b f^2(x) dx - 2 \sum_{m=0}^n \lambda_m c_m \gamma_m + \sum_{m=0}^n \lambda_m \gamma_m^2.$$

为了要在和式符号后得到完全平方, 必须在那里再引入 $\lambda_m c_m^2$ 诸项. 对这些项附加加号及减号, 最后就得到:

$$\Delta_n = \int_a^b f^2(x) dx - \sum_{m=0}^n \lambda_m c_m^2 + \sum_{m=0}^n \lambda_m (\gamma_m - c_m)^2.$$

现在显然可见: 当最后一个和式等于零时, 也就是当

$$\gamma_0 = c_0, \quad \gamma_1 = c_1, \cdots, \quad \gamma_n = c_n$$

时, Δ_n 达到它的最小值.

因此, 在一切形如 (16) 的多项式中, 恰好是 (广义) 傅里叶级数的部分和

$$s_n(x) = c_0\varphi_0(x) + c_1\varphi_1(x) + \cdots + c_n\varphi_n(x)$$

使得数量 Δ_n 达到它可能取得的最小值:

$$\delta_n = \int_a^b [f(x) - s_n(x)]^2 dx = \int_a^b f^2(x)dx - \sum_{m=0}^n \lambda_m c_m^2. \qquad (17)$$

在某种意义下, 傅里叶系数作为一切可能的系数中 "最好" 的系数, 重新吸引了我们的注意! 重要的是在这里应当指出: 如果某些系数对于固定的 n 是 "最好的", 则它们对于较大的值 n 也还是 "最好的", 不过这时还要加上一些新的系数罢了!

等式 (17) 称为**贝塞尔恒等式**. 从这恒等式可推得不等式

$$\sum_{m=0}^n \lambda_m c_m^2 \leqslant \int_a^b f^2(x)dx$$

及 (如果当 $n \to +\infty$ 时取极限)

$$\sum_{m=0}^\infty \lambda_m c_m^2 \leqslant \int_a^b f^2(x)dx. \qquad (18)$$

这是**贝塞尔不等式**. 巧妙的是只要函数 $f(x)$ 平方可积分, (18) 中的级数永远是收敛的.

当 n 增加时, 既然 δ_n 的表示式 (17) 中加入了新的负数项, 所以 δ_n 减小. n 越大, 则和式 $s_n(x)$ 越 "平均" 接近于所考虑的函数 $f(x)$. 于是自然产生了这个问题: 增大 n 是否可以得到任意小的均方偏差, 即是否可以使得当 $n \to \infty$ 时 δ_n 趋近于零?

如果这点成立, 则可说和式 $s_n(x)$ "平均" 收敛于函数 $f(x)$ [我们强调指出: 这样完全不假定 $s_n(x)$ 在通常字面的意义下 "点性" 收敛于 $f(x)$]. 由贝塞尔恒等式, 显然可见这时 (并且只在这时) 等式 [参考 (18)]

$$\sum_{m=0}^\infty \lambda_m c_m^2 = \int_a^b f^2(x)dx$$

成立. 我们随着斯捷克洛夫称它是封闭性方程. 但是通常称它是帕塞瓦尔 (M. A. Parseval) **公式**, 即由 19 世纪初年考虑过 (三角函数系的) 类似公式的一位数学家而得名 (但是他的讨论是没有根据的).

如果封闭性方程对于每一平方可积分的函数 $f(x)$ 成立, 则函数系 $\{\varphi_n(x)\}$ 称为**封闭的**.

现在我们将整个所讲到的特别应用到三角函数系 (9). 则在进行讨论时, 须用三角多项式

$$S_n(x) = A_0 + \sum_{m=1}^n A_m \cos mx + B_m \sin mx$$

来代替 (16), 并且研究由它所给出而由数量

$$\Delta_n = \int_{-\pi}^{\pi} [f(x) - S_n(x)]^2 dx$$

所表征的 "平均" 近似法. 我们看到: 当 n 固定时, 傅里叶级数的相应的部分和

$$s_n(x) = \frac{a_0}{2} + \sum_{m=1}^{n} a_m \cos mx + b_m \sin mx$$

使得数量 Δ_n 达到它的最小值. 这个最小值是由等式

$$\delta_n = \int_{-\pi}^{\pi} [f(x) - s_n(x)]^2 dx = \int_{-\pi}^{\pi} f^2(x) dx - \pi \left\{ \frac{a_0^2}{2} + \sum_{m=1}^{n} (a_m^2 + b_m^2) \right\} \qquad (19)$$

("贝塞尔恒等式") 所给出的. 与一般情形一样. 由此可见由傅里叶系数的平方所组成的级数收敛:

$$\frac{a_0^2}{2} + \sum_{m=1}^{\infty} (a_m^2 + b_m^2) \leqslant \frac{1}{\pi} \int_{-\pi}^{\pi} f^2(x) dx$$

("贝塞尔不等式").

关于所考虑的具体的函数系 (9), 我们就可完全解决在一般情形下所提出的问题, 解见下目.

736. 三角函数系的封闭性·李雅普诺夫定理　下面一个值得注意的定理首先是由李雅普诺夫所严格证明的 (关于有界函数的情形).

定理　无论平方可积分函数 $f(x)$ 是怎样, 永远有

$$\lim_{n \to \infty} \delta_n = 0,$$

并且封闭性方程成立:

$$\frac{a_0^2}{2} + \sum_{m=1}^{\infty} (a_m^2 + b_m^2) = \frac{1}{\pi} \int_{-\pi}^{\pi} f^2(x) dx. \qquad (20)$$

我们将**证明**分成几个阶段:

1°　如果函数 $f(x)$ 在区间 $[-\pi, \pi]$ 上连续并且满足条件 $f(-\pi) = f(\pi)$, 则根据魏尔斯特拉斯第一定理, 有三角多项式 $T(x)$ 存在 (我们在这里用 N 表示它的阶次), 使得

$$|f(x) - T(x)| < \sqrt{\frac{\varepsilon}{2\pi}},$$

其中 ε 是预先任意给出的正数. 这时

$$\int_{-\pi}^{\pi} [f(x) - T(x)]^2 dx < \varepsilon.$$

既然可将 $T(x)$ 随意看作任一阶次为 $n \geqslant N$ 的三角多项式, 则根据傅里叶级数的部分和的极端性质 [735], 当 $n \geqslant N$ 时, 更应有

$$\delta_n = \int_{-\pi}^{\pi} [f(x) - s_n(x)]^2 dx < \varepsilon,$$

因此当 $n \to \infty$ 时, $\delta_n \to 0$.

2° 为了要延拓这个结论到另外的情形, 我们先建立一个辅助的不等式.

如果将一个平方可积分函数 $f(x)$ 表示为两个平方可积分函数之和的形式: $f'(x) + f''(x)$, 则当用撇号表示与它们相对应的数量时, 我们有

$$f(x) - s_n(x) = [f'(x) - s'_n(x)] + [f''(x) - s''_n(x)],$$

从而

$$[f(x) - s_n(x)]^2 \leqslant 2\{[f'(x) - s'_n(x)]^2 + [f''(x) - s''_n(x)]^2\}, \text{ ①}$$

而且进一步有

$$\int_{-\pi}^{\pi} [f(x) - s_n(x)]^2 dx \leqslant 2 \left\{ \int_{-\pi}^{\pi} [f'(x) - s'_n(x)]^2 dx + \int_{-\pi}^{\pi} [f''(x) - s''_n(x)]^2 dx \right\}$$

或者简单地写作:

$$\delta_n \leqslant 2\{\delta'_n + \delta''_n\}.$$

最后, 我们注意: 从 (应用到函数 f' 的) 贝塞尔恒等式 [参考 (19)] 可推得

$$\delta''_n \leqslant \int_{-\pi}^{\pi} f''^2 dx.$$

因此, 结果得到

$$\delta_n \leqslant 2\{\delta'_n + \int_{-\pi}^{\pi} f''^2 dx\}. \tag{21}$$

这就是我们需要的不等式.

3° 现在设函数 $f(x)$ 在区间 $[-\pi, \pi]$ 上常义可积分 (那么它是有界的). 我们可认为 $f(-\pi) = f(\pi)$, 因为如果需要的话, 只要改变函数在区间的一个端点上的值. 与证明魏尔斯特拉斯第一定理 [734] 时相同, 作出辅助函数 $\phi(x)$, 但在这次我们选取区间的细分法使得

$$\sum_i \omega_i \Delta x_i < \frac{\varepsilon}{4\Omega},$$

---

① 在这里, 我们应用了初等不等式

$$(a + b)^2 \leqslant 2(a^2 + b^2).$$

其中 ε 是预先任意取定的正数, ω_i 是函数 f 在第 i 个部分区间上的振幅, Ω 是函数 f 在 $-\pi$ 到 π 的整个区间上的完全振幅 [**297**].

令

$$f' = \varphi, \quad f'' = f - \varphi.$$

根据 1°, 当 $n \to \infty$ 时, $\delta'_n \to 0$, 因此从 n 的某一值开始,

$$\delta'_n < \frac{\varepsilon}{4}.$$

在另一方面, 因为在第 i 个部分区间上

$$|f''(x)| = |f(x) - \varphi(x)| \leqslant \omega_i,$$

所以

$$\int_{-\pi}^{\pi} f''^2 dx = \sum_i \int_{x_i}^{x_{i+1}} f''^2 dx \leqslant \sum_i \omega_i^2 \Delta x_i \leqslant \Omega \sum_i \omega_i \Delta x_i < \frac{\varepsilon}{4}.$$

现在根据 (21), 已经显然可见: 对于充分大的 n,

$$\delta_n < \varepsilon,$$

等等.

4° 最后, 设函数 $f(x)$ 是非常义可积分的, 但是必须是平方可积的. 为了简单起见, 我们假定在这里 $x = \pi$ 是 f (与 f^2) 的唯一的奇异点. 这时对于已给的 $\varepsilon > 0$, 可找到 $\eta > 0$, 使得

$$\int_{\pi-\eta}^{\pi} f^2 dx < \frac{\varepsilon}{4}.$$

在这种情形下, 令:

$$f'(x) = \begin{cases} f(x), & \text{当} -\pi \leqslant x < \pi - \eta \text{ 时}, \\ 0, & \text{当} x \geqslant \pi - \eta \text{ 时}, \end{cases}$$

并且相反地令

$$f''(x) = \begin{cases} 0, & \text{当} -\pi \leqslant x < \pi - \eta \text{ 时}, \\ f(x), & \text{当} x \geqslant \pi - \eta \text{ 时}. \end{cases}$$

显然

$$\int_{-\pi}^{\pi} f''^2 dx = \int_{\pi-\eta}^{\pi} f^2 dx < \frac{\varepsilon}{4}.$$

在另一方面, 把刚才所证明的结果应用到常义可积函数 f'. 应用 (21), 我们可以断定这时也有 $\delta_n \to 0$. 这样, 李雅普诺夫定理的证明就完成了.

利用上目中所建立的术语, 我们可以说三角函数系是封闭的.

737. 广义封闭性方程 设已经给出在区间 $[-\pi, \pi]$ 上平方可积的两个函数 $f(x)$ 及 $\varphi(x)$. 如我们所知 [**483**, 6)], 这时函数 $f + \varphi$ 与 $f - \varphi$ 也是平方可积的. 如果分别用 a_m, b_m 与 α_m, β_m 分别表示函数 f 与 φ 的傅里叶系数, 则显然 $a_m \pm \alpha_m, b_m \pm \beta_m$ 是函数 $f \pm \varphi$ 的傅里叶系数.

将封闭性方程分别应用到函数 $f + \varphi$ 与 $f - \varphi$, 我们得到

$$\frac{(a_0 + \alpha_0)^2}{2} + \sum_{m=1}^{\infty} [(a_m + \alpha_m)^2 + (b_m + \beta_m)^2] = \frac{1}{\pi} \int_{-\pi}^{\pi} [f + \varphi]^2 dx$$

与

$$\frac{(a_0 - \alpha_0)^2}{2} + \sum_{m=1}^{\infty} [(a_m - \alpha_m)^2 + (b_m - \beta_m)^2] = \frac{1}{\pi} \int_{-\pi}^{\pi} [f - \varphi]^2 dx.$$

如果将这两个等式两端相减, 则当注意到恒等式

$$(a + b)^2 - (a - b)^2 = 4ab$$

时, 我们得到广义封闭性方程

$$\frac{a_0 \alpha_0}{2} + \sum_{m=1}^{\infty} (a_m \alpha_m + b_m \beta_m) = \frac{1}{\pi} \int_{-\pi}^{\pi} f(x) \varphi(x) dx. \tag{22}$$

当 $\varphi = f$ 时, 由此得方程 (20). 这个一般的公式也称为帕塞瓦尔公式.

广义封闭性方程 (22) 与傅里叶级数的逐项积分的问题有极密切的关系. 系数 α_m, β_m 用它们的积分表示式来代替:

$$\alpha_m = \frac{1}{\pi} \int_{-\pi}^{\pi} \varphi(x) \cos mx\, dx \qquad (m = 0, 1, 2, \cdots),$$

$$\beta_m = \frac{1}{\pi} \int_{-\pi}^{\pi} \varphi(x) \sin mx\, dx \qquad (m = 1, 2, \cdots),$$

把等式 (22) 改写成下列形式:

$$\int_{-\pi}^{\pi} \frac{a_0}{2} \varphi(x) dx + \sum_{m=1}^{\infty} \int_{-\pi}^{\pi} (a_m \cos mx + b_m \sin mx) \varphi(x) dx = \int_{-\pi}^{\pi} f(x) \varphi(x) dx.$$

由此可见, 上述等式完全与这个断语等价: 用任意的 (平方可积) 函数 $\varphi(x)$ 乘 (平方可积) 函数 $f(x)$ 的傅里叶级数后, 则能在从 $-\pi$ 到 π 的区间上逐项积分. (这就是说结果得到两个函数的乘积的积分!)

当然, 在这里区间 $[-\pi, \pi]$ 可用它的一部分 $[x', x'']$ 来代替, 因为这就归结到 (譬如说) 将函数 φ 用另外一函数来代替: 这个函数在区间 $[x', x'']$ 上与 φ 一致, 而在这区间外则等于零. 当 $\varphi = 1$ 时, 我们回到了在 **731** 中所建立的论断, 但是在这里有一点限制: 我们还须要假定函数 f 是平方可积的.

当对 f 与 φ 加上不对称的条件时, 就是减轻一个函数的条件, 而加重另一个函数的条件时, 我们也能证明公式 (22). 杨 (W. H. Young) 像这样推得了下面的定理: 假定函数 $f(x)$ 在区间 $[-\pi, \pi]$ 上绝对可积, 而函数 $\varphi(x)$ 有有界变差, 则公式 (22) 成立.

　　证明　要依靠函数 $\varphi(x)$ 的傅里叶级数的部分和 $\sigma_n(x)$ 的一个性质, 一直到后面我们才证明这个性质 [**744**, 5°]: 部分和一致有界. 这就是说, 对于 $-\pi \leqslant x \leqslant \pi$ 与 $n = 1, 2, \cdots$,

$$|\sigma_n(x)| \leqslant L \quad (L = 常数).$$

我们暂时应用这个性质而不加证明.

　　不失推理的一般性, 可假定函数 $\varphi(x)$ 的不连续点都是正则的 [**684**], 因此永远有

$$\varphi(x) = \frac{\varphi(x+0) + \varphi(x-0)}{2};$$

在这种情形下, 根据狄利克雷–若尔当定理 [**686**], 关于 x 的一切值, 我们有

$$\lim_{n \to \infty} \sigma_n(x) = \varphi(x),$$

并且同时

$$\lim_{n \to \infty} f(x)\sigma_n(x) = f(x)\varphi(x).$$

　　如果 $f(x)$ 有界:

$$|f(x)| \leqslant M \quad (M = 常数),$$

因此

$$|f(x)\sigma_n(x)| \leqslant ML \quad (n = 0, 1, 2, \cdots),$$

则由阿尔采拉定理 [**526**], 我们断定

$$\lim_{n \to \infty} \int_{-\pi}^{\pi} f(x)\sigma_n(x)dx = \int_{-\pi}^{\pi} f(x)\varphi(x)dx. \tag{23}$$

　　对于无界的 (但是绝对可积的) 函数的情形, 也可断定这个等式正确. 设 $x = \pi$ 是 $f(x)$ 是唯一的奇异点. 这时首先对于已给的 $\varepsilon > 0$, 我们选取 $\eta > 0$, 使得

$$\int_{\pi-\eta}^{\pi} |f(x)|dx < \varepsilon;$$

同时不等式

$$\left| \int_{\pi-\eta}^{\pi} f(x)\varphi(x)dx \right| < L\varepsilon, \quad \left| \int_{\pi-\eta}^{\pi} f(x)\sigma_n(x)dx \right| < L\varepsilon$$

也成立 (无论 n 是怎样, 后一不等式成立). 在区间 $[-\pi, \pi - \eta]$ 上 [函数 $f(x)$ 在这区间上有界] 与 (23) 相似, 我们有

$$\lim_{n \to \infty} \int_{-\pi}^{\pi-\eta} f(x)\sigma_n(x)dx = \int_{-\pi}^{\pi-\eta} f(x)\varphi(x)dx.$$

由此就已容易得到等式 (23).

已证的等式只是公式 (22) 的另一种写法, 因为

$$\frac{1}{\pi} \int_{-\pi}^{\pi} f(x)\sigma_n(x)dx = \frac{1}{\pi} \int_{-\pi}^{\pi} f(x)\left[\frac{\alpha_0}{2} + \sum_{m=1}^{n}(\alpha_m \cos mx + \beta_m \sin mx)\right]dx$$

$$= \frac{a_0\alpha_0}{2} + \sum_{m=1}^{n}(a_m\alpha_m + b_m\beta_m).$$

在与前面不同的条件下, 作为与傅里叶级数的逐项积分法相关的论断, 我们能够重新表述广义封闭性方程. (而且由于在这里对函数 f 与 φ 加上不对称的条件, 所以有两种不同的表述法.) 我们注意这次可得到第 **731** 目中的命题作为有完全一般的推论.

738. 傅里叶级数的乘法 设已知两个函数 f 及 φ, 与它们的傅里叶级数:

$$f(x) \sim \frac{a_0}{2} + \sum_{m=1}^{\infty}(a_m \cos mx + b_m \sin mx),$$

$$\varphi(x) \sim \frac{\alpha_0}{2} + \sum_{m=1}^{\infty}(\alpha_m \cos mx + \beta_m \sin mx).$$

我们现在提出的问题是: 要将这两函数的乘积 $f\varphi$ 写成傅里叶级数:

$$f(x)\varphi(x) \sim \frac{A_0}{2} + \sum_{m=1}^{\infty}(A_m \cos mx + B_m \sin mx),$$

也就是要将它的系数用已给的系数 a, b 与 α, β 表示出来.

我们假定函数 f 与 φ 平方可积[1], 于是关于它们的广义封闭性方程 (22) 成立. 这时由它可直接导出系数 A_0 的表示式:

$$A_0 = \frac{1}{\pi} \int_{-\pi}^{\pi} f\varphi dx = \frac{a_0\alpha_0}{2} + \sum_{m=1}^{\infty}(a_m\alpha_m + b_m\beta_m).$$

确定系数 A_k, B_k 时 (当 $k = 1, 2, \cdots$ 时), 也不难归结到应用公式 (22). A_k 的表示式

$$A_k = \frac{1}{\pi} \int_{-\pi}^{\pi} f\varphi \cos kx dx$$

与 A_0 的表示式的区别是用 $\varphi \cos kx$ 代替了 φ. 我们设法找出 $\varphi \cos kx$ 的傅里叶系数:

$$\frac{1}{\pi} \int_{-\pi}^{\pi} \varphi(x) \cos kx \cdot \cos mx dx$$

$$= \frac{1}{2}\left\{\frac{1}{\pi} \int_{-\pi}^{\pi} \varphi(x) \cos(m+k)x dx + \frac{1}{\pi} \int_{-\pi}^{\pi} \varphi(x) \cos(m-k)x dx\right\}$$

$$= \frac{1}{2}(\alpha_{m+k} + \alpha_{m-k}),$$

$$\frac{1}{\pi} \int_{-\pi}^{\pi} \varphi(x) \cos kx \cdot \sin mx dx = \frac{1}{2}(\beta_{m+k} + \beta_{m-k}),$$

---

[1]我们可不这样假定, 而假定函数 f 绝对可积, φ 有有界变差.

这些公式不但对于 $m \geqslant k$ 成立, 而且对于 $m < k$ 也成立, 如果约定令

$$\alpha_{-h} = \alpha_h, \quad \beta_{-h} = -\beta_h$$

的话. 现在又根据公式 (22),

$$A_k = \frac{a_0 \alpha_k}{2} + \frac{1}{2} \sum_{m=1}^{\infty} [a_m(\alpha_{m+k} + \alpha_{m-k}) + b_m(\beta_{m+k} + \beta_{m-k})].$$

同样得到

$$B_k = \frac{a_0 \beta_k}{2} + \frac{1}{2} \sum_{m=1}^{\infty} [a_m(\beta_{m+k} - \beta_{m-k}) + b_m(\alpha_{m+k} + \alpha_{m-k})].$$

这些公式就解决了所提出的问题.

有趣的是应指出: 系数 A, B 的这些表示式能够由函数 f 与 φ 的傅里叶级数的形式乘法求得, 如果在乘法中将余弦与正弦的乘积换成它们的和或差, 并且集合各同类项的话. 我们在这里甚至于完全不假定被乘级数收敛, 那么这种情况就更加值得注意了.

739. 封闭性方程的若干应用　在傅里叶级数论本身以及在分析学的其他邻域中, 封闭性方程有多种多样的应用. 我们用例子来考虑几种应用.

1°　**傅里叶级数的绝对收敛性**　下面的定理是由 S. N. 伯恩斯坦院士所发现的: 如果以 2π 为周期的函数 $f(x)$ 满足具有指数 $\alpha > \dfrac{1}{2}$ 的利普希茨条件

$$|f(x+h) - f(x)| \leqslant L|h|^{\alpha},$$

则级数

$$\sum_{n=1}^{\infty} \rho_n \equiv \sum_{n=1}^{\infty} \sqrt{a_n^2 + b_n^2}$$

收敛, 其中 a_n, b_n 是函数 f 的傅里叶系数.[1]

我们首先注意: 如果

$$f(x) \sim \frac{a_0}{2} + \sum_{m=1}^{\infty} (a_m \cos mx + b_m \sin mx),$$

则

$$f(x \pm h) \sim \frac{a_0}{2} + \sum_{m=1}^{\infty} [(a_m \cos mh \pm b_m \sin mh) \cos mx$$
$$+ (b_m \cos mh \mp a_m \sin mh) \sin mx]$$

[**690**, 26)]. 在这种情形下,

$$f(x+h) - f(x-h) \sim 2 \sum_{m=1}^{\infty} \sin mh (b_m \cos mx - a_m \sin mx),$$

---

[1] 由此可知级数 $\sum |a_n|$ 与 $\sum |b_n|$ 分别收敛, 因之对应的傅里叶级数绝对收敛.

并且根据封闭性方程,

$$\frac{1}{\pi}\int_{-\pi}^{\pi}[f(x+h)-f(x-h)]^2dx = 4\sum_{m=1}^{\infty}\rho_m^2\sin^2 mh.$$

如果现在考虑到利普希茨条件本身, 则可用数 $Ch^{2\alpha}$ 估计左端的积分, 其中 C 是常数. 取任意的自然数 N, 令 $h = \dfrac{\pi}{2N}$, 则

$$\sum_{m=1}^{\infty}\rho_m^2\sin^2\frac{m\pi}{2N} \leqslant C_1 N^{-2\alpha}$$

(在这里 C_1 表示一新常数), 因此更有

$$\sum_{m>\frac{N}{2}}^{N}\rho_m^2\sin^2\frac{m\pi}{2N} \leqslant C_1 N^{-2\alpha}.$$

但是关于 $m > \dfrac{N}{2}$, 显然,

$$\sin^2\frac{m\pi}{2N} > \sin^2\frac{\pi}{4} = \frac{1}{2},$$

因而可断定

$$\sum_{m>\frac{N}{2}}^{N}\rho_m^2 \leqslant 2C_1 N^{-2\alpha}.$$

特别, 如果选取 $N = 2^\nu$ $(\nu = 1, 2, \cdots)$, 我们有

$$\sum_{m=2^{\nu-1}+1}^{2^\nu}\rho_m^2 \leqslant 2C_1 \cdot 2^{-2\nu\alpha}.$$

但是根据熟知的不等式 [**133**, (5a)],

$$\sum_{m=2^{\nu-1}+1}^{2^\nu}\rho_m \leqslant \left\{\sum_{m=2^{\nu-1}+1}^{2^\nu}\rho_m^2\right\}^{\frac{1}{2}} \cdot \left\{\sum_{m=2^{\nu-1}+1}^{2^\nu}1^2\right\}^{\frac{1}{2}}$$

$$\leqslant \sqrt{2C_1} \cdot 2^{-\nu\alpha} \cdot 2^{\frac{1}{2}(\nu-1)} = \sqrt{C_1}\,2^{\nu\left(\frac{1}{2}-\alpha\right)}.$$

求 $\nu = 1, 2, \cdots$ 时所有类似的不等式的和, 我们得到

$$\sum_{m=2}^{\infty}\rho_m \leqslant \sqrt{C_1}\sum_{\nu=1}^{\infty}2^{\nu\left(\frac{1}{2}-\alpha\right)} < +\infty,$$

因为当 $a > \dfrac{1}{2}$ 时右端的级数收敛. 这样就将定理证明了.

这里得到的结果极为准确: 我们能用例子证明, 当 $\alpha = \dfrac{1}{2}$ 时, 它就不能成立.

2° **若干不等式的证明** 封闭性方程可以用来证明一系列有用的不等式.

我们先研究斯捷克洛夫首先指出并且成功地应用到数学物理上的不等式. 设函数 $f(x)$ 在区间 $[0,\pi]$ 上连续, 并且在这区间上 (只可能有有限个例外点) 有平方可积的导数 $f'(x)$. 这时如果条件

$$\text{(a)}\quad \int_0^\pi f(x)dx = 0$$

或

$$\text{(б)}\quad f(0) = f(\pi) = 0$$

中有一个成立, 则不等式

$$\int_0^\pi [f'(x)]^2 dx \geqslant \int_0^\pi [f(x)]^2 dx \tag{24}$$

成立; 而且在情形 (a) 下, 只有当函数有 $f(x) = A\cos x$ 的形式时才能得到等式, 在情形 (б) 下, 则只有当函数有 $f(x) = B\sin x$ 的形式时, 才能得到等式.

我们从情形 (a) 开始. 在这种情形下, 函数在区间 $[0,\pi]$ 上的余弦展开式中缺常数项:

$$f(x) \sim \sum_{n=1}^\infty a_n \cos nx.$$

因为对于函数 $f(x)$ 在区间 $[-\pi, 0]$ 上的偶性延拓, 条件 $f(-\pi) = f(\pi)$ 成立, 则根据第 **732** 目的法则,

$$f'(x) \sim -\sum_{n=1}^\infty na_n \sin nx.$$

不难看出, 封闭性方程在区间 $[0,\pi]$ 上关于余弦级数与正弦级数都成立; 现在根据这个方程则有

$$\frac{2}{\pi}\int_0^\pi [f(x)]^2 dx = \sum_{n=1}^\infty a_n^2,$$

并且同时有

$$\frac{2}{\pi}\int_0^\pi [f'(x)]^2 dx = \sum_{n=1}^\infty n^2 a_n^2.$$

于是可直接推出不等式 (24), 而且显然, 只有如果

$$a_n = 0 \quad \text{在 } n \geqslant 2 \text{ 时,}$$

也就是如果 $f(x) = a_1 \cos x$, 则 (24) 中的等式才可能成立.

在情形 (б) 下, 我们同样考虑函数 $f(x)$ 的正弦级数:

$$f(x) \sim \sum_{n=1}^\infty b_n \sin nx.$$

对于函数 $f(x)$ 在区间 $[-\pi, 0]$ 上的奇性延拓, 根据条件 (б), 在 $x = 0$ 处仍有连续性, 而且也具备条件 $f(-\pi) = f(\pi)$, 因此可重新应用第 **732** 目的法则:

$$f'(x) \sim \sum_{n=1}^\infty nb_n \cos nx.$$

在这里再应用封闭性方程就能够立刻解决我们的问题.

后来, 维尔丁格 (W. Wirtinger) 建立了若干较一般的不等式. 假定函数 $f(x)$ 在区间 $[-\pi, \pi]$ 上连续, 并且在这区间上 (只可能有有限个例外点) 有平方可积分的导数 $f'(x)$. 那么如果条件

$$f(-\pi) = f(\pi) \ \text{及} \ \int_{-\pi}^{\pi} f(x)dx = 0$$

成立, 则不等式

$$\int_{-\pi}^{\pi} [f'(x)]^2 dx \geqslant \int_{-\pi}^{\pi} [f(x)]^2 dx \tag{25}$$

成立, 而且关于形如 $f(x) = A\cos x + B\sin x$ 的函数能得到等式.

与上面一样, 证明归结于应用封闭性方程到下列级数:

$$f(x) \sim \sum_{n=1}^{\infty} a_n \cos nx + b_n \sin nx$$

与

$$f'(x) \sim \sum_{n=1}^{\infty} n(b_n \cos nx - a_n \sin nx).$$

如果特别地假设函数 $f(x)$ 是 (a) 偶函数或 (б) 奇函数, 则由 (25) 得到斯捷克洛夫不等式.

在下面, 我们要举出建立更复杂的不等式的例子.

3° **等周问题** 在具有已给长度 L 的一切可能的平面闭曲线中, 需要找出包围着最大面积的图形的那个曲线.

我们已经知道解答是圆周. 现在叙述赫尔维茨 (A. Hurwitz) 所得到的一个纯粹分析上的证明, 而且只限于考虑光滑曲线.

设长为 L 的光滑闭曲线 (L) 是用参数方程给出的, 并且取从某一点开始计算的弧长 s 作为参数:

$$x = x(s), \quad y = y(s) \quad (0 \leqslant s \leqslant L).$$

换用从 0 到 2π 之间变化的参数 $t = \dfrac{2\pi s}{L}$, 将这些方程写成下列形式:

$$x = \varphi(t), \quad y = \psi(t) \quad (0 \leqslant t \leqslant 2\pi);$$

我们特别注意下列条件成立:

$$\varphi(0) = \varphi(2\pi) \quad \text{及} \quad \psi(0) = \psi(2\pi).$$

根据 [**732** 目], 显然对函数 $\varphi(t)$ 与 $\psi(t)$ 的傅里叶级数:

$$\varphi(t) = \frac{a_0}{2} + \sum_{m=1}^{\infty} a_m \cos mt + b_m \sin mt,$$

$$\psi(t) = \frac{c_0}{2} + \sum_{m=1}^{\infty} c_m \cos mt + d_m \sin mt,$$

逐项微分, 就得到它们的导数的傅里叶级数:

$$\varphi'(t) \sim \sum_{m=1}^{\infty} mb_m \cos mt - ma_m \sin mt,$$

$$\psi'(t) \sim \sum_{m=1}^{\infty} md_m \cos mt - mc_m \sin mt.$$

在这里应用封闭性方程, 我们得到

$$\frac{1}{\pi} \int_0^{2\pi} [\varphi'(t)]^2 dt = \sum_{m=1}^{\infty} m^2(a_m^2 + b_m^2),$$

$$\frac{1}{\pi} \int_0^{2\pi} [\psi'(t)]^2 dt = \sum_{m=1}^{\infty} m^2(c_m^2 + d_m^2).$$

因为

$$[\varphi'(t)]^2 + [\psi'(t)]^2 = (s_t')^2 = \frac{L^2}{4\pi^2}, \tag{26}$$

所以

$$L^2 = 2\pi^2 \sum_{m=1}^{\infty} m^2(a_m^2 + b_m^2 + c_m^2 + d_m^2). \tag{27}$$

在另一方面, 根据已知的公式 [**526** (9)], 可将被考虑的曲线所包围图形的面积 F 表示为:

$$F = \int_{(L)} x dy = \int_0^{2\pi} x \frac{dy}{dt} dt = \int_0^{2\pi} \varphi(t)\psi'(t) dt.^{①} \tag{28}$$

在这次应用广义封闭性方程, 将面积的表示式写成下列形式:

$$F = \pi \sum_{m=1}^{\infty} m(a_m d_m - b_m c_m). \tag{29}$$

在这种情形下, 用 4π 乘等式 (29), 再从等式 (27) 中减去, 便得到

$$L^2 - 4\pi F = 2\pi^2 \left\{ \sum_{m=1}^{\infty} m^2(a_m^2 + b_m^2 + c_m^2 + d_m^2) - \sum_{m=1}^{\infty} 2m(a_m d_m - b_m c_m) \right\}$$

$$= 2\pi^2 \left\{ \sum_{m=1}^{\infty} (ma_m - d_m)^2 + \sum_{m=1}^{\infty} (mc_m + b_m)^2 + \sum_{m=2}^{\infty} (m^2 - 1)(b_m^2 + d_m^2) \right\},$$

并且因为在大括号内和式中的一切项都不是负的, 所以 "等周不等式"

$$L^2 - 4\pi F \geqslant 0,$$

即

$$F \leqslant \frac{L^2}{4\pi}$$

永远成立.

---

①如果假定 (我们能够这样假定) 当参数 t 由 0 变到 2π 时, 则依照正向描出了这曲线.

只有当和式中的一切项都是零时, 就是当

$$d_m = ma_m, \quad b_m = -mc_m \quad (m = 1, 2, \cdots), \quad b_m = d_m = 0 \quad (m = 2, 3, \cdots)$$

时, 才能在上式中取等号 —— 并且同时面积 F 达到它所可能取得的最大值. 这种条件与下列关系式等价:

$$d_1 = a_1, \quad c_1 = -b_1, \quad a_m = b_m = c_m = d_m = 0 \quad 关于 \quad m \geqslant 2.$$

但这时

$$x = \frac{1}{2}a_0 + a_1 \cos t + b_1 \sin t,$$

$$y = \frac{1}{2}c_0 - b_1 \cos t + a_1 \sin t,$$

从而

$$\left(x - \frac{1}{2}a_0\right)^2 + \left(y - \frac{1}{2}c_0\right)^2 = a_1^2 + b_1^2,$$

所以这曲线就是圆周! 由此证明了圆周的极值性质.

此外我们注意如果应用不等式 (25) [①], 则不用封闭性方程已能证明等周不等式. 实际上, 不失普遍性, 我们可以假定曲线的重心在 y 轴上, 这就是说

$$\int_0^{2\pi} \varphi(t)dt = 0. \tag{30}$$

则由 (26) 及 (28), 得到

$$\frac{L^2}{2\pi} - 2F = \int_0^{2\pi} [\varphi'^2 + \psi'^2]dt - 2\int_0^{2\pi} \varphi\psi' dt = \int_0^{2\pi} [\varphi - \psi']^2 dt + \int_0^{2\pi} [\varphi'^2 - \varphi^2]dt \geqslant 0$$

—— 这正是根据不等式 (25), 并且考虑到条件 (30) 而得到的. 在这里只有当 $\varphi(t) = A\cos t + B\sin t$ 及 $\psi'(t) = \varphi(t)$ 时才能得到等式, 而这时 $\psi(t) = A\sin t - B\cos t + C$, 等等.

§2. 广义求和法在傅里叶级数上应用

740. 基本引理　为了避免在以下的叙述中重复起见, 我们先作若干一般的讨论, 这些讨论是下面一系列证明的实质. 考虑一般形式的含参数 λ 的积分 $(a > 0)$:

$$J(\lambda) = \int_0^a g(t)\Phi(t, \lambda)dt. \tag{1}$$

设参数的变化区域是某一集合 $\Lambda = \{\lambda\}$, 它有一有限或无限的聚点 ω. 假定函数 $\Phi(t, \lambda)$ 关于 t 在 $[0, a]$ 上的值及 λ 在 Λ 中的值有意义, 并且当 λ 是常数时, 这个函数对于 t 为常义可积. 此外, 我们还对函数 $\Phi(t, \lambda)$ 加上下列三个条件:

　　$1°$　　$\Phi(t, \lambda) \geqslant 0$;

[①]显然, 当将区间 $[-\pi, \pi]$ 换作 $[0, 2\pi]$ 时, 它亦成立.

2°　不论 λ 是 Λ 中的哪个值,

$$\int_0^a \Phi(t,\lambda)dt = 1; \text{①}$$

3°　对于任意的 $\delta, 0 < \delta < a$, 数量

$$M(\delta,\lambda) = \sup_{t \geqslant \delta} \Phi(t,\lambda)$$

当 $\lambda \to \omega$ 时趋近于零.

为了简单起见, 我们将满足这些条件的函数 Φ 叫做 "正核".

引理　如果 $\Phi(t,\lambda)$ 是正核, 而 $g(t)$ 是任意的绝对可积函数, 并且极限 $g(+0)$ 存在, 则

$$\lim_{\lambda \to \omega} J(\lambda) = g(+0).$$

证　由 2°,

$$g(+0) = \int_0^a g(+0)\Phi(t,\lambda)dt;$$

从等式 (1) 的两端减去这等式, 就得到:

$$J(\lambda) - g(+0) = \int_0^a [g(t) - g(+0)]\Phi(t,\lambda)dt.$$

已给任意的数 $\varepsilon > 0$, 现在我们选取 δ $(0 < \delta < a)$, 使得当 $0 < t \leqslant \delta$ 时,

$$|g(t) - g(+0)| < \frac{\varepsilon}{2},$$

并且我们将上面的积分分解成为两个积分的和:

$$\int_0^a = \int_0^\delta + \int_\delta^a = J_1 + J_2.$$

对于其中第一个积分, 注意 1° 与 2°, 立刻得到一个与 λ 无关的估计值:

$$|J_1| \leqslant \int_0^\delta |g(t) - g(+0)|\Phi(t,\lambda)dt < \frac{\varepsilon}{2}\int_0^\delta \Phi(t,\lambda)dt < \frac{\varepsilon}{2}.$$

另一方面,

$$|J_2| \leqslant \int_\delta^a |g(t) - g(+0)|\Phi(t,\lambda)dt \leqslant M(\delta,\lambda)\int_0^a |g(t) - g(+0)|dt. \tag{2}$$

---

① 只要假定

$$\lim_{\lambda \to \omega} \int_0^a \Phi(t,\lambda)dt = 1$$

就够了, 但是我们不研究这种推广.

由 3°, $J_2 \to 0$, 因此对于充分接近于 ω 的值 λ, 就有 $|J_2| < \dfrac{\varepsilon}{2}$, 而且同时有

$$|J(\lambda) - g(+0)| < \varepsilon,$$

这就是所需要证明的.

对于以上所讲的我们还要作补充如下. 假定函数 g 除去与变量 t 有关外, 还与一变量 x $(0 \leqslant x \leqslant a)$ 有关:

$$g = g(t, x),$$

而且当 x 为常数时满足前面的条件. 这时, 如果 1) $g(t, x)$ 对于一切 t 与 x 一致有界

$$|g(t, x)| \leqslant L$$

并且 2) $g(t, x)$ 关于 x 一致趋近于 $g(+0, x)$; 则当 $\lambda \to \omega$ 时, 积分

$$J(\lambda, x) = \int_0^a g(t, x) \Phi(t, \lambda) dt$$

关于 x 一致趋近于极限 $g(+0, x)$.

实际上, 根据 2) 我们可选取前面已考虑过的数 δ 与 x 无关. 又因为根据 1),

$$|g(t, x) - g(+0, x)| \leqslant 2L,$$

所以能改变不等式 (2) 如下:

$$|J_2| \leqslant 2LaM(\delta, \lambda),$$

其中右端与 x 毫无关系. 由此可见对于充分接近于 ω 的值 λ, 不等式 $|J_2| < \dfrac{\varepsilon}{2}$ 同时关于一切值 x 成立, 因而不等式

$$|J(\lambda, x) - g(+0, x)| < \varepsilon$$

同时关于一切值 x 成立, 这就是所需要证明的.

741. 傅里叶级数的泊松–阿贝尔求和法   设 $f(x)$ 又表示以 2π 为周期并且在任意的有限区间上绝对可积的函数. 考虑它的傅里叶级数

$$f(x) \sim \frac{a_0}{2} + \sum_{m=1}^{\infty} a_m \cos mx + b_m \sin mx \tag{3}$$

并且当任意固定 x 时, 对于这个级数应用泊松–阿贝尔广义求和法 [**418**]. 为此, 我们用 r^m $(m = 0, 1, 2, \cdots)$ 依次乘这个级数的各项, 其中 $0 < r < 1$, 并且作出级数

$$f(r, x) = \frac{a_0}{2} + \sum_{m=1}^{\infty} r^m (a_m \cos mx + b_m \sin mx). \tag{4}$$

因为当 $m \to \infty$ 时, 系数 a_m, b_m 趋近于零 [682], 所以它们全体有界:

$$|a_m|, |b_m| \leqslant K \quad (K = 常数),$$

因此级数 (4) 简单地以级数 $2K \sum_0^\infty r^m$ 作为强函数, 并且显然收敛.

现须研究当 $r \to 1$ 时它的和 $f(r, x)$ 的性质, 为了使研究简化, 我们将 $f(r, x)$ 表成积分的形式. 如果把 (4) 中的系数 a_m, b_m 用它们的积分表示式

$$a_m = \frac{1}{\pi} \int_{-\pi}^{\pi} f(u) \cos mu \, du \quad (m = 0, 1, 2, \cdots),$$

$$b_m = \frac{1}{\pi} \int_{-\pi}^{\pi} f(u) \sin mu \, du \quad (m = 1, 2, \cdots)$$

来代替, 则首先得到

$$f(r, x) = \frac{1}{2\pi} \int_{-\pi}^{\pi} f(u) du + \frac{1}{\pi} \sum_{m=1}^{\infty} r^m \int_{-\pi}^{\pi} f(u) \cos m(u - x) du,$$

然后

$$f(r, x) = \frac{1}{\pi} \int_{-\pi}^{\pi} f(u) \left\{ \frac{1}{2} + \sum_{m=1}^{\infty} r^m \cos m(u - x) \right\} du.$$

这种转换是根据第 **510** 目中的推论进行的: 用绝对可积函数乘大括弧内 (关于 x 的) 一致收敛级数后, 我们可以逐项积分. 因为已知这个级数的和 [例如可参考 **418**, 2)]:

$$\frac{1}{2} + \sum_{m=1}^{\infty} r^m \cos m(u - x) = \frac{1}{2} \frac{1 - r^2}{1 - 2r \cos(u - x) + r^2},$$

所以最后得到这样的表示式:

$$f(r, x) = \frac{1}{2\pi} \int_{-\pi}^{\pi} f(u) \frac{1 - r^2}{1 - 2r \cos(u - x) + r^2} du. \tag{5}$$

这个值得注意的积分称为**泊松** (S. D. Poisson) **积分**, 它在分析学中许多问题上起着重要的作用.

事实上, 在 "广义求和" 的观念出现以前好久, 泊松已经研究过级数 (4) 以及从它导出的积分 (5), 但是他的推理是不够严格的. 施瓦茨 (H. A. Schwarz) 才建立了泊松积分的严密理论.

定理 设函数 $f(x)$ 在所考虑的点 x 处有右极限与左极限 $f(x \pm 0)$. 则

$$\lim_{r \to 1-0} f(r, x) = \lim_{r \to 1-0} \frac{1}{2\pi} \int_{-\pi}^{\pi} f(u) \frac{1 - r^2}{1 - 2r \cos(u - x) + r^2} du$$

$$= \frac{f(x + 0) + f(x - 0)}{2}, \tag{6}$$

特别在连续点处, 这个极限就等于 $f(x)$.

如果函数 $f(x)$ 处处连续,[①] 则 $f(r,x)$ 关于 x 一致趋近于 $f(x)$.

证   与变换狄利克雷积分一样 [**681**], 对于泊松积分 (5) 作变换, 我们得到

$$f(r,x) = \frac{1}{2\pi} \int_0^\pi [f(x+t) + f(x-t)] \frac{1-r^2}{1-2r\cos t + r^2} dt. \tag{7}$$

为了要把上目中的引理应用到这一积分, 令

$$\frac{f(x+t) + f(x-t)}{2} = g(t),$$

并且取函数

$$\Phi(t,r) = \frac{1}{\pi} \frac{1-r^2}{1-2r\cos t + r^2} \tag{8}$$

作为核 ("泊松核"). 在这里, r 起着参变数 λ 的作用, 它的变化的区域是区间 $[0,1)$, 而 $\omega = 1$. 我们要证明函数 Φ 满足前目中对于正核所提出的一切条件.

首先 $\Phi(t,r) > 0$ [参考条件 1°]. 实际上, 当 $r < 1$ 时, 分数 (8) 的分子显然是正的; 如果将分母写成下列形式

$$1 - 2r\cos t + r^2 = (1-r)^2 + 4r\sin^2 \frac{t}{2}, \tag{9}$$

则对于分母也容易作出同样的结论. 其次, 如果在 (7) 中令 $f \equiv 1$, 则也有 $f(r,x) \equiv 1$, 并且我们得到

$$\frac{1}{\pi} \int_0^\pi \frac{1-r^2}{1-2r\cos t + r^2} dt = 1,$$

这就是说条件 2° 得到满足. 最后, 当 $\delta \leqslant t \leqslant \pi$ 时 (如果数 δ 是在 0 与 π 之间任意选取的), 就有 $\sin \frac{t}{2} \geqslant \sin \frac{\delta}{2}$, 因此 [参考 (9)]

$$1 - 2r\cos t + r^2 \geqslant 4r\sin^2 \frac{\delta}{2}.$$

于是

$$M(\delta, r) = \sup_{\delta \leqslant t \leqslant \pi} \Phi(t,r) \leqslant \frac{1}{\pi} \frac{1-r^2}{4r\sin^2 \dfrac{\delta}{2}}.$$

当 $r \to 1$ 时, 显然 $M(\delta, r) \to 0$ (δ 是固定的): 这就是说条件 3° 也得到满足.

在这种情形下, 根据已提到的引理, 我们有

$$\lim_{r \to 1-0} f(r,x) = \lim_{t \to +0} \frac{f(x+t) + f(x-t)}{2} = \frac{f(x+0) + f(x-0)}{2},$$

这就是所需要证明的.

[①]请回忆我们假定函数 $f(x)$ 有周期 2π.

现在设函数 $f(x)$ 是处处连续的. 则它必有界: $|f(x)| \leqslant K$, 而且同时

$$\left| \frac{f(x+t) + f(x-t)}{2} \right| \leqslant K.$$

此外, 由于函数 $f(x)$ 一致连续, 当 $t \to +0$ 时, 表示式

$$\frac{f(x+t) + f(x-t)}{2}$$

关于 x 一致趋近于极限 $f(x)$. 这样, 再根据前目所作的补充说明, 就证实了定理的最后的断语.

由此, 已证明的定理指出了: 如果函数 $f(x)$ 在点 x 处连续, 或充其量有第一种不连续, 则可用泊松–阿贝尔法求傅里叶级数 (3) 在点 x 处的和, 而且根据不同的情况, 它的 "广义和" 是

$$f(x) \quad \text{或} \quad \frac{f(x+0) + f(x-0)}{2}.$$

附注　如果事先只在区间 $[-\pi, \pi]$ 上给出了函数 $f(x)$, 则用通常的方式 [**687**] 推到周期函数时, 容易看出关于 $-\pi < x < \pi$, 一切都与前面相同, 而关于 $x = \pm\pi$,

$$\frac{f(-\pi+0) + f(\pi-0)}{2}$$

是泊松积分的极限或级数的 "广义和".

742. 关于圆的狄利克雷问题的解　前目中已研究的泊松积分能够应用来解决所谓狄利克雷问题的一种简单而重要的特殊情形. 我们回想: 如果函数 $u = u(x, y)$ 与它的导数 $\frac{\partial u}{\partial x}, \frac{\partial u}{\partial y}$, $\frac{\partial^2 u}{\partial x^2}, \frac{\partial^2 u}{\partial y^2}$ 在某一区域内连续, 并且满足偏微分方程

$$\frac{\partial^2 u}{\partial x^2} + \frac{\partial^2 u}{\partial y^2} = 0 \tag{10}$$

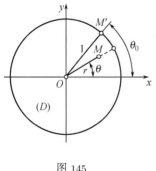

图 145

("拉普拉斯方程"), 则 $u(x, y)$ 称为在这个区域内的调和函数 [**602**, 4)]. 考虑闭周线 (L) 所包围的有限区域 (D). 则对于这个区域的狄利克雷问题可以表述如下: 任意给出周线 (L) 上的连续点函数需要找出在闭区域 (D) 上连续, 并且在它的内部调和的函数 $u = u(x, y)$ 使得这个函数在周线上与已给函数相符.[①] 当区域 (D) 是以原点为中心, 以 1 为半径的圆时, 我们要给出这一问题在这种情形的解. (显然任意圆的情形可以化为这种情形.)

设给出了这个圆周 (L) 上的某一连续点函数. 如果用极角 θ 确定圆周上各点的位置 (图 145), 则这样就等于给出了一个连续

[①] 在第 **602** 目, 7) 中, 已经证明了调和函数是由在周线上的值所唯一确定的.

函数 $f(\theta)$ (显然有周期 2π). 在圆 (D) 的内部也换用极坐标 r, θ 则较为方便, 而将方程 (10) 换成相应变换了的方程

$$\frac{\partial^2 u}{\partial r^2} + \frac{1}{r^2} \frac{\partial^2 u}{\partial \theta^2} + \frac{1}{r} \frac{\partial u}{\partial r} = 0, \tag{10^*}$$

[参考 **222**, 1)]; 因此, 我们要找出当 $r \leqslant 1$ 时的连续函数 $u = u(r, \theta)$, 使得它当 $r < 1$ 时满足方程 (10^*), 而当 $r = 1$ 时与 $f(\theta)$ 符合.

按照导入的次序, 我们从方程 (10^*) 的最简单的解开始 (不考虑常数解):

$$r^n \cos n\theta, \quad r^n \sin n\theta \quad (n = 1, 2, \cdots);$$

用傅里叶的方法就能够将它们找出来 [**721**]. 不难直接证实这些函数满足方程 (10^*). 用任意的因子 A_n, B_n 来乘它们, 并且加入常数项 A_0 后, 作出级数

$$u(r, \theta) = A_0 + \sum_{m=1}^{\infty} (A_m \cos m\theta + B_m \sin m\theta) r^m,$$

这级数在形式上[①]也满足方程 (10^*). 最后, 考虑边界条件: $u = (1, \theta) = f(\theta)$, 我们得到

$$A_0 + \sum_{m=1}^{\infty} A_m \cos m\theta + B_m \sin m\theta = f(\theta),$$

从而, 与通常一样, 我们断定, A_0, A_m, B_m 是函数 $f(\theta)$ 的傅里叶系数:

$$A_0 = \frac{a_0}{2}, \quad A_m = a_m, \quad B_m = b_m.$$

结果我们得到所提出的问题的 (暂时还是形式上的解):

$$u(r, \theta) = \frac{a_0}{2} + \sum_{m=1}^{\infty} r^m (a_m \cos m\theta + b_m \sin m\theta). \tag{11}$$

容易看出这个级数就是函数 $f(\theta)$ 的泊松级数; 如果愿意的话, 可用泊松积分

$$u(r, \theta) = \frac{1}{2\pi} \int_{-\pi}^{\pi} f(u) \frac{1 - r^2}{1 - 2r \cos(u - \theta) + r^2} du \tag{11^*}$$

来代替它. 要证实所作出的函数实际上满足一切条件.

首先, 因为系数 a_m 与 b_m 全体有界, 所以不难看出: 如果限于考虑值 $r \leqslant r_0$ (其中 $r_0 < 1$, 但是可取作随意接近于 1), 则由 (11) 对 r 或对 θ 逐项微分 (一次或两次) 所得到的级数对 r 与 θ 都是一致收敛. 在这种情况下, 它们的和就是函数 $u(r, \theta)$ 的逐阶导数, 并且既然这个函数的级数的一切项分别满足变换了的拉普拉斯方程, 则这个函数本身在圆内, 亦即当 $r < 1$ 时, 也满足这个方程.

函数 $u(r, \theta)$ 在圆内对于两变量全体 (r, θ) 是连续的; 这是因为根据第 **431** 目中的定理 1 (容易将它推广到二元函数的情形), 级数 (11) 同时对于两个变量一致收敛 (当 $r \leqslant r_0 < 1$ 时). 现在证明: 当点 $M(r, \theta)$ 从圆的内部趋近于圆周上的点 $M'(1, \theta_0)$ 时, 函数 $u(r, \theta)$ 恰好趋近于

[①]如果假定可以逐项微分.

$f(\theta_0)$. 实际上, 由于函数 $f(\theta)$ 的连续性, 对于任意取出的 $\varepsilon > 0$, 可以找到这样的 $\delta > 0$, 使得当 $|\theta - \theta_0| < \delta$ 时,

$$|f(\theta) - f(\theta_0)| < \frac{\varepsilon}{2}.$$

另一方面, 因为当 $r \to 1 - 0$ 时, $u(r, \theta)$ 关于 θ 一致趋近于 $f(\theta)$ [**741**], 所以可将数 δ 设作充分小, 使得当 $|r - 1| < \delta$ 时, 对于一切 θ

$$|u(r, \theta) - f(\theta)| < \frac{\varepsilon}{2}.$$

因此, 最后当 $|r - 1| < \delta$ 及 $|\theta - \theta_0| < \delta$ 时, 我们有

$$|u(r, \theta) - f(\theta_0)| < \varepsilon,$$

这样证明就完成了.

743. 傅里叶级数的切萨罗–费耶求和法　　如所已知 [**681**], 可能用狄利克雷积分表示傅里叶级数 (3) 的部分和 $s_n(x)$:

$$s_n(x) = \frac{1}{\pi} \int_{-\pi}^{\pi} f(u) \frac{\sin\left(n + \frac{1}{2}\right)(u - x)}{2 \sin \frac{1}{2}(u - x)} du.$$

在这种情形下, 前面 n 个和式的算术平均可写成下列形式:

$$\sigma_n(x) = \frac{1}{n\pi} \int_{-\pi}^{\pi} f(u) \sum_{m=0}^{n-1} \frac{\sin\left(m + \frac{1}{2}\right)(u - x)}{2 \sin \frac{1}{2}(u - x)} du$$

或者在化简后 [参考 **418**, 2)]:

$$\sigma_n(x) = \frac{1}{2n\pi} \int_{-\pi}^{\pi} f(u) \left[\frac{\sin \frac{n}{2}(u - x)}{\sin \frac{1}{2}(u - x)}\right]^2 du.$$

这个积分称为**费耶** (L. Fejér) **积分**, 因为这位学者首先成功地将算术平均法应用来求傅里叶级数的广义和. 下面的定理也是费耶所发现的 (参考施瓦茨定理):

定理　设函数在所考虑的点 x 处有右极限与左极限 $f(x \pm 0)$. 则

$$\lim_{n \to \infty} \sigma_n(x) = \lim_{n \to \infty} \frac{1}{2n\pi} \int_{-\pi}^{\pi} f(u) \left[\frac{\sin \frac{n}{2}(u - x)}{\sin \frac{1}{2}(u - x)}\right]^2 du$$

$$= \frac{f(x + 0) + f(x - 0)}{2}. \tag{12}$$

特别在连续点处, 这个极限等于 $f(x)$.

如果函数 $f(x)$ 处处连续,[①] 则和式 $\sigma_n(x)$ 关于 x 一致趋近于 $f(x)$.

证 与狄利克雷积分及泊松积分相似, 我们可将费耶积分表成下列形式:

$$\sigma_n(x) = \frac{1}{2n\pi} \int_0^\pi [f(x+t)+f(x-t)] \left(\frac{\sin \frac{n}{2}t}{\sin \frac{1}{2}t} \right)^2 dt. \tag{13}$$

如果如 **741** 目一样, 令

$$\frac{f(x+t)+f(x-t)}{2} = g(t),$$

并且取函数

$$\Phi(t,n) = \frac{1}{n\pi} \left(\frac{\sin \frac{n}{2}t}{\sin \frac{1}{2}t} \right)^2$$

作为核 ("费耶核"), 则这种情形也适合于第 **740** 目的一般方法.

容易证实实际上这是 (如在第 **740** 目中所定义的) 正核 (在这里自然数参数 n 代替了 λ; $\omega = +\infty$). 事实上, 可以立刻看到

$$\Phi(t,n) \geqslant 0.$$

如果在 (13) 中取 $f \equiv 1$, 则同时 $s_n \equiv 1$, 而且也有 $\sigma_n \equiv 1$, 因此

$$\frac{1}{n\pi} \int_0^\pi \left(\frac{\sin \frac{n}{2}t}{\sin \frac{1}{2}t} \right)^2 dt = 1, \tag{14}$$

这就是说费耶核满足第 **740** 目的条件 2°. 至于条件 3°, 则因容易得到估计值

$$M(\delta,n) = \sup_{\delta \leqslant t \leqslant \pi} \Phi(t,n) \leqslant \frac{1}{n\pi} \frac{1}{\sin^2 \frac{\delta}{2}},$$

从而也可推出当 $n \to \infty$ 时, $M(\delta,n) \to 0$.

在这种情形下, 应用第 **740** 目的引理, 就得到极限关系式 (12).

最后, 如在施瓦茨定理的情形一样, 可证实定理最后的结论.

在这次, 由已经证明的定理可以看出: 如果函数 $f(x)$, 在点 x 处连续, 或充其量有第一种不连续, 则可用算术平均法求傅里叶级数 (3) 的和, 而且

$$f(x) \quad \text{或} \quad \frac{f(x+0)+f(x-0)}{2}$$

[①] 参考第 499 页的脚注.

分别是它的 "广义和".

根据弗罗贝尼乌斯定理 [**421**], 从这个断语能够推得到第 **741** 目中关于泊松-阿贝尔求和法的类似断语.

如果函数 $f(x)$ 只在区间 $[-\pi, \pi]$ 上被给出, 则对于它也能重述第 **741** 目末尾所作的附注.

744. 傅里叶级数广义求和法的若干应用　在这里, 我们所指的是要由费耶定理引导出若干推论 (虽然为了同一目的, 通过略为复杂的推理, 对于施瓦茨定理也能够这样做). 前两个推论表明一种有趣的情况, 广义求和法可以作为属于常义求和法结论的根据.

1°　如果傅里叶级数 (3) 在某一点 x 处收敛, 而函数在这点连续或有通常的不连续, 则级数的和必分别等于

$$f(x) \quad \text{或} \quad \frac{f(x+0) + f(x-0)}{2}.$$

实际上, 根据费耶定理, 用算术平均法所求得的级数的 "广义和" 就是这样. 由于这种方法的正则性 [**420**], 若级数在通常的意义下有和, 则这个和必须与 "广义和" 一致.

2°　从费耶定理, 我们能够得到 (关于有界变差的函数的傅里叶级数收敛性的) 狄利克雷-若尔当定理作为推论 [参看 **686**].

如果 $f(x)$ 是在整个区间 $[-\pi, \pi]$ 上的有界变差的函数, 则在任一点 x 处, 函数有极限 $f(x\pm0)$, 并且 $\dfrac{f(x+0) + f(x-0)}{2}$ 是傅里叶级数的 "广义和". 另一方面, 已经知道 [**707**] 有界变差函数的傅里叶系数 a_n, b_n 的阶是 $O\left(\dfrac{1}{n}\right)$, 于是根据哈代定理 [**422**] 就可推得级数 (3) 在通常的意义下收敛, 而且收敛于同样的和式.

可是这还不能包含狄利克雷-若尔当定理. 在第 **686** 目的叙述中, 这个定理具有所谓 "局部" 性质. 在那里, 只需要函数在所考虑的点的任一小邻域内有有界变差. 但是我们知道 [**683**], 恰好是函数在这个邻域内的值决定了傅里叶级数在已给点处的性质以及它的和的大小. 因此, 在实质上不作任何改变, 我们可改变函数在所提到的邻域以外的值使得到在整个区间 $[-\pi, \pi]$ 上的有界变差函数, 而上面所讲就可应用到这个函数上.

3°　如果函数 $f(x)$ 在区间 $[-\pi, \pi]$ 上连续, 而且还满足条件

$$f(-\pi) = f(\pi).$$

则能将它推广到整个数轴上成为处处连续的周期 (以 2π 为周期) 函数. 在这种情形下, 费耶和的序列 $\{\sigma_n(x)\}$ 对于在区间 $[-\pi, \pi]$ 上的一切 x 一致收敛于 $f(x)$. 因为每个这样的和都是三角多项式, 所以用显而易见的方式就能得到关于连续周期函数的近似法的魏尔斯特拉斯定理 [**734**].

4°　从费耶定理能够立即断定三角函数系在连续函数类中是完全的 [参考 **733**]. 事实上, 如果在区间 $[-\pi, \pi]$ 上连续的函数 $f(x)$ 与三角函数系中一切函数正交, 从而它的一切傅里叶系数都等于零, 则 $\sigma_n(x) = 0$. 这时至少在开区间 $(-\pi, \pi)$ 内, 当 $n \to \infty$ 时, $\sigma_n(x) \to f(x)$; 因此, 在这开区间内, $f(x) = 0$, 而根据连续性, 在端点也是如此.

我们还加说明如下, 虽然它与费耶定理无关, 但与费耶和有关.

5° 如果函数 $f(x)$ 有界, 并且它在区间 $[-\pi, \pi]$ 上变化时包含在 m 与 M 之间, 则一切费耶和 $\sigma_n(x)$ 也包含在同样两界之间.

从积分 (13) 的估计值并考虑到 (14), 立刻推得:

$$m = m \cdot \frac{1}{n\pi} \int_0^\pi \left(\frac{\sin \frac{n}{2} t}{\sin \frac{1}{2} t} \right)^2 dt \leqslant \frac{1}{n\pi} \int_0^\pi \frac{f(x+t) + f(x-t)}{2} \left(\frac{\sin \frac{n}{2} t}{\sin \frac{1}{2} t} \right)^2 dt$$

$$\leqslant M \cdot \frac{1}{n\pi} \int_0^\pi \left(\frac{\sin \frac{n}{2} t}{\sin \frac{1}{2} t} \right)^2 dt = M.$$

关于傅里叶级数的部分和 $s_n(x)$, 类似的断语不能成立: 在这里表现出这个事实: 狄利克雷核

$$\frac{1}{\pi} \frac{\sin \left(n + \frac{1}{2} \right) t}{\sin \frac{1}{2} t}$$

要改变符号, 而与费耶核不同. 我们甚至于不可能保证所有这样的和式有共同的界.

然而, 如果函数 $f(x)$ 的傅里叶系数 a_n, b_n 的阶是 $O\left(\frac{1}{n} \right)$, 则部分和 $s_n(x)$ 还是一致有界. 这就是说, 如果对于一切 $n = 1, 2, \cdots$, 我们有

$$n|a_n| \leqslant A, \quad n|b_n| \leqslant B,$$

则可断定

$$m - (A + B) \leqslant s_n(x) \leqslant M + (A + B).$$

实际上, 将第 **422** 目的恒等式 (9) 应用于现在的情形, 就得到

$$s_n(x) = \sigma_{n+1}(x) + \frac{\sum_1^n k(a_k \cos kx + b_k \sin kx)}{n+1}.$$

但

$$|k(a_k \cos kx + b_k \sin kx)| \leqslant A + B,$$

同时根据已证明的结果,

$$m \leqslant \sigma_{n+1}(x) \leqslant M.$$

由此可推得所需要的断语.

譬如说, 如果考虑展开式 [**690**, 2)]

$$\frac{\pi - x}{2} = \sum_1^\infty \frac{\sin nx}{n} \quad (0 < x < 2\pi), \tag{15}$$

则在这里 $m = -\frac{\pi}{2}$, $M = \frac{\pi}{2}$, $A = 0$, $B = 1$. 因此可断言这个级数的部分和的绝对值一致以数 $\frac{\pi}{2} + 1$ 为界 [参考 **702**].

由已证明的断语可作出更一般的结论: 有界变差函数的傅里叶级数的一切部分和 一致有界 [参考 **737**]. 这是因为这种函数的傅里叶系数 a_n, b_n 的阶显然是 $O\left(\frac{1}{n} \right)$ [**707**].

745. 傅里叶级数的逐项微分法　　如果对函数 $f(x)$ 的傅里叶级数 (3) 逐项求微分, 则一般说来, 即使在所考虑的点 x 处函数 $f(x)$ 有有限导数 $f'(x)$, 所得到的级数

$$\sum_{m=1}^{\infty} m(b_m \cos mx - a_m \sin mx) \tag{16}$$

是发散的. 刚才所提到过的级数 (15) 可作为例子: 对它逐项微分就得到处处发散的级数

$$\sum_{1}^{\infty} \cos mx.$$

然而, 法图 (P. Fatou) 发现了下面有趣的命题: 如果在点 x 处存在着有限的导数 $f'(x)$, 则级数 (16) 可用泊松–阿贝尔法求和, 并且和式恰好为 $f'(x)$.

为了证明起见, 把泊松级数 (4) 对于 x 求微分:

$$\frac{\partial f(r,x)}{\partial x} = \sum_{m=1}^{\infty} r^m m(b_m \cos mx - a_m \sin mx); \tag{17}$$

由于所得到的级数关于 x 一致收敛, 在这里可以进行逐项微分法. 如果把泊松积分 (5) 对于 x 求微分, 我们也可得到同样的结果:

$$\frac{\partial f(r,x)}{\partial x} = \frac{1}{2\pi} \int_{-\pi}^{\pi} f(u) \frac{2r(1-r^2)\sin(u-x)}{[1-2r\cos(u-x)+r^2]^2} du,$$

而且在这种情形下, 根据第 **510** 目的定理 3*, 我们能在积分号下微分. 上面的积分可变换为:

$$\begin{aligned}
\frac{\partial f(r,x)}{\partial x} &= \frac{1}{2\pi} \int_{-\pi}^{\pi} f(x+t) \frac{2r(1-r^2)\sin t}{[1-2r\cos t+r^2]^2} dt \\
&= r \cdot \frac{1}{\pi} \int_{0}^{\pi} \frac{f(x+t)-f(x-t)}{2\sin t} \cdot \frac{2(1-r^2)\sin^2 t}{[1-2r\cos t+r^2]^2} dt.
\end{aligned} \tag{18}$$

令

$$g(t) = \frac{f(x+t)-f(x-t)}{2\sin t};$$

如果将这表示式改写成下列形式:

$$g(t) = \frac{1}{2} \left[\frac{f(x+t)-f(x)}{t} + \frac{f(x-t)-f(x)}{-t} \right] \cdot \frac{t}{\sin t},$$

则可见

$$g(+0) = f'(x).$$

其次, 我们要证明函数

$$\Phi(t,r) = \frac{1}{\pi} \cdot \frac{2(1-r^2)\sin^2 t}{[1-2r\cos t+r^2]^2}$$

是在第 **740** 目的意义下的正核. 首先, 显然

$$\Phi(t, r) \geqslant 0.$$

在 (18) 中, 特别令 $f(x) = \sin x$. 则

$$f(r, x) = r \sin x, \quad \frac{\partial f(r, x)}{\partial x} = r \cos x, \quad \frac{f(x+t) - f(x-t)}{2 \sin t} = \cos x.$$

将各式代入 (18), 消去 $r \cos x$ 后就得到:

$$\frac{1}{\pi} \int_0^\pi \frac{2(1 - r^2) \sin^2 t}{[1 - 2r \cos t + r^2]^2} dt = 1.$$

最后,

$$M(\delta, r) = \sup_{\delta \leqslant t \leqslant \pi} \phi(t, r) \leqslant \frac{1}{\pi} \frac{2(1 - r^2)}{\left[4r \sin^2 \dfrac{\delta}{2} \right]^2},$$

因此显然当 $r \to 1$ 时, $M(\delta, r) \to 0$.

现在应用第 **740** 目的引理, 我们看到: 作为级数 (17) 的和的积分 (18), 当 $r \to 1$ 时趋近于 $f'(x)$. 而这就表明了级数 (16) 可用泊松–阿贝尔法求得和式 $f'(x)$, 这就是所需要证明的.

附注 I. 已证明的定理能够推广到逐次微分法的情形: *如果在所考虑的点处有限的导数 $f^{(p)}(x)$ $(p > 1)$ 存在, 则由 (3) 微分 p 次所得到的级数可用泊松–阿贝尔法求得和式 $f^{(p)}(x)$.*

II. 关于切萨罗求和法, 与法图定理类似的断语不成立. 可是, 如果加强对导数的条件, 并假定它在所考虑的点处连续, 则泊松–阿贝尔求和法也可用切萨罗求和法来代替.

§3. 函数的三角展开式的唯一性

746. 关于广义导数的辅助命题   为了使得在下面讲述标题上的重要问题时不被打断, 我们先作一系列辅助的讨论.

设在某一区间 $[a, b]$ 上给出函数 $F(x)$. 取 a 与 b 之间的值 $x: a < x < b$; 则对于充分小的 $h > 0$, 差数 $\Delta_h F(x) = F(x + h) - F(x - h)$ 有意义. 如果有限的极限

$$F^{[']}(x) = \lim_{h \to +0} \frac{\Delta_h F(x)}{2h}$$

存在, 则称它为函数 $F(x)$ **在点 x 处的广义** ("对称") **导数**. 只要当通常意义下的导数存在时, 广义导数 $F^{[']}(x)$ 就必定存在, 并且与它相等; 这可以直接从下面的关系

式看出: 当 $h \to +0$ 时,

$$\frac{\Delta_h F(x)}{2h} = \frac{1}{2} \left[\frac{F(x+h) - F(x)}{h} + \frac{F(x-h) - F(x)}{-h} \right] \to F'(x).$$

然而在通常导数不存在的若干情形下, 广义导数还可能存在. 函数

$$F(x) = x \sin \frac{1}{x} \quad (x \neq 0), \quad F(0) = 0;$$

就可作为这样的例子; 我们已经知道 [**102**, 1°] 它在点 $x = 0$ 处没有导数; 而在这点它的广义导数等于零.

其次, 考虑二级差分

$$\begin{aligned}
\Delta_h^2 F(x) &= \Delta_h \Delta_h F(x) = \Delta_h F(x+h) - \Delta_h F(x-h) \\
&= [F(x+2h) - F(x)] - [F(x) - F(x-2h)] \\
&= F(x+2h) - 2F(x) + F(x-2h).
\end{aligned}$$

如果有限的极限

$$F^{['']}(x) = \lim_{h \to +0} \frac{\Delta_h^2 F(x)}{4h^2}$$

存在, 则称它为**函数 $F(x)$ 在所考虑的点 x 处的广义二阶导数**. 在这里, 也可证明当通常的二阶导数存在时, 广义二阶导数也存在, 并且与它相等. 实际上, 如果对于 h 的两个函数 $\Delta_h^2 F(x)$ 与 $4h^2$ 应用柯西公式:[①]

$$\frac{\Delta_h^2 F(x)}{4h^2} = \frac{F'(x+2\theta h) - F'(x-2\theta h)}{4\theta h},$$

则由上面已讲的关于广义 (一阶) 导数的结果, 可以看出当 $h \to 0$ 时, 所得到的表示式趋近于 $F''(x)$. 例如, 函数

$$F(x) = x^2 \sin \frac{1}{x} \quad (x \neq 0), \quad F(0) = 0$$

[参考 **102**, 2°] 表明了逆断语不正确: 已知广义导数 $F^{['']}(x)$ 存在时, 不能推出通常的导数 $F''(x)$ 存在.

下面的定理说明: 在若干情形下, 广义二阶导数起着与通常的二阶导数相同的作用:

　　施瓦茨定理　　如果关于在区间 $[a, b]$ 上的连续函数 $F(x)$, 广义二阶导数在这区间内存在, 并且等于零, 则 $F(x)$ 是线性函数. (完全与假定通常导数 $F''(x) = 0$ 时一样!)

---

　　①假定二阶导数 $F''(x)$ 在点 x 处存在时, 已经包含了假定一阶导数 $F'(x)$ 在这点的邻域内存在.

为了证明起见, 我们取任意的数 $\varepsilon > 0$, 并且作出辅助函数

$$\varphi(x) = \pm\left\{F(x) - F(a) - \frac{F(b) - F(a)}{b - a}(x - a)\right\} + \varepsilon(x - a)(x - b),$$

而关于大括号前的两种符号, 我们的讨论都是同样. 这时, 在区间内就有

$$\varphi^{['']}(x) = 2\varepsilon, \tag{1}$$

因为函数 F 的广义二阶导数等于零, 而二次函数的广义二阶导数就是它的通常二阶导数.[①]

函数 $\varphi(x)$ 在区间 $[a, b]$ 的端点上是零. 我们将证明它在区间内不能取正值. 实际上, 在相反的情形时, 作为连续函数, $\varphi(x)$ 应在某一内点 x_0 处达到它的最大 (正) 值. 但这时我们有

$$\varphi(x_0 \pm 2h) \leqslant \varphi(x_0), \quad \Delta_h \varphi(x_0) \leqslant 0$$

并且, 最后,

$$\varphi^{['']}(x_0) = \lim_{h \to +0} \frac{\Delta_h \varphi(x_0)}{4h^2} \leqslant 0,$$

与等式 (1) 矛盾!

于是对于一切 x, $\varphi(x) \leqslant 0$, 亦即

$$\pm\left\{F(x) - F(a) - \frac{F(b) - F(a)}{b - a}(x - a)\right\} \leqslant \varepsilon(x - a)(b - x) < \varepsilon(b - a)^2,$$

而且无论在括号前取怎样的符号 (正号或负号) 都是一样. 因此我们也有

$$\left|F(x) - F(a) - \frac{F(b) - F(a)}{b - a}(x - a)\right| < \varepsilon(b - a)^2.$$

由于 ε 的任意性, 可知不等式的左端是零, 从而

$$F(x) = F(a) + \frac{F(b) - F(a)}{b - a}(x - a),$$

这就是所需要证明的.

有时除去在个别的 "未知点" 外, 条件 $F^{['']}(x) = 0$ 处处成立, 而在 "未知点" 处不假定这个条件成立. 这时要应用:

广义施瓦茨定理 设对于区间 $[a, b]$ 上的连续函数 $F(x)$, 导数 $F^{['']}(x)$ 存在, 并且除去有限个 "未知点"

$$a < x_1 < x_2 < \cdots < x_m < b$$

[①] 显然: 如果两个函数 F 及 G 在所考虑的点处有导数 $F^{['']}$ 及 $G^{['']}$, 则它们的和或差也有分别等于 $F^{['']} \pm G^{['']}$ 的广义二阶导数.

外, 在区间内处处等于零. 如果在每个 "未知点" 处, 即使削弱了的条件

$$\lim_{h \to 0} \frac{\Delta_h^2 F(x)}{2h} = 0 \tag{2}$$

成立, 函数 $F(x)$ 在区间 $[a, b]$ 上还是线性的.

根据前一定理, 函数 $F(x)$ 在两个例外值之间一定是 x 的线性函数, 于是 (譬如说) 在区间 $[x_{i-1}, x_i]$ 上, 我们有

$$F(x) = cx + d,$$

而在邻接的区间 $[x_i, x_{i+1}]$ 上,

$$F(x) = c'x + d',$$

同时两个表示式在点 $x = x_i$ 处相符:

$$F(x_i) = cx_i + d = c'x_i + d'. \tag{3}$$

关于 $x = x_i$, 由条件 (2) 得

$$\lim_{h \to +0} \left\{ \frac{F(x_i + 2h) - F(x_i)}{2h} - \frac{F(x_i - 2h) - F(x_i)}{-2h} \right\} = 0.$$

但是在这里左端就是两直线 $y = cx + d$ 与 $y = c'x + d'$ 的斜率的差. 于是 $c = c'$, 而这时由 (3) 也有 $d = d'$, 这就是说, 事实上, 两个直线段是由彼此延长而得. 因为这里所说的可应用任意两个邻接的线段, 所以我们函数的图形在整个区间 $[a, b]$ 上是直线, 因而这个函数就是线性的.

747. 三角级数的黎曼求和法　黎曼所发展的三角级数

$$\frac{a_0}{2} + \sum_{n=1}^{\infty} a_n \cos nx + b_n \sin nx \tag{4}$$

求和法在以下起着重要的作用. 这种方法完全不假定级数 (4) 是任何函数的傅里叶级数, 并且可将它应用到完全任意的三角级数上, 不过要级数的系数全体有界:

$$|a_n|, |b_n| \leqslant L \quad (L = 常数). \tag{5}$$

将级数 (4) 在形式上逐项积分两次, 我们得到级数

$$F(x) = \frac{a_0 x^2}{4} - \sum_{1}^{\infty} \frac{a_n \cos nx + b_n \sin nx}{n^2}. \tag{6}$$

当条件 (5) 成立时, 这级数以收敛级数

$$L \sum_{1}^{\infty} \frac{1}{n^2}$$

为强函数, 因此在 x 的任意的变化区间上一致收敛, 并且定出一个连续函数 $F(x)$. 如果在已给的点 x 处存在着有限的极限

$$\lim_{h \to +0} \frac{\Delta_h F(x)}{4h^2},$$

亦即存在着广义二阶导数 $F^{['']}(x)$, 则称它为级数 (4) **在黎曼意义下的 "广义和"**.

作为例子, 如果将这种方法应用到级数

$$\frac{1}{2} + \sum_1^\infty \cos nx,$$

则在这里

$$F(x) = \frac{x^2}{4} - \sum_1^\infty \frac{\cos nx}{n^2}.$$

回想 [**690**, 9)]: 关于 $0 \leqslant x \leqslant 2\pi$, $\frac{x^2}{4} - \frac{\pi x}{2} + \frac{\pi^2}{6}$ 是右端的级数的和, 就有

$$F(x) = \frac{\pi x}{2} - \frac{\pi^2}{6}.$$

因此, 关于 $0 < x < 2\pi$, 显然 $F^{['']}(x) = F''(x) = 0$, 而级数的 "广义和" 是零 [参看 **418** 与 **420**].

容易证实

$$\Delta_h^2 \cos nx = -2 \cos nx (1 - \cos 2nh) = -4 \cos nx \sin^2 nh$$

及

$$\Delta_h^2 \sin nx = -4 \sin nx \sin^2 nh.$$

从而

$$\frac{\Delta_h^2 F(x)}{4h^2} = \frac{a_0}{2} + \sum_{n=1}^\infty (a_n \cos nx + b_n \sin nx) \left(\frac{\sin nh}{nh}\right)^2. \tag{7}$$

于是**黎曼求和法就化成用形如** $\left(\dfrac{\sin nh}{nh}\right)^2$ **的因子乘级数 (4) 的各项, 并取** $h \to 0$ **时的极限**.

在这种形式下, 黎曼方法也能够应用到完全任意的级数

$$\sum_{n=0}^\infty u_n.$$

如果级数

$$\sum_{n=0}^\infty u_n \left(\frac{\sin nh}{nh}\right)^2$$

至少关于充分小的 h 收敛, 并且它的和 $\varphi(h)$ 当 $h \to 0$ 时趋近于极限 U, 则这就是原级数的 "广义和".

读者可看到黎曼方法属于第 **426** 目的一般方法内. 在这种情形下, h 起着参数 x 的作用 $(\omega = 0)$, 而因子

$$\gamma_n(h) = \left(\frac{\sin nh}{nh}\right)^2 \quad ①$$

满足在那里所列举的条件. 关于第一个条件, 这是显然的:

$$\lim_{h \to 0} \gamma_n(h) = \lim_{h \to 0} \left(\frac{\sin nh}{nh}\right)^2 = 1.$$

至于第二个条件, 则考虑

$$\left(\frac{\sin nh}{nh}\right)^2 - \left(\frac{\sin(n-1)h}{(n-1)h}\right)^2 = \int_{(n-1)h}^{nh} \left[\left(\frac{\sin z}{z}\right)^2\right]' dz$$

及

$$\left|\left(\frac{\sin nh}{nh}\right)^2 - \left(\frac{\sin(n-1)h}{(n-1)h}\right)^2\right| \leqslant \int_{(n-1)h}^{nh} \left|\left[\left(\frac{\sin z}{z}\right)^2\right]'\right| dz,$$

我们就会得到

$$|\gamma_0(h)| + \sum_{n=1}^{\infty} |\gamma_n(h) - \gamma_{n-1}(h)| = 1 + \sum_{n=1}^{\infty} \left|\left(\frac{\sin nh}{nh}\right)^2 - \left(\frac{\sin(n-1)h}{(n-1)h}\right)^2\right|$$

$$\leqslant 1 + \int_0^{\infty} \left|\left[\left(\frac{\sin z}{z}\right)^2\right]'\right| dz.$$

不难证实这个积分存在, 因为当 $z \to \infty$ 时,

$$\left[\left(\frac{\sin z}{z}\right)^2\right]' = 2\sin z \left(\cos z - \frac{\sin z}{z}\right)\frac{1}{z^2} = O\left(\frac{1}{z^2}\right).$$

因此, 黎曼的广义求和法是正则的. 这个事实可以应用到三角级数, 而推出

黎曼第一定理　如果三角级数 (4) 在点 x 处收敛于和式 S, 则将它在形式上逐项积分两次所得到的函数 $F(x)$ 在该点处有等于 S 的广义二阶导数

$$F^{['']}(x) = S.$$

我们注意: 对于傅里叶级数的情形, 表示式

$$\frac{\Delta_h^2 F(x)}{4h^2}$$

---

① $\gamma_0(h)$ 简单地了解为一.

容易变换为第 **740** 目中所研究过带有 "正核" 那种形式的积分. 这样, 对黎曼求和法就可推出完全与施瓦茨定理 [**741**] 及费耶定理 [**743**] 相类似的定理, 对此我们不加研究; 对于我们, 黎曼方法所以重要, 是由于它是研究一般形状的三角级数的强有力的工具.[①] 在这方面必须有

黎曼第二定理 如果级数 (4) 的系数 a_n, b_n 趋近于零, 则无关于级数的收敛性, 条件 (2) 成立:

$$\lim_{h \to 0} \frac{\Delta_h^2 F(x)}{2h} = 0.$$

对于任意固定的 x, 我们令

$$u_0 = \frac{a_0}{2}, \quad u_n = a_n \cos nx + b_n \sin nx.$$

这时问题化为证明关系式

$$\lim_{h \to 0} \left\{ u_0 + \sum_{n=1}^{\infty} u_n \frac{\sin^2 nh}{n^2 h^2} \right\} h = 0. \tag{8}$$

由定理的假设, $u_n \to 0$, 这就是说对于任意给出的 $\varepsilon > 0$, 可找到这样的数 N, 使得当 $n \geqslant N$ 时, $|u_n| < \varepsilon$. 现在我们将所考虑的表示式写成两个表示式的和的形状:

$$S_1 = \left\{ u_0 + \sum_{n=1}^{N-1} \right\} \cdot h \quad \text{及} \quad S_2 = \left\{ \sum_{n=N}^{\infty} \right\} \cdot h.$$

我们有

$$|S_2| < \varepsilon \sum_{n=N}^{\infty} \left(\frac{\sin nh}{nh} \right)^2 h < \varepsilon \sum_{n=1}^{\infty} \left(\frac{\sin nh}{nh} \right)^2 h.$$

容易证明 ε 的乘数以与 h 无关的数为界. 例如, 我们已经看到

$$\frac{1}{h} \sum_{n=1}^{\infty} \frac{\sin^2 nh}{n^2} = \frac{\pi - h}{2}$$

[**494**, 4)]. 因此

$$|S_2| < \frac{\pi}{2} \varepsilon.$$

至于表示式 S_1, 则它显然随着 h 趋近于零, 因而当 h 充分小时, 它的绝对值比 ε 小. 由此最后得到断语 (8).

[①] 黎曼本人完全没有研究过级数的广义求和法. 他发展了这种理论是为了解决所提出的问题: 求出可展开为一般形状三角级数的函数的整个特征. 在这里, 我们不可能叙述黎曼的这些研究.

748. 关于收敛级数的系数的引理　　下面所证明的命题在以后有用, 而且它也具有独立的意义.

康托尔 (G. Cantor) **引理**　　如果三角级数 (4)

$$\frac{a_0}{2} + \sum_{m=1}^{\infty} a_m \cos mx + b_m \sin mx$$

至少关于在某一区间 $(d) = [\alpha, \beta]$ 上的值 x 收敛, 则当 $m \to \infty$ 时, 级数的系数 a_m, b_m 必趋近于零.

我们将级数的公项表示成下列形式

$$a_m \cos mx + b_m \sin mx = \rho_m \sin m(x - \alpha_m),$$

其中 $\rho_m = \sqrt{a_m^2 + b_m^2}$. 需要证明 $\rho_m \to 0$.

假定不是这样. 则关于无穷多个值 m, 不等式

$$\rho_m \geqslant \delta \tag{9}$$

成立, 其中 δ 是某一个正的常数.

我们用归纳法作出一序列彼此套着的区间 $\{(d_n)\}$ 与一序列增加的值 $\{m_n\}$ ($n = 1, 2, \cdots$), 使得关于在 (d_n) 上的 x,

$$|\rho_{m_n} \sin m_n(x - \alpha_{m_n})| > \frac{\delta}{2}. \tag{10}$$

我们取得满足不等式 (9), 还满足不等式

$$md > \pi \text{[①]}$$

的第一个数 m 作为 m_1. 当 x 在区间 (d) 上变化时, 函数 $\sin m_1(x - \alpha_{m_1})$ 至少取得值 ± 1 一次; 而这时根据连续性, 也可找到包含在 (d) 中的区间 (d_1), 使得在其中一切点处, 这个函数的绝对值 $> \frac{1}{2}$, 并且由此注意条件 (9), 就得到关于在 (d_1) 上的 x,

$$|\rho_{m_1} \sin m_1(x - \alpha_{m_1})| > \frac{\delta}{2}.$$

如果已经确定了 (d_{n-1}) 与 m_{n-1}, 则与刚才完全相仿, 可以确定数值 m_n 并且作出包含在 (d_{n-1}) 中的区间 (d_n), 使得 (10) 成立. 同时在这里也容易使得条件 $m_n > m_{n-1}$ 成立.

我们现在取在一切 (d_n) 中的点 x_0 (这样的点虽说只一个, 但永远存在). 在这点处, 不等式 (10) 对于一切 n 成立, 而且由于不能满足收敛性的必要条件, 级数 (4) 当 $x = x_0$ 时发散 —— 即与假设矛盾. 这样就证明了引理.

[①] 我们用 d 表示区间 $(d) = [\alpha, \beta]$ 的长.

749. 三角展开式的唯一性   最后, 我们来讲本阶段所要研究的一个基本问题. 如果函数 $f(x)$ 在区间 $[-\pi, \pi]$ 上可展开成一个三角级数 (4), 则这个展开式是不是唯一的呢? 如我们已经提到 [678], 用欧拉–傅里叶公式作出级数的系数表示式时, 在逻辑上没有严密的根据, 那么现在的问题就更有理由了. 下面的定理对这问题作肯定的答复.

海涅 (Heine)–**康托尔定理**   如果两个三角级数

$$\frac{a_0}{2} + \sum_{m=1}^{\infty} a_m \cos mx + b_m \sin mx \tag{4}$$

与

$$\frac{\alpha_0}{2} + \sum_{m=1}^{\infty} \alpha_m \cos mx + \beta_m \sin mx \tag{11}$$

在区间 $[-\pi, \pi]$ 的一切点处 (即使可能除去有限个 "未知点" $x_1, x_2, \cdots, x_k$ 外) 收敛于同一和式 $f(x)$, 则这两个级数恒等, 也就是说

$$a_m = \alpha_m \quad (m = 0, 1, 2, \cdots), \quad b_m = \beta_m \quad (m = 1, 2, \cdots).$$

将级数 (4) 与 (11) 逐项相减, 则要证明的定理化成了关于零的三角展开式的唯一性的定理.

如果三角级数 (4) 在区间 $[-\pi, \pi]$ 上 (可能除去有限个 "未知点" 外) 收敛于零, 则它的一切系数必须是零:

$$a_m = 0, \quad b_m = 0.$$

我们来证明这一断语.

根据前节的引理, 系数 a_m 与 b_m 趋近于零: 由此特别推得它们全体有界.

考虑根据假定为连续的黎曼函数 [参考 (6)]. 由黎曼第一定理 [747], 除去 "未知点" 外, 它的广义二阶导数 $F''(x)$ 处处等于零. 而根据黎曼第二定理 [747],[①] 甚至于在 "未知点" 处, 削弱了的条件 (2) 成立, 于是应用广义施瓦茨定理 [746], 就能断定函数 $F(x)$ 是线性的;

$$\frac{\alpha_0 x^2}{2} - \sum_{1}^{\infty} \frac{a_m \cos mx + b_m \sin mx}{m^2} = cx + d.$$

重要的是要强调: 这个等式确乎在整个实数轴上成立, 因为关于区间 $[-\pi, \pi]$ 已讲过的, 关于任意有限区间也正确. 将求得的等式换写成下列形式:

$$\frac{a_0 x^2}{4} - cx = d + \sum_{1}^{\infty} \frac{a_m \cos mx + b_m \sin mx}{m^2},$$

---

①在这里应用它, 就是因为系数 a_m 与 b_m 趋近于零!

由右端函数的周期性, 立刻可断定 $a_0 = c = 0$. 这样就得到零的展开式如下:

$$0 = d + \sum_{1}^{\infty} \frac{a_m \cos mx + b_m \sin mx}{m^2}.$$

但这是一个一致收敛的级数! 在这种情形下 [**678**], 它的系数一定可以用欧拉–傅里叶公式表示出来, 于是我们得到所需要的结论: $a_m = b_m = 0$.

　　附注　我们也可用下面的方式来避免引用康托尔引理.

　　设 x 是任意一个异于 "未知点" 的点, 因此对于这个值 x, 级数 (4) 收敛, 而它的公项当然趋近于零:

$$a_m \cos mx + b_m \sin mx \to 0. \tag{12}$$

在级数 (4) 中, 用数值 $x + \delta$ 与 $x - \delta$ 代替 x, 并且逐项相加, 就得到展开式

$$a_0 + \sum_{m=1}^{\infty} (a_m \cos mx + b_m \sin mx) \cos m\delta;$$

对于一切值 δ, 只可能有有限个例外 (如果问题是关于 δ 的任一有限变化区间), 这个展开式收敛于零. 但是关于这个带变量 δ 的三角级数, 我们已经知道它的系数趋近于零, 而且对于它 (完全不引用康托尔的引理!) 可以应用上面所叙述的推理, 因此 $a_0 = 0$, 并且

$$a_m \cos mx + b_m \sin mx = 0 \quad (m = 1, 2, \cdots). \tag{13}$$

这些等式不仅关于异于 "未知点" 的点 x 成立, 而且由于余弦与正弦函数的连续性, 它们处处成立. 对 x 微分, 我们还得到等式

$$b_m \cos mx - a_m \sin mx = 0; \tag{14}$$

最后, 从 (13) 与 (14) 推得 $a_m = b_m = 0$.

　　750. 关于傅里叶级数的最后的定理　总之, 如果在区间 $[-\pi, \pi]$ 上的函数 $f(x)$ 可能有三角级数展开式, 则只有一种展开的方法. 那么这个唯一的方法究竟是怎样? 所得级数是否一定就是函数 $f(x)$ 的傅里叶级数?[①]

　　我们已经知道有些不能展开成傅里叶级数的函数 —— 即使连续 —— [**703**], 但是直到这里还没有解决这个问题: 这种函数是否可以展开成一种三角级数, 其系数异于傅里叶系数.

　　[①]当然, 我们要假定函数 $f(x)$ 绝对可积分, 因为说到傅里叶级数, 在这里永远就是指 (如同上面一样) 绝对可积分函数的傅里叶级数.

另一方面, 我们容易作出处处收敛 (因此唯一确定一函数) 但同时显然不是傅里叶级数的三角级数, 那么所有上述问题就更加自然了. 例如, 级数

$$\sum_{n=2}^{\infty} \frac{\sin nx}{\ln n}$$

就是这样. 这个级数在不含形如 $2k\pi$ ($k = 0, \pm 1, \pm 2, \cdots$) 的点的任一闭区间上甚至一致收敛 [**430**], 因而确定一连续函数; 而在形如 $2k\pi$ 的点处, 它也显然收敛于零. 但同时这个级数一般不是傅里叶级数, 因为在这里, 第 **731** 目末尾 [参考在那里的附注] 所推出的傅里叶级数的必要条件不成立: 因为级数 $\sum_2^{\infty} \frac{1}{n \ln n}$ 发散! [**367**, 6)].

在本目的定理与下目的推广中, 我们提出的问题得到了最后的解答.

我们先讲勒贝格 (H. Lebesgue) 所作的说明:

引理　如果在区间 $[a, b]$ 上的连续函数 $F(x)$ 在这个区间内处处有广义二阶导数 $F^{['']}(x)$ 包含在两个界 m 与 M 之间:

$$m \leqslant F^{['']}(x) \leqslant M,$$

则任意的形如 $\frac{\Delta_h^2 F(x_0)}{4h^2}$ 的比值也包含在同样的两个界之间, 当然在这里要假定区间 $[x_0 - 2h, x_0 + 2h]$ 完全在 $[a, b]$ 上.

我们考虑函数

$$\varphi(x) = f(x_0) + (x - x_0) \frac{\Delta_{2h} f(x_0)}{4h} + \frac{(x - x_0)^2}{2} \frac{\Delta_h^2 f(x_0)}{4h^2},$$

它是一个整二次多项式. 直接可证实: 在三点 $x_0 - 2h, x_0, x_0 + 2h$, 它与 $f(x)$ 取相同的值, 因此在这三点, 差数

$$\lambda(x) = f(x) - \varphi(x)$$

是零. 函数 $\lambda(x)$ 在区间 $[x_0 - 2h, x_0 + 2h]$ 上连续, 并且在它的内部有广义二阶导数:

$$\lambda^{['']}(x) = f^{['']}(x) - \frac{\Delta_h^2 f(x_0)}{4h^2}$$

(多项式 φ 的广义二阶导数就等于通常的二阶导数). $\lambda(x)$ 在区间 $[x_0 - 2h, x_0 + 2h]$ 内的两点 x_1 与 x_2 处达到最大值与最小值.[①] 容易证明: 在这两点处我们分别有 $\lambda^{['']}(x_1) \leqslant 0, \lambda^{['']}(x_2) \geqslant 0$ [参考第 **509** 页上的推理], 从而

$$f^{['']}(x_1) \leqslant \frac{\Delta_h^2 f(x_0)}{4h^2} \leqslant f^{['']}(x_2),$$

这就证明了上述断语.

[①] 即令这两值中有一个是零, 函数也在区间内的一点 x_0 处达到它.

最后, 我们现在可证明下面的著名的定理:

杜·布瓦–雷蒙 (P. du Bois Reymond) **定理** *如果区间* $[-\pi, \pi]$ *上的有界可积 (在常义下) 函数* $f(x)$ *可以在这个区间上展开成三角级数:*

$$f(x) = \frac{a_0}{2} + \sum_{n=1}^{\infty} a_n \cos nx + b_n \sin nx, \tag{15}$$

则这级数必须是它的傅里叶级数.

首先, 从级数的收敛性可推得系数 a_n, b_n 有界 [第 **748** 目引理]. 引用黎曼函数 $F(x)$, 我们得到表示式 $\dfrac{\Delta_h^2 F(x)}{4h^2}$ 的三角级数展开式 (7):

$$\frac{\Delta_h^2 F(x)}{4h^2} = \frac{a_0}{2} + \sum_{n=1}^{\infty} (a_n \cos nx + b_n \sin nx) \left(\frac{\sin nh}{nh}\right)^2;$$

这个展开式 (当 h 为常数时) 关于 x 一致收敛, 因为它是以形如 $L \sum_1^{\infty} \dfrac{1}{n^2}$ 的级数为强函数. 在这种情形下 [**678**], 级数的系数必须是它的和的傅里叶系数:

$$\left.\begin{array}{l} a_0 = \dfrac{1}{\pi} \displaystyle\int_{-\pi}^{\pi} \dfrac{\Delta_h^2 F(x)}{4h^2} dx, \\[2mm] a_n \left(\dfrac{\sin nh}{nh}\right)^2 = \dfrac{1}{\pi} \displaystyle\int_{-\pi}^{\pi} \cos nx \dfrac{\Delta_h^2 F(x)}{4h^2} dx, \\[2mm] b_n \left(\dfrac{\sin nh}{nh}\right)^2 = \dfrac{1}{\pi} \displaystyle\int_{-\pi}^{\pi} \sin nx \dfrac{\Delta_h^2 F(x)}{4h^2} dx, \end{array} \right\} \quad (n = 1, 2, \cdots). \tag{16}$$

我们注意: 如果将函数 $f(x)$ 周期延拓到整个实数轴上, 则可设展开式 (15) 在区间 $[-\pi, \pi]$ 外也成立. 因此, 根据黎曼第一定理 [**747**], 关于一切值 x, 我们有

$$F^{['']}(x) = f(x).$$

由于函数 $f(x)$ 有界

$$|f(x)| \leqslant K,$$

根据前面的引理, 关于一切值 x 与 h, 同时也有

$$\left|\frac{\Delta_h^2 F(x)}{4h^2}\right| \leqslant K. \tag{17}$$

现在我们在等式 (16) 中取得当 $h \to 0$ 时的极限, 而且根据阿尔采拉定理 [**526**], 在这些等式的左端可在积分号下取极限. 于是我们得到

$$\left.\begin{array}{l} a_0 = \dfrac{1}{\pi} \displaystyle\int_{-\pi}^{\pi} f(x) dx, \quad a_n = \dfrac{1}{\pi} \displaystyle\int_{-\pi}^{\pi} f(x) \cos nx dx, \\[2mm] b_n = \dfrac{1}{\pi} \displaystyle\int_{-\pi}^{\pi} f(x) \sin nx dx, \end{array} \right\} \quad (n = 1, 2, \cdots), \tag{18}$$

这就是所需要证明的.

751. 推广　现在我们不假定函数 $f(x)$ 有界, 而且甚至于假设展开式 (15) 在有限个点处不成立. 在这些削弱了的条件下, 下面的定理成立:

广义杜·布瓦–雷蒙定理　如果在区间 $[-\pi, \pi]$ 上的绝对可积函数 $f(x)$ 在这区间上, 只除去有限个点处外, 可展开成三角级数 (15), 则这个级数必须是 $f(x)$ 的傅里叶级数.[1]

我们首先将函数 $f(x)$ 周期延拓到整个实数轴上.[2] 但考虑函数

$$\varphi(x) = f(x) - \frac{a_0}{2}$$

来代替 $f(x)$ 比较方便. 在任意的有限区间上 (可能除去有限个点), 没有常数项的展开式成立:

$$\varphi(x) = \sum_{n=1}^{\infty} a_n \cos nx + b_n \sin nx.$$

我们要证明: 第一,

$$\int_{-\pi}^{\pi} \varphi(x)dx = 0;$$

其次, 关于 $n = 1, 2, \cdots$

$$a_n = \frac{1}{\pi} \int_{-\pi}^{\pi} \varphi(x) \cos nx dx, \quad b_n = \frac{1}{\pi} \int_{-\pi}^{\pi} \varphi(x) \sin nx dx; \qquad (19)$$

由此就能得到所需要的关系式 (18).

在这里, 由于系数有界 [根据第 **748** 目的引理], 所以我们也能引用黎曼函数

$$\Phi(x) = -\sum_{n=1}^{\infty} \frac{a_n \cos nx + b_n \sin nx}{n^2}$$

(在这次, 它是周期函数, 并且有周期 2π).

我们取区间 $[\alpha, \beta]$, 它既不含上面所提到的例外点, 也不含函数 $\varphi(x)$ 的奇异点; 显然, 对于某一个充分小的 δ, 区间 $[\alpha - \delta, \beta + \delta]$ 也是如此. 由于函数 φ 有界, 如同上面一样, 我们能断定: 当 $\alpha \leqslant x \leqslant \beta, h \leqslant \delta$ 时, 表示式 $\dfrac{\Delta_h^2 \Phi(x)}{4h^2}$ 有界. 而且

$$\lim_{h \to 0} \frac{\Delta_h^2 \Phi(x)}{4h^2} = \varphi(x).$$

根据阿尔采拉定理 [**526**], 对于 $[\alpha, \beta]$ 上任意的 y, 我们有

$$\lim_{h \to 0} \int_{\alpha}^{y} \frac{\Delta_h^2 \Phi(x)}{4h^2} dx = \int_{\alpha}^{y} \varphi(x)dx.$$

---

[1] 这个推广是瓦雷–布散 (Ch. J. de la Vallée Poussin) 得到的.

[2] 如果函数 $f(x)$ 不满足条件: $f(-\pi) = f(\pi)$, 则为了使得这个条件成立, 预先必须改变函数在区间 $[-\pi, \pi]$ 的一个端点的值, 譬如说, 就可改变在展开式 (15) 不成立处的值.

如果令

$$\Phi_1(y) = \int_0^y \Phi(t)dt,$$

则前一关系式能表示为下列形式:

$$\lim_{h \to 0} \left\{ \frac{\Delta_h^2 \Phi_1(y)}{4h^2} - \frac{\Delta_h^2 \Phi_1(\alpha)}{4h^2} \right\} = \int_\alpha^y \varphi(t)dt.$$

因为当 $\alpha \leqslant y \leqslant \beta, h \leqslant \delta$ 时, 在大括号中的表示式有界, 所以再应用阿尔采拉定理, 就得到

$$\lim_{h \to 0} \int_\alpha^x \{\cdots\} dy = \int_\alpha^x dy \int_\alpha^y \varphi(t)dt \quad (\alpha \leqslant x \leqslant \beta).$$

其次, 令

$$\Phi_2(x) = \int_0^x \Phi_1(y)dy,$$

我们能够将所得到的关系式写成:

$$\lim_{h \to 0} \left\{ \frac{\Delta_h^2 \Phi_2(x)}{4h^2} - \frac{\Delta_h^2 \Phi_2(\alpha)}{4h^2} - (x - \alpha)\frac{\Delta_h^2 \Phi_1(\alpha)}{4h^2} \right\} = \int_\alpha^x dy \int_\alpha^y \varphi(t)dt.$$

但是显然 $\Phi_2(x)$ 有通常的二阶导数 $\Phi(x)$, 因此

$$\lim_{h \to 0} \frac{\Delta_h^2 \Phi_2(x)}{4h^2} = \Phi(x), \quad \lim_{h \to 0} \frac{\Delta_h^2 \Phi_2(\alpha)}{4h^2} = \Phi(\alpha).$$

如果用 γ 表示 (显然存在的) 极限

$$\lim_{h \to 0} \frac{\Delta_h^2 \Phi_1(\alpha)}{4h^2},$$

则最后得到

$$\int_\alpha^x dy \int_\alpha^y \varphi(t)dt = \Phi(x) - \Phi(\alpha) - \gamma(x - \alpha).$$

现在容易看到逐次积分

$$\int_0^x dy \int_0^y \varphi(t)dt$$

(当 $-\pi \leqslant x \leqslant \pi$ 时) 与前面的逐次积分相差一个线性函数. 因此函数

$$\Psi(x) = \Phi(x) - \int_0^x dy \int_0^y \varphi(t)dt \tag{20}$$

在每个形如 $[\alpha, \beta]$ 的区间上是线性的. 这就是说, 在每个既不是函数 φ 的奇异点, 又不是例外点 [在这种点, 展开式 (15) 不成立] 的点 x 处, 就有

$$\Psi^{['']}(x) = 0.$$

另一方面, 无例外地在一切点 x 处, (2) 型的条件成立: 表示式

$$\frac{\Delta_h^2 \Psi(x)}{2h} = \frac{\Delta_h^2 \Phi(x)}{2h} - \frac{1}{2h} \int_x^{x+2h} dy \int_0^y \varphi(t)dt + \frac{1}{-2h} \int_x^{x-2h} dy \int_0^y \varphi(t)dt$$

当 $h \to 0$ 时趋近于零. 实际上, 从黎曼第二定理 [并根据第 **748** 目的引理] 可推得右端的第一项趋近于零, 又根据关于对积分的变上限求导数的定理 [**305**, 12°], 可知另外两项的和也是这样.

在这种情形下, 根据广义施瓦茨定理 [**746**], 在任意的有限区间上, 从而在一切一般的值 x 处, 我们有:

$$\Psi(x) = cx + d. \tag{21}$$

现在设

$$\varphi(x) \sim \frac{\alpha_0}{2} + \sum_{n=1}^{\infty} \alpha_n \cos nx + \beta_n \sin nx;$$

将它逐项积分两次 [**731**], 就得到

$$\int_0^x dy \int_0^y \varphi(t)dt = \frac{\alpha_0 x^2}{4} - \sum_{n=1}^{\infty} \frac{\alpha_n \cos nx + \beta_n \sin nx}{n^2}. \tag{22}$$

比较 (20), (21) 及 (22), 我们得到展开式

$$\frac{\alpha_0 x^2}{4} + cx + d = \sum_{1}^{\infty} \frac{(\alpha_n - a_n) \cos nx + (\beta_n - b_n) \sin nx}{n^2},$$

它无例外地关于一切实值 x 成立.

因为右端是 x 的连续周期函数, 而且也就是有界函数, 所以必有 $c = 0$, 并且也有

$$\alpha_0 = \frac{1}{\pi} \int_{-\pi}^{\pi} \varphi(x)dx = 0.$$

现在可以看到: 级数

$$-d + \sum_{1}^{\infty} \frac{(\alpha_n - a_n) \cos nx + (\beta_n - b_n) \sin nx}{n^2}$$

处处收敛于零, 并且是一致收敛的. 于是推得 [**678** 或 **749**] 它的一切系数都是零, 因而条件 (19) 成立:

$$a_n = \alpha_n = \frac{1}{\pi} \int_{-\pi}^{\pi} \varphi(x) \cos nx dx,$$

$$b_n = \beta_n = \frac{1}{\pi} \int_{-\pi}^{\pi} \varphi(x) \sin nx dx,$$

这样证明就完成了.

由此可见: 对于以上所讲述的函数的三角展开式, 我们奠定了它的整个理论基础, 而且表明了特别注意到傅里叶级数是有理由的.

附录　极限的一般观点

752. 在分析中所遇到的极限的各种类型　极限的观念贯穿着整个分析课程. 但在课程的各部分中所采取的形式却迥乎不同.

我们起初是研究最简单的情形 —— 通过可数数列的整序变量极限 [**22, 23**]; 在这情形下详尽地发展了极限论 (第一章).

然后极限概念被推广到单变量或多变量函数极限的情形 [**52, 165**].[1] 极限的过程变复杂了, 但在大体上保持了固有的特性.

在积分学中, 我们研究了黎曼与达布积分和的极限 [**295, 296, 301**]. 在这里, 极限过程与所给的区间分割发生了联系, 和以前的研究相比较, 显出了很大的独特之处.

在第十章弧长 [内接折线长的极限, **330**] 及平面图形面积 [内含的与外包的诸矩形面积的极限, **336**] 等概念的定义中, 我们所碰到的极限, 在一定程度上, 与积分和这一类型的极限相近.

最后, 在第三卷中读者还将面临其他极限的建立, 这些极限系由另外的一些 (不同于上述的) 极限过程结果中得到的.

所有提到的极限的各个类型, 在原则上, 可以简化成整序变量的极限. 我们在全部叙述范畴内特别强调了这一概念, 起初是详细说明 [**53, 166, 295**], 后来就只限于提示一下极限定义以 "整序变量说法" 解释的可能性. 不待说, 复杂的极限过程化为简单的整序变量极限, 其本身就是有好处的. 而在另一方面, 即不必每次重新建立极限理论的初等定理, 它[2] 对我们也是重要的.

---

[1] 极限的定义我们总是指 "$\varepsilon - \delta$说法".
[2] 译者注: 指各种极限类型可简化为整序变量极限这一事实.

虽然所有我们遇到的各种极限可用类似的方法归结为整序变量极限, 然而须要择定这一变量, 并从这变量的值的集合中选出特别的一个数序列来, 无疑是含有技巧成分的. 所以毕竟不能由此做出极限的一般定义来.

现在这附录的整个一章就是为了要建立极限的一般观点, 包罗所有在分析中遇到的各种极限作为一些个别情形, 并在这基础上做出广义极限论的概略.

以下所讲的观念起初系由沙杜诺夫斯基提出, 其后是穆尔 (E. H. Moore) 与司密斯 (H. L. Smith). (然而必须指明, 我们所用的问题叙述方式决不是唯一可能的方式.)

753. 有序集合 (狭义的) 从以前研究过的有极限的变量的范例, 引出了下面的思考: 为了讲变量的极限时总有意义, 变量的变化域就不能是 "漫无组织的", 而应由确定的法则规定成定向的或有序的. 关于这一点, 我们首先建立有序集合的一般基本概念.

设有集合 $\mathcal{P} = \{P\}$, 由任意性质的元素 P 所组成. 假设对于确定的两个不同元素 P, P', 认定其中的一个 (例如 P') 在另一个 (P) 的后面, 记成 $P' \succ P$, 就说对于元素对 P, P', 建立起了序. 对于 $\mathcal{P}$ 中所有可能的每对不同元素, 或仅对于其中某些对, 建立序的法则皆恒需合乎下面两个要求:

I) 假设 $P_1 \succ P_2$, 则不能同时 $P_2 \succ P_1$.

II) 假设 $P_1 \succ P_2$, 并且 $P_2 \succ P_3$, 则必须 $P_1 \succ P_3$ (即 "后于" 关系具有传递性质).

假设根据某项法则, 对于所有从 $\mathcal{P}$ 中取出的每对不同元素, 建立起了合乎要求 I, II 的序, 则集合 $\mathcal{P}$ 称为**有序的**[119] (或者更精确些说, **狭义的有序集合**, 而非广义的有序集合, 至于广义有序集合将于下一目中来研究).

下面是有序集合的例子:

1) 任意的实数集合 $\{x\}$, 假若依增序 (当 $x' > x$ 时 $x' \succ x$)[①] 或依减序 (当 $x' < x$ 时 $x' \succ x$) 排列这些数, 则自然而然成为有序的了.

这个例子可以用几何的形式表示: 在水平的直线上任一点集, 若认为两点里靠右边的 (或者是靠左边的) 一个是后面的, 则被排为有序的了.

2) 现在我们来研究由二维 (数学的) 空间中一些点 $M(x, y)$ 所组成的任意集合 $\mathcal{M} = \{M(x, y)\}$. 这个集合可以排成有序的, 比如说, 用下列的办法:

$$M'(x', y') \succ M(x, y), \text{ 假若 } x > x', \text{ 或 } x = x', y > y'.$$

在所有这些情形容易验证符合要求 I, II.

为了在研究变量极限时便于利用所引进的概念, 我们将附带地假定在所研究的集合 $\mathcal{P}$ 中没有 "最后的" 元素 (即在所有其余的元素之后). 这样一来, 无论从 $\mathcal{P}$ 中取出什么样的元素 P, 永远可以找到元素 P', 使 P' 在 P 之后: $P' \succ P$.

[①]从这个简单例子以后, 将习惯于用符号 $\succ$ 表示 "后于" 关系, 犹如用符号 $>$ ("大于" 一样).

[119]术语**线性有序集**同样通用.

754. 有序集合 (广义的)　　我们将于下文见到, 对所研究的集合 $\mathcal{P}$ 中每一对元素皆建立起序的假定, 时常须得放弃, 而只在某些对元素上建立了序 (符合要求 I, II), 也就可以满意了. 然而在这种情形下, 我们还将要求成立这样的条件:

III) 对于集合 $\mathcal{P}$ 的每两个元素 P, P', 在此集合中可以找出元素 P'', 在它们两个的后面:

$$P'' \succ P, \quad P'' \succ P'.$$

(对于元素 P 及 P', 无论序是否已经建立起来, 在此条件下是一律的.) [120]

这个条件已使 $\mathcal{P}$ 里不可能存在最后的元素了.

易见, 每个狭义有序集合, 只要它没有最后元素, 则必满足条件 III. 实际上, P 与 P' 无论是 $\mathcal{P}$ 中什么元素, 此时它们的序皆已建立了; 比如说, 设 $P' \succ P$. 因为 P' 不是最后的元素, 于是在 $\mathcal{P}$ 中可找到元素 $P'' \succ P'$; 根据 $\succ$ 关系的传递性, 立得 $P'' \succ P$, 这就是要证的.

假令符合于所有三个条件 I, II, III 的序, 虽仅建立在集合 $\mathcal{P}$ 的某些对元素上, 我们也将称集合 $\mathcal{P}$ 为**有序的 (广义的)**.[①]

现在我们引这样的集合的例子:

3) 我们来研究以 a 为聚点 **[52]** 的实数 x 的集合 $\mathcal{X}$; 设 a 自身不属于 $\mathcal{X}$.

我们假设

$$x' \succ x, \text{ 如果 } |x' - a| < |x - a|,$$

于是值较近于 a 者便是后面的.

条件 I, II 显然成立. 假如 $\mathcal{X}$ 中没有两个值, 与 a 等距而位于 a 的不同侧, 则集合 $\mathcal{X}$ 将是狭义有序的. 假如有这样一对值, 则对于它们, 用我们的法则显然建立不起序来.

现在我们来验证条件 III. 从 $\mathcal{X}$ 中取出任意数 x 和 x'. 因为 x 和 x' 都不是 a, 而 a 对于 $\mathcal{X}$ 说是聚点, 所以在 $\mathcal{X}$ 中一定可以找到这样的 x'', 比 x 和 x' 离 a 更近; 于是 $x'' \succ x$ 并且 $x'' \succ x'$.

这样一来, 集合 $\mathcal{X}$ 在任何情形下, 是广义有序的.

4) 命 $\mathcal{X}$ 是以 ∞ 为聚点的数集合. 用下面的条件:

$$x' \succ x, \quad \text{如果 } |x'| > |x|,$$

$\mathcal{X}$ 可以排成有序的.

所有的条件 I, II, III 尽皆成立. 如果 $\mathcal{X}$ 中没有一对仅在符号上不同的值 x, 则集合将是狭义有序的. 如果有这样一对值, 则对于它们, 次序不曾建立起来, 于是只可说是广义有序的.

[①] 也说是 "部分有序的"、"半有序的" 或 "非全部有序的" 集合.

[120] 配置了满足条件 III 的次序的集合 $\mathcal{P}$ 常常称为**有向集**.

5) 今取以 $M_0(a,b)$ 为聚点 [**163**] 的二维空间任意点集合 $\mathcal{M} = \{M(x,y)\}$. 并假定坐标 a 与 b 皆是有限的; 设点 M_0 不属于集合 $\mathcal{M}$.

我们规定:

$$M'(x', y') \succ M(x, y),$$

假如

$$\max(|x'-a|, |y'-b|) < \max(|x-a|, |y-b|)$$

和 3) 一样, 所有条件 I, II, III 此处皆成立. 例如我们来验证条件 III. 设在 $\mathcal{M}$ 中给定两点 $M(x, y)$ 与 $M'(x', y')$; 因为它们皆非 M_0, 于是

$$\sigma = \max(|x-a|, |y-b|) > 0$$

并且

$$\sigma' = \max(|x'-a|, |y'-b|) > 0.$$

命 δ 为二数中较小者; 由于 M_0 对于 $\mathcal{M}$ 说是聚点, 故可在 $\mathcal{M}$ 中找到这样的点 $M''(x'', y'')$, 使 $|x''-a| < \delta$ 并且 $|y''-b| < \delta$. 于是

$$M'' \succ M, \quad \text{并且} \quad M'' \succ M'.$$

这就是要证的. 这样, 由于所规定的法则, 集合 $\mathcal{M}$ 确实被排成有序的 (广义的) 了.

假若点 M_0 的坐标中任一个, 比如说 a, 等于 ∞. 则可修正我们的法则, 例如把 $|x-a|$ 换成 $\dfrac{1}{|x|}$, 等等.

6) 我们还举刚才讲的集合 $\mathcal{M}$ 的另一排列序的方法作为例子 (a 与 b 算作是有限的).

可以这样规定:

$$M'(x', y') \succ M(x, y),$$

假如

$$|x'-a| + |y'-b| < |x-a| + |y-b|,$$

或者这样:

$$M'(x', y') \succ M(x, y),$$

假如

$$\sqrt{(x'-a)^2 + (y'-b)^2} < \sqrt{(x-a)^2 + (y-b)^2}.$$

建议读者验证一下, 在两种情形下条件 I, II, III 皆适合.

7) 命 $\mathcal{M}$ 为 "整点" (m, n) 的集合 (此处 m, n 是自然数), 具有聚点 $(+\infty, +\infty)$. 和 5) 相类似, 可依照下列法则:

$$(m', n') \succ (m, n), \text{ 如果 } \min(m', n') > \min(m, n),$$

将此集合排列成有序的. 或者更简单一些, 按照这样的排列规律:

$$(m', n') \succ (m, n), \text{ 如果 } m' > m \text{ 并 } n' > n.$$

此处条件 I, II, III 亦皆适合.

8) 现在我们从另外的范畴中取例子. 设由割点

$$a = x_0 < x_1 < \cdots < x_i < x_{i+1} < \cdots < x_n = b.$$

将给定的区间 $[a, b]$ 分为有限部分, 令所有可能的这样的分割 R 便是所研究的集合 $\mathcal{R}$ 的元素.

若以 λ 表示这些子区间长度中的最大的, 于是就很自然地可将各种分割 R 依照 λ 的减序排列; 对应着较小的 λ 的分割算是后面的.

条件 I, II 的适合是显然的. 条件 III 也不难验证: 对应着值 λ 与 λ' 的两个分割, 不论是什么样的, 总是能够做出一个分成更小子区间的分割来, 这分割对应了一个比 λ 和 λ' 都小的数 λ''.

这样一来, 集合 $\mathcal{R}$ 成为有序的了, 然而仅只是广义的: 对于具有同一 λ 的两个不同的分割, 序不曾建立起来.

9) 对于刚才研究的集合 $\mathcal{R} = \{R\}$, 可以用另外的法则来建立序: 分割 R' 算是在分割 R 的后面, 假若 R' 是用往 R 的割点中加入新割点的办法, 由 R 得到的. 由此得到的也只是在广义下的有序: 例如, 对于具有完全不同的割点的两个分割, 序并未建立起来.

755. 有序变量及其极限 现在我们来研究变化域为 $\mathcal{X}$ 的变量 x. 可以设想这个区域 $\mathcal{X}$ 是直接地排成有序的了 (狭义的或广义的), 或者 —— 更一般的 —— 设想 $\mathcal{X}$ 的值 x 与某一有序集合 $\mathcal{P} = \{P\}$ (由任意性质的元素所组成的) 的元素 P 有一单值对应. 此时变量 x 也称为有序的.

仿照 $\mathcal{P}$ 来排列 $x = x_P$ 的值的集合, 就是认作

$$x_{P'} \succ x_P, \text{ 如果 } P' \succ P \text{ (在 } \mathcal{P} \text{ 里)}.$$

这是一般形式下的仿造, 这种仿造我们已经对整序变量 x_n 做过了, 即是把它的值与自然序数 —— "号码" 对应起来, 并依照它们的增序而排列:

$$x_{n'} \succ x_n, \text{ 如果 } n' > n.$$

若能判别集合 $\mathcal{P}$ 的元素 P,[①] 我们便可以根据这些 "附标" P 来判别我们的变量的值 $x = x_P$. 在这些情形中, 我们承认 (和在整序变量情形中一样) 可能有相等的值具不同的附标.[121]

---

①译者注: 指判别序的先后.

121)这样一来, 被排序的不是变量的值, 而是变量的**附标**. 当一个变量不止一次取同一个值时, 这一保留声明是很重要的.

特别着重指出, 即讲到有序变量时, 我们实际上并不把它与它的值在空间或时间中的位置等任何概念相混. 较后的值不见得比较前的值占 "更远的位置"; 变量取较后的值也不见得就比取较前的值 "更迟", 等等. 但若通常准许用 "从某个地方开始" 或 "从某个变化瞬间开始" 之类的表示法, 则此也无非是为了言语上的形象化而已.

有序变量 $x = x_P$ 的极限 (或者有时说有序集合 $\{x_P\}$ 的极限) 的定义与整序变量 (或序列) 的极限的定义完全类似:

变量 $x = x_P$ 有有限极限 a, 假若对每个数 $\varepsilon > 0$, 可以从 $\mathcal{P}$ 里找出这样的附标 P_ε, 使得对于所有的 $P \succ P_\varepsilon$ 其对应的值 $x = x_P$ 满足不等式

$$|x - a| = |x_P - a| < \varepsilon.$$

在第 **23** 目里的定义中, P_ε 显然就是 N_ε: 事实上, 关系 $n \succ N_\varepsilon$ 与不等式 $n > N_\varepsilon$ 是等价的.

完全照样, 给出无穷极限的定义:

变量 $x = x_P$ 有极限 ∞, 假若对每个数 $E > 0$, 可以从 $\mathcal{P}$ 里找出这样的附标 P_E, 使得只要 $P \succ P_E$, 就有 $|x| = |x_P| > E$.

关于有确定符号的无穷, $+\infty$ 或 $-\infty$, 不难将以上定义加以修正.

此时, 和通常一样, 写成:

$$\lim x = a(\infty, +\infty, -\infty) \quad \text{或} \quad x \to a(\infty, +\infty, -\infty).$$

我们且来看一些实例.

756. 例题　我们从变量 x 的变化域 $\mathcal{X}$ 是直接排成有序的例子开始.

1) 命 $\mathcal{X} = \{x\}$ 是有聚点 a 的任意实数集合, 依照 $|x - a|$ 的减序排列 [参看第 **754** 目例 3)]. 显然, 对应的变量 x 有极限 a: 不论怎样取 $\varepsilon > 0$ 总可以在 $\mathcal{X}$ 里找出异于 a 的 x_ε, 使得只要 $|x_\varepsilon - a| < \varepsilon$, 则对于 $x \succ x_\varepsilon$ 必有 $|x - a| < \varepsilon$.

相似的, 如果 $\mathcal{X} = \{x\}$ 具有聚点 ∞, 并依照 $|x|$ 的增序把这集合排成有序的 [参阅第 **754** 目例 4)], 则 $x \to \infty$.

然而比较常碰到的情形是: 把变量的值与附标 P (在某一有序集合 $\mathcal{P}$ 中) 做成对应. 下面所引入的这一类的例子具有特殊的重要性: 它们示明在本课程内所研究的各个极限类型, 实际上, 可被认作以上所讲的一般性定义的特殊表现.

2) 我们来研究函数极限 [第 **52** 目]

$$\lim_{x \to a} f(x) = A \tag{1}$$

的概念. 为了简单起见, 限于有限的 a 与 A 的情形.

设函数 $f(x)$ 被确定在具有聚点 a 的区域 $\mathcal{X} = \{x\}$ 内; 值 a 自己不在 $\mathcal{X}$ 之内, 或者至少在极限 (1) 的定义之下不认为在 $\mathcal{X}$ 之内. 这个函数便是此处要讨论其极限

的变量, 而 x 就作为附标 P. 我们将 $x \to a$ 的意义了解成这样, 即: x 的变化域 $\mathcal{X}$ 系依 $|x - a|$ 的减序而排列的 [第 **754** 目, 3)]. 于是函数值的集合 $\{f(x)\}$ 也依照相应的样式排出次序来了, 因之等式 (1) —— 按照一般性定义 —— 得到了确切的意义. 这就是说: 对于给定的 $\varepsilon > 0$, 总可以从 $\mathcal{X}$ 中找出这样的值 x_ε, 使得对于 $x \succ x_\varepsilon$, 即是只要 $|x - a| < |x_\varepsilon - a|$, 不等式

$$|f(x) - A| < \varepsilon \tag{2}$$

成立.

设 $|x_\varepsilon - a| = \delta$, 以上条件可以改写成: $|x - a| < \delta$. 反之, 如果 $|x - a| < \delta$ 时不等式 (2) 成立, 则在条件 $|x_\varepsilon - a| < \delta$ 之下取定 x_ε 以后, 可以断言, 对于 $x \succ x_\varepsilon$ (2) 成立. 这样一来, 新的函数极限定义和以前的 [第 **52** 目] 是等价的.

3) 二元函数的极限

$$\lim_{M \to M_0} f(M) = \lim_{\substack{x \to a \\ y \to b}} f(x, y) = A \tag{3}$$

的定义可以完全类似地用有序变量的术语表出.

设函数 $f(M) = f(x, y)$ 确定于具有聚点 $M_0(a, b)$ 的区域 $\mathcal{M} = \{M(x, y)\}$ 之中; $M_0(a, b)$ 本身在等式 (3) 的定义之下不算进去. $\mathcal{M}$ 中的点 $M(x, y)$ 作为附标. 按照在第 **754** 目 5) 中所做的那样, 将集合 $\mathcal{M}$ 排列出序来 (即是按照这种意义来了解 $M \to M_0$ 或 $x \to a, y \to b$), 其后我们又照样地排列函数值的集合[122] $\{f(M)\} \equiv \{f(x, y)\}$ 成为有序的, 于是按照有序变量极限的一般性定义, 等式 (3) 有了意义.

并且在这里可以立即看出, 等式 (3) 的新的了解法和以前的 [第 **165** 目] 是等价的.

假如不用第 **754** 目 5) 中所指出的 $\mathcal{M} = \{M(x, y)\}$ 的排列法则, 而以第 **754** 目 6) 中所引入的法则作基础, 则极限的定义在实际上还是一样的.

4) 对于依赖于两个正整数下标的变量 $x_{m,n}$, 极限

$$\lim_{\substack{m \to \infty \\ n \to \infty}} x_{m,n} = A$$

的概念建筑在以下的数对 (m, n) 排列法则上:

$$(m', n') \succ (m, n), \quad \text{若 } \min(m', n') > \min(m, n)$$

[参看第 **754** 目 7)]. 这与第 **165** 目最后所讲到的那个极限定义相符.

假如我们由同样在 7) 中曾提到的, 更简单些的排列法则

$$(m', n') \succ (m, n), \quad \text{若 } m' > m, n' > n$$

---

[122] 此处, 如同前述变量的情形, 所指是函数值的附标, 即事实上是把所有形如 $(M, f(M))$ 的 "对" 排序, 其中 M 是 $\mathcal{M}$ 中的点.

出发, 所得结果仍然相同.

所有以上所论, 推广到多元函数的情形并无困难.

5) 最后, 我们回到确定于区间 $[a, b]$ 的有界函数 $f(x)$ 的黎曼或达布积分和的极限问题上来. 这些和数与借任意割点

$$a = x_0 < x_1 < \cdots < x_i < x_{i+1} < \cdots < x_n = b,$$

将区间 $[a, b]$ 分为若干部分的分割 R 有关, 并且极限过程是按照 $\lambda \to 0$ 进行的 (此处 $\lambda = \max \Delta x_i$). 在第 **754** 目 8) 中, 我们已按照 λ 的减序而把区间所有可能的分割的集合 $\mathcal{R} = \{R\}$ 排成有序的了. 于是达布和的值 s 与 S 也就与此相应的排成有序的了.

要作成黎曼积分和 σ, 除了区间的分割以外, 还须在每一子区间中取点. 这样一来, 黎曼和就是由不仅有割点而且还有介点的总的集合所确定的了. 这些集合 (并且随之黎曼和) 也可以依照 λ 的减序而排成有序的.

此刻已经很清楚, 极限

$$\lim_{\lambda \to 0} \sigma, \quad \lim_{\lambda \to 0} s, \quad \lim_{\lambda \to 0} S$$

也可按照这里发展的广泛方式来讲了.

同时注意, 假如按照第 **754** 目 9) 的法则来排列集合 $\{\sigma\}, \{s\}, \{S\}$ 的次序, 则实际上恒得同一极限. 建议读者根据第 **297** 目及第 **301** 目的结果把这证明一下, 当作练习.

关于弧长 [第 **330** 目]、平面图形面积 [第 **336** 目] 的曲线积分、二重积分与曲面积分 [**544; 550; 589; 631; 635**] 等定义中所研究过的极限的问题, 类似的也都被解决了.

757. 关于函数极限的附注 在讲到极限 (1) 时, 我们已规定了用唯一的、完全确定的方法去排列集合 $\mathcal{X} = \{x\}$ [第 **754** 目 3)], 并且随之函数值的集合 $\{f(x)\}$ 也如法排列. 以前面所讲的 x 趋近于 a 的 "标准" 法则为基础, $\{f(x)\}$ 的极限的定义就和第 **52** 目中用 "$\varepsilon - \delta$ 的说法" 所给出的那个定义是等价的了.

然而 x 在集合 $\mathcal{X}$ 中, 或在任何以 a 为聚点并依任意法则排列的 $\mathcal{X}$ 子集合中, 以 a 为极限而变化时, 却很可能并不按照 x 趋近于 a 的 "标准" 法则. 函数 $f(x)$ 的值就得每次仿照 x 而排列.

因此, 等式 (1) 也可以了解成这样:

自变量 x 不论按照什么法则趋于极限 a, 函数 $f(x)$ 恒趋于同一极限 A.

这个定义和第 **53** 目中用 "整序变量的说法" 给出的定义差不多, 只是在这里把任意的, 趋于 a 的, x 值的序列换成了更为广泛的具有极限 a 的任意有序集合.

要证刚才所引入的定义与在前目中所给的定义的等价性, 只需说明: 由在第 **52** 目的意义下的极限 (1) 存在, 可以得出前述命题. 设对任意的 $\varepsilon > 0$, 可以找出这样的

$\delta > 0$, 使得只要 $|x - a| < \delta$, 不等式 (2) 就成立. 不论 x 按照什么法则趋于 a, 根据极限定义, 应该存在这样的值 $\overline{x}$, 使得对于 $x \succ \overline{x}$ 有 $|x - a| < \delta$, 于是对于这样的 x 值不等式 (2) 也成立, 事实上也就是说, $f(x) \to A$.

对于二元 (或多元) 函数, 也可做出像这样的附注.

758. 极限理论的推广　　最后, 我们来把在第一章中对于整序变量所证明的各个定理推广到有序变量 的一般场合. 如果一步一步地考察对于整序变量的极限理论的建立, 则做出这个推广并无困难.

每当那里讲到某种关系对于具有号码 n (大于某 N) 的值 x_n 成立, 则这里就该讲到它对于具有附标 $P \succ$ 某 P' 的值 $x = x_P$ 成立.

例如, 我们来证与第 **26** 目 1) 相类似的命题:

假若有序变量 x_P 趋于极限 a, 并且 $a > p\,(a < q)$, 则至低限度, 从某个地方开始, $x_P > p\,(x_P < q)$.

取了 $\varepsilon < a - p\,(\varepsilon < q - a)$, 我们找出这样的 P', 使得对于 $P \succ P'$ 有 $|x_P - a| < \varepsilon$; 对于这些 x_P, 显然也有

$$x_P > a - \varepsilon > p \quad (x_P < a + \varepsilon < q).$$

第 **26** 目中 $2° \sim 4°$ 的命题也照样被推广了, 最后一个尚可述其大意如次: 若变量 x 有 (有限的) 极限 a, 则至低限度, 从某个地方开始, 它是有界的 [参看第 **55** 目 I, $4°$].

在证明极限的唯一性时 [第 **26** 目 $5°$], 要特别利用到条件 III [第 **754** 目].

我们来反证, 设同时 $x_P \to a, x_P \to b$, 并 $a < b$. 如果在 a 与 b 之间取出 r, 则一方面对于 $P \succ P', x_P < r$, 另一方面对于 $P \succ P'', x_P > r$. 但恰恰根据 III, 可以找得这样的附标 P, 使得同时既 $P \succ P'$ 又 $P \succ P''$; 于是同时 $x_P < r$ 并且 $x_p > r$, 这就发生了预期的矛盾.

单调变量的定义由以下形式推广到有序变量: 变量 x_P 称作是**单调增加的** (或**广义的单调增加**), 如果从 $P' \succ P$ 永远可以推出 $x_{P'} > x_P$ (或 $x_{P'} \geqslant x_P$).

单调增函数 $f(x)$ (如果把它的值依自变量 x 的增序而排列) 或正项二重级数

$$\sum_{i,k=1}^{\infty} a_{i,k}$$

的部分和 $A_m^{(n)}$ (如果规定

$$当\ m' > m\ 并\ n' > n\ 时\ A_{m'}^{(n)} > A_m^{(n')},$$

可以作为这样的变量的例子.

如法可以建立单调减少的变量的概念.

注意达布和 s 与 S 的已知特性 [第 **296** 目]. 今若只照在第 **754** 目例 9) 中所做的那样来排列区间分割, 则显然小和数 s 成为单调增加的变量, 而大和数 S 成为单调减少的变量. 但若取其它排列方法 [第 **754** 目 8)] 时, 就不能这样讲了.

现在甚易推广第 **34** 目关于单调整序变量的定理:

单调增加的变量 $x = x_P$ 恒有极限. 如果变量上有界, 则此极限是有限的, 反之则为 $+\infty$.

假定变量是有界的, 命 $a = \sup\{x_P\}$, 则所有的 $x_P \leqslant a$, 并且另一方面无论 $\varepsilon > 0$ 是个什么数, 可找得这样的附标 P_ε, 使得 $x_{P_\varepsilon} > a - \varepsilon$. 但是此后只要 $P \succ P_\varepsilon$, 就有 $x_p > x_{P_\varepsilon}$, 所以更有 $x_P > a - \varepsilon$. 这样一来, 不等式 $|x_P - a| < \varepsilon$ 对于 $P \succ P_\varepsilon$ 成立, 因之 $x_P \to a$.

假定变量 x_P 是无界的, 则对于每一个数 $E > 0$, 可以找到这样的 P_E, 使得 $x_{P_E} > E$. 于是对于 $P \succ P_E$, 就更有 $x_P > E$, 因之 $x_P \to +\infty$. 定理得证.

第 **34** 目关于单调整序变量极限的定理及第 **57** 目关于单调函数极限存在的定理, 还有第 **394** 目关于正项二重级数收敛性的定理, 都被包含在这个定理之中而作为一些特殊情形了. 读者知道, 此处所做的一些说明, 仅不过是把上述几处的个别定理证明中所曾有的, 在一般形式中翻了一下版而已.

我们注意, 只要站在第 **754** 目 9) 的法则的观点上, 达布和 s 与 S 的有限极限的存在可从所证的一般性定理中立即推得, 至于 s 与 S 的极限的重合 (在第 **301** 目曾研究过), 则仍待证明.

作为较复杂的例子, 我们来证明**收敛性原理** [参看第 **39** 目]:

有序变量 x_P 有有限的极限, 必须而且只需, 对于每个数 $\varepsilon > 0$ 存在这样的附标 P_ε, 使得只要 $P \succ P_\varepsilon$ 并 $P' \succ P_\varepsilon$, 不等式

$$|x_P - x_{P'}| < \varepsilon$$

即成立.

按照第 **39** 目中的推理的大意, 首先来肯定这个条件的**必要性**, 假令 $x_P \to a$, 则对于数 $\dfrac{\varepsilon}{2}$ 可找得这样的 $\overline{P}$, 使得对于 $P \succ \overline{P}$ 有 $|x_P - a| < \dfrac{\varepsilon}{2}$. 设 $P \succ \overline{P}$ 并 $P' \succ \overline{P}$, 即得 $|x_P - a| < \dfrac{\varepsilon}{2}$ 并 $|a - x_{P'}| < \dfrac{\varepsilon}{2}$, 因之 $|x_P - x_{P'}| < \varepsilon$; 此时就可以将 $\overline{P}$ 取作 P_ε.

要证明其**充分性**, 先假定条件成立.

我们在全体实数域中依照以下法则做一分割. 每一实数 α, 如果自某个地方开始

$$x > \alpha,$$

则将其归入 A 部. 而所有其余实数 α' 则一齐归入 B 部. 易见, 这个法则确乎规定了分割. 我们只证一下 A 与 B 都是非空的.

对于任意的 $\varepsilon > 0$, 根据假定, 可找到与之对应的 P_ε, 使得只要 $P \succ P_\varepsilon$ 并

$P' \succ P_\varepsilon$, 即有

$$|x_P - x_{P'}| < \varepsilon \quad \text{或} \quad x_{P'} - \varepsilon < x_P < x_{P'} + \varepsilon.$$

因此, (当 $P' \succ P_\varepsilon$ 时) $x_{P'} - \varepsilon$ 是数 α 之一以及 $x_{P'} + \varepsilon$ 是数 α' 之一, 业已显然, 后半句话严格来讲仍要利用到条件 III: 倘若 $x_{P'} + \varepsilon$ 是 α 的一个, 那么比如说对于 $P \succ \overline{P}$ 不等式 $x_P > x_{P'} + \varepsilon$ 成立, 则 (借助于 III) 取 P 使既有 $P \succ P_\varepsilon$ 又有 $P \succ \overline{P}$, 即同时兼有 $x_P < x_{P'} + \varepsilon$ 与 $x_P > x_{P'} + \varepsilon$ 了!

根据戴德金定理 [第 10 目], 存在有二部之间的分界数 a,

$$\alpha \leqslant a \leqslant \alpha'.$$

特别在 $P' \succ P_\varepsilon$ 时

$$x_{P'} - \varepsilon \leqslant a \leqslant x_{P'} + \varepsilon, \ \text{即} \ |x_{P'} - a| \leqslant \varepsilon,$$

由此推出 $x_P \to a$.

这个定理得到了很有意思的应用. 它不仅包含了我们熟知的第 **39** 目及第 **58** 目的定理, 作为特殊情形, 而且更导致了新的结果. 例如收敛性原理借它的助力被推广到了多元函数、二重级数等. 它还给出了弧的可度长的条件 [第 **330** 目]. 建议读者自己述出这个条件, 要注意到如果条件对于整个弧成立, 则对于部分弧也成立; 这样一来, 以前需要我们冗长讨论的命题 [第 **247** 目], 现在只消三言两语就可以证明了.

759. 同序变量　为了要推广到那些其中同时出现有两个 (或多个) 变量的命题, 我们引入同序变量的概念. 如果两个变量 x 与 y 借助于同一有序集合 $\mathcal{P} = \{P\}$ 而排列成为有序的, 即将 x 及 y 的值与 $\mathcal{P} = \{P\}$ 的元素做成单值对应, 那么就称 x 与 y 为同序变量 (x 与 y 的具有同样附标 P 的值 x_P 与 y_P 算作是对应的).

例如, 若是我们对于同一个自变量 x (具有有序变化区域 $\mathcal{X}$) 有两个函数 $f(x)$ 与 $g(x)$, 则此二函数将是同序变量. 而由同一 x 值 (它就作为附标 P) 所确定的它们的值, 将是对应的.

这里是另一例子. 设对于确定在某区间 $[a, b]$ 上的函数 $f(x)$ 及 $g(x)$ 作出了积分和

$$\sigma = \sum_i f(\xi_i) \Delta x_i \quad \text{与} \quad \tau = \sum_i g(\xi_i) \Delta x_i.$$

很容易看出, 此处便是将由同一割点 x_i 及介点 ξ_i 的总集所确定的和数算作是对应的; 这割点与介点的总集在目前就是附标 P; 如果将和数 σ, τ 与这些总集一道, 皆依 $\lambda = \max \Delta x_i$ 的减序而排列, 则我们又得到了同序变量.

现在, 以等号或数学运算符号连接两个变量 x, y 时, 我们将假定它们是同序的, 而且是指具同一附标的对应值 x_P, y_P 而言, 如果像以前对待整序变量的号码 n 一样来对待这些附标, 则以前关于整序变量的各种论证, 可以毫不费力地全套搬来.

例如我们来证这个定理 (推广了的第 **29** 目引理 2):

假若变量 x_P (至低限度自某个地方开始) 是有界的, 并且它的同序变量 α_P 是个无穷小, 则它们的乘积也将是无穷小.

假定说, 对于 $P \succ P'$

$$|x_P| \leqslant M \qquad (0 < M = \text{常量}).$$

给定任一 $\varepsilon > 0$, 可根据数 $\frac{\varepsilon}{M}$, 找到这样的 P'', 使得对于 $P \succ P''$, 有

$$|\alpha_P| < \frac{\varepsilon}{M}.$$

依照条件 III, 存在这样的 P_0, 使得

$$P_0 \succ P' \quad \text{并} \quad P_0 \succ P''.$$

如若 $P \succ P_0$, 则 (由 II) 同时有

$$P \succ P' \quad \text{并} \quad P \succ P'',$$

因之前面的两个不等式皆成立, 于是

$$|x_P \alpha_P| = |x_P| \cdot |\alpha_P| < M \cdot \frac{\varepsilon}{M} = \varepsilon,$$

这就证明了我们的命题.

经过所引的这些例子, 读者可以清楚地看到, 整套的极限理论确乎 (保持证明中的主要线索) 被移植到有序变量的一般场合了.

760. 借助于参数的排列法　　所有我们遇到的极限概念在分析中的应用场合, 变量 x_P 的附标集合 $\mathcal{P} = \{P\}$ 的排列法总是千篇一律的. 所用的排列法可以一般地描述成下面的样式.

把 $\mathcal{P}$ 中的每一个元素 P 与某个参数的值 t 对应起来, 并且同一个 t 还可以与很多的 P 相对应; 所有这样的 P 的集合以 $\mathcal{P}_t$ 表之. 我们假定所有的 $t > 0$, 并且存在有任意小的值 t, 使相应的 $\mathcal{P}_t$ 不是空的.

现在我们规定, 在两个元素 P 之间, 对应于较小的参数值 t 的一个算作是后面的 (就是说我们 "依参数的减序" 来排列 P). 而对于对应同一个 t, 因之属于同一个集合 $\mathcal{P}_t$ 的两个元素 P (以及对于对应的 x 值), 则并不分出先后次序. 此时条件 I, II, III 尽皆符合. 关于 I, II 这是很容易看出的; 我们来验证一下条件 III. 设 P 与 P' 是集合 $\mathcal{P}$ 的任意两个元素, 对应参数值 t 与 t'. 根据假定, 可找到这样的值 t'', 既小于 t 及 t', 而又使相应的 $\mathcal{P}_{t''}$ 不是空的. 于是 $\mathcal{P}_{t''}$ 中任意的 P'' 既在 P 的后面, 又在 P' 的后面.

读者不难验出, 所有已有的应用极限概念的场合, 都是按这样处理的. 对于具附标 n 的整序变量 x_n, 可取 $t = \dfrac{1}{n}$. 至于函数 $f(x)$ 及其当 $x \to a$ 时的极限, 则其附标 x 的集合是依照参数 $t = |x - a|$ 的减序而排列的. 同样, 在二元函数 $f(M) = f(x, y)$ [此处点 $M(x, y)$ 作为附标] 的情形下定义 $x \to a, y \to b$ 时函数的极限, 就可以用参数

$$t_1 = \max\{|x - a|, |y - b|\}, \quad t_2 = |x - a| + |y - b|$$

或

$$t_3 = \sqrt{(x - a)^2 + (y - b)^2}$$

中的任一个来描述 $x \to a, y \to b$ 的过程. 对于达布和

$$s = \sum_i m_i \Delta x_i, \quad S = \sum_i M_i \Delta x_i,$$

割点的集合作为是附标; 而转变到黎曼和

$$\sigma = \sum_i f(\xi_i) \Delta x_i$$

时, 则还要把点 ξ_i 的集合也算进去. 在这两种情形下, 这些附标皆是借助于参数 $t = \max \Delta x_i$ 而排列的. 在定义弧长时, 则是把部分弧直径中的最大的作为参数. 以及诸如此类.

当变量 x 的变化域 $\mathcal{X}$, 或是 —— 更精确些 —— 附标集合 $\mathcal{P} = \{P\}$, 系按照上述方式借助于参数 t 而排列的时候, 显然总可以将极限 (限于有限的极限) 的定义给成下列的形式: 数 a 说是 x 的极限, 假如对于每个数 $\varepsilon > 0$ 对应有这样的 $\delta > 0$, 使得只要 x 所对应的参数值 $t < \delta$, 就有

$$|x - a| < \varepsilon.$$

借助于参数的排列法, 我们在第三卷中还将利用到. 然而这个简单的排列法终归难以满足数学分析中较高级的支系的需求. 关于一般不能用引入参数的方式来做的排列法, 可取第 **754** 目 9) 的法则为例, 这在次目的讨论中就会明白.

761. 化简成整序变量　直到目前为止, 在所有具体情况中, 当我们碰到极限概念时, 总可在某种意义上把问题化简成整序变量的极限. 这种把极限概念以 "整序变量的说法" 表达的可能性, 在以前的论述中甚为重要.

现在我们来研究一下, 在一般场合中有序变量 $x = x_P$ 的情形是怎样的.

为了这个目的, 我们引入对于给定的有序集合 $\mathcal{P} = \{P\}$ 的临界子序列的概念. 从 $\mathcal{P}$ 中取出的元素的序列

$$P_1, P_2, \cdots, P_n, \cdots, \tag{4}$$

如果合乎以下条件: 无论从 $\mathcal{P}$ 中取出怎样的元素 P' 来, 号码充分大的元素 P_n 总在 P' 的后面

$$P_n \succ P' \quad (\text{对于 } n > N),$$

则称之为 $\mathcal{P} = \{P\}$ 的**临界子序列**.

如果变量 x 借助于附标 P (属于 $\mathcal{P}$) 而排列, 则当集合 $\mathcal{P}$ 中存在有临界子序列时, 我们就称从 $\mathcal{X}$ 里对应地抽出的 x 值序列

$$x_1, x_2, \cdots, x_n, \cdots \tag{5}$$

为 $\mathcal{X} = \{x\}$ 的**临界子序列**.

首先就发生了问题: 是否至少存在一个子序列 (4), 对于 $\mathcal{P}$ 说乃是临界的? 或是同样的, 是否至少存在一个子序列 (5), 对于 $\mathcal{X}$ 说乃是临界的?

应该指明, 当集合 $\mathcal{P}$ 的排列系借助于某个参数 t 时 (如前目所阐明者), 临界子序列的建立总不困难: 取定序列 $\{t_n\}$, $t_n \to 0$, 并使所有的集合 $\mathcal{P}_{t_n}$ 非空, 然后从每个 $\mathcal{P}_{t_n}$ 中择取元素 P_n 组成序列 $\{P_n\}$, 显然即所欲求者.

然而在一般情形下, 对于有序集合 $\mathcal{P} = \{P\}$, 可以根本不存在任何一个临界子序列.

例如我们来研究依第 **754** 目 9) 的法则而排列的, 定区间 $[a, b]$ 的各种有限分割① 集合 $\mathcal{R} = \{R\}$.

我们从反面来看, 假如对于 $\mathcal{R}$ 存在有分割的临界子序列

$$R_1, R_2, \cdots, R_n, \cdots.$$

每一个 R_n 对应一个割点的有限集合. 不难做出这样的区间 $[a_1, b_1]$ $(a < a_1 < b_1 < b)$, 使得其中不含 R_1 内任何一个割点. 然后做出区间 $[a_2, b_2]$ $(a_1 < a_2 < b_2 < b_1)$, 不含 R_2 的割点, 如此类推以至无穷. 在第 n 次是做出区间 $[a_n, b_n]$ $(a_{n-1} < a_n < b_n < b_{n-1})$, 其中不含 R_n 的割点. 如若此时注意使 $b_n - a_n \to 0$, 则依照第 **38** 目关于内含区间的引理, 可得唯一的点 $c = \lim a_n = \lim b_n$, 属于所有的区间 $[a_n, b_n]$. 这个点显然不与任何一个 R_n 的任何一个割点相重合. 假如现在取区间 $[a, b]$ 的任一分割 R', 其中 c 是一个割点, 则根据第 **754** 目 9) 的法则, 任何一个 R_n 皆不能说是在 R' 的后面, 乃与临界子序列的定义冲突. 这个矛盾就证明了这样的子序列事实上根本没有.

[顺便提一下, 由此就可以推出, 第 **754** 目 9) 的集合 $\mathcal{R} = \{R\}$ 的排列法不可能在前目的意义下以参数表达!]

现在我们假定: 附标集合 $\mathcal{P}$ 以及随之有序变量 x 的变化域 $\mathcal{X}$, 皆含有临界子序列. 在这种情形下 (并且显然也只在此情形下) 变量 x 的极限的问题可按通常的办法化简成整序变量的极限的问题:

---

①这些 R, 如曾指出过的, 可以作为附标, 例如作为确定于 $[a, b]$ 的任一函数的达布和的附标.

要变量 x 有极限 a, 必须而且只需, 每一个通过 $\mathcal{X}$ 的临界子序列的整序变量 x_n 趋于此极限.

事实上, 假设 $x \to a$ (此处我们为了明确起见, 假定 a 是有限的), 则对于任意的 $\varepsilon > 0$, 有

$$|x_P - a| < \varepsilon, \text{只要 } P \succ P_\varepsilon.$$

但若取出任意的临界子序列 (4), 则对于充分大的 n, 根据定义, 将有 $P_n \succ P_\varepsilon$, 因之

$$|x_n - a| = |x_{Pn} - a| < \varepsilon.$$

这就是说, 整序变量 $x_n \to a$.

反之, 假设每个这样的整序变量趋于 a. 为了要证明即有 $x \to a$, 我们假定相反的: 对于某个 $\varepsilon > 0$, 无论从 $\mathcal{P}$ 中取出什么样的 P' 来, 总可找到 $P \succ P'$, 使得 $|x_P - a| \geqslant \varepsilon$. 取定 $\mathcal{P}$ 的某一个临界子序列 $\{P'_n\}$. 按照所说的, 对于每一个 P'_n, 在 $\mathcal{P}$ 中可找出元素 $P_n \succ P'_n$, 使得

$$|x_n - a| = |x_{Pn} - a| \geqslant \varepsilon \quad (n = 1, 2, \cdots).$$

不难证明, 子序列 $\{P_n\}$ 对于 $\mathcal{P}$ 也是临界的, 也就是说子序列 $\{x_n\}$ 对于 $\mathcal{X}$ 是临界的, 于是上面的不等式与原来的假设矛盾.

762. 有序变量的上极限与下极限　我们来研究有序变量 x, 它的值是由附标 P (属于 $\mathcal{P}$) 给出的. 对于任意的 P, 我们用那些在 x_P 之后的 x 值, 即对应于附标 $P' \succ P$ 的 x 值, 组成集合 $\mathcal{X}_P$, 并找出它的确界

$$\sup \mathcal{X}_P \quad 与 \quad \inf \mathcal{X}_P$$

(可能是无穷). 其中每一个都是带有附标 P 的有序变量, 并且其中第一个是单调减少的, 而第二个是单调增加的 (在第 **758** 目的意义之下). 此时, 根据关于单调变量的定理, 存在有确定的 (有限的或无穷的) 极限.

$$\left.\begin{array}{l} M^* = \lim(\sup \mathcal{X}_P), \\ M_* = \lim(\inf \mathcal{X}_P).^{①} \end{array}\right\} \tag{6}$$

一般的就分别称之为变量 x 的上极限或下极限, 并记如

$$M^* = \overline{\lim} x, \quad M_* = \underline{\lim} x.$$

这两个极限的相等是在一般意义下 [第 **755** 目] 变量 x 极限存在的必要且充分的条件.

---

①所研究的变量还可能采取广义的值 $\pm\infty$, 而这种情形并不发生困难.

事实上, 若存在有有限的极限

$$a = \lim x, \tag{7}$$

则对于任意的 $\varepsilon > 0$, 可找到这样的附标 P_ε, 使得对于 $P \succ P_\varepsilon$, 有

$$a - \varepsilon < x_P < a + \varepsilon. \tag{8}$$

于是又有

$$a - \varepsilon \leqslant \inf \mathcal{X}_{P_\varepsilon} \leqslant M_* \leqslant M^* \leqslant \sup \mathcal{X}_{P_\varepsilon} \leqslant a + \varepsilon,$$

因之, 由于 ε 是任意的,

$$M^* = M_* = a.$$

反之, 若这个等式成立 (a 是有限的), 则由于 (6), 对于 $\varepsilon > 0$ 又可找出这样的 P_ε, 使得

$$a - \varepsilon < \inf \mathcal{X}_{P_\varepsilon} \leqslant \sup \mathcal{X}_{P_\varepsilon} < a + \varepsilon,$$

所以 (8) 成立, 并且由此推得 (7).

建议读者进行 $a = \pm\infty$ 的情形的研究.

数 M^* 与 M_* (在它们是有限的情形下) 可以用与第 **42** 目中研究过的性质 I, II 完全类似的性质作为特征. 例如我们来看 M^*.

假如任意取出数 $\varepsilon > 0$ 及附标 P_0, 则存在这样的 $P_\varepsilon \succ P_0$, 使得

$$M^* - \varepsilon < \sup \mathcal{X}_{P_\varepsilon} < M^* + \varepsilon.$$

由此根据上确界的定义即得

数 M^* 的性质 I: 对于所有的 $P \succ P_\varepsilon$ 有 $x_P < M^* + \varepsilon$

数 M^* 的性质 II: 至少可找到一个这样的值 $x_{P'}$ (此处 $P' \succ P_0$), 使得

$$x_{P'} > M^* - \varepsilon.$$

现在假定集合 $\mathcal{P} = \{P\}$ 包含有临界子序列 (4), 并与我们的变量值的临界子序列 (对于 $\mathcal{X}$) 相对应. 如若这种的序列中的某一个有极限, 则称之为变量 x 的**部分极限** [参看第 **40** 目与第 **59** 目].

此时可以证明: 以上所定义的上极限与下极限 M^*, M_* 同时还分别是变量 x 所有的部分极限的最大者与最小者 [亦如在第 **40** 目与第 **59** 目中一样].

实际上 (如果还假定上极限是有限的), 从性质 I 立见: 随便哪一个部分极限都不能超过 M^*. 为了要做出一个 $\mathcal{X}$ 的临界子序列 (5), 使之趋于 M^* (这就说明 M^* 本身也是一个部分极限), 我们且先从随便一个 $\mathcal{P}$ 的临界子序列

$$P_1', P_2', \cdots, P_n', \cdots$$

入手. 然后借助于性质 I, II [参看第 **40** 目], 我们便归纳地做出了这样的子序列 (4), 使得: 第一, 有

$$P_n \succ P_n'$$

[因之 (4) 对于 $\mathcal{P}$ 也是临界的!], 并且第二, $x_n = x_{P_n}$ 满足双重不等式

$$M^* - \varepsilon_n < x_n < M^* + \varepsilon_n,$$

此处 ε_n 是任意取的趋于 0 的正项整序变量. 甚易看出, 子序列 (5) 对 $\mathcal{X}$ 说是临界的, 且以 M^* 为其极限.

从读者所熟悉的范畴中还可以再指出一个上极限及下极限的例子. 例如, 易见达布上积分 I^* 及下积分 I_* [第 **296** 目, 第 **301** 目] 分别为积分和 (黎曼和) $\sigma = \sum f(\xi_i) \Delta x_i$ 于 $\lambda = \max \Delta x_i \to 0$ 时的上极限与下极限.

索　引

校订后记

    Γ. M. 菲赫金哥尔茨《微积分学教程》一书, 在我国 20 世纪 50 年代以来的数学教育中曾产生过巨大的影响. 大体说来, 现在 50 岁以上的数学工作者, 鲜有不知此书的, 鲜有未读过 (参考过) 此书的. 它内容丰富而论述深刻 (虽然从今天看来, 处理方法是经典的), 使许多学习过数学类各专业的人受益良多.

    本书最早的中译本是根据俄文 1951 年第 4 版 (一、二卷) 和 1949 年版 (第三卷) 译出的, 于 1954 — 1956 年先后由商务印书馆和高等教育出版社出版、印行. 1959 年又根据俄文 1958 年版对其中第一卷作过修订. 中译本是由多所高等学校的多位数学老师分别翻译, 高等教育出版社多位编辑经手的.

    这次高等教育出版社在国家自然科学基金委员会天元数学基金的支持下, 根据 2003 年印行的俄文版进行修订. 由于本书的各位译者大多年事已高 (有的已经谢世), 高等教育出版社在得到主要译者的首肯后, 让我来担任全书的校订工作, 这既使我感到荣幸, 又感到诚惶诚恐, 如履薄冰. 在校订过程中, 原书各位译者认真仔细的工作作风和高质量的翻译, 让我深感敬佩, 并得到很多教益. 从 2003 年印行的俄文版中, 我们看到, 担任本书俄文版的校订、编辑工作的圣彼得堡大学的 A. A. 弗洛连斯基教授除改正原先各版中一些印刷错误外, 又从读者的角度出发, 对书中可能产生不便的地方增加了 122 个注释. 他们这种为使经典名著臻于完善的、认真细致的作风值得我们借鉴.

    对本书的校订工作主要在两个方面: 一方面是在新版中 (应是 1959 年以前) 作者作了不少的修订与增删, 尤其是第二卷与第三卷中改动较多. 而由于历史的原因, 在 20 世纪 60 年代以后, 高等教育出版社与各位译者一直没有机会按新版修订译本. 因而这次需要作不少补译的工作. 还有就是翻译 122 个编者注的工作. 另一方面是,涉及数学名词、外国数学家的中译名的规范问题. 由于在 1993 年, 全国自然科学名词委员会 (现改称全国科学技术名词委员会) 已颁布了《数学名词》, 所以校订中首先以此为准, 对数学名词、外国数学家中译名作了统一性的订正. 在此范围之外的则以《中国大百科全书·数学卷》、《数学百科全书》(五卷本) 以及张鸿林、葛显良先生编订的《英汉数学词汇》为准. 此外还参考了齐玉霞、林凤藻、刘远图先生合编的《新俄汉数学词汇》. 还有个别的在上述范围之外的名词以及其他一些难于处理的问题, 则是由张小萍、沈海玉、郭思旭三人经商讨后定下来的.

还应当说明的是, 书中有关物理、力学方面的量和单位, 有少数地方与我国现在执行的国家标准不一致. 但是, 改动它们会导致计算过程和结果中数据的改变, 作为译本, 恐怕反而不妥当, 宜保留原作的用法为好. 还有个别数学符号也与我国目前适用的不一致, 也未作改动.

本书的校订过程, 充分体现为一种集体的力量和成果. 首先是本书的策划张小萍编审, 她为本书的修订、出版工作作了周到细致的安排, 并负责一至三卷的终审工作, 作了十分仔细的审阅并提出很多重要意见; 沈海玉先生对一、三卷和第二卷的 13 ~ 14 章作了认真的通读加工和校阅, 提出了许多很好的意见; 李植教授和邵长虹老师为本书翻译了俄文版《编者的话》. 在补译过程中, 我经常得到外语分社田文琪编审在俄译中表达方面耐心而宝贵的指教. 对以上各位的指导、合作与帮助, 表示由衷的感谢!

由于个人的水平所限, 虽经努力, 但在新加内容的补译工作方面、在个别译名的确定方面等, 错误和疏漏恐难于避免, 还请读者不吝指正.

郭思旭
2005 年 8 月